普通高等教育"十四五"规划教材

面向 21 世纪课程教材
Textbook Series for 21st Century

作物施肥原理与技术

第 3 版

谭金芳　韩燕来　主编
张自立　邱慧珍　赵　鹏　副主编

U0259668

中国农业大学出版社
·北京·

内 容 简 介

《作物施肥原理与技术》系教育部"高等教育面向 21 世纪教学内容和课程体系改革计划"的研究成果,是"面向 21 世纪课程教材"和"普通高等教育'十四五'规划教材"。

作物施肥原理与技术是教育部新颁布的"农业资源与环境"本科专业的主干课程之一,全书讲述了施肥的基本知识、基本理论与基本技术,共分 4 篇 13 章,分别阐述了施肥的基本原理;施肥的基本原则与依据;养分平衡法;土壤肥力指标法;肥料效应函数法;营养诊断法;施肥技术的组成要素;轮作制度下施肥技术;信息技术在施肥中的应用;农化服务与施肥;大田作物营养与施肥;园艺作物营养与施肥;其他作物营养与施肥。本书可作为高等院校农业资源与环境本科专业的教材,也可供农业资源与环境科技及管理人员使用。

图书在版编目(CIP)数据

作物施肥原理与技术/谭金芳,韩燕来主编.--3 版.--北京:中国农业大学出版社,2021.12
(2024.5 重印)

ISBN 978-7-5655-2573-5

Ⅰ.①作…　Ⅱ.①谭…②韩…　Ⅲ.①作物-施肥-高等学校-教材　Ⅳ.①S147.2

中国版本图书馆 CIP 数据核字(2021)第 130693 号

书　　名	作物施肥原理与技术　第 3 版
作　　者	谭金芳　韩燕来　主编

策划编辑	王笃利　梁爱荣	责任编辑	梁爱荣
封面设计	郑　川	出 版 人	董夫才
出版发行	中国农业大学出版社		
社　　址	北京市海淀区圆明园西路 2 号	邮政编码	100193
电　　话	发行部 010-62733489,1190	读者服务部	010-62732336
	编辑部 010-62732617,2618	出 版 部	010-62733440
网　　址	http://www.caupress.cn	E-mail	cbsszs@cau.edu.cn
经　　销	新华书店		
印　　刷	涿州市星河印刷有限公司		
版　　次	2021 年 12 月第 3 版　　2024 年 5 月第 2 次印刷		
规　　格	185 mm×260 mm　16 开本　25.5 印张　630 千字		
定　　价	75.00 元		

图书如有质量问题本社发行部负责调换

第3版编委会

主　　编　谭金芳　（中山大学）

　　　　　韩燕来　（河南农业大学）

副主编　张自立　（安徽农业大学）

　　　　　邱慧珍　（甘肃农业大学）

　　　　　赵　鹏　（河南农业大学）

编　　委　（按姓氏笔画排序）

　　　　　卜玉山　（山西农业大学）

　　　　　马玉增　（山东农业大学）

　　　　　马红梅　（山西农业大学）

　　　　　王　祎　（河南农业大学）

　　　　　史衍玺　（青岛农业大学）

　　　　　刘建玲　（河北农业大学）

　　　　　孙　权　（宁夏大学）

　　　　　李　芳　（河南农业大学）

　　　　　邱慧珍　（甘肃农业大学）

　　　　　何淑平　（黑龙江八一农垦大学）

　　　　　张自立　（安徽农业大学）

　　　　　陈海斌　（仲恺农业工程学院）

　　　　　罗建新　（湖南农业大学）

　　　　　赵　鹏　（河南农业大学）

　　　　　索全义　（内蒙古农业大学）

　　　　　隋方功　（青岛农业大学）

　　　　　韩燕来　（河南农业大学）

　　　　　谭金芳　（中山大学）

　　　　　翟丙年　（西北农林科技大学）

第 2 版编委会

第 3 版前言

合理施肥（scientific fertilization）是在综合考虑土壤供肥能力、作物需肥特点、肥料特性和生态经济条件与耕作栽培措施等因素的基础上，以培肥地力、增加作物产量、改善农产品品质、提高经济效益与保护生态环境多因素相统一为目标，选择适宜的肥料品种，将肥料以适宜的用量与比例，在适宜的时间以适宜的方式方法施于土壤或植株中的一项农业技术措施。

肥料是粮食的粮食，也是农业生产各种物资投入中所占份额最大的一项。国内外农业生产实践和科学研究均证明，肥料的合理施用是农业可持续发展的基本保障，在作物高产优质高效生产中发挥着重要作用。肥料的合理施用可以明显地提高土壤肥力和生产力，改善农产品品质和生态环境，但肥料的不科学施用则不仅影响作物增产和农产品品质的提高，还将造成耕地地力下降、资源浪费和环境污染等一系列问题。在我国现阶段，合理施肥的任务十分艰巨，主要与三个方面的现状有关。

一是我国的耕地资源现状。我国是一个耕地资源约束性国家，尤其是 20 世纪末以来，随着城市化进程的加快，我国耕地面积逐年减少，耕地质量问题日趋严重。"十三五"以来，我国坚持了最严格的耕地保护制度，坚守耕地红线，实施藏粮于地和藏粮于技的战略，一方面使我国耕地面积下降的趋势得到有效的遏制；另一方面也保证了我国耕地生产能力稳中有升，土壤环境状况趋于稳定。但总体来说，我国耕地资源依然紧缺，耕地质量仍有待进一步提升。据报道，2019 年我国耕地总面积为 1.35 亿 hm^2（20.25 亿亩），人均 0.096 hm^2（1.44 亩），约为世界平均水平的 40%，印度的 42%，美国的 18.5%。若将耕地质量分为一至十等评定，我国耕地平均等级为 4.76 等，其中农田基础设施比较齐全、基础地力较高、障碍因素不明显的一至三等耕地面积仅为 6.32 亿亩，占耕地总面积的 31.26%。目前，耕地质量问题突出表现为：①耕层浅薄。全国 71.2% 的耕地耕层厚度在 20 cm 以下，部分甚至不足 14 cm。②耕层养分失衡。当前缺素面积是耕地面积的 3.61 倍。③耕地质量退化及障碍问题突出。全国耕地质量退化及障碍土壤占比高达 40.82%。其中酸化土壤占 12.54%，存在障碍层次的土壤占 7.84%，盐碱土壤占 7.18%，瘠薄土壤占 6.93%，存在渍涝问题的占 2.99%。另外，根据《2020 中国生态环境状况公报》，虽然我国农用地土壤环境状况总体稳定，但也存在一些局部性问题。其中重金属污染是影响农用地当前环境质量的主要污染物，且镉为首要的污染元素。

二是我国的肥料生产资源状况。众所周知，生产化肥需要消耗煤炭、石油、天然气等不可再生资源，其中磷钾肥生产还需依赖于磷矿和钾矿石。然而我国人均煤炭、石油、天然气资源分别为世界平均水平的 60%、10% 和 5%，50% 的石油靠进口，而世界石油资源仅可支撑40～50 年。氮肥生产每年消耗能源折合 6 545 万 t 标准煤，约合 230 亿元，可利用的高品位磷矿储量较少，钾矿的工业储量仅为 1.47 亿 t（以 KCl 计），80% 以上生产所需的钾肥靠进口。21 世纪初以来，全球资源需求长期扩张与资源的总供给能力日益不足的矛盾日趋紧张，使资源价格呈现更为迅猛且持续上涨的态势，也冲击着肥料市场，影响了肥料的正常供应和农民施肥的积极性。

三是我国施肥现状。我国人多地少，耕地资源数量和质量均有限，因此，与地广人稀的欧美等国家采用保护性耕作方式不同,我国农业生产中复种指数平均为160%左右,这形成了我国20世纪80年代以来特有的化肥高量投入、农田高强度利用的高度集约化生产体系,合理的轮作体系难以实行,大豆、棉花等多年连续种植引发土传病害,形成连作障碍,在高经济价值作物和保护地栽培中更为严重。据统计,我国以占世界7%的耕地,曾一度用去了世界32%的化肥,单位面积施肥量是世界平均水平的3.7倍,氮肥当季利用率为30%～35%,低于发达国家20个百分点;每千克养分所增产的粮食不及世界的1/2、美国的1/3,每年我国农田氮素损失高达1 300万t,折合人民币约500亿元;另一方面,我国每年产生有机肥料基础资源实物量约57亿t,折合N约3 000万t、P_2O_5约1 300万t和K_2O约3 000万t,N+P_2O_5+K_2O养分总量约7 300万t,但由于长期忽视有机肥的施用,其中的养分资源并没有被充分利用,据估算,若将有机肥资源还田比例由40%提高到60%,相当于增施2 190万t养分。此外,长期大量施用化肥,而忽视对有机肥资源利用,也导致了较多的养分从农业生态系统内部循环中脱离而进入了环境,对土壤、大气、水体生态环境形成了很大的污染风险。近年来,虽然我国通过推广应用有机肥部分替代化肥、肥料高效施用等化肥减施增效技术,使2020年三大作物化肥利用率提高到40.2%,但总体来说仍然有较大的提升空间。

因此,合理施肥任重而道远。在保障我国粮食安全的前提下,如何进一步提高养分资源利用效率,推进我国农业绿色发展、生态环境保护和生态文明建设,是今后一个时期施肥领域面临的重要挑战。

《作物施肥原理与技术》自出版以来,受到了使用者的普遍好评,先后有60多所大学相关专业在教学中选用了该教材。河南农业大学利用该书开设的课程先后被评为国家精品课程和国家精品课程网络共享课。目前该教材第2版总印刷次数达7次。转眼之间,自2010年8月编委会进行第二次修订已过去了11年,而近年来,国内外合理施肥研究与实践不断深入,编委会有责任和义务将新的理论与技术及时纳入教材中,《作物施肥原理与技术》(第3版)的修订计划正是在此背景下提出的。

党的二十大报告指出:“教育、科技、人才是全面建设社会主义现代化国家的基础性、战略性支撑”“科技是第一生产力、人才是第一资源、创新是第一动力”。教材在人才培养中扮演着重要角色,在实施科教兴国、人才强国和创新驱动发展中起着不可或缺的作用。作者力求该教材施肥理论简明扼要,施肥技术与方法先进实用,内容优化、知识连贯并注重案例分析,构建作物施肥原理与技术的科学体系,使之成为一本既能让学生掌握施肥科学的基本理论和基本技术,又能活跃思想,启迪创造性思维,提高学生素质的教科书。

全书共分4篇13章,由13所高校长期从事作物施肥原理与技术的教学及研究的同志编写。具体分工如下:前言与绪论(谭金芳);第一章　施肥的基本原理(邱慧珍);第二章　施肥的基本原则与依据,第一节　施肥的基本原则(卜玉山、马红梅),第二节　施肥的基本依据(陈海斌);第三章　养分平衡法(史衍玺、马玉增);第四章　土壤肥力指标法(孙权);第五章　肥料效应函数法(刘建玲);第六章　营养诊断法(翟丙年);第七章　施肥技术的组成要素(索全义);第八章　轮作制度下施肥技术(赵鹏);第九章　信息技术在施肥中的应用,第一节　计算机施肥专家系统的建立与应用(隋方功),第二节　“3S”技术在区域养分资源管理中的应用(陈海斌);第十章　农化服务与施肥(张自立);第十一章　大田作物营养与施肥,第一节　水稻营养与施肥(罗建新),第二节　小麦营养与施肥(韩燕来),第三节　玉米营养与施肥(索全义),第四节　大豆营养与施肥(史衍玺、马玉增),第五节　薯类营养与施肥(索全义),第六

节　棉花营养与施肥(李芳),第七节　烟草营养与施肥(王祎),第八节　麻类作物营养与施肥(赵鹏),第九节　油菜营养与施肥(罗建新);第十二章　园艺作物营养与施肥,第一节　蔬菜营养与施肥(马红梅),第二节　果树营养与施肥,一、果树营养特性(翟丙年),二、果树施肥技术(翟丙年),三、常见果树的施肥技术(陈海斌),第三节　花卉营养与施肥(何淑平),第四节　食用菌营养与施肥(赵鹏);第十三章　其他作物营养与施肥,第一节　草地的需肥特性与施肥和第二节　草坪需肥特性与施肥(索全义),第三节　药用植物营养与施肥(何淑平),第四节　林木营养与施肥(何淑平),第五节　茶树营养与施肥(赵鹏);附录　测土配方施肥技术规范(张自立)。在部分编写人员修改的基础上,谭金芳和韩燕来教授在本次出版中从设计、组织、协调到统稿都起到了重要作用。

本书的编写得到了中山大学教务处和河南农业大学教务处的大力支持,中国农业大学出版社对本书的出版付出了辛苦的劳动,对此表示深深的谢意!中山大学农学院的谢若瀚博士和李琳教学秘书给予了帮助,谢谢他们的辛苦付出。

为了编好这本书,编者以多年来的讲课内容为主,又收集和精编了国内外大量的最新成果,参编人员慎重取材和认真推敲后达成共识:在继承已有知识的基础上,精心遴选最新研究成果并优化内容,形成了一本较为全面系统、理论联系实际、总论与各论布局合理、适应全国农业院校农业资源与环境专业以及农学、园艺等农业种植类专业学生学习之用、值得珍藏的教科书。本书引用了大量国内外重要文献资料,限于篇幅,有些列出,有些未能列出,在此一并表示感谢!

因编者学识和占有资料有限,书中错误和不妥之处在所难免,真挚地希望同仁们能不吝赐教。

编　者

2024 年 5 月于郑州

第 2 版前言

合理施肥(scientific fertilization)是在综合考虑土壤供肥能力、作物需肥特点、肥料特性和生态条件与耕作栽培措施等因素的基础上,以培肥地力、增加作物产量、改善农产品品质、提高经济效益与保护生态环境多因素相统一为目标,将肥料以适宜的用量与比例,在适宜的时间以适宜的方式方法施于土壤或植株中的一项农业技术措施。

肥料是农业生产各种物资投入中所占份额最大的农业资源,是取得作物优质高产的物质基础和实现农田可持续利用的基本保证。肥料不合理施用,不仅影响农产品产量和品质,还将造成耕地地力下降、资源浪费和环境污染等一系列问题。

我国人地矛盾极为突出。保证国家粮食安全,提高耕地产出率和农田可持续利用能力,最大限度减少施肥对环境的不良影响是国家的战略需求,而最大限度地提高肥料利用效率、减少肥料损失则是农业生产对施肥技术的具体要求。科学施肥不仅要认识上述需求,而且应当清楚地了解以下三个问题。

一是我国的基本国情:(1)耕地资源紧缺,耕地质量低。2006 年 10 月耕地减少为 1.22 亿 hm^2 (18.27 亿亩),接近 1.2 亿 hm^2(18 亿亩)红线,人均 0.09 hm^2(1.39 亩),为世界平均水平的 42%,印度的 62%,美国的 15.7%。(2)肥料生产资源——能源和磷钾矿产资源紧缺。人均煤炭、石油、天然气资源分别为世界平均水平的 60%、10% 和 5%,50% 的石油靠进口,而世界石油资源仅可支撑 40~50 年。氮肥生产每年消耗能源折合 6 545 万 t 标准煤,约合 230 亿元,可利用的高品位磷矿储量只能满足国内 10 年左右磷肥生产的需求,钾矿的工业储量仅为 1.47 亿 t(以 KCl 计),80% 以上生产所需的钾肥靠进口。(3)2007 年开始的世界范围的能源和矿产资源价格暴涨冲击肥料市场,影响了肥料的正常供应和农民施肥的积极性。

二是我国施肥现状:我国以占世界 9% 的耕地,用去了世界 32%(2005 年)的化肥,单位面积施肥量是世界平均水平的 3.7 倍,氮肥当季回收率 30%~35%,低于发达国家 20 个百分点;每千克养分所增产的粮食不及世界的 1/2、美国的 1/3,每年我国农田氮素损失高达 1 300万 t,折合人民币约 500 亿元,若将氮肥利用率由 30% 提高到 40%,可减施 1/4 氮肥;有机废弃物每年 48.8 亿 t,含氮、磷、钾养分 5 316 万 t(其中 N 2 176 万 t,P_2O_5 870 万 t,K_2O 2 270 万t),若将有机肥资源还田比例由 34% 提高到 60%,相当于增施 1 380 万 t 养分。

三是我国土壤现状:环境恶劣或肥力低下、难以被农林牧业利用的土壤面积占总面积的1/4,耕地土壤有机质含量低于 1% 的面积达 26%,耕地中具有各种障碍因素的面积较大。盐碱化占 4.24%,土壤侵蚀占 38.7%,耕层浅薄占 26.2%,渍涝占 6.66%,干旱缺水占 36.3%,水土流失面积 367 万 km^2,中度以上侵蚀面积占到 50% 以上(2002 年),荒漠化面积 267.4 万 km^2,发展速度有递增趋势,酸雨面积已占国土总面积的 40% 以上,比 20 世纪 80 年代增加了 1 倍。多年复种指数平均 160% 左右,形成了我国特有的化肥高量投入、农田高强度利用的高度集约化生产体系,合理的轮作体系难以实行,大豆、棉花等多年连续种植引发土传病害,形成连作障碍,高经济价值作物和保护地栽培更为严重,经营规模小而分散影响科学技术的推广应用。

解决这些问题需要先进的施肥理论与技术做指导。《作物施肥原理与技术》出版后,受到了使用者的普遍好评。河南农业大学利用该书开设的课程被评为国家精品课程。2008 年 12 月在河南农业大学召开的本教材研讨会上,大家一致认为,最近几年,信息技术、生物技术和工程技术的发展,对施肥原理与技术产生了深刻影响,围绕作物高产、优质、高效和生态安全的作物营养新理论、施肥新技术与新方法和新型肥料品种不断涌现,这就必须尽快将这些新知识、新理论与新技术传授给学生。因此,迫切需要对原教材进行修订、补充和完善,编写《作物施肥原理与技术》(第 2 版)的计划由此而出。

作者力求该教材施肥理论简明扼要,施肥技术与方法先进实用,内容优化、知识连贯并注重案例分析,构建作物施肥原理与技术的科学体系,使之成为一本让学生既能掌握施肥科学的基本理论、基本知识和基本技术,又能活跃思想、启迪创造性思维,提高学生素质的教科书。

全书共分 4 篇 13 章,由 13 所高校长期从事作物施肥原理与技术教学与研究的同志编写。分工如下:前言与绪论(谭金芳);第一篇　施肥理论,第一章　施肥的基本原理(邱慧珍),第二章　施肥的基本原则与依据,第一节　施肥的基本原则(卜玉山、马红梅),第二节　施肥的基本依据(李永胜),第二篇　施肥量的确定方法,第三章　养分平衡法(史衍玺、马玉增),第四章土壤肥力指标法(孙权),第五章　肥料效应函数法(刘建玲),第六章　营养诊断法(翟丙年),第三篇　施肥技术,第七章　施肥技术的组成要素(索全义),第八章　轮作制度下施肥技术(赵鹏),第九章　信息技术在施肥中的应用,第一节　计算机施肥专家系统的建立与应用(隋方功),第二节　3S 技术在区域养分资源管理中的应用(李永胜),第十章　农化服务与施肥(张自立),第四篇　作物营养与施肥,第十一章　大田作物营养与施肥,第一节　水稻营养与施肥(罗建新),第二节　小麦营养与施肥(韩燕来),第三节　玉米营养与施肥(索全义),第四节　大豆营养与施肥(史衍玺、马玉增),第五节　薯类营养与施肥(索全义),第六节　棉花营养与施肥(韩燕来、马红梅),第七节　烟草营养与施肥(韩燕来、马红梅),第八节　麻类作物营养与施肥(赵鹏),第九节　油菜营养与施肥(罗建新),第十二章　园艺作物营养与施肥,第一节　蔬菜营养与施肥(马红梅),第二节　果树营养与施肥,一、果树营养特性(翟丙年),二、果树施肥技术(翟丙年),三、常见果树的施肥技术(李永胜),第三节　花卉营养与施肥(何淑平),第四节　食用菌营养与施肥(赵鹏),第十三章　其他作物营养与施肥,第一节　草地的需肥特性与施肥(索全义),第二节　草坪需肥特性与施肥,第三节　药用植物营养与施肥,第四节林木营养与施肥(何淑平),第五节　茶树营养与施肥(赵鹏),附录　测土配方施肥技术规范(张自立)。教材初稿完成后,韩燕来、赵鹏分别对书稿进行了审稿,在部分编写人员修改的基础上,谭金芳、韩燕来和赵鹏对全书进行了统稿。

本书的编写得到了河南农业大学牛庆义同志的帮助与大力支持,中国农业大学出版社对本书的出版付出了辛苦的劳动,对此表示深深的谢意!

为了编好这本书,编者以多年来的讲课内容为主,又收集和精编了国内外大量的最新成果,参编人员慎重取材、反复讨论、认真推敲、达成共识:在继承已有知识的基础上,精心遴选最新研究成果、优化内容,形成了一本较为全面系统、理论联系实际、总论与各论布局合理、适应全国农业院校农业资源与环境专业的学生学习之用、值得珍藏的教科书。本书引用了大量国内外重要文献资料,限于篇幅,有些列出,有些未能列出,在此一并表示感谢!

因编者学识和占有资料有限,书中错误和不妥之处在所难免,真挚地希望同仁们能不吝赐教。

编　者

2010 年 8 月于郑州

目 录

第一篇 施肥理论

第二篇　施肥量的确定方法

第三篇　施肥技术

第四篇　作物营养与施肥

绪 论

作物生产是农业生态系统中的第一性生产,肥料既是作物的粮食,也是构成农业生产成本的主要组成部分,尤其是在全球人口持续增长,我国人多地少的现实背景下,农业生产中化肥投入不可或缺,成为进入农业生态系统主要的外部物质和能量投入来源。肥料的施用合理与否不仅关系到作物产量与品质能否得到提高、土壤肥力能否得以提升、农业经济效益能否保持同步增加、肥料利用效率潜力是否获得充分发挥,同时由于生态系统的开放性和肥料养分的移动性和流动性,肥料的合理使用与否必然影响到地球各圈层之间物质交换和能量流动的正常进行,最终影响到全球的生态环境与可持续发展,影响到人类每个个体生活与生存质量。

施肥(fertilization)作为农业增产措施之一已有数千年历史。然而,施肥科学理论体系的形成,以及在这一理论体系指导下的科学实践仅有180多年的历史。

一、施肥科学的发展概况

(一)古代施肥实践

我国施肥历史最为久远,古代称肥料为粪,施肥则称为粪田。在漫长的施肥实践中,人们在肥料的积制、施肥技术等方面积累了诸多宝贵经验,形成了一些朴素的认识,对古代农业发展起到了重要的作用。

在肥料的种类上经历了几次重要的发展,据文字记载,春秋战国时期人们最早是利用腐烂的杂草肥田,汉代已发展到用蚕屎和人粪做肥料,魏晋以后开始了绿肥的种植,厩肥的积制与施用,并发展了饼肥发酵方法、火粪的烧制方法等,表明生产中应用的肥料种类进一步增加。至元朝,使用的粪已扩大到大粪、踏粪、火粪、泥粪、苗粪、草粪等多种。

按作物不同生育期施肥,施肥环节区分为基肥和追肥在《氾胜之书》中已有记载,不论哪种作物都强调施足基肥,然后再看情况补施追肥。关于使用基肥和种肥的作用在唐朝的《四时纂要》一书中已有记载。

唐宋以后,随着长江流域水稻的发展,一些无机肥料被广泛应用,肥料施用经验更加丰富,施肥理论进一步发展。南宋陈敷的《农书》中把施肥比作"粪药",说用粪犹如用药,强调施肥的重要性。元朝王祯还提出了土壤不是越种越瘠,而是可以常新壮的原则,形成了"地力常新壮"的土壤培肥理论,揭示了肥料的作用与效果。同期石灰、石膏、食盐和硫黄等无机肥料在我国也被广泛施用。在应变施肥方面,明末《沈氏农书》记载了单季晚稻看苗施肥的经验,清朝杨屾还提出"时宜""土宜"和"物宜"的"三宜"原则,就是因时制宜、因地制宜、因物制宜,做到天尽其时、地尽其利、物尽其用,以获得最佳的生产效益,时至今日仍然是科学施肥的基本原则。

需要强调的是:中国古代农业生产所用的肥料主要是有机肥料,施肥的特点是用地与养地相结合,从而保证了农业生态系统的平衡,粮食产量几千年来逐步提高。不难看出,我国古代劳动人民在施肥方面积累了丰富的经验,尤其在有机肥料施用理论和实践上具有独特的创造,奠定了作物施肥的基本理论。

在欧洲,直到 11 世纪,法国和德国才开始施肥,英国到 13 世纪农田施肥还很不普遍。所以就这门科学发展历史来看,我国古代劳动人民对促进世界施肥科学发展做出了不可磨灭的贡献。

(二)近代施肥科学的发展

1. 国际施肥科学的发展

19 世纪中叶,以德国化学家李比希(J. von Liebig,1803—1873)为代表的农业化学学派,从化学的观点来研究土壤和植物营养,在前人研究成果的基础上,结合自己的研究,于 1840 年在《化学在农业及生理上的应用》一书中创立了"植物矿质营养学说"(theory of plant mineral nutrition),阐明了氮、磷、钾、硫、钙、镁等为植物生长必需的矿质营养元素,强调了植物矿质营养的作用,揭示了植物营养的本质,这一学说成为近代植物营养与肥料学发展的理论基础;紧接着李比希提出了"养分归还学说"(theory of nutrition returns),其核心内容是作物生产从土壤中移走的养分必须归还,否则会造成地力逐渐下降,为了增加产量就应该向土壤施用肥料,使土壤的养分损耗和归还之间保持一定的平衡。这一学说成为养分循环和地力培育的理论基础。上述两个学说的问世促进了巨大的化肥工业的兴起,开辟了全世界农田开始施用化肥的历史。在西方大量施用化肥后,出现施肥增产幅度降低的现象,对此,李比希又提出了"最小养分律"(law of the minimum nutrition),这一学说告诫我们,作物产量受土壤中相对含量最小的营养元素所限制,只有准确地补给最小养分,产量才能继续提高。以上 3 个学说的建立,在发展植物营养与指导施肥中起到了十分积极的作用,奠定了平衡施肥的理论基础。后人在应用上述学说的基础上不断探索,"报酬递减律"(law of diminishing returns)、"米氏学说"(Mitscherlich's law)、"因子综合作用律"(integrated factor law)等原理的形成进一步丰富和发展了平衡施肥的科学理论,奠定了后来世界各国广泛开展的测土施肥技术实践的理论基础。

同一时期,包括李比希在内的一些学者从探究植物营养本质的目的出发开始研究土壤和植株养分测试方法,到 20 世纪 30 年代,土壤测试技术日臻成熟,人们先后建立了一系列后来广为应用的土壤有效养分的测试方法,如适合于酸性土壤有效磷测定的 Bray 1 法和适合于石灰性土壤的 Olsen 法,迄今还被世界各国广泛应用,这极大地推动了土壤测试技术发展。20 世纪 50～60 年代,化学肥料逐渐上升为全球增加作物生产必不可少的农业投入品,科学选用肥料、定量用肥成为生产经营者提高作物产量和品质、增加农业经济效益以及平衡土壤养分所必须考虑的重要问题,土壤测试和植株分析作为制定肥料方案的有效方法开始为社会普遍接受,为更好地利用测试结果指导施肥,人们在土壤化学组成与植物生产的关系、营养诊断指标与推荐施肥模型建立,作物对施肥的响应及其影响因素等方面做了大量的工作,推动了测土配方施肥技术体系的日益完善。美国从 1899 年就开始进行土壤调查,20 世纪 60 年代已经建立了比较完善的测土配方施肥体系,每个州都成立测土工作委员会,建立了土壤测试化验室,负责土壤养分的测定与作物养分反应的相关研究,以及施肥方法的制定,指导农民施肥。德国、英国、日本等国家也很重视测土施肥工作,制定了相关的测土施肥技术规范。

2.我国施肥科学的发展

(1)新中国成立前化肥施用简况　我国于1901年开始施用化肥,迄今已有百年历史,新中国成立前施肥历史大致可分为3个阶段。第一阶段1901—1909年属于引进阶段。1901年,中国台湾地区首先由日本进口化肥,施于甘蔗作物;1905年西欧化肥开始向我国大陆进口,但多用于沿海各省的水稻、蔬菜和柑橘。第二阶段1910—1935年属于肥效探讨阶段。1910年保定直隶农事试验场开始了肥效试验,其结论是氮肥有效,而磷、钾肥无效。北京农事试验场设计了8个处理(无肥、无氮、无磷、无钾、施氮、施磷、施钾和施氮磷钾)的肥效试验,同时吉林公主岭农事试验场,广东、上海、苏州、杭州等地也都在多种作物上开展了肥效、施用量和对土壤影响试验。第三阶段1936—1949年属于肥效与施肥技术研究阶段。张乃凤在1936—1940年进行了第一次全国性化肥肥效试验。在1940—1949年,我国进行了第一个氯化铵长期定位试验,最后由陈尚谨和乔生辉完成,提出了有效的土壤、作物及相应的施肥方法与技术。

(2)新中国成立后施肥科学的发展　新中国成立后,化肥工业得到迅猛发展,化肥的增产效果也得到了充分的发挥,在投肥结构上大体经过了3个阶段,即20世纪60年代以前的有机肥与氮肥配合施用阶段,70～80年代有机肥与氮、磷肥配合施用阶段和80年代后有机肥与氮、磷、钾、微量元素肥料配合施用阶段。据估计,20世纪50年代到21世纪初,每隔10年化肥用量分别占肥料投入量的10%、20%、30%、40%、60%。也就是说,20世纪80年代后,初步形成了化肥作为当家肥的局面,有机肥料的施用基本上每隔10年约下降10%。

在施肥技术与方法上,20世纪50年代主要研究氮肥的有效施用方法与技术。提出了不同氮肥品种的适宜土壤条件,主要农作物的需氮规律、适宜的施肥时期和施肥量,尤其是结合当时生产中使用较多的易挥发性碳酸氢铵、氨水等提出的深施覆土、球肥深施、压粒施肥技术,有效地减少了氨的挥发损失,提高肥效达20%～30%。此后,又进一步提出尿素深施技术等提高肥效的措施,并在实践中迅速得到推广和应用。

20世纪60年代,侧重于研究磷肥的有效施用方法和技术。明确了磷肥有效施用条件及土壤缺磷的诊断方法与指标,为施磷改良低产田,促进生物固氮等提供了科学依据与应用前景。同时,还针对各种磷肥的不同特点和土壤类型,提出了豆科绿肥"以磷增氮",磷肥集中施用等一套合理施用磷肥的技术措施。

20世纪70年代初,侧重于研究钾肥的有效施用方法与技术。开始了钾肥肥效试验,提出了钾肥有效的施用条件,为明确钾肥在增产、提高品质、增强作物抗病、抗逆能力等方面的作用提供了有力的试验依据。此外,有关微量元素肥料的肥效与有效施用条件等方面的研究也都先后获得可靠的试验数据。

20世纪80～90年代,主要研究与推广配方施肥。针对20世纪70年代末施肥中出现的"三重三轻"(即重化肥,轻有机肥;重氮肥,轻磷、钾、微肥;重追肥,轻基肥)现象,带来的氮肥农学效率(单位面积施氮量而获得的增产量)下降、农作物生理病害日益严重等问题,根据斯坦福(Stanford)定肥公式,结合国内情况,提出了"测报施肥""诊断施肥""氮、磷、钾合理配比"等技术,1983年原农业部将各地采用的平衡施肥方法统一定名为"配方施肥"(prescription fertilization),该项技术被国家列为"九五"农业增产的十大措施之一,为我国复混肥的生产与推广提供了科学依据。

在化肥肥效研究上,我国自施用化肥以来,曾进行过3次有组织的、全国规模的化肥肥效试验。

第一次(1936—1940年)由前中央农业实验所组织,在14个省68个点上对7种土壤9种作物(小麦、水稻、油菜、棉花、玉米、谷子、甘薯、大麦和桑)进行了156个试验,1941年由张乃凤先生以《地力之测定》一文加以总结,基本查清了供试土壤需氮程度为80%,磷约为40%,钾仅为10%,得出了"无论在哪个省,氮素养分一般都极为缺乏;磷素养分仅在长江流域和长江以南表现缺乏;钾素在土壤中俱丰富"的科学结论。

第二次(1958—1962年)由原农业部组织全国化肥试验网,由张乃凤先生负责设计和组织实施。全国化肥试验网有25个省、自治区、直辖市的有关农业单位参加,在157个试验点上完成351个田间试验,作物从粮食扩大到油料、烟草、果树、蔬菜,研究并明确了农家肥的肥效,氮、磷、钾肥的增产幅度与增产地区,指出我国土壤普遍缺氮,仍然为作物生产的第一限制因素;磷肥增产效果在南方稻区已经十分明显,在北方也已经开始显效;而多数情况下钾肥增产不显著。

第三次(1981—1983年)由原农业部作为化肥区划的研究任务下达,中国农业科学院土肥所主持,全国29个省、自治区、直辖市的农业科学院土肥所参加,在18种作物上进行了5 334个田间试验。结果发现,与20年前相比,氮肥效果在不同作物上有所下降,磷肥效果在南方水稻上有所下降,而在北方玉米和小麦上有所上升,钾肥效果在南方已趋于明显,在北方局部地区开始显效。明确了我国土壤对氮、磷、钾肥的需要程度和肥效,总结出了合理施肥技术,提出了提高氮、磷、钾化肥增产效益的措施,制定了我国化肥区划。

为了进一步弄清肥效,学习国外经验,国家发展改革委、原农业部和科技部在全国不同的土壤类型上设置了土壤肥力演变与肥效野外观测站,国际植物营养研究所(IPNI)自1982年开始在我国开展土壤肥力与施肥的合作研究,到1999年,形成了全国性的土壤肥料协作网络,开展了主要作物氮、磷、钾肥效试验。原农业部也从1980年开始,先后在全国23个省、自治区、直辖市设置了101个肥料长期定位试验。研究内容包括:有机肥与无机肥配合,氮、磷、钾配合以及种植制度中磷、钾肥的分配与后效等,并研究了施肥与土壤肥力、产品品质和不同施肥制度与养分平衡、循环等问题。

我国自2005年起原农业部开展了测土配方施肥秋季行动,首先在全国200个试点县,国家财政转移支付2亿元,其中每县100万元。测土施肥的主要内容是田间试验—土壤测试—配方设计—校正试验—配方加工—示范推广—宣传培训—效果评价—技术创新,至2009年已覆盖全国所有的县,取得了显著成效。

这些研究成果为分析我国化肥肥效的演变与发展,以及制订全国化肥的生产与分配计划,提供了极为有用的和十分宝贵的资料与科学依据。

(三)施肥科学发展现状与趋势

20世纪末以来,随着全球人口粮食资源环境矛盾和全球气候变化的加剧,世界各国对资源可持续利用和生态环境保护的关注度空前升高,作为植物营养研究的核心目标,养分高效协同作物高产、资源利用高效和环境安全,成为破解可持续发展难题的金钥匙。国际上植物营养学科发展迅速,在植物营养分子生物学、植物与微生物互作、生态系统养分迁移与转化等基础研究方面取得了一系列重要的突破。欧美等国家通过严格的限制性措施以及生态补贴的方式来控制有机肥和化肥的投入,并通过提高精准施肥水平、加强生物技术应用等,在减少化肥施用的同时保障了粮食产量持续增加。联合国粮农组织、国际水稻研究所、国际植物营养研究所等先后提出了养分资源综合管理和施肥的"4R"概念等,在世界各国施肥与养分管理领域被广泛接受采用。

　　在我国,有限的耕地和沉重的人口压力,决定了今后相当的时期内,化学肥料施用仍然是提高产量必不可少的重要物资投入,但化肥施用中也存在很多问题,如地区间化肥施用量不均衡,养分比例、肥料品种结构、施肥位置以及肥料在不同生育期分配模式与作物需求不吻合。这些问题,不但引起肥料利用率下降,而且带来较高的生态环境污染风险。因此,提高肥料利用率,协调高产与优质、施肥与环境关系的高效施肥理论与技术研究是当前施肥科学研究的中心内容。围绕这一科学命题,我国近年来已针对主要作物及其轮作体系,从作物高效利用养分的分子和根际微生物学机制、推荐施肥方法完善、营养诊断新技术新方法建立、新型肥料研制与应用、施肥装备改进、化肥减量施用等方面做了大量研究工作,进一步完善了高效施肥理论,丰富了高效施肥新技术,并已应用到了我国的测土配方施肥工作实践中。今后,我国将更加重视生态文明建设和农业绿色发展,农业的适度规模化经营正成为推进农业现代化的重要途径,高效施肥研究需要在几个方面进一步加强:①土壤-植物系统高效施肥方法与装备研究,包括机械化与智能化施肥技术、以 3S(RS、GIS、GPS)技术支持的精准施肥技术等;②提高肥效的生物调控技术研究,如通过作物遗传特性进行改良,培育可高效利用土壤养分或耐养分胁迫的作物品种,通过分离培养根际核心微生物组并加以利用,促进作物对土壤和环境养分的利用。③提高肥效的农艺综合技术研究,如施肥与灌水等其他管理措施的耦合技术、化肥减施增效综合技术模式等研究。④定制施肥方案研究,如根据新型农业经营主体生产和经营目标,生产力水平和资源化特点,研究制定个性化、差别化的施肥方案等。

二、施肥的效应

(一)合理施肥产生的良好效应

1.施肥的增产效应

　　国内外无数个试验和生产实践证明,合理施用肥料能提高作物的产量,特别在中、低产田,增产效果十分明显。而随着单位面积施肥量的增加,增产效应有下降趋势。

　　据 1958—1962 年进行的第二次全国化肥肥效试验,每千克氮、磷、钾养分增产的粮食和棉花相对较高(表绪论-1)。

　　1981—1983 年第三次全国化肥试验网进行的化肥肥效研究,每千克氮、磷、钾养分增产粮食和棉花等相对较少(表绪论-2)。

　　20 世纪 90 年代的结果则为每千克氮、磷、钾增产粮食 5~8 kg,皮棉 0.6~0.7 kg,油料 3~4 kg,糖料 60~80 kg,单位量肥料的增产量明显降低。

　　表绪论-3 是 1958—2007 年氮肥、磷肥和钾肥在小麦、玉米、水稻上的农学效率比较。

表绪论- 1　氮、磷、钾化肥的肥效（1958—1962 年）

作物	每千克养分增产千克数		
	N	P₂O₅	K₂O
水稻	15～20	8～12	2～4
小麦	10～15	5～10	多数试验不增产
玉米	20～30	5～10	2～4
棉花（籽棉）	8～10	—	—
油菜籽	5～6	5～8	—
薯类（薯块）	40～60	—	—

引自：中国农业科学院土肥所，土壤肥料科学研究，资料汇编第二号，1963。

表绪论- 2　不同作物施用氮、磷、钾化肥的肥效（1981—1983 年）　　　　　　　kg

作物	N			P₂O₅			K₂O		
	试验数	每公顷用量	每千克养分增产	试验数	每公顷用量	每千克养分增产	试验数	每公顷用量	每千克养分增产
水稻	896	252.0	9.1	912	115.5	4.7	875	174.0	4.9
小麦	1 462	235.5	10.0	1 851	160.5	8.1	678	171.0	2.1
玉米	728	249.0	13.4	1 040	166.5	9.7	314	195.0	1.6
棉花（籽棉）	45	337.5	3.6	97	198.0	2.0	57	270.0	2.9
油菜籽	68	316.5	4.0	97	132.0	6.3	39	177.0	0.6
马铃薯	16	124.5	58.1	44	118.5	33.2	3	180.0	10.3

引自：中国农业科学院土肥所化肥网组，土壤肥料，1986，1～2 期。

注：已将原表的每亩用量改为每公顷用量。

表绪论- 3　我国氮肥、磷肥和钾肥的农学效率变化　　　　　　　kg · kg⁻¹

作物	肥料	1958—1962 年	1981—1983 年	2002—2007 年
水稻	N	15～20	9.1	11.5
	P₂O₅	8～12	4.7	10.4
	K₂O	2～4	4.9	7.7
小麦	N	10～15	10	10.5
	P₂O₅	5～10	8.1	8.6
	K₂O	ns	2.1	7.3
玉米	N	20～30	13.4	9.6
	P₂O₅	5～10	9.7	9.1
	K₂O	2～4	1.6	9.2

表绪论-4 是 1958—2007 年氮肥、磷肥和钾肥施用后小麦、玉米和水稻每公顷增产量。

表绪论-4　施用氮肥、磷肥和钾肥每公顷粮食增产量　　　　　kg·hm^{-2}

作物	肥料	1958—1962 年		1981—1983 年		2002—2007 年	
		肥料用量	粮食增产量	肥料用量	粮食增产量	肥料用量	粮食增产量
水稻	N	45～60	675～1 200	126	1 140	207	2 369
	P_2O_5	45～60	360～720	58	275	99	1 029
	K_2O	45～60	90～240	87	426	137	1 064
小麦	N	45～60	450～900	117	1 170	181	1 911
	P_2O_5	45～60	225～600	81	656	110	945
	K_2O	45～60	ns	86	180	142	1 035
玉米	N	45～60	900～1 800	124	1 665	218	2 092
	P_2O_5	45～60	225～600	84	815	118	1 070
	K_2O	45～60	90～240	98	156	143	1 309

2. 施肥能改良土壤和提高土壤肥力

施肥是增加和平衡土壤养分的有效措施。河南省土壤肥力监测结果表明,第二次土壤普查 10 年来,土壤碱解氮有增无减、有效磷有增有减、有效钾有减无增,这与河南历年来大量施氮,多数土壤施磷和少数土壤施钾的施肥状况完全一致。

施肥对土壤有机质含量有良好的正效应。西北农林科技大学的试验结果说明(表绪论-5),不施肥土壤有机质变化不明显,而施肥处理,土壤有机质均有增长,比较而言,施用有机肥料更为显著。土壤有机质的来源,主体是植物的生物体,通过施肥可增加作物的生物产量和经济产量,地上地下有机物质均有增加。而有机肥本身也富含有机质,无疑为增加土壤有机质含量,培肥土壤提供了物质基础。

表绪论-5　施肥对土壤有机质含量的影响　　　　　　　　　g·kg^{-1}

原土壤有机质含量	无肥处理	施有机肥	施化肥
10.50	11.49	15.80～20.59	11.47～14.74

化肥具有生理酸碱性,在不同的酸碱土壤上,恰当而有选择地合理配施化肥,有利于土壤 pH 的逐步矫正,从而有利于创造适宜于作物生长发育和土壤微生物活动的适宜 pH 范围,对多种营养元素的供给产生良好影响,也有利于作物正常生长并获得较好的收成。

3. 施肥能改善农产品品质

农产品品质包括外观品质与内在品质,而这些品质都可以通过施肥而加以调节和改善。

良好的农产品品质往往是在最适施肥状态下获得的,肥料不足或过量,养分不平衡时农产品不但产量低,而且品质也常常得不到保证。禾谷类作物施用以氮肥为主的穗肥,会明显提高千粒重和出粉(米)率,同时增加谷物中蛋白质相对含量和总含量,增加小麦粉面筋含量,改善烘焙品质。但作为酒用大麦,则应轻施氮肥,后期控制氮肥施用,否则会增加子粒中蛋白质含量,不利于麦芽加工品质,而适量增施钾肥对麦芽的溶解度、澄清速度和色泽都有明显的促进作用。

施用大量铵态氮肥有利于油料作物蛋白质合成,减少脂肪合成所需的碳水化合物。蔬菜和果实是人类摄取维生素和钾、镁的主要来源,也是铁、碘、锌、锰的重要来源。施用氮和磷能提高蔬菜中维生素 A 的前体化合物胡萝卜素和维生素 B_2 等含量。钾又称品质元素,可提高番茄中维生素 A 和维生素 C 含量,同时增加蔬菜中的矿物质含量,对多种水果品质有良好的作用。

4. 施肥能增强植物净化空气的作用

人和动物、微生物在生命活动中和工业能源燃烧时一样要消耗氧气,放出二氧化碳。因此,氧气在空气中每日每时都在消耗,二氧化碳同时又在不断增加,而空气中二氧化碳增加,会导致温室效应,可能有碍作物生长。保持地球上空气中氧气和二氧化碳的平衡,最主要的是依靠绿色植物和菌、藻、微生物生命活动所产生的氧气和二氧化碳,这对净化空气有重要作用。

虽然不施肥时绿色植物净化空气的作用也存在,但通过施肥能增强空气净化作用已被证明。因为,施肥的直接效果是增加产量,必然引起生物量的增加,自然而然地提高了光合作用,从而植物吸收二氧化碳和释放氧气量就大。同时,也加大了植物对 H_2S、F 等有害气体的吸收,进而达到净化空气的作用。

5. 施肥能有效地减轻农业灾害

合理施肥是农业减灾中的一项重要措施。施肥能提高作物的耐寒、耐旱和耐霜冻性能,三要素中磷和钾在减灾中作用更大。充足的磷、钾营养,有利于植物吸收和贮存矿物质、糖分和可溶性蛋白质等可起到抗冻结作用的物质,提高和促进作物细胞的渗透作用,降低冰点,减少或避免冻害和冷害造成的损失。充足的磷、钾营养,还可促进作物生长发育,增强根系在土壤中生长,可以充分利用土壤中的中层和下层水分,有利于细胞持水能力,特别是钾肥能通过调节气孔关闭,减缓作物体内水分的损失,减轻作物干旱灾害。

一般认为,肥料是重要的减灾物质,施肥是重要的减灾措施之一。1998 年春,河南许昌一带冬小麦处在拔节时期,突遇严寒低温,小麦遭受严重冻害,地上部分出现冻死现象。据河南农业大学小麦所研究,小麦在地上部分冻死情况下,一方面受冻叶片中营养可向新叶片中转移,另一方面根部还有较好的吸收养分能力。因此,在天晴转暖后,凡是采用追肥的麦田,小麦分蘖基部腋芽重新萌发,新长出植株可获得 6～8 成收获,而未采取此项措施的只有 4～5 成收获。2009 年春,河南小麦遭遇 60 年不遇的特大干旱,抗旱的主要技术是灌水必须配施尿素与磷、钾肥,加上其他管理措施,使大旱之年喜获丰收。

(二)不合理施肥引起的不良效应

施肥对人类的生存和生活质量的改善作用是巨大的,但人们越来越深刻认识到不合理施肥的负面效应也在不断增加。肥料由于管理不善,用量和施用方法不当而不可避免地造成利用率降低,导致浪费,特别是氮肥用量在过去 30 年内的增长势头远超过了我国农业中环境改善和其他技术条件改进的速率,因此,我国农业中氮肥的利用率呈明显下降趋势:20 世纪 60 年代为 60%,70～80 年代下降为 50%～40%,90 年代进一步下降为 35%～32%。农业中化肥氮的年损失量由 60 年代的 120 万 t、70 年代的 280 万 t、80 年代的 540 万～600 万 t 上升至90 年代的 1 200 万～1 600 万 t,21 世纪初化肥氮的年损失量已接近 2 000 万 t。

肥料施用量的增加及由此带来的养分巨大损失、流失,有害元素在土壤中的积累会导致土壤质量下降,引起水体富营养化以及地下水污染,同时引起大气污染,还可导致农产品污染以及减产,这些污染都严重危害着人类的健康,所以必须注意肥料的合理施用。

三、施肥科学的研究内容和研究方法

(一)施肥科学的研究内容

围绕合理施肥的目标,施肥科学研究主要包括以下内容:

1.合理施肥理论基础研究

研究作物营养规律、不同基因型营养遗传特性差异、营养元素的生理生态效应与作用机制、养分资源高效利用的物理、化学和生物途径;在不同尺度上研究土壤养分的时空变化规律,养分在土壤-作物-大气中和在农业生态系统中迁移、转化与循环规律。

2.合理施肥技术研究

探索区域推荐施肥与作物营养诊断的新技术新手段,研究不同肥料品种及养分配合的施用效应及其与农艺农机技术配合的关系。针对不同区域及农田养分状况、生态气候条件和生产技术水平制定施肥策略,结合作物特性、产量水平、气候条件和生产技术水平等制定作物生育期内肥料合理运筹方案,建立以有机、无机肥料合理分配为中心的轮作施肥技术体系以及计算机作物施肥决策与咨询系统,推行智能化配方施肥新技术等。

3.养分资源综合管理技术研究

在不同层次上研究农业生产系统中养分资源的来源、数量、特征及利用现状,以农业生态系统中的养分平衡与循环理论为指导,进行养分资源需求预测及养分资源优化配置。

4.土壤肥料科研和农化服务的长效机制研究

研究建立土壤肥料研究工作的长效机制,稳定研究队伍;研究建立有效的土壤肥料推广体系;建立科学施肥数据库,建设科学技术人员与农民交流的网络信息平台。

(二)施肥科学的研究方法

1.调查研究

调查研究是施肥研究工作的方法之一,它是开展研究工作的基础,尤其是需要了解某一问题的历史和现状时,进行调查研究往往是不可缺少的。调查研究包括查阅有关资料,召开调查座谈会和现场观察等,在调查研究的基础上,进一步确定研究的范围、主攻方向及具体的方案。

2.统计研究

在近代作物施肥研究中,数理统计已成为指导试验设计、分析试验数据资料不可缺少的手段和方法。近些年来,计算机技术的应用为研究作物施肥带来了方便,它不仅可进行大量数据的运算,而且可进行试验的数学模拟,建立数学模型等。

3.试验研究

试验研究包括田间试验和盆栽试验。

(1)田间试验是研究土壤肥力和肥料效果最具体有效的方法。这是因为田间试验接近生产实际,其结果可直接指导生产。若在轮作中进行肥料田间试验,其结果可成为制定施肥方案的科学依据。如果在全国省、市或县主要土壤进行三要素、微量元素以及肥料品种的肥效长期定位试验,其结果可为试验区计划各种化肥的生产、分配和使用提供重要的科学依据。

(2)盆栽试验是研究作物施肥理论的基本方法,包括土培法、沙培法、水培法以及灭菌培养法等。土培法可研究各种土壤肥力以及不同肥料品种对作物的产量和品质的效果。沙培法和

水培法可研究各种养分对于作物生长发育及其营养作用,各种离子间的协助和拮抗作用以及植物营养遗传差异等。而有机营养机理则须采取灭菌培养法研究。

4.测试分析

测试分析是进行土壤营养和植物营养研究必不可少的手段,包括土壤、肥料和植株的化学分析和仪器分析等,除此之外,还有核素技术和酶学诊断法。应用核素技术可深入了解植物营养及其体内代谢的实质,同时也为探索土壤、植物、肥料三者之间的复杂关系提供了新的手段。在田间试验、盆栽试验及化学分析研究中应用核素技术,可缩短试验进程,简化手续和提高工作效率,解决一些其他方法难以揭示的问题。

第一篇

施 肥 理 论

第一章　施肥的基本原理

本章提要:主要介绍了养分归还学说、最小养分律、报酬递减律与米氏学说和因子综合作用律的内涵与作用。

在植物营养和施肥科学的发展史中,科学家们先后提出了养分归还学说、最小养分律、报酬递减律和因子综合作用律等学说。这些学说科学地揭示出施肥实践中存在的客观事实,为科学进行施肥决策提供了较为系统的理论依据,成为指导合理施肥实践的重要原理。随着科学的不断进步,新的理论将不断形成,使施肥科学理论体系日趋完善。

第一节　养分归还学说

一、养分归还学说的基本内容

养分归还学说(theory of nutrition returns)是德国化学家李比希(J. von Liebig)于 19 世纪提出的。

1837 年李比希应英国化学促进会的邀请到利物浦做了一次"当前有机化学和有机分析"的报告。1840 年,李比希以这篇报告为基础出版了《化学在农业及生理上的应用》一书。在该书的第二部分"大田生产的自然规律"中论述了植物、土壤和肥料中营养物质的变化及其相互关系,较为系统地阐述了元素平衡理论和补偿学说。他把农业看作人类和自然界之间物质交换的基础,也就是由植物从土壤和大气中所吸收和同化的营养物质,被人类和动物作为食物而摄取,经过动植物自身和动物排泄物的腐败分解过程,再重新返回到大地和大气中去,完成了物质归还。李比希把他的归还学说归结为"由于人类在土地上种植作物并把这些产物拿走,这就必然会使地力逐渐下降,从而土壤所含的养分将会越来越少。因此,要恢复地力就必须归还从土壤中拿走的全部东西,不然就难以指望再获得过去那样高的产量,为了增加产量就应该向土地施加灰分"。养分归还学说的基本内容包括以下几点。

(1)随着作物的每次收获,必然要从土壤中带走一定量的养分,随着收获次数的增加,土壤中养分含量会越来越少。科学研究已经证实,植物体内的营养物质的形成有赖于植物对矿物质的吸收,各种作物形成的任何产量,无论是生物产量还是经济产量,都要从土壤中吸收和带走一定数量的土壤养分。例如冬小麦在 7 500 kg · hm^{-2} 产量水平时,每形成 100 kg 子粒从土壤中吸收的氮、磷、钾的数量分别为 3.0、1.25 和 2.5 kg,随小麦子粒的收获,一定数量的氮、磷、钾会从土壤中移走。其他作物生产和土壤养分之间的关系也是同样的。因此,产量越高,种植时间越长,带走的养分数量也越多。

(2)若不及时地归还作物从土壤中失去的养分,不仅土壤肥力逐渐下降,而且产量也会越来越低。我国农业生产实践中土壤钾素肥力的演变充分证明了李比希养分归还学说的内涵。据谢建昌等人的研究,我国土壤钾素肥力的演变经历了一个由不缺乏到缺乏,由南方缺乏到北方缺乏,由经济作物缺乏到禾谷类、果树、蔬菜等作物都缺乏,由高产田缺乏到中产田也缺乏的过程,这主要是由于连年种植作物而不施用钾肥所致。据统计,1990 年我国农田每公顷播种面积的钾亏缺量已达到 34.5 kg K_2O。在部分地区,土壤缺钾已成为农业生产进一步发展的限制因素。刘元昌等(1999)于 1982—1984 年对太湖地区不同水稻土和不同熟制的物质循环和能量转化进行了研究,结果表明,20 世纪 80 年代太湖地区农田钾素大量亏缺,亏缺量达 53.5 kg·hm^{-2},接近施肥量的 60%。土壤缺钾不仅局限于南方,广大北方土壤供钾不足问题也在逐年加重。谭金芳(1996)研究河南土壤钾素肥力演变时发现,1981—1992 年十年间,河南各土壤类型耕层速效钾含量均呈显著的下降趋势。其中,潮土类土壤中平均下降了 37 mg·kg^{-1},褐土类土壤中平均下降了 11 mg·kg^{-1}。范钦桢等在河南封丘研究表明,不施钾肥条件下种植 6 季作物后,速效钾由种植前的 78.8 mg·kg^{-1} 下降至 61.2 mg·kg^{-1},而缓效钾由 558.0 mg·kg^{-1} 下降至 526.4 mg·kg^{-1},下降速度较快,相应的产量也逐渐下降,在这一基础上再增加钾肥会显著提高产量。上述结果进一步证实了李比希的观点:“如果不补充有效养分,总有一天地力会枯竭。”此外,我国东北黑土土壤肥力的严重退化,是长期掠夺式经营的后果,也是对这一观点的有力支持。

(3)为了维持元素平衡和提高产量应该向土壤施入肥料。李比希养分归还学说的中心思想就是归还作物从土壤中取走的全部东西,以恢复土壤肥力,保持元素平衡。

归还的根本途径在于施肥。李比希主张施用化肥归还从土壤中带走的营养物质,特别是那些土壤中相对含量少而消耗量大的营养物质,这个观点已突破了依靠农业内部生物循环维持地力的范畴,给农业生产开拓了增加物资投入的广阔前景。李比希明确指出,土壤肥力是保证作物产量的基础,不恢复和提高土壤肥力,仅仅靠其他某一技术是不可能持续高产的。

施用肥料使作物增产,这已被历史充分证明是正确的。全球范围内通过增施氮肥、磷肥和钾肥提高产量的实例不胜枚举。据 FAO 数据统计,化肥在作物增产中的作用为 50%;我国化肥网试验统计,施用化肥对粮食产量的贡献率为 40.8%。因此把李比希的养分归还学说称为养分补偿学说更能确切地反映它的本质所在。

二、养分归还学说的发展

养分归还学说作为施肥的基本理论原则上是正确的。这是一个建立在生物循环基础上的积极恢复地力、保证作物稳定增产的理论。马克思对李比希的这一学说曾给予很高评价,他在《资本论》中说道:“李比希的不朽功绩之一,是从自然科学的观点出发,阐明了现代农业的消极方面,他对农业史所做的历史的概述,虽不免有些严重的错误,但也包含了一些卓见。”列宁称李比希的养分归还学说是“地力恢复律”。苏联农业化学创始人普里亚尼什尼柯夫曾指出,“虽然在李比希以后的科学和实践对归还植物从土壤中所摄取的物质以保持土壤肥力的学说提出了重大的修正,但是仍然不能不认为这一学说具有重大意义。因为从这里,我们首次找到关于有意识地调整人类和自然间物质交换的明确思想。”“李比希的学说不仅成为保持土壤固有水平的基础,而且后来还大大提高了肥力,在矿物质肥料帮助下,把产量提高到泰伊尔和李比希时期所设想不到的高度。”

李比希的养分归还学说中归还养分的观点是正确的,全球范围内的施肥实践正是在这一理论的指导下进行的。施肥的目的就是要归还作物收获从土壤中带走的养分。这一学说对增强农民合理施肥的意识无疑是正确的。李比希的养分归还学说奠定了英国 19 世纪中叶的磷肥工业的基础,促进了全世界化肥工业的诞生。

　　然而,由于受当时科学技术的局限和李比希在学术上的偏见,一些论断不免有其片面性和不足之处。因此,在应用这一学说指导施肥实践时,应加以注意和纠正。

　　第一,完全归还的见解是片面的。生产实践证明,归还养分的重点应该是作物需求量大、归还比率低、土壤中容易缺乏的养分。如氮、磷集中分布在禾谷类作物的种子中,随产品的移走和消费,土壤中的含量会越来越少,应该是重点归还的养分;相反,那些作物需求量小、归还比率高、土壤中含量丰富的养分就没有必要每茬都归还。这对于土壤养分资源的利用就更为合理、更为经济。事实上,要归还作物带出的全部营养也难以实施,因此,我们主张归还与作物产量和品质关系密切的、数量较大的养分,并根据生产需要,逐渐扩大归还数量和种类。

　　第二,李比希的养分归还学说还有一些错误见解。他认为大气中的碳酸铵是植物氮素营养的直接来源,土壤从大气和降水中可以获得足够数量的氮素来满足植物的需要,不必向土壤归还氮素。所以,他对土壤养分的消耗估计只着眼于磷、钾等矿质元素上,因而只强调向土壤补充磷、钾等矿质元素。李比希基于他创立的矿质营养学说,对矿质营养成分评价过高,而对有机营养成分评价过低,因此,他反对法国的布森高(Bausingault)关于厩肥作为氮素来源的观点,错误地认为,植物所需要的矿物质是以厩肥的形式补充给土地的。

　　第三,李比希还低估了厩肥中氮的作用和腐殖质的改土作用,忽视了有机肥料对提供氮素的重要作用,而过分强调了矿质肥料提供灰分元素的重要性。事实上,养分归还有两种方式:一种是通过有机肥料归还养分;另一种是通过化学肥料归还养分。因为有机肥料和化学肥料是两类性质不同的肥料,各有其优缺点,二者配合施用可以取长补短,增进肥效,因而是农业可持续发展的正确之路。

　　第四,李比希还反对布森高(Bausingault)关于豆科作物能丰富土壤氮素的说法。他错误地认为植物仅从土壤中摄取为其生活所必需的矿物质,每次收获必从土壤中带走某种物质而使之贫化。任何植物也不能为其他植物增加养料元素,而只能使土壤衰竭。因此他片面地认为作物轮换只能减缓土壤贫竭和更加协调地利用土壤中现存的养料源泉。而事实上,到1870—1880年间海尔瑞格(Hellriege)等发现了根瘤菌的固氮作用以后弄清了轮作中插入豆科作物,由于其固氮作用,在一定程度上丰富了土壤耕层氮素含量,成为植物氮素营养的重要来源之一。

　　当然,在未来农业发展过程中,养分归还的主要方式是合理施用化肥,因为施用化肥是提高作物单产和扩大物质循环的保证,目前农作物所需氮素的70%是靠化肥提供的,因而它是现代农业的重要标志。我国几千年传统农业的特点就是有机农业,其特征是作物单产低,因而满足不了人口增长的需求。考虑到有机肥料所含养分全面兼有培肥改土的独特功效,充分利用当地一切有机肥源,不仅是农业可持续发展的需要,而且也是减少污染和提高环境质量的需要。

第二节　最小养分律

一、最小养分律的基本内容

　　养分归还学说的问世,特别是磷肥的成功生产,促使西方国家大量施用磷肥。但在长期、大量施用磷肥的过程中,出现了施用磷肥不增产的现象,于是李比希在试验的基础上提出了应该把土壤中所最缺乏的养分首先归还于土壤。这就是当时的"最低因子律",也有人译成最小养分律(law of the minimum nutrition),李比希表述这一定律的原意是:"植物为了生长发育需要吸收各种养分,但是决定植物产量的,却是土壤中那个相对含量最小的有效植物生长因素,产量也在一定限度内随着这个因素的增减而相应地变化。因而无视这个限制因素的存在,即使继续增加其他营养成分也难以再提高植物的产量"。

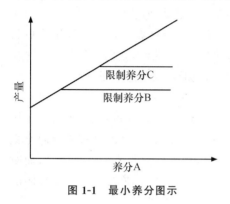

图 1-1　最小养分图示

此学说几经修改,后又称为:"农作物产量受土壤中最小养分制约。"直到 1855 年,他又这样描述:"某种元素的完全缺少或含量不足可能阻碍其他养分的功效,甚至于减少其他养分的营养作用",因此,最小养分律的产生是植物营养元素间不可代替性的结果。对最小养分律的理解还应该是:植物生长要从土壤中吸收各种养分,而产量高低是由土壤中相对含量最小的有效营养元素所决定的。植物的产量随最小养分 A 的供应量而按一定的比例增加,直到其他养分 B 成为生长的限制因子时为止。当增加养分 B 时,则最小养分 A 的效应继续按同样比例增加,直到养分 C 成为限制因子时为止。如果再增加养分 C,则最小养分 A 的效应仍继续按同样比例增加(图 1-1)。

深入分析最小养分律的内涵还应该包括以下几点。

1. 土壤中相对含量最少的养分制约着作物产量的提高

作物的正常生长发育需要多种营养元素充足而协调的供应,而这些元素大多数要从土壤中吸收,这就要求土壤中的各种营养元素应该是充足而成比例的。如果一种元素相对不足,这就破坏了元素间的平衡,必然影响作物的产量。所以说,作物的产量常随这一元素的增加而提高。例如,我国土壤中的氮被作物消耗最多,在土壤中成了最缺的元素,特别在 20 世纪 50～60 年代,氮就成为最小养分,向土壤中补充氮肥起到了非常明显的增产效应。

最小养分是相对作物需要来说土壤供应能力最差的某种养分,而不是绝对含量最少的养分,因此,最早出现的最小养分应该是作物需要量大而归还土壤中少的大量营养元素,如氮、磷、钾等。当然,在一定的土壤和作物条件下,作物需要量很少的某种微量元素也可能成为新的最小养分。如果不及时通过施肥补充土壤最缺的最小养分,将会给生产带来很大损失,轻则减产,重则绝收。例如,棉花"蕾而不花"是由于缺硼而引起的,则硼就成为最小养分。

2. 最小养分会随条件改变而变化

土壤养分受施肥影响而处于动态变化之中,最小养分同样受施肥影响而变化。当土壤中的最小养分得到补充,满足作物生长对该养分的需求后,作物产量便会明显提高,原来的最小养分则让位于其他养分,后者则成为新的最小养分而限制作物产量的再提高(图 1-2)。

图 1-2 描绘了最小养分随施肥情况而变化的过程,提醒人们在制订施肥方案时,应注意补充现在的最小养分和施肥调整后可能出现的新的最小养分。所以说,最小养分不是固定不变的,而是随作物种类、气候条件、种植制度、土壤特性、栽培耕作等条件变化而变化的。这一点从我国农业生产发展历史和施肥实践中得到证明。

20 世纪 50 年代,我国农田土壤普遍缺氮,氮是当时限制作物产量提高的最小养分,认识到这一点后,全国开展增施氮肥,当时对大多数土壤和作物来说,施用氮肥的增产效果十分显著,全国也相应建设了很多氮肥厂。

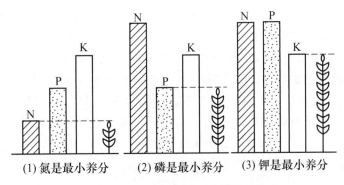

图 1-2　最小养分随条件而变化的示意图

到了 20 世纪 60 年代,随着氮肥用量的增加和栽培技术的提高,土壤供氮能力相应提高。这个时期由于土壤磷素没有得到相应补充,磷又成了限制作物产量提高的新的最小养分。因此,在施用氮肥的基础上增施磷肥,协调了氮、磷养分比例,使氮、磷养分比例趋于平衡,又获得较好的增产效果,这个时期又兴建了一大批磷肥厂。

20 世纪 70 年代后,随氮、磷肥的不断投入,加之复种指数的提高,我国南方红壤上出现了施氮、磷肥往往不能显著提高作物产量的现象,只有在此基础上配合施用适量钾肥才能保证作物持续增产,钾成了最小养分。进入 20 世纪 80 年代,华北地区的一些高产田和经济作物,由于氮、磷肥用量的逐年增加,土壤钾素显然不能满足作物高产的需要,原来不缺钾的田块配施钾肥也有明显的增产效果。这说明在新的条件下土壤缺钾成了新的最小养分,制约着作物产量的进一步提高。

当氮、磷、钾养分满足作物高产需要后,某些微量元素有可能先后成为限制作物产量提高的新的最小养分。例如,苹果小叶病的出现是因为土壤缺锌,锌就成了最小养分。

3. 只有补施最小养分,才能提高产量

最小养分是限制作物产量提高的关键因素,合理施肥就必须强调针对性。如果找不准最小养分而盲目增加其他养分,其结果是最小养分未得到补充,影响作物产量的限制因子依然存在,导致元素间的不平衡程度增大,产量降低,肥料利用率下降,从而影响施肥的经济效益并引发生理病害和产生环境污染。

据郑义(1995)等研究,河南开封市第二次土壤普查前,农田普遍缺磷,使磷成了三要素中的最小养分,由于不了解该市土壤中缺磷,在生产中仍然施用氮肥,结果作物产量仍然不高,而且施氮的经济效益明显下降。第二次土壤普查结束后,查清了全市农田土壤中磷是最小养分,制定了在施氮基础上的增施磷肥的技术,作物产量也随之提高了,不仅提高了磷肥的利用率,而且也提高了氮的利用率。

二、最小养分律的发展

李比希的最小养分律是正确选择肥料种类的基本原理,忽视这条规律常使土壤与植株养分失去平衡,造成物质上和经济上的极大损失。所以,李比希的最小养分律乃是合理施肥的基本原理。

最小养分律提出后,为了使这一施肥理论更加通俗易懂,用贮水木桶进行图解(图 1-3)。

图 1-3 中的木桶由长短不同、代表土壤中不同养分含量的木板组成,木桶中的水面高度代表作物产量的高低水平,显然它受代表养分含量最低的、长度最短的木板的高度所制约,也就是说,作物产量的高低取决于最小养分的供应水平。它反映了在土壤贫瘠和作物产量很低的情况下,只要有针对性地增施最小养分的肥料,就可以获得极显著的增产效果。

李比希的这一定律提出之后,在学术界引起了很大震动,同时也引起了很大的争论,有支持李比希观点的,也有反对的。瓦格纳尔(Wagner)和阿道夫·迈耶(Adolf Mayer)就是支持者,并用数学式 $y = a + bx$ 来表示最小养分与产量的关系(图 1-4)。式中:y 为作物产量,a 为不施肥时的产量,b 为效应系数,x 为最小养分的施用量。

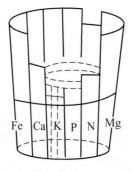

图 1-3　最小养分律木桶图解

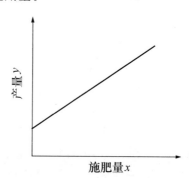

图 1-4　施肥与产量的直线关系

需要强调的是,图 1-4 所示的施肥与产量之间呈直线相关是有条件的,它只适合于土壤非常贫瘠和作物产量水平很低的情况。在土壤肥力水平和作物产量水平较高的情况下,施肥的增产效果不是直线关系,而是呈曲线关系,否则将会得出施肥越多越增产的错误结论。

最小养分律的不足之处是孤立地看待各个养分,忽视了养分间互相联系、互相制约的一面。这也是最小养分律在当时受到一些人批评的原因所在。

继最小养分律提出之后,人们又把这一学说进一步延伸,形成了最适因子律和限制因子律。

限制因子律是英国学者布莱克曼(Blackman)把最小养分律扩大和延伸至养分以外的其他生态因子上提出的。认为养分仅是生态因子之一,作物生长还要受许多其他生态因子的影响。这些生态因子包括土壤的通气、水分、有害物质,气候因素中的光照、温度、湿度和降雨量等。1905 年,布莱克曼把限制因子律描述为:增加一个因子的供应,可以使作物生长增加,但是遇到另一生长因子不足时,即使增加前一因子也不能使作物生长增加,直到缺少的因子得到补足,作物才能继续增长。可见,这里的因子不再是仅指某一种养分了。这一学说告诉我们作物生长不仅会受最小养分的限制,还可能受其他生态因素限制,任何一种生态因子不足都会限制产量的提高。

最适因子律的提出比较早,远在李比希没有提出最小养分律之前。1837 年德国土壤学家施普林盖尔(Sprengel)就指出,养分太少植物不能生长,养分太多对植物有害,即养分只有处在最适水平才有利于植物生长。1895 年,德国学者李勃夏(Lieber Cher)在李比希提出最小养分律之后,对其进行扩展,提出了最适因子律,其全文意思是:植物生长受许多条件的影响,生活条件变化的范围很广,植物适应的能力有限,只有影响生产的因子处于中间地位,最适于植物生长,产量才能达到最高。因子处于最高或最低的时候,不适于植物生长,产量可能等于零。因此,生产实践中对养分或其他生态因子的调节应适度。

第三节 报酬递减律与米氏学说

一、报酬递减律与米氏学说的基本内容

18 世纪末,法国古典经济学家,重农学派杜尔哥(A. R. J. Turgot)深入地研究了投入与产出的关系,在大量科学实验的基础上进行了归纳,提出了报酬递减律(law of diminishing returns),其基本内容是:从一定面积土地所得到的报酬随着向该土地投入的劳动和资本数量的增加而增加,但达到一定限度后,随着投入的单位劳动和资本的再增加而报酬的增加速度却在逐渐递减。它反映了在技术条件不变的情况下,投入与产出的关系。需要指出的是,当时安德森(J. Anderson)也同时提出了这一定律。此后,不同领域科学家们进一步在其他领域验证了这一规律的普遍适用性,从而该学说成为一个通用性的经济法则,广泛应用于工业、农业和畜牧业生产等各个领域。

1909 年德国著名化学家米采利希(E. A. Mitscherlich)成功地把报酬递减律移植到农业上来,他通过燕麦磷肥试验,利用数学原理深入地探讨了施肥量与产量的关系(表 1-1),并发现,只增加某种养分单位量($\mathrm{d}x$)时,引起产量增加的数量($\mathrm{d}y$),是以该种养分供应充足时达到的最高产量(A)与现在的产量(y)之差成正比。用数学式表达为:

$$\frac{\mathrm{d}y}{\mathrm{d}x} = C(A - y)$$

转换成指数式为:

$$y = A(1 - \mathrm{e}^{-Cx})$$

式中:y 为施一定量肥料 x 所得的产量;A 为施足量肥料所获得的最高产量或称极限产量;x 为肥料用量;e 为自然对数;C 为常数(或称效应系数)。

表 1-1 燕麦磷肥试验(沙培)

每盆施磷量 (P_2O_5)/g	干物质每盆产量/g		每 0.05 g P_2O_5 增产量 /g(边际产量)
	实测值	计算值	
0	9.8±0.50	9.80	—
0.05	19.3±0.52	18.91	9.11
0.10	27.2±2.00	26.64	7.73
0.20	41.0±0.85	38.63	5.99
0.30	43.9±1.12	47.12	4.25
0.50	54.9±3.66	57.39	2.57
2.00	61.0±2.24	67.64	0.34

引自:[英]E·W·腊塞尔. 土壤条件与植物生长. 北京:科学出版社,1979.

当时米采利希认为，C 对每一种肥料都是一个常数，与作物、土壤或其他条件无关。根据米氏的测定，N、P_2O_5 和 K_2O 的常数 C 分别为 20、60、40 $kg \cdot hm^{-2}$。因此，上述数学式表明，土壤中某种养分的含量越低，施入某元素肥料的增产效果越显著。

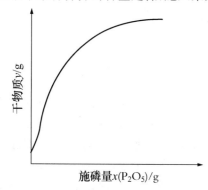

图 1-5　燕麦施磷量与干物质产量的关系

上述公式概括了达到极限产量之前施肥量和产量之间的关系，经实践检验它具有普遍性。米采利希学说的实质为：①总产量按一定的渐减率增加而趋近于某一最高产量极限；②增施单位量养分的增产量随养分用量的增加而按一定比数递减；③在一定条件下，任何单一因素都有一最高产量（图 1-5）。当条件改变时，该因素可能达到的最高产量也随之改变。

二、米氏学说的作用

首次用严格的数学方程式表达了作物产量与养分供应量之间的关系，并作为计算施肥量的依据，开创了施肥实践由过去的经验施肥发展到定量施肥的新纪元，这是世界农业化学发展史上的一件大事。米氏学说及其著名的米采利希方程的广泛应用，使有限的肥料发挥了最大的增产效益，是对最小养分律的完善和发展，如今在国际上仍然作为一个重要的施肥理论加以应用。

国内外几十年生产实践结果也表明，作物产量与施肥量之间的关系也遵循米氏学说和米氏方程这一规律，因此，米氏方程曾被广泛用来确定经济最佳施肥量、预测产量、估算土壤有效养分含量，并成为后来肥料效应函数施肥法建立的理论依据。

三、米氏学说的发展

米采利希学说提出后，大量科学试验表明，常数 C 并不是一个固定值，而是随作物种类及其生长的环境条件而发生变化。后来又发现，过量施肥，特别是氮肥，对产量常起副作用，因此，米氏曾提出一个米氏方程的修正式：

$$y = A(1 - e^{-Cx})10^{-kx^2}$$

式中 k 为损伤系数。

此后，B·包尔（B. Baule）也提出了一个米氏方程的修正式。他不用增产的绝对值，而以最高产量的百分率来表示肥料效应。他认为这样可不受土壤养分变化的影响，他把获得最高产量的 50% 所需的养分数量定为一个"养料单位"（food unit），或称一个"包尔单位"。增加一个"包尔单位"，增产量为最高产量的 50%，增加 2 个"包尔单位"的增产量为最高产量的 75%。依此将米氏方程修改为：

$$y = A(1 - 10^{-0.301x})$$

式中：A 与 y 均以相对产量表示，$A = 100$，y 为最高产量的百分率；x 为"包尔单位"。

20 世纪 40 年代，美国著名土壤学家 R·H·布瑞（R. H. Bray）在大量研究了土壤有效养分与作物产量的关系之后，提出了又一个米氏方程的修正式：

$$y = A[1 - 10^{-C(x+b)}]$$

式中:C 为总养分效应系数;b 为"效应量",实质为土壤所提供的有效养分数量,即化学测定的土壤速效养分量乘以校正系数。该式曾用于土壤测定的校验研究,取得了良好的结果。

克劳斯和耶斯米氏也提出了一个修正式:

$$y = y_0 + d \ (1 - 10^{-kx})$$

式中:y 为总产量;y_0 为不施肥产量;d 为增加施肥量能达到的最高增产量;x 为施肥量;k 为效应系数。

但是,米氏公式及其修正式仍不能完整地反映产量与施肥量之间的变化关系。在米氏公式之后,费佛尔(Pfeiffer)又提出了施肥从低量到中量和过量时,产量与施肥量之间的数学模型:

$$y = b_0 + b_1 x + b_2 x^2$$

式中:y 为产量;x 为施肥量;b_0,b_1,b_2 为回归系数,其中 b_0 为不施肥时的产量,b_1 为施肥的增产趋势,b_2 为曲线的曲率程度和方向,正常情况下为负值,以反映施肥过量导致作物产量下降这一后果。这一公式说明,当施肥量很低时,作物产量几乎呈直线上升;当施肥量中等时,作物产量按报酬递减律而增加;当施肥量超过最高产量施肥量时,产量不仅不再增加,反而会下降。这与目前施肥实践中存在的由于盲目施肥而造成减产的情况是一致的。因此,费佛尔等的工作无疑是把施肥科学向前推进了一步。

第四节 因子综合作用律

一、综合因子的分类

农作物生长发育是受综合因子影响的,而这些因子可分为两类:

(1)对农作物产量产生直接影响的因子 即缺少某种因子,作物就不能完成生活周期,如水分、养分、空气、温度、光照等,从而看出,合理施肥是作物增产的综合因子中起重要作用的因子之一。

(2)对农作物产量并非不可缺少,但对产量影响很大的因子 即属于不可预测的因子,如冰雹、台风、暴雨、冻害和病虫害等。受其中的某一种因子的影响,作物轻者减产,重者绝收。

二、因子综合作用律的基本内容

因子综合作用律的基本内容是:作物高产是影响作物生长发育的各种因子,如空气、温度、光照、养分、水分、品种以及耕作栽培措施等综合作用的结果,其中必然有一个起主导作用的限制因子,产量也在一定程度上受该种限制因子的制约。产量常随这一因子克服而提高,只有各因子在最适状态,产量才会最高。

三、因子综合作用律的内涵与作用

(一)作物丰产是诸多因子综合作用的结果

农作物的产量是养分(N)、水分(W)、温度(T)、空气(G)、光照(L)等环境综合因子共同作用的结果。只有各种因子保持一定的均衡性,才能充分发挥各因子的增产效果,各个因素之间遵循乘法法则,共同决定作物的产量。我们用 $y=f(N,W,T,G,L)$ 表示,式中,y 为产量,f 为函数符号;假如每个因素都能百分之百地满足农作物的需要,则可获得最高产量,如果各因素只能满足农作物所要求的 80%,则只能获得最高产量 32.8% 的产量,即 $y=(80/100)^5 \times 100\%=32.8\%$,其中 y 为相对产量,$(80/100)^5$ 为 5 个因素 80% 的乘积。因而,综合因子作用的基础,应该是力争每一个组成因子都能最大限度地满足作物每个生长期的需要,为提高产量和品质做贡献。

因子综合作用律是指导合理施肥的基本原理。虽然作物丰产是影响作物生长发育诸多因子综合作用的结果,但其中必然有一个起主导作用的限制因子,在一定程度上产量受主导因子的制约。例如,在肥力较低的土壤上,养分就是限制因子;在水分缺乏的干旱地区,水分则成为限制因子;在阴坡地种植作物,光照又成为限制因子。为了充分发挥肥料的增产作用和提高肥料的经济效益,不仅要重视各种养分之间的配合施用,而且要使施肥措施与环境因子及其他农业技术措施密切配合。

(二)因子的作用效果受因子交互作用的影响

一个因子作用的发挥程度依赖于另外因子所处水平。一个非常明显的例子是肥料与水分的关系。在无灌溉条件的旱作农业区,肥效往往决定于土壤含水量,在一定范围内,肥料的增产效应和肥料的利用率则随水分的增加而提高。

徐秋明等(1998)研究了京郊两种不同质地土壤上氮、磷、水的联合效应(表 1-2 和表 1-3)发现,不管土壤质地如何,水分虽然在作用方向和强度上有所不同,但是对氮、磷肥料效应的影响都是很明显的。

表 1-2　沙土上土壤水分对肥料效应的影响　　　　　　　　　　kg·hm^{-2}

土壤相对含水量/%	氮 肥 效 应				磷 肥 效 应			
	Y_{N0}	N_{max}	Y_N	Y_N-Y_{N0}	Y_{P0}	P_2O_{5max}	Y_P	Y_P-Y_{P0}
48	1 936.5	0	1 936.5	0	1 996.5	99.0	2 113.5	117.0
56	2 088.0	57.0	2 128.5	40.5	2 114.5	61.5	2 185.0	70.5
64	2 113.5	136.5	2 352.0	238.5	2 113.0	25.5	2 125.5	12.5
72	2 014.5	216.0	2 611.5	597.0	2 014.5	0	2 014.5	0
80	1 788.0	297.0	2 901.0	1 113.0	1 788.0	0	1 788.0	0

表 1-3　壤土上土壤水分对肥料效应的影响　　　　　　　　　　kg·hm^{-2}

土壤相对含水量/%	氮 肥 效 应				磷 肥 效 应			
	Y_{N0}	N_{max}	Y_N	Y_N-Y_{N0}	Y_{P0}	P_2O_{5max}	Y_P	Y_P-Y_{P0}
48	2 940.0	276.0	4 752.0	1 812.0	2 940.0	82.5	3 082.5	142.5
56	3 322.5	267.0	4 999.5	1 677.0	3 324.0	114.0	3 595.5	271.5
64	3 229.5	256.5	4 786.0	1 557.0	3 229.5	144.0	3 672.0	442.5
72	2 661.0	246.0	4 098.0	1 437.0	2 658.0	175.5	3 315.0	657.0
80	1 615.5	237.0	2 937.0	1 321.5	1 615.5	207.0	2 521.5	906.0

表 1-2 和表 1-3 的结果显示,随着土壤含水量的变化,两种质地不同土壤上氮、磷肥的用量都相应发生有规律的变化。

随土壤含水量的增加,沙土上氮肥的最高施用量同步增加,且变幅较大,壤土上氮肥最高施用量却随之降低,同时变幅也很小。磷肥在不同质地土壤上效应表现与氮正好相反。在沙性土壤上,随着水分的增加,磷肥最高施肥量降低,在壤土上则呈增加趋势。

质地不同土壤在水肥交互作用上的差别表现为基础产量(N 或 P 为 0 时)的不同变化。土壤水分变化时,壤土的小麦基础产量的变幅大于施肥造成的产量变幅,在磷肥效应上更为明显。但是在沙土上,土壤水分变化造成的基础产量变幅远小于壤土,也小于肥料效应的变幅。

从以上这个例子可以看出,作物的产量要受到很多因素的影响,有些因子间表现协同效应,有些可能表现拮抗作用。总之,作物的产量是多因子综合作用的结果。

思考题

1.养分归还学说、最小养分律、米氏学说和因子综合作用律的中心意思是什么? 对指导施肥有何意义? 生产上如何灵活运用这些学说?

2.养分归还学说、最小养分律之间的关系如何?

第二章 施肥的基本原则与依据

本章提要：主要讲述了在当前我国经济社会发展状况下施肥应遵循的基本要求，以及根据作物特性、土壤特性、肥料性质、生态条件、耕作栽培措施和生产技术水平等进行合理施肥时应考虑的具体方面。

第一节 施肥的基本原则

一、培肥地力的可持续原则

（一）培肥地力是农业可持续发展的根本

土地是农业生产最基本的生产资料和作物生长发育的场所，地力是土地能够生长植物的能力。地力水平处于不断的发展变化之中，地力的高低及变化趋势不仅取决于土地本身的物质特性，更受到外部自然环境因素以及人类社会生产活动的影响。对于农田土地，人类的农业生产活动对地力的影响远远超过了土地本身的物质特性。人类的农业生产活动，如施肥、灌溉、耕作、轮作等农田管理措施，不仅直接影响着地力发展变化的方向和速度，而且决定着农业生产的水平和发展趋势，更决定着人类的生存状况与质量，只有树立培肥地力的观点，才能实现农业生产的可持续发展。

土地在农业生产中虽是一种可重复利用的自然资源，但不合理的开发和利用势必违反地力发展的客观规律，如植被的破坏造成大面积的水土流失，使土壤中大量的营养物质得不到保存，而随水冲失；草原过度放牧造成严重风蚀，使土地发生沙化和荒漠化，丧失了维持植物生长所必需的水肥条件；不恰当的灌溉导致土地盐碱化，恶化了植物的生长环境。总之，一味地从土壤中索取，用地而不养地，进行掠夺式的经营等，都会导致地力的下降，使土地这一宝贵的自然资源失去或降低其农业利用的价值，最终会导致农业生产不能够持续下去。

地力的维持和提高是农业生产可持续进行的基本保证，不断培肥地力可使农业生产得到持续的发展和提高，从而可以满足世界不断增长的人口和由于生活水平的提高对农产品在数量上和质量上不断提高的需求。

（二）施肥是培肥地力的有效途径

许多耕作栽培措施，诸如耕作、施肥、灌溉、轮作等都具有一定的培肥地力的作用，其中施肥是培肥地力最有效和最直接的途径。

1. 有机肥在培肥地力中的作用

有机肥中富含有机质、多种矿质营养元素和大量微生物，施用有机肥不仅可以直接供给作物所需要的有机和无机养分，而且在改良和培肥土壤方面有着重要的作用。其培肥改土作用主要表现在：①提高土壤有机质含量，改善土壤的理化性质。长期施用有机肥可加速土壤有机质的更新，并可在一定程度上提高土壤有机质含量，从而促进土壤团粒结构，特别是水稳性团粒结构的形成，提高了土壤的孔隙度、吸水保水性、吸热保温性，协调了土壤水、肥、气、热之间的矛盾；有机肥中的腐殖质带有较多的负电荷，阳离子代换量一般比土壤矿物黏粒大 10～20

倍,因此施用有机肥可提高土壤阳离子代换量,增强土壤保肥供肥能力;有机肥中的有机酸和腐植酸盐具有较高的缓冲性能,可以调节土壤 pH 的变化和减轻一些有害元素的活性和危害。②增强土壤生物活性,促进土壤养分的有效化,增加土壤有效养分含量。有机肥中存在大量的种类繁多的微生物,有机肥的施用不仅将其所含的微生物带入了土壤,更主要的是为土壤微生物的生命活动创造了良好生活环境,提供了充足的能源物质和营养物质,可激发土壤微生物的活性,一方面促进土壤有机质的矿质化;另一方面促进土壤有机质的腐殖化,既可为作物提供营养物质,又可通过增加土壤腐殖质培肥地力。

2. 化肥在培肥地力中的作用

有机肥培肥地力的作用已是公认的事实,但化肥是否具有培肥地力的作用却是人们长期争论的一个问题。个别地区由于不合理地长期、大量施用化肥确实出现一些土壤肥力下降的现象,如土壤有机质含量降低、板结、盐碱化,一些生理酸性肥料如硫酸铵、氯化铵等长期大量施用导致土壤酸化等问题,因而使人们对化肥产生了误解,认为长期单独施用化肥会使土壤肥力下降。事实上,英国洛桑试验站 160 多年长期试验结果表明,合理施用化肥不仅不会使土壤肥力下降,甚至还能使土壤肥力有所提高。化肥对土壤的培肥作用概括起来可分为直接的和间接的两个方面(沈善敏,1998;奚振邦,1994)。

(1)直接作用　由于化肥多为养分含量较高的速效性肥料,施入土壤后一般都会在一定时段内显著地提高土壤有效养分的含量,但不同种类的化肥其有效成分在土壤中的转化、存留期的长短以及后效等是极不相同的,所以,它们培肥地力的作用也是不相同的。①对于氮肥,在中低产条件下,一方面虽然一部分氮可进入有机氮库,以有机态氮残存于土壤中,可占到施用化肥氮总量的 15%~30%,但土壤对残留氮的保持能力很弱,残留氮还会随后通过不同途径从土壤中损失掉;另一方面在作物生长过程中,一部分土壤氮会代替转变为有机氮库的氮肥而被作物吸收利用,因而单施氮肥不能显著和持续地增加土壤有机氮库或提高土壤全氮含量。Glanding 等(1990)认为,虽然长期施用氮肥不会显著地增加土壤含氮量,但土壤供氮能力有明显提高,并与氮肥的用量呈正相关。其原因是氮肥提高了生物量、根茬和根分泌物的数量,即增加了直接归还土壤的有机氮量,虽然增加的有机氮数量有限,但其残效是可以累加的,多年之后便可显示出供氮能力有所提高;另一个可能的原因是,持续施用氮肥可提高土壤中微生物氮含量和加快微生物氮的周转率,从而提高了土壤供氮能力。②对于磷肥,由于绝大多数土壤对磷有强大的吸持固定力,尽管其当季利用率较氮肥和钾肥低得多,但残留在土壤中的磷几乎不能随土壤中水的下渗而淋失,因而可以在土壤中积累起来。残留在土壤中的化肥磷绝大部分存在于非活性磷库中,仅有少部分存在于土壤的有效磷库中,但二者之间存在动力学平衡,当土壤有效磷库中的磷由于作物的吸收而降低后,非活性磷库中的磷可以不同的方式和速度释放出来而进入有效磷库。因而,被土壤所吸持固定的残留肥料磷并不完全失去对作物的有效性,反而使土壤具有强大和持续的供磷能力。③对于钾肥,温带地区富含 2:1 型黏土矿物的黏质土壤对 K$^+$ 有较强的吸持力,残留于土壤中的 K$^+$ 很少随水淋失,因而在这些土壤上持续施用钾肥可以不断扩大土壤的有效钾库,增强土壤的供钾能力。但是缺乏 2:1 型黏土矿物的热带、亚热带土壤对 K$^+$ 的吸持作用很弱,残留于土壤中的肥料钾会随水流失,因而在这类土壤上不能采用连续大量施用钾肥的方式来扩大土壤有效钾库和增强土壤的供钾能力,只能采用少量多次的施用方式,以提高钾肥的利用率和施肥效益。

(2)间接作用　化肥的施用不仅提高了作物产量,同时也增大了农家肥和有机质的资源量,使归还土壤的有机质数量增加,从而起到培肥土壤的间接作用。奚振邦(1981)将这个过程描述如下:前一年施入土壤的化肥增加了作物产量,多供养了人、畜,有相当部分变成了下一年的有机肥,故化肥既是当季作物的增产手段,又是下季作物的有机肥源和土壤的培肥手段。这样以化肥换取有机肥,就可以通过有机肥发挥化肥间接培肥土壤的作用。

沈善敏(1998)分析了1949—1993年的45年中,我国1.3×10^8 hm^{2}农田的外源氮、磷、钾的输入情况,并估计45年中我国农家肥中氮、磷来自化肥氮、磷的平均比例分别为50%,40%,而农家肥中钾目前来自化肥钾的比例仅约为13%。进而推测,我国农家肥氮、磷来自化肥氮、磷的比例都将超过70%,农家肥中钾来自化肥钾的比例也会增加,但在短期内不可能成为主要部分,土壤钾仍将是我国农家肥中钾的主要来源。可见在我国有机肥中的主要养分元素,特别是氮和磷来自化肥的比例很高,而且仍在增加,因此施用有机肥扩大土壤养分库和养分供应能力的作用中有相当大部分是化肥的间接作用。

3. 不合理施肥对地力的影响

近些年来,不合理施肥导致土壤质量下降、肥力降低等方面的报道很多,归纳起来主要影响有:①引起土壤酸化或盐碱化。长期大量施用氮肥导致中性和酸性土壤的 pH 下降,大量施用含有钠和钾的肥料可能使干旱、半干旱地区的土壤 pH 上升。②土壤结构破坏,肥力下降。大量施用含有 NH_4^+、K^+ 等一价阳离子的化肥会使土壤胶体分散,理化性状恶化,水、肥、气、热失调,肥力下降。③导致土壤污染,进而影响农产品质量、对生态环境造成污染。长期施用过磷酸钙或利用生活垃圾和污泥生产的有机肥料会使重金属元素在土壤积累而导致土壤质量下降,进而影响作物产品品质和引起生态环境的污染等。

二、协调营养平衡原则

(一)施肥是调控作物营养平衡的有效措施

作物的正常生长发育有赖于其体内各种养分有一个适宜含量范围。因而通过测定作物体内某种养分元素的含量可以确定该养分的供应充足与否,如果其含量低于某一临界值(critical value),就需要通过施肥来调节该养分在作物体内的含量水平,使其达到最适范围(optimum ranges),以保证作物正常生长发育对该养分的要求;如果作物体内某一营养元素过量,则可以通过施用其他元素肥料加以调节,使其在新水平下达到平衡。由于不同作物对各种养分的需求量不同,不同作物体内各种养分的含量也不同,而且同一作物在不同生育时期、不同组织和不同器官中,每种养分的含量也有变化,因而在诊断作物营养水平时要选择适当的测定时间、测定部位或器官,这样的测定结果才具有实际应用价值,才可作为利用施肥调节作物营养的依据。

作物正常的生长发育不仅要求各种养分在量上能够满足其需求,而且要求各种养分之间保持适当的比例。谭金芳和韩燕来估算(2008)超高产冬小麦和夏玉米 N：P_2O_5：K_2O 分别为 3.44：1：4.38 和 2.28：1：2.32。一种养分的过多或不足必然要造成养分之间的不平衡,从而影响作物的生长发育。在不平衡状况下,通过作物的营养诊断,确定某种养分的缺乏程度,以施肥调控作物营养平衡是最有效的措施。

(二)施肥是修复土壤营养平衡失调的基本手段

土壤是作物养分的供应库,但土壤中各种养分的有效数量和比例一般与作物的需求相差甚远,这就需要通过施肥来调节土壤有效养分含量以及各种养分的比例,以满足作物的需要。

据研究,在耕种历史悠久的农田土壤上进行的长期肥料试验中,以不施肥处理区作物吸收的养分量估算,来自土壤自身矿化释放和环境输入的养分量为每年氮(N)20~60 kg·hm^{-2}、磷(P)4~13 kg·hm^{-2}、钾(K)20~100 kg·hm^{-2}。由此可见,一般农田土壤若长期不施肥,其自身的养分供应能力不仅低下,养分之间也不平衡,根本满足不了高产和超高产作物的需求,为了高产就必须向土壤中施肥,这已为多年来的生产实践所证实。我国北方石灰性土壤氮、磷、钾养分供应的一般状况为缺氮少磷,近年来,在有些土壤上钾也表现出缺乏现象。南方的红壤、砖红壤等不仅氮、磷、钾都缺乏,而且也不平衡。利用施肥来修复土壤营养平衡失调是基本手段,也是根本手段。

三、提高产量与改善品质相统一原则

(一)施肥与作物产量

化肥对作物的增产作用已是众所周知的事实。据中国国家统计局(1999)资料,1957—1998 年间全国化肥(纯养分)年投入量与粮食年总产量之间有着密切的关系($R^2 = 0.959^*$,缺少 1966—1969 年间的数据),联合国粮农组织(FAO,1981)对 62 个主要谷物生产国的统计结果也表明,单位面积施肥量和单位面积谷物产量之间均有显著的相关性。这些在时间和地理上大范围的统计结果都表明化肥在农业生产中起着巨大的作用。据有关专家以及 FAO 的估计,化肥在粮食增产中的作用要占到 40%~60% 的份额。把每千克肥料养分所增加的作物经济产量千克数称为肥料的生产系数(production index,PI)。对不同地点肥料试验结果的研究认为,肥料的生产系数在 7~30 kg,但不同国家和不同养分的生产系数变异很大,主要受各种养分肥料的施用历史和施用量的影响,随着施用时间的延长和施用量的增加,所施养分的生产系数有下降的趋势。

有机肥的施用在我国有着悠久的历史,有机肥的增产作用一方面是直接为作物提供养分,另一方面是间接改善和培肥土壤而起作用。英国洛桑试验站 Broadbalk 长期(1850—1992 年)小麦施肥试验结果表明,试验前期化肥区小麦产量略超过厩肥区,但在试验后期(1930 年以后)厩肥区小麦产量在多数年份超过化肥区。因而,从长期的增产效应来看,有机肥的作用绝不逊于化肥甚至可超过之。

(二)施肥与作物品质

农产品的品质包括营养品质、商品品质和符合加工需要的某些品质,它主要决定于作物本身的遗传特性,但也受到外界环境条件的影响。外界环境因素主要包括养分供应、土壤性质、气候环境和管理措施等,其中养分供应对改善作物产品品质有着重要的作用。尽管不同营养元素对产品质量的影响各不相同,但养分平衡是提高产品质量的基本保障。

1.氮肥对产品品质的影响

氮素供应充足时,可提高禾谷类作物子粒中蛋白质的含量,但在提高蛋白质含量的同时也往往会减少产品中碳水化合物和油脂的含量。氮素的供应也影响着作物产品中必需氨基酸、NO_2^--N 和 NO_3^--N 的含量,供氮水平适当时会明显提高作物产品中必需氨基酸的含量,供氮过量反而会降低必需氨基酸的含量,但会显著增加蔬菜类作物产品中的 NO_3^--N 和 NO_2^--N 含量,降低其品质。

2.磷肥对产品品质的影响

农产品是人和动物获得磷素的主要来源,产品中的总磷量达到一定水平才能满足人和动

物的需求,如饲料中含磷(P)达 1.7～2.5 mg·kg⁻¹ 时才能满足动物的需要。充足的磷供应可以增加作物绿色部分的粗蛋白含量,从而提高其作为食品或饲料的品质。磷还可促进蔗糖、淀粉和脂肪的合成,从而提高糖料作物、薯类作物和油料作物产品的品质;磷能够改善果蔬类作物产品的品质,使果实大小均匀、营养价值高、味道和外观好、耐储存等。

3. 钾肥对产品品质的影响

钾可增加禾谷类作物子粒中蛋白质含量,提高大麦子粒中胱氨酸、蛋氨酸、酪氨酸和色氨酸等人体必需氨基酸的含量,从而改善其产品的品质;增强豆科植物的固氮能力,提高其子粒中的蛋白质含量;有利于蔗糖、淀粉和脂肪的积累,提高糖料作物、高淀粉类作物和油料作物产品的品质;提高纤维作物产品的品质和改善烟叶质量等,因而钾被称为品质元素。

4. 中量和微量元素肥料对产品品质的影响

多数中量和微量营养元素在作物产品中的含量本身就是产品质量指标之一,如钙、镁、铁、锰、锌等。食品和饲料作物产品中缺乏这些元素会影响人、畜的健康,出现一些特殊的病症。此外中、微量营养元素还对作物产品多方面的品质特性有重要的影响,如钙对果蔬类作物产品的营养品质、商品品质和储藏性有着明显的影响;镁影响着一些作物产品中叶绿素、胡萝卜素和碳水化合物的含量;硫是一些必需氨基酸的组成成分,因而硫的供应会影响植物产品中蛋白质的含量和质量,硫还是某些百合科和十字花科植物产品中一些具有特殊香味物质的组成成分,因而影响这些植物产品的品质;锰对提高作物产品中维生素(如胡萝卜素、维生素 C)和种子含油量等有重要作用;铜对子粒的灌浆、蛋白质的含量有很大的影响;硼对作物体内碳水化合物的运输有重要影响,可以提高淀粉类、糖料等作物的品质,硼还可防止蔬菜作物的"茎裂病",提高商品品质;钼可提高作物产品中蛋白质的含量等。

5. 有机肥对产品品质的影响

有机肥对作物产品质量具有多方面的作用,首先,有机肥为完全养分肥料,所含各种养分元素与化肥中的营养元素一样影响着作物产品的质量;其次,通过改良培肥土壤从而影响作物特别是薯类作物以及花生、萝卜、胡萝卜等产品的营养价值和商品价值;最后,有机肥中的一些生物活性物质通过对作物生长发育起调节作用,进而影响着农产品的质量。

(三)施肥与产量和品质的关系

作物产量和品质对人类是同等重要的,施肥对作物产量和品质的影响一般有 3 种情况:①随着施肥量的增加,最佳产品品质出现在达到最高产量之前,如施氮量对糖用甜菜含糖量和产量的影响以及施氮量对菠菜硝酸盐含量和产量的影响都是如此;②随着施肥量的增加,最佳产品品质出现在最高产量出现之后,如施氮量对禾谷类作物和饲料作物产品中蛋白质含量和产量的影响;③随着施肥量的增加,最佳产品品质和最高产量同步出现,如薯类作物达到最高产量时一般品质也是最好或接近最好。

最好的施肥结果当然是能获得最高产量又能获得最佳品质,但绝大多数作物的产量和品质对肥料的反应是属于上述第一或第二种情况,即产量和品质的变化不同步,一般的选择原则是:在不至于使产品品质显著降低或对人、畜安全产生影响的情况下,以实现最高产量为目标进行施肥;在不至于引起产量显著降低时,以实现最佳品质为目标进行施肥;当产量和品质之间的矛盾比较大时,在尽可能有利于品质改善的前提下,以提高产量为目标进行施肥,因品质良好的产品具有较高的商品价值,这样可以全部或部分弥补由于产量的降低所造成的经济损失;在食品或饲料作物产品严重短缺的特殊情况下,也可以选择最高或较高的产量为目标,但前提是应保证产品中有害物质含量在安全界限内,不能对人、畜产生危害。

四、提高肥料利用率原则

(一)提高肥料利用率是施肥的基本目标

肥料利用率(utilization rate),也称肥料利用系数(utilization coefficient)或肥料回收率(recovery rate),是指当季作物对肥料中某一养分元素吸收利用的数量占所施肥料中该养分元素总量的百分数。我国目前一般氮肥的平均利用率在 $30\%\sim40\%$,磷肥在 $10\%\sim25\%$,钾肥在 $40\%\sim60\%$,有机肥在 20% 左右。各种肥料的利用率变幅如此之大,主要是由于其受多种因素的影响,诸如作物种类、栽培技术、施肥技术、气候条件和土壤类型等。因而不同地区,由于气候条件、土壤类型、农业生产条件和技术水平的不同,肥料的利用率相差很大。磷肥的利用率一般明显低于氮肥和钾肥的利用率,但磷肥的残效大而持久,如果把残效计算在内,磷肥利用率与氮、钾肥的利用率相近或更高。

肥料利用率的高低是衡量施肥是否合理的一项重要指标,而提高肥料利用率也一直是合理施肥实践中的一项基本任务。通过提高肥料的利用率可提高施肥的经济效益、降低肥料投入、减缓自然资源的耗竭以及减少肥料生产和施用过程中对生态环境的污染。

提高肥料利用率的主要途径有:有机肥和无机肥配合施用;氮、磷、钾肥及微量元素配合施用;根据气候特性、土壤供肥特性和作物需肥特性选用和施用肥料;改进化肥剂型(如造粒、复合);采用恰当的施肥机具和施肥方式;施肥措施与耕作栽培管理措施相结合等。

(二)施肥与肥料利用率的关系

施肥技术是影响肥料利用率的主要因素之一。在相同生产条件下,随着施肥量的增加,肥料利用率下降;施肥方法也明显影响着肥料利用率,如在石灰性土壤上,铵态氮肥深施覆土比表施或浅施的利用率要高,而磷肥集中施用比均匀施用时的利用率要高;不同的肥料品种利用率也有差异,一般硫酸铵的利用率比尿素和碳酸氢铵的高,水田中硝态氮肥的利用率低于铵态氮肥和尿素,石灰性土壤上钙镁磷肥的利用率低于过磷酸钙。

有机肥料和无机肥料配合施用是提高肥料利用率的有效途径之一。有机肥料和氮肥配合施用时,化肥氮提高了有机肥氮的矿化率,有机肥提高了化肥氮的生物固定率,总的结果是使化肥氮的供应稳长,减少化肥氮的损失,从而增加了土壤中氮素的积累和化肥氮的残效,提高了肥料利用率。有机肥与磷肥配合施用能使化肥磷在土壤中更多、时间更长地保持有效状态。同时,过磷酸钙和有机肥混施还有利于减少有机肥中氮的挥发损失。各种养分的配合施用,如氮、磷、钾肥配合施用,大量营养元素肥料和微量营养元素肥料的配合施用,为作物生长发育平衡供应各种养分,可以充分发挥养分元素之间的互促作用,从而提高肥料利用率和施肥效果。

五、环境友好原则

不合理的施肥不仅起不到提高产量、改善品质和改良和培肥土壤的目的,反而会导致生态环境污染。

(一)不合理施肥引起大气污染

氮对大气污染是一种自然现象,但因人类的施肥活动而得到大大加强。施肥对大气的污染主要来自 NH_3 的挥发、反硝化过程中生成的氮氧化物(包括 N_2O 和 NO 等)、沼气(CH_4)及有机肥的恶臭等。施入土壤中的铵态氮肥很容易形成 NH_3 而挥发逸出土壤,特别是在碱性、石灰性土壤中,氨挥发是氮肥损失的主要途径之一。土壤 pH 和 NH_4^+ 浓度高,掠过氨挥发体系的空气流速大时,氨挥发体系中氨的平衡蒸汽压就高,氨的挥发速率就快。大气氨含量增加,可增加经由降雨等形式进入陆地水体的氨量,成为造成地表水体富营养化的因素之一。而氧化亚氮(N_2O)和甲烷(CH_4),则是增温效应很强的温室气体,氧化亚氮的增温潜势是二氧化碳的 190～270 倍,而甲烷是二氧化碳的 30 倍。氧化亚氮还可以与臭氧作用而破坏臭氧层对地球生物的保护作用,增加到达地面的紫外线强度,破坏生物循环、危害人类健康等。

(二)不合理施肥引起地表水体富营养化

富营养化是指营养物质的富集过程及其所产生的后果,它是一种自然过程。水体富营养化导致水生植物,某些藻类急骤过量增长以及死亡以后腐烂分解,耗去水中溶解的氧,而使水中氧分压下降,水体中脱氧,引起鱼、贝等水生动物大量窒息死亡,死亡的动植物还使水体着色,并发出恶臭。氮和磷都是影响地表水体富营养化现象的重要因素。水体出现富营养化现象时,由于浮游生物大量繁殖,往往使水体呈现蓝色、红色、棕色、乳白色等,这种现象在江河湖泊中叫水华(水花),在海中叫赤潮。施肥对农田地表、地下径流中氮、磷养分的增加又有重要影响。美国连续 5 年对小麦田排水中氮流失的观测表明,施用 48 kg・hm^{-2}、96 kg・hm^{-2} 和 144 kg・hm^{-2} 氮,在生长旺季排水中的氮量分别是不施氮肥的 4.8 倍、9.6 倍和 12.7 倍。

(三)不合理施肥引起地下水污染

施肥时使用的各种形态的氮在土壤中会经微生物等作用而形成 NO_3^--N,它不被土壤吸附,最易随水进入地下水,使地下水中硝酸盐含量超标,失去其作为饮用水的功能。而磷在淋溶通过土层时,绝大部分与土壤中 Ca^{2+} 或 Fe^{3+}、Al^{3+} 作用而沉积于土层中,较少进入地下。钾进入地下水对人、畜无危害性影响。

(四)不合理施肥引起农产品污染

大量施用氮肥而缺少磷肥和钾肥的配施,会增加蔬菜产品中硝酸盐的含量,降低其产品品质,进而威胁人类健康,因为施用氮肥 1 周内,蔬菜体内硝酸盐含量会迅速上升而达到最高。人类摄入硝酸盐的 90% 以上主要来源于蔬菜。若参照联合国世界卫生组织在 1973 年制定的人的硝酸盐(按 NO_3^- 计)每天最大允许摄入量(ADI 值)3.6 mg・kg^{-1}(体重)作为评价蔬菜硝酸盐含量状况的依据,人的体重平均按 60 kg 计,每天 NO_3^- 最大允许摄入量为 216 mg,按每人每天蔬菜的消费量为 0.5 kg 计,再扣除蔬菜蒸煮后减少 60% 左右的硝酸盐,可推算出各类蔬菜硝酸盐的平均含量的控制指标应低于 1 080 mg・kg^{-1}。根据各类蔬菜硝酸盐含量的普查结果,目前我国的各类常见蔬菜中食用菌、茄果类、瓜类、豆类、葱蒜类等蔬菜硝酸盐含量一般都明显低于 1 080 mg・kg^{-1};各种叶菜类蔬菜,如青菜、大白菜、甘蓝等,其硝酸盐含量大都在 1 080 mg・kg^{-1} 左右;而各种根菜类和茎菜类蔬菜,如萝卜、生姜、莴笋、芹菜、芥菜、榨菜,还有菠菜等,其硝酸盐含量普遍在 1 500～2 000 mg・kg^{-1},明显高于控制指标。而食用硝酸盐的危害在于当蔬菜中的硝酸盐被摄入人、畜体内后,在细菌作用下,硝酸盐可还原成亚硝酸盐,而亚硝酸盐是一种有毒物质,它直接可以使动物中毒缺氧,引起高铁血红蛋白症,对婴幼儿危害最大,严重者可致死。它间接可与次级胺结合形成致癌物质亚硝胺,从而诱发人、畜的消化道系统癌症,因此如何降低亚硝胺或亚硝酸盐的生成受到了人们的极大关注。

现实农业生产中,人们在追逐最高产量或最大利润时,往往会盲目地大量施用化肥,特别是氮肥,导致上述生态环境问题的发生,迫使人们对当今的施肥方式进行反思,并努力在产量、效益和环境之间寻找一个合理的平衡施肥范围。由于各国的实际情况不同,针对不合理施肥引起的生态环境问题所采取的途径与措施也不同,地多人少的发达国家以降低施肥量牺牲部分产量实现环境友好,而我国人口众多、人均土地面积有限,提高单位面积产量是保证我国粮食安全的根本途径,而提高单位面积产量通常又需要依赖肥料的施用。因此,在保证作物高产优质的前提下,通过综合措施应用实现化肥减量施用,是我国当前解决不合理施肥引起的生态环境问题所采用的途径。

第二节　施肥的基本依据

一、作物的营养特性与施肥

(一)作物对营养元素种类的要求

作物生长发育需要 16 种必需营养元素,即碳、氢、氧、氮、磷、钾、钙、镁、硫、铁、硼、锰、铜、锌、钼和氯。有一些作物还需要其他有益元素。如水稻对硅需求较高,所以施硅效果较好;钠对糖用甜菜及某些蔬菜的生长有良好的促进作用;钴是豆科植物共生固氮所必需的;喜酸性土壤的茶树体中含有较多的铝,土壤中活性铝低时茶树生长不良。

不同作物对营养元素需求的比例也不同。例如,块茎、块根类作物需要较多的钾;豆科作物对磷、钾的需要量比一般的作物多,同时也是喜钙作物;叶用蔬菜、茶、桑等叶用作物需要较多的氮;棉、麻等纤维作物则需要较多的氯;油菜、甜菜需要较多的硼;而马铃薯、烟草、葡萄、柑橘等忌氯作物则不应施含氯的化肥。

各种作物对营养元素需求的形态也不同。例如,水稻喜铵态氮肥,烟草及蔬菜均喜硝态氮肥,在选择肥料品种时应有所区别。

(二)作物营养需求的阶段性

作物从种子萌发到种子形成的整个生育过程中,要经历许多不同的生育阶段。在整个生育过程中,除萌发期靠种子营养和生育末期根部停止吸收养分外,作物主要通过根系从土壤中吸收养分。在不同的生育阶段中对营养元素的种类、数量和比例等有不同的要求,这就是作物营养需求的阶段性。

在作物的营养期中,有两个时期通常是营养的关键期,即作物营养临界期和作物营养最大效率期,在肥料运筹中应重点考虑这两个时期养分需求。但是,作物营养的各个阶段是相互联系、彼此影响的,一个阶段情况的好坏必然会影响到下一阶段的生长和施肥效果。因此,在养分科学管理中,既要注意关键时期的施肥,又要考虑各个阶段的营养特点,采用基肥、种肥、追肥相结合的施肥方法,因地制宜地制订施肥计划,才能充分满足作物对养分的需要,促进作物全生育期的正常生长并最终获得高产。

(三)作物的根部营养特点

植物的根系分为直根系和须根系两种类型。大多数双子叶植物都是直根系,入土较深;而单子叶植物为须根系,入土较浅。无论是双子叶植物还是单子叶植物,其根系大都分布在 0～40 cm 土层。影响植物根系生长与分布的环境因素主要有水分、空气(主要是氧气)、土壤温度、土壤养分种类及含量等,在一定的范围内,干长根,湿长苗;有氧长根,无氧长苗;冷长根,热长苗;瘦土长根,肥土长苗;磷促根长,氮促苗长。

按照根系分布特点,在施肥中深、浅施结合,有利于作物吸收养分和充分发挥肥效。如小麦、水稻根系主要分布在0～20 cm土层,而棉花的根系多分布在0～40 cm土层,因此,小麦和水稻的基肥就应比棉花施得浅一些。水田氮肥深施能提高水稻下位根活力,增加水稻每穗颖花数;氮肥表施则能促进上位根氧化力而促进分蘖。所以提倡氮肥施用深浅结合,基肥深施,追肥浅施,使水稻上位根和下位根均能保持较高的活力,有利于水稻正常生长。

根据作物不同发育时期根系生长情况,合理施肥能促根长苗。例如,在作物生长早期,根系少,吸收能力弱,及时追施速效养分肥料能满足植物临界期营养的需要,对作物发根壮苗非常重要。特别是果树,如柑橘在每年5—6月出现根系生长旺盛期,其生长量可达全年的1/3。根系周年生长习性对新梢抽生、保花保果、壮果以及花芽分化等有一定的影响,结合施肥而养叶,根深才能叶茂,因此,施肥对促根与促梢、控肥与控梢、稳果与壮果是最为重要的。

二、土壤性状与施肥

(一)成土母质

自然界的矿物岩经风化作用及外力搬运形成母质,母质又经成土作用形成土壤。母质是形成土壤的物质基础,是土壤的前身。母质对土壤理化性状有很大的影响,不同的成土母质所形成的土壤,其养分情况有所不同,例如钾长岩分化后所形成的土壤有较多的钾;而斜长岩分化后所形成的土壤有较多的钙;辉石和角闪石分化后所形成的土壤有较多的铁、镁、钙等元素;而含磷量多的石灰岩母质在成土过程中虽然遭淋失,但土壤含磷量仍很高。

(二)土壤质地

土壤质地是土壤最基本的性状之一,它常常是土壤通气、透水、保水、保肥、供肥等的决定性因素。

(1)沙质土　沙质土主要矿物成分是石英,含养分少,要多施有机肥料。沙质土保肥性差,施肥后因灌水、降雨而易淋失。因此施用化肥时,要少施、勤施,防止漏失。施入沙质土的肥料,因通气好,养分转化供应快,一时不被吸收的养分,不易被土壤保持,故肥效常表现猛而不稳,前劲大而后劲不足。因此沙质土施肥除增施有机肥做基肥外,作物生长后期必须及时补追肥,防止作物早衰减产。

(2)黏质土　黏质土一般矿质养分丰富,特别是钾、钙、镁等含量较多,有机质含量和氮素含量一般比沙质土高。在施用有机肥和化肥时,由于分解缓慢和土壤保肥性强,表现为肥效迟缓,肥劲稳长,因此应注意前期养分供应。作物苗期必须控制氮肥用量,不宜过多,以免作物旺长,给日后倒伏和贪青留下隐患。作物生长后期,追施氮肥也不宜过多、过晚。

(3)壤质土　它兼有沙质土和黏质土之优点,保水保肥性能好,是农业生产上质地比较理想的土壤。

(三)土壤反应(pH)

土壤反应即土壤酸碱度,它可从两方面影响土壤养分的有效性。一方面是直接影响作物的生长及其对养分的吸收,过酸或过碱的土壤都不利于作物生长;在酸性条件下,作物吸收阴离子多于阳离子;在碱性条件下,作物吸收阳离子多于阴离子。

另一方面,土壤酸碱度影响微生物活动和养分的溶解或沉淀作用,进而影响养分的有效性。土壤中的氮一般是有机态的,需要经过微生物分解才能被植物充分利用,因此,在土壤酸碱度为pH 6～8时,土壤中有效氮含量最多。磷的适宜pH范围极窄,一般在pH 6.5～7.0有效性最高,pH<6.5时与土壤中铁、铝结合而固定,pH越低,铁、铝溶解度越大,固定的量越

多;当 pH>7.0 时,则与土壤中的钙结合,有效性也降低(表 2-1)。不过,磷与钙结合形成的磷酸钙盐要比与铁、铝结合形成的磷酸铁、磷酸铝溶解度要大,所以偏碱性土壤中的有效磷一般又比酸性土壤中高些。当土壤 pH<6.0 时,土壤中有效性钾、钙、镁含量都急剧减少。在 pH 4.7～6.7 范围内,土壤硼的有效性随 pH 提高而提高,但在 pH>7.0 时,硼的有效性下降,所以在酸性土壤上施用大量石灰容易诱发缺硼。土壤中铁、锰、锌、铜的有效性随 pH 下降而有效性迅速增加,随 pH 提高而有效性下降,当 pH 接近中性或趋向碱性时,它们的有效性通常很低。钼与此相反,在 pH 4～8 范围内,其有效性随 pH 提高而增加,一般酸性土壤中钼的有效性低,所以我国南方的黄棕壤、棕红壤、红壤、赤红壤、砖红壤等有效钼含量均低。

表 2-1　磷的有效性与 pH 的关系

pH	<5.5	5.5～6.0	6.0～6.5	6.5～7.0	7.0～7.5	7.5～8.0	8.0～8.5
有效磷/(mg·kg^{-1})	6.3	23.3	26.3	49.6	20.5	19.5	12.7

(四)土壤氧化还原状况

土壤氧化还原性是土壤通气状态的标志,它一方面直接影响作物根系和微生物的呼吸作用,另一方面也影响各种物质的存在形态。一般土壤通气状况好,氧化还原电位高,土壤有效养分增多;反之,土壤通气不良,氧化还原电位低,有些养分被还原或有机物分解产生某些有毒物质,影响作物生长。对于水稻而言,土壤氧化还原状态与缺素症有着密切的关系,强渍水的还原条件妨碍根系的呼吸,削弱根对养分的吸收,是缺钾和缺锌的重要原因。

铵态氮肥施入旱地时,由于通气条件好而被迅速转化为硝态氮,在土壤中移动速度加快,这有利于作物的吸收利用,但硝态氮不易被土壤胶体吸附保存而易被淋溶损失;硝态氮肥施入水田中容易随水流失,同时在淹水条件下还易发生反硝化作用,造成氮素大量损失,降低肥料利用率;铵态氮肥深施至水田还原层,一方面有利于根系吸收,另一方面在还原层铵态氮不易转化为硝态氮,因而减少了淋溶损失和反硝化损失,能较大地提高氮肥利用率。

磷肥施入旱地,在酸性土壤中可形成磷酸铁、磷酸铝,进而转化为粉红磷铁矿和磷铝石,降低磷肥肥效;磷肥施入水田中,则形成溶解度较高的还原态磷酸铁盐,能延长磷素的有效供应时间,减少固定,提高磷肥利用率;在水旱轮作的土壤上,若先将磷肥施入旱作,生成的难溶性氧化态磷酸铁盐在淹水后能被还原而转化为低铁盐,磷的有效性提高,为水田作物提供磷素营养;反之,先将磷肥施入水田,生成的磷酸低铁盐在旱作时会迅速转化为高铁盐,失去再利用的机会,因此,在水旱轮作中,应充分利用土壤氧化还原转化的有利条件,提倡磷肥施用"旱重水轻",提高磷肥的养分效率。

对于含硫肥料,如硫酸铵、硫酸钾、过磷酸钙等,在水作土壤中施用时,应注意在还原条件下,氧化态的硫酸根离子(SO_4^{2-})会转化成还原态的硫化氢(H_2S),引起植物的毒害。

三、肥料性质与施肥

肥料的种类很多,性质各异。它们之中有的是固体的,有的是液体的;有的是易溶于水的,有的是难溶于水的;有的易分解挥发,有的易淋失;有的呈生理酸性,有的呈生理碱性;有的肥效迅速,有的肥效缓慢。只有根据肥料性质施用,才能达到预期的肥效。

铵态氮肥易挥发损失,强调深施覆土。硝态氮肥易淋失,宜做追肥,一般不做基肥和种肥施用。尿素因其含氮量高,并含有少量缩二脲,一般不宜做种肥和在秧田上大量施用。普通过磷酸钙和重过磷酸钙是水溶性磷肥,易被土壤固定,集中施用效果较好。钾肥在土壤中的移动性小,宜做基肥施于根系密集的土层中。微量元素临界范围很窄,稍有缺乏或过量就可导致对作物严重危害,有时过量还会造成土壤污染。施用微量元素肥料要严格控制用量,并力求做到施用均匀。

四、气候条件与施肥

(一)光照

光照对作物吸收、利用养分的影响主要表现在:一是提供能源,作物吸收养分需要消耗能量,这些能量来自光合作用;二是提供原料,作物体内吸收的 NH_3 在同化时需要有机酸作为原料,当光照不足时,作物体内合成碳水化合物就少,因而有机酸形成少,从而导致 NH_3 在体内不能及时转化而积累,严重时甚至发生氨中毒;三是激活酶,如光照影响作物对硝态氮肥的吸收,主要是因为硝酸还原酶需要用光激活,从而促进硝态氮向铵态氮转化,有利于作物吸收利用硝态氮肥。所以在光照不足时,应控制氮肥的施用量,以避免发生氨中毒和硝态氮的积累。

日照与某些元素的缺乏也有关系,较强光照加剧缺锌,例如,果树的缺锌症常以树冠南侧为重,这是因为光能破坏生长素,故受光多的部分需要更多的生长素,锌不足时植物生长素形成减少,处于南侧的就容易感到生长素的不足。又如水稻单本插的比丛插(多本插)时容易出现缺锌症,推断原因相同。另一方面,光照不足可加剧失绿现象,例如处于阴处的缺铁花叶,其失绿程度往往更深,持续时间更长。光照对于磷的吸收也有影响,低光照下磷的吸收显著减少,所以多雨少光照的寒冷天气特别容易缺磷。

(二)温度

由于温度影响作物光合作用和呼吸作用并影响植物生理代谢所产生的能量,所以温度首先影响作物根系对养分的吸收能力;另外,温度也影响土壤养分的活化和扩散速率。一般来说,在温度 $6\sim38℃$ 范围内,随温度升高,作物吸收养分的数量增加,通常寒冷的春天容易出现各种缺素症就是这个道理。当温度从 $30℃$ 降至 $16℃$ 时,水稻吸收养分减少的次序是: $H_2PO_4^-$ $>NH_4^+>SO_4^{2-}>Mg^{2+}>Cl^->Ca^{2+}$ 。据研究,水稻在 $16℃$ 时吸收的磷只有 $30℃$ 时的 $1/2$ 左右,所以水稻缺磷发僵在低温年份就更广泛。在我国北方小麦—玉米两熟区,由于小麦播期晚,地温较低,在土壤有效磷低的条件下,小麦吸收磷的能力会明显减弱,严重影响麦苗的生长和产量。在湖北省小麦主产区,越冬期低温能引发冬小麦缺钼黄化死苗,钼肥拌种则能有效克服缺钼症,增强小麦抗寒力,使小麦分蘖早而多,抽穗早而齐,能明显提高产量。缺锌也是如此,水田土壤一年中有效锌变化随气温高低而增减,含量相差 $3\sim4$ 倍。所以,玉米白苗病和水稻红苗病(均为缺锌症状)在低温年份就较普遍。因此,温度对作物吸收磷、氮、钾、锌、钼的影响最为突出。对寒冷地区的冬季作物应在基肥、种肥或追肥中早施氮、磷、钾肥和农家肥、草木灰肥,同时施用一定量的微量元素肥料,对增强植株抗寒力和提高作物产量均有良好的效果。

(三)降水

降水影响土壤水分状况。土壤水分是化肥溶解和有机肥矿化的必要条件,土壤养分必须依靠水分通过扩散和质流的方式向根表迁移并被作物吸收、利用,雨量偏多、偏少和土壤过干、过湿,都影响营养元素的释放、淋失及固定等。在干旱年份,冬小麦对硝酸钾、硫酸铵中氮的利用率为 34% ,而湿润年份为 $43\%\sim50\%$;干旱也阻碍了土壤磷的扩散,对移动性差的元素如钙、硼,干旱时更易导致作物缺乏。作物缺硼症通常在干旱年份多发生,铜与硼类似,因有效态铜大多与有机质络合而存在,干旱加剧了铜的固定。另外,以离子扩散为主要吸收途径的元素如钾、磷等,在干燥条件下向根的扩散速率显著减缓,同样是促发缺乏症的原因。因此,在干旱地区或干旱季节,要采取保护措施,加强根部对养分的吸收。相反,降雨多则能稀释土壤溶液中养分浓度,并加速养分的淋失。多雨引起缺镁和缺铁等,前者因为降雨多稀释土壤溶液中养分浓度,并加速养分的淋失,而后者是因为土壤碳酸氢根离子(HCO_3^-)增加而降低了有效性。所以雨天和降雨季节不宜多施肥。

总之,在气候条件中,温度、光照、降雨往往是相互联系的,降雨多,温度和光照相应降低,土壤水分含量增高,养分淋失严重;作物光合作用弱,体内代谢活动受到抑制,养分的吸收、转化能力下降。特别是在华中地区的梅雨季节,更要加强田间肥水管理,避免肥水过多对作物造成危害以及肥料的浪费;而在秋、冬季节,则要注意保持土壤水分,及早给冬季作物施肥,尤其是磷、钾肥,早施能有效增强作物抗寒力,并有利于早期分蘖和养分积累,为早春早发奠定基础。

五、耕作栽培措施与施肥

(一)土壤耕作

耕作可能改变土壤的理化性状和微生物的活动,进而影响土壤中的环境条件,促进土壤养分的分解和调节土壤养分供应状况,而且还能促控植物根系的伸展和对养分的吸收能力。如早春麦田管理,对弱苗可以通过浅中耕增加土壤通气,使土温迅速升高,促进好气性微生物的活动,加速土壤中有机态氮素的矿化分解,根系吸收能力增加,再结合施肥,即可达到由弱转壮的目的。而对旺苗,则实行深中耕,断其部分根系,减少对养分的吸收,促其快速两极分化,减少无效分蘖;同时,由于土壤大孔隙增加,水分蒸发加剧,表层缺水,又有利于麦苗下扎,以便后期吸收养分,满足拔节、抽穗和灌浆过程的需要。

另外,施肥后结合耕作,可使土肥相融,减少养分损失,还可防除杂草,保证土壤对植株提供养分,提高肥料利用率。

(二)合理密植

合理密植是夺取作物高产的基础。如竖叶型玉米杂交种,种植密度必须达到 4 500～5 500 株·hm^{-2},否则其产量将不如大穗展叶型品种丹玉 13 号。在生产实践中,我们可以根据土壤情况,按照品种可能达到的目标产量所需要的施肥量,分别采取"前重后轻"或"前轻后重"的施肥原则,在施足基肥的前提下,攻秆、攻穗、攻籽,夺取高投入、高产出、高效益。如果不了解品种特性,错将竖叶型按展叶型密度要求(52 500～60 000 株·hm^{-2})种植,要想达到设定产量(11 250～15 000 kg·hm^{-2})就根本不可能,再按设定目标产量所需要的施肥量进行施肥,则只会是徒耗养分且增加成本。

又如,水稻栽培密度较高,插足了基本苗,这时除施足基肥外,分蘖肥可少施或不施,在幼穗分化时重施穗肥,抽穗扬花时酌施粒肥,主要是攻大穗、多粒和粒重。这就是"前控、中攻、后稳"的施肥原则。如果栽培密度一般,多采用"前攻、中控、后稳"的施肥原则,即首先施足基肥,早施发棵肥,以后看苗补施平衡肥,适时巧施穗粒肥,如能掌握好,可获得较好的产量。

(三)灌溉

充分灌溉可以大大提高施肥的效果。在旱作区,若需施肥时恰逢干旱又不能灌溉,施入的肥料不仅不能营养植株,反而还会由于土壤溶液浓度增加致使植株细胞中的水分外渗(即生理干旱),加速植株的萎蔫和死亡。若能结合施肥浇水,水肥相济,可充分发挥肥料的增产效果。

思考题

1.阐述施肥、地力、可持续农业三者之间的关系以及可持续农业生产对施肥要求。

2.阐述肥料在提高作物产量和改善产品品质中的作用。

3.阐述提高肥料利用率的意义及主要途径。

4.不合理施肥对生态环境会产生哪些危害?

5.环境友好型施肥的主要途径与措施有哪些?

6.如何根据植物营养的阶段性合理施肥?

7.沙质土、壤质土和黏质土应如何合理施肥?

8.农业生产中氮肥施用为什么要强调深施覆土?

9.水旱轮作中磷肥施用为什么要提倡"旱重水轻"的方法?

第二篇

施肥量的确定方法

第三章　养分平衡法

本章提要：介绍养分平衡施肥法的基本原理及参数，重点介绍几个参数的确定方法，以及由于土壤供肥量参数确定方法的不同而形成的两种主要的养分平衡施肥方法。

养分平衡法（nutrient blance and fertilizer recommendation）是以"养分归还学说"为理论依据，根据作物计划产量需肥量与土壤供肥量之差估算施肥量的方法，是施肥量确定中最基本最重要的方法。该法是由著名的美国土壤化学家、测土施肥科学的创始人之一曲劳（Truog）于 1960 年在第七次国际土壤学会上首次提出的，后为斯坦福（Stanford）所发展，创立了养分平衡施肥法计算施肥量的公式：

$$施肥量 = \frac{计划产量所需养分总量 - 土壤供肥量}{肥料中养分含量 \times 肥料中该养分利用率}$$

养分平衡法又称目标产量法。其核心内容是农作物在生长过程中所需要的养分是由土壤和肥料两个方面提供的。"平衡"之意就在于通过施肥补足土壤供应不能满足农作物的需要的那部分养分，只有达到养分的供需平衡，作物才能达到理想的产量。

这一方法提出后迅速传入印度和苏联，之后推广到东欧、东南亚等各国，20 世纪 60 年代已成为印度平衡施肥的重要手段。我国是在 20 世纪 70 年代末引进推广的，目前已在我国得到广泛的应用和发展。

养分平衡法涉及 4 大参数，其中确定土壤供肥量参数的方法较多，因计算土壤供肥量的方法不同养分平衡法又区分为地力差减法和土壤有效养分校正系数法两种。

第一节　地力差减法

地力差减法是根据作物目标产量与基础产量之差，求得实现目标产量所需肥料量的一种方法。不施肥的作物产量称之为基础产量（或空白产量），构成基础产量的养分全部来自土壤，它反映了土壤能够提供的该种养分的数量。目标产量减去基础产量为增产量，增产量要靠施用肥料来实现，因此，地力差减法确定施肥量计算公式是：

$$施肥量 = \frac{单位经济产量所需养分量 \times (目标产量 - 基础产量)}{肥料中养分含量 \times 肥料利用率}$$

上式表明：要利用地力差减法确定施肥量，就必须掌握单位经济产量所需养分量（也称养分系数）、目标产量、基础产量、肥料中养分含量和肥料利用率等 5 大参数。

一、五个参数的确定

（一）基础产量

基础产量的确定方法很多，这里仅介绍常用的三种方法，生产中可以用任何一种。

1. 空白法

在种植周期中,每隔 2~3 年,在有代表性的田块中留出一小块或几块田地,作为不施肥的小区,实际测定一次不施肥时的基础产量。这种方法得到的参数具有接近生产实际、操作容易的优点,但试验周期长,所测的基础产量较实际偏低。

2. 田间试验法

选择在有代表性的土壤上设置五项不同肥料处理的田间试验,分别测得不施氮、磷和钾时的基础产量。现以玉米三要素五项处理试验结果为例说明(表 3-1)。

表 3-1　玉米三要素五项处理产量结果　　　　　　　　　　　　　　　　kg·hm⁻²

处理	CK(对照)	PK	NK	NP	NPK
产量	4 800	5 700	6 750	6 900	7 200

表 3-1 表明各处理产量差异很大,说明该农田土壤养分状况是不均衡的,从各处理产量高低判断,土壤最缺氮,其次缺磷,缺钾最轻。这样,无肥区产量就不能很好地表达缺乏某种养分时的基础产量。因为土壤中的三要素互相促进与制约,任何一个要素不足都会影响其他养分作用的发挥,限制作物生长。例如,要测不施氮肥时的基础产量,由于磷或钾因子的限制,土壤中的氮素不能得到充分利用,导致不施氮肥时的基础产量偏低。必须消除可能存在的最小因子磷或钾的影响,故以施足磷、钾的小区——PK 区(即无氮区)的产量作为不施氮时的基础产量较之采用无肥区产量作为不施氮时的基础产量更为科学。同样,以 NK 区产量作为不施磷时的基础产量,以 NP 区产量作为不施钾时的基础产量。对于这一试验不施氮时的基础产量为 5 700 kg·hm⁻²、不施磷时的基础产量为 6 750 kg·hm⁻²、不施钾时的基础产量为 6 900 kg·hm⁻²。田间试验法测定的某种养分基础产量符合土壤的实际状况,具有准确性高,但周期长,费工费时的特点。

3. 单位肥料的增产量推算基础产量法

在一定生产区域内,进行肥料增产效应的研究,求算单位肥料的增产量,然后推算各田块不施某种养分的基础产量。表 3-2 是冬小麦单位氮肥增产量的实例。某农户施用了 60 kg·hm⁻² 的氮素,冬小麦产量为 3 000 kg·hm⁻²。

表 3-2　冬小麦氮肥增产量

施氮量 /(kg·hm⁻²)	土壤速效氮水平 /(mg·kg⁻¹)	每公顷增产 /kg	千克氮增产 /kg	平均千克氮增产 /kg
	＞40	527.25	9.6	
45	20~40	862.5	13.3	12.2
	＜20	855.0	13.6	
	＞40	739.5	7.0	
90	20~40	1 458.0	11.2	8.7
	＜20	997.5	7.9	
	＞40	1 343.25	5.7	
135	20~40	1 455.0	7.5	6.2
	＜20	1 042.5	5.5	

根据表 3-2 结果,施肥增产量为 12.2×60＝732 kg 到 8.7×60＝522 kg,那么基础产量为多少？实际产量减去施肥增产量为 2 268～2 478 kg,说明该田块的基础产量为 2 268～2 478 kg·hm^{-2}。可见该种方法中单位肥料的增产量不是一个定值,是随土壤肥力的提高和施肥量的增加逐渐减小的变量。由于单位肥料的增产量可事先测定,因此用该法确定土壤供肥量具有快捷、可变、粗放的特点。

(二)目标产量

目标产量是实际生产中预计达到的作物产量,即计划产量,是确定施肥量最基本的依据。目标产量应该是一个非常客观的重要参数,既不能以丰年为依据,又不能以歉年为基础,只能根据一定的气候、品种、栽培技术和土壤肥力来确定,而不能盲目追求高产。若指标定得过高,势必异乎寻常地增加肥料用量,即使产量有可能在一时保证,也会造成肥料浪费,经济效益低下,甚至出现亏损,同时容易造成环境污染。若指标定得太低,土地的增产潜力得不到充分发挥,造成农业生产低水平运作,也是时代发展所不允许的。那么怎样才能确定合理的目标产量呢？基于近年来我国在各地进行的试验研究和生产实践,从众多目标产量确定方法中选择"以地定产法""以水定产法"和"前 3 年平均单产法"这 3 个最基本也最有代表性的方法进行介绍。

1. 以地定产法

以地定产法就是根据土壤的肥力水平确定目标产量的方法。这一方法的理论依据是农作物产量的形成主要依靠土壤养分,即使在施肥和栽培管理处在最佳状态下,农作物吸收的全部养分中有 55%～75% 是来自土壤提供的养分,而肥料养分的贡献仅占 25%～45%。研究表明,作物对土壤养分的关系一般为土壤肥力水平越高,土壤养分效应越大,肥料养分效应越少。反之,土壤肥力水平越低,土壤养分效应越小,肥料效应越大。因此,我们把作物对土壤养分的依赖程度叫作依存率。其计算公式为:

$$依存率＝\frac{无肥区农作物产量}{完全肥区农作物产量}×100\%$$

不难看出,农作物对土壤养分的依存率也就是我们通常所指的"相对产量"。

如果有了某一生态条件下某种农作物对土壤养分的依存率,即可根据基础产量来推算目标产量,这就是以地定产法的基本原理。

利用依存率确定目标产量的基础工作是进行田间试验,最简单的试验方案是设置无肥区和完全肥区两个处理,布点一般不少于 20 个,小区面积在 30～60 m^2,成熟后单打单收计产,计算作物对土壤养分的依存率 D_r。其次,以无肥区产量(x)为横坐标,作物对土壤养分的依存率 $D_r＝x/y$ 为纵坐标,在坐标上做散点图,然后进行选模和统计运算而得到作物对土壤养分依存率 D_r 与无肥区产量(x)的数学式,$D_r＝f(x)$,该式进行转换可以得到 $y＝f(x)$ 的关系式,即目标产量与无肥区产量的关系式。据甘肃农业大学李增凤(1988)等对武威市石灰性灌溉土壤春小麦以地定产模式选模统计结果表明,以 $y＝x/(a+bx)$ 函数类型拟合最佳。但不少地区的农作物以地定产模式采用直线回归方程式描述,即 $y＝a+bx$,例如,浙江省周鸣铮、陆允甫在红壤上得出的玉米以地定产模式为:$y＝3 544.5+0.74x$。当然,以地定产模式用直线回归方程是有一定条件的,即在某一产量范围值内 y 与 x 呈直线关系。

上述模式确定了目标产量与无肥区产之间的数学式,知道基础产量就可以推出该地区下一季该作物的目标产量。例如,浙江某地夏玉米 2001 年基础产量为 6 000 kg·hm^{-2},那么

2002 年的目标产量定多高？根据浙江夏玉米以地定产模式为 $y = 3\ 544.5 + 0.74x$，那么，将基础产量 6 000 kg · hm^{-2} 代入该方程式，得目标产量 y 为 7 984.5 kg · hm^{-2}。

"以地定产法"的提出为平衡施肥确定目标产量提供了一个较为准确的计算方法，把经验性估产提高到计量水平。但是，它只能在土壤无障碍因子以及气候，雨量正常的地区可以应用，否则，要考虑其他因子对产量的影响。

2. 以水定产法

在降雨量少，又无灌溉条件的旱作区，限制农作物产量的因子是水分而不是土壤养分，在这些地区确定目标产量首先要考虑作物生育期降雨量和播前的土壤含水分，然后再考虑土壤养分含量。据统计研究，旱作区在 150～350 mm 降水量范围内，每 10 mm 降水可左右 75～127.5 kg · hm^{-2} 春小麦产量（表 3-3）。这一效应称为水量效应指数，但表 3-3 中"水量效应指数"也是经验参数，可以此来预测当年春小麦可能达到的目标产量，即为"以水定产法"。各旱作区可以根据多年来降雨量与各种作物产量之间的关系，建立自己的水量效应指数，然后利用气象部门的长期天气预报估计目标产量。

表 3-3　黑龙江省春小麦水量效应指数

生育期降水量 /mm	春小麦产量范围 /(kg · hm^{-2})	平均产量 /(kg · hm^{-2})	水量效应指数*
150	900～1 350	1 125±225	75±15
200	1 350～1 875	1 620±270	82.5±15
250	1 875～2 625	2 250±375	90±15
300	2 625～3 750	3 059±570	109.5±19.5
350	3 750～5 250	4 500±750	127.5±22.5

* 水量效应指数：每 10 mm 降水量生产的小麦千克数。

需要说明的是，表 3-3 中的生育期降水量包括播前耕层土壤水分含量（%）和作物生育期降水量（mm）。为了统一计算，把土壤含水量换算成降水量表示。简易算式是：降水量（mm）＝土壤水分（%）×3。例如，土壤水分含量为 20%，相当于 60 mm 降水量，依此类推。有了土壤含水量的换算式，可以计算出土壤含水量超出或亏缺的水量，从而作为目标产量计算的依据。

根据研究，黑龙江省某农田春小麦播种时最适土壤水分含量为 22%，相当于 66 mm 降水量。如果播前土壤水分含量为 24%，比最适水分高 2%（6 mm），此多余量应加入预测降水量之中；反之，土壤水分不足 22%，亏缺额应在预测降水量中减去，例如，预报春小麦生育期降水量为 270 mm，甲地块实测土壤水分 29.5%，乙地块土壤水分 14%，则两块地春小麦生育期实际水量为：

甲地块：270＋3×(29.5－22)＝292.5（mm）

乙地块：270＋3×(14－22)＝246（mm）

根据水量效应指数（表 3-3），甲地块春小麦产量定在（3 202.9±570.4）kg · hm^{-2}，乙地块为（2 214±369）kg · hm^{-2}。需要指出的是，只能用按接近生育期降雨量的水量效应指数估算确定目标产量。

3. 前几年平均单产法

一般利用施肥区前 3 年平均单产和年递增率为基础,确定目标产量的方法叫作前几年平均单产法,其计算公式是:

$$目标产量＝前\ 3\ 年平均单产＋前\ 3\ 年平均单产×年递增率$$

为什么用前 3 年的平均单产?这是因为,在我国 3 年中很少年年丰收或歉收。如果用前 5 年甚至前 7 年的平均单产就会比前 3 年平均单产偏低,道理是农业生产不断发展,科学技术不断提高,优良品种不断更新、栽培技术不断变化、抗灾能力不断增强,作物产量也在不断提升。因此,用前 5 年或 7 年的平均单产拟定目标产量就会偏低,缺乏积极意义。关于单产平均年递增率,可以用年代长一些的统计数字,根据农业部肥料司 1989 年下达的"关于配方施肥的工作要点"中指出,一般粮食作物的年递增为 10%～15%为宜。对于蔬菜作物,尤其是设施园艺作物应该再高一些。

(三)形成单位经济产量所需养分量

农作物在其生育周期中,形成一定经济产量需要从介质中吸收各种养分的数量称为养分系数,养分系数因产量水平、气候条件、土壤肥料和肥料种类而变化。表 3-4 中列出了常见作物的 100 kg 经济产量所需养分量,即养分系数。

表 3-4　常见作物形成 100 kg 经济产量所需的养分量(养分系数)

作物	收获物	形成 100 kg 经济产量所吸收的养分数量/kg		
		氮(N)	磷(P_2O_5)	钾(K_2O)
水稻	子粒	2.10～2.40	0.90～1.30	2.10～3.30
冬小麦	子粒	3.00	1.25	2.50
春小麦	子粒	3.00	1.00	2.50
大麦	子粒	2.70	0.90	2.20
荞麦	子粒	3.30	1.60	4.30
玉米	子粒	2.57	0.86	2.14
谷子	子粒	2.50	1.25	1.75
高粱	子粒	2.60	1.30	3.00
甘薯	鲜块根	0.35	0.18	0.55
马铃薯	鲜块茎	0.50	0.20	1.06
大豆	豆粒	7.20	1.80	4.00
豌豆	豆粒	3.09	0.86	2.86
花生	荚果	6.80	1.30	3.80
棉花	籽棉	5.00	1.80	4.00
油菜	菜籽	5.80	2.50	4.30
芝麻	子粒	8.23	2.07	4.41
烟草	鲜叶	4.10	0.70	1.10

续表 3-4

作物	收获物	形成 100 kg 经济产量所吸收的养分数量/kg		
		氮（N）	磷（P_2O_5）	钾（K_2O）
大麻	纤维	8.00	2.30	5.00
甜菜	块根	0.40	0.15	0.60
甘蔗	茎	0.19	0.07	0.30
亚麻	麻茎	0.97	0.50	1.36
黄瓜	果实	0.40	0.35	0.55
架芸豆	果实	0.81	0.23	0.68
茄子	果实	0.30	0.10	0.40
番茄	果实	0.45	0.50	0.56
胡萝卜	块根	0.31	0.10	0.50
萝卜	块根	0.60	0.31	0.50
卷心菜	叶球	0.41	0.05	0.38
洋葱	葱头	0.27	0.12	0.23
芹菜	全株	0.16	0.08	0.42
菠菜	全株	0.36	0.18	0.52
大葱	全株	0.30	0.12	0.40
辣椒	果实	0.55	0.10	0.75
西瓜	果实	0.15	0.07	0.32
南瓜	果实	0.42	0.17	0.64
草莓	果实	0.40	0.10	0.45
白菜	全株	0.41	0.14	0.37
柑橘（温州蜜柑）	果实	0.60	0.11	0.40
梨（20 世纪）	果实	0.47	0.23	0.48
葡萄（玫瑰露）	果实	0.60	0.30	0.72
柿（富有）	果实	0.59	0.14	0.54
苹果（国光）	果实	0.30	0.08	0.32
桃（白凤）	果实	0.48	0.20	0.76

　　表 3-4 所列的形成 100 kg 经济产量所需养分量是根据许多资料求出的平均值，只能作为计算目标产量需养分总量的参考。因为，农作物品种不同，施肥水平不同，产量不同以及耕作栽培和环境条件的差异，形成的养分系数有很大的差异。各地在利用这一数据时最好用当地的最近研究的数据，这样更为可靠。

　　有了 100 kg 经济产量所需养分量，就可以按下列公式计算出实现目标产量所需养分总量、土壤供肥量和达到目标产量需要通过施肥补充的养分量。

$$目标产量所需养分总量=\frac{目标产量}{100}\times 100\ kg\ 经济产量所需养分量$$

$$土壤供肥量=\frac{基础产量}{100}\times 100\ kg\ 经济产量所需养分量$$

$$施肥补充养分量=目标产量所需养分总量-土壤供肥量$$

$$施肥补充养分量=\frac{目标产量-基础产量}{100}\times 100\ kg\ 经济产量所需养分量$$

(四)肥料利用率

1. 肥料利用率的概念

肥料利用率是指当季作物从所施肥料中吸收的养分占施入肥料养分总量的百分数。国内外无数试验和生产实践结果表明,肥料利用率因作物种类、土壤肥力、气候条件和农艺措施而异,在很大程度上取决于产量水平、肥料种类及施用时期。

2. 肥料利用率的测定方法

肥料利用率是最易变动的参数,国内外无数试验和生产实践结果表明,肥料利用率因作物种类、土壤肥力、气候条件和农艺措施而异,同一作物对同一种肥料的利用率在不同地方或年份相差甚多,因此,为了较为准确地计算施肥量必须测定当地的肥料利用率。目前,测定肥料利用率的方法有两种:

(1)示踪法　将有一定丰度的 ^{15}N 化学氮肥或有一定放射性强度的 ^{32}P 化学磷肥或 ^{86}Rb 化合物(代替钾肥)施入土壤,到成熟后分析农作物所吸收利用的 ^{15}N、^{32}P 或 ^{86}Rb 量,就可以计算出氮或磷或钾肥料的利用率。由于示踪法排除了激发作用的干扰,其结果有很好的可靠性和真实性。

(2)田间差减法　利用施肥区农作物吸收的养分量减去不施肥区农作物吸收的养分量,其差值可视为肥料供应的养分量,再被所用肥料养分量去除,其商数就是肥料利用率。田间差减法测得的肥料利用率一般比示踪法测得的肥料利用率高。其原因是施肥激发了土壤中的该种养分以及与其他养分的交互作用。田间差减法的计算公式:

$$肥料利用率=\frac{施肥区农作物吸收的养分量-不施肥区农作物吸收的养分量}{肥料施用量\times 肥料中养分含量}\times 100\%$$

例如:某农田无氮肥区小麦单产 3 750 kg·hm^{-2},施用尿素 300 kg·hm^{-2} 后,小麦单产为 5 400 kg·hm^{-2},则:

$$尿素中氮素利用率=\frac{\dfrac{5\ 400}{100}\times 3-\dfrac{3\ 750}{100}\times 3}{300\times 46\%}\times 100\%=35.9\%$$

式中:3 是小麦形成 100 kg 经济产量需氮量,46% 是尿素含氮量。

田间差减法测定肥料利用率,一般农户都可以进行。选好地块和作物,设置无肥区和施肥区两个处理,重复一次,每区面积不宜太大,播种管理同一般大田,成熟后单打计产,即可计算出肥料利用率。

(五)肥料中有效养分含量

肥料中有效养分含量是个基础参数。与其他参数相比较,它是比较容易得到的,因为现时各种成品化肥的有效成分都是按原化学工业部部颁标准生产的,都有定值,而且标明在肥料的包装物上,用时查有关书籍即可,这里不再赘述。

二、肥料用量的计算

当知道了目标产量、基础产量、100 kg 经济产量所需养分量、肥料中养分含量、肥料利用率这 5 大参数,即可按下式算出施肥量:

$$施肥量=\frac{(目标产量-基础产量)\div100\times100\ kg\ 经济产量所需养分量}{肥料中养分含量\times肥料利用率}$$

例如:某生产单位 1999—2001 年冬小麦产量分别为 7 100、8 200 和 7 700 kg·hm^{-2},且不施氮肥的冬小麦产量为 5 800 kg·hm^{-2},尿素氮的利用率为 38%,厩肥中氮的含量为 0.5%,其利用率 15%,问 2002 年冬小麦的计划产量和氮、磷、钾肥施用量是多少?

解:

(1)目标产量确定:目标产量的确定用"前几年平均单产法",则,

$$目标产量=7\ 667+7\ 667\times10\%=8\ 433\approx8\ 400\ (kg·hm^{-2})$$

考虑到高产地区再增产不容易而年递增率采纳 10%。

(2)基础产量:5 800 kg·hm^{-2}。

(3)养分系数:根据表 3-4,100 kg 冬小麦吸收氮、磷和钾分别为 3.00、1.25 和 2.5 kg。

(4)计算尿素施用量:根据地力差减法计算公式首先计算尿素施用量:

$$尿素施用量=\frac{(8\ 400-5\ 800)\div100\times3}{46\%\times38\%}=446\approx450\ (kg·hm^{-2})$$

若用 30 000 kg·hm^{-2} 厩肥做基肥,则尿素用量为:

$$尿素施用量=\frac{(目标产量-基础产量)\times养分系数-有机肥供氮量}{尿素中含氮量(\%)\times利用率(\%)}$$

$$=\frac{(8\ 400-5\ 800)\div100\times3-30\ 000\times0.5\%\times15\%}{46\%\times38\%}$$

$$=317\approx320(kg·hm^{-2})$$

关于磷肥和钾肥的施用量,请学生依据地力差减法施肥量计算公式自行设计肥料品种进行试算。

第二节　土壤有效养分校正系数法

一、土壤有效养分校正系数的概念

土壤有效养分校正系数法是测土平衡施肥的一种方法。测土平衡施肥的基本思路是基于农作物营养元素的土壤化学原理,用相关分析选择最适浸提剂,测定土壤有效养分,计算土壤供肥量,进而计算施肥量的一种方法。也就是说,测土平衡施肥的基本原理仍然是斯坦福公

式,但土壤供肥量是通过测定土壤中有效养分含量来估算的。测定土壤有效养分含量,用 $mg \cdot kg^{-1}$ 表示,然后计算出每公顷含有的有效养分数量。以每公顷耕层(0～20 cm)土壤质量 2.25×10^6 kg 计算,若养分含量为 1 mg · kg^{-1},则每公顷耕层(0～20 cm)土壤中所含的有效养分数量为 $2\,250\,000 \times \dfrac{1}{1\,000\,000} = 2.25$ kg。

习惯上,把 2.25 看作为常数,称为土壤养分换算系数。例如,某田块土壤有效磷含量为 10 mg · kg^{-1}(Olsen 法),则这块地土壤含有效磷量为 $10 \times 2.25 = 22.5$ (kg)。

显然,这种方法与地力差减法相比具有时间短、简单快速和实用性强的特点。但是土壤养分有效性受作物吸收能力的影响,而且,测出所得的有效养分也不可能全部被作物吸收利用,因此,化学法测定所得的土壤有效养分的任何数值,只代表有效养分的相对含量,不能代表作物实际吸收数量。此外,土壤有效养分水平具有动态性,即使当时测定时含量很少,在作物生长过程中由于某种影响,可能导致缓效养分变成速效养分,这样作物吸收的养分量又可能多于测定值,反之,作物吸收的养分量可能少于测定值。怎样把土测值转化为作物实际吸收值,曲劳提出了一个十分巧妙的设计,将土壤有效养分测定值乘一个系数,以表达土壤"真实"的供肥量。他将肥料利用率概念引入土壤有效养分上来。假设土壤有效养分也有个"利用率"问题,那么土测值(mg · kg^{-1})乘以利用率,即可得出土壤真实的供应量。为了避免"土壤有效养分利用率"与"肥料利用率"在概念上的混淆,把土壤有效养分利用率叫作"土壤有效养分校正系数"。一般来讲,肥料利用率不会超过 100%,而土壤有效养分校正系数由于受浸提条件和根系生长状况的影响,则有可能大于 100%。这样一来,利用土壤有效养分校正系数计算养分平衡法的施肥量公式为:

$$施用量(kg \cdot hm^{-2}) = \frac{目标产量所需养分总量 - 土测值 \times 2.25 \times 有效养分校正系数}{肥料中养分含量 \times 肥料利用率}$$

上述公式中,除土壤有效养分校正系数外,其余参数上节讨论过,所以下面主要介绍土壤有效养分校正系数的建立。

二、土壤有效养分校正系数的测定步骤

土壤有效养分校正系数是指作物吸收的养分量占土壤有效养分测定值的比率。因此,建立土壤有效养分校正系数按下列步骤进行。

(一)布置田间试验

为了排除土壤养分的不平衡性,田间试验处理应为四项,即施 PK、NK、NP 和无肥区。作物成熟后单打单收计产,计算出无 N、无 P 和无 K 区的土壤供应 N、P_2O_5 和 K_2O 的量。

(二)土壤有效养分的测定

在设置田间试验的同时,采集无肥区的土壤样本。选择合适浸提剂测定土壤碱解氮、有效磷和有效钾,以 N、P_2O_5 和 K_2O 的 mg · kg^{-1} 表示。

(三)土壤有效养分校正系数的计算

根据土壤有效养分校正系数的概念,其计算公式为:

$$土壤有效养分校正系数 = \frac{无肥区每公顷农作物吸收的养分量}{土壤有效养分测定值 \times 2.25} \times 100\%$$

依照该计算公式,可以计算出每一块地的土壤有效养分校正系数。

(四)进行回归统计

进行回归统计的目的是了解土壤有效养分校正系数大小与土测值之间关系,以土壤有效养分校正系数(y)为纵坐标,土壤有效养分测定值(x)为横坐标,做出散点图。根据散点分布特征进行选模,以配置回归方程式。一般两者之间呈极显著曲线负相关。

(五)编制土壤有效养分校正系数换算表

表 3-5 是陆允甫、周鸣铮研究的玉米地土壤有效磷和有效钾土测值和养分校正系数之间的关系,可以作为施肥量计算时的参考。各地要研究当地的土壤有效养分校正系数,这样计算的施肥量才比较准确。

表 3-5 中揭示了养分校正系数、土测值等与磷、钾肥料利用率之间的关系。土测值越大,有效养分校正系数越小,肥料利用率也越低;反之,土测值越小,有效养分校正系数越大,肥料利用率就越高,有效养分校正系数与肥料利用率之间有同步关系。

表 3-5　浙江省红壤有效磷、钾的土测值与养分校正系数之间的换算表*(作物:玉米)

磷肥力等级	土测值(P)/(mg·kg^{-1})	养分校正系数/%	土壤供磷量/(kg·hm^{-2})	磷肥利用率/%
高	30	28	18.75	12
	25	32	18.15	12
	20	39	17.4	13
中	19	40	17.25	12
	18	42	17.1	12
	17	44	16.95	12
	16	46	16.8	12
	15	49	16.5	13
	14	52	16.35	13
	13	55	16.05	13
	12	59	15.9	14
	11	64	15.6	14
	10	68	15.3	14
	9	74	14.85	14
	8	81	14.55	15
低	7	90	14.25	15
	6	101	13.65	15
	5	117	13.2	16
	4	138	12.6	16
	3	171	11.55	17
	2	228	10.35	17
	1	—		—

续表 3-5

钾肥力等级	土测值(K)/(mg·kg⁻¹)	养分校正系数/%	土壤供钾量/(kg·hm⁻²)	钾肥利用率/%
高	250	32.3	181.5	60
	240	33.0	178.5	60
	230	33.7	174	65
	220	34.5	171	65
	210	35.3	168	65
	200	36.2	163.5	65
	190	37.1	159	65
中	180	38.0	154.5	65
	170	39.0	148.5	70
	160	40.0	144	70
	150	41.1	139.5	70
	140	42.2	133.5	75
	130	43.4	127.5	75
	120	44.5	120	75
	110	45.6	112.5	75
	100	46.6	103.5	80
	90	47.4	96	80
低	80	47.8	85.5	85
	70	46.6	75	85
	60	47.5	64.5	85
	50	50.4	57	85
	40	53.9	48	85

* 有效磷用 Bray 1 法,有效钾用 1 mol·L⁻¹ NH₄OAc 浸提法测定。

三、土壤有效养分校正系数在养分平衡施肥中的应用实例

我们利用土壤有效养分校正系数法计算土壤供肥量,从而计算实现目标产量的施肥量。例如,浙江省红壤区某一田块的夏玉米无肥区产量为 4 125 kg·hm⁻²,土壤有效磷为(Bray 1 法)15 mg·kg⁻¹,土壤有效钾(1 mol·L⁻¹ NH₄OAc)100 mg·kg⁻¹。试计算夏玉米最高产量及相应的磷、钾肥施用量(过磷酸钙含 P_2O_5 15%,氯化钾含 K_2O 60%)。

解:

(1)据当地以地定产模式:$y = 3\,544.5 + 0.74x$

当 $x = 4\,125$ kg·hm⁻² 时,则

$y = 3\,544.5 + 0.74 \times 4\,125 = 6\,597$ (kg·hm⁻²)

此为夏玉米的目标产量。

(2)根据当地实测,100 kg 夏玉米吸收的 P_2O_5 为 0.74 kg,K_2O 为 3.70 kg。

(3)实现目标产量所需养分总量为:

磷(P_2O_5)=6 597/100×0.74=48.82(kg·hm^{-2})。

钾(K_2O)=6 597/100×3.70=244.09(kg·hm^{-2})。

(4)土壤供磷和钾量:按表3-5查得土壤有效磷(P)15 mg·kg^{-1}的有效养分校正系数为0.49;有效钾(K)100 mg·kg^{-1}时的有效养分校正系数为0.466,则:

土壤供磷(P_2O_5)=15×2.29×0.49×2.25=37.87 (kg·hm^{-2});

土壤供钾(K_2O)=100×1.21×0.466×2.25=126.87 (kg·hm^{-2})。

式中:2.29为由P换算成P_2O_5的系数;1.21为由K换算成K_2O的系数。

(5)磷、钾肥的利用率从表3-5中查得。土壤有效磷(P)15 mg·kg^{-1}时,磷肥利用率为13%;土壤有效钾(K)100 mg·kg^{-1}时,钾肥利用率为80%。

(6)计算施肥量:

$$过磷酸钙用量=\frac{48.82-37.87}{15\%×13\%}=561.5≈560 (kg·hm^{-2})$$

$$氯化钾用量=\frac{244.09-126.87}{60\%×80\%}=244.2≈244 (kg·hm^{-2})$$

该地区夏玉米施用过磷酸钙560 kg·hm^{-2}、氯化钾244 kg·hm^{-2}。磷肥以基肥形式施用;钾肥则以基肥及早追肥形式施用。

土壤有效养分校正系数是由地力差减法派生而来,或者说是养分平衡—测土法的结合物,其主要功能是用土测值乘以有效养分校正系数计算出土壤的供肥量,以代替农作物产量推算出的土壤供肥量,以简代繁深受用户欢迎。但该法在理论上和实践中尚存在一些问题。

①土壤供肥量(kg·hm^{-2})应是一个真实的绝对值,而通过测定土壤有效养分含量所换算成的耕层土壤养分供应量,仅是相对值。估算出的土壤有效养分并不能全部为作物所吸收,具有"利用率"。

②有效养分校正系数并非恒值,它与养分土测值呈负相关,与土壤水分含量呈抛物线相关。我国各地的不同有效养分的校正系数分别为,碱解氮0.3~0.7;Olsen-P 0.4~0.5;有效钾0.5~0.85。在土壤有效养分非常均匀的平衡施肥区,可以采用一个恒值参数。

总之,利用养分平衡法估算施肥量从原理上是符合常规思维的,在测土配方施肥施肥量推荐方面应用很普遍,但也存在一些不足。具体包括,地力差减法对土壤供肥量的估算不够准确,周期较长;土壤有效养分校正系数法中养分测定值是相对值,校正系数变异大,测定繁琐;以消耗土壤养分为基础,不利于土壤培肥;不能根据生产者投资情况对肥料用量进行调整。

思考题

1.什么是养分平衡法?其含义是什么?

2.目标产量是如何确定的?

3.基础产量是如何确定的?如何使基础产量接近实际情况?

4.土壤供肥量的估算方法有哪些?

5.如何通过试验获得肥料利用率?两种方法测得的利用率有何不同?为什么?

5.影响单位经济产量所需养分量的因素都有哪些?

6.土壤有效养分校正系数与肥料养分利用率有何区别?

第四章　土壤肥力指标法

本章提要：重点介绍土壤肥力指标法的原理，从相关研究与校验研究两个方面说明了建立土壤肥力指标的方法步骤和在测土配方施肥中的应用。

土壤肥力指标法是测土配方施肥（soil testing and fertilizer recommendation）最经典的方法。它是基于农作物营养元素的土壤化学原理，用相关分析选择最佳浸提剂，测定土壤有效养分；以生物相对指标校验土壤有效养分肥力指标，确定相应的分级范围值，用以指导肥料的施用。生产应用中，可在农作物播种施肥之前，采集耕层土壤分析测定有效养分，然后参照测定值的肥力等级，判断某营养元素的丰缺程度，以此决定是否需要施用某种肥料。如能在不同肥力指标的田块上继续设置施肥量试验，还可根据肥料效应函数进一步计算出施肥量，提出定量化的施肥建议，指导作物科学施肥。土壤肥力指标法具有简易、快速等特点，与肥料效应函数法相比其最大优势在于可以年年进行，并可服务到每一地块，起到了配方施肥中的微观指导功能。

第一节　确定土壤有效养分测试方法的相关研究

一、相关研究的概念

相关研究（correlation study）是筛选确定不同土类上适用的、与土壤养分实际有效含量相适应的化学测定方法的研究。相关研究也是建立某一特定土壤肥力指标的前提，其原理是将拟选方法测得的土壤有效养分量与用标准方法测得的土壤有效养分量进行相关分析，从而确定适合该土壤应用的有效养分含量测定方法。

二、相关研究的主要内容

（一）根据土壤养分的存在形态确定浸提剂类型

20 世纪 30—50 年代是土壤化学发展的重要时期。人们相继提出了多种用于测定土壤有效养分含量的化学浸提剂。这些浸提剂大多是模拟植物根系分泌物的酸度而设计的。浸提剂类型可分为酸、碱、盐类或有机酸。许多著名的科学家如 Bray（1929），Truog（1930），Morgan（1932）提出了一系列土壤有效养分测定的原理和方法，如适用于酸性土壤有效磷测定的 Bray 1 法和适用于石灰性土壤有效磷测定的 Olsen 法，这些方法至今仍在大多数国家中应用。

不同养分在土壤中的存在形态及其有效化转化途径差异很大；不同土壤类型因其成土条件和成土过程等不同，其理化性质也千差万别，均影响着土壤中有效态氮、磷、钾和微量元素的有效形态及其含量。因此，欲选择土壤测试的浸提剂，必须首先结合该元素在土壤中存在形态及其影响因素，明确土壤有效养分测定目标。下面就不同土壤的氮、磷、钾有效态养分的来源及其相应浸提剂讨论如下。

1. 土壤有效氮的来源及浸提剂的选择

土壤氮素以有机氮和无机氮两种形态存在，其中前者占 95% 以上。能够为作物吸收利用的土壤有效氮包括土壤无机氮和有机氮库中能够在生长季节矿化的那部分氮素。由于土壤中氮素的转化是一个生物学过程,转化过程复杂,损失途径多样,影响因素多,各种化学测试方法对土壤氮素释放的模拟都不太成功,所以土壤有效氮测定是土壤养分测试中非常难以把握的技术。但是土壤有效氮的测试在作物氮素营养诊断中还是很有用的,因此,在我国的测土施肥技术中,仍将土壤中有效氮作为一个重要测试指标。

20 世纪 50 年代以来,水解氮常作为土壤有效氮的测定目标之一。水解氮的测定有酸解和碱解两种浸提剂。酸解氮是用 0.5 mol・L^{-1} H_2SO_4 浸提土壤,浸提液经还原和蒸馏,再用标准酸滴定测得;碱解氮用 0.1 mol・L^{-1} NaOH 浸提土壤,浸提液亦经蒸馏,用标准酸滴定即获得测定结果。1976 年周鸣铮等为简化碱解法手续,以扩散法代替蒸馏法,称为碱解扩散法,极大提高了土样分析速度,且因测出的碱解氮与水稻土氮肥力的几个参比标准高度相关,在我国南方各省迅速推广,且沿用至今。碱解氮所含的土壤含氮物质主要是交换性 NH_4^+-N、酰胺态氮和氨基糖态氮等较易分解的含氮物质,约占全氮的 10%。需注意的是,北方旱地土壤由于有 NO_3^--N 的存在,碱解扩散时要加还原剂,称为还原碱解氮。还原剂的种类有 $FeSO_4$ + Ag_2SO_4、Zn + K_2SO_4 等。

在旱地,土壤 NO_3^--N 是无机氮的主要存在形态,也是农作物易吸收的氮素形态,同时硝态氮移动性强,有效性高,在土壤剖面中只要根系能接触或经质流运到根部,都能被作物吸收,因此国际上一些国家将 NO_3^--N 作为土壤有效氮测定目标,作为旱地作物的氮肥用量推荐的依据,我国也在近年将该法引进并应用。应用中,须采集一定深度土壤不同层次土壤样本,分别测定土样中 NO_3^--N 含量,估测出一定土体中硝态氮总量,用以进行土壤有效氮储量的估算。具体采集深度须根据作物根系生长深度确定。土壤硝态氮可用 0.01 mol・L^{-1} $CaCl_2$、1 mol・L^{-1} KCl 或水浸提。

在研究工作中,土壤氮矿化位势等亦先后被用作土壤有效氮的测定目标。

2. 土壤有效磷的来源及浸提剂的选择

土壤磷素也分为有机磷和无机磷。与氮素组成形态不同的是,除黑土及草原土壤有机磷含量较高外,大部分土壤以无机磷为主,占 70%～80%。因此,对大多数土壤,有效磷的测定主要是针对可被作物吸收利用的部分无机磷组分进行。

土壤无机磷有多种形态,按照张守敬-Jackson(1957)无机磷分级方法,土壤无机磷形态可分为磷酸铝(Al-P)、磷酸铁(Fe-P)、磷酸钙(Ca-P)和闭蓄态磷(O-P)4 种,它们在不同条件下均有可能作为土壤有效磷存在的形态与来源,其有效性高低取决于土壤理化性质及其所处的水热条件。20 世纪 80 年代末 90 年代初,蒋柏藩、顾益初在石灰性土壤无机磷形态研究方面将土壤的磷酸钙盐分成 3 种类型,即磷酸二钙型(Ca_2-P)、磷酸八钙型(Ca_8-P)和磷灰石型(Ca_{10}-P),并用混合型浸提剂提取磷酸铁盐,加深了对土壤无机磷有效性的认识。

迄今,各国研究者提出的有效磷浸提剂多达 40 多种,按溶液化学性质大体可分为以下几种体系:强无机酸体系、弱酸性缓冲体系、碱性缓冲体系、中性盐类体系、水及其他盐类或酸溶液体系。

我国对土壤有效磷的提取主要采用 $NaHCO_3$ 法（Olsen 法）、NH_4F-HCl 法（Bray 法）、HCl 法（吉尔萨诺夫法）和 $NaOH$-$Na_2C_2O_4$ 法。其中以 Olsen 法(1954)应用最普遍,广泛用于华北、西北及东北中性至石灰性土壤有效磷的提取,也可用于南方中性至微酸性的土壤。其主要缺点是测定值受温度的影响较大,对有机质含量高的土壤需要对浸提液脱色,增加了操作难度和误差。Bray 法(1945)用 $0.03\ mol\cdot L^{-1}\ NH_4F\text{-}0.025\ mol\cdot L^{-1}\ HCl$（Bray 1 法）或 $0.025\ mol\cdot L^{-1}\ NH_4F\text{-}0.1\ mol\cdot L^{-1}\ HCl$（Bray 2 法）溶液浸提土壤，将土壤中可溶性磷和吸附态磷提取出来，主要用于酸性土壤，提取出的有效磷量与作物生长量有较好的统计相关性。除上述两种最常用的提取剂以外，$0.025\ mol\cdot L^{-1}\ H_2SO_4\text{-}0.05\ mol\cdot L^{-1}\ HCl$ 为浸提剂的 Mehlich 法(1945)特别适合 pH<6.5，固磷能力强的土壤；$0.2\ mol\cdot L^{-1}\ HCl$ 为浸提剂的吉尔萨诺夫法(Кирсаиов)适用于北方强酸性灰化土；$0.3\ mol\cdot L^{-1}\ NaOH\text{-}0.5\ mol\cdot L^{-1}\ Na_2C_2O_4$ Al-Abbas 法(1964)适用于南方中性、微酸性水稻土，四川紫色土用此提取剂测定的土壤有效磷含量与水稻相对吸磷量之间的相关系数可达 0.896，十分显著。

3. 土壤有效钾测定及浸提剂的选择

土壤中钾均是以无机形态存在，包括难溶性、缓效性、交换性和水溶性钾四部分，其中水溶性钾和交换性钾即土壤速效钾是农作物易吸收利用的主要钾素组分和土壤有效钾的主要来源，因此在世界各国均将其作为测定土壤有效钾的目标之一。与氮、磷元素相比，其相应的提取方法较为简易，大多以中性盐为提取剂，如 $1\ mol\cdot L^{-1}\ NH_4OAc$，$1\ mol\cdot L^{-1}\ Na_2SO_4$、$10\%\ NaCl$ 或 $10\%\ NaNO_3$ 的水溶液。目前，我国土壤多以中性醋酸铵作为交换性钾的提取剂。

此外，土壤缓效钾与土壤交换性钾处于动态平衡之中，是速效钾的储备，也是土壤有效钾的测定指标之一，特别是对于缺钾土壤，缓效钾对评价土壤钾素肥力状况十分重要。土壤缓效钾常用 $1\ mol\cdot L^{-1}$ 硝酸煮沸法提取。

4. 土壤有效养分测定联合浸提剂的选择

1982 年，Mehlich 博士及其小组经过较为系统的研究后提出了 Mehlich 3(简称 M 3)浸提剂。M 3 浸提剂的组成为 $0.2\ mol\cdot L^{-1}\ HOAc\text{-}0.25\ mol\cdot L^{-1}\ NH_4NO_3\text{-}0.015\ mol\cdot L^{-1}\ NH_4F\text{-}0.013\ mol\cdot L^{-1}\ HNO_3\text{-}0.001\ mol\cdot L^{-1}\ EDTA[pH(2.5\pm0.1)]$。该浸提剂中的 $0.2\ mol\cdot L^{-1}\ HOAc\text{-}0.25\ mol\cdot L^{-1}\ NH_4NO_3$ 形成了 pH 2.5 的强缓冲体系，并可提取出交换性 K^+、Ca^{2+}、Mg^{2+}、Na^+、Mn^{2+} 和 Zn^{2+} 等；$0.015\ mol\cdot L^{-1}\ NH_4F\text{-}0.013\ mol\cdot L^{-1}\ HNO_3$ 可促使 P 从 Al-P、Fe-P 和 Ca-P 等无机磷源中的解吸；$0.001\ mol\cdot L^{-1}\ EDTA$ 可浸提出螯合态 Cu、Zn、Mn 和 Fe 等。M 3 浸提剂与其他元素的常规浸提剂相比，具有以下特点：

(1)含有 NH_4F，其浸提原理与 Bray 1 相似；乙酸可浸提大部分土壤中的有效磷。

(2)比 Mehlich 1 浸提中性和碱性土壤中的磷的能力强，因为乙酸能形成强的缓冲体系，可减少在浸提 pH 较高的土壤过程中，因为与其中的钙反应而消耗酸，造成结果错误。

(3)在大部分土壤上，与作物的养分吸收量有较好的相关关系，能反映出土壤有效养分的供应能力。

(4)效率高，便于自动化。除磷用比色法，钾用火焰光度计法外，其他元素都可以直接用原子吸收分光光度计测定，或者与 ICP 连用，同时测定多种元素，测定结果与传统方法测定值有较好的相关性。

Mehlich 3 法具有较强的 pH 缓冲性能，不仅是酸性土壤有效磷、钾及微量元素养分的浸提剂，而且也适合于碱性和石灰性土壤。随着相关研究和校验研究的不断深入，Mehlich 3 有望成为土壤测试的通用方法。

需要强调的是，尽管土壤养分测试方法很多，但对特定土壤，测定方法的确定须因地制宜。如果不在本地区进行相关研究，而是机械搬用某些现成方法，测定结果有可能反映不了作物对养分需要的实际情况。

综上所述,要选用某种测试方法作为该土壤有效养分测试的备选方法时,必须按照如下步骤决定:

(1)应事先调查当地土壤性质、气候状况、作物种类和栽培耕作制度等。

(2)根据当地土壤中养分元素的土壤化学性质以及作物对养分的吸收需要,从文献中选择几种其适用条件类似当地的土壤测定方法。

(3)多点采取当地土壤,设置盆栽试验并通过相关研究进行方法筛选。

(二)以标准方法为参比,进行浸提剂测试值与标准值的相关分析

用作参比的标准方法系指能正确反映作物生长量或吸收量的一种试验方法,它适用任何土壤、任何作物、甚至任何营养元素的有效养分参比值确定。没有这种方法就无从与化学提取测定值进行比较,也就无从进行相关研究。

目前国际公认的相关研究标准方法有植物吸收法和同位素标记肥料吸收法两种。

1. 植物吸收法

植物吸收法也称生物法,即直接"问询"于农作物的方法。当其他生长条件充分满足时,植物在不施用某种养分元素的土壤中,对该种养分元素的吸收量,即可反映土壤中该养分元素的有效含量。

一般可在温室或培养室中进行盆栽试验,取一定量的风干土样,通过 $2 \sim 3$ mm 孔径的筛子后,装入一定容积的盆钵中,设完全肥处理(NPK)和无肥处理(NK、PK、NP),以当地主栽作物为供试作物,正常管理并收获产量。按最小养分律原理,无养分区农作物产量所吸收的养分量就是土壤有效养分含量。这一含量就成了化学测定法测定值的"标尺",也叫参比项。农作物吸收的养分量具有无可非议的真实性和实用性,已为科学界所公认并广泛采用。

2. 同位素标记肥料吸收法

也称 A 值法,是 20 世纪 50 年代兴起的标准方法,由 Fried 创立。其方法为施定量的示踪肥料(^{15}N 或 ^{32}P)于供试土壤中,根据同位素稀释原理,农作物吸收的养分中同位素所占份额与土壤中同位素所占比例相等,然后测定农作物体内同位素比强,即可推算出土壤中该种元素有效态含量(A 值),此量亦代表了土壤中有效养分真实含量,因此可作为化学法土壤测定值的参比项。我国近几十年的实践也表明,A 值法确实可以反映土壤中有效养分真实供应情况和作物田间生长反应。

在上述试验中,须把所研究的营养元素以外的其他各种生长条件控制一致,一般需 20 个以上的土壤样品。

采集的土壤样品在田间混合后,取足够数量,带回温室或网室中装盆,栽种作物。盆钵采用陶瓷、金属及塑料均可。盆钵大小以容土 $2 \sim 5$ kg 较合适。试验后提出的参比标准值可以养分吸收量或产量结果表示。

第二节 确定土壤肥力指标的校验研究

土壤肥力指标的校验研究是通过田间试验及土壤测试,对土壤肥力进行"高""中""低"范围划分的研究。

一、确定土壤肥力指标的步骤

校验土壤肥力指标的步骤由美国著名的土壤测试学者 Bray(1944)提出,他所进行的美国伊利诺伊州玉米带农田土壤有效钾肥力指标的校验研究成为土壤肥力校验研究的典范,至今仍被各国土壤测试工作者所遵循。土壤肥力指标校验研究的步骤为:

(1)选定本地区主要土壤类型的农田田块,进行多点试验(至少 20～30 个试验点)。试验点之间的土壤肥力应有足够大的差异,同一试验点的土地应平整,地势条件应一致。选定试验田块后,采集土壤基础样品。

(2)设置包含全肥及缺肥(减氮、减磷、减钾)4 种处理的小区试验,每点重复 3～4 次。其他管理措施与大田相同,作物成熟后准确计产。

(3)对每一无肥区的土壤进行有效养分测定,得到各个田块的土壤养分测定值。

(4)计算缺素区作物产量占全肥区作物产量的相对产量,其计算公式为:

$$相对产量 = 无氮(无磷或无钾)区作物产量 / 全肥区作物产量 \times 100\%$$

(5)以相对产量为纵坐标,以有效养分提取测试值为横坐标绘制散点图,根据散点图分布特征进行回归分析,得到土壤测定值(X)与作物相对产量(Y)之间的回归曲线,称之为校验曲线。

(6)根据土壤养分丰缺指标的分级水平,划分土壤肥力指标。可采用三级分类制或五级分类制。如三级分类制,与 95％ 相对产量对应的土壤测定值的肥力指标定为"高";与 95％～75％ 相对产量对应的土壤测定值的肥力指标定为"中";与 75％～50％ 相对产量对应的土壤测定值的肥力指标定为"低"。如五级分类制,与 95％ 相对产量对应的土壤测定值的肥力指标定为"极高";与 95％～90％ 相对产量对应的土壤测定值的肥力指标定为"高";与 90％～70％ 相对产量对应的土壤测定值的肥力指标定为"中";与 70％～50％ 相对产量对应的土壤测定值的肥力指标定为"低";<50％ 相对产量对应的土壤测定值的肥力指标定为"极低"。

与上述肥力指标相对应的农作物对肥料的反应为:

"极高"——超过一般所见的高含量;

"高"——施肥不增产;

"中"——不施肥可能减产,但减产幅度不超过 20％～35％;

"低"——不施肥减产,减产幅度 35％～50％;

"极低"——不施肥减产,减产幅度大于 50％。

由于土壤有效养分的丰缺与作物需求有关,因此,不同作物对养分的需要量不同时,土壤有效养分的分级指标也应该是不同的。一套土壤有效养分的分级指标只针对一种指定的作物,其他作物的指标应另行试验研究才能确定。

金耀青(1989)在其著作《计量施肥》中特别强调了土壤肥力指标和测定值分级的实质和特点。关于分级制度,他指出尽管分级制度可用数量来表达和解释,但无须太细,建议肥力等级划分为 3～4 级足够,因为农作物生育期受气候因子影响而产生的年际间产量的变动幅度足以掩盖过细的肥力级差。其次,与土壤肥力等级相对应的土壤养分测定值是一个相对值,它是根据相对产量的不同水平,通过回归曲线,用内插法求得,毫无绝对量($kg \cdot hm^{-2}$)的含义在内,仅能表达土壤中某种有效养分对作物产量的保证程度,或土壤对某种肥料的反应程度,绝不应作为土壤供肥量看待。

二、确定土壤肥力指标的实例

土壤肥力指标法的核心技术是测试方法的选择和肥力指标的确定。20 世纪 70 年代,随着第二次全国土壤普查,广大土壤肥料科学工作者应用土壤普查的成果,结合土壤有效养分测定结果开展了大量肥料田间试验,在合理施肥方面取得了突破性进展。当时的农业部土壤普查办公室组织 16 个省、自治区和直辖市参加了"土壤养分丰缺指标研究"协作组,曾对众多土壤开展了测试方法的筛选和校验研究,为我国后来的测土配方施肥工作打下了基础。

下面以李增凤等(1987,1989)在干旱区绿洲灌区河西走廊灌漠土小麦试验为例,介绍土壤肥力指标法的应用程序及工作过程。

(一)土壤肥力指标测定的相关研究

李增凤等(1987)以有效氮浸提剂的筛选为目标,以盆栽试验小麦吸氮量为标准方法进行相关研究。选择了甘肃省武威市郊区高、中、低肥力灌漠土土样 15 份,以磷肥(P_2O_5 0.075 g·kg^{-1})为肥底,设施氮(N 0.15 g·kg^{-1})(NP)和不施氮(P)两个处理,以小麦为试材,盆钵为 26 cm×30 cm 瓦氏盆,重复 3 次,研究土壤有效氮与春小麦吸氮量和产量的相关性。

试验选择了 5 种可能适合灌漠土土壤有效氮的浸提剂,分别为以 1.8 mol·L^{-1} NaOH 为浸提剂、$FeSO_4$·$7H_2O$ 为还原剂的碱解扩散法;以 1.8 mol·L^{-1} NaOH 为浸提剂、$ZnSO_4$-$FeSO_4$ 为还原剂的碱解扩散法;以 4 mol·L^{-1} NaOH 为浸提剂、$ZnSO_4$-$FeSO_4$ 为还原剂的蒸馏法;以 1 mol·L^{-1} $KMnO_4$-Na_2CO_3 为浸提剂的蒸馏法;以 20% NaCl 为浸提剂的蒸馏法。

供试的 15 个土壤样品,用 5 种浸提剂对有效氮的测定结果见表 4-1。

表 4-1　5 种化学浸提剂提取的土壤有效氮量　　　　　　　　mg·kg^{-1}

编号	X_1 (碱解扩散法, $FeSO_4$ 还原)	X_2 (碱解扩散法, $ZnSO_4$-$FeSO_4$ 还原)	X_3 (碱解蒸馏法, $ZnSO_4$-$FeSO_4$ 还原)	X_4 (碱性 $KMnO_4$ 蒸馏法)	X_5 (20% NaCl 提取蒸馏法)	全氮
1	70.2	63.3	72.2	24.3	17.7	940
2	86.4	87.7	75.4	29.7	15.3	1 130
3	69.6	64.8	55.3	24.4	12.1	880
4	63.9	62.9	48.7	19.4	10.7	880
5	72.2	63.0	51.0	26.3	8.9	900
6	117.0	109.4	98.1	30.7	47.9	1 000
7	114.0	94.8	91.1	32.0	38.6	1 030
8	108.0	101.0	87.7	35.2	30.2	1 150
9	80.4	79.7	59.9	26.5	31.8	970
10	66.1	80.8	66.9	33.5	26.1	1 010
11	89.8	93.7	83.7	35.5	31.0	1 180
12	78.7	77.5	65.8	30.5	32.1	780
13	176.8	187.8	190.1	78.6	133.3	1 140
14	159.2	188.2	183.1	38.8	137.6	1 090
15	120.7	145.7	124.2	43.4	80.4	1 080
平均	99.6	100.3	90.2	34.0	43.7	1 020

前已述及,相关研究的标准方法之一是用无养分区农作物产量所吸收的养分量代表土壤有效养分含量。这一含量就成了化学测定法测定值的"标尺",也叫参比项。此外,无肥区产量占全肥区产量百分数的相对产量也是标准方法之一。通过室内分析得到表 4-2 中的基础数据,再经相关分析就可以判定 5 种浸提剂测定土壤有效氮的适用程度(表 4-3)。

表 4-2　标准方法(盆栽试验生物吸收法)小麦吸氮量及产量

| 编号 | 产量/(g·盆$^{-1}$) | | | | CK 含氮量/(g·kg^{-1}) | | CK 总吸氮量/(g·盆$^{-1}$) | 相对产量/% |
| | CK | | N | | | | | |
	子粒	茎叶	子粒	茎叶	子粒	茎叶		
1	17.78	31.10	45.99	67.10	12.02	2.66	0.297	38.66
2	16.02	27.60	50.72	72.96	12.43	2.97	0.281	31.59
3	11.89	20.00	50.70	68.10	12.52	3.87	0.226	23.45
4	8.87	18.25	50.65	75.80	12.68	2.59	0.159	17.51
5	10.53	13.90	50.61	76.23	11.94	2.60	0.150	18.83
6	18.21	24.55	40.79	40.27	14.61	3.01	0.340	44.64
7	14.17	20.81	38.18	36.24	14.55	2.95	0.267	37.11
8	15.75	21.44	41.99	40.13	13.97	2.71	0.278	37.51
9	12.70	21.75	33.70	36.71	14.99	2.86	0.252	37.69
10	9.34	12.11	47.34	48.62	15.30	2.85	0.178	19.73
11	16.42	25.64	44.82	46.77	14.90	3.12	0.326	36.64
12	15.99	21.06	44.11	52.82	13.98	2.87	0.256	31.72
13	52.96	54.57	55.41	58.20	21.68	5.09	1.426	95.58
14	48.83	50.89	48.30	52.50	10.56	5.16	1.218	100.0
15	32.97	33.57	43.18	56.75	17.02	3.65	0.684	76.35

表 4-3　5 种浸提剂有效氮测定值与标准值的相关性

相关系数	X_1	X_2	X_3	X_4	X_5	产量	吸氮量	相对产量
X_1	1.000 0							
X_2	0.959 7	1.000 0						
X_3	0.965 3	0.984 4	1.000 0					
X_4	0.817 6	0.810 4	0.823 4	1.000 0				
X_5	0.934 2	0.979 5	0.977 9	0.790 4	1.000 0			
产量	0.912 9	0.956 0	0.973 8	0.815 0	0.969 9	1.000 0		
吸氮量	0.910 6	0.950 2	0.970 0	0.839 6	0.970 2	0.992 0	1.000 0	
相对产量	0.923 0	0.965 7	0.968 5	0.756 2	0.972 6	0.977 9	0.957 7	1.000 0

注:相关系数临界值,$\alpha=0.05$ 时,$r=0.514\,0$;$\alpha=0.01$ 时,$r=0.641\,1$。

表 4-3 反映出,5 种浸提剂提取的有效氮数量之间全部为极显著正相关;各浸提剂与 3 个"标准值"之间也呈极显著相关。方差分析也表明(表 4-4)小麦产量、吸氮量以及相对产量的变化均由有效氮数量不同而引起,其决定系数高达 0.984 4。

表 4-4 春小麦土壤有效氮浸提剂相关研究的方差分析表

方差来源	平方和	df	均方	F 值	P 值
回归	9 544.14	7	1 363.45	62.99	0.000 1
剩余	151.53	7	21.65		
总的	9 695.66	14	692.55		

因此,此试验相关研究结果认为,5 种浸提剂提取的有效氮测定值与 3 个参比标准项之间的相关性均达到极显著水平,均可以认为适用于灌漠土有效氮的提取。从简便、快速、适于批量分析的特点出发,推荐碱解扩散法适用于基层实验室有效氮的测定。

(二)土壤肥力指标测定的校验研究

李增凤等(1989)在灌漠土有效氮测定方法筛选(相关研究)的基础上,进一步选择了甘肃省武威市郊区高、中、低肥力灌漠土田块 20 个,以磷肥(P_2O_5 60 kg·hm^{-2})为肥底,设施氮(N 120 kg·hm^{-2})(NP)和不施氮(P)两个处理,以小麦为试材,小区面积 0.45～0.60 hm^2,重复 3 次,研究春小麦田土壤有效氮肥力指标,其结果见表 4-5。

表 4-5 碱解氮测定值与田间小麦产量结果

地号	碱解氮/ ($mg·kg^{-1}$)	产量/($kg·hm^{-2}$)		相对产量/ %
		未施氮	施氮	
1	87	4 885.5	5 118	95.46
2	96	4 197	6 421.5	65.36
3	85.8	4 467	5 335.5	83.72
4	82.5	5 271	5 815.5	90.64
5	94.3	5 910	7 165.5	82.48
6	95.2	4 348.5	6 238.5	69.7
7	116.6	4 596	6 927	66.35
8	64.9	4 392	5 361	81.93
9	78.4	4 296	5 664	75.85
10	73.1	4 098	6 898.5	59.4
11	89.1	3 711	4 356	85.19
12	124.4	5 910	6 411	92.19
13	89.1	5 215.5	6 138	84.97
14	90.9	3 027	3 817.5	79.29
15	72.2	4 024.5	5 505	73.11
16	73.7	2 056.5	2 712	75.83
17	62.5	1 930.5	2 575.5	74.96
18	43.7	1 759.5	4 633.5	37.97
19	39.8	1 702.5	3 657	46.55
20	38.9	1 605	3 420	46.93

　　根据相关研究和校验研究的步骤,以碱解氮为自变量,相应地块小麦相对产量为因变量作散点图(图 4-1)。

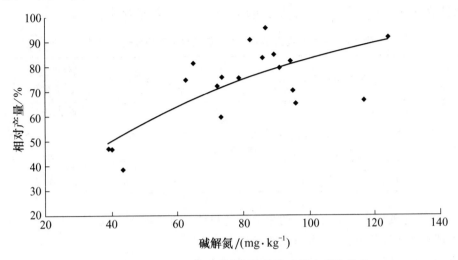

图 4-1　甘肃灌漠土麦田碱解氮与小麦产量之间的关系

　　从图 4-1 可知,麦田碱解氮与小麦产量之间的关系为非线性关系。将表 4-5 数据用 DPS 等统计软件,经过非线性模型模拟,选择 P 值极显著的模型列入表 4-6 中。

表 4-6　碱解氮含量与小麦相对产量的回归关系

函数式	a	b	r	R^2	F 值	P 值	位次
$Y=a+bx$	36.78	0.458 1	0.656 1	0.430 5	13.62	0.001 7	4
$Y=a+b\ln x$	−80.229	35.352	0.797 2	0.635 6	14.83	0.000 2	3
$Y=ax^b$	9.365 8	0.472 5	0.695 7	0.484 0	16.88	0.000 7	2
$Y=ae^{bx}$	46.72	0.005 6	0.618 4	0.382 4	11.14	0.003 7	5
$Y=x/(a+bx)$	135.135 3	63.968 5	0.727 0	0.528 5	20.18	0.000 3	1

　　由表 4-6 知,几种模型都能用于描述灌漠土有效氮与春小麦产量之间的内在联系。模型选择的依据一般为 F 值应最大,而 P 值应最小。非线性相关下,相关系数不是模型选择依照的主要数据。因此,Mitscherlich 方程 $Y=x/(a+bx)$ 成为试验条件下表达小麦产量与土壤中速效氮含量之间的首选数学模型,通过对模型的解析,可用于制定甘肃灌漠土春小麦土壤有效氮肥力指标。模型解析后的丰缺指标值列入表 4-7 中。

表 4-7　甘肃灌漠土有效氮的丰缺指标

土壤养分分级	相对产量/ %	碱解氮/ $(mg \cdot kg^{-1})$	对氮肥的反应
极低	<50	<44	施氮肥效果极明显
低	50~70	45~73	施氮肥效果明显
中	70~90	74~115	施氮肥有效
高	>90	>116	施氮肥效果低,甚至无效

李增凤等(1989)进一步在极低、低、中、高肥力的 9 个田块设置了 N_0、N_{60}、N_{120}、N_{180}、N_{240} 单因素 5 水平田间氮肥肥效试验,得到了对应的氮肥肥效方程,并运用边际分析原理(详见第五章:肥料效应函数法),计算了试区春小麦的推荐施氮量,结果列入表 4-8。

表 4-8　甘肃灌漠土不同肥力等级地块小麦的合理施氮量　　　　kg·hm^{-2}

土壤养分等级	氮肥效应方程	最高产量施氮量	最高产量	最佳产量施氮量	最佳产量
极低	$y=1\,784+27.187x-0.066\,5x^2$	204.41	4 562.70	186.00	4 539.00
低	$y=2\,739.7+10.643x-0.028\,5x^2$	186.72	3 733.33	142.50	3 679.50
中	$y=4\,184.3+11.792x-0.034\,9x^2$	168.94	5 180.37	133.50	5 136.00
高	$y=5\,947.2+9.176\,4x-0.027x^2$	169.93	6 726.89	123.00	6 666.00

至此,一个完整的土壤肥力指标的相关研究和校验研究即算完成。该指标及推荐施肥量在栽培管理水平相近的情况下,可以用于指导大田生产。

林继雄,褚天铎(1998)提出,由于土壤有效养分的丰缺与作物需求有关,因此不同作物对养分的需要量不同时,土壤有效养分的分级也应该是不同的。一套土壤有效养分的分级指标只针对一种指定的作物,其他作物的指标应另行试验研究才能确定。他们根据我国以往的研究结果,总结提出了我国主要农田土壤类型的土壤有效养分丰缺分级指标(表 4-9),具有较高的参考价值。

需要明确指出的是,基于农作物营养元素的土壤化学原理选择最佳浸提剂的相关研究,以及基于土壤有效养分含量测定值与生物相对产量进行的校验研究,所取得的土壤有效养分肥力指标并非一成不变。我国在 20 世纪 80 年代通过众多科技工作者的努力所确定的土壤有效养分分级范围值,经过 20 多年的时代变迁,多年连续施肥下,土壤基础肥力有了较大变化,许多耐肥品种不断育成推广,栽培管理技术也不断完善,作物产量不断提高,有必要重新修订适合于不同农业生产区域、不同土壤肥力水平、不同水文和气候等条件的土壤有效养分分级标准,以推动我国测土配方施肥技术的不断完善和提高,为保障国家粮食安全,最大限度地发挥肥料的增产效益,增加农民受益,保护环境做出应有的贡献。

表 4-9　我国主要土壤类型碱解氮、有效磷和有效钾分级指标　　　　mg·kg^{-1}

土壤类型	碱解氮			有效磷			有效钾			备注
	低 <75%	中 75%~95%	高 >95%	低 <75%	中 75%~95%	高 >95%	低 <75%	中 75%~95%	高 >95%	
黑土	<120	120~250	>250	<4	4~10	>10	<70	70~150	>150	小麦
草甸土	<130	130~240	>240	<2	2~25	>25	<95	95~180	>180	玉米
潮土(北京)	<80	80~130	>130	<2	2~12	>12	<60	60~180	>180	小麦
盐化潮土	<30	30~50	>50	<4	4~9	>9	—	—	—	小麦
灰漠土	<70	70~100	>100	<4	4~8	>8	—	—	—	小麦
灌淤土	<90	90~120	>120	<4	4~9	>9	—	—	—	小麦
黄绵土	<60	60~80	>80	<4	4~7	>7		110	—	小麦

续表 4-9

土壤类型	碱解氮			有效磷			有效钾			备注
	低 <75%	中 75%~95%	高 >95%	低 <75%	中 75%~95%	高 >95%	低 <75%	中 75%~95%	高 >95%	
紫色土	<170	170~260	>260	<4	4~10	>10	—	65	—	小麦
棕壤	<55	55~90	>90	<10	10~25	>25	<50	50~85	>85	小麦
褐土	<55	55~100	>100	<2	2~9	>9	<30	30~85	>85	小麦
潮土（山东）	<70	70~90	>90	<6	6~19	>19	<40	40~115	>115	玉米
红壤（广西）	<170	170~380	>380	<8	8~20	>20	<135	135~280	>280	玉米
红壤水稻土（福建）	<150	150~260	>260	<6	6~17	>17	<80	80~140	>140	水稻
红壤水稻土（广西）	<160	160~200	>200	<2	2~10	>10	<60	60~170	>170	水稻
青紫泥水稻土（上海）	<200	200~400	>400	<4	4~16	>16	—	100	—	小麦
草甸水稻土（吉林）	<70	70~220	>220	<5.5	5.5~17	>17	<60	60~150	>150	水稻
成都平原水稻土	<90	90~250	>250	<2	2~8	>8	—	35	—	水稻
杭嘉湖水稻土	<175	175~280	>280	<2	2~11	>11	<20	20~150	>150	水稻
湖南中酸性水稻土	<100	100~190	>190	<3	3~10	>10	<60	60~105	>105	早稻
	<120	120~210	>210	<1	1~14	>14	<50	50~80	>80	晚稻

思考题

1. 什么是相关研究？相关研究的原理是什么？
2. 进行相关研究的"标准方法"有哪些？
3. 相关研究的步骤有哪些？
4. 什么是校验研究？
5. 建立土壤有效养分丰缺指标时为什么用相对产量而不用实际产量？
6. 根据土壤肥力测定值可否计算出土壤有效养分供应的绝对量？为什么？
7. 模拟设计一个确定土壤肥力指标的案例。

第五章 肥料效应函数法

本章提要：主要介绍肥料效应函数的概念、类型及其特点，肥料效应的函数模式及性质，肥料效应的配置和根据肥料效应函数运用边际效应理论，分析产量、增产值和利润随施肥量的关系，从而确定最高产量施肥量、经济最佳施肥量、经济合理施肥量、养分经济最佳配比和最优投资方案。

第一节 肥料的产量效应

肥料效应函数法(fertilizer response function method)是一种建立在田间试验与统计分析基础上的推荐施肥方法。这种方法不采用化学或物理的手段测定土壤供肥量、农作物需肥量和肥料利用率等参数，而是以回归设计和多点田间试验为基础，构建施肥模型(肥料效应函数)，利用边际分析方法研究施肥量或养分配比与产量之间的变化关系，进而进行施肥分区并制定出区域合理施肥方案。肥料效应田间试验也是筛选验证土壤养分测试方法、建立施肥指标体系、进行肥料配方设计的基本环节和重要依据。

一、肥料效应的一般概念

施肥量与产量间的数量关系，可用数学函数式表示，即肥料效应函数(fertilizer response function)。

(一)总产量曲线

总产量曲线(total production curve)是表示施肥量与总产出量关系的曲线。函数式为：$y = f(x)$，肥料效应函数一般有 3 种类型，即报酬固定型、报酬递减型和报酬递增型，如表 5-1、图 5-1 所示。

表 5-1 总产量曲线类型

曲线类型	施 肥 量/(kg·hm^{-2})							
	0	15	30	45	60	75	90	105
报酬固定型产量/(t·hm^{-2})	0	20	40	60	80	100	120	140
报酬递增型产量/(t·hm^{-2})	0	6	15	30	51	81	116	145
报酬递减型产量/(t·hm^{-2})	0	50	80	100	115	125	130	132

(二)边际产量

边际产量(marginal yield)是指增减单位量肥料所增加(或减少)的总产量。数学式为：$M = \dfrac{\Delta y}{\Delta x}$，$\Delta y$ 为增减养分 Δx 所增加(或减少)的总产量，此为边际产量的平均值，如表 5-2 所示。当氮肥用量由 0 增至 45 kg·hm^{-2}，总产量由 4 132.5 kg·hm^{-2} 增至 5 692.5 kg·hm^{-2}，增产量为 1 560 kg·hm^{-2}，此时的平均边际产量为 34.7 kg，即为施肥量为 0～45 kg·hm^{-2}

的平均边际产量；当施肥量由 45 kg·hm^{-2} 增至
90 kg·hm^{-2} 时，总产量由 5 692.5 kg·hm^{-2}
增至 6 457.5 kg·hm^{-2}，增产 765 kg·hm^{-2}，施
肥量 45～90 kg·hm^{-2} 间的平均边际产量为
17.0 kg。由此可见，随着氮肥用量的增加，边际
产量递减；随着边际产量的变化，总产量也相应
地变化。因此，边际产量反映施肥量增加所引起
的总产量的变动率。从数学意义上看，此变动率
可由产量（y）对养分 x 的一级导数 $\dfrac{\mathrm{d}y}{\mathrm{d}x}$ 求得。由

$\dfrac{\mathrm{d}y}{\mathrm{d}x}$ 求得的边际产量为精确边际产量，即总产量

曲线上某点的斜率。当肥料效应递增时，边际产

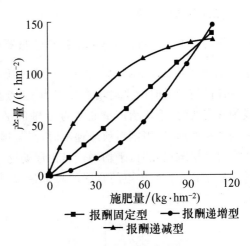

图 5-1　总产量曲线类型

量随施肥量的增加而递增，总产量曲线的斜率递增（图 5-2），总产量按一定的递增率增加。当
肥料效应递减时，边际产量随施肥量的增加而递减，总产量按递减率增加，当边际产量递减为
零时，总产量达到最高。

表 5-2　氮肥在冬小麦上的产量效应　　　　　　　　　　　　　　　　　　　kg·hm^{-2}

氮用量	产量	45 kg 氮的增产量	氮用量	产量	45 kg 氮的增产量
0	4 132.5	—	135	7 135.0	677.5
45	5 692.5	1 560.0	180	7 177.5	42.5
90	6 457.5	765.0	225	6 480.0	−697.5

引自：李仁岗，肥料效应函数。

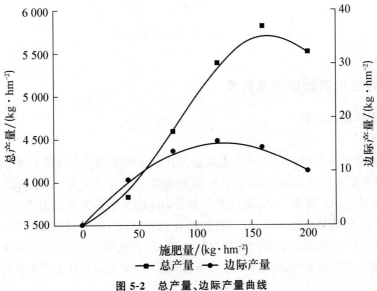

图 5-2　总产量、边际产量曲线

　　由于边际产量反映了总产量的变动率，因此边际产量是确定经济合理施肥量的重要依据。

(三)平均增产量

平均增产量(average yield)指单位量肥料的平均增产量。以 $AP = \dfrac{\Delta y}{x}$ 表示,Δy 为施肥量 x 的增产量,$\Delta y = y - y_0$,式中 y_0 为不施肥的产量,y 为总产量。

任何施肥量时的平均增产量即为 y_0 点至总产量曲线上对应点直线的斜率。当总产量曲线为一直线时,平均增产量曲线为 x 轴的平行线。当肥料效应递增时,平均增产量随着施肥量的增加而递增;当肥料效应递减时,平均增产量随施肥量的增加而递减。当肥料效应由报酬递增变为报酬递减时,平均增产量由起初递增,到达最高点后,则随施肥量的增加而递减。如图 5-3 所示,y_0 至 P 点的直线的斜率最大,故 P 点为平均增产量的最高点,此时单位量肥料的平均增产效应最大。

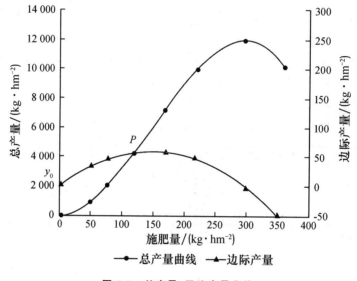

图 5-3   总产量、平均产量曲线

二、肥料效应的函数模式及性质

(一)单元肥料效应函数

1. 直线相关

反映李比希最小养分律的方程式是直线相关式的最典型例子。按李比希"最小养分律"的观点,当土壤中的某一养分为最小养分(A),而其他养分均含量丰富时,作物的产量随着最小养分(A)的供应量按一定比例增加,直到其他养分(B)成为生长的限制因子时为止;当增加养分(B)时,则养分(A)的效应继续按同比例增加,直到养分(C)成为限制因子时为止;如果再增加养分(C),则养分(A)的效应仍按同样比例继续增加。由此可见,李比希认为作物产量与最小养分供应量之间呈直线相关(参见图 1-1)。Boreach 用下式来表示李比希最小养分律的观点:

$$y = b_0 + b_1 x$$

式中:y 为作物产量;x 为施肥量;b_0 为施肥前的地力产量;b_1 为效应系数。

此式不能反映当施肥量递增时表现出的报酬递减以及过量施肥而产生的总产量下降的现

象。此函数式只有在土壤养分很低时才能出现。

包伊德(D. A. Boydb)在对施肥和产量间存在的直线相关性进行的研究工作中,概括了不同养分及不同作物的肥料效应函数的类型。

包伊德等总结糖用甜菜、禾谷类作物和马铃薯等作物上大量氮肥用量试验结果认为:氮肥效应呈两条相交直线的形式,在到达转折点以前,产量随施肥量的增加而急剧上升,超过转折点以后,产量变化较小。由于作物的种类不同,转折点以后的变化也不同,表现为 3 种类型,如图 5-4 所示。其中第一种效应类型（A）在达到转折点后,再增施氮肥可进一步增产,但这时的增产速率比转折点以前减少,如牧草施用氮肥即属于这种情况。至于在生产中是否要施用比转折点更多的氮肥,则决定于肥料与牧草的价格。第二种效应类型(B)在达到转折点后的线段呈水平方向,即再增施氮肥既不增产也不减产,如甜菜施用氮肥后的试验结果即属于此类。第三种效应类型(C)中施用高于转折点的氮肥产量明显降低。这种情况在禾谷类和薯类作物中氮肥试验常出现。在冬小麦氮肥试验中,他们还发现,增施大量肥料导致产量急剧下降,出现第二个转折点,这种现象与小麦的严重倒伏有关。

对于磷肥效应,他们发现在缺磷土壤上,马铃薯的磷肥效应也呈两条相交直线的形式。两条相交直线可用下式表达:

$$y = b_0 + b_1 x$$
$$y' = b_2 + b_3 x$$

式中:b_0 为不施肥的产量;b_1,b_3 为效应系数,$b_1 > b_3$;b_2 为两条直线交点的产量。

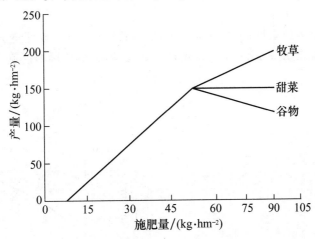

图 5-4　不同种类作物产量与施肥的关系

在生产实践中,由于受综合因素的影响,肥料效应函数的表现形式不同。库克(G. W. Cooke)认为,对于移动性较大的肥料,如氮肥,当其他因素不影响作物对氮肥的吸收时,氮肥的产量效应往往呈直线形式,作物吸收养分将一直到足量为止,然后产生一个明显的转折。对于移动性较小的肥料,其增产效应可能不呈直线形式。当养分间相互作用很明显时,也会得到曲线相关。在一般情况下,曲线形式常常与其他因素如病虫害或倒伏的发生有关。包伊德认为,不同年份到达转折点的施肥量不同时,其平均结果往往呈曲线形式。

2.曲线相关

(1)指数函数　指数函数是由米采利希(E. A. Mitscherlich,1909)燕麦磷肥的沙培试验得

出的函数式,即:

$$\frac{dy}{dx} = C(A - y)$$

转换成指数函数式,即为:

$$y = A(1 - e^{-Cx})$$
$$y = A(1 - 10^{-C'x})$$

式中:y 为现有因素数量 x 所得的产量;A 为因素 x 可能达到的最高产量或称极限产量;x 为肥料用量;$\frac{dy}{dx}$ 为增施单位量因素 x 的增产量;C、C' 为效应系数,$C' = 0.434\ 3C$;e 为自然对数。C 值越大,达到一定产量需要的施肥量越少。

此式表明,施肥量和产量间的关系是指数函数曲线形式,如磷酸盐对燕麦生长效应曲线图(图 5-5)。说明作物产量随施肥量的增加按一定的渐减律增加,而趋向于最高产量为极限。所以,此式只能反映到达最高产量前的肥料效应。

米采利希认为,效应系数对每种肥料都是一个常数,与作物、土壤或其他条件无关。大量研究表明,效应系数并不是常数,而是随作物种类及其生长环境而变化。

1928 年斯皮尔曼观察到递增等量肥料而形成的连续增产量即平均边际产量表现为系列递减的几何级数,这一规律的数学导出式称为斯皮尔曼方程式(图 5-6):

$$y = A(1 - R^x)$$

式中:y 为总产量;x 为施肥量;A 为最高产量;R 为每增加一个单位量养分(x_i)引起的增产量与前一个增施单位量养分 x_{i-1} 所引起的增产量之比,即 x 的边际增产量下降的比率:

$$R = \frac{\Delta y_2}{\Delta y_1} = \frac{\Delta y_3}{\Delta y_2} = \frac{\Delta y_4}{\Delta y_3} = \cdots = \frac{\Delta y_n}{\Delta y_{n-1}}$$

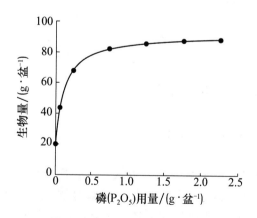

图 5-5　米采利希方程式模式图

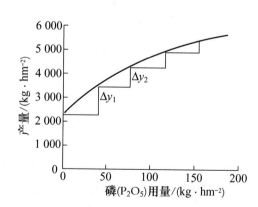

图 5-6　斯皮尔曼方程式模式图

斯皮尔曼认为常数 R 依生态环境的变化而不同,斯皮尔曼方程式表明作物产量随施肥量的增加按一定的渐减律增加而趋向于最高产量为其极限,显然此式只能反映最高产量前的肥料效应。

当 x 表示施肥量，b 表示土壤的养分效应量时，

$$y = A(1 - R^{x+b})$$

此式可转化为

$$y = M - AR^x$$

式中：M 为最高产量；A 为施肥能得到的最大增产量。

（2）二次抛物线函数

①二次平方式：大量试验表明，当施肥量超过最高产量施肥量时，作物产量随施肥量的增加而减少。为了反映超过最高产量而减产的效应，许多科学家用二次抛物线函数反映施肥量与产量之间的函数关系。尼克来（H. Niklas）和米勒（M. Miller）1927 年首次确定了导出二次抛物线函数的必要条件，他们假定，增施单位量肥料的增产量和该养分最高产量施肥量与现有施肥量之差成比例，其数学式为：

$$\frac{\mathrm{d}y}{\mathrm{d}x} = C(h - x)$$

式中：y 为现有施肥量 x 所得到的产量；h 为最高产量施肥量；C 为效应系数。

将此式积分简化得：$y = b_0 + b_1 x + b_2 x^2$

式中：b_0 为不施肥的产量；$b_1，b_2$ 为效应系数，b_1 为起始时肥料增产效应的趋势；b_2 为肥料效应增减的程度，反映效应曲线的曲率变化。

此式表明，当 $b_1 > 0，b_2 < 0$ 时，施肥量与产量间的关系呈二次抛物线形式。作物产量随施肥量的增加按渐减率增加，超过最高产量点后，作物产量随施肥量的增加而减少。因此，二次抛物线函数可以反映超过最高产量后总产量递减的效应。

上式的一阶导数为：

$$\frac{\mathrm{d}y}{\mathrm{d}x} = b_1 + 2b_2 x$$

式中：$\frac{\mathrm{d}y}{\mathrm{d}x}$ 即为边际产量。

当 $x = 0$ 时，$\frac{\mathrm{d}y}{\mathrm{d}x} = b_1$，因此 b_1 为起始时增施单位量肥料的增产量，即此式的边际产量，b_1 值决定了起始时增施肥料的增产量，一般为正值。

当 $\frac{\mathrm{d}^2 y}{\mathrm{d}x^2} = 2b_2 > 0$ 时，曲线呈报酬递增型。

当 $\frac{\mathrm{d}^2 y}{\mathrm{d}x^2} = 2b_2 < 0$ 时，曲线呈报酬递减型，函数有一极大值，最高产量施肥量满足 $\frac{\mathrm{d}y}{\mathrm{d}x} = b_1 + 2b_2 x = 0$，此时 $x = -\frac{b_1}{2b_2}$。

国内外大量肥料试验，特别是氮肥的产量效应多符合二次抛物线形式。磷肥在油菜上的产量效应也表现出二次抛物线形式，如表 5-3、图 5-7 所示。

表 5-3　不同施磷量对油菜生物量的影响(平均结果)

磷用量/(mg·kg^{-1})	0	25	50	75	100	150	200	300
生物量/(g·盆$^{-1}$)	54.9	73.7	81.9	83.3	86.0	91.9	91.6	79.4

如磷肥与油菜生物量的效应方程为:

$$y = 61.938 + 0.341\,7x - 0.001x^2$$

冬小麦的氮肥效应:$y = 4\,099.5 + 38.84x - 0.125x^2 (R^2 = 0.986\,8)$也呈此形式,如图 5-8 所示。

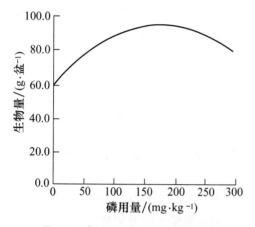

图 5-7　磷肥在油菜上的产量效应

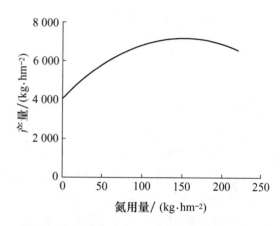

图 5-8　氮肥在冬小麦的产量效应(二次平方式)

②平方根式:考维尔(J. D. Colwell)等用平方根多项式反映肥料效应曲线,其数学式为:

$$y = b_0 + b_1 x^{0.5} + b_2 x$$

此式也可以反映超过最高产量后总产量递减的效应。当 $b_1 > 0, b_2 < 0$ 时,作物产量随施肥量的增加而按渐减律增加,但起始阶段的肥料效应比较明显,总产量曲线的斜率大,而后表现平缓,超过最高产量点后,总产量随施肥量的增加而减少。

对 $y = b_0 + b_1 x^{0.5} + b_2 x$ 求一阶导数和二阶导数,则

$$\frac{dy}{dx} = \frac{1}{2} b_1 x^{-0.5} + b_2$$

$$\frac{d^2 y}{dx^2} = -\frac{1}{4} b_1 x^{-1.5}$$

可见,当 $b_1 < 0$ 时,曲线呈报酬递增型,产量随施肥量的增加按渐增律增加。

当 $b_1 > 0$ 时,曲线呈报酬递减型,产量随施肥量的增加按渐减律增加,函数有一极大值,最高产量施肥量满足 $\frac{dy}{dx} = 0$,此时 $x = \frac{1}{4} \left(\frac{-b_1}{b_2} \right)^2$。

如表 5-4 和图 5-9 所示的冬小麦的氮肥效应,即呈平方根多项式,肥料效应函数为:

$$y = 4\ 305.3 + 11.85x^{0.5} - 11.04x$$

③二次方程式的 1.5 次变换式:肥料效应曲线形状介于二次平方式和平方根式之间。肥料效应函数为:

$$y = b_0 + b_1 x + b_2 x^{1.5}$$

表 5-4 氮肥在冬小麦上的产量效应

氮用量/(kg·hm^{-2})	产量/(kg·hm^{-2})	45 kg 氮的增产量/kg
0	4 312.5	—
45	4 950.0	637.5
90	5 062.5	112.5
135	4 875.0	−187.5
180	4 587.5	−287.5

引自:李仁岗,肥料效应函数,1985。

对上式分别求一阶和二阶导数:

$$\frac{dy}{dx} = b_1 + 1.5b_2 x^{0.5}$$

$$\frac{d^2 y}{dx^2} = \frac{3}{4} b_2 x^{-0.5}$$

因此,当 $b_2 > 0$ 时,曲线呈报酬递增型。当 $b_2 < 0$ 时,曲线呈报酬递减型,函数有一极大值。最高产量施肥量点满足 $\frac{dy}{dx} = 0$,此时 $x = \left(\frac{-b_1}{1.5b_2}\right)^2$。

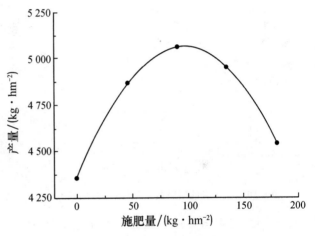

图 5-9 氮肥在冬小麦的产量效应(平方根式)

3. 逆多项式

斯帕若(P. E. Sparrow)曾用逆多项式反映肥料效应函数的变化,如:

逆线性函数:

$$y = \frac{b_0 + b_1 x + b_2 x^2}{1 + b_3 x}$$

式中:b_0 为不施肥的产量;b_1,b_2,b_3 为效应系数;y 为施肥量为 x 时的产量。

边际产量:

$$\frac{dy}{dx} = \frac{b_1 - b_0 b_3 + 2b_2 x + b_2 b_3 x^2}{(1 + b_3 x)^2}$$

逆二次函数:

$$y = \frac{b_0 + b_1 x}{1 + b_2 x + b_3 x^2}$$

式中:b_0 为不施肥的产量;b_1,b_2,b_3 为效应系数。

边际产量：

$$\frac{\mathrm{d}y}{\mathrm{d}x}=\frac{b_1-b_0b_2-2b_0b_3x-b_1b_3x^2}{(1+b_2x+b_3x^2)^2}$$

上述两个逆多项式所反映的曲线形式介于二次多项式与平方根多项式的曲线形式之间。如冬小麦磷肥试验表现出逆多项式效应函数形式(图 5-10)，肥料效应函数为：

$$y=\frac{64.67+2.143\,1x-0.008\,16x^2}{1-0.001\,469x}\quad (R^2=0.999\,2)$$

如氮肥在冬小麦上产量效应函数表现出逆二次多项式形式(图 5-11)，肥料效应函数为：

$$y=\frac{578.1+48.87x}{1+0.047x+0.000\,2x^2}\quad (R^2=0.991\,4)$$

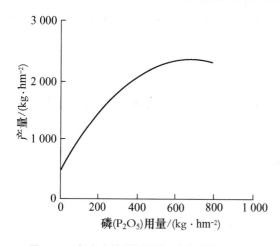

图 5-10　冬小麦的磷肥效应(逆线性多项式)　　　图 5-11　冬小麦的氮肥效应(逆二次多项式)

4. 三次多项式("S"形肥料效应曲线)

肥料效应函数为：$y=b_0+b_1x+b_2x^2+b_3x^3$。

该肥料效应曲线的特点为：

①在土壤供肥水平很低的情况下，增施单位量肥料的增产量随施肥量的增加而递增，直至转向点(图 5-12 中 C 点)为止。

②超过转向点后，增施单位量肥料的增产量随施肥量的增加而递减，因而，总产量按递增律增加，直到最高产量点为止。

③在一定生产条件下，作物有一最高产量，超过最高产量后，继续增施肥料，则总产量随施肥量的增加而递减，出现负效应。

④无限量地增施肥料可能使产量下降为零。

大量的试验表明：在一定生产条件下，当作物严重缺乏某种养分时，肥料效应曲线呈"S"形。增施该养分的增产量起初是递增的，即增施单位量养分的增产量随施肥量的增加而增加，但当施肥量超过一定限度后，增施单位量养分的增产量便开始递减，当递减为零时，作物产量达到最大值，此时再增施肥料，则导致减产，肥料效应曲线呈"S"形，如图 5-12 所示。

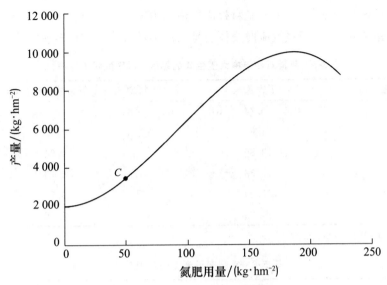

图 5-12 氮肥在小麦上的产量效应
（"S"形肥料效应曲线）

该曲线的一阶导数为

$$\frac{\mathrm{d}y}{\mathrm{d}x} = b_1 + 2b_2 x + 3b_3 x^2$$

当 $x = 0$ 时，$\frac{\mathrm{d}y}{\mathrm{d}x} = b_1$，因此，$b_1$ 反映起始阶段肥料的增产趋势。

二阶导数和三阶导数为

$$\frac{\mathrm{d}^2 y}{\mathrm{d}x^2} = 2b_2 + 6b_3 x$$

$$\frac{\mathrm{d}^3 y}{\mathrm{d}x^3} = 6b_3$$

当 $\frac{\mathrm{d}^3 y}{\mathrm{d}x^3} < 0$ 时，即 $b_3 < 0$ 时，从起始点边际产量随着施肥量的增加按渐增律递增，总产量曲线呈凹形，至 $\frac{\mathrm{d}^2 y}{\mathrm{d}x^2} = 0$ 时，边际产量达到最高，该点即总产量曲线上的转向点，此时的施肥量 $x = -\frac{b_2}{3b_3}$。超过转向点，边际产量递减，总产量曲线呈凸形，到达 $\frac{\mathrm{d}y}{\mathrm{d}x} = 0$ 时，总产量达到最高点，此时的施肥量即为最高产量施肥量。超过此点，$\frac{\mathrm{d}y}{\mathrm{d}x} < 0$，总产量随施肥量的增加而递减。

当 $\frac{\mathrm{d}^3 y}{\mathrm{d}x^3} > 0$ 即 $b_3 > 0$ 时，边际产量随施肥量增加一直递增，无最高点。此现象不符合报酬递减律，不能反映肥料增产效应的变化。

这种"S"形曲线形式，在田间条件下，只有当土壤供肥水平很低时可以看到，如沙培中氮素对大麦生长的影响，即表现为"S"形（表 5-5）；又如我国陕西瘠薄土壤上氮肥对玉米产量的效应也表现为"S"形曲线（表 5-6）。

农业生产实践中，往往由于土壤中含有一定量的养分，使不施肥的生产水平超过转向点，掩盖肥料的产量效应递增阶段,因而肥料效应递增的现象不能表现出来,肥料的增产效应往往一开始即呈现递减效应,故肥料效应曲线往往呈二次多项式或平方根多项式等曲线形式。

表 5-5　氮素对沙培中大麦生长的影响（以硝酸钙为氮源）

氮肥供应量/mg	干物重/g	每增 56 mg 氮素的增产量(干物重)/g
0	0.74	—
56	4.86	4.12
112	10.80	5.94
168	17.53	6.73
224	21.29	3.76
280	24.25	2.96

引自:李仁岗,肥料效应函数,1985。

表 5-6　氮肥在玉米上的产量效应

氮肥供应量/(kg·hm^{-2})	产量/(kg·hm^{-2})	每增 37.5 kg 氮素的增产量/kg
0	1 620.0	—
37.5	2 632.5	1 012.5
75.0	4 627.5	1 995.0
112.5	5 700.0	1 072.5
150.0	6 255.0	555.0

引自:李仁岗,肥料效应函数,1985。

5. 加平台函数

Cerato 和 Blakemer 在研究玉米氮肥效应模型时,提出 2 种加平台的模型,即:

(1)线性＋平台模型

$$y = a + bx \quad (x < c)$$
$$y = P \quad (x \geqslant c)$$

(2)二次式＋平台模型

$$y = a + bx + cx^2 \quad (x < c)$$
$$y = P \quad (x \geqslant c)$$

式中:c 为转折点施肥量;P 为转折点后的产量。

上述模型的共同特点是达到最高产量以后有一段平缓或水平效应曲线。王兴仁、陈新平研究认为玉米等作物的施氮效应符合此特征(图 5-13)。

(二)多元肥料效应函数

1. 二元二次式

(1)二元二次肥料效应回归方程式

$$y = b_0 + b_{11}x_1 + b_{12}x_1^2 + b_{13}x_1^3 + \cdots + b_{21}x_2 + b_{22}x_2^2 + b_{23}x_2^3 + \cdots$$
$$+ b_{31}x_1x_2 + b_{32}x_1x_2^2 + b_{33}x_1^2x_2 + \cdots$$

即它是一个高次方程式,而反映肥料效应函数是二次式。其原因为:二次以上的高次式过

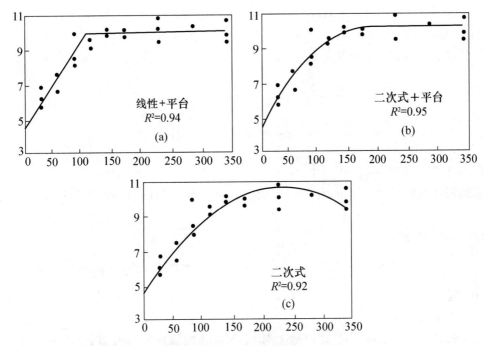

图 5-13　几种施肥模型对玉米产量和施氮量关系的拟合

引自：陈新平，国际植物营养培训班讲课，2004。

分繁杂，6 项变 9 项以上，工作量加大。试验统计结果可知，高次项效应占总效应的份额很小，可以忽略。如西北农林科技大学冬小麦氮磷肥料效应结果分析各效应系数对总产量贡献大小为：氮磷主效应占 80.55%，氮磷交互项占 2.72%，氮磷高次项占 11.36%，合计 94.63%，约为 95%，在统计学上认为有代表性，所以可以用 6 项代替多项。简化式为：

$$y = b_0 + b_1 x_1 + b_2 x_1^2 + b_3 x_2 + b_4 x_2^2 + b_5 x_1 x_2$$

式中：b_1、b_2 为 x_1 的主效应系数；b_3、b_4 为 x_2 的主效应系数；b_5 为 x_1、x_2 的交互效应系数，$b_5 > 0$ 时，表示为正交互作用，$b_5 < 0$ 时，表示为负交互作用。

二元肥料效应函数的边际产量即产量 y 对 x_1，x_2 的偏导数，可根据肥料效应函数求出。

$$\frac{\partial y}{\partial x_1} = b_1 + 2b_2 x_1 + b_5 x_2$$

$$\frac{\partial y}{\partial x_2} = b_3 + 2b_4 x_2 + b_5 x_1$$

当 $\frac{\partial^2 y}{\partial x_1^2} < 0$，$\frac{\partial^2 y}{\partial x_2^2} < 0$ 且 $\frac{\partial^2 y}{\partial x_1^2} \cdot \frac{\partial^2 y}{\partial x_2^2} > \left(\frac{\partial^2 y}{\partial x_1 \cdot \partial x_2} \right)^2$ 时，则效应曲面呈凸形，等产线为椭圆形，函数有一极大值，极值点满足 $\frac{\partial y}{\partial x_1} = \frac{\partial y}{\partial x_2} = 0$，该点为椭圆的中心点，对应的施肥量即为最高产量施肥量。

（2）二元平方根多项式

$$y = b_0 + b_1 x_1^{0.5} + b_2 x_1 + b_3 x_2^{0.5} + b_4 x_2 + b_5 x_1^{0.5} x_2^{0.5}$$

式中:b_1、b_2 为 x_1 的主效应系数;b_3、b_4 为 x_2 的主效应系数;b_5 为 x_1、x_2 的交互效应系数,$b_5 > 0$ 时,表示为正交互作用,$b_5 < 0$ 时,表示为负交互作用。

二元肥料的边际产量如下式:

$$\frac{\partial y}{\partial x_1} = 0.5b_1 x_1^{-0.5} + b_2 + 0.5b_5 x_1^{-0.5} x_2^{0.5}$$

$$\frac{\partial y}{\partial x_2} = 0.5b_3 x_2^{-0.5} + b_4 + 0.5b_5 x_2^{-0.5} x_1^{0.5}$$

2. 三元二次方程

在施用 3 种肥料的情况下,作物产量受 3 种肥料施用量的制约。其肥料效应函数的模式为:

(1)三元二次式

$$y = b_0 + b_1 x_1 + b_2 x_1^2 + b_3 x_2 + b_4 x_2^2 + b_5 x_3 + b_6 x_3^2 + b_7 x_1 x_2 + b_8 x_1 x_3 + b_9 x_2 x_3$$

式中:b_1、b_2、b_3、b_4、b_5、b_6 分别为 x_1、x_2、x_3 的主效应系数;b_7、b_8、b_9 分别为 x_1、x_2,x_1、x_3,x_2、x_3 的交互效应系数。

三元肥料效应的边际产量,即产量 y 对 x_1,x_2,x_3 的偏导数,如下式:

$$\frac{\partial y}{\partial x_1} = b_1 + 2b_2 x_1 + b_7 x_2 + b_8 x_3$$

$$\frac{\partial y}{\partial x_2} = b_3 + 2b_4 x_2 + b_7 x_1 + b_9 x_3$$

$$\frac{\partial y}{\partial x_3} = b_5 + 2b_6 x_3 + b_8 x_1 + b_9 x_2$$

当两种肥料的施肥量恒定时,即可求出另一种肥料的边际产量。

当 $\dfrac{\partial y}{\partial x_1} = \dfrac{\partial y}{\partial x_2} = \dfrac{\partial y}{\partial x_3} = 0$,此时函数有一极大值,此施肥量即为最高产量施肥量。

(2)三元二次平方根多项式

$$y = b_0 + b_1 x_1^{0.5} + b_2 x_1 + b_3 x_2^{0.5} + b_4 x_2 + b_5 x_3^{0.5}$$
$$+ b_6 x_3 + b_7 x_1^{0.5} x_2^{0.5} + b_8 x_1^{0.5} x_3^{0.5} + b_9 x_2^{0.5} x_3^{0.5}$$

三元肥料效应的边际产量,如下式:

$$\frac{\partial y}{\partial x_1} = 0.5b_1 x_1^{-0.5} + b_2 + 0.5b_7 x_1^{-0.5} x_2^{0.5} + 0.5b_8 x_1^{-0.5} x_3^{0.5}$$

$$\frac{\partial y}{\partial x_2} = 0.5b_3 x_2^{-0.5} + b_4 + 0.5b_7 x_1^{0.5} x_2^{-0.5} + 0.5b_9 x_2^{-0.5} x_3^{0.5}$$

$$\frac{\partial y}{\partial x_3} = 0.5b_5 x_3^{-0.5} + b_6 + 0.5b_8 x_1^{0.5} x_3^{-0.5} + 0.5b_9 x_2^{0.5} x_3^{-0.5}$$

(三)多元肥料效应回归方程式的性质

在同时施用两种或两种以上肥料的情况下,作物产量受两种或两种以上肥料施用量的制约。因而不能用肥料效应曲线反映多元肥料效应。对于二元肥料效应,可用肥料效应曲面来反映两种肥料的数量组合与产量之间的关系。当施用 3 种以上的肥料时,则不能用几何图形反映肥料的增产效应。

1. 多因素效应方程式回归系数分析

以二元二次效应函数为例:

$$y = b_0 + b_1 x_1 + b_2 x_1^2 + b_3 x_2 + b_4 x_2^2 + b_5 x_1 x_2$$

当 x_2 为若干恒定值时, $x_2 = x_{2i}(i = 1, 2, \cdots)$ 时,上式改为:

$$y = (b_0 + b_3 x_{2i} + b_4 x_{2i}^2) + (b_1 + b_5 x_{2i}) x_1 + b_2 x_1^2$$

令 $b_0' = b_0 + b_3 x_{2i} + b_4 x_{2i}^2$, $b_1' = b_1 + b_5 x_{2i}$, $b_2' = b_2$

$$y = b_0' + b_1' x_1 + b_2' x_1^2$$

可见,两元素共同作用时,其中一元素(如 x_1)的参数决定于另一元素的值(如 $x_2 = x_{2i}$)。其中,元素的自由项(b_0')是第二元素恒定值的二次三项式,元素的一次主效应系数(b_1')为第二元素的简单线性函数,而表示元素作用曲率的系数 b_2' 则与第二元素无关。

2. 边际产量

多元肥料效应中某一肥料的边际产量,是其他肥料恒定时增施单位量该肥料所增加的产量。任一肥料的边际产量可由肥料效应函数求得,即产量 y 对该肥料养分的偏导 $\dfrac{\partial y}{\partial x_i}$。

如肥料效应函数 $y = b_0 + b_1 x_1 + b_2 x_1^2 + b_3 x_2 + b_4 x_2^2 + b_5 x_1 x_2$,其各元素的边际产量为:

$$\frac{\partial y}{\partial x_1} = b_1 + 2b_2 x_1 + b_5 x_2$$

$$\frac{\partial y}{\partial x_2} = b_3 + 2b_4 x_2 + b_5 x_1$$

再如肥料效应函数 $y = b_0 + b_1 x_1^{0.5} + b_2 x_1 + b_3 x_2^{0.5} + b_4 x_2 + b_5 x_1^{0.5} x_2^{0.5}$,其各元素的边际产量为:

$$\frac{\partial y}{\partial x_1} = 0.5 b_1 x_1^{-0.5} + b_2 + 0.5 b_5 x_1^{-0.5} x_2^{0.5}$$

$$\frac{\partial y}{\partial x_2} = 0.5 b_3 x_2^{-0.5} + b_4 + 0.5 b_5 x_1^{0.5} x_2^{-0.5}$$

当 $\dfrac{\partial^2 y}{\partial x_1^2} < 0$, $\dfrac{\partial^2 y}{\partial x_2^2} < 0$ 且 $\dfrac{\partial^2 y}{\partial x_1^2} \times \dfrac{\partial^2 y}{\partial x_2^2} > \left(\dfrac{\partial^2 y}{\partial x_1 \times \partial x_2} \right)^2$ 时,肥料效应符合报酬递减律,函数有一极大值,该点满足 $\dfrac{\partial y}{\partial x_1} = \dfrac{\partial y}{\partial x_2} = 0$,即各肥料的边际产量为零时,即达到最高产量点,此时的施肥量为最高产量施肥量。

3. 肥料效应曲面

(1)二元二次肥料效应曲面 刘建玲和李仁岗研究表明,氮、磷肥在莜麦上的产量效应可用二元二次肥料效应函数表达,其氮、磷肥效应见表 5-7。

表 5-7　氮、磷肥在莜麦上的产量效应　　　　　　　　　　　　　　kg·hm^{-2}

N	$M_0(P_2O_5)$			$M_1(P_2O_5)$		
	0	45	90	0	45	90
0	463.1	581.4	—	1 008.0	1 077.0	—
60	921.9	1 757.6	1 768.7	1 898.1	2 194.1	1 962.7
120	—	1 955.6	2 089.2	—	2 133.8	2 152.1

注：M_0 为未施有机肥；M_1 为在有机肥基础上施用化肥。

引自：刘建玲，李仁岗，2000。

计算出的氮、磷肥在莜麦上的效应函数：

$$M_0: y_0 = 364.0 + 19.103\ 3x_1 - 0.135\ 9x_1^2 + 16.197\ 8x_2 - 0.203\ 6x_2^2$$
$$+ 0.155\ 5\ x_1 x_2 (F = 52.9^{**})$$
$$M_1: y_1 = 1\ 010.2 + 24.420\ 6x_1 - 0.163\ 5x_1^2 + 7.391\ 9x_2 - 0.132\ 4x_2^2$$
$$+ 0.089\ 9\ x_1 x_2 (F = 55.2^{**})$$

图 5-14 为莜麦氮、磷肥料效应曲面图，x_1、x_2 分别代表 N、P_2O_5 用量，纵坐标 y 代表产量（kg·hm^{-2}）。曲线上各点的高度代表 N、P_2O_5 一定数量组合所获得的产量。曲面的高度越高，表示产量越高；反之，越低。两种养分所获得的最高产量为效应曲面上的最高点。当固定某一肥料用量时，则作物产量将随着另一肥料的施肥量而发生变化，如当 P = 0，或 P = 60 kg·hm^{-2}（P_2O_5）时，氮肥相应的两条效应曲线见图 5-15。

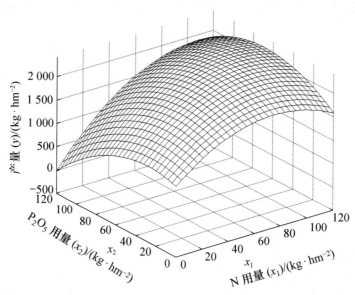

图 5-14　莜麦氮、磷肥料效应曲面图

当某一养分增产效应显著时，该养分的效应曲线将随施肥量的增加而急剧上升，效应曲面也必然沿该养分坐标轴的方向而急剧升高。因此，两种养分的增产效应决定了效应曲面的特性。同时，两种养分的交互作用影响曲面的形态，当交互作用为正效应时，则曲面顶部的斜率较大；当交互作用为负效应时，则曲面顶部比较平坦。可见，效应曲面的形式受两种肥料的增产效应及其交互作用的影响。当两种肥料的产量效应均符合报酬递减律时，效应曲面为一凸面形。在不同生产条件下，当肥料增产效应及其交互作用表现不同时，肥料效应曲面的形式也不同。

（2）平方根多项式肥料效应曲面　以氮、磷肥在夏玉米上的平方根多项式效应函数为例：

$$y = 582.11 + 30.212\ 3x_1^{0.5} - 3.637\ 7x_1$$
$$+ 53.572\ 7\ x_2^{0.5} - 7.812\ 5x_2$$
$$+ 1.493\ 2x_1^{0.5}x_2^{0.5}\ (F = 75.8^*)$$

效应曲面如图 5-16 所示。

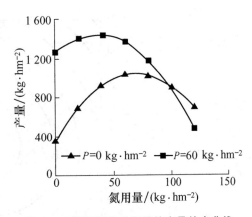

图 5-15　磷肥恒定时氮肥的产量效应曲线

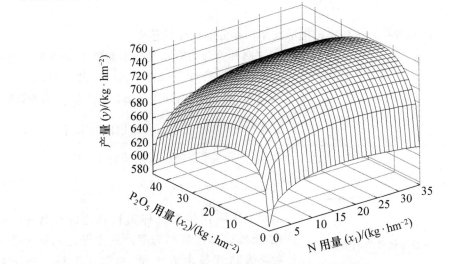

图 5-16　夏玉米氮、磷肥料效应曲面图

4. 等产线

肥料效应曲面上产量相同的各点连线在底平面上的垂直投影，即为等产线。

图 5-17 为莜麦氮、磷肥效应的等产线图，中心点为最高产量点，等产线为椭圆形。等产线距原点越近，产量水平越低；反之越高。产量水平较高的等产线一般曲率较大，特别是交互效应为正效应时，尤为明显。等产线有椭圆形（平方式）和不规则形（平方根式）。

等产线上各点的产量相同，但获得某一产量的养分配比不同，其中有一最佳配比。

等产线方程可由肥料效应方程式导出，如二元二次方程式：

$$y = b_0 + b_1x_1 + b_2x_1^2 + b_3x_2 + b_4x_2^2 + b_5x_1x_2$$

y 恒定时，$b_0 + b_1x_1 + b_2x_1^2 + b_3x_2 + b_4x_2^2 + b_5x_1x_2 - y = 0$

$$x_1 = \frac{-(b_1 + b_5x_2) \pm \sqrt{(b_1 + b_5x_2)^2 - 4b_2(b_0 + b_3x_2 + b_4x_2^2 - y)}}{2b_2}$$

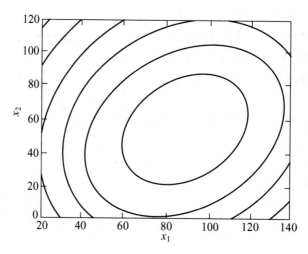

图 5-17　莜麦氮、磷肥料效应等产线图

5. 边际代替率

当产量不变时,两种养分施用量的增减比率即养分的边际代替率。

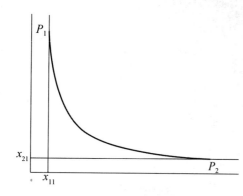

图 5-18　养分边际代替率示意图

两种养分的边际代替率如图 5-18 所示。当养分配比方案沿等产线自 $P_1 \rightarrow P_2$ 改变时,x_1 增加了 Δx_1,x_2 相应地减少了 Δx_2,产量 y 不变,两者比例 $\dfrac{\Delta x_2}{\Delta x_1}$ 即为 x_2 对 x_1 的边际代替率。当 P_1 与 P_2 点的距离无限缩小,则养分 x_2 对 x_1 的边际代替率为等产线上 P_2 点的斜率,用 $\dfrac{\mathrm{d}x_2}{\mathrm{d}x_1}$ 表示,由 $\dfrac{\mathrm{d}x_2}{\mathrm{d}x_1}$ 求得的边际代替率也称为精确边际代替率。因此,精确边际代替率为等产线上某点的斜率。其数学表达式导出方法是:对二元肥料效应函数 $y = f(x_1, x_2)$ 求全微分得:

$$\mathrm{d}y = \frac{\partial y}{\partial x_1}\mathrm{d}x_1 + \frac{\partial y}{\partial x_2}\mathrm{d}x_2$$

式中:$\mathrm{d}y$ 为两种养分增减时所引起的产量变化量;$\dfrac{\partial y}{\partial x_1}$,$\dfrac{\partial y}{\partial x_2}$ 为产量对 x_1,x_2 的偏导数。

对于等产线来说,$\mathrm{d}y = 0$,则 $\dfrac{\partial y}{\partial x_1}\mathrm{d}x_1 + \dfrac{\partial y}{\partial x_2}\mathrm{d}x_2 = \mathrm{d}y = 0$,故:

$$\frac{\mathrm{d}x_2}{\mathrm{d}x_1} = -\frac{\dfrac{\partial y}{\partial x_1}}{\dfrac{\partial y}{\partial x_2}}$$

所以,养分的边际代替率等于两种养分边际产量之比的倒数的负值。

如 $y=b_0+b_1x_1+b_2x_1^2+b_3x_2+b_4x_2^2+b_5x_1x_2$

$$\frac{\mathrm{d}x_2}{\mathrm{d}x_1}=-\frac{\dfrac{\partial y}{\partial x_1}}{\dfrac{\partial y}{\partial x_2}}=-\frac{b_1+2b_2x_1+b_5x_2}{b_3+2b_4x_2+b_5x_1}$$

等产线为一曲线时,等产线上各点的边际代替率不同,图 5-18 中,当肥料效应符合报酬递减律时,肥料配合方案自 $P_1\rightarrow P_2$ 改变时,$\dfrac{\mathrm{d}x_2}{\mathrm{d}x_1}$ 递减。但在此变化过程中,由于 x_1 用量增加,x_2 用量减少,从而使产量不变,也即是:x_2 用量减少所引起的产量减少量($-\Delta y$)正好等于养分 x_1 增加所增加的产量($+\Delta y$)。当 x_1 增加到 P_2 点时,$\dfrac{\mathrm{d}x_2}{\mathrm{d}x_1}$ 降到 0,也即 P_2 的边际代替率 $\dfrac{\mathrm{d}x_2}{\mathrm{d}x_1}=0$,此点为养分 x_2 恒定在 x_{21} 点时,养分 x_1 的最高产量点,x_1 的边际产量等于零,即 $\dfrac{\partial y}{\partial x_1}=0$,超过此点,增加任何量的 x_1 也不能代替 x_2 用量的减少而使产量不变。同理,x_1 施肥量减少到 P_1 点时,$\dfrac{\mathrm{d}x_2}{\mathrm{d}x_1}$ 增至 ∞,即 P_1 点 $\dfrac{\mathrm{d}x_2}{\mathrm{d}x_1}=\infty$,此时养分 x_2 的边际产量等于 0,即 $\dfrac{\partial y}{\partial x_1}=0$,超过此点即使再增加任何量的 x_2 也不能代替养分 x_1 用量减少而使产量不变。可见,养分间的代替有一定范围,$\dfrac{\mathrm{d}x_2}{\mathrm{d}x_1}=0$ 和 $\dfrac{\mathrm{d}x_2}{\mathrm{d}x_1}=\infty$ 的点为养分代替的界限。

6. 脊线

等产线上斜率等于 0 和 ∞ 的各点的连线,即 GA,GB 是养分间具有相互代替性质的分界线,通常称为脊线(图 5-19)。

两条脊线与等产线的交点是一种养分恒定时另一养分的最高产量点。两条脊线的交点是养分 x_1、x_2 的最高产量点(G 点)。两条脊线的夹角反映两种养分交互作用的性质,夹角<90°时,为正交互作用,夹角>90°时为负交互作用,夹角=90°时无交互作用。夹角大小反映养分间代替范围的大小,夹角较大时,表示养分间可代替的范围大。产量水平越低时,养分间代替范围越大;反之越小。

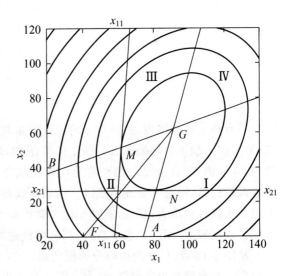

图 5-19　肥料效应曲面分区图

对于二元二次方程式,其脊线方程式:

GA 线 $\dfrac{\mathrm{d}x_2}{\mathrm{d}x_1}=0$, 即 $\dfrac{\mathrm{d}x_2}{\mathrm{d}x_1}=-\dfrac{\dfrac{\partial y}{\partial x_1}}{\dfrac{\partial y}{\partial x_2}}=0$,所以,$\dfrac{\partial y}{\partial x_1}=0$,即 $b_1+2b_2x_1+b_5x_2=0$

GB 线 $\dfrac{\mathrm{d}x_2}{\mathrm{d}x_1}=\infty$，即 $\dfrac{\mathrm{d}x_2}{\mathrm{d}x_1}=-\dfrac{\dfrac{\partial y}{\partial x_1}}{\dfrac{\partial y}{\partial x_2}}=\infty$，所以，$\dfrac{\partial y}{\partial x_2}=0$，即 $b_3+2b_4x_2+b_5x_1=0$。

7. 技术合理施肥区

两条脊线是养分间具有代替性质的界限。将两条脊线延长即可将肥料效应曲面划分为 4 个区域，即 Ⅰ、Ⅱ、Ⅲ、Ⅳ区，如图 5-19 所示。如果将养分 x_2 的施肥量固定在 x_{21}，则产量随养分 x_1 用量的增加而增加，此时 x_1 的边际产量大于零，即 $\dfrac{\partial y}{\partial x_1}>0$，至 N 点时，达到最高产量点，此时 x_1 的边际产量等于零，即 $\dfrac{\partial y}{\partial x_1}=0$。超过 N 点后，增施 x_1 则导致减产，此时养分 x_1 的边际产量小于零，即 $\dfrac{\partial y}{\partial x_1}<0$。同理，如果将养分 x_1 的施用量固定在 x_{11}，则产量随养分 x_2 用量的增加而增加，此时养分 x_2 的边际产量大于零，即 $\dfrac{\partial y}{\partial x_2}>0$，至 M 点时，达到最高产量点，x_2 的边际产量等于零，即 $\dfrac{\partial y}{\partial x_2}=0$。超过 M 点后，增施 x_2 则导致减产，养分 x_2 的边际产量小于零，即 $\dfrac{\partial y}{\partial x_2}<0$。可见，两条脊线将肥料效应曲面划分为 4 个区，各区域内养分 x_1、x_2 的边际产量变化为：

	$\dfrac{\partial y}{\partial x_1}$	$\dfrac{\partial y}{\partial x_2}$
Ⅰ	<0	>0
Ⅱ	>0	>0
Ⅲ	>0	<0
Ⅳ	<0	<0

只有在 Ⅱ 区范围内，两种养分的边际产量均为正值，超过这一范围，增施肥料反而导致减产，故 Ⅱ 区为技术合理施肥区。在 Ⅰ 区范围内，增施 x_1 导致减产；在 Ⅲ 区内，增施 x_2 导致减产；在 Ⅳ 区内，增施 x_1、x_2 两种养分均导致减产。因此，两条脊线与两个坐标轴构成了一个养分合理配比区，即技术合理施肥区。两条脊线的夹角越大，合理配比区的面积越大，肥料配比方案的可调性也越大；反之，养分配比方案可调性越小。一般情况下，产量水平低时肥料间的可代替范围较大，而产量水平高时，肥料可代替范围较小，最高产量点养分配比只有一种。

从图 5-19 看出，在两种养分的配比组合中，同一产量水平下有一系列养分配比，其中必有一组配比组合肥料投资最低，称为一定产量水平下的最佳配比。

第二节　肥料效应试验设计及方程配置

肥料效应试验一般是指在田间自然的土壤和气候条件下，以作物生长发育的各种性状、产量等作为指标，研究作物与肥料效应关系的生物试验。作物的生长发育受外界环境条件和栽培技术等多种因素影响，要使肥料效应的田间试验结果比较正确地反映客观实际，试验设计时需满足:试验的正确性、代表性和试验结果的重现性等基本要求。试验设计需遵循:试验目的明确、处理间有严格可比性、尽量排除非试验因素的影响等原则。为了最大限度地降低田间肥料效应试验的误差,田间布置试验时还需注意:试验地平坦、肥力均匀。小区试验每个处理需重复3～4次;大区试验可不设重复,但需设置年际间重复,且需定位重复3年以上。

试验设计是获取肥料效应数据以及指导合理施肥的重要环节,下面介绍肥料效应试验常用的试验设计。

一、试验设计

1. 单因素试验设计

是指研究单一养分因素的效应,试验方案需把养分因素分成若干水平,每个水平为1个处理。

2. 复因素试验设计

是指多养分因素的效应。各养分因素相对独立,处理的效应包括试验因素的效应和因素间的交互效应。当两种肥料同时施用时的增产效应大于单独施用的增产效应总和时,则养分间具有正交互作用;反之,则为负交互作用。如果养分间不发生相互影响,则养分间无交互作用。

复因素试验设计分为完全方案和不完全方案。

(1)完全试验设计　设计的原理为每个试验因素的每个水平均相互碰到,所有因素处于完全平等的地位。如3因素2水平试验,8个处理分别为 $N_0P_0K_0$、$N_1P_0K_0$、$N_0P_1K_0$、$N_0P_0K_1$、$N_0P_1K_1$、$N_1P_1K_0$、$N_1P_0K_1$、$N_1P_1K_1$ 即 $2\times2\times2$ 设计。

(2)不完全试验设计　在完全方案的基础上,根据经验和专业知识,剔除一些次要组合,构成不完全设计。如2因素3水平试验设计,完全设计为9个处理,不完全设计7个处理分别为:N_0P_0、N_0P_1、N_1P_0、N_1P_1、N_1P_2、N_2P_1、N_2P_2(剔除了 N_2P_0、N_0P_2 处理)。这样可减少部分工作量,同时此试验设计也能充分反映氮、磷肥的产量效应并能进行肥料效应函数拟合和回归检验。

(3)回归最优设计　即二次饱和D-最优设计,目前只设计出2因素和3因素2次饱和最优设计方案。全国的测土配方施肥工作中采用的"3414"试验方案是二次回归D-最优设计的一种(表5-8),此设计是李仁岗等(1994)在国外"3411"多点肥料试验方案的基础上,加了12～14三个处理后得到的方案。"3414"完全实施方案是指氮、磷、钾3个因素,4个水平,14个处理。4个水平的含义:0水平不施肥,2水平为当地最佳施肥量的近似值,1水平＝2水平×0.5,3水平＝2水平×1.5(该水平为过量施肥水平)。

该方案除了可应用14个处理进行氮、磷、钾三元二次效应方程的拟合以外,还可分别进行氮、磷、钾中任意二元或一元效应方程的拟合。例如:进行氮、磷二元效应方程拟合时,可选用处理2～7、11、12,求得 K_2 水平上的氮、磷二元二次效应方程。选用处理2、3、6、11拟合 P_2K_2 水平上的氮肥效应方程;选用处理4、5、6、7拟合 N_2K_2 水平上的磷肥效应方程;选用处理6、8、9、10拟合 N_2P_2 水平上的钾肥效应方程。处理1为基础地力产量,即空白区产量。

表 5-8 "3414"试验方案处理

试验编号	处理	N	P	K
1	$N_0 P_0 K_0$	0	0	0
2	$N_0 P_2 K_2$	0	2	2
3	$N_1 P_2 K_2$	1	2	2
4	$N_2 P_0 K_2$	2	0	2
5	$N_2 P_1 K_2$	2	1	2
6	$N_2 P_2 K_2$	2	2	2
7	$N_2 P_3 K_2$	2	3	2
8	$N_2 P_2 K_0$	2	2	0
9	$N_2 P_2 K_1$	2	2	1
10	$N_2 P_2 K_3$	2	2	3
11	$N_3 P_2 K_2$	3	2	2
12	$N_1 P_1 K_2$	1	1	2
13	$N_1 P_2 K_1$	1	2	1
14	$N_2 P_1 K_1$	2	1	1

引自：农业部，测土配方施肥技术规范(试行)修订稿，2007。

二、肥料效应方程的配置

单元肥料效应函数式的选择可根据施肥量与产量相关关系的散点图来选择肥料效应方程的模型，并对拟合方程进行显著性检验。多元肥料效应函数一般选用多元二次式。

(一)二次多项式回归方程的配置

1. 一元二次效应方程的配置

试验设计的处理数不少于 4(肥料水平不少于 4)。数学模型：

$$\hat{y} = b_0 + b_1 x_1 + b_2 x_1^2$$

根据最小二乘法的原理，b_0、b_1、b_2 应使全部观察值与回归值的偏差平方和达到最小。原理和计算过程参考农业化学研究法或统计书，本节只介绍比较简单的计算。

方法一：

第一步，输入表 5-9 各处理肥料用量 x，并计算 x_1^2。

第二步，打开 Excel 工具下拉菜单→数据分析→回归。

第三步，在"y 值输入区域"输入产量，"x 值输入区域"输入 x，x^2→确定，得如下方程：

$$\hat{y} = 63\,451.43 + 171.48x - 0.147x^2 \quad (R^2 = 95.25)$$

回归方程显著性检验结果：$F = 20.072 > F_{0.05}(2.2) = 19$；$F = 20.072 < F_{0.01}(2.2) = 99$

表 5-9 磷肥在大白菜上的产量效应 (5 年平均结果) $\text{kg} \cdot \text{hm}^{-2}$

磷用量	0	180	360	540	720
大白菜产量	66 400	83 600	106 300	118 900	107 800

方法二：

第一步,在 Excel 表格中输入表 5-10 中各处理施肥量和产量。

表 5-10 氮、磷二元肥料效应方程的计算

编号	N(x_1)/ (kg · 666.7 m^{-2})	P(x_2)/ (kg · 666.7 m^{-2})	x_1^2	x_2^2	$x_1 x_2$	产量 y/ (kg · 666.7 m^{-2})
2	0	8	0	64	0	351
3	8	8	64	64	64	467
4	16	0	256	0	0	421
5	16	4	256	16	64	473
6	16	8	256	64	128	532
7	16	12	256	144	192	579
11	24	8	576	64	192	564
12	8	4	64	16	32	412

引自:农业部,测土配方施肥技术规范(试行)修订稿,2007。

第二步,打开图表向导→ 选 XY 散点图→下一步→ 完成。

第三步,鼠标对准散点图点,右击鼠标→添加趋势线→在类型中选择多项式,选项中选择显示公式和 R 平方值→确定,即得到一元二次肥料效应方程及拟合图(图 5-20)。

$$y = 88\,309 + 84.183x - 0.103x^2 \quad (R^2 = 0.806\,2^*)$$

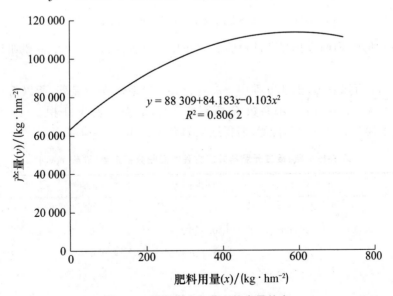

图 5-20 磷肥在大白菜上的产量效应

查相关关系(r)显著性临界值表，以确认方程的显著性。

2. 二元二次效应方程的配置

以上述"3414"试验为例（表5-10）：

第一步，输入处理2~7、11和12肥料用量和产量，并计算x_1^2、x_2^2和x_1x_2。

第二步，打开 Excel 工具下拉菜单→数据分析→回归，确定。

第三步，在"y值输入区域"输入产量，"x值输入区域"输入x_1、x_2、x_1^2、x_2^2、x_1x_2，确定，所得结果如表5-11和表5-12所示。

表5-11　氮、磷二元肥料效应方程的回归分析系数

项目	系数	标准误差	t 值	P 概率值
截距	255.241 4	28.237 81	9.038 995	0.012 019
N(x_1)	15.185 15	2.140 467	7.094 315	0.019 296
P(x_2)	13.427 12	4.280 934	3.136 492	0.088 382
N^2(x_1^2)	−0.308 21	0.040 393	−7.630 4	0.016 745
P^2(x_2^2)	−0.156 15	0.161 572	−0.966 46	0.435 779
NP(x_1x_2)	0.118 534	0.214 74	0.551 991	0.636 399

表5-12　氮、磷二元肥料效应方程配置的方差分析

变异因素	df	SS	MS	F	统计量显著性 F
回归分析	5	44 252.63	8 850.526	284.379 3	0.035 077 93
残差	2	62.244 51	31.122 26		
总变异	7	44 314.88			

经过此步运算，可写出二元二次方程式：

$$y = 255.24 + 15.18x_1 - 0.308\ 2x_1^2 + 13.427\ 1x_2 - 0.156\ 1x_2^2 + 0.118\ 5x_1x_2$$

如表5-12所示，回归方程显著性检验 $F = 284.4 > F_{0.05}(5,2) = 99.29$ 说明该回归方程真实存在。

但从表5-11可以看出，上述方程中x_2、x_2^2、x_1x_2 的系数均不显著，所以需对方程进行优化，剔除不显著项。由于x_1x_2项系数 P 概率值最高，故先对表5-11中x_1x_2列数据进行剔除，之后仍按上述步骤进行方程配置，所得结果如表5-13和表5-14所示。

表5-13　氮、磷二元肥料效应方程的回归分析系数（剔除 x_1x_2）

项目	系数	标准误差	t 值	P 概率值
截距	240.5	8.041 345	29.907 93	8.21×10^{-5}
N(x_1)	16.235 8	0.858 223	18.917 93	0.000 322
P(x_2)	15.528 41	1.716 445	9.046 842	0.002 852
N^2(x_1^2)	−0.314 28	0.034 071	−9.224 26	0.002 695
P^2(x_2^2)	−0.180 4	0.136 282	−1.323 71	0.277 43

表 5-14　氮、磷二元肥料效应方程配置的方差分析（剔除 x_1x_2）

项目	df	SS	MS	F	统计量显著性 F
回归分析	4	44 243.15	11 060.79	462.618 5	0.000 162 637
残差	3	71.727 27	23.909 09		
总变异	7	44 314.88			

得出的新回归方程为：

$$y = 240.5 + 16.23x_1 - 0.314\ 3x_1^2 + 15.52x_2 - 0.180\ 4x_2^2$$

回归方程经显著性检验（表 5-14），得 $F = 462.62 > F_{0.01}(4,3) = 28.71$，说明该回归方程真实存在，但 x_2^2 的系数仍不显著，需对方程再次优化。

再次剔除表 5-11 x_2^2 列数据后配置回归方程，所得结果如表 5-15、表 5-16 所示。

表 5-15　氮、磷二元肥料效应方程的回归分析系数（剔除 x_2^2）

项目	系数	标准误差	t 值	P 概率值
截距	247.262 3	6.768 841	36.529 49	3.35×10^{-6}
N(x_1)	15.813 15	0.868 295	18.211 72	5.35×10^{-5}
P(x_2)	13.363 64	0.568 143	23.521 61	1.94×10^{-5}
N²(x_1^2)	−0.300 1	0.035 254	−8.512 46	0.001 045

表 5-16　氮、磷二元肥料效应方程配置的方差分析（剔除 x_2^2）

	df	SS	MS	F	统计量显著性 F
回归分析	3	44 201.25	14 733.75	518.699 2	$1.231\ 53 \times 10^{-5}$
残差	4	113.620 8	28.405 19		
总变异	7	44 314.88			

可见回归方程显著性检验结果 $F = 518.70 > F_{0.01}(3,4) = 16.69$，同时各项系数显著性检验结果亦均达到极显著水平，最终得到优化后的回归方程为：

$$y = 247.26 + 15.81x_1 - 0.300\ 1x_1^2 + 13.363\ 6x_1x_2$$

3. 三元二次效应方程的配置

"3414"方案完全实施可采用三元二次肥料效应模型进行拟合。

$$y = b_0 + b_1x_1 + b_2x_1^2 + b_3x_2 + b_4x_2^2 + b_5x_3 + b_6x_3^2 + b_7x_1x_2 + b_8x_1x_3 + b_9x_2x_3$$

利用 Excel 进行三元二次肥料效应拟合：

第一步，在 Excel 表格中输入表 5-17 所示的各处理施肥量和产量。

表 5-17　"3414"各处理施肥量及冬小麦产量　　　kg·hm⁻²

处理	N(x_1)	P(x_2)	K(x_3)	平均产量
$N_0P_0K_0$	0	0	0	2 105
$N_0P_2K_2$	0	240	120	2 396
$N_1P_2K_2$	105	240	120	4 692

续表 5-17

处理	N(x_1)	P(x_2)	K(x_3)	平均产量
$N_2P_2K_2$	210	240	120	5 421
$N_3P_2K_2$	315	240	120	5 313
$N_2P_0K_2$	210	0	120	4 675
$N_2P_1K_2$	210	120	120	4 980
$N_2P_3K_2$	210	360	120	5 242
$N_2P_2K_0$	210	240	0	4 355
$N_2P_2K_1$	210	240	60	4 838
$N_2P_2K_3$	210	240	180	5 071
$N_1P_1K_2$	105	120	120	4 321
$N_1P_2K_1$	105	240	60	4 326
$N_2P_1K_1$	210	120	60	4 534

引自:王圣瑞,陈新平等,植物营养与肥料学报,2002。

第二步,计算 x_1^2、x_2^2、x_3^2、x_1x_2、x_1x_3、x_2x_3(表 5-18)。

第三步,打开 Excel 工具下拉菜单→数据分析→回归,确定。

第四步,在"y 值输入区域"输入产量,"x 值输入区域"输入 x_1、x_2、x_3、x_1^2、x_2^2、x_3^2、x_1x_2、x_1x_3、x_2x_3,选确定,所得结果如表 5-19 至表 5-21 所示。

表 5-18 "3414"回归分析计算

处理	N(x_1)/ (kg·hm^{-2})	P(x_2)/ (kg·hm^{-2})	K(x_3)/ (kg·hm^{-2})	x_1^2	x_2^2	x_3^2	x_1x_2	x_1x_3	x_2x_3	产量/ (kg·hm^{-2})
$N_0P_0K_0$	0	0	0	0	0	0	0	0	0	2 105
$N_0P_2K_2$	0	240	120	0	57 600	14 400	0	0	28 800	2 396
$N_1P_2K_2$	105	240	120	11 025	57 600	14 400	25 200	12 600	28 800	4 692
$N_2P_2K_2$	210	240	120	44 100	57 600	14 400	50 400	25 200	28 800	5 421
$N_3P_2K_2$	315	240	120	99 225	57 600	14 400	75 600	37 800	28 800	5 313
$N_2P_0K_2$	210	0	120	44 100	0	14 400	0	25 200	0	4 675
$N_2P_1K_2$	210	120	120	44 100	14 400	14 400	25 200	25 200	14 400	4 980
$N_2P_3K_2$	210	360	120	44 100	129 600	14 400	75 600	25 200	43 200	5 242
$N_2P_2K_0$	210	240	0	44 100	57 600	0	50 400	0	0	4 355
$N_2P_2K_1$	210	240	60	44 100	57 600	3 600	50 400	12 600	14 400	4 838
$N_2P_2K_3$	210	240	180	44 100	57 600	32 400	50 400	37 800	43 200	5 071
$N_1P_1K_2$	105	120	120	11 025	14 400	14 400	12 600	12 600	14 400	4 321
$N_1P_2K_1$	105	240	60	11 025	57 600	3 600	25 200	6 300	14 400	4 326
$N_2P_1K_1$	105	120	60	11 025	14 400	3 600	12 600	6 300	7 200	4 534

表 5-19　"3414"回归统计

复相关系数 R（Multiple R）	0.991 7
复决定系数 R^2（R Square）	0.983 5
校正后的决定系数（Adjusted R Square）	0.946 4
标准误差	231.505 0
观测值	14

表 5-20　"3414"方差分析表

项目	df	SS	MS	F	统计量显著性 F
回归分析	9	12 792 504.53	1 421 389.39	26.52	0.003
残差	4	214 378.20	53 594.55		
总变异	13	13 006 882.73			

表 5-21　"3414"回归系数表

项目	回归系数	标准误差	t 统计量 （回归系数/标准误差）	P 值
截距	2 142.87	227.353 1	9.425 3	0.000 7
$N(x_1)$	21.137 7	8.422 4	2.509 7	0.066 1
$P_2O_5(x_2)$	1.620 6	4.598 4	0.352 4	0.742 3
$K_2O(x_3)$	7.293 0	9.196 8	0.793 0	0.472 2
x_1^2	$-0.049\ 94$	0.008 5	$-5.899\ 7$	0.004 1
x_2^2	$-0.011\ 92$	0.006 5	$-1.839\ 9$	0.139 6
x_3^2	$-0.077\ 18$	0.025 9	$-2.977\ 5$	0.040 8
x_1x_2	0.003 87	0.021 5	0.180 0	0.865 9
x_1x_3	0.018 99	0.043 0	0.441 5	0.681 7
x_2x_3	0.030 18	0.057 2	0.527 8	0.625 6

由表 5-20 中可看出本例 $F=26.52>F_{0.01}(9,4)=14.659$，说明冬小麦产量与氮、磷、钾肥施用量之间具有极显著的回归关系。

但从表 5-21 可以看出，由于方程中 x_1、x_2、x_3、x_2^2、x_1x_2、x_1x_3、x_2x_3 的系数均不显著，所以需对方程进行优化，剔除不显著项。方程具体优化方法同二元二次方程的配置。

(二)综合效应方程式的配置

在总结多个肥料试验的结果配置综合效应方程式时，通常需依据肥料效应的结果进行综合考虑。一般可采用求出每年的效应函数，然后求各项同类系数的平均值，得出平均结果后的效应函数。也可先将各年份的产量平均后拟合肥料效应函数。两种方式得到的效应函数基本一致，如表 5-22 所示。

表 5-22　磷肥在大白菜上的产量效应

年限/年	效应函数	R^2
1	$y = -0.0575x^2 + 50.151x + 70\,811$	0.7337
2	$y = -0.0994x^2 + 71.421x + 125\,857$	0.8218
3	$y = -0.0602x^2 + 53.389x + 90\,660$	0.8942
4	$y = -0.1841x^2 + 143.93x + 81\,311$	0.7038
5	$y = -0.1135x^2 + 102.25x + 72\,863$	0.8055
各系数平均	$y = -0.1030x^2 + 84.228x + 88\,300$	—
5 年平均产量	$y = -0.1030x^2 + 84.183x + 88\,309$	0.8062

x 为 P_2O_5 用量，$kg \cdot hm^{-2}$；y 为大白菜的产量，$kg \cdot hm^{-2}$。

引自：张凤华，刘建玲，等. 植物营养与肥料学报，2009。

第三节　肥料产量效应的经济分析

一、肥料产量效应及其阶段性

肥料产量效应反映在边际产量、总产量和平均增产量随施肥量的变化上，肥料产量效应及其阶段性以"S"形肥料效应曲线（图 5-21）为例进行说明。

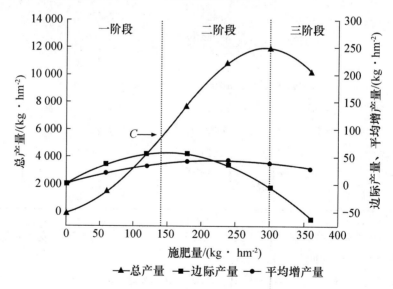

图 5-21　一般生产函数模式图

引自：陈伦寿，李仁岗. 农田施肥原理与实践，1984。

（一）边际产量的变化

"S"形肥料效应函数：$y = b_0 + b_1 x + b_2 x^2 + b_3 x^3$

边际产量数学式为：$\dfrac{\mathrm{d}y}{\mathrm{d}x} = b_1 + 2b_2 x + 3b_3 x^2$

此式表明边际产量曲线呈二次抛物线形式。起始时边际产量随施肥量的增加而递增，当 $x = -\dfrac{b_2}{3b_3}$ 时，边际产量达到最高，此点即为转向点（C 点）。超过转向点，边际产量随施肥量的增加而递减。当边际产量递减为零时，总产量曲线达到最高，此后边际产量变为负值。

（二）总产量的变化

起始时，随着边际产量的递增，总产量按递增律增加，总产量曲线呈凹形，超过转向点后，边际产量递减，总产量按一定的渐减律增加，至最高产量点时为止，因而总产量曲线呈凸形。超过最高产量点后，总产量开始减少。

（三）平均增产量的变化

其数学式为：$\dfrac{y - b_0}{x} = \dfrac{\Delta y}{x}$

对"S"形肥料效应函数：$y = b_0 + b_1 x + b_2 x^2 + b_3 x^3$

平均增产量为：$\dfrac{y - b_0}{x} = \dfrac{b_1 x + b_2 x^2 + b_3 x^3}{x} = b_1 + b_2 x + b_3 x^2$

此式表明平均产量曲线亦呈二次抛物线形式。起始时随着边际产量的递增，平均增产量也相应地增加，超过转向点后，边际产量开始减少，但仍大于平均增产量，因而平均增产量仍然继续增加，至边际产量等于平均增产量时，则达到平均增产量的最高点。

（四）肥料增产效应的 3 个阶段

第一阶段：开始—平均增产量的最高点，在此阶段，边际产量随施肥量的增加而递增，至转向点达到最大值，超过转向点则开始递减，但仍然大于平均增产量，因而，平均增产量随施肥量的增加而递增，至最高点时为止，此时边际产量等于平均增产量。此阶段单位量肥料的平均增产效应不断提高，到达此阶段的终点达到最大值。

第二阶段：从平均产量的最高点至最高产量点。在此阶段，平均增产量与边际产量均随施肥量的增加而递减，但边际产量的递减律较大，平均增产量大于边际产量，总产量按渐减律增加，至边际产量等于零，即达到最高产量点为止。

第三阶段：从最高产量点以后为肥料效应第三阶段，此阶段边际产量为负值，总产量随施肥量的增加而减少，施肥出现负效益。

第一阶段肥料的增产效应正在不断提高，平均增产量随施肥量的增加而递增，如果将施肥量停留在此阶段的任何点，都不能充分发挥肥料的增产效应。因此，为了充分发挥肥料的增产效应，施肥量至少达到第二阶段的起点，即平均增产量的最高点。此时，单位量肥料的增产量最高，肥料投资的增产效益最大。到达第三阶段后，增施肥料导致减产。因此，任何时候施肥量都不应超过第二阶段的终点，即最高产量点。由此可见第一阶段、第三阶段均为不合理施肥阶段，而第二阶段通常成为施肥的技术合理阶段。

二、合理施肥的经济界限

（一）边际产值、边际成本、边际利润

增产值（Q）：施肥增产量（Δy）与其价格（P_y）之积，即：

$$Q = \Delta y \cdot P_y$$

边际产值(或称边际收益)(Q'):增施单位量肥料所增加的总增产值,即总增产值曲线上某点的斜率。其数学式为:

$$\frac{\mathrm{d}y}{\mathrm{d}x} \times P_y \quad (P_y \text{ 为产品的价格})$$

成本(I):肥料用量(x)与其价格(P_x)的积,即:

$$I = x \times P_x$$

边际成本(I'):增减单位量肥料成本的增减额,$I' = P_x$,即肥料的价格。当施肥量增加时,边际产值下降,但边际成本即肥料的价格不变。

利润(Π):增产值与成本之差,即:

$$\Pi = Q - I = \Delta y \cdot P_y - x \cdot P_x$$

边际利润(Π'):增减单位肥料成本所引起的施肥利润的增减额。

$$\Pi' = Q' - I' = \frac{\mathrm{d}y}{\mathrm{d}x} \cdot P_y - P_x$$

利润率$\left(\dfrac{\Pi}{I}\right)$:投入单位量肥料成本所获得的平均利润。

$$\frac{\Pi}{I} = \frac{Q - I}{I} = \frac{\Delta y \cdot P_y - x \cdot P_x}{I} = \frac{\Delta y \cdot P_y}{I} - 1$$

边际利润率(R):施肥利润(Π)对肥料成本(I)的一阶导数。

$$R = \frac{\mathrm{d}\Pi}{\mathrm{d}I} = \frac{\mathrm{d}(Q - I)}{\mathrm{d}I} = \frac{\mathrm{d}Q}{\mathrm{d}I} - 1 = \frac{\mathrm{d}(\Delta y \cdot P_y)}{\mathrm{d}I} - 1 = \frac{\mathrm{d}y \cdot P_y}{\mathrm{d}x \cdot P_x} - 1$$

所以$\dfrac{\mathrm{d}y}{\mathrm{d}x} = \dfrac{P_x}{P_y}(R + 1)$,此式表明了边际产量与边际利润率的关系。

当$R > 0$时,$\dfrac{\mathrm{d}y}{\mathrm{d}x} > \dfrac{P_x}{P_y}$,$\dfrac{\mathrm{d}y}{\mathrm{d}x} \times P_y > P_x$,即边际产值大于边际成本。

当$R = 0$时,$\dfrac{\mathrm{d}y}{\mathrm{d}x} = \dfrac{P_x}{P_y}$,$\dfrac{\mathrm{d}y}{\mathrm{d}x} \times P_y = P_x$,即边际产值等于边际成本。

当$R < 0$时,$\dfrac{\mathrm{d}y}{\mathrm{d}x} < \dfrac{P_x}{P_y}$,$\dfrac{\mathrm{d}y}{\mathrm{d}x} \times P_y < P_x$,即边际产值小于边际成本。

当$R = -1$时,$\dfrac{\mathrm{d}y}{\mathrm{d}x} = 0$,总产量达到最高点。

由此可见,边际利润率是确定选择投资的重要指标,R值越大,边际产值越高,肥料投资的利润增加,但由于施肥量的减少,单位面积的产值相对降低。在农业生产中为了保证投资获得稳定较高的利润,避免意外自然灾害带来的风险,常常选用$R > 0$的边际利润值。

(二)经济最佳施肥量的确定

经济最佳施肥量是指在单位面积上获得最大施肥利润(总增产值与肥料总成本之差)的施肥量。在肥料效应的第二阶段,肥料效应的变化符合报酬递减律,随施肥量的增加边际产量递

减。因此,随施肥量的增加肥料的经济效益依次出现下列 3 种情况:

$$\Delta y \times P_y > \Delta x P_x \, (\text{II a})$$
$$\Delta y \times P_y = \Delta x P_x \, (\text{II b})$$
$$\Delta y \times P_y < \Delta x P_x \, (\text{II c})$$

第 II a 阶段:增施肥料的增产值($\Delta y \times P_y$)大于肥料成本($\Delta x \times P_x$),即边际产值大于边际成本$\left(\dfrac{dy}{dx}P_y > P_x\right)$,边际利润 $R > 0$,增施肥料可增加利润,但递增等量肥料的增产值却依次下降,单位面积的施肥利润按渐减律增加。

第 II b 阶段:增施肥料的增产值与肥料成本相同,即边际产值等于边际成本$\left(\dfrac{dy}{dx}P_y = P_x\right)$,边际利润 $R = 0$,此时增施肥料已不能增加施肥利润,单位面积的施肥利润达到最大值,此时的施肥量即为经济最佳施肥量。

第 II c 阶段:增施肥料的增产值小于施肥成本$\left(\dfrac{dy}{dx}P_y < P_x\right)$,边际利润 $R < 0$,经济效益出现负值,单位面积的施肥利润开始下降。

因此,为了获得最大经济效益,施肥量应以 II b 阶段为经济最佳施肥点,低于此点,施肥利润相对较低,超过此限,增加施肥量反而减少利润。

在 II b 阶段时:由于$\dfrac{dy}{dx}P_y = P_x$,得出:$\dfrac{dy}{dx} = \dfrac{P_x}{P_y}$。可见,当边际产量等于肥料与产品的价格比时,即边际产值等于边际成本时,边际利润等于零,单位面积的施肥利润最大,此时的施肥量即为经济最佳施肥量。当肥料与产品的价格比改变时,经济最佳施肥量也随之变化,它与施肥的固定成本无关。

如冬小麦的氮肥试验:

$$y = 4\,099.6 + 40.68x - 0.132x^2$$
$$P_x = 3.1\,\text{元} \cdot \text{kg}^{-1}, \ P_y = 1.0\,\text{元} \cdot \text{kg}^{-1}$$

经济最佳施肥量:

$$\frac{dy}{dx} = \frac{P_x}{P_y}$$
$$40.68 - 0.264x = \frac{3.1}{1.0}$$
$$x = 142.35\,\text{kg} \cdot \text{hm}^{-2}$$

表 5-23 数据说明:随着氮肥用量的增加,边际产量递减,由起初的 30.78 kg·hm^{-2} 依次递减到零。从氮素的施肥利润看,随着氮肥用量的增加,施肥利润先由低到高,当氮用量达到 142.35 kg·hm^{-2} 时,施肥利润达到最高,为 2 674.12 元·hm^{-2},而超过该施肥量,施肥利润反而下降,例如氮用量 154.09 kg·hm^{-2} 时,施肥利润则降为 2 656.53 元·hm^{-2}。所以从提高施肥的经济效益出发,经济最佳施肥量是经济施肥的上限。

表 5-23　　冬小麦氮肥增产效应及经济分析

氮用量/ (kg·hm^{-2})	增产量/ (kg·hm^{-2})	边际产量/ (dy/dx)	边际产值/ (元·kg^{-1})	边际成本/ (元·kg^{-1})	增产值/ (元·hm^{-2})	施肥成本/ (元·hm^{-2})	施肥利润/ (元·hm^{-2})
0	—	—	—	—	—	—	—
37.5	1 339.88	30.78	30.78	3.10	1 339.88	116.25	1 223.63
75.00	2 308.50	20.88	20.88	3.10	2 308.50	232.50	2 076.00
112.50	2 905.88	10.98	10.98	3.10	2 905.88	348.75	2 557.13
142.35	3 116.01	3.10	3.10	3.10	3 116.01	441.29	2 674.72
154.09	3 134.21	0	0.0	3.10	3 134.21	477.68	2 656.53

$P_x = 3.1$ 元·kg^{-1}，$P_y = 1.0$ 元·kg^{-1}。

引自：李仁岗，肥料效应函数，1985。

(三)最大利润率施肥量的确定

利润率即投入单位量肥料成本所获得的平均利润，计算公式如下：

$$\frac{\Pi}{I} = \frac{\Delta y \times P_y}{I} - 1$$

式中：Π 为施肥利润；I 为肥料成本；Δy 为增产量。在考虑施肥的固定成本时，肥料成本为 $I = m + x P_x$（式中 m 为单位面积的固定成本），于是：

$$\frac{\Pi}{I} = \frac{\Delta y P_y}{I} - 1 = \frac{\Delta y P_y}{m + x P_x} - 1。$$

由于固定成本的存在，起始时肥料的总增产值低于肥料成本，即 $\Delta y P_y < I$，肥料投资的利润为负值；随施肥量的增加，肥料的总增产值不断增加，当总增产值等于肥料总成本，即 $\Delta y P_y = I$，此时肥料投资的利润率等于 0；超过此施肥量后，总增产值大于总成本 $\Delta y P_y > I$，此时肥料投资的利润率变为正值，它随施肥量的增加而不断增加。但由于肥料的总增产量按渐减律增加，而施肥成本按固定量增加，至总增产值曲线与总成本线的交点时，利润率下降为零。从总增产值等于肥料总成本的施肥量至利润率下降为零的施肥量间施肥利润率必有一最大值(图 5-22)。

将利润率对施肥量求一阶导数，并令其等于零即可求得最大利润率施肥量。

$$\frac{d \frac{\Pi}{I}}{dx} = \frac{(m + x P_x)(b_1 + 2 b_2 x) P_y - (b_1 x + b_2 x^2) P_y P_x}{(m + x P_x)^2} = 0$$

最大利润率施肥量：$x = \dfrac{-m b_2 \pm \sqrt{(m b_2)^2 - m b_1 b_2 \times P_x}}{b_2 P_x}$

可见，最大利润率施肥量随固定成本 m 的增加而增加，随肥料的价格的增加而减少，与产品的价格无关。

实例：冬小麦的氮肥试验 $y = 4\,099.6 + 40.68 x - 0.132 x^2$

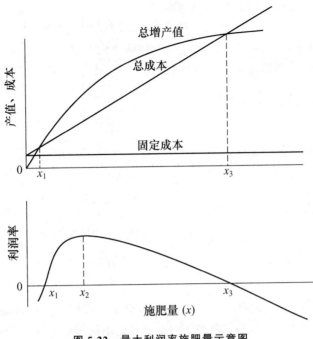

图 5-22　最大利润率施肥量示意图

当施肥的固定成本为 12 元·hm^{-2}，肥料的价格为 3.1 元·kg^{-1}，小麦价格为 1.0 元·kg^{-1} 时，得出最大利润率施肥量为 30.88 $kg·hm^{-2}$。当施肥量低于这一施肥量时，肥料的投资利润降低。当施肥量高于此施肥量时，虽然单位面积的施肥利润增加，但肥料的投资利润降低。现以表 5-24 中数据进行说明，假设该单位现有肥料投资 5 000 元，土地 66.6 hm^2。第一方案按最大利润率施肥量施肥，施肥总面积 46.41 hm^2，肥料投资总利润最大；第二方案肥料用量低于最大利润率施肥量，施肥面积增加到 55.87 hm^2，但肥料的总投资利润低于前者；第三方案将肥料平均分配到 66.6 hm^2 土地上，虽然单位面积施肥利润增加，但投资总利润亦低于第一方案；第四方案按经济最佳用量进行施肥，此时单位面积施肥利润最高，但肥料投资总利润反而进一步降低；第五方案按最高产量施肥量进行，单位面积施肥利润和总施肥利润均较低。

表 5-24　有限量投资的分配方式对投资利润的影响

分配方案	施肥面积/ hm^2	施肥量/ （kg·hm^{-2}）	施肥成本/ （元·hm^{-2}）	施肥利润/ （元·hm^{-2}）	投资利润/ 元
①最大利润率施肥量	46.41	30.88	107.74	1 022.59	47 458.40
②施肥量低于最大利润率施肥量	55.87	25.00	89.50	845.00	47 210.15
③肥料平均分配在 66.6 hm^2 土地	66.60	20.35	75.07	698.10	46 493.71
④施肥量施到经济最佳施肥量	11.03	142.35	453.28	2 662.73	29 369.89
⑤施肥量施到最高产量施肥量	10.21	154.09	489.68	2 644.53	27 000.65

引自：李仁岗，肥料效应函数，1985。

由表 5-24 可见，在资金不足、不能保证全部土地的施肥量均达到经济最佳施肥量时，土地的生产潜力难以充分发挥，此时如果将有限量肥料集中施在少数田块上，虽然少数面积的施肥利润增加,但有限量肥料投资所获得的总利润明显降低。因此,在有限量资金条件下,为了发挥肥料投资的最大经济利益,应以单位肥料投资获得利润率最高为原则,此时肥料投资获得的总施肥利润最高。可见,最大利润率施肥量为经济施肥的下限,经济最佳施肥量为经济施肥的上限,肥料的最高用量不能超过最高产量施肥量。

三、肥料养分的经济最佳配比

1. 等成本线

在同时施用两种肥料时,总成本为:

$$I = x_1 P_{x_1} + x_2 P_{x_2}$$

式中:P_{x_1}、P_{x_2} 分别为 x_1、x_2 的价格。

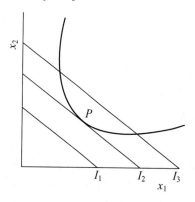

图 5-23　等成本线图

如 I 为一固定的值,则可得出等成本线方程:

$$x_2 = \frac{I}{P_{x_2}} - \frac{P_{x_1}}{P_{x_2}} x_1$$

图 5-23 为等成本线图。图中 3 条直线(I_1, I_2, I_3)分别表示两种养分的不同等成本线,同一条线上各点 x_1, x_2 养分配比不同,但总成本相同。不同等成本线相比,该线距原点越近,表示总成本越小。

等成本线的斜率为:$\dfrac{\mathrm{d}x_2}{\mathrm{d}x_1} = -\dfrac{P_{x_1}}{P_{x_2}}$

2. 不同产量水平养分的经济最佳配比

图 5-24 中当等产线与等成本线相交(I_3)和相切(I_2)时,其交点和切点(P)的养分配比都是获得该产量水平的养分配比,但切点(P 点)的养分配比成本最小,此时等产线上该点的边际代替率与等成本线的斜率相等,即:

$$\frac{\mathrm{d}x_2}{\mathrm{d}x_1} = -\frac{\dfrac{\partial y}{\partial x_1}}{\dfrac{\partial y}{\partial x_2}} = -\frac{P_{x_1}}{P_{x_2}}$$

可见,当等产线上某点的边际代替率等于两种肥料价格比的负倒数时,即该点各肥料的边际产量与肥料价格之比相等时,该养分配比的成本最小,此养分配比是获得该产量水平的经济最佳配比。

将等产线上养分边际代替率等于两种肥料价格比负倒数的各点连接起来,即得养分经济最佳配比线。线上任意一点的养分配比即为获得该产量水平的经济最佳配比。

对于二次多项式 $y = b_0 + b_1 x_1 + b_2 x_1^2 + b_3 x_2 + b_4 x_2^2 + b_5 x_1 x_2$,经济最佳配比方程为:

$$\frac{\mathrm{d}x_2}{\mathrm{d}x_1} = -\frac{b_1 + 2b_2 x_1 + b_5 x_2}{b_3 + 2b_4 x_2 + b_5 x_1} = -\frac{P_{x_1}}{P_{x_2}}$$

对于平方根多项式则为:

$$\frac{\mathrm{d}x_2}{\mathrm{d}x_1} = -\frac{0.5b_1x_1^{-0.5} + b_2 + 0.5b_5x_1^{-0.5}x_2^{0.5}}{0.5b_3x_2^{-0.5} + b_4 + 0.5b_5x_1^{0.5}x_2^{-0.5}} = -\frac{P_{x_1}}{P_{x_2}}$$

如莜麦氮磷肥效应函数:

$$y = 364.0 + 19.103\ 3x_1 - 0.135\ 9x_1^2 + 16.197\ 8x_2 - 0.203\ 6x_2^2$$
$$+ 0.155\ 5x_1x_2(F = 7.83^*)$$
$$(P_{x_1} = 2.0\ \text{元} \cdot \text{kg}^{-1},\ P_{x_2} = 4.0\ \text{元} \cdot \text{kg}^{-1})$$

经济最佳配比方程为:

$$\frac{\mathrm{d}x_2}{\mathrm{d}x_1} = -\frac{19.103\ 3 - 0.271\ 8x_1 + 0.155\ 5x_2}{16.197\ 8 - 0.407\ 2x_2 + 0.155\ 5x_1} = -\frac{2.0}{4.0}$$

简化得:$22.008\ 8 - 0.699\ 1x_1 + 0.718\ 2x_2 = 0$(图 5-19 中 GF 线),此式为一直线方程,将此式代入该函数的等产线方程:

$364.0 + 19.103\ 3x_1 - 0.135\ 9x_1^2 + 16.197\ 8x_2 - 0.203\ 6x_2^2 + 0.155\ 5x_1x_2 - y = 0$ 得:

$$x_1 = \frac{-(19.103\ 3 + 0.155\ 5x_2) \pm \sqrt{(19.103\ 3 + 0.155\ 5x_2)^2 + 4 \times 0.135\ 9 \times (-0.203\ 6x_2^2 + 16.197\ 8x_2 + 364.0 - y)}}{-0.271\ 8}$$

由上式即可计算出不同产量水平的养分经济最佳配比。

对于三元以上的肥料效应,与上述分析的原理相同,养分经济最佳配比的条件为:

$$\frac{\frac{\partial y}{\partial x_1}}{P_{x_1}} = \frac{\frac{\partial y}{\partial x_2}}{P_{x_2}} = \cdots = \frac{\frac{\partial y}{\partial x_n}}{P_{x_n}}$$

即每种养分边际产量与其肥料价格之比相等的原则。

3. 最大施肥利润的养分经济最佳配比

最大施肥利润的养分最佳配比是单位面积上获得最大施肥利润的养分配比。对于二元以上的肥料效应,最大利润养分经济最佳配比必须符合的条件为:

$$\frac{\partial y}{\partial x_i} = \frac{P_{x_i}}{P_y} \quad (i = 1, 2, \cdots, n)$$

或

$$\frac{P_y \frac{\partial y}{\partial x_1}}{P_{x_1}} = \frac{P_y \frac{\partial y}{\partial x_2}}{P_{x_2}} = \cdots = \frac{P_y \frac{\partial y}{\partial x_n}}{P_{x_n}} = 1$$

即各养分的边际产值均等于边际成本时,此时单位面积的施肥利润最大,该养分配比即养分经济最佳配比,此时的施肥量即为经济最佳施肥量。

例如,莜麦氮磷肥效应函数:

$$y = 364.0 + 19.103\ 3x_1 - 0.135\ 9x_1^2 + 16.197\ 8x_2 - 0.203\ 6x_2^2 + 0.155\ 5x_1x_2(F = 7.83^*)$$
$$(P_{x_1} = 2.0\ \text{元} \cdot \text{kg}^{-1}, P_{x_2} = 4.0\ \text{元} \cdot \text{kg}^{-1}, P_y = 1.5\ \text{元} \cdot \text{kg}^{-1})$$
$$\frac{\partial y}{\partial x_1} = 19.103\ 3 - 0.271\ 8x_1 + 0.155\ 5x_2 = \frac{2.0}{1.5}$$

$$\frac{\partial y}{\partial x_2} = 16.197\ 8 - 0.407\ 2x_2 + 0.155\ 5x_1 = \frac{4.0}{1.5}$$

解上式得经济最佳施肥量：

$$x_1 = 107.97\ \text{kg} \cdot \text{hm}^{-2}$$

$$x_2 = 74.46\ \text{kg} \cdot \text{hm}^{-2}$$

四、有限量肥料的经济最佳分配

在农业生产中，由于资金不足，不能保证所有田块的所有养分元素的施量均达到经济最佳施肥量，此时应以提高肥料投资的利润为原则，而不应将肥料集中施在少数田块，提高单位面积的施肥利润，减少肥料投资的总利润。在施肥水平较低的情况下，经济施肥的下限为最大利润率施肥量，只有全部的田块达到此施肥量时，为了发挥土地的增产潜力，提高单位面积的施肥利润，才能增加施肥量。因此，有限量肥料经济最佳分配的原则是施肥量处于最大利润率施肥量至经济最佳施肥量之间的各田块的肥料分配问题。

（一）单元肥料效应有限量肥料的经济最佳分配

对于一元肥料效应函数，如果不同田块的增产效应相同，采用均匀分配的原则，肥料投资的利润最大。但在生产中，由于土壤、作物和栽培管理水平的差异，肥料增产效应表现不同，此时，有限量肥料的经济最佳分配原则应符合以下原则：当各田块的肥料种类相同时，有限量肥料的经济最佳分配原则为各田块养分的边际产值相等的原则，此时，肥料投资利润最大，即：

$$P_{y_1} \times \frac{\mathrm{d}y_1}{\mathrm{d}x_1} = P_{y_2} \times \frac{\mathrm{d}y_2}{\mathrm{d}x_2} = \cdots = P_{y_n} \times \frac{\mathrm{d}y_n}{\mathrm{d}x_n}$$

式中：$y_i(i=1,2,\cdots,n)$ 为不同田块的作物产量；$x_i(i=1,2,\cdots,n)$ 为不同田块的施肥量；$P_{y_i}(i=1,2,\cdots,n)$ 为不同田块的产品价格。

当第一田块的养分 x_1 的边际产值大于第二田块养分 x_2 的边际产值时，增施第一田块的养分用量，可增加肥料投资的利润，但随着养分 x_1 用量的增加，养分 x_1 的边际产值递减，其边际产值也随之减少，至养分 x_1 的边际产值等于第二田块的养分 x_2 的边际产值时，肥料的投资利润最大。同理，当各田块的养分边际产值相等时，肥料投资利润最大。如冬小麦磷肥效应试验①、②、③、④和玉米的磷肥试验⑤：

$$y_1 = 4\ 282.6 + 12.74x_1 - 0.036x_1^2 \hspace{3cm} ①$$

$$y_2 = 3\ 982.5 + 18.93x_2 - 0.062\ 7x_2^2 \hspace{2.5cm} ②$$

$$y_3 = 4\ 368.1 + 13.17x_3 - 0.040\ 0x_3^2 \hspace{2.5cm} ③$$

$$y_4 = 4\ 425.2 + 8.94x_4 - 0.025\ 3x_4^2 \hspace{2.7cm} ④$$

$$y_5 = 5\ 007.3 + 14.85x_5 - 0.072x_5^2 \hspace{2.8cm} ⑤$$

现有磷肥（P_2O_5）40 000 kg，上述效应函数①、②的田块面积各 133.3 hm²，效应函数③的田块面积 166.6 hm²，效应函数④、⑤的面积均为 100 hm²，试求磷肥的最佳分配方案。（$P_{y_1} = P_{y_2} = P_{y_3} = P_{y_4} = 1.0$ 元 $\cdot$ kg^{-1}，$P_{y_5} = 0.8$ 元 $\cdot$ kg^{-1}）

$$(12.74 - 0.072x_1) \times 1.0 = (18.93 - 0.125\,4x_2) \times 1.0$$
$$(18.93 - 0.125\,4x_2) \times 1.0 = (13.17 - 0.08x_3) \times 1.0$$
$$(13.17 - 0.08x_3) \times 1.0 = (8.94 - 0.05x_4) \times 1.0$$
$$(8.94 - 0.05x_4) \times 1.0 = (14.85 - 0.144x_5) \times 0.8$$
$$133.3(x_1 + x_2) + 166.6x_3 + 100(x_4 + x_5) = 40\,000$$

解上式：

$$x_1 = 72.23(\mathrm{kg \cdot hm^{-2}})$$
$$x_2 = 90.90(\mathrm{kg \cdot hm^{-2}})$$
$$x_3 = 70.35(\mathrm{kg \cdot hm^{-2}})$$
$$x_4 = 27.60(\mathrm{kg \cdot hm^{-2}})$$
$$x_5 = 37.65(\mathrm{kg \cdot hm^{-2}})$$

当各田块的肥料不一致时,有限量肥料的经济最佳分配原则遵循各田块养分的边际产值与肥料价格之比相等的原则,此时肥料投资利润最大。

$$\frac{P_y \dfrac{\partial y}{\partial x_1}}{P_{x_1}} = \frac{P_y \dfrac{\partial y}{\partial x_2}}{P_{x_2}} = \cdots = \frac{P_y \dfrac{\partial y}{\partial x_n}}{P_{x_n}}$$

式中:$y_i(i=1,2,\cdots,n)$为不同田块的作物产量;$x_i(i=1,2,\cdots,n)$为不同田块的施肥量;$P_{y_i}(i=1,2,\cdots,n)$为不同田块的产品价格;$P_{x_i}(i=1,2,\cdots,n)$为不同田块肥料价格。

如冬小麦的氮肥效应:$y = 4\,099.58 + 40.68x_1 - 0.132\,0x_1^2$ ①

冬小麦的磷肥效应:$y = 4\,282.58 + 12.74x_2 - 0.036\,0x_2^2$ ②

玉米的钾肥效应:$y = 5\,007.3 + 14.85x_3 - 0.072\,0x_3^2$ ③

现有资金 4 000 元,函数①、②各 10 hm^2,函数③为 15 hm^2,$P_{x_1}=2.0$ 元·kg^{-1},$P_{y_1}=1.0$ 元·kg^{-1},$P_{x_2}=3.0$ 元·kg^{-1},$P_{y_2}=1.0$ 元·kg^{-1},$P_{x_3}=3.0$ 元·kg^{-1},$P_{y_3}=0.8$ 元·kg^{-1}。

$$\frac{(40.68 - 0.264x_1) \times 1.0}{2.0} = \frac{(12.74 - 0.072x_2) \times 1.0}{3.0}$$

$$\frac{(12.74 - 0.072x_2) \times 1.0}{3.0} = \frac{(14.85 - 0.144x_3) \times 0.8}{3.0}$$

$$(2.0x_1 + 3.0x_2) \times 10 + 3.0 \times 15 \times x_3 = 4\,000$$

解上式得：

$$x_1 = 124.79(\mathrm{kg \cdot hm^{-2}})$$
$$x_2 = 31.66(\mathrm{kg \cdot hm^{-2}})$$
$$x_3 = 12.32(\mathrm{kg \cdot hm^{-2}})$$

(二)多元肥料效应有限量肥料的经济最佳分配

多元肥料效应有限量肥料的经济最佳分配不仅涉及同一肥料效应函数的多种肥料的经济最佳配比,同时涉及不同肥料效应函数间相同肥料的经济最佳分配问题。因此,多元肥料效应有限量肥料的经济最佳分配原则为:同一肥料效应函数、不同肥料效应函数间各养分的边际产值与其肥料价格之比均相等,即各肥料养分的边际产值与其肥料价格之比相等。

$$\frac{P_{y_1}\dfrac{\partial y_1}{\partial x_{11}}}{P_{x_{11}}} = \frac{P_{y_1}\dfrac{\partial y_1}{\partial x_{12}}}{P_{x_{12}}} = \cdots = \frac{P_{y_1}\dfrac{\partial y_1}{\partial x_{1n}}}{P_{x_{1n}}}$$

$$\frac{P_{y_2}\dfrac{\partial y_2}{\partial x_{21}}}{P_{x_{21}}} = \cdots = \frac{P_{y_m}\dfrac{\partial y_m}{\partial x_{m1}}}{P_{x_{m1}}} = \cdots = \frac{P_{y_n}\dfrac{\partial y_n}{\partial x_{nn}}}{P_{x_{nn}}}$$

式中:$y_i(i=1,2,\cdots,m)$为不同田块的作物产量;$x_{ij}(i=1,2,\cdots,m,j=1,2,\cdots,n)$为不同田块的各肥料用量;$P_{y_i}(i=1,2,\cdots,m)$为不同田块的产品价格;$P_{x_{ij}}(i=1,2,\cdots,m,j=1,2,\cdots,n)$为不同田块各肥料的价格;$i$为田块数;$j$为肥料种类。

例如冬小麦的氮磷肥效应函数:

$$y_1 = 2\,343.3 + 15.34x_{11} - 0.052\,7x_{11}^2 + 11.43x_{12} - 0.079\,5x_{12}^2 + 0.007\,1x_{11}x_{12}$$

玉米的氮磷肥效应函数:

$$y_2 = 1\,801.65 + 23.91x_{21} - 0.126\,7x_{21}^2 + 15.27x_{22} - 0.145\,3x_{22}^2 + 0.090\,7x_{21}x_{22}$$

式中:y_1为冬小麦产量;y_2为玉米产量;x_{11},x_{21}为氮(N)用量,kg·hm^{-2};x_{12},x_{22}为磷(P$_2$O$_5$)用量;$P_{x_{11}}=P_{x_{21}}=2.0$元·kg^{-1};$P_{x_{12}}=P_{x_{22}}=3.0$元·kg^{-1},$P_{y_1}=1.0$元·kg^{-1};$P_{y_2}=0.8$元·kg^{-1},现有资金3 000元,田块面积均为3 hm^2,应如何分配两种肥料?

根据上述原理:

$$\frac{1.0\times(15.34 - 0.105\,4x_{11} + 0.007\,1x_{12})}{2.0} = \frac{1.0\times(11.43 - 0.159\,0x_{12} + 0.007\,1x_{11})}{3.0} \quad ①$$

$$\frac{1.0\times(15.34 - 0.105\,4x_{11} + 0.007\,1x_{12})}{2.0} = \frac{0.8\times(23.91 - 0.253\,4x_{21} + 0.090\,7x_{22})}{2.0} \quad ②$$

$$\frac{0.8\times(23.91 - 0.253\,4x_{21} + 0.090\,7x_{22})}{2.0} = \frac{0.8\times(15.27 - 0.290\,6x_{22} + 0.090\,7x_{21})}{3.0} \quad ③$$

$$[2.0(x_{11} + x_{21}) + 3.0(x_{12} + x_{22})]\times 3.0 = 3\,000$$

解上式:

$$x_{11} = 143.29(\text{kg}\cdot\text{hm}^{-2})$$
$$x_{12} = 71.28(\text{kg}\cdot\text{hm}^{-2})$$
$$x_{21} = 121.34(\text{kg}\cdot\text{hm}^{-2})$$
$$x_{22} = 85.63(\text{kg}\cdot\text{hm}^{-2})$$

第四节　经济合理施肥量的确定

经济合理施肥量的确定是以施肥投资能获得可操作性的最大经济效益为原则。经济合理施肥方案既受投资的数量的制约,也受投资风险水平的影响。

从投资数量角度考虑,在肥料资金充足条件下,应当充分发挥土地的增产潜力,应以提高单位面积的施肥利润为原则,增加肥料投资的总收益,施肥量应以经济最佳施肥量为上限。在资金不足时,施肥量较低,土地的增产潜力难以充分发挥,应以提高有限量肥料的投资利润为原则,施肥量应以最大利润施肥量为下限。在施肥量处于最大利润率和经济最佳施肥量之间时,对于肥料效应不同的田块之间肥料的分配、二元以上肥料养分间的配比等均以获得最大投资利润为原则。

从投资风险水平考虑,由前述可知,当边际产量等于肥料与产品的价格比时,单位面积的施肥利润虽最大,但边际利润率 $R=0$,由于农业生产受自然灾害影响很大,如果按经济最佳施肥量的理论值进行施肥,施肥投资的风险必然较大,所以为保证投资获得较稳定的收入,即便是投资数量充足,常常也不采用经济最佳施肥量这样高的用量,而选用边际利润率 $R>0$ 的施肥量。具体 R 值的大小,可根据肥料投资的数量、肥效的稳定性以及最优投资的选择而定。

一、经济合理施肥量的确定

(一)单元肥料效应经济合理施肥量的确定

1. 单元多项式肥料效应经济合理施肥量的确定

$$y = b_0 + b_1 x + b_2 x^2$$

根据边际产量与边际利润的关系式 $\dfrac{\mathrm{d}y}{\mathrm{d}x} = \dfrac{P_x}{P_y}(R+1)$,可得:

$$\frac{\mathrm{d}y}{\mathrm{d}x} = b_1 + 2b_2 x = \frac{P_x}{P_y}(R+1)$$

经济合理施肥量　　　　　　　$x = \dfrac{\dfrac{P_x}{P_y}(R+1) - b_1}{2b_2}$

如冬小麦磷肥效应函数:

$$y = 4\,099.6 + 40.68x - 0.132x^2$$

式中:x 为磷(P_2O_5)用量;磷(P_2O_5)价格为 2.8 元·kg^{-1};小麦价格为 0.6 元·kg^{-1};

$$\frac{\mathrm{d}y}{\mathrm{d}x} = \frac{2.8}{0.6}(R+1)$$

$$40.68 - 0.264x = \frac{2.8}{0.6}(R+1)$$

如果 $R=0$,则得经济最佳施肥量 $x=136.41$ kg·hm^{-2}。

由表 5-25 可知,随着 R 值的减小,施肥量按一固定量增加,施肥成本也随之增加,而施肥利润以递减律增加,当 $R=0$ 时,即达到经济最佳施肥量,单位面积的施肥利润达到最大值,为 1 473.88 元·hm^{-2}。当 R 值由 0.0 增加到 0.2 时,肥料成本减少 9.89 元·hm^{-2},施肥利润减少 1.05 元·hm^{-2}。因此,在农业生产中常常不采用经济最佳施肥量这样高的施肥量,而用 $R>0$ 的施肥量,R 值的大小,根据肥料投资情况而定,资金较多时,采用 R 值较小的施肥量;资金少时,采用 R 较大的施肥量。

表 5-25 冬小麦磷肥效应不同 R 值的施肥量与利润

R	施肥量/ (kg·hm^{-2})	增产量/ (kg·hm^{-2})	肥料成本[*]/ (元·hm^{-2})	施肥利润/ (元·hm^{-2})
2.0	101.06	2 762.99	282.97	1 374.83
1.0	118.74	2 969.25	332.47	1 449.08
0.5	127.58	3 041.44	357.22	1 467.64
0.4	129.34	3 035.35	362.15	1 459.06
0.3	131.11	3 064.50	367.11	1 471.59
0.2	132.88	3 074.82	372.06	1 472.83
0.1	134.65	3 084.32	377.02	1 473.57
0.0	136.41	3 093.04	381.95	1 473.88
−1.0	154.09	3 134.21	431.45	1 449.07

[*] 未包括施肥的固定成本。

引自:李仁岗,肥料效应函数,1985。

对于平方根多项式:

$$y = b_0 + b_1 x^{0.5} + b_2 x$$

$$\frac{\mathrm{d}y}{\mathrm{d}x} = 0.5 b_1 x^{-0.5} + b_2 = \frac{P_x}{P_y}(R+1)$$

经济合理施肥量 $x = \left[\dfrac{0.5 b_1}{P_x / P_y (R+1) - b_2} \right]^2$

如冬小麦氮肥效应函数 $y = 4\,305.23 + 177.76 x^{0.5} - 11.04x$，$P_x = 1.4$ 元·kg^{-1}，$P_y = 0.3$ 元·kg^{-1}。

$$x = \left[\frac{88.88}{4.666\,7(R+1) + 11.04} \right]^2$$

不同 R 值的施肥量如表 5-26 所示。

表 5-26 冬小麦氮肥效应的不同 R 值的施肥量与利润

R	施肥量/ (kg·hm^{-2})	增产量/ (kg·hm^{-2})	肥料成本[*]/ (元·hm^{-2})	施肥利润/ (元·hm^{-2})
2.0	12.60	491.67	17.64	129.86
1.0	19.03	565.10	26.64	142.89
0.5	24.27	607.49	33.98	148.27
0.4	25.58	616.34	35.81	149.09
0.3	27.00	625.28	37.80	149.78
0.2	28.53	634.19	39.94	150.32
0.1	30.20	643.13	42.28	150.66
0.0	32.02	652.03	44.83	150.78
−1.0	64.81	715.06	90.24	123.78

[*] 未包括施肥的固定成本。

引自:李仁岗,肥料效应函数,1985。

对于三次多项式：

$$y = b_0 + b_1 x + b_2 x^2 + b_3 x^3$$

$$\frac{\mathrm{d}y}{\mathrm{d}x} = b_1 + 2b_2 x + 3b_3 x^2$$

令 $b_1 + 2b_2 x + 3b_3 x^2 = \dfrac{P_x}{P_y}(R+1)$，则

经济合理施肥量　　$x = \dfrac{-b_2 - \sqrt{b_2^2 - 3b_3[b_1 - P_x/P_y(R+1)]}}{3b_3}$

2. 指数函数肥料效应经济合理施肥量的确定

对于米采利希方程式：

$$y = A(1 - 10^{-Cx})$$

$$\frac{\mathrm{d}y}{\mathrm{d}x} = A \cdot C \cdot 10^{-Cx} \cdot \ln 10$$

令　　　　　　　　$A \cdot C \cdot 10^{-Cx} \cdot \ln 10 = \dfrac{P_x}{P_y}(R+1)$

经济合理施肥量：$x = \dfrac{1}{C}\left[\lg(A \cdot C \cdot \ln 10) - \lg\dfrac{P_x}{P_y}(R+1)\right]$

如马铃薯氮肥效应

$$y = 425[1 - 10^{-0.2(x+1.48)}]$$

令　　　　　　　$\dfrac{\mathrm{d}y}{\mathrm{d}x} = 99 \times 10^{-0.2x} = \dfrac{2.1}{0.06}(R+1)$

经济合理施肥量　　　　$x = -\dfrac{1}{0.2}\lg\left[\dfrac{35(R+1)}{99}\right]$

不同 R 值的施肥量见表 5-27（$P_x = 2.1$ 元·hm^{-2}，$P_y = 0.06$ 元·hm^{-2}）。由表 5-27 可知，对于指数方程，随着 R 值的减少，施肥量增加，肥料成本增加，施肥利润按递减律增加，当 R 由 0.0 增加到 0.2 时，肥料成本减少 80.14 元·hm^{-2}，而施肥利润仅减少 8.06 元·hm^{-2}。

表 5-27　马铃薯氮肥效应的不同 R 值的施肥量与利润

R	施肥量/(kg·hm^{-2})	增产量/(kg·hm^{-2})	肥料成本[*]/(元·hm^{-2})	施肥利润/(元·hm^{-2})
1.5	26.81	2 497	56.30	93.52
1.0	75.27	6 297	158.07	219.75
0.5	137.74	10 097	289.25	316.57
0.4	152.72	10 857	320.71	330.71
0.3	168.81	11 617	354.50	342.52
0.2	186.19	12 377	391.00	351.62
0.1	205.09	13 137	430.69	357.53
0.0	225.78	13 897	447.14	359.68

[*] 未包括施肥的固定成本。

引自：李仁岗，肥料效应函数，1985。

(二)多元肥料效应经济合理施肥量的确定

多元肥料效应函数,不同 R 值的经济合理施肥量应符合以下条件:

$$\frac{\partial y}{\partial x_i} = \frac{P_{x_i}}{P_y}(R+1)(i=1,2,\cdots,n)$$

1. 二元肥料效应经济合理施肥量的确定

$$y = b_0 + b_1 x_1 + b_2 x_1^2 + b_3 x_2 + b_4 x_2^2 + b_5 x_1 x_2$$

$$\frac{\partial y}{\partial x_1} = b_1 + 2b_2 x_1 + b_5 x_2 = \frac{P_{x_1}}{P_y}(R+1)$$

$$\frac{\partial y}{\partial x_2} = b_3 + 2b_4 x_2 + b_5 x_1 = \frac{P_{x_2}}{P_y}(R+1)$$

解上式得:

$$x_1 = (S_2 b_5 - 2S_1 b_4)D^{-1}$$

$$x_2 = (S_1 b_5 - 2S_2 b_2)D^{-1}$$

$$S_1 = \frac{P_{x_1}}{P_y}(R+1) - b_1$$

$$S_2 = \frac{P_{x_2}}{P_y}(R+1) - b_3$$

$$D = b_5^2 - 4b_2 b_4$$

例如,莜麦氮、磷肥效应函数

$$y_0 = 364.0 + 19.103\ 3x_1 - 0.135\ 9x_1^2 + 16.197\ 8x_2$$
$$- 0.203\ 6x_2^2 + 0.155\ 5x_1 x_2(F = 7.83^{**})$$

式中:x_1,x_2 为氮(N)、磷(P_2O_5)用量 kg·hm^{-2};氮肥(N)价格为 4.0 元·kg^{-1},磷肥(P_2O_5)价格为 4.0 元·kg^{-1},莜麦价格为 1.5 元·kg^{-1}。

$$\frac{\partial y}{\partial x_1} = 19.103\ 3 - 0.271\ 8x_1 + 0.155\ 5x_2 = \frac{4.0}{1.5}(R+1)$$

$$\frac{\partial y}{\partial x_2} = 16.197\ 8 - 0.407\ 2x_2 + 0.155\ 5x_1 = \frac{4.0}{1.5}(R+1)$$

解上式得不同 R 值的施肥量(表 5-28)。

表 5-28　莜麦氮、磷肥效应不同 R 值的施肥量与利润

R	施肥量/(kg·hm^{-2})		增产量/	肥料成本[*]/	施肥利润/
	N	P_2O_5	(kg·hm^{-2})	(元·hm^{-2})	(元·hm^{-2})
1.0	84.33	58.85	1 664.35	572.72	1 923.81
0.5	93.00	65.30	1 735.62	633.72	1 969.71
0.4	93.76	66.75	1 743.68	642.04	1 973.48
0.3	96.47	68.07	1 758.47	658.16	1 979.55

续表 5-28

R	施肥量/(kg·hm^{-2})		增产量/	肥料成本*/	施肥利润/
	N	P$_2$O$_5$	(kg·hm^{-2})	(元·hm^{-2})	(元·hm^{-2})
0.2	98.21	69.38	1 768.66	670.36	1 982.63
0.1	99.94	70.70	1 778.03	682.56	1 984.49
0.0	101.68	72.02	1 786.62	694.80	1 985.13
−1.0	119.02	85.20	1 827.51	816.88	1 924.39

* 未包括施肥的固定成本，$P_y = 1.5$ 元·kg^{-1}，$P_{x_1} = 4.0$ 元·kg^{-1}，$P_{x_2} = 4.0$ 元·kg^{-1}。

引自：李仁岗，刘建玲，2000。

到达经济最佳施肥量时，$R = 0$。

经济最佳施肥量：

$$x_1 = 101.68 \text{ kg·hm}^{-2}$$
$$x_2 = 72.02 \text{ kg·hm}^{-2}$$

对平方根多项式

$$y = b_0 + b_1 x_1^{0.5} + b_2 x_1 + b_3 x_2^{0.5} + b_4 x_2 + b_5 x_1^{0.5} x_2^{0.5}$$

令：

$$\frac{\partial y}{\partial x_1} = 0.5b_1 x_1^{-0.5} + b_2 + 0.5b_5 x_1^{-0.5} x_2^{0.5} = \frac{P_{x_1}}{P_y}(R+1)$$

$$\frac{\partial y}{\partial x_2} = 0.5b_3 x_2^{-0.5} + b_4 + 0.5b_5 x_1^{0.5} x_2^{-0.5} = \frac{P_{x_2}}{P_y}(R+1)$$

解上式得经济合理施肥量：

$$x_1 = (S_2 b_1 + b_3 b_5)^2 D^{-2}$$
$$x_2 = (S_1 b_3 + b_1 b_5)^2 D^{-2}$$
$$S_1 = 2\left[\frac{P_{x_1}}{P_y}(R+1) - b_2\right]$$
$$S_2 = 2\left[\frac{P_{x_2}}{P_y}(R+1) - b_4\right]$$
$$D = S_1 S_2 - b_5^2$$

2. 三元肥料效应经济合理施肥量的确定

$$y = b_0 + b_1 x_1 + b_2 x_1^2 + b_3 x_2 + b_4 x_2^2 + b_5 x_3 + b_6 x_3^2 + b_7 x_1 x_2 + b_8 x_1 x_3 + b_9 x_2 x_3$$

令：

$$\frac{\partial y}{\partial x_1} = b_1 + 2b_2 x_1 + b_7 x_2 + b_8 x_3 = \frac{P_{x_1}}{P_y}(R+1)$$

$$\frac{\partial y}{\partial x_2} = b_3 + 2b_4 x_2 + b_7 x_1 + b_9 x_3 = \frac{P_{x_2}}{P_y}(R+1)$$

$$\frac{\partial y}{\partial x_3} = b_5 + 2b_6 x_3 + b_8 x_1 + b_9 x_2 = \frac{P_{x_3}}{P_y}(R+1)$$

解上式得：

$$x_1 = [S_1(4b_4b_6 - b_9^2) + S_2(b_8b_9 - 2b_6b_7) + S_3(b_7b_9 - 2b_4b_8)]D^{-1}$$

$$x_2 = [S_1(b_8b_9 - 2b_6b_7) + S_2(4b_2b_6 - b_8^2) + S_3(b_7b_8 - 2b_2b_9)]D^{-1}$$

$$x_3 = [S_1(b_7b_9 - 2b_4b_8) + S_2(b_7b_8 - 2b_2b_9) + S_3(4b_2b_4 - b_7^2)]D^{-1}$$

$$S_1 = \frac{P_{x_1}}{P_y}(R+1) - b_1$$

$$S_2 = \frac{P_{x_2}}{P_y}(R+1) - b_3$$

$$S_3 = \frac{P_{x_3}}{P_y}(R+1) - b_5$$

$$D = 2(4b_2b_4b_6 + b_7b_8b_9 - b_2b_9^2 - b_4b_8^2 - b_6b_7^2)$$

例如玉米氮、磷、钾效应函数：

$$y = 3\,990.1 + 25.732\,8x_1 - 0.090\,9x_1^2 + 31.118\,0x_2 - 0.142\,9x_2^2 + 16.322\,1x_3$$
$$- 0.075\,3x_3^2 - 0.012\,1x_1x_2 + 0.019\,7x_1x_3 + 0.005\,2x_2x_3$$

$P_{x_1} = 3.0$ 元·kg^{-1}，$P_{x_2} = 2.4$ 元·kg^{-1}，$P_{x_3} = 1.92$ 元·kg^{-1}，$P_y = 0.72$ 元·kg^{-1}

令：

$$\frac{\partial y}{\partial x_1} = 25.732\,8 - 0.181\,8x_1 - 0.012\,1x_2 + 0.019\,7x_3 = \frac{3.0}{0.72}(R+1)$$

$$\frac{\partial y}{\partial x_2} = 31.118 - 0.285\,8x_2 - 0.012\,1x_1 + 0.005\,2x_3 = \frac{2.4}{0.72}(R+1)$$

$$\frac{\partial y}{\partial x_3} = 16.322\,1 - 0.150\,6x_3 + 0.019\,7x_1 + 0.005\,2x_2 = \frac{1.92}{0.72}(R+1)$$

解上式，得不同 R 的施肥量（表 5-29）。

表 5-29　玉米氮、磷、钾肥效应不同 R 值的施肥量与利润

R	施肥量/(kg·hm^{-2})			增产量/	肥料成本*/	施肥利润/
	N	P$_2$O$_5$	K$_2$O	(kg·hm^{-2})	(元·hm^{-2})	(元·hm^{-2})
2.0	75.2	71.9	67.6	3 741.6	527.95	2 166.00
1.0	99.8	83.0	88.9	4 230.3	669.29	2 376.53
0.5	112.1	88.5	99.5	4 402.1	739.74	2 429.77
0.4	114.5	89.6	101.7	4 430.0	753.80	2 435.80
0.3	117.0	90.7	103.8	4 456.6	767.98	2 444.78
0.2	119.5	91.8	105.9	4 481.2	782.15	2 444.32
0.1	121.9	92.9	108.1	4 503.6	796.21	2 446.38
0.0	124.4	94.0	110.2	4 524.0	810.38	2 446.90
−1.0	148.8	105.0	131.5	4 621.8	950.88	2 376.82

＊$P_{x_1} = 3.0$ 元·kg^{-1}，$P_{x_2} = 2.4$ 元·kg^{-1}，$P_{x_3} = 1.92$ 元·kg^{-1}，$P_y = 0.72$ 元·kg^{-1}。

引自：李仁岗，肥料效应函数，1985。

随着 R 值的减小,施肥量按一固定值增加,施肥成本也相应地增加,而施肥利润按渐减率增加,当 $R=0$ 时,到达经济最佳施肥量,单位面积上的施肥利润最大,为 2 446.90 元·hm^{-2}。当施肥量达到最高产量施肥量时,即 $R=-1$ 时,到达最高产量点,施肥利润减少 70.08 元·hm^{-2}。当 R 由 0 增加到 0.2 时,肥料成本减少 28.23 元·hm^{-2},而施肥利润仅减少 2.58 元·hm^{-2}。

二、区域性经济合理施肥量的确定

区域性经济合理施肥量是指一定区域内在较长时间内获得最优经济效益的施肥量,它不是某一田块经济合理施肥量,而是一定区域的经济合理施肥量。因此,区域性经济合理施肥量的确定是建立在对肥料效应进行区划的基础上。

(一)根据肥料平均效应函数确定

肥料平均效应函数可采用两种方法求出,一是将一定区域内所进行的有代表性的各个试验相同的处理的产量平均,计算出肥料效应函数。二是将各个试验的效应函数相应系数平均,求出肥料平均效应函数。如一定区域内进行 n 个二元肥料试验,获得 n 个效应函数:

$$y_i = b_{0i} + b_{1i}x_1 + b_{2i}x_1^2 + b_{3i}x_2 + b_{4i}x_2^2 + b_{5i}x_1x_2 \quad (i=1,2,\cdots,n)$$

$$\bar{y} = \frac{1}{n}\sum_{i=1}^{n} y_i$$

$$= \frac{1}{n}\sum_{i=1}^{n}(b_{0i} + b_{1i}x_1 + b_{2i}x_1^2 + b_{3i}x_2 + b_{4i}x_2^2 + b_{5i}x_1x_2)$$

$$= \overline{b_0} + \overline{b_1}x_1 + \overline{b_2}x_1^2 + \overline{b_3}x_2 + \overline{b_4}x_2^2 + \overline{b_5}x_1x_2$$

求出肥料平均效应函数后,即可按前述计算区域经济合理施肥量。其计算公式:

$$\frac{\partial \overline{y}}{\partial x_i} = \frac{P_{x_i}}{P_y}(R+1)$$

由上式计算的区域性经济合理施肥量不等于各田块经济合理施肥量的平均值。

区域性经济合理施肥量的准确性取决于肥料平均效应函数的代表性,即该效应函数能否反映一定区域肥料效应变化的基本规律。要提高肥料效应函数的代表性,需掌握一定区域内大量的肥料试验资料,在此基础上可按土壤、气候以及栽培管理水平等分类计算肥料平均效应函数,并以此计算适应一定条件的区域性经济合理施肥量。

(二)根据施肥利润频率确定

根据一定区域内各个试验结果,分别计算其效应函数,并以此效应函数计算出不同肥料配比的施肥利润,将施肥利润划分若干等级,然后整理出整个区域内不同肥料配比所获得的不同施肥利润出现的频率分布表,由此确定区域性经济合理施肥量。如 J. D. Colwell 依据澳大利亚 46 个小麦氮、磷试验结果得出 46 个肥料效应函数(J. D. Colwell,1974),并以此函数计算出各个点不同氮磷配比的施肥利润,如表 5-30 所示的一号试验点不同氮、磷配比的施肥利润。如此计算出 46 个点不同氮、磷配比的施肥利润,将其划分为 7 级,然后根据各个点不同肥料配比所得的施肥利润,编制出施肥利润出现的频率分布表(表 5-31)。将表内频率除以 46 即得相对频率。频率分布反映了一定肥料配比的预期效果。根据频率分布表即可确定获得较高效益的区域性经济合理施肥量(李仁岗,1985)。

表 5-30　不同氮、磷配比的施肥利润 $\$\cdot hm^{-2}$

N 用量/	P 用量/$(kg\cdot hm^{-2})$				
$(kg\cdot hm^{-2})$	0	5	10	20	40
0	0	10.0	11.6	11.5	6.4
5	−1.49	8.2	9.7	9.7	4.1
10	−2.46	6.7	8.2	7.8	2.4
20	−5.57	3.8	5.2	4.8	−0.8

表 5-31　46 个试验点氮、磷不同配比的施肥利润频率分布表

N 用量/	施肥利润分级/	P 用量/$(kg\cdot hm^{-2})$				
$(kg\cdot hm^{-2})$	$(\$\cdot hm^{-2})$	0	5	10	20	40
	−19.9～−10.0	0	0	0	0	1
	−9.9～0.0	46	0	0	1	4
	0.1～10.0	0	19	12	10	16
0	10.1～20.0	0	18	19	17	11
	20.1～30.0	0	8	11	10	8
	30.1～40.0	0	1	4	6	3
	40.1～50.0	0	0	0	2	3
	−19.9～−10.0	0	0	0	0	0
	−9.9～0.0	28	0	0	1	7
	0.1～10.0	18	17	15	16	14
5	10.1～20.0	0	15	14	10	7
	20.1～30.0	0	12	12	10	9
	30.1～40.0	0	2	4	6	6
	40.1～50.0	0	0	1	3	3
	−19.9～−10.0		0	0	0	0
	−9.9～0.0	31	0	0	3	8
	0.1～10.0	15	19	17	14	13
10	10.1～20.0	0	16	13	9	7
	20.1～30.0	0	9	11	11	9
	30.1～40.0	0	2	5	6	6
	40.1～50.0	0	0	0	3	3
	−19.9～−10	2	0	0	0	3
	−9.9～0.0	33	4	3	6	10
	0.1～10.0	11	16	15	13	7
20	10.1～20.0	0	16	12	9	8
	20.1～30.0	0	9	11	8	11
	30.1～40.0	0	1	5	9	4
	40.1～50.0	0	0	0	1	3

(三)根据平均施肥利润确定

平均施肥利润是指一定区域内所有试验点同一肥料配比施肥利润的平均值。如上例,各

氮、磷配比的平均利润如表 5-32 所示。最大施肥利润为 $18.6\$ \cdot hm^{-2}$，此时氮、磷配比为 N＝3，P＝20。即区域性经济合理施肥量。这与施肥平均利润频率分布表所反映的基本一致。从表中数据看出，在最高施肥利润附近改变施肥量，平均利润改变不大。因此，为了获得相对稳定的较高施肥利润，防止意外灾害所带来的损失，推荐区域施肥量可适量减少（李仁岗，1985）。

表 5-32 不同氮、磷配比的平均利润 $\$ \cdot hm^{-2}$

N 用量/ (kg·hm^{-2})	P 用量/(kg·hm^{-2})						
	0	5	10	15	20	30	40
0	0	13.5	16.3	17.5	17.7	16.6	14.2
3	0.4	14.1	17.1	18.3	18.6	17.6	15.2
5	0.2	14.0	17.0	18.2	18.5	17.5	15.2
10	−0.5	13.4	16.4	17.7	18.0	17.0	14.8
15	−1.4	12.5	15.6	16.9	17.2	16.4	14.1
20	−2.4	11.6	14.7	16.0	16.4	15.5	13.4

思考题

1. 什么是肥料效应函数？肥料效应函数的类型及性质有哪些？

2. 什么是边际产量、平均产量？如何计算？

3. 什么是边际代替率？

4. 什么是边际产值？什么是边际成本？什么是边际利润？什么是边际利润率？

5. 什么是经济最佳施肥量、经济合理施肥量？如何计算经济最佳、合理施肥量？

6. 有限量肥料（资金）最优分配的原则及计算方法是什么？

7. 如何进行肥料效应试验设计及方程配置？

8. 请从专业期刊上寻找施肥量与产量关系数据，然后建立相应的肥料效应函数，并计算有关施肥量。

第六章 营养诊断法

本章提要：主要介绍营养诊断法的定义、理论依据、发展简史，几种常见诊断方法的基本步骤和应用案例。

营养诊断(diagnosis of nutrients)施肥法是利用生物、化学或物理等测试技术，分析研究直接或间接影响作物正常生长发育的营养元素丰缺、协调与否，从而确定施肥方案的一种施肥技术手段。从这一概念来看，营养诊断是手段，施肥是目的，所以这一方法的关键是营养诊断。就诊断对象而言，可分为土壤诊断(diagnosis of soil nutrients)和植株诊断(diagnosis of plant nutrients)两种；从诊断的手段看，可分为形态诊断、化学诊断、施肥诊断和酶学诊断等多种。营养诊断的主要目的是通过营养诊断为科学施肥提供直接依据。即利用营养诊断这一手段进行因土、看苗施肥，及时调整营养物质的数量和比例，改善作物的营养条件，以达到高产、优质、高效的目的。通过判断营养元素缺乏或过剩而引起的失调症状，以决定是否追肥或采取补救措施；还可以通过营养诊断查明土壤中各种养分的储量和供应能力，为制订施肥方案、确定施肥种类、施肥量、施肥时期等提供参考等。

营养诊断的研究历史可以追溯到 19 世纪中叶，当时在美国、法国、日本和印度等国家就开始用化学分析方法分析土壤养分状况，并在生产上收到一定效果。20 世纪 20 年代美国就开始研究土壤和植物联合诊断技术；20 世纪 30 年代在各州试验站试用；20 世纪 40 年代，各州都建立了诊断研究室，对不同土壤类型和植物种类进行研究，在研究内容上也有了更进一步的深入，由经济植物发展到其他植物，由测定大量元素发展到微量元素，由形态观察发展到应用彩色图片进行诊断；20 世纪 50 年代改进了诊断方法，并提出了一些土壤和植株的诊断指标；20 世纪 60 年代以来由于测试技术水平的大大提高，使营养诊断工作有了长足的发展，由诊断单一元素发展到多种元素和各元素间的比例关系，从外部形态发展到组织内部生理生化诊断等。目前营养诊断技术在许多国家已得到充分的应用，通过这一技术应用，因地因植物指导施肥，使作物产量和品质不断提高。

我国在 20 世纪 80 年代以来也广泛地开展了营养诊断的研究和应用推广工作，在指导施肥、改土、提高作物产量和改善品质方面取得了一定的成绩。但是，营养诊断是一项较复杂的综合性技术，由于影响农业生产的因素是多方面的，这些因素又在不断地变化，使诊断工作受到一定的限制，需要对其进一步的研究和完善。

第一节 营养诊断的依据

营养诊断的主要依据从两个方面考虑：一是土壤营养状况；二是植株营养状况。

一、土壤营养诊断的依据

作物生长发育所必需的营养元素主要来自土壤，产量越高，土壤需提供的养分量就越多。土壤中营养物质的丰缺协调与否直接影响作物的生长发育和产量，关系着施肥的效果，因此成为进行营养诊断、确定是否施肥的重要依据。在制订施肥计划前应首先进行土壤营养诊断,以便根据土壤养分的含量和供应状况确定肥料的种类和适宜的用量。土壤营养诊断主要依据土壤养分的强度因素(intensity factor)和数量因素(quantity factor)。

(一)土壤养分供应的强度因素

土壤养分供应的强度因素可以简单理解为土壤溶液中养分的浓度(活度)。强度因素是土壤养分有效性大小的一个量度,但它不具有量的意义,它代表作物利用这种养分的难易。由于土壤溶液中养分与固相处于平衡状态,所以,强度因素也意味着土壤胶体对这种养分吸持的强弱。土壤溶液的养分浓度和组成还受土壤含水量的影响,水分含量高时浓度低些,土壤变干时,浓度增加。因此,土壤溶液养分浓度是以饱和水的条件下为标准的,植物生长的养分最佳浓度是:

(1)氮　由于大多数研究偏重于旱作土壤,所以土壤溶液中氮的浓度主要是指 $NO_3^- \text{-} N$ 的浓度。对大多数作物,最佳氮素($NO_3^- \text{-} N$)含量大体在 $70 \sim 210$ mg·kg^{-1},$NO_3^- \text{-} N$ 浓度过高,可能对磷的吸收有一定抑制作用($NH_4^+ \text{-} N$ 则有促进作用)。为了避免 $NO_3^- \text{-} N$ 过高,一些研究者认为,对玉米和小麦,最佳的 $NO_3^- \text{-} N$ 含量应在 100 mg·kg^{-1} 左右,在盐土上,土壤溶液中 $NO_3^- \text{-} N$ 含量也不应高于 100 mg·kg^{-1}。

(2)磷　在这方面的研究较多,但是不同作者所得结果有较大差异。英国的研究者认为,土壤溶液中磷(P)的浓度可粗分为以下等级。

磷含量为 3 mg·kg^{-1} 时,可以充分满足作物需要。

磷含量为 0.3 mg·kg^{-1} 时,对多数作物均能满足需要。

磷含量为 0.03 mg·kg^{-1} 时,对多数作物会感到磷的供应不足。

磷含量为 0.003 mg·kg^{-1} 时,作物将感到极度缺磷。

以下是不同作物最佳磷(P)含量的一些研究结果:水稻为 0.1 mg·kg^{-1};小麦为 0.3 mg·kg^{-1};大麦为 0.1 mg·kg^{-1};甜玉米为 0.13 mg·kg^{-1};谷子为 0.07 mg·kg^{-1};牧草为 $0.2 \sim 0.3$ mg·kg^{-1};玉米为 0.06 mg·kg^{-1};甘薯为 0.1 mg·kg^{-1};莴苣为 0.4 mg·kg^{-1};花生为 0.01 mg·kg^{-1};大豆为 0.2 mg·kg^{-1};番茄为 0.2 mg·kg^{-1}。

大麦在不同质地土壤上的最佳磷(P)含量是:黏土为 0.10 mg·kg^{-1};粉沙黏壤土为 0.16 mg·kg^{-1};细沙壤土为 0.35 mg·kg^{-1};在质地轻的土壤上,临界值要高得多。

(3)钾　对大多数作物来说,土壤溶液中钾含量保持在 20 mg·kg^{-1} 时,即可充分满足作物需要。当然不同作物有很大差异,但当土壤溶液中钾含量小于 20 mg·kg^{-1} 时,大多数作物将感到缺钾。

(二)土壤养分供应的数量因素

土壤养分供应不仅仅决定于土壤溶液的养分浓度(强度因素),而且还决定于固相养分及其在固、液相间的平衡。这种与液相养分处于平衡状态的养分,可因液相养分被植物吸收或因其他原因减少时,很快进入溶液,这一养分的总量称为土壤养分供应的数量因素。也叫有效养分总含量,不同土壤,尽管它们具有同样的强度因素,如果固相养分的数量因素不同,它们的养分供应能力也是不同的。

二、植株营养诊断的依据

植株营养诊断主要依据作物的外部形态和植株体内的养分状况及其与作物生长、产量等的关系来判断作物的营养丰缺协调与否,以作为确定追肥的依据。由于植株体内的养分状况是所有作用于植物的那些因子的综合反应,这些因子又处在不断变化之中,而且植株营养状况又是土壤营养状况的具体反映,所以植株营养诊断要比土壤营养诊断复杂得多。在这里,我们将对植株营养诊断的依据作详细的论述。

(一)作物体内养分的分布特性

养分在作物体内的分布随生育时期的变化而变化,呈现明显的规律性。其中,氮在作物体内的分布随不同生育期及碳氮代谢中心的转移而有规律地变化。在营养生长阶段,根系吸收的氮素主要在叶中合成蛋白质、氨基酸、核酸和叶绿素等物质,叶子中的氮素较多;生殖生长阶段,作物的生长中心转移到生殖器官,根系吸收的氮素主要供花、果实和种子的需要,同时老叶中的氮也会向生殖器官转移,使其含氮量降低。例如,小麦收获时子粒含氮2.2%~2.5%,茎秆中含氮仅0.5%左右;大豆子粒含氮4.5%~5.0%,茎秆含氮1%~1.4%。磷在作物体内的分布规律是:生育前期高于生育后期,繁殖器官、幼嫩器官高于衰老器官,种子高于叶片,叶片高于根系,根系高于茎秆。例如,棉花根中含磷量为0.26%,茎中为0.21%,叶中为1.4%;水稻植株中含磷量(P_2O_5)分蘖期为1.49%,幼穗分化期为1.29%,孕穗期为0.9%,抽穗期仅有0.75%。钾在作物体内的分布一般是茎叶高于子实和根系,幼叶高于老叶,苗期高于后期。

(二)作物体内养分的含量特点

作物体内养分含量高低决定着植株的生长发育的正常与否。往往植株体内养分浓度的改变先于外部形态的变化,生产上,把植株外部形态尚未表现缺素症状,而植株体内的某种养分浓度少到足以抑制生长并引起减产的阶段,称为作物潜伏缺素期。所以了解不同作物体内合适的养分浓度就显得非常重要。

作物种类不同、品种不同、器官与部位不同、生育期不同,需要的营养条件如营养元素的种类、数量和比例等也不同。但是,作物在一定生长发育阶段,其体内养分浓度是有一定规律的。刘芷宇(1982)等根据国内外有关农作物营养诊断方面的资料,将主要农作物氮、磷、钾营养元素在不同生育期中的含量状况整理为表6-1、表6-2和表6-3,可以作为作物营养诊断的参考。当然产量不同,土壤类型不同,气候条件不同,这一数据是可变的。

表 6-1　作物全氮含量　　　　　　　　　　　　　　　%

作物	栽培条件	采样部位	采样时期	氮素营养状况			
				低	中	高	过
杂交水稻	田间	植株	分蘖期	<2.5	3.0~3.5		
			幼分期	<2.5	>2.5		
			抽穗期	<1.2	1.2~1.3		
冬小麦	田间	叶片	起身	<3.1	3.2~3.5	>3.80	
			拔节期	<3.5	3.6~3.9	>4.20	
			孕穗期	<4.0	4.0~4.5	>4.80	
棉花	田间	叶片	蕾期	3.23	3.68	4.23	
			初花期	2.15	3.69	4.03	
			花铃期	2.49	2.85	3.13	

续表 6-1

作物	栽培条件	采样部位	采样时期	氮素营养状况			
				低	中	高	过
油菜	田间	植株	苗期		3.6		
			薹期		4.3		
			花期		2.3		
			成熟期		1.64		
番茄	田间	叶柄	果实成熟期		0.20~0.25 （占鲜重）		
马铃薯	田间	地上部	60 d		3.76	6.33	
			73 d		3.43	4.89	
			88 d		2.87	3	
柑橘	田间	叶片	春天未结果顶枝	<2.20	2.2~2.4	2.4~2.6	>2.6
大麦	田间	叶鞘	拔节期	100	250	500	>750
春小麦	田间		苗期		250~300		
			拔节期		400~600		
			灌浆期		100~150		
玉米	田间	叶鞘下半段	苗期	100	300~500	500~600	
		叶鞘下半段	拔节期	300	500	800~1 000	
		果穗对应叶中肋	扬花期	100	300~500	500~600	
		叶鞘下半段	灌浆期	0	0	0	

引自：金耀青，张中原，配方施肥方法及其应用。

表 6-2　作物全磷含量　　　　　　　　　　　　　　　　%

作 物	栽培条件	采样部位	采样时期	磷素营养状况			
				极缺	缺乏	中量	高量
水稻	田间	叶片	分蘖期			0.14~0.27	
			幼分期			0.18~0.29	
大麦	田间	地上部	抽穗期	<0.15	0.15~0.19	0.20~0.50	>0.50
小麦	田间	麦粒	成熟期		0.15	0.4	0.54
		麦秆	成熟期		0.03	0.08	0.17
玉米	田间	果穗下的对位第一叶	吐丝期	<0.15	0.16~0.24	0.25~0.40	>0.50
油菜	田间	叶片	苗期	0.12	0.2	0.31~0.47	
大豆	田间	叶片	开花期	0.19	0.22	0.26~0.27	
		顶端定型叶	始花期	<0.15	0.16~0.25	0.26~0.50	0.51~0.80
棉花	田间	苗	出苗后5周			0.30~0.37	
			出苗后9周			0.23~0.30	
			现蕾期		0.28	0.35	
甜菜	田间	叶				0.20~0.30	
			收获期		0.12	0.16	

续表6-2

作物	栽培条件	采样部位	采样时期	磷素营养状况			
				极缺	缺乏	中量	高量
烟草	田间	叶	10～15叶片			0.29	
		叶	开花期			0.24	
		叶柄	10～13叶片			0.28	
烟草	田间	叶柄	开花期			0.2	
马铃薯	田间	地上部	收获期	0.17	0.18		0.18～0.22
		茎	收获期	0.18	0.21		0.20～0.24
柑橘	土培	叶片	新定型叶	0.06～0.12		0.15～0.25	0.25～0.44

引自:金耀青,张中原,配方施肥方法及其应用。

表6-3　作物全钾含量　　　　　　　　　　　　　　%

作物	栽培条件	采样部位	采样时期	钾素营养状况			
				极缺	缺乏	中量	高量
水稻 (南优六号)	田间	植株	抽穗期	0.81		1.0	
春玉米	田间	叶片	苗期		3.9	4.65	
			抽雄期	0.6		1.20	
棉花	田间	主茎下 第三叶	苗蕾期	<0.50		1.00	
大豆	田间	地上部分	苗期	<0.51		>1.69	
		地上部分	结荚期	<0.45		>0.92	
蚕豆	田间	上部叶片	5—6月	<1.19		1.05～1.75	
花生	田间			<3.30			
马铃薯	田间	茎中部叶片		<3.50		5.85～6.79	
		上部叶片	7—8月	<2.10		2.10～3.80	
甜菜	田间	叶柄		0.18		1.00～11.00	
		叶片		<0.98		0.94～8.00	
烟草	田间	叶片	9月	<3.70		4.37～5.29	
		上部叶片		<1.08		2.64～3.17	
		下部叶片		<0.51		2.44～2.83	
苹果	田间	叶	3—4月	<1.25		1.31～2.12	
		叶	定型叶片	<0.50		>1.00	
柑橘	田间	叶	结果期	<0.30	0.30～0.70	0.70～1.50	1.50～2.00

引自:金耀青,张中原,配方施肥方法及其应用。

(三)作物体内养分再利用规律

作物体内养分元素由于其移动性不同,因而再分配和再利用能力有很大的差别。一般按其在韧皮部中移动的难易程度分为3组。氮、磷、钾、镁属于移动性大的;铁、锰、锌、铜属移动性小的;硼和钙属难移动的。移动性越大的元素在作物体内再分配和再利用的能力也就越大,缺素症状往往首先表现在老叶上。例如,氮在整个生育期中约有70%,可以从老叶转移到正在生长的幼嫩器官和储藏器官中被再利用或储藏起来,当外界供氮不足时,作物体内氮的再利用率明显提高。磷和钾在作物体内移动性也很大,很容易从老组织转移到新生组织进行再分配再利用,因此,磷和钾比较集中地分布在代谢旺盛的部位,如幼芽、幼叶和根尖等磷和钾含量都较高。而难移动的元素一般在作物体内的再利用能力很小,故幼嫩部位能更好地指示缺素症状。如作物体内的钙移动能力很小,且主要依靠蒸腾作用通过木质部运输,所以生长初期供应的钙,大部分留在下部老叶中,很少向幼嫩组织移动,供钙不足,新生组织首先受害。

(四)土壤供肥—作物吸肥—作物生长的关系

作物在一定生长发育阶段内养分浓度的变化与土壤养分状况、作物的生长和产量等密切相关,并表现出一定的规律性。因此,在进行植株营养诊断,特别是化学分析诊断时,首先必须搞清楚植株体内养分浓度与作物生长量(产量)之间的关系,然后利用这种关系来判断作物养分供应状况。

1. 植株体内养分浓度与作物产量(或生长量)之间的关系

植株中养分浓度和产量之间有很大的变动范围,在低产条件下,养分浓度的变化幅度较宽,随着产量的提高,各种营养元素的变化幅度较窄,说明只有在一定养分含量水平下,且养分之间比例合适才能获得一定的高产。萨姆纳(Sumner)收集了 6 000 多份玉米从抽雄到吐丝期玉米叶片成分与产量的数据(图 6-1),证明了上述观点。

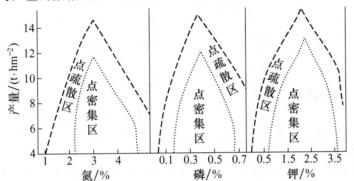

图 6-1　玉米叶片氮、磷、钾含量与产量的关系模式

从图 6-1 可知:①同一养分浓度可以得到不同的产量;相应地,同样的产量可以由不同的植株养分浓度来形成。②产量越低,其养分浓度变化的范围越大;产量越高,其养分浓度变化的范围越小。③作物高产时,必须使营养元素有一个最适含量且比例适宜。

2. 养分供应量与作物体内养分浓度和产量之间的关系

养分供应量与作物体内养分浓度和产量之间的关系一般描述如图 6-2 所示。

由图 6-2 可以看出,产量随养分供应量变化呈抛物线形。但植株体内养分浓度与养分供应之间的关系,与上述曲线稍有不同,其变化程度较小。将植株体内养分浓度曲线划分为 3 个阶段。第一阶段,随着养分供应量的增加,作物产量上升,但作物体内养分浓度基本不变,属于养分极缺乏区;第二阶段,从植物体内养分变化点到产量最高点随着养分供应量的增加,作物体内养分浓度与作物产量同步增加且产量增加的幅度比植株体内养分浓度增加大,属于养分缺乏调节区;第三阶段,产量最高点以后,随着养分供应量的增加,产量逐渐下降,而植株体内养分的浓度却以更快的速率增加,属于养分奢侈吸收区。

由此可见,在一定条件下,植株养分浓度、产量与土壤养分供应量之间存在一定的相关性,

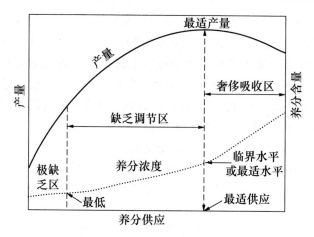

图 6-2　作物产量、植株养分浓度与养分供应的关系

引自:[美]L·M·沃尔什,J·D·比坦.土壤测定与植物分析.北京:农业出版社,1982.

但只有在第二阶段(缺乏调节区)三者呈比较明显的正相关。所以植株营养的化学诊断关键要解决的问题之一是确定作物体内养分的临界浓度。

第二节　营养诊断的方法

一、土壤营养诊断的方法

土壤营养诊断的方法主要有以下几种。

(一)幼苗法(K 值法)

利用植株幼苗敏感期或敏感植物来反映土壤的营养状况。例如,利用油菜幼苗测定土壤磷的供应状况:

$$K = \frac{B}{A} \times 100\%$$

式中:K 为土壤供磷程度;B 为缺磷时幼苗生物量;A 为完全养分时幼苗生物量。

(二)田间肥效试验法

在田间划成面积相同的不同小区采取不同的施肥处理,即不施肥与施一定量的肥料,观察长势长相,最后收获产量,从而比较土壤供养分量。还可以利用土壤养分系数,计算出土壤供氮、磷、钾的养分量等。

(三)微生物法

利用某种真菌、细菌对某种元素的敏感性来预知某一种元素的丰缺情况。例如,将固氮菌与土壤放在一起,在 30℃培养 24 h,当磷丰富时有菌落,菌落的多少反映磷的多寡。

(四)化学分析法

这种方法是应用最为广泛的方法,它分常规分析法和速测法两种,这里仅介绍前者。

在一定条件下,作物产量随土壤养分数量因素的增加而提高,呈明显的正相关关系,测定数量因素对判断土壤养分供应状况非常重要,而且研究资料最多,至目前国际上对测磷和钾的方法认识比较一致,而对氮的测定方法看法不一。

1. 有效磷的测定方法与指标

测定土壤有效磷一般采用 Olsen 法,肥力指标是:土壤有效磷(P)含量$(mg \cdot kg^{-1})$小于 5 为低;5～10 为中;大于 10 为高。当然不同产量水平,不同土壤类型,高、中、低指标有所不同(表 6-4)。

表 6-4　不同土壤类型土壤有效磷(P)分级指标　　　　$mg \cdot kg^{-1}$

土壤类型	低(<75%)	中(75%～95%)	高(>95%)	备注
黑土	<4	4～10	>10	小麦
草甸土	<2	2～25	>25	玉米
潮土(北京)	<2	2～12	>12	小麦
盐化潮土	<4	4～9	>9	小麦
灰漠土	<4	4～8	>8	小麦
灌淤土	<4	4～9	>9	小麦
黄绵土	<4	4～7	>7	小麦
紫色土	<4	4～10	>10	小麦
棕壤	<10	10～25	>25	小麦
褐土	<2	2～9	>9	小麦
潮土(山东)	<6	6～19	>19	玉米
红壤(浙江)	<8	8～20	>20	玉米,Bray-1
红壤(广西)	<4	4～10	>10	玉米
红壤水稻土(福建)	<6	6～17	>17	水稻
红壤水稻土(广西)	<2	2～10	>10	水稻
青紫泥水稻土(上海)	<4	4～16	>16	小麦
草甸水稻土(吉林)	<5.5	5.5～17	>17	水稻
成都平原水稻土	<2	2～8	>8	水稻
杭嘉湖水稻土	<2	2～11	>11	水稻
湖南中酸性水稻土	<3	3～10	>10	早稻
	<1	1～14	>14	晚稻

注:<75%,75%～95%,>95%表示相对产量。

引自:中国农业科学院土壤肥料研究所,中国肥料。

2. 有效钾的测定方法与指标

测定有效钾一般采用 NH_4OAc 浸提法,表 6-5 的研究结果可作为评价不同类型土壤供钾状况的参考指标。

3. 有效氮的测定方法与指标

与有效磷、有效钾相比,测定土壤有效氮含量存在一定的难度,主要表现在:①土壤有效氮含量取决于土壤有机质的矿化速率,而有机质的矿化是一个生物过程,与温度、湿度、pH 等环境因素有关;②土壤中有效氮的主要形态之一是 NO_3^--N ,其易发生淋失、反硝化及生物固定作用。因此,测定土壤有效氮的方法没有其他养分的测定方法成熟。大多数科学工作者把碱解氮作为土壤供氮量的指标,一般采用扩散或蒸馏法,其指标见表 6-6。也有人提倡利用土壤氮"矿化位势"的概念来估价土壤矿化时所提供的有效氮素。矿化位势是指于无限的时间内因矿化过程所能得到的矿质氮量,氮矿化位势不等于土壤全氮量,一般占全氮量的 5%～40%,代表土壤氮矿化率的容量。得到这一数据可以利用"好气培养",也可以利用"嫌气培养"。

表 6-5 不同土壤类型有效钾(K)分级指标 　　　　　　　　　　　　　　　mg·kg⁻¹

土壤类型	低(<75%)	中(75%～95%)	高(>95%)	备　注
黑土	<70	70～150	>150	小麦
草甸土	<95	95～180	>180	玉米
潮土(北京)	<60	60～180	>180	小麦
棕壤	<50	50～85	>85	小麦
褐土	<30	30～85	>85	小麦
潮土(山东)	<40	40～115	>115	玉米
黄绵土	—	110	—	小麦
紫色土	—	65	—	小麦
红壤(浙江)	<80	80～180	>180	玉米
红壤(广西)	<135	135～280	>280	玉米
红壤水稻土(福建)	<80	80～140	>140	水稻
红壤(广西)	<60	60～150	>150	水稻
青紫泥水稻土(上海)	—	100	—	小麦
草甸水稻土(吉林)	<60	60～170	>170	水稻
成都平原水稻土	—	35	—	水稻
杭嘉湖水稻土	<20	20～150	>150	水稻
湖南中酸性水稻土	<60	60～105	>105	早稻
	<50	50～80	>80	晚稻

注:<75%,75%～95%,>95%表示相对产量。

引自:中国农业科学院土壤肥料研究所,中国肥料。

表 6-6 不同土壤类型土壤碱解氮(N)分级指标 　　　　　　　　　　　　　mg·kg⁻¹

土壤类型	低(<75%)	中(75%～95%)	高(>95%)	备　注
黑土	<120	120～250	>250	小麦
草甸土	<130	130～240	>240	玉米
潮土(北京)	<80	80～130	>130	小麦
盐化潮土	<30	30～50	>50	小麦
灰漠土	<70	70～100	>100	小麦
灌淤土	<90	90～120	>120	小麦
黄绵土	<60	60～80	>80	小麦
紫色土	<170	170～260	>260	小麦
棕壤	<55	55～90	>90	小麦
褐土	<55	55～100	>100	小麦
潮土(山东)	<70	70～90	>90	玉米
红壤(广西)	<170	170～380	>380	玉米

续表 6-6

土壤类型	低(<75%)	中(75%～95%)	高(>95%)	备　注
红壤水稻土(福建)	<150	150～260	>260	水稻
红壤水稻土(广西)	<160	160～200	>200	水稻
青紫泥水稻土(上海)	<200	200～400	>400	水稻
草甸水稻土(吉林)	<70	70～220	>220	水稻
成都平原水稻土	<90	90～250	>250	水稻
杭嘉湖水稻土	<175	175～280	>280	水稻(淹育法)
湖南中酸性水稻土	<100	100～190	>190	早稻
	<120	120～210	>210	晚稻

注：<75%,75%～95%,>95%表示相对产量。

引自：中国农业科学院土壤肥料研究所,中国肥料。

二、植株营养诊断的方法

植株营养诊断的方法主要包括形态诊断、化学诊断、施肥诊断、酶学诊断、遥感诊断及物理诊断等,现分述如下。

(一)形态诊断

形态诊断(visual diagnosis)是指通过外形观察或生物测定了解某种养分丰缺与否的一种手段。因为植物在生长发育过程中的外部形态都是其内在代谢过程和外界环境条件综合作用的反映。当植物吸收的某种元素处于正常、不足或过多状态时,都会在作物的外部形态如茎的生长速度、叶片形状和大小、植株和叶片颜色以及成熟期的早晚等方面表现出来。该方法简单易行,至今仍不失为一种重要的诊断方法,它主要包括症状诊断和长势、长相诊断。

1. 症状诊断(symptom diagnosis)

它是根据作物体内不同营养元素其生理功能和移动性各异,缺乏或过剩时会表现出各种特有的症状,只要用肉眼观察这些特殊症状就可判断作物某种营养元素失调的一种方法。营养失调影响植物正常代谢进程,由于不同元素的生理功能各异,其影响的程度也不相同。在轻度失调的情况下,不一定在植物形态上表现出来,但在较严重的情况下会表现形态失常。缺乏不同元素时表现出不同的症状,其症状及出现部位的先后等都有一定的规律。如氮不足时,易使禾谷类作物株小,叶片均匀变黄,分蘖少产量低;而氮过多时,又会引起贪青徒长,倒伏晚熟等。据此,人们已将各种营养元素在不同作物上的失调症状以彩图的形式编辑成农作物营养诊断图谱(我国已有缺素症的图谱出版,可供参考),用来作为症状诊断的参照(图谱法),并将其营养元素产生的缺素症状制成分析判断某种元素失调症状的检索表(检索法)。但是,这种诊断法通常只在植株仅缺乏一种营养元素时有效,当作物缺乏某种元素而不表现该元素缺乏的典型症状,或同时缺乏两种及两种以上营养元素,或出现非营养因素(如病虫害、药害或障碍因素)引起的症状时,则易于混淆,造成误诊。另外,当植株出现某些营养失调症状时,表明其营养失调已相当严重,此时采取措施常已为时过晚。因此,症状诊断在实际应用上存在明显的局限性,往往还需要配合其他的检验方法。尽管如此,这一方法在实践中仍有其重要意义,尤其是对某些具有特异性症状的缺乏症,如油菜缺硼时的"花而不实",玉米缺锌时的"白苗症",果树缺铁时的"黄叶病"等,一般说可以一望便知,为确定该土壤缺什么提供了方便。

2. 长势、长相(相形)诊断(appearance diagnosis)

它是利用生物测定或观察植株形态的方法,这种诊断方法作为农民经验的总结已有悠久的历史。早在战国时期,我国就有"得时之麦,穗长而茎黑……后时者,弱苗而穗苍狼,薄色而美芒"的记载。新中国成立后,陈永康总结出了水稻栽培中的"三黄三黑"施肥诊断的经验。崔继林等观察发现,水稻在田间群体长相上的整齐度与产量的关系甚为密切:水稻长相杂乱披散,是缺钾的表现;水稻生长参差不齐是缺锌的结果。刘应祥总结出诊断越冬前冬小麦缺氮与否"3个耳朵"的经验。此外,还有诸德辉等提出的"小麦叶龄指标促控法"、棉花的"红绿比"等都是对我国农业中作物长势、长相诊断优秀传统的继承和发扬。现在研究出了一种叶色诊断法,根据叶色微小的浓淡差异制成标准叶色卡进行诊断。

需要强调的是,虽然通过对植株的群体或个体长势、长相以及叶色的诊断,在一定程度上可以有限地判断作物的营养状况以达到指导施肥的目的。但是,近年来由于作物品种更新换代特别频繁,其外观的长势、长相和叶色变化很大,因此使用时应慎重。

(二)化学诊断

化学诊断(chemical analysis)是指通过化学分析测定植株体内营养元素的含量,与正常植株体内养分含量标准直接比较而做出丰缺判断的一种营养诊断方法。植株分析结果最能直接反映作物的营养状况,是判断营养丰缺与否最可靠的依据。

1. 分类

植株化学诊断的方法一般主要有两种:

(1)组织速测法(tissue test)　它是一种通过测定植物某一组织鲜样的养分含量来反映其养分丰缺状况的半定性半定量测定方法。被测定的一般是植株体内尚未被同化的养分或已同化的大分子游离养分。速测部位的选择十分重要,常选用叶柄(或叶鞘)作为测定部位,这是因为叶柄(或叶鞘)养分变化幅度常比叶身大,对养分丰缺反应更敏感。加之,叶柄(叶鞘)含叶绿素少,对比色干扰也小。这一方法由于具有操作快速、简便、使用仪器简单、易携带(速测箱)等特点,常用于田间现场诊断。如有正常植株为对照,对元素含量水平可做出大致的判断。但由于组织速测以元素的特异反应(呈色反应快速)为基础,而且要符合简便快捷等要求,所以不是所有元素都能应用,目前仅限于氮、磷、钾等有限的几种元素。同时由于分析条件不易标准化,拟定临界指标时的条件常有出入,所以精度较差,适于一年生作物诊断。

(2)全量分析法(total analysis)　它是以叶片(或全株)的常规(全量)分析结果为依据,通过被测植株与正常植株的全量养分指标比较来判断营养元素丰缺的一种方法。目前该方法已广泛应用于果树等植物的营养管理,并获得良好效果。在大田作物上虽然也有应用,但没有果树普遍。

2. 取样原则

在进行植株化学诊断时,取样是至关重要的环节。取样部位、取样时期及取样数量都会影响诊断结果的准确性。

(1)取样部位　选择取样部位的基本原则是所选部位取样方便和最能反映养分的丰缺程度的组织或器官,即指示器官。一般将器官中对某种元素的含量变异最大,而且变异与产量的大小相关性最大者作为指示器官。1970年苏联的一位学者提出,用施肥植株与未施肥植株每一器官中元素的百分含量的差数对其误差的比值 t 作为选择指示器官的一种方法:

$$t = \frac{k_2 - k_1}{\sqrt{SE_1 + SE_2}}$$

式中：k_1、k_2分别为不施肥及施肥器官中某元素的含量；SE_1、SE_2分别为它们的取样差数标准差；t为两者比值，t值越高的器官，指示性越强，大多数植物的各器官中，叶片的t值较高，所以植株养分含量测定大都采用叶片作为取样器官。

适于诊断分析的叶片是进入生理成熟的新叶。生理年龄幼嫩的，组织尚未充实，养分含量变化大；老龄叶片功能趋向衰弱，养分含量可能下降而偏低。在具体决定某项诊断取样时，还需根据诊断目的来定。如对已出现缺乏症状的应急诊断，应从有典型症状植株上采取有症状叶子，同时采取生长正常植株的同一部位叶样以便进行比较；为探明潜在缺乏的诊断，要根据可能缺乏元素在植株体内移动难易决定部位，容易移动的元素如氮、磷、钾、镁采下位老叶，不易移动的元素如钙、铁、钼等应采上位新叶。

对于组织速测法来说，常选用叶柄（或叶鞘）作为测定部位，这是因为在叶片养分含量不足时它低于叶片，而在叶片养分含量充足时它高于叶片，也就是说它比叶片反应更快。另外，还由于叶柄中叶绿素含量低，对比色测定干扰少。

（2）取样时期　适宜的取样时期是体内养分浓度与产量关系密切相关的时期。通常作物在营养生长与生殖生长的过渡时期对养分需求最多，如果这时土壤养分供应不足，最易出现供不应求而发生缺乏症，此时的植株养分含量与产量水平相关性也常常最高，是取样的最适时期。例如，果树的适宜取样期为当年新梢成熟或结果初期；禾谷类作物为孕穗前后，水稻为幼穗分化期，玉米为吐丝期等。但具体做出决定时，同样要考虑诊断的目的和要求。在作物已发生缺乏症时，则应立即采样，若延期采样，作物处于营养异常情况下，时间一长会引起其他养分的变化，可能导致错误结论。就一天中的时间看，由于作物体内养分因时间不同而有变化，一般认为以晴天上午8时至下午3时为适宜采样时间。这段时间内作物生理活动趋于活跃，根系养分吸收和叶子光合作用强度也趋于平衡，植株养分浓度相对稳定、变化较小。不过微量元素的这种变化甚微，关系不大。

（3）取样数量　取样数量要有充分代表性。通常生长较均匀的可少些，反之则多，木本果树应比一年生作物多些。大多数大田作物应包含20～30个单株，一些果树如苹果、梨、桃等应在50个单株以上。

部分农作物和果树的诊断采样部位、时间和数量见表6-7，可供参考。

表6-7　部分农作物和果树的建议取样法

农作物和果树	取样部位	取样时期	取样量
玉米	全部地上部分	幼苗期	20～30株
	心叶下完全长成叶	抽雄期	15～25片叶
	果穗节完全长成叶	抽雄至吐丝	15～25片叶
小麦、水稻	全部地上部	幼苗期	50～100株
	功能叶	抽穗期	50～100株
棉花	主茎最嫩的展开叶或叶柄	初花前后或显蕾前	30～40片叶
露地番茄	主茎从上往下第3、4片叶片或叶柄	开花初或开花前	20～25片叶

续表 6-7

农作物和果树	取样部位	取样时期	取样量
瓜类(西瓜、黄瓜、甜瓜)	主茎靠近茎部成长叶	着果前	20～30 片叶
苹果、梨	树冠外围中部新梢的中位叶(带叶柄)	盛花后 8～12 周或结果树新梢顶芽形成后 2～4 周	50～100 片叶
桃	同苹果	盛花后 12～14 周	50～100 片叶
葡萄	果穗附近叶子的叶柄	盛花后 4～8 周末花期	80～100 个叶柄
柑橘	春梢营养枝从上往下第 3 片叶(带叶柄)	叶龄 4～7 个月的	25～50 株树上取 100～200 片叶
草莓	完全展开的最嫩成长叶	花期高峰后 5 周	50～100 片叶

引自:黄德明,作物营养和科学施肥,1993。

3.方法步骤

植株化学诊断的方法步骤一般包括样品的采集和预处理、样品的分析测定及分析结果的解释等过程。

(三)施肥诊断

施肥诊断(diagnosis of fertilizer exploration)是以施肥方式给予某种或几种元素以探知作物缺乏某种元素的诊断方法。它可直接观察作物对被怀疑元素的反应,结果最为可靠,也用于诊断结果的检验。主要包括根外施肥法和土壤施肥法等。

1.根外施肥诊断

采用叶面喷、涂、切口浸渍、枝干注射等办法,提供某种被怀疑缺乏的元素让植物吸收,观察其反应,根据症状是否得到改善等做出判断。这类方法主要用于微量元素缺乏症的应急诊断。

技术上应注意,所用的肥料或试剂应该是水溶、速效的,浓度一般不超过 0.5%,对于铜、锌等毒性较大的元素有时还需掺加与元素盐类同浓度的生石灰做预防,作为处理用的叶片以新嫩的为好。

2.土壤施肥诊断

根据对作物形态症状的初步判断,设置被怀疑的一种或几种主要导致症状形成的元素肥料做处理,把肥料施于作物根际土壤,以不施为对照,观察作物反应做出判断。除易被土壤固定而不易见效的元素如铁之外,大部分元素都适用,注意所用肥料必须是水溶速效的,并兑水近根浇施,以促其尽快吸收。

如为探测土壤可能缺乏某种或几种元素,可采用抽减试验法。即在完全肥料试验方案基础上,根据需要检测的元素,设置不加(即抽减)待检元素的处理,如果同时检验几种元素时,则设置相应数量的处理,每一处理抽减一种元素,另外加设一个不施任何肥料的空白处理。例如,为验证或预测土壤钾素供应状况,可以设置如下 3 个处理:①完全肥料(施 N,P,K);②不施钾(施 N,P)区;③不施肥(空白)区。结果以不施某元素处理与施完全肥料处理比较,减产达显著水准,表明缺乏,减产程度可说明缺乏程度。

土壤营养元素的监测试验广义地说也是施肥诊断的一种。对一个地区土壤的某些元素的动态变迁,通过选择代表性土壤,设置相应的处理进行长期定点来监测,以便拟定相应的施肥措施。

施肥诊断的结果是作物生长因素的综合反应,比其他诊断方法更可靠,是检验其他各种诊断手段所得结果的基本方法,缺点是需要一定的时间。

(四)酶学诊断

酶学诊断(enzymology diagnosis)是利用作物体内酶活性或数量变化来判断作物营养丰缺的方法。植物必需营养元素中不少是酶的组成成分或活化剂(表 6-8),当缺乏某种元素时,与该元素有关的酶活性或数量就发生变化。

表 6-8 有关营养元素酶学诊断常用的酶类

营养元素	酶	酶的功能
N,Mo	硝酸还原酶	$NAD(P)H + H^+ + NO_3^- \rightarrow NAD(P)^+ + NO_2^- + H_2O$
P	磷酸酯酶	催化磷酸酯水解
K,Mg	丙酮酸激酶	丙酮酸 $+ ATP \rightarrow PEP + ADP$
Fe	过氧化氢酶	$2H_2O_2 \rightarrow 2H_2O + O_2$
	过氧化物酶	$H_2O_2 + AH_2(底物) \rightarrow 2H_2O + A$
Cu	多酚氧化酶	$2R(OH)_2 + O_2 \rightarrow 2R(O_2) + 2H_2O$
	抗坏血酸氧化酶	2 抗坏血酸 $+ O_2 \rightarrow 2$ 脱氢抗坏血酸 $+ 2H_2O$
Zn	碳酸酐酶	$CO_2 + H_2O \rightarrow HCO_3^- + H^+$

酶学诊断具有以下优点:①灵敏度高,有些元素在植株体内含量极微(如 Mo),常规测定比较困难,而酶测法则能解决这一问题;②酶促反应与元素含量相关性好,如碳酸酐酶,它的活性与含锌量曲线几乎是一致的;③酶促反应的变化远远早于形态的变异,这一点尤其有利于早期诊断或潜在性缺乏的诊断。如水稻缺锌时,播后 15 d,不同处理叶片含锌量无显著差异,而核糖核酸酶活性已达极显著差异;④酶测法还可应用于元素过量中毒的诊断,且表现出同样的特点。据周易勇等的研究表明,当土壤中铬的含量在 50 mg·kg^{-1} 以下时,对萝卜的产量、品质及体内铬积累看不出显著变化,而超氧化物歧化酶、过氧化氢酶、过氧化物酶已有显著变化。所以说它是一种有发展前途的诊断法。

但酶测法也有一定缺点:一是测定值不稳定;二是不少酶的测定方法较繁琐;三是有关测试技术还不十分完善。所以该法还没有被广泛应用,目前还处在研究阶段。

(五)遥感诊断

遥感诊断(remote sensing diagnosis)就是利用现代遥感技术通过检测作物冠层的光反射和光吸收性质来检测作物营养状况的一种最先进的诊断技术。目前在作物氮素营养状况诊断上研究较多,但在磷、钾及中微量元素上才刚刚起步。它是光谱营养诊断的一种,属于无损测试技术,可以在不破坏植物组织结构的基础上利用遥感手段对作物的生长营养状况进行监测。这种方法可以客观、迅速、大范围地对田间作物营养状况进行监测,为合理施肥提供信息决策,具有常规方法无可比拟的优越性。可以说遥感技术的迅速发展为营养诊断提供了另一种选择。

这一方法的主要原理是,地物漫反射光谱包含着反射物结构和组成的丰富信息,农作物和自然界存在的各种物体一样,随时随地都在发射不同波长的电磁波,并对外界照射来的人工和自然电磁辐射发生一定的吸收和反射。不同作物的内部结构和表面特征不同,对不同波长电磁波的吸收和反射也不同,这种对不同波段光谱的响应特性,就构成了作物的光谱特性。它是植物光谱诊断的基础,植物叶子中生物化学成分含量的变化在光谱维方向上表现在其吸收波形的变化,植物光谱的导数实质上反映了植物内部物质(叶绿素及其他生物化学成分)的吸收波形的变化,因而可通过植物的光谱特性监测植物的营养状况。植物缺乏营养元素不仅会严重影响其生长速度和产量,而且还能引起植物体内相关生化成分的变化,外观表现在叶片、叶色、形态、结构及其他各种不同的缺素症状。客观上,作物的长势、冠层结构、叶片颜色和厚度及微观上叶片色素和水分等某些生化组分的含量等发生不同的变化,都会引起某些波长处的光谱反射和吸收产生差异,从而产生不同的光谱反射率,在非成像光谱上表现出反射率不同的波形曲线,在成像光谱上表现出图像亮度、饱和度等色阶的差别,然后利用光谱上产生显著差异的敏感光谱或关键波段建立估测模型,反演作物体内生化成分含量。

作物养分状况的动态监测对于正确评价作物生长环境与受胁状况、诊断作物营养状况具有十分重要的意义,因而作物养分田间快速诊断技术以及施肥技术体系的建立成为农业领域研究的热点。传统的检测作物营养状况的方法步骤多为田间取样、室内分析,所选样点易受主观因素影响,且不能实现大面积的连续监测,因而难以实现精确的管理。近年来,随着定量遥感技术的进步,使无破坏、大面积、快速获取农田养分信息成为可能。国内外学者已开展了大量的高光谱分析技术监测植株营养水平的研究,如通过统计学方法提取植株含氮量与光谱反射率或其衍生量的关系,以及估算模型的建立等,用于指导调优栽培。随着遥感技术的不断发展和提高,这一诊断方法必将在精准农业中发挥出独特的作用。

(六)其他诊断方法

1. 离子选择性电极诊断(ion selected electrode diagnosis)

这种方法所采用的仪器是以电势法测量溶液中某一特定离子活度的指示电极。它同 pH 玻璃电极一样,是一种直接测量分析组分的新工具。我国目前使用的有钠、钾、铵、钙、硝酸根、氯等离子选择性电极。它的优点是简便快速、不受有色溶液的干扰、测定范围大、黏度高、被测离子和干扰离子一般不需要分离。但由于部分离子的测定方法还不够成熟,有的电极易损坏或价格过高等原因,目前尚未得到广泛应用。

2. 电子探针诊断(diagnosis of electroprobe microanalyser)

电子探针是一种新型电子扫描显微装置,具有面扫描、线扫描或点分析功能。用于元素微区分析如确定元素种类、含量、分布,能取得分析样本的组织结构与元素间的原位关系,可用以判断作物营养状况。电子探针诊断分析灵敏度极高,检出限量为 $10^{-18} \sim 10^{-15}$ g,在作物营养诊断中用来解决一般化学分析无法解决的问题。如元素的定位问题,研究元素缺乏或过剩以及病理病引起的病斑组织的元素分布特征,可为区分生理病和病理病以及元素的缺乏或过剩提供依据。吉川年彦(日)对元素缺乏、过剩和病理病三类病斑进行探针分析,发现由各种元素缺乏引起的病斑大多表现 K^+ 含量下降,多数病理病斑有 Cl^- 减少现象;而 Mn^{2+} 过剩病斑部位或其周围 Mn^{2+} 显著增多等。

3. 显微结构诊断(diagnosis of microstructure)

借助显微技术观察作物解剖结构的变化,用以判断作物营养状况的方法。营养元素失调所引起的形态症状,必然与其内部细胞的显微解剖结构紧密联系。如作物缺钾,在茎秆节间横切面可见形成层减少,木质部厚壁细胞明显变薄,导致机械强度差,是缺钾容易倒伏的内在原因。缺钾植物叶片表皮角质层发育不良,电镜显示纹理不清,是缺钾植株某些抗逆性(如抗病虫害性差,易失水等)差的形态学原因。作物缺铜的典型显微结构变化为细胞壁的木质化程度削弱,细胞壁变薄而非木质化,从而使幼叶畸形,嫩茎及嫩枝扭曲,故木质化程度可作为缺铜的指标。作物缺硼,分生组织退化,形成层和薄壁细胞分裂不正常,木质部和韧皮部的形成过程受阻,输导组织坏死,维管束不发达,薄壁细胞异常增殖、破裂、排列混乱;叶绿体和线粒体形成数量减少,内部结构改变;花丝细胞伸长、排列不齐,细胞间隙加大,花药内圈气孔少,花粉壁不易消失,特别是绒毡层延迟消失而膨大,花粉粒不充实,或者下陷、空瘪等。这些与缺硼植株的生长点死亡,叶片褪色、变厚,枝条、叶柄变粗,环带突起以及繁殖器官受损等外部症状一致。由于显微结构诊断所采用的光镜观察技术,步骤烦琐,耗时太多;电镜观察要求设备昂贵,故应用不多,一般只作为诊断的一种辅助方法。

4.叶绿素仪诊断技术

叶绿素仪诊断技术(SPAD 值法)就是利用手持叶绿素仪通过测定植物叶片叶绿素含量来进行氮素营养诊断的一种新技术。

叶绿素仪(chlorophyll meter)是近年来欧美一些国家在推荐施氮中开始使用的一种新型便携式仪器。这种仪器以叶绿素对红光和近红外光的不同吸收特性为原理来测定植物叶片的相对叶绿素含量,通过叶绿素与叶片全氮的关系来反映作物的氮营养状况,进而确定作物是否缺氮。这种新型仪器的使用为简便、快速、准确地进行氮肥推荐提供了一种新的思路。因此,通过研究不同作物,在不同种植条件下叶绿素仪测定值与作物叶片全氮、作物产量之间的相关性,确定叶绿素仪测定值的临界水平,以及不同作物的测定部位、样品采集数量及影响测定准确性的因素,使这种技术尽快地应用于田间生产,有助于推动我国施氮技术的进步。

5.叶绿素荧光分析技术

叶绿素荧光分析技术就是利用叶绿素荧光参数光化学效率与叶片含氮量之间的显著相关性,来分析诊断植物氮素营养状况的一种新技术。它的原理在于植物体内发出的叶绿素荧光信号包含十分丰富的生物信息,极易随外界环境条件而发生变化,如受到氮素胁迫的小麦幼苗,其光学效率比正常供氮水平明显降低;沙田柚叶的叶绿素荧光参数光化学效率与叶片氮含量呈极显著的正相关等,因此,可以作为快速、灵敏和无损伤的探测和诊断作物氮素营养状况的一种方法。

第三节　营养诊断指标的建立

一、土壤营养诊断指标的建立

(一)相对产量法

1.方法原理

相对产量是指不施某种养分的产量占施足该养分产量(最高产量)的百分比,其计算公式为:

$$相对产量 = \frac{不施某养分的平均产量}{施足该养分的平均产量} \times 100\%$$

该法是由美国 Bray 于 1945 年提出的,其目的是消除待测元素以外的其他因素对产量的影响。

用相对产量法对土壤肥力进行分级,必须做大量的田间试验。一般要求试验点数需在20个以上,试验点之间的土壤肥力应有足够大的差别。得到一系列土壤养分测定值及其相对应的相对产量后,可对二者进行回归分析,配置养分效应方程式,再用效应方程式计算一定相对产量时的理论土壤养分值,即可得土壤养分丰缺指标。

相对产量法中的分级标准没有严格的规定,不同研究者采用的分级标准也有所不同。如美国的 Adums 提出:小于50%为极低,50%～74%为低,75%～99%为中,100%为高;联合国粮农组织建议的分级标准为:小于80%为低,80%～100%为中,大于100%为高;西北农林科技大学提出的分级标准为:小于50%为极低,50%～70%为低,71%～95%为中,大于95%为高。由此可见,分级标准与生产目的、生产水平及经济状况有关。分级数也并非只限于以上3级或4级,有分成6级的。但一般来说划分为3、4级就可以了,因为农作物生育期受气候因素的影响,产生的年度间产量的变动幅度足以掩盖过细的肥力级差,故过细的分级指标是不必要的。

2.方法步骤

如果同时进行土壤 N、P、K 养分丰缺指标的制定,可安排下列 4 个处理:NPK、NPK_0、NP_0K、N_0PK,其中 N_0、P_0、K_0 为不施 N,P,K 处理,NPK 为氮、磷、钾的最适宜用量处理,其量可满足最高产量要求。当制定一种养分的丰缺指标时,仅需设不施及施足该养分两个处理即可。在不同肥力的多个田块进行试验,试验前采土样,分析各田块土壤有效 N、P 及 K 的含量。试验按小区实收计算各处理产量后,用下式计算相对产量:

$$N \text{ 的相对产量} = (N_0PK/NPK) \times 100\%$$

$$P \text{ 的相对产量} = (NP_0K/NPK) \times 100\%$$

$$K \text{ 的相对产量} = (NPK_0/NPK) \times 100\%$$

通过回归分析,求出土壤各种养分及其对应的相对产量的养分效应函数 $y\% = f(x)$。在绝大多数情况下,回归曲线呈对数或指数型,符合"米氏曲线"。然后便可求出当 y 为 50、70 及 95 时的 x 值,即得出各种土壤养分的丰缺指标。

20 世纪 80 年代以来,我国土肥工作者进行了大量的土壤有效养分丰缺指标的研究,取得了丰富的资料(表 6-9)。

表 6-9　陕西关中西部灌区小麦有效氮、磷丰缺指标

肥力划级	相对产量/%	碱解氮/(mg·kg^{-1})	有效磷(P_2O_5)/(mg·kg^{-1})
极低	<50	<38	<10
低	50～70	38～47	10～20
中	71～95	47～57	20～40
高	>95	>57	>40

(二)临界值法

临界值法也称之为临界点法(critical value)。土壤有效养分的临界值是指土壤有效养分与作物对肥料反应之间的一个特定值,凡土壤有效养分低于这个特定值,施肥就会得到满意的经济效益;高于这个特定值时,施肥的经济效益较小或没有经济效益。目前,一般多用相对产量来划分临界点。常把相对产量为90%、95%或99%时所对应的土壤有效养分测定值称为养分的临界值,也有人把相对产量为 85%～90% 时对应的养分,称为临界值。

该法一般用于微量元素养分的诊断,因为微量元素肥料用量很小,除划分应施用与不应施用外,并不需要再划分施用量等级。但目前也有把该法用于指导磷、钾肥的施用。

应用本法时也必须进行相关研究和校验研究。在提取方法确定之后,仍然要进行 20 个点以上的多点田间试验,然后对土壤养分测定结果与作物反应(产量、增产量或相对产量等)进行分析,制定养分的临界值。

具体的制定方法可以采用十字交叉法或回归分析法。

(1)十字交叉法　本法由 Cate 和 Nelson 于 1964 年提出,采用作图法求养分临界值。具体做法为,以土壤有效养分含量为横坐标,作物的反应(可以是不施肥产量,也可以是相对产量)为纵坐标绘图,然后用目测法划出十字交叉线,使绝大部分点落在十字交叉线的左下和右上两个对角的象限(即第 II 和第 IV 象限)中,此时十字线的纵线与横坐标的交点即为该养分的有效含量的临界点。凡测定值小于此点的土壤,对指定的作物必须施用试验所涉及的养分;凡测定值大于临界点的土壤可不必施用。

(2)回归分析法　首先对土壤有效养分的测定值(x)和作物的相对产量($y\%$)进行回归分析,求出二者间的回归方程 $y\% = f(x)$,经检验,若方程成立,则可通过方程求 y 为 90%,95%,99% 时的 x 值,即可得到土壤养分的临界值。

二、植物营养诊断指标的建立

(一)临界浓度法

所谓植株养分的临界浓度(critical level)是指当植株体内养分低于某浓度,作物的产量(或生长量)显著下降或出现缺乏症状时的浓度,有人也称这一浓度叫临界值(水平)等。

临界浓度的确定一般要进行田间试验和植株分析,并将两者的关系有机地结合在一起,Smith 与 Uirich 提出图解(图 6-3),把最高产量减少 5%～10% 时的养分含量作为临界浓度,把在最高产量的养分含量作为最适浓度,因此,最适浓度以后的养分含量的提高就是奢侈吸收。在临界浓度以前则为缺乏区,这一区范围比较大,又可以分为缺乏区和低区,缺乏区是指产量占最高产量的 70%～80% 的养分含量区域。低区是指产量占最高产量的 80%～90% 的区域。

Chapman 对 Smith 提出的临界浓度图解做出了进一步的说明:在田间条件下可以出现图 6-3 上的各种线段,图 6-3 中所指的充足范围适于作物栽培的范围,曲线的前部表示由于作物生长所引起的稀释效应,往往

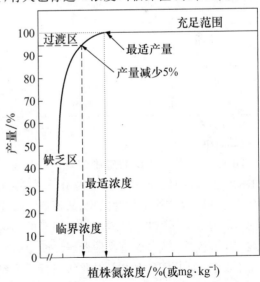

图 6-3　决定植株中养分临界浓度的图解
引自:陈伦寿,李仁岗,农田施肥原理与实践,1984。

使植株体内养分含量减少而生长量都增加或生长量增加而植株体内养分含量却变化不大,甚至在严重缺乏的情况下,养分浓度也不下降。在这种情况下,植株养分浓度都不能正确反映作

物生长状况。但在奢侈吸收区作物对养分的吸收在体内积累,生长量却下降,若再进一步积累某种养分,就会导致营养失调以致产生毒害而使生长受抑制。因此,植株体内养分最好控制在最适浓度,但是由于影响养分浓度的因素很多,多数情况下,不易做到。所以经常使养分浓度保持在充足范围内,使养分含量稍高于最适浓度,以保证有一个充足的养分供应不至于减产。

(二)标准值法

在用临界浓度法进行叶分析诊断时,发现在"不足""正常"和"过量"各个等级的测试值之间总有互相重叠交叉的现象,判断时会引起混淆。鉴于此,A. L. Kenworthy(1967)提出了标准值(standard value)的概念来评价分析结果。标准值是指生长良好,不出现任何症状时植株特定部位的养分测试值的平均值。标准值加上平均变异系数,即为诊断标准,以此为标准与其他植株测试值相比较,低于标准值的就采取措施进行施肥。这样把衡量营养水平的尺度摆在健康植株内元素的含量水平上,能更主动、更有效地预防营养失调。这种方法在果树上应用得到了很好证明,一种果树在不同的生长地域或不同的环境条件下,其养分元素的标准值表现出非常的一致性。我国学者在这方面也做了大量的研究工作,庄伊美对柑橘类果树的适宜水平进行了研究,提出了营养诊断的标准值,其结果如表 6-10 所示。

表 6-10 柑橘叶片养分元素标准(干重)

元素	温州蜜橘	福建芦柑	美国甜橙
N/%	3.0～3.5	2.7～3.3	2.2～2.6
P/%	0.15～0.18	0.12～0.15	0.12～0.16
K/%	1.0～1.6	1.0～1.8	0.7～1.1
Ca/%	2.5～5.0	2.3～2.7	3.0～5.5
Mg/%	0.3～0.6	0.25～0.38	0.26～0.6
Fe/(mg·kg^{-1})	50～120	—	60～120
Mo/(mg·kg^{-1})	4～10		0.1～3.0
Mn/(mg·kg^{-1})	25～100		25～200
Zn/(mg·kg^{-1})	25～100		25～100
B/(mg·kg^{-1})	30～100		31～100

(三)DRIS 法

DRIS 法也叫营养诊断施肥综合法(diagnosis and recommendation integrated system,简称 DRIS 法),由 Beaufils(1973)提出。它是用叶片养分诊断技术,综合考虑营养元素之间的平衡状况和影响植株生长的因素,从而确定施肥次序的一种诊断方法。该法与临界浓度法比较,受作物品种、生育期、采样部位等因子的影响较小,所以有更高的精确性。目前,该法已成功地应用在作物、林木等植物的营养诊断上。张大弟(1978)在大豆上、丘星初在水稻上、伊名济在小麦上、刘永菁在大麦上对此法进行了研究,获得了满意的结果。

1. DRIS 法的理论依据

大量的植物矿质营养研究证明,植物的生长量是叶片中各种营养元素的浓度和它们之间的平衡两个变量的函数,在不同的养分浓度下,各元素间将有复杂的比率,但是只有在最适浓度和最佳平衡条件下,才能获得最高的生长量或产量。Beaufils 根据上述理论提出用一系列养分元素比值表示植物体内养分平衡状况。当一种元素实测比值距最适比值越接近,说明养分越平衡,作物才能获得高产;反之,就越不平衡,很难获得高产。一种元素的平衡状况是以该元素与其他元素实测比值偏离最适比值程度来反映。其最适比值则来自当地高产群体叶分析元素比值的平均值。当以作物群体作为诊断对象时,只有高产群体的平均最适比值的变异程度(以标准差表示)小于低产群体,才能作为诊断标准。

2.DRIS 法的诊断步骤

(1)确定诊断标准

①通过大田或盆栽试验,获得大量的作物产量与叶片养分含量的资料,按产量高低,将叶片养分含量数据划分为高产组和低产组。

②将叶片养分分析测定结果以尽可能多的形式表达,如 N%、P%、K%、N/P、N/K、K/P、P/N、K/N、P/K、NP、NK 及 PK 等。

③分别计算高产组及低产组各养分表示形式的平均值($\overline{X}$)、标准差(SD)、变异系数[$C.V.(\%)$]及方差(S^2)。

④以低产组方差为大变量,高产组方差为小变量进行方差分析。

⑤选出方差比差异显著或极显著,且方差比较大的作为重要参数,并把高产组的这套参数的平均值、标准差及变异系数作为实际应用时的诊断标准。

现以 Sumner 在大豆上进行的氮、磷及钾的 DRIS 诊断为例说明。他收集了 1 245 套叶片养分与产量的资料,以 2 600 kg·hm^{-2} 为界限,划分高、低产两组,选用 4 类 12 项参数进行计算(表 6-11)。

表 6-11　大豆高、低产组叶片 N、P、K 参数

| 参数 | 低产组(A) | | | | 高产组(B) | | | | F 值 |
	$\overline{X}$	SD	$C.V./\%$	S_A^2	$\overline{X}$	SD	$C.V./\%$	S_B^2	(S_A^2/S_B^2)
N%	4.40	0.886	20	0.785	4.60	0.833	18	0.694	1.13
P%	0.36	0.110	31	0.119	0.35	0.076	22	0.057	2.09**
K%	1.94	0.526	27	0.276	1.97	0.350	18	0.122	2.26**
N/P	13.43	4.46	33	19.890	13.77	2.720	20	7.400	2.69**
N/K	2.60	1.37	53	1.880	2.43	0.500	21	0.250	7.52**
K/P	5.81	2.61	45	6.810	5.97	1.470	25	2.160	3.15**
P/N	0.074	0.023	31	0.001	0.072	0.015	21	0.000 2	2.26**
K/N	0.390	0.195	50	0.038	0.418	0.094	22	0.009	4.48**
P/K	0.176	0.077	44	0.006	0.168	0.044	26	0.002	3.10**
NP	1.42	0.730	52	0.533	1.60	0.750	47	0.563	0.95
NK	8.44	4.700	56	22.09	9.10	4.370	48	19.100	1.16
PK	0.16	0.360	59	0.130	0.69	0.350	51	0.123	1.06

注:①＊＊表示差异极显著;②低产组样品 879,高产组样品 366,合计 1 245。

在诸参数中以 N/P、N/K 及 K/P 等比值具有较大的方差比,且高、低产组差异达极显著水平,因而确立高产组的平均值、标准差及变异系数作为实际诊断的标准:

$$N/P \quad \overline{X}=13.77 \quad SD=2.72 \quad C.V.(\%)=20;$$

$$N/K \quad \overline{X}=2.43 \quad SD=0.50 \quad C.V.(\%)=21;$$

$$K/P \quad \overline{X}=5.97 \quad SD=1.47 \quad C.V.(\%)=25。$$

根据上述方法,我国发表了大豆、水稻、玉米、小麦等作物的 DRIS 诊断标准值(表 6-12)。

表 6-12　几种常见作物的 N、P、K 比值的诊断标准

作物	参数	高产群体平均值 (标准值)	变异系数/ %	作物	参数	高产群体平均值 (标准值)	变异系数/ %
大豆	N/P	13.77	20	玉米	N/P	10.11	33
	N/K	2.43	21		N/K	1.74	45
	K/P	5.97	25		K/P	6.52	39
小麦	N/P	12.74	22	水稻	N/P	13.6	15
	N/K	1.45	20		N/K	1.66	24
	K/P	8.80	17		K/P	9.2	25

引自:化工部化肥司,农化服务手册,1993。

(2)确定需肥次序

①图解法　诊断图由几个同心圆组成(图 6-4),圆心至内圆区是高产组叶片养分比值的平均值,即为养分平衡区,以平衡箭头(→)表示,从中心点沿任何一条坐标轴向外移动时,两养分之间的不平衡程度逐渐增大,内圆是以 $\overline{X}\pm2/3SD$ 为半径形成的,外圆是以 $\overline{X}\pm4/3SD$ 为半径形成的。因此,介于内圆与外圆之间为养分不足或偏高区,分别以倾斜箭头表示(↘或↗),外圆以外的为养分缺乏或较高区,以向上(↑)或向下(↓)的箭头表示,这样就可以排出需肥顺序。

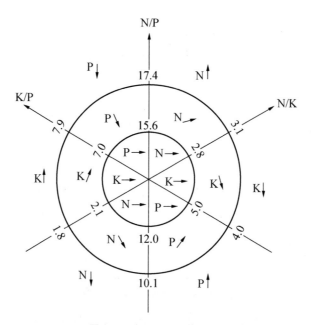

图 6-4　大豆 DRIS 诊断图

例如,大豆植株叶片测定结果为 N=5.16%,P=0.33%,K=2.14%,则 N/P=15.64,N/K=2.41,K/P=6.48。把这 3 个元素的比值与诊断图对照,可以看出:N/P 落在 N↗P↘区域,N/K 落在 N→K→区域,K/P 落在 K→P→区域。这样 N↗→P→↘K→→综合分析需肥顺序为 P>K>N。

以上介绍的是 Beaufils 的划分标准,即按 $\overline{X}\pm2/3SD$ 及 $\overline{X}\pm4/3SD$ 将养分状况分为平衡、不平衡及严重不平衡区。在实际工作中,可以借用这个标准,也可以根据试验目的及养分种类等提出自己的标准。如丘星初(1985)在营养诊断中按 $\overline{X}\pm1SD$,$\overline{X}\pm2SD$,$\overline{X}\pm3SD$,将养分供应状况划分为平衡区、稍不平衡区、不平衡区及极不平衡区。

②指数法　指数法是通过具体数字(即指数)来反映养分的平衡状况,指数数值的正负和多少说明作物的需肥强度。指数法的计算公式如下:

$$N\text{ 指数}=\frac{f(\text{N/P})+f(\text{N/K})}{2}$$

$$P\text{ 指数}=\frac{-f(\text{N/P})-f(\text{K/P})}{2}$$

$$K\text{ 指数}=\frac{f(\text{K/P})-f(\text{N/K})}{2}$$

当 N/P(实测)>N/P(标准)时,

$$f(\text{N/P})=100\left[\frac{\text{N/P(实测)}}{\text{N/P(标准)}}-1\right]\times\frac{10}{C.V.}$$

当 N/P(实测)<N/P(标准)时,

$$f(\text{N/P})=100\left[1-\frac{\text{N/P(标准)}}{\text{N/P(实测)}}\right]\times\frac{10}{C.V.}$$

$f(\text{N/K})$ 和 $f(\text{K/P})$ 也可仿照上式计算。

某一养分指数的实际含意是该养分与其他各元素的比值偏离相应标准比值的平均值。指数等于 0,表示该元素是平衡的;大于 0 说明相对充足;小于 0 说明相对不足,负值越大说明该元素越缺乏,作物越需要。

上述大豆诊断实例中,实测的 N/P=15.64,N/K=2.41,K/P=6.48,根据表 6-11 的参数标准,计算如下:

$$f(\text{N/P})=(15.64/13.77-1)\times1\,000/20=6.79$$
$$f(\text{N/K})=(1-2.43/2.41)\times1\,000/21=-0.40$$
$$f(\text{K/P})=(6.48/5.97-1)\times1\,000/25=3.42$$

所以

$$N\text{ 指数}=[6.79+(-0.40)]/2=3.20$$
$$P\text{ 指数}=(-6.79-3.42)/2=-5.11$$
$$K\text{ 指数}=[3.42-(-0.40)]/2=1.91$$

故作物需肥顺序为 P>K>N,与图解法结果一致。当诊断元素较多时,指数法的优点尤为明显。

上述这些方法有的在生产上一直沿用,有的已经不用,现讲给大家的目的是总结这些方法的优缺点,从而启发思维,创新出更新的方法。

思考题

1. 营养诊断法在科学施肥中有哪些作用?
2. 营养诊断的依据有哪些?
3. 植株和土壤的化学诊断是常用方法,也是目前的主要方法,怎样才能诊断准确?
4. 比较植株营养诊断各方法的优缺点。
5. 临界浓度法和临界值法的区别是什么?
6. DRIS 营养诊断法的原理和方法步骤是什么?
7. 比较土壤营养诊断和植株营养诊断法的优缺点。
8. 营养诊断施肥法的发展方向是什么?

第三篇

施肥技术

第七章 施肥技术的组成要素

本章提要：主要介绍施肥技术的概念，组成施肥技术要素的施肥量、施肥时期的确定，以及施肥方式进展等。

施肥技术（technique of fertilization）是将肥料施入各种栽培基质或直接施于作物的一种手段，其组成要素包括施肥量及其养分配比、施肥时期、施肥方式和采用适当的机具等。现代施肥技术与传统施肥技术相比已发生了根本性的变化。传统施肥技术以经验为基础，通过看天、看地、看作物、看肥料4个方面确定施肥量等各项参数，而现代施肥技术则充分应用现代科学知识，如作物的营养特性、土壤的供肥能力、肥料的性质及植物-土壤-肥料的相互作用等，在土壤肥力测试结果和田间肥效试验的基础上，确定各项施肥参数。传统的施肥技术是以手工撒施、表面施用为特点，而现代的施肥技术是以与现代作物栽培技术相结合，采用先进的施肥手段，如机械施肥、灌溉施肥、飞机施肥等，提高施肥效率、减少肥料损失及对环境的影响，谋求施肥的最大经济效益为特点。

第一节 施肥量和施肥时期

一、施肥量

施肥量是构成施肥技术的核心要素，确定经济合理施肥量是科学施肥的中心问题。施肥量不仅受土壤、作物、气候、栽培条件等多种肥效影响因素的制约，也受到肥料价格、产品价格、产量目标等经济因素及施肥方式等技术因素的影响。估算施肥量的方法很多，诸如养分平衡施肥法、肥料效应函数法、土壤肥力指标法等。

合理的施肥量能够达到增产、增效、改善品质和环保的作用。施肥量少，不能充分发挥单位土地面积的增产潜力，施肥效益也不能充分表达；而施肥量过高，又会对作物产生有害作用，并引发环境问题。

迟继胜（2007）等研究施肥量对玉米产量和肥料利用率的影响时发现，在草甸土玉米田施用不同量氮肥、磷肥、钾肥，在试验用肥量范围内玉米的产量随着施肥量的增加逐渐增加，但肥料的利用率却逐渐下降。回归分析显示施肥量与玉米产量和肥料利用率间呈极显著的线性或抛物线性相关关系，肥料增量与增产率间均呈极显著的抛物线相关关系。

杨俊兴等（2007）研究表明，烟叶叶绿素、可溶性蛋白含量和采收天数随施肥水平的升高而增大，随着成熟度的递进而降低；叶面积、产值量随施肥水平的升高和成熟度的递增先升高后降低；产值量和化学成分分析发现，同部位烟叶以适量肥处理为最好，其次为过量肥处理和欠肥处理。

二、施肥时期

在制订施肥计划时，当一种作物的施肥量确定后，下一个需要考虑的是肥料应该在什么时期施用和各时期应该分配多少肥料的问题。对于大多数一年生或多年生作物来说，施肥时期

(fertilization stage)一般分基肥、种肥、追肥 3 种。各时期所施用的肥料均有其独有的作用,但又不是孤立地起作用,而是相互影响的。对同一作物,通过不同时期施用的肥料间互相影响与配合,促进肥效的充分发挥。

(一)基肥

基肥(basal fertilizer),习惯上又称为底肥,它是指在播种(或定植)前结合土壤耕作施入的肥料。而对多年生作物,一般把秋、冬季施入的肥料称作基肥。施用基肥的目的是培肥和改良土壤,同时为作物生长创造良好的土壤养分条件,通过源源不断供给养分来满足植物营养连续性的需求,为发挥作物的增产潜力提供条件。因此,基肥的作用是双重的。

基肥的施用要遵循以下原则:数量要大;养分要完全;肥效要持久;肥土、肥苗、土肥相融;要有一定深度,防止损失。基肥从选用的肥料种类来看,习惯上将有机肥做基肥施用。现代施肥技术中,化肥用作基肥日益普遍。化肥中磷肥和大部分钾肥主要做基肥施用,对旱作地区和生长期短的作物,也可把较多氮肥用作基肥。目前,一般把有机肥和氮、磷、钾化肥同时施入,甚至包括必要的中量元素和微量元素肥料配合施入。缓控释肥料也是适宜做基肥的肥料。

基肥的施用量一般是某种作物全生长期施肥量的大部分。但它的用量和分配比例还应考虑其他条件,如为了达到培肥和改良土壤,基肥(有机肥为主)用量可大一些。作物生长期短而生长前期气温低且要求早发的作物及总施肥量大时,基肥(化肥为主)的比例应大一些;在灌溉区基肥的用量一般可较非灌溉区少一些,以充分发挥追肥的肥效(特别是氮肥)。当然,随着控释肥的发展,为了节省劳力和费用,可以把肥料重点放在基肥上,生育期越长,密度越大,基肥(有机与无机结合)的比例则越大。

湖北省丹江口市十堰农校对无公害蔬菜生产施用基肥的建议(2006)是:基肥应以有机肥为主,混拌入适量的化肥。基肥施用量应占作物总施肥量的 70%以上。其中植物残体肥或土杂肥等有机肥和矿质磷肥、草木灰全作为基肥。其他肥料可部分做基肥,其中氮素肥料中70%做基肥,30%做追肥,磷应全部做基肥。韩燕来研究表明,在超高产麦田基肥中的氮肥40%~50%做基肥,60%~50%做追肥,使用缓控释肥料可以一次性做基肥。

晏吉权认为,各地的生产实践表明,大豆施用基肥的增产效果为 10%~25%,特别在低产地块中施足基肥,大豆可大幅度增产。有机肥配合磷肥做基肥施用,效果显著。根据土壤翻耕和整地的方法不同,施用基肥的方法也不同,一般可分为耕地施肥、耙地施肥和条施 3 种。

张乐森(2007)研究表明,果园秋施基肥具有以下好处:有利于肥效发挥、蓄养越冬、花芽分化、减少虫害和土壤改良。秋施基肥应以含有机质较多的迟效农家肥为主,施用方法可采用环状施肥、放射状施肥和全园施肥。秋施基肥宜早不宜迟,以秋天果实采收后至落叶前为好。具体时间应因果树的种类不同而有差别:一般苹果、梨树等以 9 月下旬施入为好;桃树、葡萄等可于 10 月份开始至封冻前完成即可。

(二)种肥

种肥(seed fertilizer)也叫口肥,是播种(或定植)时施于种子(或幼株)附近,或与种子混播,或与幼株混施的肥料。其目的是为种子萌发和幼苗生长创造良好的营养条件和环境条件。因此,种肥的作用一方面表现在供给幼苗养分特别是满足植株营养临界期时养分的需要;另一方面腐熟的有机肥料做种肥还有改善种子床和苗床物理性状的作用,有利于种子发芽、出苗和幼苗生长。总之,种肥能够使作物幼苗期健壮生长,为后期的良好生长发育奠定基础。种肥的肥效发挥是有条件的。一般在施肥水平较低、基肥不足而且有机肥料腐熟程度较差的情况下,施用种肥的效果较好。土壤贫瘠和作物苗期因低温、潮湿、养分转化慢,幼根吸收力弱,不能满足作物对养分需要时,施用种肥一般也有较显著的增产效果。一些作物(如油菜、烟草等)种子体积小,储存养分少,种子出苗后很快由种子营养转为土壤营养,施用种肥效果也较好。在盐碱地上,施用腐熟有机肥料做种肥还可起到防盐、保苗的作用。

施用种肥时按照速效为主,数量和品种要按照严格的原则进行。因此,用作种肥的肥料以腐熟的有机肥或速效性化肥(readily available fertilizer)为宜。选用化肥要注意肥料酸碱度要适宜,应对种子发芽无毒害作用。常用肥料中碳酸氢铵、硝酸铵、氯化铵、尿素、含游离酸较高的过磷酸钙、氯化钾等不宜做种肥。倘若做种肥时,要做到肥种不接触。对于微量元素肥料一般都可以用作种肥,但硼肥与种子直接接触,对种子萌发和幼苗生长有抑制作用,应引起注意。缓控释肥料具有施用安全的特点,是做种肥的理想品种。

种肥用量不宜过大,而且要注意施用方法,否则会影响种子发芽和出苗。具体用量根据作物、土壤、气候、肥料种类等差异而不同。一般土壤做种肥施用时,以尿素 $35\sim70$ kg·hm^{-2},过磷酸钙 $100\sim150$ kg·hm^{-2},磷酸二铵 $150\sim255$ kg·hm^{-2} 为好。刘慧森研究认为,夏玉米种肥一般施用硫酸铵 75 kg·hm^{-2} 左右、硫酸钾或氯化钾 $75\sim105$ kg·hm^{-2}、过磷酸钙 $120\sim225$ kg·hm^{-2}。种肥施用方法包括条施和穴施、拌种、浸种和蘸秧根等。

孙昌凤(2005)研究表明,玉米种子用 $0.05\%\sim0.1\%$ 肥料溶液浸种 12 h,有利于提高发芽势和发芽率;提高玉米幼苗鲜重和干重;提高玉米苗长和根长;提高幼苗根的吸收能力,为苗期生长整齐健壮打下良好的基础。在 $0.5\%\sim5.0\%$ 浓度范围,对种子萌发有抑制作用,抑制种子发芽;幼苗的鲜重、干重、苗长、根长都受到影响。用 Mn、Cu、Zn、Ni 和 Mo 微量元素配成的营养液处理玉米种子后,可提高玉米种子的萌芽能力,保证苗期幼苗的质量,对幼苗的生长有一定的促进作用,同时提高了玉米幼苗芽与根的呼吸速率。

张少民等(2020)研究表明,与磷肥作基肥、生育期滴施尿素的传统方法(对照)相比,重过磷酸钙(P_2O_5)34.5 kg·hm^{-2} 和硫酸铵(N)7.5 kg·hm^{-2} 作种肥条施可促进棉花苗期的根系在施肥区($10\sim20$ cm)增生,根长密度和根表面积分别比对照增加了 114.3% 和 93.7%;同时,硫酸铵诱导根际土壤 pH 降低了 0.41 个单位,促进棉花苗期磷吸收和生长。

(三)追肥

在作物生长发育期间施用的肥料称作追肥(top dressing)。其目的是满足作物在生长发育过程中对养分的需求。通过追肥的施用,保证了作物生长发育过程中对养分的阶段性特殊需求,对产量和品质的形成是有利的。不同的作物追肥的时间是不同的,它要受土壤供肥情况、作物需肥特性和气候条件等影响。就作物需肥特性而言,作物不同生育时期生长发育的中心是不同的,因此表现出营养的阶段性。在不同营养阶段追施的肥料其作用不同,如冬小麦有分蘖肥、拔节肥、穗肥等,分别起到促进分蘖、成穗和增加粒重的作用。

追肥的施用原则是:肥效要迅速、水肥要结合、根部施与叶面施相结合、在需肥最关键时期施用。追肥应选用速效性化肥和腐熟的有机肥料,对氮肥来说,应尽量用化学性质稳定的硫酸铵、硝酸铵、尿素等做追肥。磷肥和钾肥原则上通过基肥和种肥的办法去补充,在一些高产田也可以拿一部分在作物生长的关键期追施。对微肥来说,根据不同地区和不同作物在各营养阶段的丰缺状况来确定追肥与否。

追肥在总施肥量中所占的比例受许多条件影响。生育期长的作物追肥比例要大一些;反之则小一些;有灌溉条件和降雨量充足的地区追肥比例要大一些,降雨量少的旱作区可不用追肥;豆科作物一次土壤大量施用氮肥会抑制根瘤菌的固氮作用,分次施用特别是生育期地上部喷施是非常有效的。现代施肥技术中有一个重要趋势,即增加基肥所施肥料的比例,减少追肥次数而只用于关键时期,以减少施肥用工,提高肥效。

在基肥和种肥施用的前提下,通过土壤营养诊断和植株营养诊断确定追肥是比较科学和可行的方法。特别是近年来采用叶绿素仪氮素营养诊断和冠层光谱氮营养诊断技术进行作物追肥氮施用的推荐,具有快速、精准的特点。

陈伦寿(2008)对不同作物最佳追肥期的施肥建议为:玉米一般可在拔节前后追施第 1 次肥,追施 150 kg·hm^{-2} 尿素,在抽雄前 7～10 d,应追施第 2 次肥,可再追施 300 kg·hm^{-2} 尿素;水稻一般可在插秧后 7～10 d,追施尿素 150 kg·hm^{-2},抽穗时再追施尿素 225～300 kg·hm^{-2};高粱应于拔节时第 1 次追肥,追施尿素 120～180 kg·hm^{-2},在孕穗挑旗期再第 2 次追肥,追施尿素 150 kg·hm^{-2};花生在植株出现两对侧枝时,应及时追施 1 次氮肥,追施尿素 75～150 kg·hm^{-2},花生开花后结合培土,喷施多元微肥,有利于减少空果率,提高花生产量;大豆通常在初花期追施 1 次氮肥,可追施尿素 120～180 kg·hm^{-2},在大豆结荚期,可进行 1 次根外追肥,即叶面喷施多元微肥;甜菜可在生育前期,追施尿素 150 kg·hm^{-2} 左右;马铃薯一般可在开花期以前进行追肥,早熟品种则在苗期追肥为宜,中晚熟品种以现蕾前追施较好,追施尿素 150 kg·hm^{-2} 和硫酸钾 75～150 kg·hm^{-2}。

冯小鹿(2008)对果树的追肥建议是全年四次追肥法:一追花前肥。果树萌芽开花要消耗大量养分,这时如果养分供应不上,就会导致花期延长,坐果率降低,因此要适量追施速效肥料;二追花后肥。这次追肥要在落花后立即进行,以减少生理落果,促进新梢生长,扩大叶片面积。第 1 次和第 2 次追肥要紧密结合,以施速效氮肥为主,成龄树每株施腐熟的人粪尿 100 kg 或尿素 1 kg;三追果实膨大和花芽分化肥。果实膨大和花芽分化期,这时果实迅速膨大,花芽开始分化,生殖生长和营养生长矛盾尖锐,及时追施适量的氮、磷、钾肥料,可提高叶片的光合效果,促进养分积累,满足果实膨大和花芽分化对营养的需求。四追停止生长期肥。在秋梢停止生长期追肥,主要作用是提高叶片光合功能,增加树体养分后期积累,促进花芽继续分化和充实饱满。第 3 次和第 4 次追肥,成龄树每株施人粪尿 50 kg、过磷酸钙 1 kg、硫酸钾 0.5 kg。第 4 次施肥时间:早熟、中熟品种可在采收后进行,晚熟品种应在采收前进行;除定期施肥外,在花期喷 250 倍的硼砂水溶液;在果实膨大期喷 200 倍的尿素或磷酸钙浸出液或硫酸钾水溶液,效果都很好。每次施肥后要及时灌水。

王书巧(2007)认为番茄追肥时应掌握"一控、二促、三喷、四忌"的原则。一控是定植至坐果前,应看苗追肥,并控制用量。如果追肥过多且过于集中,易造成植株徒长,甚至引起落花落果,除植株严重缺肥的情况下,一般可略施稀粪水或生化有机肥液即可;二促是番茄幼果期和采收期应重追肥,以促进其生长发育。在第 1 穗果实长至核桃大小时要迅速追施速效肥料 1～2 次,可选 30% 人粪尿或 5% 含硫复合肥浸出液,保证植株不脱肥。幼果进入膨大期后,为满足植株生长需要,避免后期脱肥,一般在晴天每隔 10 d 施 1 次 40% 人粪尿或 5% 含硫复合肥浸出液;三喷是在果实生长期间特别是前期连续阴雨不能进行土壤追肥时,应喷施 2～3 次叶面肥,可用生化有机液肥 300～500 倍液,也可选螯合态多元复合微肥 500 倍液,以提高番茄品质;四忌是忌在土壤较湿和中午高温的情况下进行,并且忌集中大量施肥,集中大量施肥易使植株徒长且产生肥害,在土壤较湿的情况下施肥易引起落花、落叶和落果等生理性病害,在高温条件下施肥,植株叶片水分蒸腾量大,会影响肥效发挥。所以,施肥时间以清晨或傍晚为宜。

基肥、种肥和追肥是施肥的 3 个重要环节,在生产实践中要灵活运用,切不可千篇一律。确定施肥时期的最基本依据是作物不同生长发育时期对养分的需求和土壤的供肥特性。作物的营养临界期和最大效率期(maximum efficiency stage of fertilization)是作物需肥的关键时期,但不同作物及不同的养分这些时期是不同的,只有分别对待,才能充分发挥追肥的效果。当土壤养分释放快,供肥充足时,应当推迟施肥期;反之,当土壤养分释放慢,供肥不足时应及时追肥。在肥料不充足时,一般应当将肥料集中施在作物营养最大的效率期。在土壤瘠薄、基肥不足和作物生长瘦弱时,施肥期应适当提前。在土壤供肥良好、幼苗生长正常和肥料充足时,则应分期施肥,侧重施于最大效益期。在确定施肥时期时,不仅要注意作物营养阶段性,也要注意作物营养连续性。基肥、种肥和追肥相结合,有机肥和化肥相结合既可满足作物营养的连续性,又可满足作物营养的阶段性。但是随着技术的进步,传统施肥方式也可能发生彻底的革命。如控释肥料的发展可使养分释放速度和作物对养分的需求相吻合,因此生产中只需一次施肥就可满足作物整个营养期对养分的需要。

李贵宝(1995)等应用 ^{15}N 示踪技术对豫东潮土区冬小麦氮肥施用技术进行了研究,结果表明,在相同用肥量下,施肥技术不同,经济产量效应也不同。4 个处理:①底耙:2/3 氮肥做底肥施入,1/3 撒地表后耙入;②全底:所有氮肥做底肥一次施入;③底追:2/3 氮肥做底肥施入,1/3 于冬前做追肥施入;④底追喷:2/3 氮肥做底肥施入,4/15 氮肥做冬前追肥,1/15 于扬花期喷施。子粒产量以底追喷最高,比底耙、全底、底追分别高 10.6%,9.4%,3.2%;其次为底追,比底耙、全底分别高 7.7%、6.4%,再次为全底,最差的为底耙。

第二节　施肥方式

施肥方式(method of application)就是将肥料施于土壤和植株的途径与方法,前者称为土壤施肥,后者称为植株施肥。

一、土壤施肥

最常用的土壤施肥(soil application)方式有撒施、条施、穴施、水冲施、环施和放射状施等。

(一)撒施

将肥料均匀撒于地表的施肥方式称撒施(broadcasting),是基肥的一种普遍方式,肥料撒于田面上后,结合耕耙作业使其进入土壤当中,实现土肥相融。耕翻要有一定深度,浅施时肥料不能充分接触根系,不利于肥效的发挥。对大田密植作物生育期追施氮肥时也常采用撒施方式,像小麦、水稻和蔬菜等封垄后,追肥常采用随撒施随灌水的方法。但对于营养元素在土壤中移动性差的肥料(如磷肥),不适宜采用地表撒施的方式做追肥。

撒施具有省工简便的特点,但对于挥发性氮肥来说,撒施易于引起氮的挥发损失,不提倡。在土壤水分不足,地面干燥,或作物种植密度稀,又无其他措施使肥料与土壤充分混合时,不能用撒施方式,否则会增加肥料的损失,降低肥效。

撒施可用人工方式进行,但效率较低。目前针对化肥和有机肥料分别有不同的撒施机,具有抛撒均匀、效率高、避免化肥及有机肥对人体不利影响的优点,生产中可有选择地使用。

丁跃忠认为,在小麦苗期至拔节期撒施草木灰既能供给养分,促进生长,又能防冻保温,同时还在一定程度上减轻病虫危害,具有一举多得、省工增效的作用。用量掌握在 $450\sim750\ \mathrm{kg\cdot hm^{-2}}$

具体做法有 2 种:一是在雨后或灌水后撒施于小麦行间,随后中耕入土;二是趁早晚露水未干时,均匀撒施于叶面。盐碱地不要施用草木灰。

马静、张一言(1995)研究表明,在山地免耕密植茶园追肥,以撒施为好,尤其复合肥撒施,增产最为显著。这主要是由于免耕茶园进入投产期之后,蓬面覆盖度达 90% 以上,地下部吸收根分布范围也随蓬面扩展而扩大,在土壤湿润时采用撒施肥料,分布面积大,可为大量根系所吸收利用,而且撒施也不伤害茶树根系,提高了肥料利用率。而穴施,虽把肥料施入土中,较撒施不易损失,但因肥料过分集中,使大部分根系无法吸收,因而也会造成肥料利用率低,且穴施还会造成局部伤根,降低施肥效果。山地免耕密植投产茶园,茶树封行后追肥采用撒施,具有高效、优质、省工且易操作的优点,但施肥时间宜在土壤湿润时进行,且要掌握"少量多施",避免一次施用太多,造成肥料损失。对未封行的幼龄茶园,追肥不宜撒施,应开沟施下,施后覆土。

(二)条施

条施(fertilizer drilling,row application)是开沟将肥料成条地施用于作物行间或行内土壤的方式。条施既可以作为基肥施用方式,也可以作为种肥或追肥的施用方式,通常适用于条播作物。条施和撒施相比,肥料集中,更易达到深施的目的,有利于将肥料施到作物根系层,提高肥效,即所谓"施肥一大片,不如一条线"。在肥料用量较少和对易于被土壤所固定的肥料,这种施肥方式是一种好方法。

有机肥和化肥都可采用条施。在多数条件下,条施肥料都须开沟后施入沟中并覆土,有利于提高肥效。条施若只对作物种植行实行单面侧施,有可能使作物根系及地上部在短期内出现向施肥一侧偏长的现象,所以应注意作物两侧开沟要对称。

王火焰(2017)研究不同磷肥施用方式和种类对冬小麦生长和当季磷素吸收的影响表明,种子正下方 5 cm 条施对小麦的增产效果最高,其中磷酸二氢钙和磷酸二氢铵的产量分别较农民习惯撒施方式增产 10.3% 和 10.7%。在 5 种施磷方式中,偏 10 cm 条施的小麦产量最低,种子正下方 5 cm 条施和 20% 土体混施处理的小麦总吸磷量均处于较高水平,偏 10 cm 条施在小麦各生长阶段的吸磷量均显著低于其他施磷方式,但磷酸氢二铵偏 10 cm 条施的小麦总吸磷量较磷酸二氢钙高 11.9%。表明将磷肥近距离集中施用于种子附近较为合理,在偏远距离条施下磷酸氢二铵对小麦的磷素吸收利用效果优于磷酸二氢钙。

(三)穴施

在作物预定种植的位置或种植穴内,或在作物生长期内按株或在两株间开穴施肥的方式称穴施(hole application)。穴施法常适用于穴播或稀植作物,是一种比条施更能使肥料集中施用的方法。穴施是一些直播作物将肥料与种子一起施入播种穴(种肥)的好方法,生育期单株打孔做追肥也是非常有效的,也可以作为基肥的施用方法,施肥后要覆土。

有机肥和化肥都可采用穴施。为了避免穴内浓度较高的肥料伤害作物根系,采用穴施的有机肥须预先充分腐熟,化肥须适量,施用的位置和深度均应注意与作物根系(或种子)保持适当距离。

解文贵(1997)研究表明,黄壤椪柑园氮肥和磷肥穴施比氮、磷撒施分别增产 16.7%,15.4%,氮、磷混合穴施比氮、磷撒施增产 42.3%。

(四)水冲施

作物浇水时,把水溶性好的肥料定量撒在水沟内溶化,随浇水渗入土壤内被作物吸收。其优点是简单方便,省工省时,施肥均匀,避免开沟施肥对根系的损伤。但水冲施有可能形成较多的肥料浪费,包括在渠道内的渗漏流失、灌溉量偏低时不易到达根系吸收的深度、灌溉量大时会随重力水下渗造成肥料损失。这种方法目前在蔬菜种植地区使用较多,也有在免耕栽培中施用冲施肥。

何新华(2007)等研究表明,青菜栽培上用冲施肥做追肥,能明显提高产量,同时青菜的商品性能得到改善,抗逆能力也有所增强。

(五)环施和放射状施

以作物主茎为中心,将肥料做环状或放射状施用的方式称环施(circular trench manuring)或放射状施(radiation fertilization)。一般用于多年生木本作物,尤其是果树。

环施的基本方法是以树干为圆心,在地上部的田面开挖环状施肥沟,沟一般挖在树冠垂直边线与圆心的中间或靠近边线的部位,一般围绕靠近边线挖成深、宽各30~60 cm连续的圆形沟[图7-1(a)],也可靠近边线挖成对称的2~4条一定长度的月牙形沟[图7-1(b)],施肥后覆土踏实。来年再施肥时可在第一年施肥沟的外侧再挖沟施肥,以后逐年扩大施肥范围。

放射状施肥是在距树干一定距离处,以树干为中心,向树冠外挖4~8条放射状沟(图7-2),沟长与树冠相齐,来年再交错位置挖沟施肥。施肥沟的深度随树龄和根系分布深度而异,一般以利于根系吸收养分又能减少根的伤害为宜。

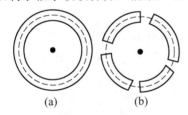

图7-1　环施示意图

引自:杨佑,科学施肥指南。

图7-2　放射状施肥示意图

引自:杨佑,科学施肥指南。

刘贤赵等(2005)研究果树环状施肥不同深度的效应,结果表明:深施(施肥深度60 cm)比浅施(施肥深度20~30 cm)可明显改善果树生长的土壤环境,使40~80 cm土层容重降低、土壤孔隙度增加,40~60 cm土层有机质增加。深施土壤比浅施有效氮增加了11.4~15.8 mg·kg^{-1},提高21.9%~28.3%,0~100 cm有效磷增加31.3 mg·kg^{-1},增幅41.3%;0~100 cm平均土壤含水量旱季比对照果园高4.3%,雨季高3.9%。深沟施肥促进树体新梢生长,深松后吸收根的长度和体积分别是对照的2.7倍和1.8倍;苹果单株产量和经济效益提高幅度分别为20.8%和24.0%。说明深沟环状施肥是旱地果园土壤水肥管理的一个行之有效的模式。

二、植株施肥

植株施肥(plant application)包括叶面施肥、注射施肥、打洞填埋、涂抹施肥和种子施肥等方式。

(一)叶面施肥

把肥料配成一定浓度的溶液喷洒在作物体上的施肥方式称叶面施肥(foliage spray,foliage dressing)。它是用肥少、收效快的一种追肥方式,又称为根外追肥。

叶面施肥是土壤施肥的有效辅助手段,甚至是必要的施肥措施,在作物的快速生长期,根系吸收的养分难以满足作物生长发育的需求,叶面施肥是有效的;在作物生长后期,根系吸收能力减弱,叶面施肥可补充根系吸收养分的不足;豆科作物叶面施氮不会对根瘤固氮产生抑制作用,是有效的施肥手段;对微量元素来说,叶面施肥是常用而有效的方法;叶面施肥也是有效的救灾措施,当作物缺乏某种元素,遭受气象灾害(冷冻霜害、冰雹等)时,叶面施肥可迅速矫正症状,促进受害植株恢复生长。

张文杰等(2007)研究叶面施肥对大豆合丰 42 品质和产量影响表明,荚期进行叶面施肥较明显地增加了高油品种合丰 42 的子粒产量、油分产量、蛋白质产量和油分含量,降低蛋白质含量;贵州省园艺研究所郭惊涛、吴康云(2007)研究根外追肥对甘蓝结实率及种子生活力影响表明,甘蓝制种时花期和结荚期根外喷施叶面肥能有效提高甘蓝自交不亲和系种子的结实率、种子产量,改善种子质量,提高种子生活力;黄锦文、梁义元(2001)研究表明,在水稻孕穗期及抽穗期进行叶面喷肥,有利于提高叶片净光合速率和茎鞘物质运转,从而提高产量。

(二)注射施肥

注射施肥(injection fertilization)是在树体、根、茎部打孔,在一定的压力下,把营养液通过树体的导管,输送到植株的各个部位,使树体在短时间内积聚和储藏足量的养分,从而改善和提高植株的营养结构水平和生理调节机能,同时也会使根系活性增强,扩大吸收面,有利于对土壤中矿质营养的吸收利用。

注射施肥又可分为滴注和强力注射。滴注是将装有营养液的滴注袋垂直悬挂于距地面 1.5 m 左右高的枝杈上,排出管道中气体,将滴注针头插入预先打好的钻孔中(钻孔深度一般为主干直径的 2/3),利用虹吸原理,将溶液注入树体中(图 7-3)。强力注射是利用踏板喷雾器等装置加压注射,压强一般为$(98.1\sim147.1)\times10^4$ N·m^{-2}(图 7-4)。注射结束后,注孔用干树枝塞紧,与树皮剪平,并堆土保护注孔。

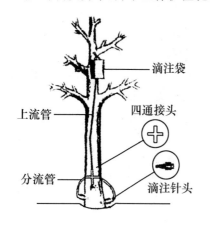

图 7-3　滴注操作示意图
引自:"光泰"牌果树营养注射肥说明书。

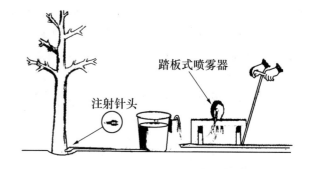

图 7-4　强力注射操作示意图
引自:"光泰"牌果树营养注射肥说明书。

(三)打洞填埋

打洞填埋(cut hole and burying)是在果树主干上打洞,将固体肥料填埋于洞中,然后封闭洞口。适合于果树等木本作物施用微量元素肥料。

（四）涂抹施肥

涂抹法是将液体肥料涂抹在农作物的嫩茎、果实、刮去树皮的树干、枝条上，通过作物茎叶、果实吸收传导，改善营养状况，消除营养缺乏的一种施肥方法。

李方杰等（2007）研究表明，红富士苹果花后30 d在幼果果面涂抹0.5% $Ca(NO_3)_2$ 后，提高了苹果果皮的钙浓度，同时也增高了果皮超氧化物歧化酶（SOD）、过氧化物酶（POD）的活性，降低了丙二醛（MDA）的含量，增强了果皮细胞清除超氧自由基的能力，抑制了膜脂过氧化过程，有利于减轻套袋苹果在去袋后环境胁迫所造成的伤害；孙智广（1995）研究表明，5月份苹果或梨树谢花后，如观察到具有小叶的病株或小叶簇生的枝条，可用3%～4%的硫酸锌溶液涂抹病枝上的2～3年生枝段，经过涂抹后的病枝，10 d后即可恢复正常生长，有效期可达1～2年。

（五）蘸秧根

将肥料配成一定浓度的溶液，或与有机肥、干细土等调成糊状后浸蘸秧根，然后定植的施肥方法称蘸秧根（dipping seedling）。这种方法适用于水稻、甘薯等移栽作物。

吕光明（1984）研究表明，用磷酸二氢钾蘸秧根可增产11.7%～16.7%；蘸秧根的比不蘸的发棵数增加22.6%～32.1%，因此出穗进度也快，齐穗期可提早2～3 d，每666.7 m^2 穗数增加1.75万～2.91万穗；蘸秧根的每穗实粒数可比对照增加3.1～12.3粒，千粒重也略有增加（增0.4～0.6 g）；黄文建、柴俊虎（1989）研究认为，用磷矿粉拌黄泥浆蘸根造林，能明显提高造林成活率，是一种集中用肥、经济用肥的好办法。

（六）种子施肥

种子施肥（seeding fertilization）是指肥料与种子混合的一种施肥方式，包括拌种法、浸种法和盖种肥法。

1. 拌种法

将肥料与种子均匀拌和或把肥料配成一定浓度的溶液喷洒在种子上后一起播入土壤的一种施肥方式。拌种要注意浓度和拌种后立即播种两个关键技术。微量元素肥料、微生物肥料、根瘤菌施用经常采用拌种法。迟冉等（2013）研究，使用微生物拌种剂可促进玉米根系发育，增加玉米株高、植株干物质积累和百粒重，出苗率提高4.6%，增产4.2%。段素梅（2005）采用盆栽试验研究证实，钼酸铵拌种可以促进大豆苗期根系生长，提高干物质积累量，增强根系活力，提高硝酸还原酶活性，促进大豆氮代谢，从而促进大豆苗期营养生长。

2. 浸种法

用一定浓度的肥料溶液浸泡种子，待一定时间后，取出稍晾干后播种，浸种后的种子应及时播种，切勿堆放或用塑料袋装存，土壤墒情不足时不宜浸种，以免落干，造成缺苗现象。浸种可以在较短时间内让种子吸收水分和养分，这样对提前出苗、苗全、苗匀、苗壮有着重要的作用。浸种法和拌种法一样要严格掌握浓度。

马红敏等（2007）研究了硫酸锌溶液浸种时间及浓度对大豆种子萌发的影响，结果表明，以0.04%浓度浸种12 h对发芽势、发芽率效果最好，以0.02%浓度浸种12 h对根长、根体积、侧根数量及根干重效果最好。浓度超过0.08%之后，根长、根体积、侧根数量及根干重明显受到抑制，浓度超过0.16%后，发芽势、发芽率显著低于对照。

孙涌栋等（2008）研究了不同浓度 Ca^{2+} 浸种对黄瓜种子发芽的影响，结果显示，0.05 mg·L^{-1} 的 Ca^{2+} 浸种对黄瓜种子发芽有促进作用，其种子发芽率、发芽势、发芽指数、活力指数、根长、下胚轴长、下胚轴粗度和相对含水量均高于对照及其他浓度处理；幼苗相对电导率低于对照及其他浓度处理。从 $0.05\ mg\cdot L^{-1}$ 开始，随着 Ca^{2+} 浓度增加，黄瓜种子发芽的各项指标开始下降，幼苗相对电导率开始上升，对黄瓜种子发芽产生抑制作用，并在 $2.0\ mg\cdot L^{-1}$ 时抑制作用达到最大。

沼液是人畜粪便、农作物秸秆等有机物在密闭条件下，经多种发酵微生物作用形成的厌氧发酵液。沼液富含氮、磷、钾及多种微量元素、生长激素以及氨基酸。沼液中的各种营养物质和微生物分泌的多种活性物质能够激活种子胚乳中酶的活性，促进胚细胞分裂，从而促使种子萌发。沼液浸种不但对种子根腐病菌、小球菌核病菌、棉花炭疽病菌、甘薯黑斑病、玉米大小斑病菌具有很强的抑制作用，而且有助于作物后期生长代谢，使植物生长健壮，增强抵御干旱等自然灾害的能力。通过试验表明，用沼液给水稻、小麦、番茄、海椒、黄芪等多种作物浸种均可加快种子萌发、提高发芽率、使芽齐苗壮、根系发达及抗逆性增强，可使水稻增产 $5\%\sim10\%$，玉米增产 $5\%\sim10\%$，小麦增产 $5\%\sim7\%$，棉花增产 $9\%\sim20\%$（张秋月，2008；陆国弟，2019）

3. 盖种肥法

对于一些开沟播种的作物，用充分腐熟的有机肥料、草木灰等盖在种子上面，叫作盖种肥，有保墒、供给养分和保温作用。

洪菊莲（1983）报道，花生用根瘤菌盖种可以使根部结瘤增多，叶片叶绿素含量高，植株生长旺盛，经济性状得到改善，增产效果显著。

郭红文（1997）报道，黄瓜育苗若用马粪土盖种，常会出现久种不见出苗的现象，原因是：马粪土细小纤维多，横向拉力大。黄瓜种生根后，顶着整片大块马粪土升高，形成夹层，瓜苗茎秆长，子叶黄白。遇此情况，应立刻用细铁丝挑破马粪土，放出幼苗见光。实践证明，黄瓜育苗还是以沙与细炉渣做盖种土为佳。

第三节　新型施肥方式

一、灌溉施肥

使用特殊的灌溉设置，将肥料随灌溉水施入田间的过程叫灌溉施肥（irrigational fertilization）。即喷灌、滴灌等在灌水的同时，按照作物生长各个阶段对养分的需要和气候条件等准确将肥料补加和均匀施在根系附近，被根系直接吸收利用。采用灌溉施肥技术可以很方便地调节灌溉水中营养物质的数量和浓度，使其与植物的需要和气候条件相适应；可以大幅度提高化肥利用率，提高养分的有效性；促进植物根系对养分的吸收，提高作物的产量和质量；减少养分向根系分布区以下土层的淋失；还可以大幅度节省时间、运输、劳动力及燃料等费用，实施精确施肥。但灌溉施肥投资较高，需要肥料注入器、肥料罐以及防止灌溉水回流到清洁水的装置等设备，而且要用防锈材料保护设备的易腐蚀部分，在温润土壤边缘有盐分积聚和根系数量与体积减小现象。

灌溉施肥系统（郑州大学化工学院，李冬光）通常由水源工程、施肥技术、部首枢纽工程、输配水管网、滴水器（喷头）等几部分组成，如图 7-5 所示。

灌溉施肥的方法按照控制方式的不同可分为两大类：一类是按比例供肥，其特点是以恒定的养分比例向灌溉水中供肥，供肥速率与灌溉速率成比例，施肥量一般用灌溉水的养分浓度表

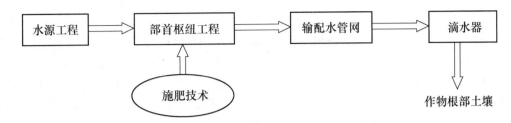

图 7-5　灌溉施肥系统的组成

示,如文丘里注入法和供肥泵注入法(图 7-6 和图 7-7);另一类是定量供肥又称为总量控制,其特点是整个施肥过程中养分浓度是变化的,施肥量一般用 $kg \cdot hm^{-2}$ 表示,如带旁通的贮肥罐注入法(图 7-8)。图 7-9 所示的是不同灌溉控制系统(郑州大学化工学院,李冬光)的养分浓度变化。按比例供肥系统价格昂贵,但可以实现精确施肥,主要用于轻质和沙质等保肥能力差的土壤;定量供肥系统投入较小,操作简单,但不能实现精确施肥,适用于保肥能力较强的土壤。

图 7-6　文丘里注入法

图 7-7　供肥泵注入法

图 7-8　贮肥罐注入法

灌溉施肥所用的肥料应全部是水溶性的化合物。氮肥有 NH_4NO_3、$Ca(NO_3)_2$、NH_4Cl、$(NH_4)_2SO_4$、$CO(NH_2)_2$ 以及各种含氮的溶液等;磷肥有 H_3PO_4;钾肥包括 KCl、K_2SO_4;复合肥如 KNO_3、$NH_4H_2PO_4$、$(NH_4)_2HPO_4$、KH_2PO_4 和 K_2HPO_4 等或选择根据最佳养分吸收量确定的不同 N、P、K 比例的水溶性混合肥料。微量元素肥料应是水溶性或螯合态的化合物。

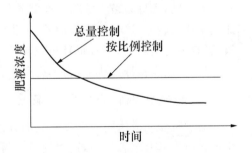

图 7-9　不同控制系统肥液浓度示意图

灌溉水养分浓度及土壤 pH 是影响灌溉施肥质量的两大因素。灌溉水 pH 不能高于 7.5,pH 高时会在管道中及滴头上形成钙、镁的碳酸盐和磷酸盐沉淀,且高 pH 会降低锌、铁、磷等对作物的有效性。pH 过低会伤害根系和导致土壤溶液中的铝、锰的浓度增加,对作物产生毒害。灌溉施肥中氮肥适宜浓度对于大多数作物为 0.3% 左右,最高不宜超过 0.6%。

灌溉施肥在大田作物、温室栽培作物、果树上等都有应用,均表现出良好的效果。一是经济效益。根据全国农业技术推广服务中心 2002 年以来在河北、山东、北京、宁夏、新疆、山西、甘肃等省(自治区、直辖市)的示范推广项目点调查,应用微灌施肥,蔬菜增产 2 250～15 000 kg·hm^{-2},水分生产率提高 45～75 kg·mm^{-1};果品增产 2 250～4 500 kg·hm^{-2},水分生产效率提高 6～10.5 kg·mm^{-1}。此外,滴灌减轻了大棚内的空气湿度,降低了病虫害的发生程度,可节约农药投入 1 200 元·hm^{-2} 以上。二是生态效益。微灌施肥比地面灌溉节约灌溉水 900～1 800 m^3·hm^{-2},节水 30％～50％,蔬菜节肥 25％～30％,果树节肥 25％以上。由于微灌减少了水向深层的渗漏,减少了化肥投入,避免了移动性强的营养元素如氮素的淋洗流失,从而减轻对地下水的污染。三是社会效益。灌溉施肥可以减轻灌溉和施肥的劳动强度,并有利于农产品标准化生产,提高农产品品质和市场化程度,促进农民增收(夏敬源,2006)。

二、免耕施肥

免耕技术是相对传统耕作而言,是一种保护性耕作措施,用化学技术、生物技术代替机械作业,减少机械耕作。免耕具有耗能小,有利保墒,减少土壤风蚀、水蚀,保护土壤结构等特点。免耕施肥(no-tillage fertilization)是由免耕技术而产生的,即在免耕条件而进行的施肥。

免耕施肥的基本方法是做种肥,通常氮肥和磷肥随种子一起施入(分层或侧施),钾肥则可撒施于土表或施于覆盖种子的松土表面。在氮肥用量大、降雨量多或有灌溉条件的地区,氮肥要有一部分在植物生育期地表追施。王秀(2000)研究了夏玉米免耕播种时氮肥底施、侧施、等距间施、不等距间施、苗期穴施等不同机械施肥方式的效果,证明玉米免耕播种时氮肥与种子不等距间施产量最高,投入产出效益最好,该种施肥方式是一年两熟旱作区免耕播种夏玉米施肥的一种较好方式。

在免耕条件下,施肥深度变浅,不论有机肥还是化肥,都只能施在表面,覆盖在种植行上或施于种植行几厘米深的土层内,因此有效态磷、钾养分主要富集在耕层,速效态氮主要积累在底层。在免耕条件下施肥,有机肥要充分腐熟,氮肥一次施用量不可过多,尤其要注意在作物生长中、晚期追肥和在表土湿润条件下施肥,做到肥水相融,以利于养分向周围土壤移动扩散。

与常规耕作施肥相比较,氮肥由于施用较浅,损失较多,总施肥量应适当增加;钾肥因无挥发损失问题,也更易被土壤吸持而肥效与常规耕作施肥相当。但磷肥效果与土壤全层施肥相比效果往往较好,这与磷肥移动差、易集中在表层施肥位置,以及免耕条件下作物根系分布较浅,吸收量有所增加有关,而且可以减少磷肥与土壤的混合由此而减少了土壤对磷的固定作用。另外,地表植株残体多,腐熟后产生有机酸利于磷的有效化。

三、机械化施肥与自动化施肥

通过机械完成施肥的全过程或部分过程都可称作机械化施肥(mechanized fertilization)。机械化施肥具有施肥效率高、用量易于调控、用量准确、容易实现深施、节约劳力等优点。

机械化施肥包括机械耕翻深施底肥、机械播种深施种肥、机械深施追肥等方式。底肥可利用肥料抛撒机将肥料均匀施入田面而后耕翻,也可将肥料用排肥器排入犁沟当中;种肥通常利用施肥播种机一次完成播种和施肥作业,实现肥、种分层或侧深施;植物生育期追肥可利用追肥机,追肥机一般一次完成开沟、排肥、覆土和镇压 4 道工序。叶书俊(2001)研究机械施肥的深度以 6～15 cm 为好,过浅则氮肥易挥发,过深则不利于农作物吸收。种肥深施时,化肥与种子保持 3～5 cm,以免伤害种子,追肥深施时,化肥距植物的侧距保持 10～12 cm。于毅等(2007)研究认为,水稻机械全层综合深施肥技术是在水稻耙地前,利用水稻深施肥机械,将水稻一生需肥做底肥全部施入,是一项省肥、省工、省时,减轻水质污染,提高肥料利用率,降低成本的生产技术。

自动化施肥(automatic fertilization)是在精准农业中的定位定量施肥。另外,在现代设施农业中通过计算机手段调控营养,实现自动施肥。在溶液栽培、工厂化生产技术中,施肥多采用自动控制。

吴松等设计与实现了智能施肥机系统。该系统设计一个通过管路连接到灌道的施肥机,通过控制肥水的浓度和进入灌溉管道的肥水量来实现自动施肥,它能够执行较精确的施肥过程,预防肥液施用不足或过量现象产生。图 7-10 是智能施肥机的总体结构图。

本设计采用上下位机结构。上位机选用 VB 软件作为监控软件,下位机采用可编程逻辑控制器。系统控制图如图 7-11 所示。设计输入有 EC、pH、流量、压力。EC 与 pH 是系统主要控制参量,和流量、压力一样都通过可编程逻辑控制器的模拟输入模块采集进入下位机,这些参数在下位机进行处理,EC、pH 的变化控制施肥阀的动作频率。压力如果超出管道承受范围则启动调压设备并报警。设计控制部分输出有:电磁开关(施肥机的进水开关)、调压阀(调节管道压力)、3 路灌溉阀、3 路施肥开关和肥

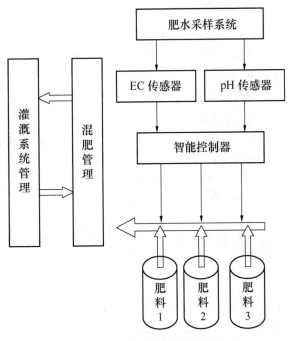

图 7-10 智能施肥机的总体结构图

料泵。施肥机的运行操作的核心是可编程控制器,施肥机的各个部件的运行是在可编程控制器的控制下进行的。上位机软件主要是显示设置参数、存储数据、观察设备运行状况等功能。

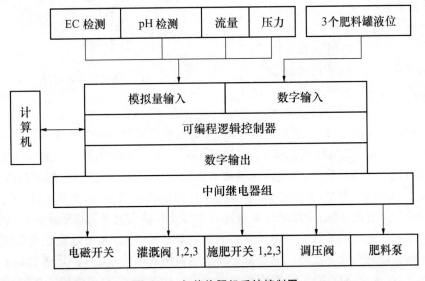

图 7-11 智能施肥机系统控制图

需要施肥时,施肥控制阀按照系统设定的施肥频率将肥液混入灌溉管道,同时系统实时检测混肥管道中肥水的 EC、pH,并与用户设定的适合植物生长的 EC、pH 比较,根据比较状况调整施肥频率,以达到调整肥水的 EC、pH 的目的,使之适合作物生长要求。图 7-12 是施肥部分流程图。

四、飞机施肥

飞机施肥(plane fertilization)大都用于不宜进行地面施肥作业的地区和作物上,如大片的稻田、山区牧场。在一些耕地面积大、农业人口少的国家和农业区(如美国、澳大利亚、新西兰等国家)飞机施肥已较为普遍。

利用飞机可以施基肥,也可施追肥。可施分散性好的固体肥料,如粒状尿素,也可施用液体肥料,如尿素或磷酸二氢钾溶液。因此,飞机上应装有供喷撒(洒)固体(粉状或颗粒状)、液体肥料等使用的喷粉、喷液两套设备。飞机施肥有两种方式:一种是粉状(颗粒伏)肥料,直接装入机内肥料箱,肥料通过机身下扩散器施出去;另一种是把粉状(颗粒状)肥料溶解在水里或与除莠、治虫药混合,通过机翼下喷洒管喷嘴,喷洒在农作物上。飞机施肥时,根据所施肥料的性状、每亩施肥量大小,来定飞行高度,调节喷撒(洒)设备。液体肥料施用时,浓度可适当提高。据河南农业大学调查采用含量 $60~g \cdot kg^{-1}$ 的磷酸二氢钾对冬小麦喷施用量 $60~kg \cdot hm^{-2}$,小麦增产幅度为 $3.1\% \sim 7.4\%$,比地

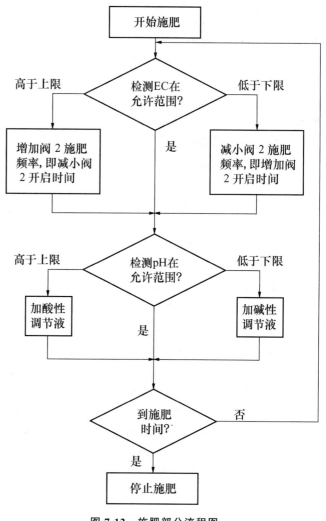

图 7-12　施肥部分流程图

面喷施 $4~g \cdot kg^{-1}$ 高出 15 倍。国外资料报道,飞机喷施尿素溶液的含量可以达 $300~g \cdot kg^{-1}$,20 世纪 70 年代河南飞机喷施试验曾使用 $200~g \cdot kg^{-1}$ 磷酸二氢钾溶液,小麦叶仍无灼烧的现象。利用飞机施肥的肥料品种,以易溶性氮肥为主,也可施用易溶性的磷、钾肥和微肥。

施用粉状(颗粒状)肥料的飞机均带有专门设计的肥料撒播系统,如从专用导管引入空气流做撒播动力的文丘里系统;采用鼓风机鼓风以增加肥料喷出速度的撒播系统;肥料借助自身重量经漏斗落在高速转动的转盘上向外撒播的重力撒播系统,以及由螺旋送肥装置将肥料送到转盘上向外撒播的系统等多种。飞机施肥要求地面风速小于 $6~m \cdot s^{-1}$,通过地面的密切配合和明显标志,在低空飞行条件下,大面积施肥的准确性很高,肥料落地均匀,肥料的实际降落

线与预定施肥边界的误差在 $1\sim2$ m。

刘振龙等（1991）曾研究了牧草航空施肥，通过飞机喷施氮、磷、钾、微量元素、植物生长调节剂和稀土元素，沙打旺在 8 月上旬，苜蓿在 7 月上旬，选择在晴朗无风天气中的上午 9 时至下午 6 时作业，作业中肥料以航高 $7\sim10$ m、喷幅 45 m、航速 44.4 m·s^{-1} 进行喷施。试验表明，无论是单施还是混施都有效地促进牧草的生长发育，增加株高和茎叶比，使牧草的产量明显增加，其干草增产幅度为 $2.7\%\sim81.8\%$，种子增产幅度为 $3.0\%\sim38.8\%$，经济效益显著。

五、精准施肥

精准施肥主要以 3S 技术为支持。其中遥感技术（RS）是获取土壤数据和作物营养数据的重要手段和强有力的数据更新手段，具有实时性和动态性的特点，遥感获取的数据是地理信息系统进行分析决策和制图的基础；全球定位系统（GPS）具有全时域、全天候、全球空间的准确定位和实时导航功能。遥感可为 GIS 提供高精度的实时空间定位信息，同时也为自动化农业机械实施精准施肥提供导航支持；决策分析系统是精准施肥的核心，包括地理信息系统（GIS）和模型专家系统 2 部分。GIS 用于描述农田空间属性的差异性；作物生长模型和作物营养专家系统用于描述作物的生长过程及养分需求。只有 GIS 和模型专家系统紧密结合，才能制订出切实可行的决策方案。在精准施肥中，GIS 主要用于建立土壤数据、自然条件、作物苗情等空间信息数据库和进行空间属性数据的地理统计、处理、分析、图形转换和模型集成等。

由以上可知，精准施肥就是通过 RS 或其他技术手段获取地理信息（GPS 定位），借助 GIS 支持的决策系统确定施肥方案，采用装备有 GPS 的变量施肥机进行定位定量施肥的技术。这种施肥方法消除了传统上在同一块地里平均施肥的做法，有利于节省资源、保护环境并获得最好的效益。

思考题

1.施肥技术的组成要素包括哪些方面？

2.比较基肥、种肥、追肥的相同点与不同点。

3.试述如何改进或优化施肥技术要素，以提高基肥、种肥、追肥的施用效果。

4.土壤施肥和作物施肥的具体方式各有哪些？各适用于什么情形？

5.什么是灌溉施肥？其定量供肥方式有哪些？施肥系统由哪些部分组成？施肥技术要求有哪些？

6.什么是飞机施肥？如何提高飞机施肥的效果？

7.什么是机械化施肥？当前我国施肥机械化水平如何？今后的发展方向是什么？

8.什么是精准施肥？您认为未来精准施肥在我国的应用前景如何？

第八章 轮作制度下施肥技术

本章提要：主要介绍轮作制度下各种作物形成的茬口土壤肥力特性及作物吸收养分后归还于土壤的程度，阐述轮作制度下肥料分配的一般原则和几种主要轮作方式的肥料分配原则，以案例的形式介绍轮作制度下施肥计划制订的方法与步骤。

增加复种指数，发展多熟种植，提高土地利用率是我国种植业的特点，不同作物在不同的地区按不同的方式进行轮换种植，这就必然和一年一熟不一样，对土壤产生复杂的影响。这是因为各种作物本身的生物学特性和营养特点的差异，所形成的茬口对土壤肥力的影响有所不同，而且物质归还的方式、养分归还的数量和比例都是不同的。这就必须根据作物的不同种植制度，采用不同的施肥技术，制订相适应的轮作施肥制度，给土壤补充适当的营养物质，做到"用""养"结合，既保证作物稳产、高产、优质、高效和环保，又保证土壤肥力提高。轮作施肥制度是指针对某个轮作周期而制订的施肥计划，包括不同茬口的肥料分配方案和作物施肥制度。作物施肥制度则是指针对某一作物的计划产量而确定的施肥技术，包括肥料形态、施用量、施用时期和施用方法等。

第一节 作物轮作类型及其肥力特性

轮作（crop rotation）是在同一田地上有顺序地轮种不同作物的种植方式，是作物种植制度中的一项主要内容，是世界各国土地用养结合、减轻病虫害、减少污染、增加作物产量、促进农业可持续发展的共同经验之一。因为合理轮作优点在于不增加投资，不花费额外成本，只需要掌握作物对养分的供需以及前后作物对土壤理化性质影响的关系，进行合理安排便可以取得增产效益。

一、一般轮作类型

我国地域广阔，气候多样，适宜多种植物生长，轮作类型多而复杂，连作也相当普遍。主要轮作类型是：在城市近郊，以蔬菜为主的高效立体种植；在水浇地上，小麦和玉米（水稻）为主的年内轮作和年间复种连作；一般旱地上，冬小麦和各种耐旱作物（谷子或甘薯）组成的复种轮作。丘陵坡地上，以果树为主的果草油立体种植和以一年一熟和两年三熟轮换茬为主。按熟制来分，常见的轮、连作类型有一年一熟制和一年两熟制，在轮作周期内因换茬作物不同又分为：复种连作和复种轮作、两年三熟和三年五熟等。

二、不同轮作制下土壤理化性状变化

（一）连作对土壤理化性质的影响

在同一田地上，同一种作物长期连作对土壤理化性质产生负面影响是：①它会使土壤中某种单一营养元素缺乏，造成养分间比例失调；②容易引起土壤传播的病虫杂草的蔓延与危害；③可能出现植物残体和根系分泌物中的有毒物质在土壤中积累，使作物自身中毒；④导致作物

生长不良,产量降低,品质变劣。据中国农业科学院油料研究所的调查,换茬的芝麻感病率仅为 2%;连作的芝麻感病率为 70%,死株率达 34.5%,减产 58.8%。

(二)轮作对土壤理化性质的影响

1.改善土壤的物理化学性质

合理轮作对改善土壤物理化学状况有良好的作用。这是因为不同作物的生物量不同,叶面积系数不同,透光率不同,所以对土壤的水分和温度影响不同。而且不同作物根系的多少、粗细、分布范围和根系分泌物不同,对土壤有机质的含量影响也不同,进而影响到土壤的结构、孔隙度和氧化还原反应。就地上部归还物质的种类与数量来讲,禾本科作物的秸秆和根茬还田以归还土壤碳素为主;豆科作物的茎叶和根茬还田以丰富土壤中的氮素为主。豆科绿肥若以每公顷生产 15 000 kg 新鲜绿肥为计,含氮量约为 75 kg。多年生豆科牧草残留根茬数量更多,据陕西省农业科学研究院的调查,在旱地连续种植 5 年苜蓿,该土地 0～30 cm 土层中残留的根、茎干重约计 790 kg·hm^{-2},使土壤有机质大大增加。

水旱轮作是我国有较大面积的种植模式,对改善稻田的土壤理化状况有特殊的意义。长期连作的稻田,使土壤结构恶化,分散性强,容重增加,气相容积减少,出现"三多一少一慢"现象,即有效磷多、有机酸多、亚铁多、有效氮少和有机质分解慢。因为,在长期淹水条件下土壤氧化还原电位降低,呈还原状态,有机酸、亚铁等有毒物质增多,不利于水稻根系生长。在还原条件下,闭蓄态磷有效化,且有机酸多也使磷有效化,所以有效磷多。也正是因为长期淹水条件不利于土壤有机质分解菌的生长发育,所以有机质分解慢。实行水旱轮作后,土壤干湿交替,结构改善,水分适宜,耕作容易,改良通气,促进氮的转化和有机质分解,有利于水稻根系生长。

2.调节土壤养分与水分的供应

不同的作物或同一种作物的不同品种需要养分的种类、形态、数量和时期各不相同,一般按作物元素组成及其对土壤养分的需要量分为四类:即禾谷类粮食作物,如小麦、玉米、水稻等对氮、磷和硅的吸收量较多,而对钙的吸收量较少;豆类作物吸收大量的氮、磷和钙,而吸收硅的数量较少,但豆类作物所吸收氮的 2/3 是由本身根瘤菌固氮所供给的,是一种养地作物;烟草、棉花等经济作物和薯类消耗钾较多;蔬菜作物需肥量大,其中叶菜类需氮多,根菜类需磷、钾多,果菜类需氮、磷多,而且作物不同,吸收营养元素的能力也不同。冬小麦、甜菜或亚麻等作物,只能利用易溶性的磷。豆科、十字花科作物利用土壤中难溶性磷的能力较强。所以通过吸收利用营养元素不同的作物合理换茬轮作,就可以充分发挥土壤肥力的潜力,调节对养分的供给,延缓地力的减退。辽宁省农科院试验表明,向日葵连作 4 年,土壤中全氮减少 14.9%,全磷减少 20.1%,有机质减少 19.8%,而在轮作条件下,则分别只减少 6.3%、3.1% 和 6.7%。

不同作物需要水分的数量、时期和吸水能力是不相同。小麦、玉米、棉花和豆类(苜蓿)作物需水多、耐旱能力弱;谷子、甘薯等作物需水量少。根据不同作物需水量大小和最大需水时期合理的轮作,可以有效地利用全年自然降水和土壤中贮积的水分。作物的根系深浅不同,利用不同土壤空间养分的能力不同,小麦、高粱、玉米和棉花等作物根系入土较深,可达 1～2 m;谷子、薯类和水稻等根系相对较浅,只有 0.5～1 m 深。所以,深根、浅根作物实行换茬轮作,可充分利用不同土壤空间养分和水分。

3.抑制农作物的病虫草害

许多农作物的病虫害是通过土壤而传播的,如棉花的枯萎病、黄萎病,烟草黑茎病,玉米黑穗病,小麦全蚀病,甘薯黑斑病和谷子的白发病等。许多病虫对寄主具有一定的选择性,而它们在土壤中可存活 2～3 年,少数为 7～8 年。实行作物轮作,使其因遇不到它们的寄主,失去其食物源而逐渐被消灭。据河南农业大学在新乡县刘庄村调查,棉花、小麦和玉米等禾本科作物轮作,可以显著减轻棉花枯、黄萎病危害,新倒茬的棉田棉株发病率为 0.43%,而连作 3 年的老棉田,病株率达 21.3%,比轮作增加 50 倍。水旱轮作,由于作物病虫的生态条件发生剧烈的改变,更能显著减轻土壤病虫害的感染。

三、轮作制下茬口土壤肥力特性

茬口土壤肥力特性是指栽培某一作物后,前作对后作的土壤理化性质及病虫杂草感染影响的结果。在轮作周期中分配肥料时,应该充分考虑茬口土壤肥力特性。不同轮作方式下,不同茬口归还给土壤的有机物质、养分数量有差异,前后茬换茬间隙也有很大的不同,因此,茬口土壤肥力特性的形成既受栽培作物本身生物特性影响,又受包括施肥技术在内的栽培技术影响,还受到土壤本身特性的影响,所以茬口土壤肥力特性的形成是复杂的,评价某一茬口土壤肥力特性的好坏是相对的。一般来讲,按照作物对土壤营养元素吸收消耗与生物量归还数量的多少和换茬间隙长短把茬口土壤肥力特性分为三类,即生茬、半熟茬和熟茬。

(一)生茬

这一类茬口是指栽培过禾谷类作物、块根、块茎类作物的茬口和茎叶类作物的茬口,由于生物量很高,以消耗地力为主,在收获时又将大部分的生物量移走,因此生物量及其养分归还的数量少,一般少于 20%。据刘巽浩等 1980—1985 年在北京试验得出,小麦生物量约为 1.40 t·hm^{-2},春玉米为 1.87 t·hm^{-2},春大豆只有 0.63 t·hm^{-2},小麦—玉米一年两熟可达 3.02 t·hm^{-2}。这类作物收获时,遗留给土壤的残茬和根系等有机物,数量一般占干物质量的 10% 左右,玉米为 11.2%,小麦为 10.1%,谷子为 6.7%。若将其秸秆通过过腹还田或堆制还田时,归还的数量就大大增加。在这种茬口上安排下一作物时,需要增施肥料才能高产,当然,禾谷类作物是须根系作物,块根、块茎类作物在收获时有良好的松土作用。它们对改善土壤物理性质有着较好作用,对后作有利。

(二)半熟茬

这一类茬口是指栽培油料作物、食用豆类作物和棉花等。这类作物生物量较大,子粒收获后,通过根茬和落叶归还的生物量为干物质总量的 20%～40%,且归还的养分总量也高,尤其是食用豆类作物,根茬中含氮量为 1.31%,比小麦、玉米多 40%～70%,且叶中含氮量1.89%,这些物质归还土壤后,能易于分解释放氮为后作利用,同时豆类作物消耗地力比玉米少 3 倍,比小麦少 1 倍,还能分泌氨基酸和有机酸等。油菜本身富含磷素营养,根系分泌大量的有机酸,对溶解和活化土壤中难溶性的磷有积极作用。所以油菜是一种用养结合的肥田冬作物,是棉花、水稻和玉米的良好前作。在这类茬口上安排下茬作物时,要适度增加肥料,特别是注意养分之间的平衡协调问题。

(三)熟茬

熟茬主要是指栽培豆科绿肥、牧草等作物,由于是作为绿肥而栽培,所以也称为养地作物。它主要是改善土壤养分状况,豆科绿肥作物有很强的固氮作用,多年生牧草,每年固定的氮量为 112.5 kg·hm^{-2}、红薯为 93 kg·hm^{-2}。在翻压时能将固定的全部氮素归还土壤,提高土壤的氮素水平。绿肥对土壤有机质的补充和更新是绿肥养地的又一重要作用。由于绿肥的养地作用,所以绿肥是麦类、玉米、水稻及各种经济作物的良好前作。综合多年和各地资料,7 500 kg 豆科绿肥增产粮食幅度在 150～750 kg·hm^{-2},一般小麦为 300～450 kg·hm^{-2},玉米、水稻为 375～750 kg·hm^{-2},并有一定的后效。所以在这类茬口上安排下茬作物时,要注意控制肥料的使用,特别是氮素的补充要适量,还要注意磷肥和钾肥供应。

(四)休闲茬

在人少地多的国家休闲茬是一种普遍实行的茬口,在我国作物轮作中是一种特殊的茬口,是轮作中调节地力的一个重要环节,一般在干旱缺肥丘陵地区多利用休闲茬,因为它可以活化土壤养分,接纳雨水,对稳产和高产起到一定的作用。当然,休闲茬对土壤肥力的提高,是以消耗土壤潜在肥力为代价的,所以,在休闲茬上安排作物要着重增施有机肥补充土壤有机质和养分。

四、轮作制下养分归还特性

按营养元素通过根茬、枯枝落叶归还到土壤的数量占生物学重量的比例大小可分为 3 种类型。

1.低度归还型

一般认为归还比例低于 10%,有氮、磷、钾 3 种元素。在禾谷类作物中 3 种元素的平均归还比例约为氮 7%、磷 2%、钾 6%,为了保持土壤中养分平衡,在施肥上必须重视氮、磷、钾肥的补充,特别是磷的补充。

2.中度归还型

归还比例一般在 10%～30%,有钙、镁、硫、硅和钠等元素。在禾谷类作物中这些元素的归还比例大致为镁 11%、钙 20%、硫 17%、硅 27%、钠 22%。这些元素在酸性土壤上应补给,而在石灰性土壤上可以不必补给。

3.高度归还型

归还比例一般大于 30%,有铁、铝和锰等元素。在禾谷类作物中这 3 种元素的归还比例一般为铁 65%、铝 71%、锰为 32%。对于这些元素一般可以不必补给,但在石灰性土壤上由于该元素的有效性低,有时也可补充一些铁和锰。

第二节　轮作制度下肥料的分配原则

轮作制度下,由于茬口土壤肥力特性不同,所以肥料的分配是不一样的。对于某一轮作周期如何统筹安排肥料,做到合理施肥,实现"优质、高产、高效、环保",应掌握以下原则。

一、一般分配原则

(一)均衡增产原则

在一个种植区域内,一般要种植多种作物,且按不同的轮作方式进行换茬种植,而这些作物的栽培都是人类生活所需要的。所以,一般情况下,在肥料分配中要统筹考虑,全面安排,保证所有作物都增产。例如,在一年两熟的冬小麦—夏玉米轮作制度中,冬小麦是主要作物,应保证肥料的优先供给,而夏玉米也有其重要的作用,特别是粮饲兼用玉米的发展,在全年粮食和饲料生产中占有很重要的地位,也应该考虑肥料的足量投入,且不可过分重视一种作物而忽视另一种作物。

当然,在投资或肥料有限的条件下,亦可根据不同作物的经济地位、产量水平以及市场需求,应把肥料优先放在对当地经济、生活有重要影响的茬口上。例如,以粮食作物为主的种植制度中,小麦、玉米、水稻为主要作物;在以棉花为主的种植制度中,棉花为重点经济作物;种烟地区,烟草为主要经济作物;在花生种植区,花生则是主要作物。这些主要作物都是重点施肥作物,在肥料分配上应给以足够的保证,为主要作物获得高产创造充足的物质条件。

(二)效益优化原则

在农业生产成本中,肥料投资占农业生产总投资的比例很大,一般为 40%～50%,这一比例随着投资者的科技水平而发生变化。若施肥不合理,过多或过少都会造成养分比例失调,进而导致减产,那样肥料的投资所占比例将会更大。一般来讲,施肥的经济效益与肥料的增产效益应直接相关,不同作物、土壤和农业技术措施都会影响肥料的增产效应,从而影响着肥料的经济效益。

肥料投资效益的总趋势是,随着肥料用量的增加,边际产量递减,边际利润也在递减,经济效益也递减。所以,当肥料有限时,以少量肥料施在较大面积上比用大量肥料集中施在小面积上所获得的经济收益要高。要改变过去那种好地多施肥,瘠薄地少施肥或不施肥的状况,充分发挥肥料的增产潜力,提高肥料增产的经济效益。

河南省长葛市官亭乡在国家农业综合开发实施前把肥料集中施在好地上,小麦产量平均为 4 500 kg·hm^{-2},化肥的投资占总投资的 68%;开发后把肥料多集中在中低产田上,结果每公顷化肥用量低了,但总产高了,全乡平均单产 6 000 kg·hm^{-2},化肥的投资占总投资的 46%,下降了 22%。

施肥的方式、方法和其他农业技术措施也都直接影响肥料的经济效益。因此,尽可能减少肥料中的养分损失,提高肥料的利用率,实际上就等于增加了施肥的经济效益。

(三)用养结合原则

栽培作物必然要从土壤中带走大量养分和消耗土壤肥力,这是 180 年前李比希提出的,且被证明为真理。作物在生长期间所形成的全部有机物,其中有 70%～90% 以收获物及产品的形态移出田外,而以残茬、落叶和根的形式归还在农田中的数量不多,一般为 10%～30%。

据报道,在小麦—夏玉米—高粱两年三熟制中,当产量达到 13 965 kg·hm^{-2} 时,地上部分生物学产量为 22 942.5 kg·hm^{-2},需要从土壤中吸收氮 320.7 kg·hm^{-2},五氧化二磷 92.85 kg·hm^{-2} 和氧化钾 376.8 kg·hm^{-2},这些从土壤中取走的大量营养元素,只有少部分以根茬、落叶等残余物的方式归还在土壤中。为了恢复地力和保持土壤养分平衡,做到用地与养地相结合,不断培肥地力,就必须以施肥方式向土壤补充足量的有机肥料和矿质肥料,或者通过种植绿肥作物和合理轮作来恢复肥力。

(四)可持续发展原则

化肥的使用一方面能维持和提高土壤肥力,使土壤可持续利用;另一方面如果分配不当,施用不合理可能会造成硝态氮的富集、重金属的积累等环境污染,导致农产品品质下降,农业成本提高,产量降低,经济效益下降等。

因此,在肥料分配上要考虑茬口土壤肥力特性,着重考虑养分施用量的适度,肥料种类分配要适合土壤与作物需求特性。例如,北方石灰性土壤,在熟茬上种植禾谷类作物应考虑稳定氮肥供应的基础上,增加磷肥,而磷肥中要考虑采用含重金属镉少的品种,如磷酸二铵等,在高产条件下还应考虑钾肥和微肥的施用,这样既注意了补充养分,又不至于施肥过量造成污染,还能使养分平衡,保持地力。

二、不同轮作制度下的肥料分配原则

(一)一年一熟制肥料分配原则

以大豆—小麦—玉米三年轮作为例。总的原则是培肥地力,保证重点,有机肥主要分配在小麦上,在有机肥充足的地方玉米也可以分配一些。在化肥分配上氮肥重点在小麦和玉米上,同时考虑玉米上施入一部分氮、磷,大豆少施氮肥多施磷肥。

(二)一年两熟制肥料分配原则

以小麦—玉米—小麦—玉米复种连作为例。总的原则是养分要全,数量要足。有机肥料的分配有两种观点:第一种观点认为主要分配在小麦上,因为小麦生育期长,需要足够的基肥和肥效持久的肥料,且小麦比玉米更为重要一些,而玉米生长期间高温多雨,可以充分利用其后效。第二种观点认为,小麦、玉米都需要有机肥做基肥,则 $60\% \sim 70\%$ 施在小麦上,而 $30\% \sim 40\%$ 用在玉米上,保证均衡增产。对于化肥的分配,小麦、玉米同样对待,要视地力情况和产量目标而确定,在高产麦田,要控制氮肥,增加磷、钾肥补施微肥,在高产玉米田要稳施氮肥,增加磷肥与锌肥使用;在中产田要加强氮、磷肥的配合。

(三)两年三熟制肥料分配原则

以冬小麦—甘薯—春玉米为例。总的原则是保证一年多熟,兼顾好一年一熟。有机肥的分配主要考虑冬小麦和春玉米,尤其是要加强春玉米有机肥的施用,这样既能为春玉米提供营养,又能为下茬冬小麦提供营养。关于化肥分配,冬小麦和春玉米都要增加氮、磷肥的施用,而在甘薯更要考虑钾肥的施用,减少一些氮肥。

(四)立体种植肥料的分配原则

以小麦/玉米—大白菜—小麦—大豆为例。立体种植本身就是高效种植模式,对土壤养分消耗较大。所以,总的原则是多施有机肥,施好氮肥,养分协调,数量充足。在有机肥的分配上要掌握增加有机肥的施用,增加和平衡土壤养分,不断培养土壤地力,重点放在小麦和大白菜上,若第二年夏播为玉米,这两茬可以各占一半的分配,若第三年夏播为豆科,则大白菜占 $60\% \sim 70\%$。对于化肥的分配,要施足氮肥,特别要适度加大对大白菜氮肥的投入,同时要多施磷肥、钾肥和一些微量肥料。

第三节 轮作制度下施肥计划的制订

轮作周期内施肥计划的制订包括肥料分配方案和作物的施肥技术两个方面的内容,关于肥料的分配方案,按上一节讲述的分配原则,针对具体的轮作方式而制订分配方案,这一节主要介绍施肥技术的内容,其中施肥时期及方法,各作物因自身营养特性和生物学特性不同而异,会在第四篇详细介绍,这里仅就轮作周期内施肥量的确定方法与步骤做一介绍。

一、调查、收集有关资料,分析研究

对某个地区制订施肥计划,必须了解当地以下情况。

(1)轮作方式及其产量水平 包括近 3 年的轮作方式,面积,作物的最高产量、最低产量和平均产量,最后总结出当地的主要轮作方式和有发展潜力的轮作方式。

（2）经济状况和生产条件　包括近 3 年总产值、总收入和人均纯收入，农田设施，特别是水利设施，机械化程度和劳动生产率，找出当地经济收入的支柱产业。

（3）肥料施用现状　包括常年使用的肥料种类，每公顷投放量，施用方法及其相应的肥效，肥料利用率及施肥中存在的问题，确定今后施肥的方针。

（4）农民的科技文化程度　主要了解农民的科学种田的普及程度以及文化素质，专业户所占比例和农民对科学种田的兴趣，确定科学种田的水平。

（5）气候条件　包括光照、温度、降雨量及其分布、无霜期、灾害情况等。

（6）土壤肥力状况　主要包括土壤类型及其面积、质地、养分状况、主要障碍因素及限制因素，确定施肥方向。

二、估算轮作周期内作物对养分需要总量

表 8-1 是以谭金芳、韩燕来等在河南偃师市进行的小麦—玉米轮作施肥的研究内容为例，估算轮作周期中养分的需要量，其具体步骤如下：

（1）确定轮作周期内各种作物的计划产量　各种作物的计划产量的确定可按照第三章第一节介绍的办法，而表 8-1 是按前 3 年产量平均数而计算的。

（2）估算各个作物实现计划产量的需养分量　依据养分系数进行计算，即生产每千克子粒所需要的氮、磷、钾（N、P、K）千克数，见表 8-1 的（1）列。

（3）估算轮作周期内作物对养分需要总量。即将（1）列中的所有作物需要氮、磷、钾（N、P、K）的量分别总汇即可，见表 8-1 中的总计一栏。

三、估算轮作周期内土壤供给的养分总量

土壤供给的养分总量的估算亦可按第三章第二节介绍的方法进行，该研究用不施肥情况下作物产量乘以氮、磷、钾（N、P、K）养分系数即可获得，见表 8-1（2）列，然后把各茬土壤供给氮、磷、钾（N、P、K）养分量分别总汇，则是轮作周期内的土壤养分供给总量，见表 8-1 总计一栏。

表 8-1　轮作周期内作物对养分的需要量

作物种类	计划产量/ $(kg \cdot hm^{-2})$	计划产量所需养分量 $(1)/(kg \cdot hm^{-2})$	地力产量/ $(kg \cdot hm^{-2})$	土壤养分供给量 $(2)/(kg \cdot hm^{-2})$	需要补给的养分量 $(3)=(1)-(2)/(kg \cdot hm^{-2})$
冬小麦	9 000	N 328.5	6 000	219.0	109.5
		P 41.4		27.6	13.8
		K 347.4		231.6	115.8
夏玉米	12 000	N 270.0	5 250	157.5	112.5
		P 39.6		23.1	16.5
		K 224.1		130.7	93.4
总计	21 000	N 598.5		376.5	222.0
		P 81.0		50.7	30.3
		K 571.5		362.3	209.2

注：收获每 100 kg 冬小麦子粒吸收的 N、P、K 分别为 3.65、0.46 和 3.86 kg。

收获每 100 kg 夏玉米子粒吸收的 N、P、K 分别为 3.00、0.44 和 2.49 kg。

四、估算轮作周期中养分平衡时养分补给量

首先按照表 8-1 中的(1)列与(2)列的差来估算轮作周期内各个作物需要补充的养分量,然后把各茬作物各种养分分别估算的差汇总,则为整个轮作周期内实现养分平衡所需要补充的总量,见表 8-1 中的(3)及其总计一栏。

五、轮作周期内各作物施肥技术方案

有了总的需要补充养分总量和各作物需要补充养分的数量,根据现有肥料的种类、品种及其利用率和养分含量,考虑各作物的需肥特点,然后分别制订各作物的肥料施用时期和施肥量,特别是确定好基追比和施肥方法,以及与之配套的栽培技术。要特别提醒的是,在计算的施肥量基础上实际施肥量可以稍为多一点,以培养地力之用。根据表 8-1,轮作周期内作物施肥技术方案见表 8-2。

表 8-2　轮作周期内各作物施肥技术方案

作物种类	需要补充的养分量/$(kg \cdot hm^{-2})$	肥料种类	施肥量/$(kg \cdot hm^{-2})$		
			种肥	基肥	追肥
冬小麦	N 109.5	厩肥		30 000	
		尿素	75	310	75
	P 13.8	磷酸氢二铵		275	70
	K 115.8	硫酸钾		360	90
夏玉米	N 112.5	厩肥		30 000	
		尿素	75	230	75
	P 16.5	磷酸氢二铵		275	140
	K 93.4	硫酸钾		342	
总计	N 222.0	厩肥		60 000	
		尿素	150	540	150
	P 30.3	磷酸氢二铵		550	210
	K 209.2	硫酸钾		702	90

注:①尿素中氮和磷酸氢二铵中氮的利用率按 40%计,磷的利用率按 20%计,硫酸钾中钾利用率按 50%计。②厩肥中的氮以培养地力之用,不计供氮量,磷含量低,可忽略不计,钾则按含钾(K)0.5%、利用率为 15%计。

六、轮作制度下施肥技术的效果评价

在轮作周期结束时,首先应采取土壤样本,分析其有机质、全氮和速效养分含量,同时测定土壤容重、孔隙度等。然后根据轮作周期实施前后土壤理化性状的变化情况和作物产量、产值、农业成本核算经济效益,最后对轮作周期内施肥技术效果的合理性进行全面检验和评价,从而确定该方案的可行性以及修改的方向。

思考题

1.轮作制下肥料分配的一般原则是什么？

2.以小麦—玉米轮作为例设计一个小麦和玉米计划产量分别为 9 750 kg·hm^{-2}、13 500 kg·hm^{-2} 的施肥技术方案。

3.轮作制度下的施肥与单个作物的施肥有什么不同？

第九章　信息技术在施肥中的应用

本章提要：主要介绍计算机施肥专家系统的概念、特点、类型、基本要求、设计原则、知识表达、智能推理、决策推理、决策流程分析和专家系统的应用等。

第一节　计算机施肥专家系统的建立与应用

一、专家系统的概念及设计原则

（一）农业专家系统与施肥专家系统的概念

农业专家系统俗称电脑农业专家，它是一种智能化的农业软件系统，即把分散的、局部的单项农业技术综合集成起来，在全方位、高层次农业专业知识基础之上，利用计算机对农业信息进行智能化处理。农业专家系统可以作为农业现代化信息的载体，传播各类实用的农业知识和高新技术成果，而且拥有高层次、多方面农业专家知识和经验，能模仿人类的推理过程，以形象、直观的方式向使用者提供各种农业问题的咨询服务和决策方案。施肥专家系统是农业专家系统中的一类，根据决策地块的实际土壤肥力情况及作物的需肥特性与要求等因素，确定科学合理的基肥施肥量；根据作物长相与长势、气象环境、田间管理等因素做出科学合理的追肥规划、追肥方式等施肥决策规划的软件系统。农业知识的不完整性以及农业领域的复杂性决定了农业是一个涉及生物、环境、社会和经济等诸学科的巨大系统，对于这样一个复杂的系统，应用专家系统进行描述可能是最好的解决途径之一。农业专家系统的产生由来已久，在 20 世纪 50 年代初，英国数学家提出了机器智能思维的观点，从而诞生了人工智能这一新兴科学。20 世纪 70 年代末期，美国开始研究农业专家系统，最初用于农作物的病虫害诊断。1978 年伊利诺伊大学开发的大豆病虫害诊断专家系统 plant/ds 是世界上应用最早的专家系统。到 20 世纪80 年代中期，研究从单一的病虫害诊断转向生产管理、经济决策与分析、生态环境管理等。目前国际上已有近百个农业专家系统，它们被广泛应用于作物生产管理、灌溉和施肥管理、品种选择、病虫害控制、温室管理、畜禽饲料配方制定、水土保持、食品加工、财务分析、农业机械选择等农业生产的各个领域。有些系统（如哥伦比亚大学的梯田管理系统）已成为商品进入市场。

我国农业专家系统研究始于 20 世纪 80 年代初。中国农业科学院作物所根据小麦专家庄巧生等的经验、知识和 40 多年的主要研究成果，研制出"冬小麦新品种选育专家系统"，其知识库中有近 550 条规则；根据玉米专家李竞雄等 40 多年的育种经验和科研成果研制的"玉米杂交种选育专家系统"，其知识库中包含 246 多条规则。中国科学院合肥智能所研制的"施肥专家系统"、合肥工业大学微机所研制的"水稻主要病虫害诊治专家系统"、中国农业科学院植保所开发的"黏虫测报专家系统"、土肥所开发的"黄淮平原禹城县小麦、玉米优化施肥专家系统"、农业气象所研制的"防御玉米低温冷害专家系统"、辽宁农业科学院高粱所研制的"水稻育种专家系统"以及安徽农业科学院研制的"水稻害虫专家系统"等都在种植业生产中得到了应用，并发挥了重要作用。

施肥专家系统在农业专家系统中占有重要地位。目前,我国已开发出小麦、玉米、水稻、棉花、烟草、甘蔗、果树和蔬菜等作物的施肥专家系统。中国科学院合肥智能机械研究所与安徽省农业科学院土壤肥料研究所合作研制的"砂姜黑土小麦施肥专家咨询系统"于 1985 年 10 月建成,在安徽省淮北 10 多个县得到较大规模的应用。河南农业大学研制的"小麦高产技术专家系统"在河南各地推广应用,用免耕和免耕耧技术解决了水稻收获和小麦播种争时间、争土地的矛盾,用放水晒田技术解决了稻田种麦的湿害问题,使小麦增产 $450 \sim 600$ kg·hm^{-2}。自 1992 年开始,国家"863"计划以智能计算机系统(306)为主题,启动了农业专家系统的研制和应用推广工作。在此基础上,科技部、国家"863"计划 306 主题进一步明确了"九五"期间高技术为农业服务的总体战略,决定开展"智能化农业信息技术应用示范工程",专家组与地方政府合作,"九五"期间在北京、吉林、安徽和云南共建立了 4 个智能化农业信息技术应用示范区,并取得明显成效。可以说,农业专家系统已触及我国农业领域的各个方面,为发展高产、优质、高效和安全的绿色农业做出了重要贡献。

(二)专家系统的特点及类型

1.专家系统的特点

从目前开发应用的各类专家系统来看,尽管其服务对象和形式多种多样,但均具有以下共同特点:

(1)启发性 专家系统要解决的问题,其结构往往是不合理的,问题的求解不仅依赖理论知识和常识,而且必须依赖专家本人的启发知识。

(2)透明性 专家系统能够解释本身的推理过程和回答用户所提出的问题,以便让用户了解推理过程,增大对专家系统的信任感。

(3)灵活性 专家系统具有扩展和丰富知识库的能力,以及改善非编程状态下的系统性能,即自学习能力。

(4)符号操作 与常规程序进行数据处理和数字计算不同,专家系统强调符号处理和符号操作,使用符号表示知识,用符号集合表示问题的概念。专家系统中的一个符号能代表一串程序设计,可用于表示现实世界中的任何概念。

(5)不确定性推理 领域专家求解问题的方法大多是经验性的,经验知识一般用于表示不确定的但存在一定概率的问题。由于实际中有关问题的不确定性,其信息表现往往不全面,专家系统能综合现有信息,应用模糊理论和经验知识进行推理。

2.专家系统的类型

按照专家系统所求解问题的性质,可把它分为下列几种类型:①解释型;②预测型;③诊断型;④设计型;⑤规划型;⑥监视型;⑦控制型;⑧调试型;⑨教学型;⑩修理型等。

按照专家系统的功能与作用对象,可将农业专家系统分为:①植物保护专家系统;②作物栽培专家系统;③施肥专家系统;④果树栽培专家系统;⑤蔬菜栽培专家系统等。

(三)专家系统的基本要求与设计原则

1.专家系统的基本要求

(1)运行可靠性高 对于某些特别的装置或系统,采用常规控制器,控制系统硬件结构庞大复杂,其可靠性自然很低。以专家控制器取代,结构将很简单,但要求其运行可靠性很高,通常还要求有方便的监控能力。

(2)决策能力强 决策是基于知识的控制系统的关键能力之一。通常要求专家控制系统应具有不同水平的决策能力。此外,还要求其能在处理难以用常规控制方法解决的不确定性、不完全性和不精确性的问题时,也具有相当的决策能力。

(3)应用通用性好　应用的通用性包括易于开发、示例多样性、便于表示混合知识和全局数据库的活动维数、基本硬件的机动性好、具有多种推理机制(如假想、非单调和近似推理)以及开放式的可扩充结构等。

(4)控制与处理的灵活性高　此要求包括控制策略、数据管理、经验表示、解释说明、模式匹配及过程连接等方面的灵活性。

(5)拟人能力强　即要求其控制水平须达到人类专家的水准。

2.专家系统的设计原则

(1)模型描述的多样性　设计时,应当考虑采用多样化的模型来描述各种形式,不应拘泥于单纯的解析模型。

(2)在线处理的灵巧性　专家系统的重要特征之一就是能够以有用的方式来划分和构造信息,在设计专家系统时应十分注意对过程在线信息的处理与利用。

(3)策略的灵活性　农业对象本身的时变性与不确定性及现场干扰的随机性,要求控制器灵活地采用不同形式的开环与闭环控制策略,并能通过在线获取的信息灵活地修改控制策略或控制参数,这样才能保证获得优良的控制品质。此外,系统中还应设计异常情况处理的适应性策略,增强系统的应变能力。

(4)决策机构的递阶性　人的神经系统是大脑、小脑、脑干、脊髓组成的一个分层递阶决策系统,以仿智为核心的智能控制器的设计必然要体现分层递阶的原则,根据智能水平的不同层次构成分级递阶的决策机构。

(5)推理与决策的实时性　对设计用于农业过程的专家控制器,这一原则必不可少,这要求知识库的规模不宜过大,推理机构应尽可能简单,以满足农业过程的实时性要求。

(四)专家系统的结构

典型的农业专家系统如图 9-1 所示。一个在功能上较为齐全的专家系统通常由 6 个部分组成:知识库、事实库、推理机、知识获取工具、解释器和人机交互接口,以下分别加以介绍。

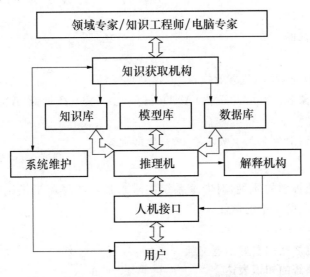

图 9-1　典型的农业专家系统图示

1. 知识库

用以存放有关领域专家进行推理思维的专家知识。专家知识的来源：一是与有关领域中问题求解相关的书本知识；二是常识性知识；三是专家在长期实践中获得的启发式知识。其中专家的启发式知识往往是仅存于专家大脑中，遇事可以随机应变，但专家自身也未对其进行条理性组织并使之达到系统化认识。这些知识也可能不很完备，经不起理论推敲，但它们对求解不良结构问题非常有效，是体现专家水平的主要方面。因而专家系统的建造人员在建知识库时必然面临两项艰巨任务，即知识获取和知识表示。知识获取指借助计算机工具获取问题所在领域的共性知识和专家的个性知识；知识表示指选择合适的数据结构把获取的专门知识转换为推理机能够理解的、且透明度高的类自然语言，在领域专家与计算机之间建立一种语义层，使其实现信息交互。

2. 事实库

是记录具体问题在特定的求解状态下的所有事实的集合，它由问题的有关初始数据和系统求解期间所产生的中间信息组成。

3. 推理机

在一定的控制策略下针对当前问题信息，动态识别和选取知识库中对求解当前问题可用的知识进行推理，最终得出问题的求解结论。

4. 知识获取工具

辅助知识工程师从领域专家及书本中总结出解决本问题的规律性知识，编写为系统推理机可识别、理解的知识库，以及从实践数据中通过数据挖掘、机器学习总结出规律知识，辅助知识的获取与更新维护。

获取规则知识常用的方法是先将专家经验与书本理论整理成断言形式，而后再变换成规则。例如，有关果树施肥方面的专家知识："在碱性土壤上，果树易发生缺铁症，叶片黄化，长势差，产量低，品质劣，喷施 0.05% 的硫酸亚铁，可获矫正效果。"将其整理成断言则为："如果土壤为碱性，且叶片黄化、长势差、产量低、品质劣，则喷施 0.05% 硫酸亚铁。"

根据断言建立的规则或规则集为：

（RS　　果树栽培）

　　（特性　　营养诊断）

（Rules）

　　（Rule1 果树缺铁素，喷施硫酸亚铁，矫正效果）

　　　　　IF（对象名　　叶片黄化）AND（长势差）AND（产量低）AND（品质劣）AND（土壤 pH＞7 微碱性）

　　　　　THEN（对象名　　喷施 0.05% 硫酸亚铁）

5. 解释器

回答用户对系统推理的质疑，对专家系统的求解过程与思路提供说明，增强决策的透明性，从而加强用户对求解结论的信任。

6. 人机接口

实现人与计算机之间的友好信息交流。

（五）施肥专家系统的知识表达

施肥专家系统的核心是知识。知识来源于领域专家对作物栽培、土壤及植物营养与施肥等专业知识的总结和概括。面向基层农户和农技人员,专家系统的领域知识可以采用如下几种类型来表示和组织。

1. 描述型知识

对于常识性、原理性、经验性知识用描述型知识来表示。对于这些描述型知识常用超文本和超媒体的手段通过文字、声音、图片、动画、视频录像等方式,按层次结构进行有机的编排。

2. 数据型知识

包括作物生产的时空数据和生产管理过程数据。时空数据包括土壤酸碱度、营养元素含量、有机质含量和气象数据等;生产管理过程数据如有关术语、概念、技术方法、品种、药品和农机具等,对数据型知识常用数据库进行管理和应用。

3. 规则型知识

对于决策型、判断型知识大多数采用规则型知识表示,如产生式规则。计算性知识如各种数学模型也属于规则型知识的范畴。

4. 集合型知识

通过将基于实例的推理与知识及系统集成的集合型知识,使专家系统更接近人的思维习惯,具有一定的学习功能,并能自动强化或修正知识。

(六)智能推理与决策推理

智能推理与决策推理是在建立知识库、规则库、数据库的基础上,从用户提供的已有事实推出新的结果。作物的生长过程是一个随时间和环境条件而变化的动态过程,不同地理位置的环境条件、水肥条件和病虫害因素等对生长产生影响。因而在推理过程中常常以事实和时间作为条件对问题进行求解。设作物的生长状态为 Q_i,响应的决策操作为 P_i,则产生式推理形式为:IF Q_i THEN P_i,即充分利用多条规则之间所具有的联系。如其中某条规则的前提是另一条规则的结论,可以按逆向推理的思维,把推理前提与推理目标之间的一系列规则展开为一棵树形的结构,形成知识树或推理树。

(七)决策流程分析

计算机施肥决策系统的主要功能流程如图 9-2 所示。该流程的具体算法大致可分为以下几个步骤。

①确定行政区用户。在行政区内确定需要施肥决策的农户。

②确定农户地块。通过农户选择地块。

③确定地块基本数据。通过地块可查询该地块的土地利用类型、土壤反应类型、所在地肥力分区、历次土壤养分速测的时间和结果,还可以向农户询问地块的校正因子水平。

④确定种植的作物。询问用户在该地块上种植什么作物,该作物的栽培方式(主要指施肥经验、施肥阶段及各阶段需肥比例)。

⑤确定该作物的目标产量。产量水平可按第三章中介绍的方法推算,也可根据农户要求进行。

⑥确定养分施用的种类及其数量。根据计划产量水平下有效养分单位施用量和地块面积计算出该地块应施有效养分及数量。

⑦依据肥力分区因子水平及权重对第⑥步的结果进行校正。

⑧依据地块校正因子水平及权重对第⑦步的结果进行校正。

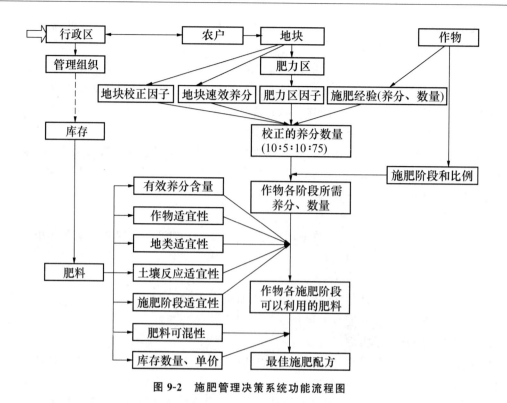

图 9-2　施肥管理决策系统功能流程图

⑨依据地块速效养分水平及权重对第⑧步的结果进行调整,得到该地块种植当前作物所需养分及总用量。

⑩根据本地区作物栽培方式,基肥、种肥、追肥的次数和比例,确定作物施肥阶段及每阶段所需养分及用量。

⑪根据肥料有效养分含量、肥料的作物适宜性、肥料的土壤适宜性、肥料的施肥阶段适宜性等,从库存肥料中确定出满足第⑩步要求的肥料。

⑫根据肥料可混性、市场价格、库存数量,确定各阶段最佳肥料配方。

⑬给出决策报告。

二、施肥专家系统的建立及应用

对于计算机施肥专家系统而言,确定施肥量是一个关键问题,而作物施肥量确定的方法很多。依据各种理论模型可建立各具特色的施肥专家系统。本节以养分平衡施肥专家系统的建立为例,简要介绍计算机施肥专家系统建立的方法步骤及其在农业生产上的应用。需要说明的是,养分平衡施肥的原理已在第三章详细介绍,这里不再赘述。

(一)作物养分平衡施肥决策系统

1.系统设计

系统设计框图见图 9-3。

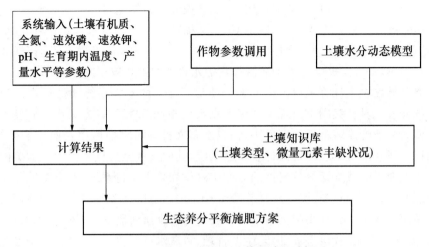

图 9-3　养分平衡施肥决策系统设计框图

2. 系统功能

本系统能快速给出各种作物、果树和蔬菜等的养分平衡施肥方案。小麦生态养分平衡施肥方案中,基/追肥建议使用时期和比例见表 9-1。

表 9-1　小麦生态养分平衡施肥方案中基、追肥建议使用时期和比例　　　　　kg·hm^{-2}

土壤肥力基础类别	需施用的养分量(基/追)			换算为需施用的肥料的量(基/追)		
(产量水平)	N	P_2O_5	K_2O	磷酸二铵	尿素	硫酸钾
4 500	41.9/97.7	84/21	4.1/9.5	182.6/45.7	23.6/195.5	8.2/18
5 250	55.4/129.2	133.5/33	13.1/30.5	290.2/71.7	13.2/254.4	26.2/61
6 000	61.5/141.0	147/37.5	39/93	319.6/81.5	15.6/276.4	78/186

注:表中氮和钾肥的不同时期施用比例为:基肥:起身拔节肥:穗粒肥=3:4:3;磷肥为基肥:起身拔节肥=8:2。

与传统的小麦施肥方案相比,各产量水平纯氮总量有所减少,增加了钾肥。总生产成本降低 4%～8%,小麦增产 6%～24.9%,经济效益增加 15%～31%。

目前,本系统还不够完善,尚未考虑土壤水分因子等,所应用的作物种类仍需不断增加,各个地区的土壤知识库需要不断扩充。尽管如此,本系统如与土壤养分速测技术相结合可为作物专用肥的生产和推广应用奠定坚实基础。

(二)专家系统的开发

专家系统主要采用一般的高级程序语言(如 PASCAL、FORTRAN、C 语言等)或人工智能语言(USP、PROLOG 等)开发,由于专家系统中各个部分用了不同的语言,其链接和调试都比较繁琐,对于计算机语言不熟悉的知识工程师,建立专家系统将是很困难的。20 世纪 80 年代初,一些研究人员根据专家系统具有知识库和推理机分离的特点,尝试着把已建成的专家系统中的知识条"挖"掉,剩余部分作为框架(frame),然后装入另一领域的专业知识,构成新的专家系统。在调试过程中,只需检查知识库是否正确即可。在这种思想的指导下产生了专家系统的开发平台,即专家系统开发工具,或称专家系统外壳(shell)。这是专为开发专家系统而创建的程序设计语言或其他辅助工具。利用专家系统开发工具,各个领域的专家只需将专门知识装入知识库,经调试修改,即可得到相应领域的专家系统,无须懂得许多计算机专业知识。

目前,国外出现了许多专用的专家系统外壳,开发专家系统基本上是运用开发工具来实现的。Lem-mont 利用专家系统外壳,开发了 Comax 棉花生产管理专家系统。20 世纪 80 年代末,美国宇航员推出了基于规则的通用专家系统工具 CLIPS;Plant 等提出了综合作物管理专家系统外壳 CALEx;FAO 提供的关于灌溉作物需水量的 CROPWAT 软件包,以及 Chaves 等介绍的在灌溉区操作中用计算机模拟模型来帮助编写计划的专家系统软件包 IRPSYS 等,也均是专家系统开发工具。我国也出现了许多专家系统外壳,如"天马"专家系统开发工具,吕民等开发的 ASCS 农业专家咨询系统开发平台,以及蒋文科等研究的通用农业专家系统生成工具等。利用以上所述的工具已开发出许多专家系统,其中一些已形成系列化。如美国的 Plant 等利用加利福尼亚大学戴维斯分校研制的 CALEx(作物管理支持系统)专家系统外壳,开发出棉花生产管理 CALEx/Cotton、桃树园林管理 CALEx/Peach、水稻生产管理 CALEx/Rice 等一系列专家系统。我国学者利用中国科学院合肥智能研究所研制的"雄风"系列农业专家系统开发工具,已开发出施肥、栽培管理、园艺生产管理、畜禽水产饲养管理、水利灌溉等专家系统,在全国 20 个省 200 多个县推广应用,效果很好。

第二节　"3S"技术在区域养分资源管理中的应用

一、养分资源管理的概念和含义

作物养分资源包括土壤养分以及肥料和环境提供的所有养分。由于养分资源具有多种特征,特别是具有随着各种物质进行纵向、横向和循环流动特征,因此,如何通过优化管理发挥养分资源有利作用并控制其不利作用,就成为实现社会可持续发展的必要条件。养分资源的管理涉及面广,往往需要综合运用多种技术才能解决问题,因此,养分资源必须进行综合管理。

(一)养分资源综合管理概念的提出及其含义

养分资源综合管理(IPNM 或 INM)是由联合国粮农组织(FAO)、国际水稻研究所(IRRI)和一些西方国家于 20 世纪 90 年代提出的,它的目标是综合利用各种植物养分,使产量的维持或增长建立在养分资源高效利用与环境友好的基础上。张福锁等(2003)综合各种观点和近年来国内外研究结果提出,养分资源综合管理是在农业生态系统中综合利用所有自然和化工合成的植物养分资源,通过合理使用有机肥和化肥等有关技术的综合运用,挖掘土壤和环境养分资源的潜力,协调系统养分投入与产出平衡,调节养分循环与利用强度,实现养分资源的高效利用,使经济效益、生态效益和社会效益相互协调的理论与技术体系。其基本含义包括:①以可持续发展理论为指导,在充分挖掘自然养分资源潜力的基础上,高效利用人为补充的有机和无机养分。②重视养分作用的双重性,兴利除弊,把养分投入限制在生态环境可承受的范围内,避免养分盲目过量的投入。③以协调养分投入与产出平衡、调节养分循环与利用强度为基本内容;以有机肥和无机肥的合理投入、土壤培肥与土壤保护、生物固氮、植物改良和农艺措施等技术的综合运用为基本手段。④它是一种理论,也是一种综合技术,更是一种理念;合理施肥仍然是其重要手段。⑤以地块、农场(户)区域和全国等不同层次的生产系统为对象,以生产单元中养分资源种类、数量以及养分平衡与循环参数等背景资料的测试和估算结果为依据,制定并实施详细的养分资源综合管理计划。

(二)农田和区域养分资源管理概念

养分资源的特征决定了养分资源的管理具有不同的层次范围,为了简化概念,我们简单地把其分为农田和区域两个尺度。

1. 农田养分资源综合管理的概念

农田养分资源综合管理就是从农田生态系统物质转化和循环的观点出发,利用所有自然和人工的植物养分资源,通过有机肥与化肥的投入、土壤培肥与土壤保护、生物固氮、植物品种改良和农艺措施改进等有关技术和措施的综合运用,协调农业生态系统中养分的投入产出平衡,调节养分循环与利用强度,实现养分资源高效利用,和 生产、生态、环境和经济效益的协调(张福锁等,2006)。更具体讲,农田养分资源综合管理就是以满足高产和优质农作物生产的养分需求为目标,在定量化土壤和环境有效养分供应的基础上,以施肥(化肥和有机肥)为主要的调控手段,通过施肥数量、时间、方法和肥料形态等技术的应用,实现作物养分需求与来自土壤、环境和肥料的养分资源供应在空间上的一致和在时间上的同步,同时通过综合的生产管理措施(如灌水、保护性耕作、高产栽培品种改良、生物固氮等)提高养分资源利用效率,实现作物高产与环境保护的协调。

不同的养分其资源特征显著不同。因此,应针对不同养分资源的管理采取不同的管理策略。氮素养分资源具有来源的多源性、转化的复杂性、去向的多向性、作物产量和品质效应敏感及其环境危害性等特征,因此氮素资源的管理应是养分资源综合管理的核心,应以精确的、实时的土壤和作物氮素监测为主,强调氮素的分期动态调控。相比而言,磷、钾养分在土壤中容易保持,一定范围的过量也不会造成产量和品质效应的明显下降,具有较长时期的后效等特征,应在养分平衡的前提下依据土壤有效养分的监测和作物施肥的反应采用恒量监控的方式进行管理。中微量元素肥料的管理应主要采用"因缺补缺"的方式。目前,我国已在农田尺度上,以高产和环境保护的协调为目标,建立了作物根层养分调控的新思路,并根据养分资源特征,建立了对氮进行实时监控、对磷钾进行恒量监控、对中微量元素进行矫正施肥技术。此技术已经应用于小麦、玉米、水稻、棉花、蔬菜和果树上,在我国特别是华北平原的农业生产中取得了良好的社会、经济效益和环境效应。

2. 区域养分资源综合管理的概念

区域养分资源综合管理作为一种宏观管理行为,就是针对各区域养分资源特征,以总体效益(生产、生态、环境和经济)最大为原则,制定并实施目标区域总体的养分资源高效利用管理策略。更具体讲,区域养分资源综合管理是从一个特定区域的食物生产与消费系统出发,把养分看作资源,以养分资源的流动规律为基础,通过应用各种杠杆手段(如政策、经济、技术等),对养分流经养分链各单元的存量和流量进行调节,而保持养分资源在不同单元的适宜分配和流动速率,进而维持区域不同单元生产可持续性的管理行为。

田块尺度的养分资源优化管理措施是在特定的土壤条件、作物品种、气候条件和田间管理方式下制定的,然而在区域尺度上,由于土壤、作物等因素空间变异的存在使得田块尺度的养分管理技术不能直接应用到区域尺度。与西方发达国家相比,我国以农户为单元的分散经营使得我国土壤和作物的空间变异更高,使区域养分资源管理更加复杂。

二、"3S"技术在区域养分资源管理中的应用

"3S"技术在区域养分资源管理中的应用是以 GPS 技术实时、快速地提供目标的空间位置及 RS 技术远距离测量并分析目标性质为基础,利用 GIS 特有的对空间数据的管理和分析的强大功能对空间数据进行处理。因此,将"3S"技术应用到区域养分资源管理有助于解决区域土壤养分存在很大的空间变异的问题。以"3S"技术为核心的精确农业施肥技术自 20 世纪 90年代以来发展很快,这种技术将土壤、施肥与产量等相关情况结合来制定推荐的施肥量,受土壤养分与肥料信息精准度的影响很大,在规模化经营条件下便于实施,目前我国东北、西北地区大农农场中已进行了有益的尝试。

近年来,"3S"技术的快速发展为人们在区域尺度上认识土壤、作物属性的空间变异并很好地利用这些变异提供了平台。区域养分资源管理研究趋势也由传统的通过一定区域内生物学试验获得的肥料统计模型来确定肥料用量发展为借助信息技术与施肥模型对作物和土壤养分资源进行有效管理,建立区域养分资源管理与作物推荐施肥技术体系。如美国佛罗里达州立大学研制了将作物模拟模型与 GIS 相耦合的农业和环境支持系统 AE-GIS(Engel et al.,1997);新疆农业科学院研发出基于 GIS 的区域土壤养分管理与作物推荐施肥信息系统。

(一)遥感技术在养分资源综合管理中的应用

遥感技术在农业上的应用近年来发展很快。随着研究的深入和科技的进步,遥感技术在作物营养诊断和推荐施肥中应用正展现出勃勃生机。

1. 可见光遥感技术

可见光遥感技术指传感器工作波段限于可见光波段范围($0.38 \sim 0.76~\mu m$)的遥感技术。可见光遥感(主要是彩色摄影技术)较早被用于作物氮营养状况诊断的研究中。Blackmer 等(1994)报道了玉米冠层彩色图像红、绿、蓝(R, G, B)三色光与玉米产量间极显著的线性相关关系;Dymond 和 Trotter(1997)使用 CCD 数码相机通过航空摄影拍摄了森林和牧场的彩色图像,并评价了森林和牧场的植物冠层双波长光的反射特性;Adamsen 等(1999)应用数码相机获取了冬小麦的冠层图像,认为冠层图像绿光与红光的比值 G/R 与叶绿素仪读数(SPAD值)及归一化植被指数 NDVI 指数有很好的相关性;Lukina 等(1999)应用数码相机获取田间小麦冠层图像并通过图像处理获得小麦冠层覆盖度,估计了冬小麦冠层生物量;Scharf 和Lory(2002)利用航拍图像对玉米的追肥施用量进行了预测与分析。在国内,贾良良等利用数码相机获取了冬小麦的冠层图像,并通过图像处理获取了图像的 $R、G、B$ 值,发现冬小麦冠层绿色深度与冬小麦叶绿素仪读数(SPAD 值)、植株全氮含量和地上部生物量之间都有显著的线性相关关系。而魏全全(2015)基于数码相机的数字图像技术用于冬油菜氮素营养的评估预测,认为评估时期在蕾薹期(包括)之前均可,最佳预测参数为红光标准化值 NRI,参数的最佳方程模型为直线方程函数。

这些研究表明完全可以利用通过分析图像色彩变化的可见光遥感技术来判断作物的氮素营养状况。在作物生长快速的季节,通过数字图像的获取与处理对作物生长状况进行无损监测,可以省掉大量的常规测试工作,大大地提高工作效率。

但同时也应当看到,可见光遥感由于图像获取的波段范围很窄,作物冠层的色彩差异并不容易区分,作物的营养状况差异很多时候并不能通过简单的红、绿、蓝三色光的分析判断出来。

直接将冠层颜色变化作为营养诊断的依据仍然有很多问题,因为很多因素都可能导致作物冠层颜色发生快速的变化,如病虫害、遮阴等,在应用可见光遥感技术进行监测时必须要强调田间的实地调查与取样分析。

2.多光谱遥感技术

多光谱遥感技术在判断植物生长状况上的应用很早就引起了人们的重视,最初主要应用在军事上,通过判断作物的红外图像以了解是否是伪装等。多光谱遥感的理论基础是植物叶片在红外波段的强烈反射。研究表明,植物叶片对光的吸收主要在 $400\sim700$ nm 的可见光波段,在此波段,植物冠层的光反射率较低,透射率也很低,但在 550 nm 处有一个强烈的反射峰。在红外波段,植物叶片在近红外波段($700\sim1\,300$ nm)的吸收很弱,反射率很强。从图9-4 可以发现,不同施氮处理的玉米冠层在整个可见光到红外波段的光谱反射中,在 550 nm和 780 nm 处的反射可以明显地区分出施氮处理的不同。而在更高的中红外波段($1\,300\sim2\,500$ nm),植物叶片的光反射特性又主要受到叶片水分的影响。

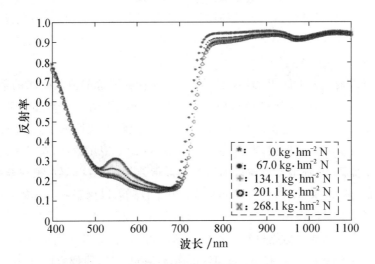

图 9-4　不同供氮水平下玉米叶片光谱反射图

引自:Stephen et al.,2002。

在应用多光谱技术进行作物营养诊断的工作中,一系列的冠层植被指数被发展起来用于对多光谱遥感数据的解译。最早发展成功的有冠层比值指数(RVI),即冠层近红外(NIR)反射与红光(IR)反射的比值,其理论基础为作物绿色叶片对红光的强烈吸收和对红外光的强烈反射。目前应用较多的是归一化植被指数 NDVI[$\text{NDVI}=(\text{NIR}-\text{Red})/(\text{NIR}+\text{Red})$]。NDVI 指数的变化与冠层光合作用活动和冠层植物对红外光的强烈反射及对红光的吸收有关,并受到叶面积指数(LAI)、冠层覆盖度和总叶绿素含量的影响,被广泛地应用于植被生长状况监测和自然植被覆盖度的检验等。但通常认为,由于 NDVI 指数对植物的氮素状况并不敏感,因而对低含量的叶绿素水平情况,可以用 GNDVI 值(以绿光波段来代替红光波段)来替代 NDVI。GNDVI 植被指数对叶绿素含量十分敏感,提供了对冠层叶绿素准确的估计。此外,NDVI 指数容易受土壤背景的影响,一些研究者已经指出用 NDVI 指数来描述植被氮素营养状况存在缺陷,土壤矫正植被指数 SAVI、优化土壤矫正植被指数 OSAVI 和变形土壤矫正植被指数 TSAVI 等改进的植被指数正在被广泛地应用。

目前,已经有直接应用多光谱测试手段进行作物氮肥推荐的仪器和机械设备,如 1987 年德国 Hydro 公司发展的拖拉机载氮素遥感诊断系统 PresioN-Tester(PNT)及相关系统;美国俄克拉荷马州立大学开发的 GreenSeeker 及相应的推荐施肥手段和相应的方法,GreenSeeker 也发展出了机载的田间变量施肥设备,并在生产中取得很好的效果。目前我国一些单位已经引进了这一设备,并正在开展前期的研究工作。多光谱遥感诊断技术具有很好的重复性,测定结果准确,但整套系统高昂的价格和必须大量基础性研究工作暂时限制了这一技术的迅速推广,但应当看到这一技术在作物养分状况实时监控中巨大的应用潜力。随着科技的不断发展,多光谱遥感技术必将有更广阔的应用前景。

3.卫星遥感技术

卫星遥感技术进行植物营养诊断是近年逐渐发展起来的,这主要得益于高精度商用卫星的成功发射,如 IKNOS、SPOT5、QuickBird 等。卫星遥感有多个光谱波段的信息可以选择,与多光谱遥感相类似,卫星遥感主要是利用卫星图像获得的不同光谱波段信息,通过分析建立相应的植被指数与作物营养状况的关系。目前卫星遥感中常用的光谱植被指数也与多光谱遥感相类似,如 NDVI、GNDVI、RVI 等。

卫星遥感可以覆盖较大面积,国际上已经有研究者利用这些卫星获取的数据进行作物的营养管理。如 Wright 等(2003)将 QuickBird 卫星影像应用于小麦子粒蛋白质含量的管理,发现从 QuickBird 卫星影像中提取的植被指数 GNDVI,近红外波段的反射 NIR 都与植株全氮含量有很好的相关关系。在国内,寿丽娜等利用 QuickBird 卫星数据,对冬小麦拔节期的冠层营养状况进行了监测,发现卫星图像得到的各植被指数与 SPAD 读数、植株全氮含量、地上部生物量等都有良好的相关关系,认为 QuickBird 卫星数据可以用于冬小麦的营养监测。

可以获取更多光谱波段的高光谱成像卫星近年来引起了人们广泛的关注,一些研究机构已经着手在利用高光谱成像数据进行作物的生长状况监测,但目前尚未见到公开的报道。目前可以用于商业和科研的卫星有 Aster、Hyperion、Modis 等,图像空间分辨率从 15 m、30 m 到 250 m。高精度的高光谱成像光谱数据将有可能为区域作物营养状况监控和养分资源综合管理提供更多的参考信息。另外,关于雷达成像卫星的研究近年来也有很多报道,如利用雷达成像卫星监测土壤水分含量、判断作物种类等。成像雷达不受天气、云层覆盖影响,白天黑夜都可以进行,且雷达图像反向散射协方差,即地面雷达波反射与雷达发射能量的比值,与土壤水分含量有很好的相关性,植被种类、密度、生长状况对雷达回波的变化都有影响,并可直接观测水体。但雷达成像受山区地形和地面的粗糙程度影响很大,且目前图像的解译还很困难,尚需要进一步的研究。

在我国当前的农业生产条件下,农民的田块通常比较分散、零碎,管理措施多样,区域内不同田块的作物品种和生育期差异极大。因此,利用卫星遥感技术进行区域作物养分资源综合管理时必须要注意与地面土壤植株测试相结合,建立一定数量的校验田块进行验证,以保证遥感数据能准确地反映真实的作物营养状况。另外,我国目前农民田块的高施氮问题也需要引起重视。因此,在将卫星遥感应用于区域氮肥追肥管理时,农民的普遍高施氮是一个必须解决的问题,可以通过示范试验、农业技术宣传和推广工作使农民意识到过量施肥的危害,降低基肥的使用。

(二)全球定位系统在养分资源综合管理中的应用

GPS 系统具有高精度、全天候、高效率、多功能、选点灵活、操作简便等特点。利用 GPS 技术，配合 RS 和 GIS，能够做到监测农作物产量分布、土壤成分和性质分布，指导合理施肥，节约费用，降低成本，达到增加产量、提高效益的目的。

1.土壤养分分布调查

在播种之前，可用一种适用于在农田中运行的采样车辆按一定的要求在农田中采集土壤样品。车辆上配置有 GPS 接收机和计算机，计算机中配置地理信息系统软件。采集样品时，GPS 接收机把样品采集点的位置精确测定出来，将其输入计算机，计算机依据地理信息系统将采样点标定，绘出一幅土壤样品点位分布图。

2.监测作物产量

在联合收割机上配置计算机、产量监视器和 GPS 接收机，就构成了作物产量监视系统。对不同的农作物需配备不同的监视器。

例如，当收割玉米时，监视玉米产量的监视器记录下玉米所结穗数和产量，同时 GPS 接收机记录下收割该玉米所处位置，通过计算机最终绘制出一幅关于每块土地产量的产量分布图。

通过和土壤养分含量分布图的综合分析，可以找出影响作物产量的相关因素，从而进行具体的田间施肥等管理工作。

3.合理施肥，精确农业管理

依据农田土壤养分含量分布图，设置有 GPS 接收机的"受控应用"的喷施器，在 GPS 控制下，依据土壤养分含量分布图，能够精确地给田地和各点施肥，施用的化肥种类和数量由计算机根据养分含量分布图控制。

在作物生长期的管理中，利用遥感图像并结合 GPS 可绘出作物色彩变化图。利用 GPS 定位采集一定数量的土壤及作物样品进行分析，可以绘制出作物生长的不同时期的土壤养分含量的系列分布图，这样可以做到精确地对作物生长进行管理。

据国外介绍，利用差分 GPS 对飞机精密导航，估计会使投资降低 50% 左右。具体在施肥应用中，利用 GPS 差分定位技术可以使飞机在喷洒化肥时减少横向重叠，节省化肥用量，避免过多的用量影响农作物生长，还可以减少转弯重叠，避免浪费，节约资源。对于在夜间喷施更有其优越性，因为夜间蒸发和漂移损失小，且夜间植物气孔是张开的，更容易吸收肥料，提高施肥效率。依靠差分 GPS 进行精密导航，引导农机具进行夜间喷施和田间作业，可以节省大量的化肥。

(三)地理信息系统在养分资源综合管理中的应用

目前，地理信息系统在区域养分管理中得到了广泛的应用，但传统的应用方法主要用于数据存储、维护、管理和空间变异分析上，模型和模型管理系统在其中处于从属地位，难以解决区域养分资源管理中的主要问题，如土壤氮素转化过程复杂，损失途径较多，不容易定量化等；而以模型库为驱动核心的空间决策支持系统以决策的有效性为目的，建立决策模型和空间复合运算，在不同的决策阶段予以不同的支持，支持决策的全过程，从而避免了目前运用 GIS 在空间信息的分析评价、时空分析、预测和模拟及其决策等过程中模型分析功能不足的缺陷。例如,崔振岭等结合统计学的原理和 GIS 技术,通过作物目标产量氮素需求、土壤供氮和氮素损失定量描述,建立了氮素表观平衡模型和区域氮素管理系统;根据作物目标产量磷、钾需求量和土壤有效磷、钾监控技术,建立了基于土壤有效磷、钾测试和作物需求的区域磷、钾管理模型和区域磷、钾养分管理系统(下文将另做介绍)。

三、基于 GIS 技术的区域养分资源管理的步骤

GIS 技术在区域养分资源管理方面越来越发挥巨大的作用。基于 GIS 技术的区域养分资源管理是在地理信息系统平台上通过空间插值的方法生成区域性土壤养分分布图,并在此基础上结合养分管理模型进一步进行区域养分管理区划。利用 GIS 进行某区域养分资源管理的具体步骤如下。

1. 土壤和作物空间数据的采集

通过空间网格法实地取样和调查,获取研究区域土壤和作物属性信息。以一定区域行政边界为调查边界采集空间土壤样品,同时调查空间作物产量与施肥量等数据,即采集土壤样品和调查作物产量与施肥量等数据的同时用 GPS 定位。空间土壤养分属性采用空间等距方格取样的方法获得,空间作物产量、施肥量等数据来源于空间数据调查。

2. 土壤养分含量分析

采集的空间土壤样品经处理后分析养分含量。土壤养分含量包括有机质、全氮、全磷、全钾、pH、有效氮($NO_3^--N+NH_4^+-N$)、有效磷、有效钾、交换性钙和镁、有效硫、水溶性氯、有效铁、锰、铜、锌、硼和钼等。

3. 土壤属性专题图的准备

目前国内外已经出现了大量的 GIS 平台,如 Arc/Info、ArcView、MapInfo、MapGis 等。应用地理信息系统(GIS)的屏幕矢量化功能,将研究区域的行政区划图进行矢量化,生成研究区域边界图和采样区域行政区划矢量图。例如,将第二次土壤普查制成的土壤属性图和土壤质地图经图件扫描后,利用 ArcView 的数字化图件功能将该图数字化,形成具有相对坐标的数字地图,利用 TopMap 软件将图件相对坐标改为大地坐标,形成具有地理信息属性的土壤属性专题图。

4. 土壤采样点位图

将用 GPS 定位的采样点坐标用 Arc/Info 系统转换后,生成采样点位图,并通过采样点代码(ID 号)将点位图坐标与土壤养分测定值和作物产量水平数据库进行链接。

5. 土壤养分和作物产量分布图的生成

通过统计学空间插值获取区域水平的土壤属性、土壤养分和作物产量水平分区专题图。将网格法获得的空间作物产量和土壤养分数据进行克立格(Kriging)空间插值,通过坐标校正后形成具有地理信息的空间图件。将 Arc/Info 生成的行政区划图和采样点位图导入 ArcView 系统中,用插值的方法生成不同土壤养分和作物产量的分布图。

6. 区域养分资源管理(施肥)分区图的生成

在生成的土壤养分和作物产量分布图的基础上,综合养分管理模型并通过叠加的方法生成区域养分资源管理(施肥)分区图。例如,利用 ArcView 的计算功能,通过作物目标产量水平和形成 100 kg 小麦和玉米子粒产量的氮素需求量计算区域作物氮素需求分区图,通过有机

质与土壤氮素矿化量的数学关系式计算小麦和玉米生长季土壤氮素矿化分区图,通过土壤质地分级(中壤和沙壤)估算小麦季氮素表观损失分区图,通过图层间计算获取小麦、玉米季优化氮肥用量分区图。

思考题

1.施肥专家系统的概念是什么? 它有什么特点?

2.设计一个小麦施肥专家系统的流程图。

3.什么是"3S"技术?

4.养分资源管理包括哪些含义?

5.利用 GIS 进行某区域养分资源管理有哪些具体步骤?

第十章 农化服务与施肥

本章提要：主要介绍农化服务的概念、作用、组织形式与运作过程,其核心任务是养分配方的确定;常见农化服务体系的结构模式及建设我国农化服务体系的设想与发展前景。

养分的物质载体是肥料,而进入农业生产资料流通领域且被广泛应用的肥料绝大部分是化肥。化肥怎样流通到农民手中,各国的做法不同,欧美等国家有较完善的农化服务体系,而我国正在逐步完善,使化肥的生产、流通、应用走向科学的轨道。

第一节 农化服务体系的建立

一、农化服务的形成与发展

19世纪中期,化肥刚刚诞生之时,为了向农民展示化肥在作物上的增产效果,化肥生产商在农学家的配合下,开展了一系列的田间肥效试验与示范,其中最著名的当属始于1843年并一直延续至今的英国洛桑试验站的有机肥与无机肥对比试验,此举大大推动了化肥的销售和化肥工业的发展,这就是最初的农化服务。随着化肥品种的增多、产量的增加、肥料之间的合理搭配与相应的施肥技术成为急需解决的问题,因此以李比希提出的矿质营养学说为标志的植物营养理论和日渐成熟的土壤与植物分析技术在指导合理施肥上发挥了重要作用,大大提高了作物的产量,农业科学技术的介入使化肥的生产与流通又跃上一个新的台阶,由科技人员、化肥企业和肥料经销商组成的服务于农民的农化服务体系初步形成。至今,欧洲、北美、澳大利亚和日本等发达国家已形成了相当完备的农化服务体系。

可以认为农化服务是以科学技术为主导,以肥料为载体,以合理施肥和保障农业可持续发展为目的,由科技、肥料生产与流通及肥料使用等部门共同组成的社会化的农业技术服务体系。

二、农化服务的组织形式

由于各国国情不同,在农化服务的发展过程中形成了各具特色的组织形式。概括起来,主要有两大类。

(一)隶属于政府部门的专门机构

如苏联的国家农业化学服务总部、英国农粮渔业部所属的农业发展和咨询服务部、日本的全国农业改良普及研究所、印度的农化服务机构等。我国的农化服务机构是一个自中央到地方的庞大网络,由各级农技推广中心的土壤肥料工作站以及乡镇农技站为下级机构和农民提供农化服务。

(二)隶属于企业和科技部门的农化服务机构

(1)由肥料制造商的市场开发部门(或农业分部)下设的农化服务机构,这种组织形式在英国、美国、印度和欧洲一些国家较多,我国许多化肥企业也设有农化服务中心。

（2）由肥料经销商开办的农化服务机构，在欧美较普遍，如美国的 IMC 农业商务公司。

（3）由大学下设的农化服务机构，如美国的各州立大学均有以土壤测试实验室为基础的农化务组织。我国许多农业院校和农业科研院所通常采取与企业或农技部门联合的方式为基层和农民提供农化服务。

（4）私营的农化服务机构，如加拿大的"平原开发实验室"为私人集团公司（Envio.-Test Laboratories）所有，这类实验室在美国也较普遍。

作为一个农化服务机构，虽然组织形式不同，但其至少有一个能承担土壤和植株养分常规分析的土壤测试实验室和一个在测试、咨询基础上提出合理配比的养分配方的决策者或专家系统。除此之外，由肥料生产商和经销商开办的农化服务机构还设有肥料的加工与营销系统，按配方要求为农民加工复混肥料，甚至为农民提供施肥服务。

我国的农化服务是在借鉴欧美成功经验的基础上，自 20 世纪 80 年代开始发展起来的，其组织形式以化肥厂下设的"农化服务中心"为主，由原化工部负责对全国农化服务组织的指导与协调工作。1980 年，河北省冀县（现衡水冀州区）化肥厂成立了我国第一个农化服务中心；1997 年，安徽省合肥四方集团农化服务中心成为原化工部第一个授牌的农化服务机构。目前，我国的许多化肥厂和供销系统都成立了自己的农化服务中心。

2005 年以来，在国家财政支持下，原农业部主持了全国范围内以种植业为主的县级测土配方施肥工作，这是继第二次全国土壤普查之后，又一次大规模的农业基础性工作，其主要内容为肥料效应田间试验、样品采集与制备、田间基本情况调查、土壤与植株测试、肥料配方设计、配方肥料合理使用、效果反馈与评价、数据汇总、报告撰写及耕地地力评价等。为此，原农业部主持制订了《测土配方施肥技术规范》（见附录）。

第二节　农化服务机构的运作

一、土壤和植株分析是农化服务的基础

开展农化服务工作，土壤和植株养分测定是基础性工作。因此，不论是大学、研究机构或农技推广部门的土壤测试实验室，还是化肥生产商、化肥经销商或私立的土壤化验室，都对农户开展定点的长期的土壤与植株测试服务，这种服务既有收费的，也有免费的。如澳大利亚的 CSBP 公司农化服务中心的 28 名分析人员，每周可分析 4 万个土样和 3 万个植株样；PIVCT 公司农化服务中心的 4 个分析人员一年可分析 5 万～6 万个样品。在分析技术上，广泛使用了 ICP、流动注射、原子吸收等较先进的仪器分析手段。所有分析结果均储存在电脑内，以便查询和讨论。与国外相比，我国目前农化服务的土壤与植株分析在设备水平和分析能力上均有一定的差距，加之每个农户经营的土地面积远低于国外，因此，样品的代表性也不甚强。

二、肥料配方是农化服务的关键

在农化服务中，土壤和植株分析的目的并不仅仅是为了了解土壤养分和植物营养的状况，更重要的是要在分析结果的基础上结合土壤学、植物营养学和施肥法的理论，为达到作物的产量和品质目标提出合理的养分管理方案，以通过科学的养分管理实现对作物所需养分的补充与调节。本书第二篇中介绍的"土壤有效养分校正系数法"和作物营养诊断中的"养分指标法"

等都是以土壤或植株分析的结果提出养分管理方案的。除此之外,本书第二篇中介绍的"养分平衡法""肥料效应函数法"也是用来制订养分管理方案的基本方法。

养分管理方案的核心是"配方",所谓配方就是为达到作物生产目标而需补充的各种养分量及其合理搭配。现举例说明。

某土壤种水稻,目标产量为 $7.5\ t \cdot hm^{-2}$,根据土壤有效养分校正系数法计算,除土壤可提供的养分外,实际需补充的 N 为 $150\ kg \cdot hm^{-2}$,P_2O_5 为 $60\ kg \cdot hm^{-2}$,K_2O 为 $96\ kg \cdot hm^{-2}$,若这些需要补充的养分中,P_2O_5 和 K_2O 全部做基肥,N 的 1/2 用来做基肥,则 3 种养分的比例为氮(N):磷(P_2O_5):钾(K_2O)为 $75:60:96 = 1:0.8:1.3$,如果这些养分由商品复混肥来提供,按 $750\ kg \cdot hm^{-2}$ 的施肥量计算,则该复混肥为:

$$含氮(N) = 75 \div 750 \times 100\% = 10\%$$
$$含磷(P_2O_5) = 60 \div 750 \times 100\% = 8\%$$
$$含钾(K_2O) = 96 \div 750 \times 100\% = 13\%$$

由此则可得到肥料养分配方:10-8-13。根据该配方选配合适的肥料品种,生产出的复混肥即可满足达到目标产量对基肥的养分需求,另有 75 kg 氮用作追肥。

三、复混肥是农化服务的物质载体

肥料是养分的载体,上例中得到的配方都是以养分的百分数表示的,必须转变为具体的肥料才能用于生产。根据配方加工成肥料的任务是由化肥厂通过生产工艺来实现的。目前生产上常用的配方肥有两种:一种是掺混肥(又称 BB 肥),系由各种颗粒状的单质或化成复合肥料通过干混而成,在国外多为随用随混的散装型肥料;另一种为复混肥,系由各种粉末状肥料经混合造粒而成,常伴有化学反应。不管是 BB 肥,还是复混肥,都是属于二次加工的肥料产品。它们的优点不仅在于其配方合理,一次施肥即能满足作物对多种养分的平衡需求,更重要的是,通过化肥产品的形式将平衡施肥的科学原理予以物化,通过施肥以纠正农民偏施氮、磷肥,轻视钾肥的习惯,逐步实现土壤养分的平衡。因此,与普通化肥相比,复混肥是科技含量更高的肥料。

现仍以上例为依据,叙述根据配方加工成肥料的基本技术路线。

(一)掺混肥(BB 肥)

BB 肥是由颗粒肥料干混而成,因此各种原料肥的投料量可直接从单位面积实际需补充的养分量算起。由上例可知,达到目标产量时,仍需补充 N 75 $kg \cdot hm^{-2}$,P_2O_5 60 $kg \cdot hm^{-2}$、K_2O 96 $kg \cdot hm^{-2}$ 作为基肥,若 N 由颗粒氯化铵(含 N 为 23%)来提供,则氯化铵的需用量为:$75 \div 0.23 = 326$(kg);若 P_2O_5 由颗粒过磷酸钙(含 P_2O_5 为 12%)来提供,则过磷酸钙的需用量为:$60 \div 0.12 = 500$(kg);若 K_2O 由颗粒氯化钾(含 K_2O 为 60%)来提供,则氯化钾的需用量为:$96 \div 0.60 = 160$(kg);上述 3 种肥料的总重量为:$326 + 500 + 160 = 986$(kg)。该 BB 肥的氮(N):磷(P_2O_5):钾(K_2O)即为 $75:60:96 = 1:0.8:1.3$。

若磷(P_2O_5)改由颗粒磷酸二铵(含 N 为 15%,P_2O_5 为 42%)提供,则必须首先计算出供磷所需磷酸二铵的用量为:$60 \div 0.42 = 143$(kg);再算出磷酸二铵提供的氮量为:$143 \times 0.15 = 21.5$(kg);则需再由氯化铵提供的氮为:$(75 - 21.5) \div 0.23 = 232.6$(kg);氯化钾的用量仍为 160 kg。三者相加:$232.6 + 143 + 160 = 535.6$(kg)。这表明在配方不变的情况下,选用养分含量高的原料肥配制 BB 肥，可以减少肥料重量，节省由此产生的加工、包装、储运和施肥的成本。

(二)复混肥

复混肥的生产是根据配方提出的养分要求进行生产的，在本例中，配方为 10-8-13，则每吨复混肥中单元肥料的用量为：

若选用氯化铵(含 N 为 23%)作为氮源，氯化铵的用量为：$10 \div 23 = 0.435(t)$；若选用重过磷酸钙(含 P_2O_5 为 40%)作为磷源，重过磷酸钙的用量为：$8 \div 40 = 0.20(t)$；若选用氯化钾(含 K_2O 为 60%)作为钾源，氯化钾的用量为：$13 \div 60 = 0.22(t)$；三者总重量为：$0.435 + 0.20 + 0.22 = 0.855(t)$。另有 $1 - 0.855 = 0.145(t)$ 作为填充料加入即成 1 t 符合养分配方要求的复混肥。

若磷源改由磷酸二铵(含 N 为 15%，P_2O_5 为 42%)提供，按前例首先计算出供磷所需磷酸二铵的用量为：$8 \div 42 = 0.19(t)$；其中磷酸二铵另提供的氮量为：$0.19 \times 0.15 = 0.029(t)$；则需再由氯化铵提供的氮为：$(10 - 0.029) \div 23 = 0.431(t)$；氯化钾的用量仍为 $0.22(t)$。三者相加：$0.431 + 0.19 + 0.22 = 0.841(t)$，另有 $1 - 0.841 = 0.159(t)$ 作为填充料加入。

由于在复混肥生产中常伴有化学反应，加之对肥料成粒性能及颗粒强度也有一定要求，因此在实际生产中还将对原料组成做适当调整，以适应生产工艺和产品质量的要求。

四、农民是农化服务的对象

农民之所以是农化服务的对象，是因为无论是科学配方的提出，还是按配方生产出的符合目标产量养分需求的复混肥(或 BB 肥)，都必须经过农民的施肥作业(在国外，有的施肥作业是由肥料经销商完成的)和相应的田间管理过程才能实现其预期目的，同时也是对配方科学性和肥料产品质量可靠性的检验过程。由于农民对科学施肥原理与技术的认识程度有限，因此，在施肥过程中，还需要农业技术人员的指导。但如果就事论事地进行专项指导，虽然能解决临时性的技术问题，但不能促进农民科技素质的提高。因此，农技人员的主要任务应该是在农化服务过程中不断培训农民，让他们逐步接受并实践系统的科学施肥理论与技术，这方面的内容主要包括施肥与产量、施肥与农产品质量、施肥与土壤培肥(即用地与养地)、施肥与农田生态系统平衡、施肥与环境、施肥与成本核算、施肥方案的制订、肥料特性与施肥技术、样品采集技术、作物营养诊断技术等。其方式除举办专题的培训外，还可以通过培养具有一定文化程度的农民技术员，在农户中建立科学施肥示范田等。

由于我国农户平均经营的土地面积小，农户间在养分管理和作物布局上也不同，导致土壤的基础肥力存在差异，而商品化的复混肥尽管在配方上力求科学、合理，也无法普遍适用于每一农户，为每一农户或每一田块设计并生产专用复混肥，在工业生产上也不允许。因此，不同农户在不同田块上使用同一配方的复混肥时其增产效果也必定有差异。在农化服务上，农技人员应及时收集并反馈有关信息给肥料科技工作者，以进一步调整配方，使之更趋合理，适用面更广，农技人员还应结合作物营养诊断指导农民积极调整追肥方案，以补偿在基肥施用后不同田块上呈现的作物生长的差异，直至收获计产。至此，以养分管理为主线的农化服务基本完成。从以上可以看出，农技人员在以农民为对象的农化服务过程中，农技人员起着承上启下的重要作用。综上所述，农化服务体系的运作程序大致如图 10-1 所示。

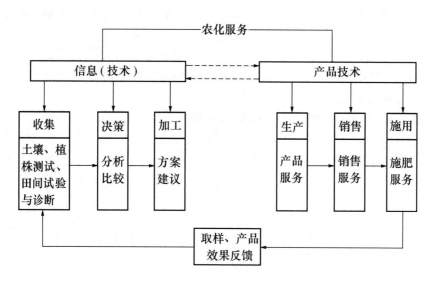

图 10-1　农化服务体系的运作程序

引自:农化服务手册,略有修改。

第三节　农化服务体系的结构模式

一、常见的农化服务模式

发达国家的肥料企业十分重视农化服务,企业内部的农化服务体系较为健全,运作也十分协调。现以美国为代表的发达国家的肥料企业农化服务机构的模式为例(图 10-2)做一介绍。

从图 10-2 可以看出,与一般化肥厂显著不同的是:①其肥料产品主要来自肥料的二次加工,以复混肥进入农资流通渠道;②由于复混肥均根据科学的配方与工艺进行生产,其产品具有较高的农业科技含量,针对性强,能较好地满足服务对象的要求;③在整个农化服务机构中,农业科技人员扮演着重要的角色,在肥料的市场开发中具有举足轻重的作用。这些肥料企业都有专职的农业化学家和农艺师,他们通过系统、复杂的劳动,为生产部门提供科学的养分配方,并负责土壤测试和对农民的施肥指导和向技术开发部门反馈产品应用效果的信息。如此循环往复,使其企业的肥料产品不断得到改进,更加适合土壤和作物的需求,巩固其产品的市场竞争力。

我国肥料企业的农化服务体系建设正处在发展阶段,除一些先进单位和大型企业有较为完备的农化服务机构外,大部分是通过与大专院校和农业科研部门建立较为密切的技术合作关系来实施农化服务的。

二、土壤测试实验室的农化服务模式

许多农业院校和农业科研部门拥有的土壤测试实验室,因其人才济济、科研实力雄厚、设备先进和测试能力强而成为农化服务的生力军。在国外,许多私立的土壤测试实验室也积极参与农化服务。这些实验室一般都与农户建立长期、固定的合作关系,农户在实验室技术人员

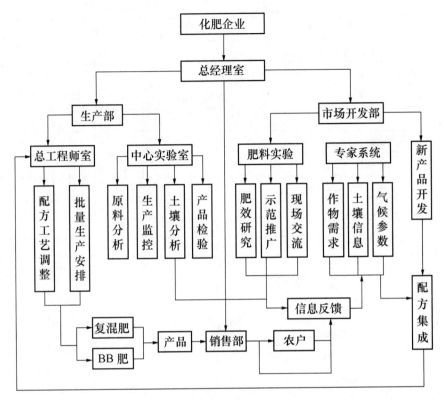

图 10-2 发达国家肥料企业农化服务模式

引自:施肥技术与农化服务,略有修改。

的指导下,定期送样并向实验室提供相关信息及下一年种植计划及目标产量等。各类土壤测试实验室的核心任务是在土壤分析的基础上,通过积累数据为农户建立档案或数据库,由农业科学家或计算机专家系统结合气象、植保、作物品种等信息向农户提供养分配方与施肥建议(表 10-1 和表 10-2)。

农户在得到由土壤测试实验室提供的养分配方或施肥建议后,可直接到农资市场采购所需的肥料或委托肥料厂(配肥站)按配方加工成复混肥(或 BB 肥),继而完成施肥作业。在作物生长至收获期间,土壤测试实验室的技术人员还通过现场调查或问卷调查形式收集有关施肥效果的信息,一方面可及时给农户以技术指导,调整包括追肥在内的养分管理方案;另一方面也是为次年的施肥建议积累信息。在这种农化服务模式中,农户成为连接科技与市场的纽带。农化服务是科学技术在市场经济发展条件下诞生的必然产物,它必将随着科学技术和市场经济的不断发展而与时俱进。因此,今后的农化服务将表现为:

(1)充分利用现代测试与诊断技术,提高土壤分析和作物营养诊断的速度和准确性。

(2)充分利用现代信息技术,建立综合性的大型数据库和智能化专家系统,提高养分管理决策的科学化水平。

(3)充分利用现代化工技术,不断提高肥料产品的科技含量。如应用技术开发质优价廉的缓释、控释肥料,提高肥料利用率,减轻肥料对环境的污染。

表 10-1 _____省_____县作物养分平衡施肥方案

肥力等级	类　别	高肥力		中肥力		低肥力	
	空白产量/(kg·hm^{-2})						
目标产量/(kg·hm^{-2})							
土质类型		沙质	黏质	沙质	黏质	沙质	黏质
土壤养分含量	有机质/(g·kg^{-1})						
	碱解氮/(mg·kg^{-1})						
	有效磷/(mg·kg^{-1})						
	速效钾/(mg·kg^{-1})						
	微量元素/(mg·kg^{-1})						
肥料用量/(kg·hm^{-2})	氮(N)						
	磷(P$_2$O$_5$)						
	钾(K$_2$O)						
	有机肥						
底肥或追肥/(kg·hm^{-2})	氮(N)						
	磷(P$_2$O$_5$)						
	钾(K$_2$O)						
备　注							

表 10-2 _____省_____县养分平衡施肥通知卡　　　　kg·hm^{-2}

土壤名称	质地		田块位置		前茬作物	
目标产量	作物品种		插栽规格			

施肥次数	施肥时间	有机肥 用量	氮肥 品种	氮肥 用量	磷肥 品种	磷肥 用量	钾肥 品种	钾肥 用量	微肥 品种	微肥 用量	微肥 品种	微肥 用量	使用技术及说明
1													
2													
3													
4													
总施肥量													

配方人：　　　实施人：　　　制定日期：　　年　　月　　日

（4）充分利用"3S"技术,完善并实现在精确农业中的精确施肥,提高施肥的经济效益。

（5）充分利用现代管理科学原理,实现农化服务体系中各部门之间的有序与高效运转,提高养分管理和为农服务的水平。

思考题

1.农化服务的组织形式有哪些?

2.农化服务机构是如何运作的? 为什么说配方是农化服务的关键?

3.农化服务的物质载体是复混肥（BB肥）,如何将一个养分配方转化为具体的商品肥料?

4.农化服务的发展方向是什么?

第四篇

作物营养与施肥

第十一章　大田作物营养与施肥

本章提要：主要介绍水稻、小麦、玉米、大豆、薯类、棉花、烟草、麻类作物、花生、油菜的营养特性及其施肥技术。

第一节　水稻营养与施肥

全世界约有半数人口以稻米为主要粮食，亚洲的稻米消费量约占世界的 90％。中国是世界上栽培水稻最古老的国家之一，也是最大的水稻生产和消费国。水稻年种植面积占全球的 1/5，稻谷产量占世界总产量的 1/3。稻谷年均总产居世界第一，平均单产是世界平均水平的 1.6 倍。中国为世界粮食安全做出了巨大的贡献。我国水稻播种面积约占粮食作物总面积的 1/4，而产量接近全国粮食产量的 1/2，在商品粮中占 1/2 以上。因此，水稻生产在我国粮食生产中具有举足轻重的地位。

中国水稻研究居世界前列。20 世纪 60 年代初，以矮秆抗倒伏、高产等系列品种的育成和推广，标志着我国进入水稻矮化育种的新纪元，增产 30％～50％，从而实现了水稻单产的突破。这些高产矮秆抗倒品种的大面积推广，导致了亚洲国家的水稻"绿色革命"。20 世纪 70 年代中期，以袁隆平为代表的中国育种家选育成功三系杂交水稻，单产比常规品种增加 10％～15％，带动了栽培技术的根本变革；杂交水稻优势利用技术的重大突破，使单产又提高 20％以上，带来了世界水稻生产的新跨越，使水稻单产水平实现第二次飞跃。其后，在 20 世纪 90 年代中期，中国"超级稻"研究应运而生，实现水稻产量的第三次飞跃。超级稻育种技术上实现了 666.7 m^2 产 800 kg 的新突破，水稻生产正进入"第三次革命"。超级杂交稻研究于 2000 年、2005 年和 2010 年已分别实现了每 666.7 m^2 产量达 700 kg、800 kg 和 900 kg 的第一、二、三期目标。近年来，多个品种，多年分、多地点百亩示范方单产已突破 1 000 kg 大关。

从栽培品种的利用出发，进行分类：按熟期可分：早稻早、中、晚熟，中稻早、中、晚熟和晚稻早、中、晚熟共 9 个品种。按穗粒性状分为大穗型和多穗型；按株型可分：高中矮秆型；按杂交稻种和常规稻种可分：常规稻、杂交稻和超级杂交稻；按优质种可分：粳稻与籼稻。

水稻新品种的不断推广与应用，特别是杂交稻和超级杂交稻大面积的推广应用，以及种植制度（双季稻、一季稻、稻—稻—油、稻—稻—菜、烟—稻等）和种植方式（直播、抛秧、机插和传统人工栽插）等的变更，给水稻施肥带来了全新的课题和挑战，同时也赋予了广大肥料科技工作者重大的历史使命。

一、水稻需肥特性

(一)水稻对养分的吸收量

在高产栽培条件下,每生产 100 kg 稻谷需吸收氮(N)2.10～2.40 kg、磷(P_2O_5)0.90～1.30 kg、钾(K_2O)2.10～3.30 kg。一般情况下,杂交水稻在生理上具有杂交优势,表现为根系发达、生长势强、叶面积大、光合效率高、能发育形成穗大粒多的稻株。虽然形成每 100 kg稻谷产量所需养分与常规水稻差异不大,但所吸收钾比常规水稻高 10%,又因其栽插密度稀,基本苗少,故需较高的供肥强度才能发挥其单株吸肥能力强的优势;同时,杂交水稻的产量比常规水稻要高 20%左右。所以,杂交水稻实际吸收的养分总量会高于常规稻。与小麦、玉米等禾谷类作物相比,水稻需氮量偏低,而对磷、钾的需求量与小麦、玉米基本相当,但由于水稻单产较高,因此总需肥量仍高于小麦。水稻还是需硅量较大的作物,其体内的含硅量通常占总干物重的 11%～20%,因此水稻生产应重视硅肥的施用。

(二)水稻需肥规律

水稻全生育期可分为营养生长期和生殖生长期两大阶段,每个阶段又包含若干生育期。不同生育期对养分的需求量均不相同,表 11-1 列出了水稻不同生育期的养分吸收情况。

表 11-1   水稻不同生育期吸收养分的特点

生育期	占全生育期养分吸收总量的百分数/%		
	N	P_2O_5	K_2O
秧苗期	0.50	0.26	0.40
分蘖期	23.16	10.58	16.95
拔节期	51.40	58.03	59.74
抽穗期	12.31	19.66	16.92
成熟期	12.63	11.47	5.99

引自:土壤-植物营养学原理和施肥,第 394 页。

从表 11-1 可以看出,水稻对氮、磷、钾的最大吸收量都是在拔节期,均占全生育期养分总吸收量的一半以上,表明拔节期是水稻营养的最大效率期。截至拔节期,水稻吸收的氮、磷、钾已分别占全生育期总吸收量的 75%、69%和 77%。可以认为,在营养生长期,伴随着个体的不断增长,水稻不断进行着养分的吸收和积累,为生殖生长做物质储备。而生殖生长期对养分的吸收在提高千粒重进而增产方面有重要作用。

从表 11-2 可以看出,相对于晚稻而言,早稻在移栽—分蘖期吸收了更多的养分,特别是氮;而相对于早稻而言,晚稻则在结实—成熟期需要吸收更多的养分。水稻对氮、磷、钾的最大吸收量都在幼穗分化—抽穗期,总之,不论何种类型的水稻,在抽穗前吸收的三要素养分的数量已占总吸收量的大部分,所以,各类肥料的早期供应不容忽视。

表 11-2　早、晚稻不同生育期养分吸收的差异

稻季	养 分	占全生育期养分吸收总量的百分数/%		
		移栽—分蘖	幼穗分化—抽穗	结实—成熟
早稻	N	35.5	48.6	15.9
	P_2O_5	18.7	57	24.3
	K_2O	21.9	61.9	16.2
晚稻	N	22.3	58.7	19
	P_2O_5	15.9	47.4	36.7
	K_2O	20.5	51.8	27.7

引自:浙江农业大学,作物营养与施肥,第147页。

(三)稻田土壤的养分特点

与旱作不一样的是,水稻生长期间的绝大部分时间都是处在淹水状态下,土壤始终处在水饱和状态中,淹水后的土壤发生了一系列不同于旱地的物理、化学和生物化学变化,仅化学方面就表现为氧气减少、二氧化碳增加、氧化还原电位下降,且无论淹水前土壤的 pH 是酸性还是碱性,在淹水后都逐渐趋于中性,这些变化都会直接或间接影响淹水土壤中养分的形态变化及其有效性。淹水土壤中的氮几乎全以铵态氮形式存在,而且一般情况下,淹水土壤的全氮含量高于同类型旱地;大量研究结果证实,淹水后可使土壤磷的供应能力显著增加,鲁如坤等把产生这种现象的原因归纳为:①Fe^{3+} 的还原增加引起磷酸盐的溶解;②Fe-P 和 Al-P 的水解;③土壤有机质厌氧分解时产生的有机酸等螯合了土壤中的 Ca、Fe、Al 等离子,减少了磷的固定;④有机阴离子和 Fe-P,Al-P 中磷酸根离子的交换;⑤pH 的趋中性使磷的溶解度和解吸量增加;⑥闭蓄态磷的溶解,增加了磷在土壤中的扩散等因素综合作用的结果;淹水也促进了土壤中铁、锰离子和钾的交换反应,使钾的有效性增加。除此之外,淹水还使土壤中的低价铁、锰增加,因此水稻缺铁、缺锰的现象较为少见。但是,土壤淹水后,也会使土壤中的有些养分有效性降低,如由于磷-锌拮抗的原因,淹水使土壤磷有效性增加的同时,往往易造成锌的有效性下降;硫在还原条件下会产生 H_2S,一定浓度的 H_2S 会使水稻遭受毒害等。

二、水稻施肥技术

(一)适用于水稻的肥料种类

1. 氮肥

铵离子在还原状态较为稳定,也是水稻吸收的主要形态的无机氮,加之水稻耐氯能力强,因此铵态氮肥中的氯化铵是非常适合水稻的氮肥品种;尿素和碳酸氢铵也是水稻常用的氮肥。而铵态氮肥中的硫酸铵则因含有 SO_4^{2-},在还原条件下易产生 H_2S,进而产生毒害而不宜大量使用。尽管在水稻烤田或水面落干的少数情况下,NO_3^- 会对水稻表现较好的肥效,但在还原条件下,NO_3^- 易发生反硝化脱氮,不仅造成氮肥投入的浪费,而且污染环境,因此,硝态氮肥一般不用于水田。此外,虽然铵态氮肥是水稻适宜的肥料,由于在水田的水-土交接面上存在一个很薄的氧化层,当铵态氮肥表施时,仍然易造成反硝化脱氮(图 11-1),因此,在水田中铵态氮肥也应深施或结合中耕施用。

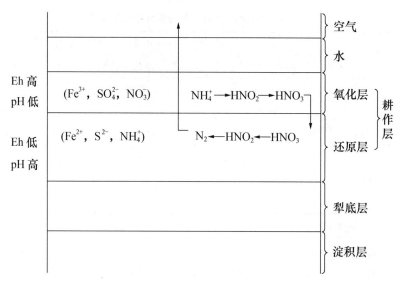

图 11-1　水稻土淹水条件下的反硝化作用土壤剖面分化图示

2. 磷肥

我国目前常见的普通过磷酸钙和钙镁磷肥都适用于水稻,而北方则以普通过磷酸钙为主;东南亚一些国家在水稻上施用磷矿粉也较为普遍。此外,磷酸一铵、磷酸二铵等以磷为主的化成复合肥也是水稻常用的磷源。

3. 钾肥

水稻上常用的钾肥品种为氯化钾,如氮肥部分所述,水稻耐氯,同时,氯化钾价格比较便宜。

4. 复混肥

以上述肥料为原料制成的复混肥或 BB 肥(水稻专用肥)是目前常用于水稻的肥料,多做基肥施用。

5. 微量元素肥料

在微量元素肥料中,锌肥在水稻上施用较为普遍,在一些稻作区,由于受成土母质和土壤 pH 的影响,水稻常常因缺锌而形成"僵苗"。在某些缺硫的水稻土上,也应适量施用含硫肥料。

(二)秧田施肥

水稻秧田期通常占全生育期的 1/4～1/3,占营养生长期的 1/2;干物质的积累仅占收获时的 2%～5%,但此期氮的吸收量占收获时的 5%～10%。秧苗素质是水稻高产的重要基础,农谚"秧好一半稻"是对秧苗素质与产量关系的客观评价,"肥土育壮秧"则说明秧田养分管理对培育壮秧和提高秧苗素质具有重要作用。因此,培育壮苗移栽是实现水稻早生快发、高产稳产的基础。

水稻育秧有多种方式:如湿润育秧、旱育秧、两段育秧、地膜保温育秧和温室工厂化育秧等。但育秧期间的养分管理差异不大。首先在秧田整地时,必须施足基肥,若以有机肥为基肥时,可按 15 t·hm^{-2} 施入优质腐熟的厩肥或人粪尿,若施复混肥,可按 N∶P$_2$O$_5$∶K$_2$O＝1∶1.2∶2 的比例,0.75 t·hm^{-2} 的用量施入 6-7-12 的复混肥做秧田基肥。而带土移栽的秧苗和晚稻育秧,则可少施或不施基肥。

在秧田期的养分管理上,有早施"断奶肥"、巧施"接力肥"和移栽前再施"起身肥"(又称"送嫁肥")之说。其原因是水稻秧苗在三叶期前主要养分来源是种子中的胚乳,三叶期后则转为土壤营养,因此三叶期又称"断奶期",是水稻秧苗营养生理上的转折期,实现"断奶期"的平稳过渡十分重要。可根据土壤肥力状况施用氮肥(N)20～30 kg·hm^{-2} 做断奶肥。由于早、中稻育秧时气温较低,"断奶肥"应提早到一叶一心期施用为宜。4～5 叶时可巧施一次"接力肥",具体情况应根据秧苗生长情况而定。移栽前施一次"起身肥",一般用量为 75～120 kg·hm^{-2}。"起身肥"对增强秧苗移栽后的发根力有重要作用。但此次施肥的时期一定要把握好,宜在秧苗移栽前 2～3 d 施用,要使此期的施肥"吸而不长"则效果最佳。以上 3 种秧田追肥均应以速效氮肥为主。秧苗移栽时壮秧的形态特征应表现为:茎基粗扁、叶挺色绿、根多色白、植株矮健,俗称"扁蒲秧"。

(三)本田施肥

1. 基肥

尽管因熟期不同,水稻有早稻、中稻、晚稻之分,但施足基肥是水稻高产的重要保证。除施足有机肥(含绿肥)30～40 t·hm^{-2} 外,磷、钾肥也最好在基肥中一次施足,并配合一定量的氮肥。由于淹水可提高磷的有效性,水稻可以从前茬旱作残留在土壤的磷中吸收相当数量的磷,因此,在本田基肥中可根据土壤有效磷的状况适当减少磷肥用量,即遵循"旱重水轻"的磷营养管理原则。水稻需钾量较大,基肥中钾的用量也较多,我国目前常用的总养分含量为 25% 的水稻专用肥,其中钾的含量大都在 10% 以下,按 0.75 t·hm^{-2} 施用量计,其施钾量尚不能满足水稻全生育期对钾的需求,需再补施钾肥。

2. 追肥

水稻本田期的追肥按施肥的作用可分为:返青活棵肥、分蘖肥、穗肥和粒肥等。在实际生产中,分蘖肥和穗肥的施用是很重要的,分蘖肥的作用是促进水稻分蘖,以多穗获取高产。因此,分蘖肥的施用宜早不宜迟,以免形成无效分蘖而影响水稻产量。穗肥的作用是促进稻穗的颖花分化,减少颖花退化,提高结实率,以大穗获取高产。水稻追肥仍以氮肥为主,若基肥中供钾不足,也应追施钾肥。在追肥的方式上,有根际施肥和叶面施肥两种,叶面施肥多用于生殖生长期根系活力下降的情况下。

从我国南方稻区追肥用氮肥量看:7.5 t·hm^{-2} 以上产量的田块,施氮量为 225 kg·hm^{-2} 以上;6～7.5 t·hm^{-2} 产量的田块,施氮量为 180～225 kg·hm^{-2};4～6 t·hm^{-2} 产量的田块,施氮量为 120～180 kg·hm^{-2}。若土壤供钾不足时,也应在追肥中添加钾肥。一般情况下,上述用量的氮肥都在水稻营养生长期内施用,其主要作用是增加单位面积的总穗数和总花数。

当水稻进入生殖生长期,根系逐渐衰老、活力下降时,叶面追肥便成为后期施肥的主要方式,此时的追肥以氮、磷为主,如适量尿素与磷酸二氢钾配合施用,可延长水稻剑叶的寿命,促进光合产物向种子的运输,进一步提高粒重,实现高产。因此,此期的施肥又叫"攻粒肥"或"饱粒肥"。

水稻追肥的时期和用量,除可根据水稻在田间的长势、长相来判断外,还可根据营养诊断的结果来决定。日本 Tanaka 在大量工作的基础上,提出了水稻缺素的临界浓度(表 11-3),可供参考。

表 11-3　水稻缺素临界浓度　　　　　　　　　　　mg·kg^{-1}

养分	植株器官	生长阶段	临界含量	养分	植株器官	生长阶段	临界含量
N	叶片	分蘖	25	Si	稻草	成熟	50
P	叶片	分蘖	1	Fe	叶片	分蘖	70
K	叶片	分蘖	10	Zn	苗	分蘖	10
	稻草	成熟	10	Mn	苗	分蘖	20
Ca	稻草	成熟	1.5	B	稻草	成熟	3.4
Mg	稻草	成熟	1	Cu	稻草	成熟	<6
S	稻草	成熟	1				

我国在总结水稻施肥经验的基础上,将其归纳为 3 种模式:

(1)"前促"施肥法　以"增穗"为实现产量目标的主要途径。其特点是重施基肥,早施分蘖肥;也有集中在基肥一次全层施用的。这种模式适用于双季早晚稻和单季稻中的早熟品种。

(2)"前促、中控、后补"施肥法　以提高穗粒数和增加粒重为实现产量目标的主要途径。其特点是施足基肥,早施分蘖肥、中期控氮、后期补施粒肥。这种方式在当前生产实践中应用广泛,尤其在南方单季中稻中应用较多。

(3)"前稳、中促、后保"施肥法　以攻大穗、粒重为实现产量目标的主要途径。其特点是施足基肥、重施穗肥、后施粒肥,适用于生长期较长的水稻品种和土壤保肥力较差的田块。

思考题

1.简述水稻的营养特性。

2.简述稻田土壤的养分特点。

3.简述我国水稻施肥的三种模式。

4.南方早、晚稻的施肥应该有哪些不同？为什么？

5.大穗型水稻品种和多穗型水稻品种的施肥应有哪些不同？为什么？

第二节　小麦营养与施肥

小麦是人类最为重要的粮食作物之一,是世界上 1/3 人口的主粮。无论从栽培面积、总产量还是总贸易额来看,均居世界各种粮食作物之首。

在我国,小麦是仅次于水稻的第二大粮食作物。根据近几年的统计资料,我国小麦的年播种面积约为 $3.0×10^7$ hm^2,占粮食作物总播种面积的 27％,总产量约 $1.1×10^8$ t,占粮食总产量的 22.5％,其种植面积和总产量均居世界各国之首。由于我国人口众多,目前的小麦生产水平仍不能满足人民生活需要,每年需进口大量的小麦,因此,进一步提高小麦总产量具有重大的社会经济意义。

提高小麦单产是增加总产的重要途径,目前我国小麦的平均单产约为 3 750 kg·hm^{-2},而在北方小麦主产区,近年来已出现了不少的小麦产量超 9 000 kg·hm^{-2} 的地块,河南浚县 666.7 hm^2 连片的小麦平均产量达到 10 365 kg·hm^{-2},山东桓台有 $2.3×10^4$ hm^2 的小麦平均产量达到 7 698 kg·hm^{-2},说明我国小麦单产仍有一定的上行空间。因此,进一步提高小麦单产仍是今后小麦合理施肥所面临的重要课题。

我国的小麦按播种季节划分为两大类——春小麦与冬小麦,其中冬小麦种植面积占麦田总面积的 80% 以上,产量占小麦总产的 85% 以上,因此本节重点介绍冬小麦的营养与施肥。

一、小麦的营养特性

(一)小麦吸收氮、磷、钾的特性

1. 需肥量

每生产 100 kg 小麦子粒需肥量因小麦品种、施肥水平、土壤与气候条件不同存在着一定的差异,根据不同省份的测定结果,其中需氮(N)2.5~3.7 kg、磷(P_2O_5)0.8~1.5 kg、钾(K_2O)3.0~4.5 kg。不同产量水平的需肥量变化具有一定的规律,从低产到高产,随着小麦产量水平的提高,需氮肥量增加;高产以后,随着产量的进一步增加,小麦对氮的需要量下降。磷、钾的需肥量随产量的提高总体上均是增加的,特别是钾,高产条件下呈明显的增加趋势(表 11-4)。

表 11-4　不同产量水平小麦氮、磷、钾需要量

产量水平/ (kg·hm^{-2})	100 kg 小麦子粒需养分量/kg			N:P_2O_5:K_2O
	N	P_2O_5	K_2O	
4 500	2.76	0.88	2.93	3.13:1:3.32
6 000	3.23	1.06	2.70	3.05:1:2.55
7 500	3.73	1.00	3.88	3.73:1:3.88
9 000	3.65	1.04	4.65	3.52:1:4.49
10 500	3.25	1.14	4.96	2.85:1:4.35

2. 不同生育期对氮、磷、钾的需求

小麦对氮、磷、钾需求的基本特点是:返青以前由于植株生长缓慢,营养体较小,对氮、磷、钾的需求量较少,但是由于植株吸肥能力差,要求土壤供肥水平高,对氮、磷、钾的反应比较敏感,是小麦氮、磷、钾的营养临界期;返青以后至抽穗,是小麦干物质快速积累的时期,同时营养生长与生殖生长并进,代谢速度快,对氮、磷、钾的需求也增加;而在抽穗开花之后,根系吸收能力下降,对氮、磷、钾需求下降,体内养分的利用主要来自再分配。自然条件下,麦株对氮、磷的吸收持续整个生育期,而对钾的吸收集中于抽穗开花以前。

不同产量水平的小麦对氮、磷、钾的吸收动态有一定的差异。据韩燕来等(1998)研究(表11-5),9 000 kg·hm^{-2} 冬小麦对氮、磷、钾的吸收在返青前均较少,其中吸收氮、钾约占总量的 1/4,磷占总量的 1/5 以下;返青后,小麦对氮、磷、钾的吸收增加很快,至扬花期,吸收的氮、磷、钾分别占总量的 60.3%、72.8% 和 83.6%;扬花后植株对养分的吸收减少,吸收氮、磷分别占总量的 13.8% 和 9.0%,对钾已没有净的吸收。因此 9 000 kg·hm^{-2} 小麦对氮、磷、钾的吸收主要集中于返青—扬花期,此阶段是养分供应的关键时期。而 4 500 kg·hm^{-2} 小麦对氮、磷、钾的吸收动态与高产田有所不同(表 11-6),前期吸收氮、磷、钾比例相对较高,占总量的40.7%、42.3% 和 35.3%,而中后期吸收比例较低。不同产量水平小麦的吸肥动态差异是因地制宜地进行肥料运筹的重要依据。

表 11-5　产量 9 000 kg·hm⁻² 的冬小麦植株在各生育期吸收氮、磷、钾的数量

生育期	采样日期(日/月/年)	氮(N)				磷(P₂O₅)				钾(K₂O)			
		累积吸收量/(kg·hm⁻²)	阶段吸收量/(kg·hm⁻²)	占总量/%	阶段吸收率/(kg·hm⁻²·d⁻¹)	累积吸收量/(kg·hm⁻²)	阶段吸收量/(kg·hm⁻²)	占总量/%	阶段吸收率/(kg·hm⁻²·d⁻¹)	累积吸收量/(kg·hm⁻²)	阶段吸收量/(kg·hm⁻²)	占总量/%	阶段吸收率/(kg·hm⁻²·d⁻¹)
三叶期	27/10/96	4.65	4.65	1.40	0.39	0.96	0.96	0.99	0.080	6.87	6.87	1.09	0.58
分蘖初期	9/11/96	12.96	8.25	2.48	0.63	2.95	1.99	2.06	0.153	18.25	11.38	1.82	0.88
分蘖中期	23/11/96	26.70	13.80	4.14	0.99	6.64	3.69	3.80	0.263	38.86	20.61	3.30	1.47
越冬前	14/12/96	53.55	26.85	8.07	1.28	14.06	7.42	7.66	0.353	75.01	36.15	5.78	1.72
越冬期	4/1/97	76.35	22.80	6.85	1.09	17.56	3.50	3.62	0.167	85.13	10.12	1.62	0.48
返青期	17/2/97	85.95	9.60	2.88	0.22	17.63	0.07	0.07	0.002	102.06	16.93	2.72	0.38
起身期	7/3/97	136.65	50.70	15.24	2.82	32.29	14.66	15.15	0.815	205.09	103.03	16.49	5.72
拔节期	23/3/97	190.50	53.85	16.18	3.37	45.20	12.91	13.34	0.808	362.95	157.85	25.25	9.86
孕穗初期	5/4/97	231.30	40.80	12.26	3.14	58.23	13.03	13.46	1.000	477.54	114.59	18.34	8.82
孕穗末期	17/4/97	271.50	40.20	12.08	3.35	76.57	18.34	18.95	1.530	602.62	125.08	20.02	10.42
扬花期	3/5/97	286.65	15.15	4.55	0.95	88.05	11.48	11.85	0.716	624.85	22.23	3.56	1.38
灌浆中期	23/5/97	317.10	30.45	9.15	1.69	91.07	3.02	3.12	0.167	537.91	-86.94	-13.90	-4.83
收获期	5/6/97	332.70	15.60	4.69	1.04	96.79	5.72	5.93	0.382	424.04	-113.87	-32.14	-7.59

表 11-6　产量 4 500 kg·hm⁻² 的冬小麦植株各生育期对氮、磷、钾吸收

生育时期	氮(N)			磷(P₂O₅)			钾(K₂O)		
	阶段吸收量/(kg·hm⁻²)	占总量吸收率/%	累积吸收率/%	阶段吸收量/(kg·hm⁻²)	占总量吸收率/%	累积吸收率/%	阶段吸收量/(kg·hm⁻²)	占总量吸收率/%	累积吸收率/%
出苗—越冬	18.15	14.87		3.67	9.07		9.30	6.95	
越冬—返青	3.37	2.17	17.04	0.82	2.04	11.11	4.05	3.41	10.36
返青—拔节	29.85	23.64	40.68	7.20	17.78	28.89	40.65	29.75	40.11
拔节—孕穗	21.97	17.35	58.03	10.42	25.74	54.63	48.30	36.08	76.19
孕穗—开花	17.55	13.94	71.97	15.37	37.91	92.54	31.87	23.81	100.00
开花—乳熟	25.65	20.31	92.28						
乳熟—成熟	9.75	7.72	100.00	3.00	7.46	100.00			
总计	126.3	100		40.5	100		134.2	100	

引自:陈伦寿、李仁岗,农田施肥原理与实践。

与阶段吸收量相比,养分的吸收速率变化更能准确地反映各生育期对养分的需求。大体来看(表 11-5),9 000 kg·hm^{-2} 小麦氮、磷的吸收速率呈明显的三峰曲线,而钾的吸收速率呈双峰曲线;其中小麦对氮、钾养分吸收最快的时期均出现在返青—孕穗末,阶段平均吸收速率分别达 3.40 kg·hm^{-2}·d^{-1}、8.86 kg·hm^{-2}·d^{-1};对磷吸收最快的时期为返青—扬花期,阶段平均吸收速率达 0.78 kg·hm^{-2}·d^{-1}。9 000 kg·hm^{-2} 小麦在返青后就很快地进入养分的快速吸收期,而且需肥强度大,因此及早地满足该期高强度的养分供给是实现小麦产量9 000 kg·hm^{-2} 的基础。此外,9 000 kg·hm^{-2} 小麦对氮、磷的吸收在前、中、后期都存在吸收高峰,因此全生育期的供肥对实现 9 000 kg·hm^{-2} 也很必要。

(二)小麦吸收微量元素的特点

据杨建堂(1997)对产量水平为 8 295 kg·hm^{-2} 的冬小麦测定结果表明,每公顷小麦吸收锌0.366 kg、锰 0.604 kg、铜 0.245 kg,每生产 100 kg 子粒需吸收锌 4.59 g、锰 7.52 g、铜 3.07 g。

冬小麦不同生育阶段对锌、锰、铜需求动态见表 11-7。

表 11-7　冬小麦不同生育阶段对锌、锰、铜的吸收量

生育时期	干物质积累量/(kg·hm^{-2})	锌		锰		铜	
		阶段吸收量/(g·hm^{-2})	阶段吸收率/%	阶段吸收量/(g·hm^{-2})	阶段吸收率/%	阶段吸收量/(g·hm^{-2})	阶段吸收率/%
出苗—越冬	31.30	31.95	8.7	49.50	8.20	5.985	2.44
越冬—返青	1 569.45	28.80	7.8	101.55	16.82	10.020	4.02
返青—拔节	3 042.30	15.30	4.2	227.10	37.63	18.225	7.43
拔节—开花	9 197.55	93.15	25.4	64.20	10.64	50.535	20.60
开花—乳熟	14 957.10	92.55	25.2	159.00	26.34	51.495	20.99
乳熟—成熟	21 712.05	105.15	28.7	2.25	0.37	109.230	44.52

1. 锌

冬小麦在返青前植株虽小,但对锌的吸收总量却占总量的 16.5%,说明苗期对锌有特别要求;返青—拔节,小麦干物质增加很快,但积累锌并不多,此阶段主要是锌在体内的再分配过程;对锌的大量吸收在拔节后,至成熟一直维持较高而平稳的吸收水平,拔节后吸收的锌占全生育期吸收锌总量的 79.3%,因此保证小麦中后期对锌的需要有重要意义。

2. 锰

小麦对锰的吸收可概括为一条双峰曲线:越冬前对锰的吸收较少;越冬后开始大量地积累,以返青—拔节吸收量最多,占全生育期的 37.63%,阶段吸收速率达 6.9 g·hm^{-2}·d^{-1};拔节—开花期干物质增加很快,但对锰的吸收总量下降,阶段吸收速率也只有 1.8 g·hm^{-2}·d^{-1},此阶段主要是植株内锰向茎秆的再分配;开花—乳熟是小麦阶段吸锰的第二个高峰,吸收速率为7.2 g·hm^{-2}·d^{-1},为全生育期最高;乳熟后吸收量增加很少。

3. 铜

小麦对铜的吸收在越冬前极少,在占全生育期 1/4 长的时期吸收的铜仅占总量的2.44%,铜的大量吸收发生在拔节以后,吸收铜最多和吸收速率最高的时期均在乳熟—成熟期,此阶段吸收率为 44.52%,此阶段吸收速率达 7.275 g・hm^{-2}・d^{-1},保证拔节后的铜营养对小麦产量形成有重要作用。

(三)氮、磷、钾对小麦的营养作用与反应

1. 氮

小麦对氮的需求量较大,而一般土壤氮素供应水平较低,因此,增施氮肥是提高小麦产量、改善子粒及面粉品质的最重要的施肥措施之一。

缺氮由于影响了蛋白质、氨基酸、叶绿素等含氮生命物质的合成,致使麦株瘦小、叶片黄化、早衰,分蘖发生迟、数量少,幼穗分化时间短、穗小粒瘪,产量下降。氮素过多,小麦氮代谢增强,使麦株柔软多汁,抗倒伏能力及抗病虫能力下降。

氮对小麦品质有重要的影响,据中国农科院作物所试验,在一定施氮量范围内,子粒蛋白质含量随施氮量的增加而提高,一般获得最高蛋白质含量的施氮量比最高产量的施氮量高 2~6 kg・hm^{-2}。施氮对蛋白质含量的增加与施氮时期有关,Johnson(1973)认为前期施氮有利于分蘖、增加穗数,后期施氮则有利于增加蛋白质的含量。通常认为施氮提高蛋白质含量最有效的时期在抽穗开花期,施氮方法以叶面喷施为宜。施氮时期对蛋白质不同组分的积累也有影响,李金才(2001)指出,子粒蛋白中的谷蛋白和清蛋白含量以孕穗期施氮为最高,醇溶蛋白和球蛋白含量以拔节期施氮为最高。氮对小麦品质的作用方向也因品质指标而异,施氮在提高蛋白质含量的同时,通常也会使子粒中必需氨基酸的比例下降,从而降低小麦子粒的营养品质;当施氮量超过一定的程度,蛋白质含量虽高,但出粉率、烘烤品质下降。

2. 磷

小麦对磷需求量虽不及氮、钾多,但由于小麦吸磷效率低,K_m 值高,对缺磷反应敏感,正常生长要求土壤的供磷水平高,在华北地区,土壤有效磷在 16 mg・kg^{-1} 以下,施磷常有很好的效果。

苗期是小麦磷素营养的临界期,苗期缺磷时会使根系发育受到严重的抑制,分蘖发生缓慢,数量少,充足的磷素供应可促进次生根的发育,增加分蘖,增强小麦根系的吸收能力,并能提高小麦的抗寒能力,因此,小麦施用磷肥做基肥或做种肥,可通过壮苗而为丰产打下基础。

磷还影响幼穗分化,充足的磷营养可使幼穗分化时间长,小穗数增多,因此可通过增加小穗粒数而提高产量。后期充足的磷营养能提高开花与灌浆期的群体光合作用,降低群体暗呼吸作用和促进早期及中期子粒的灌浆速率,提高冬小麦产量。

磷对小麦蛋白质含量影响较小,但当土壤有效磷较低时,子粒蛋白质含量下降。

3. 钾

小麦对钾的需要量较高,6 000 kg・hm^{-2} 水平以下小麦需钾量与氮相当,9 000 kg・hm^{-2} 水平小麦需钾量高于氮,近年来小麦增施钾肥已表现出明显的增产效果。据山东省 14 个点的试验结果,在速效钾含量在 80 mg・kg^{-1} 以下的田块,增施 K$_2$O 112.5 kg・hm^{-2} 能增产小麦子粒 330.75~669.75 kg・hm^{-2},合每千克 K$_2$O 平均增产小麦 3.8 kg,增产率 10.2%。据谭金芳、韩燕来等(2001)通过 20 个点研究,在土壤速钾含量小于 130 mg・kg^{-1} 时,实现 9 000 kg・hm^{-2} 产量水平,每千克钾素可增加小麦 5.6~14.7 kg。

一般认为,小麦苗期缺钾,主要影响次生根的发生与发育,而对分蘖影响不大。生育中期,是麦株快速生长期,对钾的需要强度大,缺钾有明显的症状,常表现为拔节迟缓、抽穗推迟、茎秆疲软、叶片枯黄早衰等现象。

钾对小麦物质代谢中的源、库、流均有良好的影响。充足的钾素营养延缓叶绿素的分解，从而减缓叶片的衰老。许多研究表明，高钾营养可增加穗粒数，有利于提高分蘖成穗率，增加单位面积的有效穗数。韩燕来等研究发现，施钾可通过提早开花和延长成熟而使灌浆期延长，粒重增加，而延迟成熟的机理可能与降低或推迟了 ABA(脱落酸)高峰的出现有关。钾还增流，高的钾素营养有利于提高开花后营养器官储存的光合产物向生殖器官的分配运输，从而提高产量。于振文(1996)的研究表明，供钾充足可以促进小麦开花后对氮素的吸收，并可使氮同化物以较高的比例转运至子粒，提高子粒蛋白质和氨基酸的含量，改善品质。

二、小麦施肥技术

(一)小麦不同种植阶段的施肥

施肥是小麦种植管理体系的一个重要组成部分，因此，施肥措施的运用必须纳入小麦种植管理的总体系之中。生产上小麦种植管理分为两个环节，第一个环节是备播与播种，第二个环节是生育期内田间管理，其中后者又细分为冬前及冬季管理、春季管理和后期管理 3 个阶段。

1.备播与播种阶段的施肥管理

(1)基肥 对小麦生长而言，基肥对小麦穗多、穗大、子粒饱满均有促进作用。由于小麦生育期较长，产量水平在 7 500 kg·hm^{-2} 以下时，一般强调基肥要足，应占到小麦全生育期氮素总量的 60%～70%，因为该产量水平下，左右产量的主导因子是单位面积的穗数或穗数与穗粒数的协调关系；而当产量水平达 7 500 kg·hm^{-2} 以上时，由于麦田的土壤肥力高，肥料投入较多，小麦的分蘖多，群体较大，穗数多，很容易使穗粒数下降，因此稳定粒重是决定产量高低的主导因子，相应地应增加氮肥追施的比例。无论高产田还是中低产田，磷、钾肥一般主要做基肥用。基肥最好采用有机肥和无机配合施用的方法，据姜东(1999)研究，有机无机肥料配合施用可有效降低后期根系和旗叶膜脂过氧化作用，提高活性氧清除系统的超氧化物歧化酶的活性，延缓根系和旗叶的衰老，增强根系活力和叶片的光合作用，从而增加子粒产量。

(2)种肥 一般认为禾谷类作物的三叶期为断乳期，此时小麦根细小，吸收养分能力弱，为使小麦顺利渡过该时期，在小麦播种的同时可用适量的速效性化肥做种肥，以促进小麦生根发苗，提早分蘖，为以后的壮秆、大穗打好基础。做种肥的肥料一般为速效性的氮、磷化肥，或腐熟好的优质有机肥，可条施或拌种，拌种肥的用量一般为硫酸铵 75 kg·hm^{-2}、过磷酸钙 150 kg·hm^{-2}。试验表明，麦田施用的总磷肥中，如分出 75 kg·hm^{-2} 以磷酸二铵的形式供给并与种子混拌，其余部分做基肥于耕前一次全层施用，比全部磷肥分层施用效果还要好。

种肥的有效施用是有条件的，对土壤肥力较差、底肥用量少、播种晚的地块有效性大，对土壤肥力较高、基肥充足、适期播种或早播的田块则效果较差。

2.冬前与冬季施肥管理

小麦的冬前与冬季管理是指小麦从出苗—返青前这段时期，小麦主要是长根、叶、蘖和营养器官，并开始进行幼穗分化。施肥的主攻目标是在全苗的基础上促根、增蘖，为争足穗、大穗打基础。生产中应根据苗情、土壤、气候及其他管理措施条件巧施分蘖肥，酌施越冬肥。

(1)分蘖肥 分蘖肥也叫苗肥，其作用是促进和巩固冬前分蘖。冬前分蘖对小麦产量形成意义重大，因为冬前分蘖成穗率高，幼穗分花时间长，对实现产量结构中亩穗数和穗粒数的要求有决定的作用。小麦一般在出苗后半个月到一个月即进入分蘖期，此时如果养分特别是氮、磷养分供应不足,则分蘖迟缓,根系发育不良,抗寒力差;氮素供应过多又会使幼苗徒长,消耗过多的糖分,也不利于小麦安全越冬,因此实践上强调看苗巧施分蘖肥,对缺素的或其他原因造成分蘖缺位的弱苗可施用分蘖肥,而对于壮苗、旺苗则不宜施用。分蘖肥一般为氮肥,用量占氮肥总量的20%;也可根据缺乏的元素对症下药。

(2)越冬肥　越冬肥在小麦进入越冬前施用,其作用是:促进越冬期间小麦对养分的利用,增强麦苗的抗寒力;冬肥春用,促进麦苗早返青、增加春季分蘖;巩固冬季分蘖成穗,提高成穗率;促进茎秆基部第一、二节间的伸长;促进年后第一、二、三片叶的增大。但在基肥充足、肥力好、苗壮蘖足的高产田,均不宜施用越冬肥,以免春季群体过大,给中后期的管理造成困难。

3.春季施肥管理

春季管理是指从返青到开花这段时期,是根、茎、叶等营养器官和小穗、小花等结实器官的生长与建成期。此阶段营养生长与生殖生长并行,管理的核心目标是在前一个阶段的基础上,协调个体与群体的、营养器官与结实器官生长发育的矛盾,提高分蘖成穗率、达到穗足、穗大、壮秆不倒。灵活进行春季施肥可实现小麦管理中的促控结合。该阶段的施肥主要涉及以下几个时期:

(1)返青肥　作用与越冬肥一致,但增加春蘖的作用没有越冬肥的大,返青肥的作用也在于壮苗。在前期分蘖少,地力基础差时,返青期施肥有良好的增加分蘖的效果;而在肥水基础较好,冬前分蘖足,早春不缺肥的情况下,返青肥的施用则会使养分过多地消耗于无效分蘖上,并造成田间过早郁蔽,影响通风透光,增加后期倒伏的危险。

(2)起身肥　增加春季分蘖的作用很小,但可提高分蘖成穗率;促进基部第一、二节间的伸长和上部三片叶的增大;促进小穗和小花的分化、减少不孕小穗,增加穗粒数。由于施用起身肥有增加后期倒伏的危险性,故在群体密度较大麦田运用起身肥时,一定要很慎重,在起身期过量地施用氮肥亦会引起植株贪青迟热,对高产不利。

(3)拔节肥　拔节肥的主要作用是提高成穗率;对基部第一节间伸长无明显的作用,而对第五节间(穗下节)的伸长促进作用明显,由于该节间长度与粗细和穗的大小有关,故拔节肥也能促进穗大;对旗叶增大有一定的作用,可延长旗叶的功能期;可减少不孕小穗数和不孕小花数,为增加穗粒数,实现穗大打好基础。由于拔节肥对基部节间增长的作用小,降低了倒伏的危险性,因此在高产小麦施肥中一般都重视拔节肥的施用。

(4)孕穗肥　可提高分蘖成穗率;促进花粉粒的良好发育,提高结实率和增加穗粒数;延长小麦上三叶的功能期,利于子粒灌浆,增加粒重。此期施肥不但可有效地防止倒伏、避免群体过大,又可实现个体的健康发育,因此在小麦超 9 000 kg·hm^{-2} 的栽培中被提倡。

4.后期施肥管理

小麦后期一般不再进行土壤施肥,但实践证明,后期通过叶面喷肥也可延长小麦上部叶片的功能期,促进子粒灌浆、增加小麦千粒重。在干热风严重的区域喷施磷酸二氢钾效果很好。

(二)不同条件下小麦施肥新技术

1.氮、磷做底肥一次深施

在小麦播前将全部氮、磷肥做底肥一次深施,或配合种肥,生育期内不再追肥。该技术一般应用于产量水平低、土质较重、小麦生育期降雨量较小、灌溉条件差的雨养麦区,可提高肥料的利用率,节约劳力,降低成本。但在土壤质地较轻、地下水位高的田块及高产施肥中不宜采用。

2."促两头"型施肥技术

主要应用于地力基础较好、越冬后群体较大,有倒伏危险的麦田。在施足基肥、培育壮苗、促进有效分蘖、达到足够群体的基础上,返青期(主茎 7～8 或 8～9 片叶时)控制肥料以利于减少无效分蘖,控制茎秆节间伸长,协调群体与个体关系,解决高产与倒伏、穗多与穗大的矛盾;拔节后(春生 5 叶露尖或旗叶露尖时)施用攻穗肥以减少小花退化,提高中上部叶片的同化功能,提高结实率及粒重。该法运用中基肥占较大比例,氮肥基施量占总施氮量的 70%～80%。

3."三促二控"型施肥技术

主要应用于地力基础较差、群体适中或中等的麦田。在前期进行正常施肥管理基础上,返青后蹲苗 20～25 d,起身前追肥,以提高成穗率,而后再蹲苗 20～25 d,于春生 5 叶露尖至旗叶露尖时再次追肥,以提高结实率。

4."前氮后移"施肥技术

是近年小麦高产研究中提出的氮肥运筹新方法。前氮后移有两层含义:一是与常规施肥相比施氮量后移,即在底施有机肥、磷钾肥基础上,减少基氮和前期(冬前和返青)氮肥用量,增加中后期氮肥用量。二是与常规施肥相比春氮施用时期后移,由原来的二棱期追肥后移至雌雄蕊分化期到四分体形成期。多项研究表明,"前氮后移"可延缓根系和旗叶的衰老、提高叶片硝酸还原酶活性、改善后期的光合物质生产能力,提高小麦产量。岳寿松(1998)研究还表明,施氮时期后移,氮素向子粒的分配比例增加,既可增加产量又可提高子粒蛋白质含量。前氮后移有一定的适用条件,主要适用于土壤肥力水平高、灌水条件好的田块,此时获得理想的亩穗数已不困难,而每穗粒数和粒重的作用相对增大,获得高产必须使产量构成三要素协调发展,取得较高的穗粒重。

(三)小麦的施肥量

小麦施肥量的确定有很多方法,前面章节已经讲过,目前许多地区根据各自的试验结果和实际条件提出了不同的推荐施肥量。

谭金芳、韩燕来等根据田间试验资料并结合高产示范修正,提出了高产小麦的推荐施肥量,其中 7 500 kg·hm^{-2} 产量水平,氮(N)、磷(P_2O_5)和钾(K_2O)用量分别为 180～240 kg·hm^{-2}、90～120 kg·hm^{-2} 和 75 kg·hm^{-2},其中氮素基追比为 6：4;9 000 kg·hm^{-2} 产量水平,氮(N)、磷(P_2O_5)和钾(K_2O)用量分别为 210～300 kg·hm^{-2}、120～150 kg·hm^{-2} 和 150 kg·hm^{-2},氮素基追比 5：5。在中等肥力土壤上,可采用上限,而在高肥力土壤条件下可采用下限。

思考题

1.比较不同产量水平小麦需肥规律的不同点。
2.小麦不同生育期施肥的作用是什么?
3.小麦不同生育期如何进行应变施肥管理?

第三节　玉米营养与施肥

玉米是我国主要的粮饲兼用型作物,东北、华北、西北等省份是玉米的主要产区。由于各地区自然条件不同,玉米种植制度也不一样,如何根据玉米的生长发育特点和需肥规律进行科学施肥,对提高玉米产量和改善品质是非常重要的。

一、玉米需肥特性

(一)玉米对养分的需要量

玉米一生中吸收的氮最多,钾次之,磷最少。玉米对氮、磷、钾的吸收数量受栽培方式、产量水平、不同品种特性、土壤、肥料和气候的影响而有较大的变化。

1. 不同栽培季节和方式下玉米对氮、磷、钾养分的需要量

每生产 100 kg 玉米子粒,需要吸收氮(N)2.84 kg、磷(P_2O_5)0.53 kg、钾(K_2O)2.09 kg,其比例为 5.4:1:3.9。其中春玉米每生产 100 kg 子粒吸收氮(N)、磷(P_2O_5)、钾(K_2O)分别为 3.47、0.48 和 2.51 kg,其比例为 7.2:1:5.2;夏玉米分别为 2.59、0.48 和 2.17 kg,其比例为 5.4:1:4.5;套种玉米分别为 2.45、0.62 和 1.59 kg,其比例为 4.0:1:2.6。王贵平等研究表明,地膜覆盖提高了 100 kg 子粒需肥量,需氮量在浇水条件下由 1.99 kg 提高到 2.56 kg,旱地由 2.11 kg 提高到 2.70 kg;需磷量在浇水条件下由 1.00 kg 提高到 1.14 kg,旱地条件下由 1.07 kg 提高到 1.22 kg;需钾量在浇水条件下由 2.63 kg 提高到 2.91 kg,旱地条件下由 2.76 kg 提高到 3.10 kg。

2. 不同产量水平下玉米对氮、磷、钾养分的需要量

国内外研究报道表明,由于品种、环境和栽培管理措施不同,结果差异很大。但总的趋势是随着单位面积产量水平的提高,吸收氮、磷、钾总的数量随之增加,但生产单位重量子粒所需营养元素随之减少。王庆成对 43 份国内外春、夏玉米不同产量水平需氮、磷、钾量进行了分析,见表 11-8。以每千克养分生产子粒来讲,氮和磷随产量水平的提高,单位养分生产的子粒增多,而钾却下降。换句话讲,每生产单位子粒产量钾的吸收量随产量提高而增加,表明产量水平越高,氮、磷肥效越高,越经济,而在高产条件下钾的肥效不高。生产 100 kg 子粒吸收氮、磷、钾的比例,随产量水平的提高,吸收氮和钾的比例越大。

表 11-8　不同产量水平下玉米吸收氮、磷、钾的量

产量水平/ (kg·hm^{-2})	养分吸收量/(kg·hm^{-2})			平均 100 kg 子粒吸养分量/kg			N:P_2O_5:K_2O
	N	P_2O_5	K_2O	N	P_2O_5	K_2O	
1 700~6 000	38~234	13~89	34~200	3.01	1.33	2.41	2.25:1:1.08
6 210~7 395	154~242	50~96	101~271	2.86	1.16	2.48	2.46:1:2.13
7 665~18 960	168~386	59~161	131~448	2.18	0.83	2.61	2.61:1:3.14

3. 不同品种玉米对氮、磷、钾养分的需要量

不同玉米品种对养分的吸收能力和反应敏感性是有差别的。张宽等(1998)研究指出,玉米品种间吸收土壤中氮、磷、钾的数量有一定的差异(表 11-9),吸收肥料中氮、磷、钾的数量及其利用率差别较大,相差 1 倍之多,施用肥料的增产效果及其经济效益相差 2~3 倍。因此,在生产实践中应将吸收土壤中养分能力强的品种种植在高肥力土壤上,充分发挥土壤肥力的增产潜力,减少化肥施用量。相应地,对化肥吸收能力强的品种,则要施足肥料,提高化肥的利用率(表 11-9)。

表 11-9　不同玉米品种吸收氨、磷、钾的数量、利用率与经济效益

品种	吸收土壤中 N、P、K 总量 /(kg·hm⁻²)	无肥区产量 /(kg·hm⁻²)	化肥施用量 /(kg·hm⁻²)	吸收化肥 N、P、K /(kg·hm⁻²)	施肥区产量 /(kg·hm⁻²)	化肥 N、P、K 总利用率/%	化肥增产/%	kg 养分增产/%	纯收益/(元·hm⁻²)
丹早 208	183.9	5 918	422	134.7	7 424	32	26	3.6	−91
掖单 54	150.4	4 930	422	98	6 732	23	37	4.3	231
西丹 2 号	156.9	4 714	422	208.4	9 283	50	97	10.8	2 971
丹 703	128.9	2 953	422	207.9	8 318	49	182	12.7	3 767
四丹 48	179.2	5 630	422	119.9	7 974	28	42	5.6	746
四密 21	186.2	6 335	422	109	7 962	26	25	3.8	−6.6
高低相差	29(%)	1.15(倍)	0	1.14(倍)	39(%)	0.27(%)	1.56(%)	2.53(倍)	3 858(元)

高聚林(2006)研究青贮玉米对氮、磷、钾吸收规律时证实,不同类型玉米品种每生产100 kg干物质所吸收的钾素最多,氮素次之,磷素最少(表11-10);所需的氮、磷数量为粮用品种＞粮饲兼用品种＞青贮品种;所需钾素则为青贮品种＞粮饲兼用品种＞粮用品种。青贮玉米每生产100 kg干物质所需要的氮、磷、钾分别为(0.57 ± 0.05)kg、(0.26 ± 0.03)kg 和(1.58 ± 0.12)kg。

表 11-10　不同类型玉米品种生产 100 kg 干物质所需 N、P_2O_5、K_2O 量

品种类型	吸收量/(kg·100 kg^{-1})			生物产量/(kg·hm^{-2})
	N	P_2O_5	K_2O	
青贮专用	0.57 ± 0.05	0.26 ± 0.03	1.58 ± 0.12	$52\,665\pm10\,060$
粮饲兼用	0.69	0.3	1.33	26 996
粮用	1.03	0.49	1.01	23 370

(二)玉米不同生育时期吸收养分的特点

1. 玉米不同生育时期对氮、磷、钾养分的吸收特点

玉米是一种喜肥水、好温热、需氧多、怕涝渍的中耕作物。根据玉米种植时间的不同分为春播玉米和夏播玉米。春玉米和夏玉米的吸肥动态规律大体一致,但因生长期间环境条件不一样,吸收养分的特点也有差异。春玉米一般苗期生长缓慢,植株较小,吸收氮、磷、钾分别只占全生育期总吸收量的2.14％、1.12％和2.92％。拔节至孕穗期生长明显加快,约32％的氮、45.04％的磷和近70％的钾是在这一段吸收的,抽雄至灌浆是春玉米旺盛生长、需肥水大增的时期,氮、磷、钾的20％、20％和30％是在这一短时间内吸收的。春玉米进入后期要吸收相当量的氮和磷,近50％的氮和30％的磷是在后期吸收。夏玉米由于受夏季高温多雨气候条件的影响,它在生育前期的干物质积累速率和对氮、磷、钾养分的吸收强度,均明显地超过春玉米和套种玉米。

中国农业大学研究表明,夏玉米需肥高峰比春玉米提前且峰值高,对养分的吸收比较集中,到孕穗期夏玉米氮的吸收量占总吸收量的85.89％,磷的吸收量占总吸收量的73.12％;而春玉米到孕穗期,氮的吸收量只占总吸收量的34.35％,磷的吸收量占总吸收量的46.16％。可见,夏玉米施肥可集中在拔节孕穗期前,而春玉米以分次施入为好。

高产夏玉米出苗至拔节期氮的相对吸收量为7.3％,拔节期至大喇叭口期为37.2％,大喇叭口期至吐丝期为14.5％,吐丝期至吐丝后15 d 为32.7％,至此累积吸收量已达总量的91.7％,后期只占到8.3％;对磷的相对吸收量出苗至拔节为4.06％,拔节至大喇叭口期为26.88％,大喇叭口期至吐丝期为6.59％,吐丝期至吐丝后15 d 为17.43％,吐丝后15～30 d为33.51％,之后至完熟期9.91％;出苗至大喇叭口期对钾素的累积吸收量占到总吸收量的74.33％,吐丝后30 d达到钾最大吸收量,此后出现钾损失,至成熟损失量达17.6％,不同施肥方式对损失出现的时间及损失量有影响。

王贵平(2000)研究表明,地膜覆盖促进了春玉米对氮、磷、钾的吸收。从全生育期整株浓度比较,N 提高了0.39％～0.74％,P_2O_5 提高0.10％～0.26％,K_2O 提高0.29％～0.46％;全生育期氮、磷、钾的平均吸收累积速率覆膜和露地分别为2.42、1.52、0.86;0.68、2.33、1.53 kg·hm^{-2}·d^{-1},覆膜分别提高了59.2％、26.5％、52.3％。最大吸收累积速率覆膜和露地分别为5.52、3.38、2.07;1.31、6.91、5.00 kg·hm^{-2}·d^{-1},覆膜分别提高了63.3％、58％、

38.2%。丰富的养分含量,使植株具有高同化能力的营养状态,是覆膜春玉米高产高效的重要营养生理基础。

齐文增等(2013)研究超高产夏玉米氮、磷、钾的吸收与分配时发现,整个生育期内,超高产夏玉米 DH 661 各器官的养分吸收速率均显著高于 ZD 958,具有较高的养分吸收效率;茎、叶及根系的氮、磷、钾养分吸收速率在灌浆期前保持较高水平,之后下降较快,而籽粒的氮、磷、钾养分吸收速率于灌浆期后增加较快。吐丝期后,DH 661 仍能吸收积累较多的养分。超高产夏玉米 DH 661 在成熟期内整株氮、磷、钾积累量分别较 ZD 958 分别高 23.72%、32.17%和 21.89%;在叶片和茎秆中的分配比例均低于 ZD 958,而籽粒和根系中的分配比例高于 ZD 958,因而具有较高的养分收获指数与偏生产力。

2. 玉米不同生育时期对中量元素和微量元素的吸收特点

据高炳德、张桂银(2000)等研究,不论是春玉米还是夏玉米,对中量元素的吸收都有 2 个相对高峰期。春玉米硫的最快吸收期是大喇叭口期到吐丝期,其次是拔节期至大喇叭口期;春玉米钙的最快吸收期,高产田是在拔节期至大喇叭口期,中产田在大喇叭口期至吐丝期,其次高产田是在大喇叭口期至吐丝期,中产田在拔节期至大喇叭口期;春玉米对镁的最快吸收期是拔节期至大喇叭口期,其次是大喇叭口期至吐丝期。夏玉米对钙的第 1 个吸收高峰,在大喇叭口期至吐丝期(紧凑型),第 2 个吸收高峰在乳熟末期;夏玉米对镁的第 1 个吸收高峰在大喇叭口期至吐丝期(紧凑型),第 2 个吸收高峰在吐丝后 15~30 d。

微量元素在生育进程中的吸收量与大量元素一样,表现为少、多、少,在吸收速率上表现为慢、快、慢的共同规律。高、中产玉米铁的最快吸收期分别在拔节期至大喇叭口期和大喇叭口期至吐丝期;锰的最快吸收期是拔节期至大喇叭口期,其次是大喇叭口期至吐丝期;铜的最快吸收期是拔节期至大喇叭口期,其次是大喇叭口期至吐丝期;锌的最快吸收期是大喇叭口期至吐丝期,其次是拔节期至大喇叭口期。

佟屏亚(1995)研究夏玉米微量元素在收获器官中的分配表明,铜的含量主要分配在苞叶和叶片,其他器官分配量较少,从分配数量比较,叶片>子粒>苞叶>雄穗>茎秆>穗轴;锌的含量主要分配在雄穗和子粒中,其他器官分配较少,从分配数量比较,雄穗>子粒>叶片>穗轴>苞叶>茎秆;锰的含量主要分配在雄穗和叶片中,其他器官分配量较少,从分配量比较,雄穗>叶片>苞叶>茎秆>子粒>穗轴。

二、玉米施肥技术

(一)玉米的施肥环节

1. 施足基肥

基肥以厩肥、堆肥和秸秆等有机肥料为主,化学肥料为辅。基肥一般应占施肥总量的 70%左右。基施化肥中氮肥总量的 20%左右,磷、钾肥总量的 80%左右作底肥施入。辽宁省农业科学院土壤肥料研究所研究表明,施用有机肥 37.5 t·hm^{-2},增产玉米 525 kg·hm^{-2},施用 75 t·hm^{-2} 时,增产玉米 1 087.5 kg·hm^{-2}。河北、山东、河南等省,在前作物收获后,结合浅耕施厩肥 30~45 t·hm^{-2} 和磷肥 600~750 kg·hm^{-2} 作为基肥。

基肥的施用方法根据数量、播种期的不同灵活掌握。数量不多,开沟条施;数量足可在耕前将肥料均匀撒在地面,结合耕翻埋入土内。钾肥、磷肥及微量元素肥料等与有机肥料混合施用。套种玉米化肥在播前条施做基施。

2.适量种肥

通常种肥是必要的,特别是土壤养分含量贫乏,基肥用量少或不施基肥时,更需施用种肥。硫酸铵做种肥一般用 75～112.5 kg·hm^{-2} 为宜,尿素用量不超过 60 kg·hm^{-2}。磷、钾肥如未做基肥施用,可一次性做种肥。

氮、磷、钾复合肥或磷酸二铵做种肥最好,可用 150～225 kg·hm^{-2}。无论用什么肥料做种肥,都要做到种、肥隔离,避免烧种而影响出苗率。尤其是尿素和氯化钾做种肥更要注意。

种肥施用可采用开沟或挖穴施用,或用施肥机械,先播下肥料,再在肥沟旁播种,目前有施肥播种一体机,一次作业可完成播种和施肥。

锌、硼、锰等微量元素肥料可与其他肥料一起施入土壤做种肥或采用浸种和拌种的方式做种肥。

3.分期追肥

玉米是一种需肥较多和营养期较长的作物,单靠基肥和种肥远不能满足全生育期的需要,尤其是夏玉米基肥不足和未施基肥与种肥的,追肥是玉米丰产栽培的一项重要措施。

玉米追肥传统上分 4 个时期进行。即苗肥,指从玉米出苗到拔节期追施的肥料;拔节肥,指从拔节至拔节后 10 d 追施的肥料;攻穗肥,是指拔节 10 d 左右至抽雄穗期间施的肥料;攻粒肥,是指雌雄穗处于开花受精至子粒形成期追施的肥料。

韩学俭研究玉米高产施肥技术认为,玉米追肥应分 2～3 次进行。土壤肥力一般,计划产量为 4 500～7 500 kg·hm^{-2},宜追施尿素 450 kg·hm^{-2} 左右,在施用种肥基础上追肥宜于拔节期和大喇叭口期分 2 次进行。2 次追肥的分配,如地力低,或未施种肥、基肥的,宜采用"前重后轻"的分配方法,即拔节期追肥量占总肥量的 60% 左右,大喇叭口期占 40% 左右;地力基础高,玉米计划产量 9 000 kg·hm^{-2} 以上,追肥量多时,宜分 3 次进行,采用"前轻中重后补"的分配方法。在施种肥基础上,拔节期追肥量占总追肥的 30%～35%,大喇叭口期占 50% 左右,抽雄开花期占 20% 左右。追肥应禁止表面撒施,通过开沟或刨穴的方法深施,施后灌水。微量元素肥料的施用可结合拔节期追肥施用,也可采用叶面喷施的方法施用。在生育期喷施 2～3 次。

陈伦寿(2008)研究认为,华北地区夏玉米施肥有两个特点:一是夏玉米生育期短,又处于高温多雨季节,全生育期吸肥总量比春玉米少,但吸肥时间较为集中,且早于春玉米;二是由于冬小麦收后抢种玉米是三夏工作的关键,往往来不及施基肥,就要贴茬播种,所以夏玉米的施肥方案一般由种肥和追肥组成。为确保夏玉米丰收,追肥应掌握"早"和"重"的原则,即追肥时期应比春玉米早,氮肥用量也应稍多于春玉米,拔节期和大喇叭口期两次追肥总量约为 600 kg·hm^{-2} 尿素。

曹一平(2007)研究表明,甜玉米要求土壤肥沃,最好在基肥中增施腐熟的有机肥,在施用有机肥的基础上。再选择氮、磷、钾配比适当的三元复合肥做基肥。基肥最好沟施并深翻到土壤 20 cm 处。为了保苗和壮苗,还需施用种肥。种肥是在播种时施入 5～8 kg·666.7 m^{-2} 磷酸二铵,种肥要浅施且不可接触种子;在施肥时期上,由于甜玉米的收获期较早,因此要重施基肥,早施追肥。追肥只需一次。而且追肥时期要提前至小喇叭口期,最晚不要超过大喇叭口期。小喇叭口期追肥可用尿素,大喇叭口期追肥只能用碳铵、硫铵或硝铵。只有适当早追肥,才有利于灌浆,争取穗大和子粒饱满;适当增加钾肥的比例和用量以促进糖的合成与转化。钾肥施用要分次进行,在基肥中施大部分钾,在追肥中施少部分钾。基肥、追肥二者的比例可以三七开。在没有施用有机肥做基肥的情况下，要适当补施中微量元素如镁、锌、硼等。微量元素的施用可采用浸种、拌种或叶面喷施的方法，效果较好。

(二)玉米的施肥量

1.施肥量对玉米产量的影响

不同的施肥量对玉米的生长发育会产生不同的影响，最终会影响到玉米的产量和品质。王立春等(2006)研究了施肥量对高油品种通油 1 号和高淀粉品种郑单 21 产量及其构成因素的影响，结果表明，通油 1 号和郑单 21 施氮各处理的粒数及千粒重都好于不施氮处理。施磷、钾处理的穗长、秃尖长度、粒数及千粒重均好于不施磷、钾处理，但施磷、钾各施肥水平间穗长、秃尖长度相差不大。氮、磷、钾营养水平对不同品种玉米产量影响有差异，通油 1 号玉米施氮处理较不施氮处理产量增加 47～660 kg·hm^{-2}(0.7%～9.2%)，施磷处理较不施磷处理产量增加 174～490 kg·hm^{-2}(2.3%～6.5%)，施钾较不施钾处理产量增加 134～1 116 kg·hm^{-2}(1.6%～13.5%)；郑单 21 玉米施氮处理较不施氮处理产量增加 0～921 kg·hm^{-2}(0～10.9%)，施磷处理较不施磷处理产量增加 417～1 703 kg·hm^{-2}(5.16%～21.08%)，施钾较不施钾处理增加产量 81～800 kg·hm^{-2}(0.89%～8.87%)。

2.不同栽培条件下的玉米施肥量

(1)土壤条件与玉米施肥量　由于土壤肥力水平和土壤类型等的不同，玉米施肥量也会形成差异。高菲等(2008)研究了不同土壤肥力下玉米氮、磷、钾肥最佳用量。从表 11-11 中可看出，高、中、低肥力对比，最佳施磷和钾量比较接近，由低肥力到高肥力氮降低很多，说明要维持高产应根据不同的地力条件适度提供氮素营养，平衡磷、钾养分。

表 11-11　不同土壤肥力下玉米的最佳施肥量

土壤肥力	有机质/(g·kg^{-1})	碱解氮/(mg·kg^{-1})	速效磷/(mg·kg^{-1})	速效钾/(mg·kg^{-1})	最佳施氮量(N)/(kg·hm^{-2})	最佳施磷量(P$_2$O$_5$)/(kg·hm^{-2})	最佳施钾量(K$_2$O)/(kg·hm^{-2})
高	19.7～22.4	117.8～132.6	12.5～15.3	85.0～93.3	58.4	194.3	200.4
中	14.7～17.2	83.4～97.3	10.5～13.3	69.4～77.8	187.9	170.3	173.2
低	9.9～12.7	76.0～81.2	9.1～10.7	75.6～83.2	293.4	214.8	183.2

谢佳贵等(2008)研究了吉林省不同类型土壤玉米施肥效应，结果表明，不同类型土壤的氮、磷、钾肥施用模式符合二次曲线 $Y=ax^2+bx+c$。利用该模式，结合肥料和玉米价格进行综合分析得出了不同类型土壤上的氮、磷、钾的最佳施用数量：东部冲积土玉米最佳施肥量为 N 192 kg·hm^{-2}、P$_2$O$_5$ 56 kg·hm^{-2}、K$_2$O 33 kg·hm^{-2}；中部黑土玉米最佳施肥量为 N 133 kg·hm^{-2}、P$_2$O$_5$ 38 kg·hm^{-2}、K$_2$O 47 kg·hm^{-2}；西部淡黑钙土玉米最佳施肥量为 N 59 kg·hm^{-2}、P$_2$O$_5$ 65 kg·hm^{-2}、K$_2$O 51 kg·hm^{-2}。

(2)不同生态区玉米施肥量　不同生态区域，由于土壤、气候、种植方式、品种等的不同，玉米施肥量也是不同的。任军等(2004)研究了吉林省不同生态区玉米高产田适宜施肥量。结果表明，吉林省玉米最佳施氮量呈西高东低趋势，东部、中部、西部地区分别为 172.4、187.4 和 199.1 kg·hm^{-2}；最佳施磷量也呈西高东低趋势，东部、中部、西部地区分别为 98.3、97.9 和 111.7 kg·hm^{-2}；最佳施钾量呈两端高中间低趋势，东部、中部、西部地区的分别为 109.8、

90.3 和 107.5 kg·hm^{-2}。

张桂荣(2008)研究了鲁西南黄河冲积平原地区夏玉米产量达到 9 450 kg·hm^{-2} 以上的优化施肥量为 N 338.8 kg·hm^{-2}、P$_2$O$_5$ 105.15 kg·hm^{-2}、K$_2$O 158.82 kg·hm^{-2}；孙英(2008)利用三元二次肥料效应函数研究了沈阳市法库县玉米最佳施肥量为 N 125.98 kg·hm^{-2}、P$_2$O$_5$ 108.87 kg·hm^{-2}、K$_2$O 133.44 kg·hm^{-2}；李海波(2008)研究确定黑龙江省南部黑土玉米 N、P、K 适宜用量为 N 200～230 kg·hm^{-2}、P$_2$O$_5$ 120～130 kg·hm^{-2}、K$_2$O 60～80 kg·hm^{-2}；何焱(1999)研究确定遵义县玉米氮、磷、钾肥适宜用量为 N 193.2 kg·hm^{-2}、P$_2$O$_5$ 64.5 kg·hm^{-2}、K$_2$O 133.5 kg·hm^{-2}。

（3）不同玉米品种的施肥量　玉米不同品种,由于生长特性、利用目的、产量水平等的差异,在同样的栽培环境条件下,施肥数量及养分比例都会存在差异。任军等研究发现,在吉林省西部,普通优质型玉米品种吉单 342 的最佳施肥量为 N 199.1 kg·hm^{-2}、P$_2$O$_5$ 111.7 kg·hm^{-2}、K$_2$O 107.5 kg·hm^{-2}；而高油玉米品种吉油 1 号的最佳施肥量为 N 243.9 kg·hm^{-2}、P$_2$O$_5$ 102.5 kg·hm^{-2}、K$_2$O 104.5 kg·hm^{-2}。吉单 342 和吉油 1 号 N：P$_2$O$_5$：K$_2$O 比例分别为 1：0.56：0.54 和 1：0.42：0.43,吉单 342 的氮、磷、钾比例明显高于吉油 1 号,表明前者对磷、钾的需求更高,而后者对氮的需求量相对较高。

（三）玉米施肥新技术

1.覆膜玉米施肥技术

贾振业、索全义等(2000)研究内蒙古旱地覆膜玉米平衡施肥技术时认为,磷、钾肥以播前一次深施为最好,氮肥的使用方式要因地制宜,在年降水量不足 400 mm 的地区和年份,推广氮肥与磷、钾、锌肥一次性深施,即"一炮轰"的做法效果最好,氮肥品种尽可能用长效碳铵或涂层尿素;在年降水量超过 400 mm,或土壤保肥差的沙质土,或施用普通速效氮肥等条件下,以采用基肥为主,基肥、种肥、追肥相结合的方式,基肥占总施肥量的 50%～55%,种肥占 10%～15%,追肥占 30%～35%,追肥以攻穗肥为好。

胡国良研究覆膜玉米施肥量时认为,由于覆膜提高了春季的土温与土壤湿度,微生物较为活跃,养分分解较快,所以玉米在前期生长旺盛。但前期如出现徒长,则后期玉米根系发育较差,养分也过早消耗,易产生脱肥现象。因此,除培肥地力,依土质适当施足基肥以外,对玉米施用种肥时应以磷、钾肥为主,氮肥应当在拔节以后追施,以控制徒长,防止倒伏。

2.一次性施肥技术

玉米一次性施肥法,即一次性施入底肥,不再追肥,或一次性底肥＋种肥,不再追肥。这种施肥法近年来在许多地区都有应用,特别是覆膜栽培中应用更广泛。一次性施肥有许多优点:免去了中后期追肥作业,便于操作,适于机械化作业,可明显降低施肥成本;传统的施肥技术中,玉米追肥期时正值高温、高湿季节,人工田间作业困难,劳动强度大,农机又不易进地,一次性底施肥料,可大大解放劳动力,解决田间作业困难问题,农民易接受,易掌握;肥料深施到耕层,玉米播种机能精量播种,定量施肥,即一穴种子,一穴肥料,能把肥料施到耕层 5 cm 左右,深施能减少肥料的损失,提高肥料利用率。

雷利峰(2007)在测土配方的基础上,将所需肥料全部做基肥一次性耕翻施用。结果表明,示范区玉米单穗重平均增加 39.6 g,产量较前 3 年平均产量增加 2 241 kg·hm^{-2},增产率达 46.7%;较对照田增产 1 941 kg·hm^{-2},增产率达 38.1%。宋慧欣等(1998)研究表明,夏玉米长效肥料一次性底施技术,比传统施肥法"一底一追"或"一底二追"增产 13.6%。刘洋等

（2002）研究认为，在风沙半干旱区，照搬非旱区"口肥＋追肥"的施肥模式，造成施肥深度较浅，从而化肥利用率较低，增产作用不能充分发挥出来，同时增加了作业成本。氮肥加长效剂一次全量侧深施肥不仅减少了追肥作业环节，降低了生产成本，而且氮肥深施，使得氮肥与深层土壤中的水结合，不宜挥发并防止氮肥随着地表径流流失。另外，由于作物根系向水、向肥的生长特性，利于根系向下发展，使作物更耐干旱。加氮肥长效剂又可延缓肥效释放，使尿素的肥效期延长到 90～110 d。

　　一次性施肥要注意肥料的选择和应用条件，否则不能发挥应有的效果。高强等（2007）研究高氮复合肥在吉林省 5 种主要土壤上玉米一次性施肥效果时表明，干旱年份风沙土一次性施肥与农民习惯施肥相比明显减产。黑土一次性施肥效果年际间不稳定，干旱年份与农民习惯施肥相比有 30％田块平产，70％田块减产；在湿润年份仅有 31.2％田块减产。白浆土、冲积土一次性施肥与农民习惯施肥分别有 20％～27.2％和 12.5％～25％的田块增产，减产的田块分别占到 46.7％～59.1％和 50％～62.5％。黑钙土干旱年份增产的田块只有 9.52％，有 71.4％的田块减产，集中在淡黑钙土区。试验说明，高肥力土壤可以短期适当采用一次性施肥，中低肥力土壤尽量不要采用一次性施肥。

　　3. 氮肥后移施肥技术

　　在超高产生产体系中，考虑到玉米中后期作物对氮仍有较高的需求，因此一些研究者提出了超高产玉米的氮肥后移施肥技术。王宜伦等（2011）对超高产夏玉米（$\geqslant 12\,000$ kg·hm^{-2}）氮肥的运筹研究表明：氮肥后移（增加吐丝肥）与习惯施氮（50％苗肥＋50％大口肥）相比可促进夏玉米后期的氮素吸收积累，降低夏玉米茎和叶片氮素的转运率，显著增强灌浆期夏玉米穗位叶硝酸还原酶活性，提高灌浆期叶片游离氨基酸含量，增加蛋白质产量。氮肥后移比习惯施氮可增产 2.27％～5.33％，提高氮肥利用率 1.88％～9.70％、提高农学效率 0.96～2.21 kg·kg^{-1}，其中以"30％苗肥＋30％大喇叭口肥＋40％吐丝肥"方式施用氮肥的产量和氮肥利用效率最佳。

　　4. 统筹施肥技术

　　化党领等（2004）撰文认为，合理施用肥料还应考虑玉米与其他作物轮作状况，既要考虑到当季玉米的肥料施用问题，也要考虑到一定轮作周期中各季作物的肥料合理分配问题。孙政才（1997）研究认为，夏玉米对磷肥反应没有小麦敏感，磷在小麦上的增产效果明显，小麦、夏玉米两茬需要的磷肥，可全部或 2/3 施在小麦上，因此，土壤速效磷含量较高，而上茬小麦施磷量又较大的田块，下茬玉米可不施或少施磷肥。艾应伟等（1998）研究认为，冬小麦、夏玉米对磷的敏感性和吸收利用基本相似，但由于冬小麦是越冬作物，冬季土壤供磷能力变差，将磷肥全施于冬小麦上可以满足其对磷的需要，改善苗期磷营养，促进早生快发。施入的磷肥绝大部分以各种形态存在于土壤中，随着微生物活动又会缓慢释放出来。因此，磷肥集中在冬小麦上施用比在两茬作物上分配施用能显著增加冬小麦产量和两茬作物总产。

　　5. 因种施肥技术

　　化党领等（2004）报道，不同玉米品种对肥料的反应是不同的，将玉米喜肥程度分级并按级定量施肥，是一种新的施肥模式。传统的研究玉米品种施肥模式是选择 1～2 个品种来研究肥料的适宜用量、时期与方法，以此指导所有玉米生产的施肥，而忽视了玉米品种间吸肥能力与喜肥程度的差异造成的化肥利用率的差异，导致肥料利用率低。吴巍等（2001）研究发现，玉米品种间吸肥总量高低之差达 1.14 倍，化肥利用率高低差达 1.17 倍，化肥对不同品种玉米增产绝对值高低之差达 2.56 倍。玉米品种之间的这种差异已远远超过当前各种施肥方法的好坏所带来的差异。所以开展玉米吸肥能力与喜肥程度的分级并按级经济定量施肥可以实现玉米的高效生产。谢佳贵(2005)对玉米的喜肥程度划分及分级施肥的研究结果为:低度喜肥玉米的分级标准为化肥效应参数$\leqslant 0.40$,最佳氮、磷、钾的施用量分别为(165 ± 25) kg·hm^{-2}、(60 ± 20) kg·hm^{-2}、(70 ± 20) kg·hm^{-2};中度喜肥玉米的分级标准为化肥效应参数在$0.41\sim0.90$,最佳氮、磷、钾的施用量分别为(190 ± 25) kg·hm^{-2}、(85 ± 20) kg·hm^{-2}、(80 ± 20) kg·hm^{-2};高度喜肥玉米的分级标准为化肥效应参数>0.90,最佳氮、磷、钾的施用量分别为(225 ± 25) kg·hm^{-2}、(85 ± 20) kg·hm^{-2}、(90 ± 20) kg·hm^{-2}。

6.氮素营养诊断施肥技术

目前,氮素营养诊断施肥技术发展较快,我国在玉米上进行了多方面的研究。米艳华等(2008)研究了玉米反射仪-硝酸根试纸法 N 素营养快速诊断精准施肥技术。玉米的最佳诊断时期为移栽后 $25\sim30$ d,诊断部位为心叶下第 5 叶中段叶脉,诊断 NO$_3^-$ 临界值为 2.8 g·L^{-1},推荐施肥技术为基肥施 N $82.5\sim118.5$ kg·hm^{-2},追肥 N $153.0\sim222$ kg·hm^{-2},高产施 N 340.5 kg·hm^{-2},比当地施氮量减少 36%。

易秋香等(2007)研究了玉米叶绿素高光谱遥感估算模型。结果表明:叶绿素含量与原始光谱在 713 nm 处具有最大相关系数($R=-0.815$),并且基于此波长所构建的指数估算模型明显优于线性模型;基于光谱位置和光谱面积的变量与叶绿素都呈负相关,植被指数与叶绿素含量均呈正相关,并且植被指数相关性优于单一的特征变量,比值植被指数(RVI)相关性优于归一化植被指数(NDVI);模型精度检验结果表明,以蓝边面积变量(SDB)为自变量所构建的指数模型对叶绿素含量估算较好。

孙钦平等(2009)研究了应用可见光光谱进行夏玉米氮营养诊断。利用可见光光谱对夏玉米十叶期冠层图像的分析表明,可见光光谱技术完全可以应用于夏玉米的氮营养诊断;绿光标准化值、蓝光标准化值与夏玉米的植株全氮含量、叶片 SPAD 值和叶脉的硝酸盐浓度(低施氮条件下)有着显著或极显著的线性相关关系,是较好的表征夏玉米氮营养状况的可见光光谱参数。

7.基于机器视觉的玉米施肥技术

王荣本等(2001)研究了基于机器视觉的玉米施肥智能机器系统,该玉米精细施肥智能化机器系统可达到以下目标:系统智能化施肥的速度达到 1 km·h^{-1};具有玉米茎叶生长状态的实时图像识别检测技术;具有以玉米茎叶的图像特征为基础的化肥施放计算机决策专家系统;实现定时、定位、定量实施化肥的精确施放;根据玉米垄作特点实现整个机器系统的图像识别自动引导和无人驾驶。

思考题

1.简述玉米的营养特性。

2.简述玉米常规施肥技术要求。

3.简述玉米施肥新技术。

4.试比较春玉米与夏玉米施肥技术的不同点。

第四节　大豆营养与施肥

大豆具有许多独特的优点,在农业生产中占有重要的地位。大豆中含有约 40％蛋白质,是所有粮食作物中蛋白质含量最高的作物。大豆中含有约 20％的脂肪,是生产食用油的主要原料之一。随着畜牧业的发展,大豆作为饲料的用途越来越重要,豆饼是营养价值很高的精饲料。大豆秸含有较高的粗蛋白质,其营养成分高于麦秸、稻草等,是家畜的好饲料。此外,大豆在工业和医药上有广泛的用途。在农业生产中,大豆通过根瘤菌的共生固氮作用,大大地增加了氮素的供应。大豆素有"油茬"之称,对其他作物有较好的影响;种植大豆对于培肥土壤、节约资源具有重要意义。

一、大豆需肥特性

(一)大豆对营养元素的需求特性

1.大豆对氮、磷、钾的需求

据研究,每生产 100 kg 大豆需氮(N)5.3～10.1 kg、磷(P_2O_5)1.0～3.6 kg、钾(K_2O)1.3～9.8 kg。与水稻、玉米相比,氮高 2～3 倍,磷、钾高 0.5～1.0 倍,表明大豆是需要氮、磷、钾较多的作物。我国大豆栽培范围广,种植大豆的品种、生长环境及农业技术措施有较大差异。大豆对氮、磷、钾的需要量有所不同。从国内外的试验资料来看,随着大豆产量水平的提高,每生产 100 kg 大豆所需要的氮、磷、钾的量呈增加的趋势。

大豆与根瘤菌共生,根瘤菌固定的氮和大豆根系从土壤中吸收的氮相互影响,形成特有的吸氮特点。大豆通过根瘤菌固定的氮量可达大豆所需氮素的 40％～60％,大豆从土壤和肥料中吸收的氮并不明显高于粮食作物。但是,大豆生长所需要的其他养分都要从土壤中吸收。所以,大豆是需磷、钾较多的作物。

2.大豆对钙、镁、硫的需求

大豆是需钙较多的作物,大豆子粒中含钙(CaO)量为 0.23％,茎中为 1.18％,叶中为 2.0％～2.4％。子粒含钙量相当于小麦的 11 倍以上,秸秆含钙量为小麦的 6 倍之多。

在大豆生长期间,从出苗到初花期,大豆植株中的含钙量为 0.26％～2.8％,结荚期为 0.9％～4.4％。大豆结荚期正是含大量果胶物质的荚器官形成的时期。

大豆叶片中含镁较多,由出苗到初花期,大豆植株中镁的含量为 0.09％～0.89％,在初花期为 0.06％～1.0％,在结荚期为 0.53％～0.79％,而豆粒中镁的含量则较少。

大豆吸收硫比玉米多,在大豆茎叶中,硫的含量是干物质的 0.125％～0.52％。在种子中含量是干物质的 0.002％～0.45％。硫进入植物体中,少部分保持不变,大部分被还原为硫氢基和形成有机化合物。当含硫不足时,将减少大豆植株体内含硫氢基的合成和停止蛋白质的合成。

3.大豆对微量营养元素的需求

大豆对微量营养元素较为敏感。钼是大豆根瘤菌中固蛋酶的组成部分,参与氮磷代谢。植株中的钼大部分分配在根瘤菌及叶片中,大豆盛花期叶片中含钼量通常为 1～5 mg·kg^{-1},大豆施用钼肥,有利于根瘤的形成与提高固氮效果。大豆从土壤中吸收的锌量为 200～400 g·hm^{-2},比玉米等作物的吸锌量多。锌在植株体内大部分分配在根中,其次为茎和茎尖。

（二）大豆对氮、磷、钾的吸收动态

1. 大豆不同生育期各器官养分的动态变化

不同生育期或同一生育期的不同营养器官养分含量存在较大的差异（表 11-12）。在大豆苗期，茎叶中的氮、磷、钾的含量较高。随着大豆的生长，茎叶中的氮、磷、钾含量呈递减趋势，而豆荚、子粒等生殖器官的养分则逐渐增加。在大豆生育前期，叶片中的氮、磷、钾含量大于茎，而茎中的含钾量大于叶。在大豆生育后期，氮、磷、钾的含量表现为：花荚＞叶＞茎。随着大豆由营养生长转向生殖生长，植株的营养器官中的养分向生殖器官转移，在大豆成熟期，以子粒中氮、磷、钾含量最高。

表 11-12　大豆不同生育时期各器官中养分含量（以干物质计）　　　　　%

生育时期	器官	N	P_2O_5	K_2O
分枝期	茎	2.833 7	0.554 0	1.813 3
	叶	4.579 5	0.761 6	1.349 6
始花期	茎	2.291 0	0.551 7	2.016 7
	叶	4.022 5	0.739 4	1.076 4
结荚期	茎	1.892 5	0.663 4	1.572 6
	叶	3.507 7	0.649 3	1.749 6
	荚	3.505 5	1.265 9	3.593 0
鼓粒期	茎	1.786 86	0.530 4	1.613 7
	叶	3.134 9	0.640 0	1.708 7
	荚	3.873 3	1.216 2	2.833 7
成熟期	茎	0.456 7	0.313 7	0.716 3
	叶	1.270 1	0.387 2	0.712 6
	子粒	6.010 0	1.655 9	2.062 5
	荚皮	0.940 1	0.443 4	2.537 0

2. 大豆各生育期氮、磷、钾的吸收与积累动态

大豆的生长发育可划分为苗期、分枝期、开花期、结荚期、鼓粒期和成熟期。不同的生育阶段，吸收营养元素的数量不同。夏大豆不同生育期氮、磷、钾的吸收动态见表 11-13。

表 11-13　夏大豆不同生育期吸收氮、磷、钾的比例　　　　　%

养分	吸收量占总量					
	苗期	分枝期	开花期	结荚期	鼓粒期	成熟期
氮	3.94	10.17	18.56	16.24	39.03	1.55
磷	3.65	17.2	18.25	13.50	45.26	9.12
钾	4.13	15.65	24.06	18.31	37.89	−12.73

在大豆苗期,吸收的氮素仅占全生育期的 4% 左右,开花、结荚期吸收累积速率明显增加,鼓粒期是氮素积累的高峰期,吸收累积氮量的 40%。鼓粒期以后,氮的累积量迅速下降。一般来讲,大豆在开花前期,需要的氮量多于一般土壤和共生固氮作用所提供的氮量。据国外沙培试验结果报道,开花前 2～3 周是大豆氮营养的临界期,此期供氮不足,将导致大豆减产,即使后期施氮也难以弥补。因此,开花前施氮可促使大豆良好生长。在大豆鼓粒期,根瘤菌活动能力减弱,而植株需氮较高,也会出现缺氮现象。

大豆对磷的吸收在出苗至开花期占总吸磷量的 32%。开花时根系吸收磷的能力比生育前期增强,是大豆全生育期中最强的时期;大豆开花时根系甚至能从难溶性的磷矿粉中吸收磷。大豆花期吸收的磷既能影响营养器官的生长,又能影响生殖器官的发育。据试验,在开花后两周内供应充足的磷能增加荚重及粒重;而在始花期停止供磷将影响营养体的形成,并延迟生殖器官的形成。因此,开花期是大豆磷营养的最大效率期。从结荚至鼓粒期,磷的吸收累积量快速增长;此期是大豆营养生长与生殖生长的转折点,充足的磷营养可以减少花荚脱落。

大豆在苗期对钾素的吸收积累高于磷,从分枝到开花期进入吸钾高峰,其吸收量占总累积量的 40%,到鼓粒期钾的积累达到最大值,大豆成熟期出现钾的外排现象。在鼓粒期之后,钾向豆粒中大量转移,豆粒中的钾有 44% 是由茎叶中转移而来的。大豆成熟时,茎叶及叶柄大部分脱落,其中的钾在脱落之前有一部分转移到豆粒中,最后随落叶、叶柄而归还到土壤中。

二、大豆施肥技术

(1)基肥　增施有机肥料做基肥,既是豆科作物高产、稳产的重要条件,又是提高化肥使用效率的必要措施。基肥中加入氮、磷、钾等化肥,可以减少化肥中有效养分的流失与固定,提高化肥利用率。如在基肥中加入磷矿粉,有机肥在分解过程中产生的有机酸,可以增加磷矿粉的溶解,使难溶性磷转化为有机磷,同时磷肥被有机质包围,减少了被土壤固定的机会。有机肥与化肥施用量应根据各地条件,肥源充分,可多施,反之则少施并要集中施用。

(2)种肥　大豆施用种肥,具有很好的增产效果。一般以氮、磷配合施用做种肥效果最佳,666.7 m^2 施用过磷酸钙 10～15 kg,加硝酸铵 5～7.5 kg 混合,氮、磷比例以 1:(2～3)为宜。施种肥时,应深施,并注意种、肥隔离,防止烧种烧苗。

(3)追肥　大豆追肥的效果与选择适当的追肥时期、地力状况及长势关系极大。一般在开花初期追肥有良好效果;特别是土壤肥力低、幼苗长势弱,更应及时追肥。追肥品种以氮、磷肥为主,一般 666.7 m^2 追纯 N 2～2.5 kg,加 P_2O_5 2.5～5 kg,注意追肥量不宜过大。在豆荚形成后,可进行叶面喷肥,如 666.7 m^2 喷施 300 倍液磷酸二氢钾加适量氮肥,增产效果可达 10% 左右。

(4)喷施钼肥　大豆喷施钼肥是一项经济有效的措施。特别是在酸性土壤及有效钼含量低的白浆土和黑土上。如用 $5×10^{-4}$ 的钼酸铵溶液喷施,一般可增产 10%～20%,钼磷配合喷施效果更好。

思考题

1.大豆的营养特点是什么?

2.大豆的施肥技术要点是什么?

第五节　薯类营养与施肥

一、马铃薯营养与施肥

马铃薯是非谷类作物中重要的粮食作物之一,具有高产、早熟、用途多,既是粮又是菜的特点,素有"地下西红柿""地下苹果"之称,在人类食物结构中占有重要地位。马铃薯适于生长的环境条件很宽,在我国西北方地区都有种植,根据马铃薯的生长特点和需肥规律,科学施肥不仅可提高其产量,而且具有改善品质的作用。

(一)马铃薯需肥特性

1.马铃薯对养分的需要量

据内蒙古农业科学研究所报道,每生产 1 000 kg 马铃薯块茎需吸收氮(N)5.5 kg、磷(P_2O_5)2.2 kg、钾(K_2O)10.2 kg,氮、磷、钾吸收比例为 1∶0.4∶2。段玉等(2008)研究表明,旱地马铃薯,生产 1 000 kg 块茎吸收 N 4.23~8.04 kg,平均为 6.15 kg,吸收 P_2O_5 0.73~2.35 kg,平均为 1.36 kg,吸收 K_2O 4.18~9.44 kg,平均为 6.17 kg,氮、磷、钾吸收比例为 1.00∶0.22∶1.00。吴旭银(2005)报道,马铃薯(克新 1 号)地膜覆盖栽培条件下,平均每生产 1 000 kg 块茎植株需吸收 N 5.647 kg、P_2O_5 1.172 kg、K_2O 5.191 kg,氮、磷、钾吸收比例为 1.00∶0.21∶0.92。吴元奇、李尧权研究了种植密度和施肥对马铃薯吸收养分的影响(表 11-14),结果表明,氮、钾吸收量随施肥量的增加而增加,而磷的吸收量则稳定中稍有减少;不同密度对三要素吸收均表现为中密度的吸收量低于高、低密度。

表 11-14　马铃薯不同种植密度和施肥水平对氮、磷、钾的吸收量

处　理	每生产1 000 kg 薯块吸收氮、磷、钾量/kg			$N∶P_2O_5∶K_2O$
	N	P_2O_5	K_2O	
低密度	1.89	0.99	3.24	1.92∶1∶3.30
中密度	1.43	0.86	2.92	1.66∶1∶3.41
高密度	1.90	1.18	3.41	1.60∶1∶2.89
不施肥	1.42	1.02	2.99	1.41∶1∶2.99
施肥水平低	1.53	1.02	3.13	1.53∶1∶3.07
施肥水平中	1.94	1.01	3.32	1.94∶1∶3.32
施肥水平高	2.06	0.98	3.31	2.10∶1∶3.38

吴旭银(2005)研究表明,马铃薯(克新 1 号)地膜覆盖栽培条件下,产量在 38 718 kg·hm^{-2} 水平时,平均每生产 1 000 kg 块茎,植株需吸收 Ca 1.759 kg、Mg 1.195 kg、S 0.504 kg,三者的比例为 1.00∶0.69∶0.29。

白艳姝(2007)研究表明,紫花白平均每生产 1 000 kg 块茎,植株需吸收 Fe 0.133 2 g、Zn 0.014 7 g、Mn 0.010 7 g、Cu 0.003 3 g,四者的比例为 1.00∶0.11∶0.08∶0.02。

2.马铃薯对氮、磷、钾的吸收特点

高炳德研究表明,马铃薯在生育期对氮、磷、钾的吸收特点各不相同。氮的最快吸收期是块茎形成期,平均每日每株 45 mg,每日 2.03 kg·hm^{-2},是苗期的 2.5 倍,淀粉累积期的 5 倍,其次是块茎增长期;磷的最快吸收期也是块茎形成期,平均每日每株 7.5 mg,每日 0.34 kg·hm^{-2},是苗期的 2.8 倍,淀粉累积期的 2.9 倍;钾的最快吸收期是块茎增长期,平均每日每株 54 mg,每日 2.43 kg·hm^{-2},是苗期的 6 倍,淀粉累积期的 5 倍,其次是块茎形成期。

不同生育期氮、磷、钾绝对吸收量比例为:苗期 1∶0.15∶1.11,块茎形成期 1∶0.17∶1.14,块茎增长期 1∶0.18∶1.58,淀粉累积期 1∶0.30∶1.45。随着生育期的推进,需磷、钾的比例逐步提高,需氮的比例减少。从相对需要量上来看,苗期氮＞磷＝钾,块茎形成期氮＞磷＞钾,磷、钾需要量较以前有所增加,块茎增长期钾＞氮＝磷,淀粉累积期磷＞钾＞氮。

随着植株营养中心由茎叶向块茎的转移,氮、磷、钾在体内的分布也相应的发生转移。苗期,茎叶是生长中心,氮、磷、钾分布于茎叶,氮、磷以叶为中心,钾以茎为中心。块茎形成期,氮、磷的营养中心仍然是叶,钾的营养中心是茎,块茎中分布较少。块茎增长期,磷、钾在块茎和茎叶的含量近于 1∶1,是营养中心转移的时期,氮的营养中心仍然是茎叶。淀粉累积期,氮的营养中心也转移到块茎,茎叶中氮、磷、钾向块茎中迅速转移。成熟期,氮的运转率达 67%,磷的运转率达 77%,钾的运转率为 74%。

若将马铃薯茎、叶中的氮、磷、钾含量达到最大量时算起,到成熟茎叶枯死为止,流出量的百分率称为转移率,则氮的转移率为 51%～54%,磷的转移率为 54%～59%,钾的转移率为 42%～44%。一般叶片的转移率高于茎秆,尤其是氮素表现更为明显。

李承永、毕德春(2007)研究了不同世代脱毒马铃薯不同生长时期的氮、磷、钾吸收量及吸收速率。结果表明,不同世代脱毒马铃薯对氮、磷、钾的吸收量显著不同,全生育期内以原种对氮、磷、钾的吸收量最大,商品薯的吸收量最小,原原种、生产种居中。不同世代脱毒马铃薯在幼苗期对氮、磷、钾的吸收速率差异较小,但在发棵期和块茎膨大期商品薯对氮、磷、钾的吸收速率显著低于其他 3 个世代,在块茎膨大期其吸收速率分别比原种降低了 47.5%、45.8% 和44.5%,而原原种、原种和生产种在全生育期内差异不显著。

3. 马铃薯对钙、镁、硫的吸收特点

马铃薯根、茎、叶中钙的含量占干重的 1%～2%,但在块茎中的含量则只有干重的 0.1%～0.2%,生育期总需求量约相当于钾素的 1/4;根、茎、叶中镁的含量为干重的 0.4%～0.5%,生育期间茎、叶中镁的含量一般不下降,还略有增加,块茎中则有所下降,一般占块茎干物重的 0.2%～0.3%;硫在根、茎、叶中的含量为干物重的 0.3%～0.4%,在块茎中的含量为干物重的 0.2%～0.3%。

吴旭银研究表明,不同时期植株对各种养分的吸收量不同。孕蕾—开花(5 月 2—16 日)是植株吸收 Ca、Mg、S 最多的时期,分别占各自总吸收量的 36.30%、38.30% 和 33.62%。

在马铃薯生长期间,植株吸收的 Ca、Mg 主要分配在叶中,收获时分别占植株总吸收量的 54.70%、48.18%;其次是茎枝,分别占植株总吸收量的 31.56%、36.74%;块茎中最少,仅占植株总吸收量的 13.74%、15.08%。收获时植株吸收的 S 主要分配在块茎和茎枝中,叶中最少,分别占植株总吸收量的 40.91%、39.30%、19.79%。

4. 马铃薯对微量元素的吸收特点

白艳姝(2007)研究表明,紫花白叶、茎、全株对微量元素的累积吸收量在整个生育期呈 S 形曲线。叶中各元素累积量均在出苗后 76 d 达到最大值,分别为 Fe 48.85 mg·$株^{-1}$、Zn 1.90 mg·$株^{-1}$、Mn 3.50 mg·$株^{-1}$、Cu 0.68 mg·$株^{-1}$。茎中除 Fe 的累积量在出苗后 93 d

达到最大值 46.17 mg·株$^{-1}$ 外,其余三元素累积量的最大值也均出现在出苗后 76 d,分别为 Zn 2.84 mg·株$^{-1}$、Mn 2.47 mg·株$^{-1}$、Cu 0.68 mg·株$^{-1}$。块茎中除 Fe 的累积量在成熟期有所回落外,Zn、Mn、Cu 的累积量均逐渐上升,成熟期达到最大值,最大值分别为 21.98 mg·株$^{-1}$、8.05 mg·株$^{-1}$、3.50 mg·株$^{-1}$、1.64 mg·株$^{-1}$;全株中 Fe、Mn 累积量的最大值出现在出苗后 113 d,分别为 106.96 mg·株$^{-1}$、8.59 mg·株$^{-1}$,Zn、Cu 累积量的最大值出现在出苗后 130 d,分别为 11.7 mg·株$^{-1}$、2.62 mg·株$^{-1}$。

块茎中元素最快吸收速率出现时间的顺序为:Fe 61.3 d、Mn 66.2 d、Zn 68.3 d、Cu 68.9 d,最快吸收速率大小顺序为:Fe＞Zn＞Mn＞Cu;全株中元素最快吸收速率出现时间的快慢顺序为:Fe 44.6 d、Mn 46.2 d、Cu 49.0 d、Zn 53.2 d。

马铃薯体内 Fe、Zn、Mn、Cu 苗期主要分布在叶茎中。随生长中心转移,各养分逐渐向块茎中转移,在块茎中的分布逐渐上升。成熟期马铃薯 4 种微量元素向块茎的运转率排序为:Zn＞Cu＞Mn＞Fe,Zn、Cu 运转率较大,在体内的移动性强,Mn、Fe 移动性较小,成熟期在茎叶上仍然分布了相当大的一部分。

(二)马铃薯施肥技术

1. 马铃薯的施肥效应

(1)氮、磷、钾施肥效应　许多地区试验表明,氮、磷、钾对马铃薯均表现一定的增产效果。据高炳德报道,在基础产量 41.25 t·hm^{-2} 的高肥力地块,单施氮肥无效,甚至会减产,基础产量 15 t·hm^{-2} 左右的一般田上,适量施用氮肥,可达到 50% 左右的增产率。高氮营养水平能使块茎中淀粉含量降低。黑龙江省许多地区肥料试验结果表明,平均每千克纯氮可增产马铃薯块茎 115～150 kg。

施用磷肥对马铃薯有明显增产作用。但土壤条件不同,增产效果也不一致。据高炳德试验,在低肥力的沙土上施磷,增产率达 20%,每千克过磷酸钙增产薯块 5 kg,而高肥力的沙盖垆土增产率仅 4.4%,每千克过磷酸钙增产 1.8 kg。

据王贵平(1999)在内蒙古察右前旗旱地试验证实,施用硫酸钾 150 kg·hm^{-2},平均增产 2 460 kg·hm^{-2},增产率达 9.8%。钾素还能提高块茎中淀粉含量,减轻薯肉变黑的程度;吴晓梅(2008)以东农 303 为试材,在施用 N、P、K 及农家肥的基础上,研究了不同用量钾肥对马铃薯产量、品质及相关生理性状的影响。结果表明,随施钾量增加产量明显提高,当钾肥用量达到一定量时(190 kg·hm^{-2}),继续提高钾肥用量,产量增加缓慢。块茎淀粉含量、干物质量和大中薯率的变化与产量一致。不同钾肥用量(90,140,190,240 kg·hm^{-2})的处理分别较对照增产 2 913.3、4 423.5、5 994.9、6 387.7 kg·hm^{-2},淀粉含量较对照提高 4.10%、7.38%、8.20%、9.02%,干物质量分别提高 2.76%、5.52%、7.18%、8.84%,大中薯率分别提高 8.00%、13.50%、17.50%、21.50%,叶绿素含量分别提高 9.58%、14.70%、16.93%、18.53%,叶面积系数分别提高 4.11%、7.40%、8.49%、9.04%,净同化率分别提高 14.30%、18.91%、22.64%、25.99%。

不同地区由于土壤肥力水平的差异,氮、磷、钾肥的施用效果也不同。马仁彪等(2008)在宁夏西吉试验表明,氮肥对产量的贡献作用是第一位的,磷肥次之,钾肥最小;李云平(2007)在陕北丘陵区的研究也证实,限制马铃薯产量的首要因子是氮,其次是磷。氮、磷肥对马铃薯的增产效应极其显著,钾肥对马铃薯的增产效应不显著,但施用钾肥可极大地提高马铃薯的淀粉含量;张翔宇在山西省大同市的试验表明,在农家肥和密度均不是增产的主要限制因素时,氮、磷、钾肥对马铃薯产量影响的大小程度为:K>N>P;姚宝全(2008)在闽东南马铃薯主产区的试验表明,冬季马铃薯施用氮、磷、钾肥分别增产38.7%、10.7%和23.6%,增产效果是N>K>P,不同土壤肥力等级的氮、磷、钾肥增产幅度与土壤速效养分含量呈负相关关系。

刘效瑞、伍克俊(1994)在甘肃省对马铃薯氮、磷、钾试验证实,氮、磷、钾对产量的贡献顺序,施肥低量和中量时为:氮>钾>磷,而施肥高量时为:钾>氮>磷,说明随着氮、磷水平的提高,钾的作用不断增强,增产作用依次增大。施氮、磷、钾对块茎中淀粉含量的贡献顺序,低量施肥水平下为磷>氮>钾,高量施肥水平下为钾>氮>磷,即随着氮、磷施用量的提高,钾对淀粉含量的影响显得更加重要。

(2)镁、硫施肥效应　江苏省姜堰市农业局吴同书等在姜堰市对硫酸镁在马铃薯上应用的研究表明,在75～300 kg·hm^{-2}用量范围内,随硫酸镁用量增加,产量亦逐渐增加,增产率在5.08%～13.48%;施用硫酸镁对马铃薯品质也有影响,收获后烹饪品尝表明,施用硫酸镁的马铃薯比对照口感好,切条烹饪时,薯条整齐,不易破碎。

冯琰在有效硫22.95 mg·kg^{-1}土壤条件下的研究表明,22.5 kg·hm^{-2}低硫处理下有增产效果,且硫与氮、磷配合施用时增产作用比单施硫明显;而45.0 kg·hm^{-2}高硫处理时产量明显低于对照,这说明本试验土壤条件下低硫+氮、磷配合施用提高马铃薯产量的效果最佳,其次是单低硫处理,可提高产量1.65%～2.68%。

(3)微量元素施肥效应　微量元素肥料在许多地区施用都有一定的效果,但不同地区施用效果有差异。杜长玉(1999)在马铃薯上进行了硼、铜、锌、钼、锰5种微量元素的试验,结果表明,在产量方面与对照相比,硼、铜、锌、钼、锰分别增产30.2%、23.5%、18.7%、13.8%、5.9%;在淀粉含量方面与对照相比,硼、铜、锌、钼、锰分别使块茎中淀粉含量提高了32.5%、27.5%、21.9%、11.0%、8.1%。

李军(2002)研究表明,硼、钼营养对马铃薯鲜薯产量有明显的交互作用,适宜的硼、钼营养配施可提高马铃薯产量,硼、钼营养不足或组合不合理均明显抑制马铃薯块茎形成,合理施用硼、钼营养对于发挥马铃薯块茎潜在的生产力是必要的;李华(2006)研究表明,钾、锌、锰肥的合理配施能使马铃薯产量明显提高,可显著改善马铃薯块茎品质,表现为淀粉、粗蛋白含量明显提高,并且降低块茎内硝态氮含量。

卢红霞(2001)研究氯对马铃薯生理效应的影响时发现,培养液中氯浓度在300 mg·kg^{-1}时,对马铃薯就有不良影响,超过550 mg·kg^{-1}时,马铃薯植株出现中毒症状,块茎产量、淀粉含量均显著下降,可溶性糖含量上升,因此,施含氯化肥时,土壤溶液中的浓度以不超过300 mg·kg^{-1}为宜;马辉研究含氯化肥在马铃薯上应用效果时发现,施氯化铵125.25 kg·hm^{-2}、硫化钾150 kg·hm^{-2}的低氯处理和施氯化铵125.25 kg·hm^{-2}、氯化钾125.25 kg·hm^{-2}高氯处理与无氯处理相比,都具有增产效果,增产率分别为17.83%和20.48%。施氯处理可增加大、中薯比率,减少小薯率。施氯处理对马铃薯含水量和淀粉含量两项品质指标并无影响,蒸熟后进行品尝,食味一致。

(4)有机肥施用效应　有机肥对提高马铃薯产量的效果也是非常显著的。宁夏固原地区农科所(1983—1986)试验表明,马铃薯单施有机肥料比单施化肥增产5.9 t·hm^{-2},增产率为36.5%。

李裕荣研究沼肥与有机肥和化肥在马铃薯生产中的配合施用时得出结论,在马铃薯的生产上,沼肥对尿素和部分复合肥具有替代作用,但不能替代圈肥。沼肥与等量的圈肥和复合肥及尿素配合虽不能更大地增加马铃薯的产量,但能提高大薯率,增加马铃薯株高和茎粗。圈肥在马铃薯生产中的作用不可替代,圈肥不仅能改善土壤结构,还是马铃薯获得高产的重要保证。在马铃薯生产中最好"沼肥＋圈肥＋复合肥＋尿素"配合施用,既能改善土壤结构,又能使马铃薯具有更好的经济性状和市场竞争力。

2.马铃薯施肥技术

(1)马铃薯的施肥原则　赵秀丽(2004)根据马铃薯的生长规律,提出的施肥原则是:前促、中控、后保。前期应尽可能地使马铃薯早生快发,多分枝,形成一定的丰产苗架,施肥上以氮、磷为主;中期控制茎叶生长,促使其转入地下块茎形成与膨大;后期不能使叶色过早落黄,以保持叶片光合作用效率,多制造养分供地下块茎膨大。

(2)施肥数量　陈伦寿(2007)根据中国南方土壤缺钾多、北方土壤缺磷多和马铃薯对钾素需求量大的特点,提出马铃薯在生产中氮、磷、钾的适宜比例,北方地区为 $1:(0.45\sim0.55):(0.45\sim0.55)$,平均为 $1:0.5:0.5$;南方地区为 $1:(0.25\sim0.35):(0.85\sim0.95)$,平均为 $1:0.3:0.9$ 。如果马铃薯产量为 $22\,500\ kg\cdot hm^{-2}$,一般需要施氮肥 $120\sim180\ kg\cdot hm^{-2}$ 。北方地区 N 、 P_2O_5 、 K_2O 的平均施肥量为 150 、 75 、 $75\ kg\cdot hm^{-2}$,南方地区为 150 、 45 、 $135\ kg\cdot hm^{-2}$ 。氮肥的用量,在贫瘠地块或施农家肥少的地块应偏上限,在肥沃地块或施农家肥多的地块应偏下限。

(3)施肥环节

①施足基肥　干旱无灌溉条件的地块可将肥料作为基肥一次性施入;土壤湿润、降雨量大、有灌溉条件的应以基肥为主,适时进行追肥,但基肥的数量应占总施肥量的80%以上。基肥常以草木灰或有机肥与化肥混合后施用,可起到防病、防虫,增加钾素,改善品质的作用,施腐熟有机肥 $40\sim60\ t\cdot hm^{-2}$,草木灰 $1.5\ t\cdot hm^{-2}$,春施、秋施均可。

②酌情施种肥　基肥不足或耕地前来不及施肥时,可进行种肥的施用。播种时将有机肥与化肥混匀后溜在犁沟内,然后覆少量土,再点上种薯。由于将肥料集中施于种薯下,种薯发芽扎根后,便能尽快获得肥料,可提高肥料的利用率,减少肥料损失。

③早施追肥　追肥不宜过迟,以避免后期施肥引起茎叶徒长和影响块茎膨大及品质。追肥一般分两次施用:一是保苗肥,在齐苗后施,促进茎叶生长。保苗肥的施用方法是将肥料兑水施于株旁;二是促薯肥,在植株发棵前和结薯期进行,满足结薯所需的养分,促进早结薯,多结薯。促薯肥的施用方法是采用条施或穴施方法。在行间挖深 $7\sim10\ cm$ 的沟,施后立即培土,以防肥料流失。一般留下50%左右的氮肥做追肥,其中的 $2/3$ 氮肥重施保苗肥,余下的 $1/3$ 氮肥根据植株的生长状况,追施促薯肥。春薯因前期温度较低,基肥要施足氮肥,或早追氮肥,促进薯苗早生快发。马铃薯开花后,一般不进行土壤追肥,特别是不能追施氮肥,否则施肥不当造成茎叶徒长,阻碍块茎的形成、延迟发育,易产生小薯和畸形薯,干物质含量降低,易感晚疫病和疮痂病。

④适当根外追肥　马铃薯现蕾开花期后可进行叶面施肥,主要喷施磷、钾肥,每隔 $8\sim15\ d$ 叶面喷施 $0.3\%\sim0.5\%$ 磷酸二氢钾溶液 $750\ kg\cdot hm^{-2}$,连续 $2\sim3$ 次,若出现缺氮现象,可喷施尿素 $1.5\sim2.5\ kg\cdot hm^{-2}$ 。

二、甘薯营养与施肥

甘薯因栽插时期不同分春薯、夏薯、秋薯和越冬薯。我国薯区大致可划分为东北春薯区、南方夏薯区和华南秋冬薯区。从甘薯的综合开发利用的前景来看,今后因地制宜发展甘薯生产大有作为。因此,研究甘薯的营养规律,不断提高施肥的科学水平,充分挖掘甘薯高产潜力,改善品质就显得非常重要。

(一)甘薯的需肥特性

甘薯根系深而广,茎蔓又能着地生根,吸肥力很强,在贫瘠的土壤上也能获得一定产量。甘薯也是需肥性很强的作物,一生从土壤中要吸取大量营养物质。

1.甘薯对养分的需要量

王殿武、张建平(2000)研究的结果认为,徐薯18产量为49.80 t·hm^{-2}时,每1 000 kg鲜薯需吸收N、P_2O_5、K_2O分别为5.4、0.9、6.2 kg,三要素比例为1∶0.16∶1.15;烟64产量为47.02 t·hm^{-2}时,每1 000 kg鲜薯需吸收N、P_2O_5、K_2O分别为2.5、0.6、6.5 kg,三要素比例为1∶0.23∶2.6,可见品种之间吸肥量差异是比较大的,但钾的差异明显比氮和磷少。吴旭银(2001)对"冀审薯200001"的研究表明,块根产量48 900 kg·hm^{-2}水平下,每生产1 000 kg鲜薯,需吸收N 7.58 kg、P_2O_5 2.64 kg、K_2O 11.47 kg,其比例为1∶0.34∶1.51。由此可以看出,生产1 000 kg鲜薯所需氮、磷、钾的数量由于品种、生态环境、生产条件及产量水平不同而有较大的差异。

吴旭银(2001)研究还表明,"冀审薯200001"在块根产量48 900 kg·hm^{-2}水平下,每生产1 000 kg鲜薯,需吸收Ca 4.63 kg、Mg 1.59 kg、S 0.78 kg,其比例为1∶0.34∶0.17。

2.甘薯不同生育阶段吸收养分的特点

(1)氮、磷、钾阶段吸收特点　甘薯栽插后从开始生长一直到收获,对氮、磷、钾的吸收量总的趋势是钾最多,其次为氮、磷。吴旭银研究"冀审薯200001"对氮、磷、钾吸收特性时表明,栽秧后1～135 d,植株吸收K_2O最多,N次之,P_2O_5最少,其比例为(1.22～1.67)∶1∶(0.25～0.87);栽秧后136～162 d,植株吸收K_2O最多,P_2O_5次之,N最少,其比例为1.15∶1.12∶1;栽秧后55～108 d是植株吸收各种养分的主要时期,此期植株对N、P_2O_5、K_2O的吸收量分别占总吸收量的79.91%、77.63%、81.45%,其间又以栽秧后55～81 d吸收最多,分别占总吸收量的52.95%、45.83%、55.69%;栽秧后1～108 d,植株吸收的养分主要分配在茎枝及叶中。此后,由于地上茎叶生长日趋减弱及死亡脱落,块根迅速膨大,枯死茎叶及块根中N、P_2O_5、K_2O的积累量迅速增加,收获时枯死茎叶中N、P_2O_5、K_2O的积累量分别占全株总吸收量的31.22%、25.24%、36.30%,块根中N、P_2O_5、K_2O的积累量分别占全株总吸收量的36.60%、47.65%、23.82%。

甘薯生长的前、中、后期对氮、磷、钾吸收数量和比例,一般趋势是前期较少,中期最多,后期最少(表11-15),但高产甘薯有特殊,在生长后期对氮、钾的吸收量比生长前期有所增加。据山东省青岛市农业科学研究所研究,在产量80.49 t·hm^{-2}的高产春薯田上,生长前期氮吸收占总量的28.74%,磷为21.75%,钾为16.26%,生长中期氮吸收占总量的33.8%,磷为66.64%,钾为66.04%,生长后期氮吸收占总量的37.48%,磷为11.61%,钾为17.7%。

表 11-15 甘薯不同生长期植株吸收氮、磷、钾的量和比例

生长期	天数	N		P$_2$O$_5$		K$_2$O		生物产量	
		吸收量/ (kg·hm^{-2})	占总 量/%	吸收量/ (kg·hm^{-2})	占总 量/%	吸收量/ (kg·hm^{-2})	占总 量/%	生物产量/ (kg·hm^{-2})	占总 量/%
前	63	125.1	37.69	24.3	26.91	304.1	39.32	6 222.0	48.51
中	54	138.0	41.57	55.8	61.79	428.0	55.36	1 632.0	12.73
后	40	68.9	20.74	10.2	11.30	41.1	5.32	4 971.0	38.76
合计	157	332.0	100.00	90.3	100.00	773.3	100.00	12 825.0	100.00

王殿武、张建平(2000)研究发现(表 11-16),甘薯中氮的积累高峰出现在茎叶生长高峰期至块根膨大期,磷的吸收高峰与氮相比,高峰期出现的时间较晚,出现在茎叶旺盛生长后的块根膨大期,钾的吸收积累进程与磷相似,高峰期也出现在茎叶旺长后的块根快速膨大期。从氮、磷、钾的积累量可以看出,生长前期氮的积累较早,钾、磷较晚,氮、磷、钾的积累量占总量的比例分别为 58.6%、44.3% 和 54.4%;进入块根快速膨大期氮、磷、钾的积累速度加快,氮、磷、钾的积累量分别达到总量的 82.1%、86.7% 和 89.6%,生长后期磷、钾的积累速度超过氮,但氮在生长后期仍保持较高的积累量。总之,根据各地土壤状况,结合甘薯吸肥规律,增施钾、氮肥,适当补施磷肥是提高甘薯产量和充分发挥生产潜力的关键。

(2)钙、镁、硫阶段吸收特点 吴旭银研究甘薯"冀审薯 200001"钙、镁、硫吸收规律时表明,随着生长进程的增加,植株对 Ca、Mg、S 的累积吸收量不断增加,栽秧后 55~108 d 是植株吸收各种养分的主要时期,此期植株对 Ca、Mg、S 的吸收量占最大累积吸收量的 81.75%、82.27%、80.92%(其间又以栽秧后 55~81 d 吸收最多,分别占最大累积吸收量的 52.58%、65.51%、49.53%);栽秧后 108 d,植株对 Ca、Mg 的累积吸收量达一生最大值,到栽秧 162 d(收获),植株对 S 的累积吸收量达一生最大值。栽秧后 1~108 d,植株吸收 Ca 最多,Mg 次之,S 最少,其比例为 1:(0.20~0.4):(0.10~0.18);栽秧后 109~162 d,植株对 Ca、Mg 的吸收出现负值(收获时分别降至最大累积吸收量的 87.57%、73.67%),植株对 S 的吸收强度也显著下降(此期植株对 S 的吸收量仅占一生总吸收量的 8.17%)。栽秧后 1~108 d,植株吸收的养分主要分配在茎枝及叶片、叶柄中;此后,由于地上部茎叶生长日趋减弱及死亡脱落、块根迅速膨大,植株体内 Ca、Mg、S 残留在枯死茎叶及向块根中的分配量迅速增加,收获时,枯死茎叶中 Ca、Mg、S 的累积量分别占植株累积吸收量的 48.33%、40.68%、43.67%,块根中 Ca、Mg、S 的累积吸收量分别占植株累积吸收量的 10.57%、19.58%、12.73%。栽秧后 109~162 d,植株对 Ca、Mg 的阶段吸收量出现负值。

(二)甘薯的施肥技术

1. 甘薯施肥的增产效果

甘薯施用有机肥料有良好的增产效果。江苏和河北研究表明,施厩肥 45 t·hm^{-2},比对照增产 24.8%;施用稀粪,一般可增产 20%~50%;豆科绿肥压青,比不压青的增产 38.4%。

化肥增产效果也很明显,据山东调查,在施 15~22.5 t·hm^{-2} 土杂肥的基础上,施硫铵 37.5~127.5 kg·hm^{-2},可增产 7.3%~26.9%;江西省农业科学院在红壤坡地试验,追施硫铵 75 kg·hm^{-2},增产 39%。各地生产实践证明,每千克纯氮可增产鲜薯 100~200 kg。

表 11-16 甘薯不同生育时期氮、磷、钾的积累量

日期（月/日）	N			P₂O₅			K₂O		
	累积量/ (kg·hm⁻²)	日累积量/ (kg·hm⁻²)	占总 量/%	累积量/ (kg·hm⁻²)	日累积量/ (kg·hm⁻²)	占总 量/%	累积量/ (kg·hm⁻²)	日累积量/ (kg·hm⁻²)	占总 量/%
5/12	38.10	—	14.1	4.76	—	10.7	31.58	—	10.2
7/11	89.82	0.862	33.3	10.22	0.091	23.1	99.42	1.131	32.1
7/26	124.88	2.337	46.3	10.86	0.043	24.6	127.20	1.852	41.1
8/11	158.10	2.076	58.6	19.58	0.278	44.3	168.25	2.566	54.4
8/26	176.20	1.207	65.3	24.78	0.347	56.1	213.25	2.999	68.9
9/11	203.02	1.676	75.3	32.45	0.479	73.4	262.56	3.083	84.8
9/16	221.50	1.232	82.1	38.31	0.391	86.7	277.90	1.023	89.5
10/11	246.02	1.635	91.2	42.29	0.265	95.7	294.57	1.111	95.2
10/25	269.76	1.696	100.0	44.19	0.136	100.0	309.56	1.071	100.0

甘薯虽然对磷素需要较少,但在土壤缺磷的地区,施用过磷酸钙 $150\sim225$ kg·hm^{-2} 做基肥,一般可增产鲜薯 $12\%\sim20\%$。在甘薯生长后期,用 $2\%\sim3\%$ 过磷酸钙喷施叶片,一般可增产鲜薯 10% 左右,各地生产实践表明,每千克过磷酸钙可增产鲜薯 10 kg 左右。

甘薯需钾较多。据山东省试验表明,增施 $750\sim1\,500$ kg·hm^{-2} 草木灰,平均增产鲜薯 $2\,692.5$ kg·hm^{-2},每千克草木灰可增产薯块 2 kg 左右。江苏试验证明,施不同用量的硫酸钾,比不施的平均增产 20.8%。在甘薯生长中,后期喷施 0.2% 磷酸二氢钾溶液或 5% 草木灰水,一般增产 10% 左右。赵瑞英(1996)研究表明,在一定氮、磷配合水平下施钾肥与腐殖酸配合对提高鲜薯产量效果最佳,增产率达 46.4%,而且品质也明显改善,鲜薯蛋白质、可溶性糖、维生素 C 和胡萝卜素含量均为最高,比高钾不加腐殖酸分别增加 20.3%、18.8%、13.9% 和 10.7%;比低钾不加腐殖酸的分别增加 76.9%、60.3%、47.6% 和 38.3%。

周开芳(2003)研究氮、磷、钾不同肥料用量对不同甘薯品种产量的影响表明,施用 11-11-3 的复合肥料,在同一施肥量下,不同甘薯品种产量高低顺序为徐薯 18 号＞红薯 1 号＞白薯 4 号。同一品种在不同施肥量下其产量增幅大小顺序为红薯 1 号＞白薯 4 号＞徐薯 18 号。

葛成涛(1998)研究微量元素在夏甘薯的应用效果,结果表明,夏甘薯施锌鲜薯增产率达 8.1%,施硼达 10.5%,施钼达 8.7%,锌、硼、钼一起配施,增产率达 18.6%。因此他认为,夏甘薯鲜薯单产在 30 t·hm^{-2} 以上水平时,在基施氮、磷、钾肥的基础上,还应注意锌、硼、钼等微量元素的配合,以充分发挥肥料的增产效益。

2. 甘薯的施肥技术

(1)基肥　基肥应以有机肥为主,化肥为辅。各地调查表明,一般产鲜薯 $22.5\sim30$ t·hm^{-2},要求施有机肥 $37.5\sim60$ t·hm^{-2};产鲜薯 $37.5\sim52.5$ t·hm^{-2},要求施有机肥 $75\sim112.5$ t·hm^{-2},产鲜薯 $60\sim75$ t·hm^{-2},需施有机肥 $112.5\sim150$ t·hm^{-2}。化肥中的磷肥和钾肥的大部分及一部分氮肥均应随基肥一起下地。

甘薯基肥施用方法,应根据肥料种类多寡采用不同的施用方法。高产薯田施用量较大,基肥可采用深层施肥与分层施肥相结合,粗肥深施与细肥浅施相结合,迟效肥料与速效肥料相结合的方法。基肥应施在 $20\sim30$ cm 的土层内,因甘薯根系集中分布在此土层内。基肥深层施用结合分层施用,可充分满足甘薯在整个生长期对养分的需求。浙江省农业科学院采用"粗肥打底,精肥面施,四层匀施"的基肥施用方法,鲜薯平均产量多达 71.25 t·hm^{-2}。江苏省夏甘薯大面积种植产量在 45 t·hm^{-2} 以上的基肥施用方法是:①打底子。在前茬麦田施足农家肥,割麦时留 6 cm 左右麦茬翻耕整地。②铺面子。在小麦收割后,铺施厩肥 $60\sim75$ m^{3}·hm^{-2} 或土杂肥 $105\sim120$ m^{3}·hm^{-2},铺施后扶垄,把肥料施在不同深度的土层里。③包馅子。在扶垄时施 150 kg·hm^{-2} 左右的碳酸氢铵和 375 kg·hm^{-2} 左右的过磷酸钙,随耕犁时施入,将肥料置于垄心。在肥源不足时,基肥应采用集中条施或穴施。福建、浙江、湖南、江苏、河南与山东各省推广的"包心肥"或称"包馅肥",其做法大致相同,一般都在甘薯整地做垄时,将基肥集中条施于垄底,起垄时,把肥料包在垄内,其特点是肥料多集中于表层,有利于甘薯早发,防止肥料流失,提高肥效。

(2)追肥　甘薯追肥有以下几种方式:①促苗肥。又称提苗肥,是为了促进根系、幼苗快长,达到苗匀苗壮。一般追施的是速效性氮肥,常用人畜粪尿兑水 $2\sim3$ 倍,$7\,500\sim15\,000$ kg·hm^{-2},在栽插后 $5\sim15$ d 浇施于苗穴附近,或用硫酸铵 $45\sim75$ kg·hm^{-2}(或碳酸氢铵 $150\sim225$ kg·hm^{-2}),拌上细土或兑水,开穴追施后盖土。②壮株结薯肥。这是分枝结薯阶段及茎叶生长期以前采用的一种施肥方法。其目的是促进茎叶生长和薯块形成。水肥条件较好的地块,以栽后 30～40 d 薯块已经形成追施为好。追肥过早或过多,常会造成中期生长过旺,阻碍养分向根部运转,反而会推迟结薯,若追肥过晚,也不能及时发挥肥效;在干旱条件下,应在栽后 20 d 追肥,雨水适宜,可在栽后 30～40 d 追施,南方夏薯区以薯秧移栽后 10～30 d 追施为好。在提苗肥施用量较大时,壮株催薯应以磷、钾为主,氮肥为辅。长势差的施用氮素化肥 150 kg·hm^{-2},长势好的施用量可减半。③催薯肥,为了促进薯块膨大而进行的追肥,又称长薯肥。其施肥方式又有 3 种:一是夹边肥,一般插秧后 45 d 左右,地上部已甩蔓下垄,薯块已基本定型,在垄的一侧,用犁破开 1/3,然后施肥。破垄施肥,改善了土壤的通气状况,有利于薯块膨大。施肥量一般占总施肥量的 40%～50%。二是裂缝肥,在甘薯生长期,薯块盛长,在垄背裂缝时所施的肥料。裂缝肥约占总施肥量的 10% 左右。一般用人畜粪尿水 11.3～15 t·hm^{-2},或尿素 75 kg·hm^{-2} 兑水,从裂缝处浇施。在基肥不足情况下,施用裂缝肥有良好的增产效果。三是根外喷施,在生长后期,根外喷施可弥补根系吸收减弱而供肥不足的问题。可采用 0.5% 尿素溶液、2%～3% 过磷酸钙溶液、0.2% 磷酸二氢钾溶液或 5%～10% 过滤的草木灰溶液,在傍晚喷施,7 d 喷一次,共喷 2～3 次,每次喷 1 125～1 500 kg·hm^{-2} 清液。一般可增产 10% 左右。

思考题

1.谈谈薯类营养特性与施肥技术的关系。

2.薯类施肥技术改进的方向是什么?

第六节　棉花营养与施肥

我国既是最古老的植棉国,也是棉花消费大国。棉花是我国最重要的经济作物,其中棉纺织品出口是我国对外贸易的支柱产业之一。棉花产业链条涉及面广,在我国经济发展中占有一席之地。因此,通过合理施肥措施的运用进一步提高棉花产量,增加经济效益具有重要的意义。

我国长江流域和黄河流域有着近千年的棉花种植历史,新疆自治区更是成为后起之秀。我国植棉区域辽阔、土壤和气候条件变化大、轮作方式和栽培方法灵活多样,棉花品种类型多、生长发育特点各异,因此,棉花的合理施肥应充分考虑上述因素变化的影响。

一、棉花的营养特性

(一)棉花的需肥量

由于气候、土壤条件、施肥水平、产量水平、棉花品种特性的不同,生产 100 kg 皮棉所需养分量也不相同,据河南、山东、河北、新疆等地的试验结果,大体变化范围是,需氮(N)10～18 kg,磷(P_2O_5)4.0～6.0 kg,钾(K_2O)8～14 kg。其中棉花不同产量水平的需肥量有一定的变化规律,总体趋势是随着皮棉产量的增加,对三要素的吸收总量增加,但生产单位经济产量所需要的养分量随产量水平的提高而下降,表明高产条件下,棉花对养分的利用更加经济有效。此外,随着棉花产量的提高,吸收钾的比例增加,因此高产棉田应重视钾肥的施用(表 11-17)。

表 11-17　不同产量水平棉花对氮、磷、钾的吸收量

产量水平（皮棉）/ (kg·hm⁻²)	养分吸收量/(kg·hm⁻²)			每 100 kg 皮棉养分吸收量/kg			N：P₂O₅：K₂O
	N	P₂O₅	K₂O	N	P₂O₅	K₂O	
750	130.8	47.4	116.0	17.71	6.41	15.47	1：0.36：0.87
1 125	160.5	48.3	160.5	14.07	4.56	14.07	1：0.32：1.00
1 500	200.3	69.8	200.3	13.13	4.57	13.13	1：0.34：1.00
1 875	236.6	87.5	239.6	12.49	4.20	12.60	1：0.34：1.01
2 250	270.0	90.0	276.0	11.84	3.94	11.84	1：0.33：1.02

引自：陈伦寿，李仁岗，农田施肥原理与实践，稍加修改。

　　由于栽培方式的变化使棉花生长环境发生了改变，影响到棉花生长发育规律，进而对棉花吸肥特性产生一定的影响。据浙江农业大学研究，地膜覆盖棉花单株需氮、磷、钾肥量增加，比不覆盖的分别增加 2.9%、27.4% 和 9.6%，因此与露地棉相比，地膜棉一般应要增加 20% 的施肥量。

　　棉花的生育期长短对棉花吸肥也有一定的影响，据李俊义（1992）研究，长势正常的早熟品种与中熟品种相比，在产量相近的情况下，前者一生中对磷、钾的需求量要相对大一些，因此，早熟品种更应重视磷、钾肥的施用。

（二）棉花不同生育期需肥特点

　　棉花生长期较长，在开花以前以营养体生长为主，长根、长茎、增叶；开花以后，营养器官的生长渐缓，以增蕾、开花、结铃为主。不同生育期由于生长发育特点不同，对养分有不同的需求，其基本规律是：

　　出苗—现蕾期以营养生长为主，生长中心是茎、叶、根，此时体内氮代谢较为旺盛。由于苗小，吸收养分总量少，氮、磷、钾均不足全生育期的 5%（表 11-18），绝对量虽不多，但需求很迫切，是营养的临界期，尤其是磷素。此期保证养分的充足供应，可使棉花提前现蕾。

表 11-18　各生育期棉株养分积累率　　　　　　　　　　　　　　%

生育时期	产量1 420.5/(kg·hm⁻²)			产量1 114.5/(kg·hm⁻²)			产量 940.5/(kg·hm⁻²)		
	N	P₂O₅	K₂O	N	P₂O₅	K₂O	N	P₂O₅	K₂O
出苗—现蕾期	4.6	3.4	3.7	4.5	3.1	4.1	4.5	3.0	4.0
现蕾期—开花期	27.8	25.3	28.3	29.4	27.4	21.0	30.4	28.7	31.6
开花期—吐絮期	59.8	64.4	61.6	60.8	65.1	62.5	62.4	67.1	63.2
吐絮期—成熟期	7.8	6.9	6.3	5.3	4.4	2.4	2.7	1.1	1.2
一生总量/(g·株⁻¹)	4.126	1.447	3.521	3.415	1.177	2.508	2.825	0.988	1.993

引自：陈奇恩，田明军，吴云康，棉花的生育规律与优质高产高效栽培。

　　现蕾期—开花期是棉花从营养生长向生殖生长的过渡期，仍以营养生长为主。此时生长加速，茎叶增加很快，同时根系也基本建成，吸收养分数量增多，其中氮占总量的 27%～30%，磷占 25%～29%，钾占 21%～32%，此期保证适量的养分供应对减少蕾铃脱落至关重要。

　　开花期—吐絮期营养生长转弱，生殖生长增强，碳氮代谢两旺，对养分的吸收量最大，养分积累在此期达到高峰，氮、磷、钾均占全生育期的 60%～70%，该期是营养的最大效率期，此时

保证充足的养分供应对棉桃发育非常重要。

吐絮期—成熟期营养生长停止,棉铃成为营养供应的中心,营养器官中营养物质亦强烈地向棉铃中转移。此时根系吸收能力逐渐变弱,氮、磷、钾吸收仅为总量的1%～8%。生育后期通过合理施肥维持棉花根系与叶片的功能对高产有一定的作用。

棉花品种和栽培方式不同,其阶段需肥特点亦有所差异。据李俊义(1992)研究,早熟品种由于前期生育进程加快,与相同产量的中熟品种相比,在生育前期吸收养分速率大,养分的吸收速率峰值出现较早,养分积累数量占一生总量的比例较高。因此,与中熟品种相比,早熟品种要求早施肥。

与露地棉相比,地膜覆盖棉花各生育期吸肥量增加程度不同,其中氮、钾素绝对量的增加以花铃期为最多,蕾期次之,吐絮期又次之,苗期最少;磷素绝对量的增加以蕾期最多,其次为花铃期,苗期最少。因此氮、钾肥用量的增加应重点考虑花铃期,而磷的施用应以蕾期和花铃期为重点。

(三)棉花对不同养分的需求及其效应

1.氮素

氮素可增大棉花叶面积、延长叶片的功能期,制造较多的光合产物,为生长发育提供充足的有机养料,因此充足的氮素营养可促进棉铃发育,增加蕾、铃数,减少脱落,增加铃重,提高皮棉产量。但供氮过多,营养生长过旺,碳、氮比失调,亦会导致蕾铃大量脱落,生育期延迟,产量下降。适量的氮素供应亦可改善棉花纤维品质,增加纤维长度和细度,提高棉籽蛋白质含量。氮不足与过量,纤维的品质均下降。

2.磷素

在生育前期,适量的磷素供应可刺激棉花根系生长,有利于根系对营养的吸收,据崔水利(1997)研究,施磷可使棉花根系变细变长,根表面积和根密度增大。在生育中期,磷能促进棉花从营养生长向生殖生长的转变,有利于早现蕾、早开花。开花结铃期是棉花需磷最多的时期,充足的磷素供应有利于幼铃的发育和提高结铃数,降低蕾铃脱落率,并提高伏前桃和伏桃的比例,降低秋桃的比例。磷素对棉花品质也有一定的影响,施磷可增加棉纤维的长度,因纤维的伸长对碳水化合物需求较多,而缺乏磷素,将影响碳水化合物的运转。据范术丽(1999)研究,增施磷肥可使棉籽油分的快速积累期和积累高峰期分别提早22.6 d和32.7 d,最终提高棉籽含油量。

3.钾素

棉花是纤维类作物,对钾的需要量较大。钾可增加棉花叶面积、提高叶绿素含量、增强CO_2同化率、延长叶的功能期、推迟棉叶的衰老。钾亦有利于根系发育,施用钾肥可增加主侧根长、侧根数和根体积。钾还能使棉花体内的糖类向聚合方向进行,有利于纤维素合成。棉花增施钾肥对纤维整齐度、单纤强力的提高有显著的作用;郁凯等(2021)研究表明,适量施钾可缓解盐胁迫对棉花纤维断裂比强度的影响。钾还可使细胞壁增厚,有利于棉株体内酚类化合物的合成,增强棉花的抗病力。棉花施用钾肥可提高气孔阻力,减少棉花在干旱时的失水,提高抗旱力。

4.硼

棉花是双子叶植物,对硼的需要量大,因此对缺硼很敏感。硼对棉花的生殖生长起重大作用,硼有利于花粉发育、花粉管的形成和正常受精过程的进行,硼对棉花的品质也有一定的影响。据海江波(1999)研究,硼可延长铃壳和种子干物质达最大值的时间,有利于铃壳和种子干物质的增加,对棉纤维干物质的累积有明显的促进作用,有助于棉纤维的增强、成熟率和麦克隆值的提高。

5.锌

棉花对锌很敏感,充足的锌素营养有利于棉花的早现蕾、开花和吐絮,提高霜前花率并增加棉花单铃重和单株成铃数。棉花施锌亦有助于纤维细度的增加。

二、棉花的施肥技术

(一)棉花施肥环节与方法

根据棉花的需肥规律和生育特点,棉花高产的施肥基本原则是"施足基肥、轻施苗肥、稳施蕾肥、重施花铃肥和补施盖顶肥"。

1.基肥

由于棉花生育期较长,为保证棉花全生育期的供肥,要求施足基肥。据林永增(1993)研究,棉花对肥料全部基施有一定的适应性,因棉花吸肥主要受控于生理需要,且基施可协调棉花中后期生殖生长和营养生长的矛盾,有较好的增产效果。厩肥和堆肥是棉田常用的农家肥,一般施用 $30\sim45$ t·hm^{-2}。

基肥除施用有机肥外,可配合适量的化肥。罗明(1997)研究表明,有机无机肥配合施用不但能提高棉花产量,改善土壤理化性状,而且能改善土壤生物学性状,增加微生物总数,有益的氮素生理群微生物的数量,降低反硝化细菌的数量,对提高土壤供肥能力十分有利。秸秆是补充土壤有机质的重要来源,在麦棉轮作区应提倡秸秆还田。化学氮肥基施的比例因土壤肥力及气候条件而异,中上等棉田氮肥基施用量一般占总量的45%左右,肥力差的棉田氮肥基肥的比例可适当降低,而旱地则可将氮肥一次做基肥施入。磷、钾化肥一般主要以基肥的形式施入,在速效钾含量较低的土壤上,可留一部分钾肥做追肥。

由于棉花的根系为直根系、入土较深,基肥一般要求深施。而若基肥量少,则最好条施。育苗移栽的棉田,一般在移栽前将基肥施于移栽沟内,移栽后覆土。麦棉套地区,深施磷、钾在技术上不容易操作,因此可将磷、钾肥在种麦前耕地时一次深施做基肥。

2.苗肥

棉花苗期气温较低,土壤养分释放慢,而又正值棉花营养临界期,施用苗肥可促进棉花早生快发。但如基肥施用量较足、棉苗生长健壮,可不施苗肥。而麦棉套种条件下,由于棉花在麦棉共生期受小麦的影响,生长较弱,所以小麦收获后及时追施苗肥是促进棉苗早发的关键;露地栽培的特早熟棉,不论何种苗情前期均应以促为主,故一般要施用苗肥。苗肥一般采用速效性氮肥,根据情况也可施用适量的磷、钾肥。苗肥用量一般不宜多,合纯氮 $15\sim20$ kg·hm^{-2}。麦套夏棉,苗肥用量需适当增加,因夏棉生育期短,苗期管理应以促为主。苗肥的施用方法一般是开沟条施或穴施。

3.蕾肥

棉花在蕾期应搭好丰产架子,以利于节密蕾多早开花。蕾期棉株生长明显加速,对养分的需要增多,此期营养生长与生殖生长并进,但仍以营养生长为主,因此氮肥施用应把握一个稳字,以求得两者相协调。蕾期如养分供给不足,则植株生长缓慢,叶小而黄,果枝少,现蕾少,后期也易脱肥;而养分供应过多,则氮代谢过旺,引起棉株徒长,封行过早,田间通风透光不足,蕾铃脱落严重。蕾肥的合理施用应根据气候、土壤条件及植株长势长相进行:地力差的早施多施,地力好的迟施少施,高产棉田蕾期也可不施肥;旱天宜早施,雨天应迟施;弱苗宜早施,旺苗宜迟施或不施,壮苗以盛蕾时施用为好。实践表明,蕾肥要避免肥多、水多、棉株自然长势旺"三碰头"的情况。蕾期除施用速效氮肥外可配合腐熟有机肥料或磷、钾肥施用,其中氮肥用量占总氮量的 20%～30%,合纯氮 30～40 kg·hm^{-2},磷、钾肥酌情施用。地膜棉由于地膜覆盖的效应,显著优化了棉花前期生育的环境条件,土壤上升快,发芽势强,出苗快,棉苗生长势强,容易旺苗早发,蕾期若控制不好,极易旺长,因此应特别注意控制蕾肥的用量;而对于稳长型或瘦弱型的特早熟棉,蕾期以前应连续促进,除施用苗肥外,一般还要在蕾期施用氮肥。

4.花铃肥

花铃期植株由营养生长为主转入以生殖生长为主,碳、氮代谢两旺,生长最旺盛,需肥最多,因此生产上一般要重施花铃肥,以争取桃大、桃多,早熟不早衰。花铃肥以速效氮肥为主,比较稳妥的施用时期是在下部结 1～2 个大铃时施入,此时植株体内营养物质流向已从供应营养器官为主转向以供棉铃为主,施肥不至于引起生长过旺。高产棉田由于花铃期需肥量大,可在初花与盛花期分二次施入。花铃肥的施用时间和施肥量还应根据具体情况灵活掌握,对土壤肥力差、棉苗长势差、前期施肥多的棉田,花铃肥应提前施、多施;而对于土壤肥力高,棉苗长势旺,前期施肥少的棉田,花铃肥应迟施少施;地膜覆盖的棉花由于后期易早衰,因此花铃肥也相应地比露地棉早施多施。棉花花铃肥的施用量一般占总氮肥量的 30%～60%,不论施几次肥,最后一次花铃肥不能迟于 7 月底,否则会引起棉株贪青晚熟。花铃肥的施用以土壤条施为好,或结合降雨、灌水施用。

5.盖顶肥

盖顶肥是为防止后期早衰而施入的肥料。中上等肥力的棉田,棉株中、下部坐桃多、吐絮期有早衰迹象的棉田,或前期已发生旺长、中下部棉桃脱落严重、后期出现早衰的棉田,以及盛花肥不足的棉田,可在盛花后追施少量的氮肥,防早衰和争取秋桃盖顶。盖顶肥施用量不宜过大,占总量的 10%～15%。北方棉区盖顶肥不宜晚于 8 月 10 日,南方棉区不能晚于 8 月 15日,以防止贪青晚熟。由于棉花生育后期根系的吸肥能力减弱,也可采用叶面追肥,为防止早衰,可喷施 1%～2% 的尿素溶液,如果长势旺,可喷施 1% 磷酸二氢钾。

尽管棉田施肥从理论上分为诸多环节,但为了减少劳动量,生产实践中肥料的施用环节趋于简化,根据情况可采用不同的运筹模式。例如在采用普通速效性肥料时,对中等以上地力的壤质土壤,考虑土壤保肥能力较强,氮肥可采用 40% 做基肥、60% 做花铃期追肥方式施入;而对于土壤肥力差、质地偏轻的棉田,氮肥可采用播前做基肥施用 30%、蕾期追 20%、花铃期追 50% 的方式施用。近年来,结合缓控释技术、农业机械与装备的发展,人们研究了不同区域棉花减量简化一次性施肥技术。据郑曙峰等(2020)报道,长江流域棉田采用易降解棉花专用缓控释材料研制的专用缓控释肥,与常规施肥相比,可实现单产增加 3.8%～14.1%,等产量情况下单位面积减少施肥 11.2%～52.3%。新疆棉区膜下滴灌施肥技术普及度高,生育期氮肥随水滴施,全生育期需要滴水 10 次左右,一般滴水间隔期约为 10 d,在需水最高的阶段,可进一步缩短滴水间隔期。研究表明,棉花初花期之前滴施氮和磷、初花期之后滴施氮和钾能够显著增加棉花产量,提高肥料利用率(李鹏程等,2017)。

(二)棉花诊断施肥

1. 苗情与追肥

根据苗情灵活决定追肥用量与追肥时期,对保证棉花丰产十分必要。蕾期与花铃期正值棉花营养生长与生殖生长并进的时期,如施肥不当,会造成营养生长过旺或营养生长不足,均会抑制生殖生长或使棉花早衰,降低棉花产量,因此,应用诊断技术正确地判断蕾期及花铃期的苗情对于指导施肥有重要意义。

(1)蕾期诊断　蕾期诊断主要依据主茎生长速度、生长势、顶果枝叶片的叶色、叶位等,根据各地研究结果,其判断指标是:

①主茎生长速率。棉花蕾期主茎日增长速率正常情况下为 $1.5 \text{ cm} \cdot \text{d}^{-1}$ 左右,过小为弱苗,过大为旺苗。

②生长势。蕾期生长健壮的植株,茎秆粗壮,中部呈紫红色,红茎比例较大,占主茎总长的60%左右;如果高于60%则为弱苗;而低于60%则为旺长。

③顶果枝叶片的叶色。壮苗的叶色油绿发亮,被有绒毛;缺肥的叶片青灰发暗,薄而无绒毛;而过肥的叶片浓绿,叶片较大。

(2)花铃期诊断

①主茎生长速率。正常生长的棉株,初花期主茎生长速率为 $2.5 \text{ cm} \cdot \text{d}^{-1}$ 左右;如过小为弱苗,过大为旺长。

②生长势。生长正常的植株,初花期红茎比例应占60%～70%,盛花期应占90%,如超出这一范围,则生长过旺或过弱。

③茎顶长势。据湖南农业大学观察,初花至盛花期,正常棉株的茎顶应基本平齐,即棉株顶芽与下数第4叶之间的高度应不超过0.5 cm,如低于顶芽0.5 cm以上,茎顶下陷、叶片肥大,可能是肥水过多的表现,如顶芽高于第4叶面0.5 cm以上,则茎顶外露,称为"冒尖",提示可能缺肥。

④叶位。据上海农业科学院观察,主茎顶部4片主茎叶的排列可做棉株长势长相的诊断指标,花铃期,正常棉株的叶序应是(321)4或(32)14,如出现2134、2(31)4或1234,则可能是脱肥的表现。

2. 营养元素丰缺诊断

生育期内据棉花营养元素缺乏或过多的典型症状及化学诊断指标亦可指导棉花施肥。

(1)氮　棉花氮素供给不足,则植株瘦小、从下部叶片开始失绿、黄化,有时出现红色;氮素过多,则叶片肥大、浓绿。由于叶柄硝态氮含量与叶片全氮呈正相关,因此被广泛用于诊断棉花氮素丰缺状况,据山西运城农科所研究,产量水平在 $1\,125 \text{ kg} \cdot \text{hm}^{-2}$ 时,叶柄硝态氮含量在苗期变化在 $11.5～20.2 \text{ g} \cdot \text{kg}^{-1}$,蕾期至初花期变化在 $9.75～11.25 \text{ g} \cdot \text{kg}^{-1}$,盛花至铃期在 $2.625～9.25 \text{ g} \cdot \text{kg}^{-1}$。土壤硝态氮与棉花的吸收氮量之间亦有显著相关性,当土壤硝态氮含量低于 $10 \text{ mg} \cdot \text{kg}^{-1}$ 时施用氮肥,棉花有很好的反应,而高于 $20 \text{ mg} \cdot \text{kg}^{-1}$,则效果不明显。

(2)磷　棉花缺磷,症状不很明显。叶片一般呈暗绿色,植株矮小,茎秆细弱,成熟期推迟。正常生长的棉花,叶柄中含磷不少于干重的0.15%。当土壤速效磷(Olsen法)小于 $12 \text{ mg} \cdot \text{kg}^{-1}$ 时施磷有效。

(3)钾　棉花缺钾,从中下部叶片开始,先出现叶尖和叶边缘发黄的现象,随着症状的进一步发展,叶缘向上或向下卷曲,脉间出现黄色斑点,从边缘向内扩张,逐步焦枯脱落。缺钾症状在花铃期最为明显,整个叶子会变成红棕色。棉花缺钾可以从外形来诊断,但在形态上出现症状时,生长发育已受到影响。早期诊断可测定棉花叶片和叶柄的含钾量,一般苗期及蕾期主茎第三叶的全钾含量不能低于 $1\%\sim2\%$,花铃期主茎第二叶全钾含量不能低于 $0.6\%\sim1.0\%$,吐絮期主茎第一叶全钾含量不能低于 $0.5\%\sim0.6\%$。土壤钾素丰缺诊断,鲍士旦(1989)曾提出将土壤速效钾 <100 mg·kg^{-1} 作为棉花缺钾的指标。据孙羲等通过对 105 个土壤样本交换性钾含量与棉株生长状况的相关分析研究,进一步将土壤钾素丰缺状况分为 4 级:土壤交换性钾 >90 mg·kg^{-1},棉花生长正常;$70\sim90$ mg·kg^{-1},潜在缺钾;$50\sim70$ mg·kg^{-1},明显缺钾;<50 mg·kg^{-1},严重缺钾。

(4)硼 棉花严重缺硼时,顶芽易枯死,而腋芽大量发生,形成矮化的多头棉。繁殖器官发育受到严重的影响,表现为花药、花丝萎蔫,花粉发育不良,花粉管生长受抑制,受精作用不能正常进行,蕾、铃大量脱落,导致"蕾而不花"。当棉花处于潜在缺硼时,棉株变高,超过正常硼营养的棉株,棉花叶柄上还会出现环带。据刘武定(1987)研究,棉花初蕾期叶柄环带率大于14%,属严重缺硼;盛蕾期叶柄环带率大于 7%,属于轻度缺硼。研究还表明,在黄河流域棉区,主茎叶的叶柄环带率大于 3% 时,棉花即需要施硼。亦可测定叶片含硼量及土壤水溶性硼含量诊断硼的丰缺,其中棉株蕾期的诊断指标是:主茎叶片含硼 $15\sim20$ mg·kg^{-1} 为缺硼,$20\sim60$ mg·kg^{-1} 为正常,大于 140 mg·kg^{-1} 为中毒;棉花缺硼的土壤水溶性硼指标为:小于 0.2 mg·kg^{-1} 为严重缺硼,$0.2\sim0.8$ mg·kg^{-1} 为潜在性缺硼。

(5)锌 棉花缺锌节间缩短,植株矮化,叶子变小,叶片呈脉间失绿,变褐色,有时有坏死斑点。植株分析可采用棉花主茎上完全展叶片进行含锌量测定,尹楚良(1986)提出,在长江中下游棉区,幼苗期(2~3 真叶期)正常植株含锌 $22.5\sim29.04$ mg·kg^{-1},出现缺锌症的植株为 $14.49\sim19.16$ mg·kg^{-1};蕾期正常主茎完全展开叶含锌量 $16.89\sim43.72$ mg·kg^{-1},出现缺锌症的主茎完全展开叶为 $11.15\sim38.25$ mg·kg^{-1}。目前还没有提出针对棉花的土壤锌素诊断指标,可参考土壤缺锌的一般标准,石灰性土壤 DTPA 提取锌为 0.5 mg·kg^{-1},中性及酸性土壤 HCl 提取锌为 1.5 mg·kg^{-1}。

(三)棉花平衡施肥

生产实践表明,棉花产量与土壤肥力关系很大,棉花高产相应地要求土壤有较高的肥力。高产棉田土壤有机质一般在 1.2% 以上,全氮、速效磷、速效钾分别在 0.080%,25 mg·kg^{-1},150 mg·kg^{-1} 以上,同时微量元素含量充足,养分间比例协调。目前,我国棉区土壤有机质、氮、磷含量普遍不高,其中黄河流域棉区有机质含量仅为 $0.85\%\sim1.09\%$,应特别注意增施有机肥;黄河流域棉区全氮含量在 $0.057\%\sim0.075\%$,南方棉区在 $0.084\%\sim0.113\%$;黄河流域棉区速效磷含量在 $11\sim18$ mg·kg^{-1},南方在 $13\sim26$ mg·kg^{-1},因此增施氮、磷肥一直是提高棉花产量的主要措施。北方棉区钾素含量高于南方,因此南方棉田施钾效果较北方明显。徐万里(2001)指出新疆棉区钾含量丰富,土壤速效钾含量普遍在 $300\sim500$ mg·kg^{-1},然而随着喜钾作物棉花的大面积长时间种植,部分高产棉田出现钾素亏缺,适量施钾有利于棉花增产。土壤有效硼在长江流域棉区含量平均为 0.33 mg·kg^{-1},已处于严重缺硼的含量范围;黄河流域棉区含量虽稍高,也为 $0.46\sim0.69$ mg·kg^{-1},接近缺硼临界值。土壤有效锌是南方高于北方,但平均含量均处于潜在缺锌或施锌有效范围内,因此应用平衡施肥技术指导棉花大量及微量元素肥料的施用很有必要。

根据中国农业科学院化肥试验网的试验结果,棉花适宜的施氮量(N)范围为 $135\sim$

165 mg・kg^{-1}。当土壤有效磷低于 20 mg・kg^{-1} 时施磷有效,以施磷(P$_2$O$_5$)90 kg・hm^{-2} 为宜,土壤有效磷高于 20 mg・kg^{-1},施磷肥无明显的效果。土壤速效钾在 150 mg・kg^{-1} 以下施钾有效,其中当土壤速率钾含量为 50～100 mg・kg^{-1} 时,以施钾(K$_2$O)150 kg・hm^{-2} 为宜,速效含量为 100～150 mg・kg^{-1} 时,以施钾 75 kg・hm^{-2} 为宜。

棉田土壤有效锌低于 0.5 mg・kg^{-1},水溶性硼含量低于 0.8 mg・kg^{-1} 时施肥有良好的效果。锌、硼肥既可做基肥施也可进行根外施肥,两者相比,在严重缺乏时以基施效果较好。锌、硼肥的基施用量是 15～30 kg・hm^{-2} 硫酸锌或 7.5～15 kg・hm^{-2} 硼砂,与干土混匀后条施于种子一侧。如做根外施肥,锌的补充可采用 0.1%～0.2% ZnSO$_4$・7H$_2$O,于棉花苗期至盛花期连喷 2～4 次;硼的补充则可用 0.1% 硼酸溶液,于蕾期、初花期和花铃期分 3 次喷洒。

思考题

1.棉花需肥的一般规律如何？根据其需肥规律,如何指导棉花的合理施肥？

2.氮、磷、钾、硼、锌对棉花生长发育和品质有何影响？

3.生产中棉花的施肥环节有哪些？如何灵活地进行棉花追肥？

4.如何进行棉花蕾期和花铃期看苗诊断施肥？

5.如何进行棉花营养丰缺形态诊断与化学诊断？

第七节　烟草营养与施肥

烟草是我国主要的经济作物之一,烟草业是国家财政税收的重要来源。烤烟是我国烟草种植中的主要类型,面积和产量均占我国总数的 90%,此外晾晒烟、白肋烟、香料烟也有一定的分布。

烟草栽培以收获营养器官——烟叶为对象,为卷烟工业提供原料,满足部分人群的特殊嗜好,因此,烟叶质量的改善特别重要。烟叶的质量除受气候条件、土壤条件、轮作中茬口特点的影响外,与肥料施用关系很大。在相对稳定的生态与技术条件下,通过合理施肥可显著改善烟草的品质。

一、烟草的营养特性

(一)烟草的品质营养特点

1.氮

在烟草的各种必需营养元素中,氮素对烟叶的产量与质量影响最大。一般来说,氮素不足,烟叶产量低,叶片小,烤后烟叶分量轻,色泽淡,烟碱含量明显降低,香气和品味差,劲头不足;而氮素过量,叶色浓绿,烤后外观色泽暗淡,烟碱含量高而碳水化合物含量低,刺激性和劲头过大,杂气重,香气差,同时产量也会下降。

烟叶中烟碱、还原糖含量,氮/碱比、糖/碱比与烤烟的香气和品味有密切的关系,是衡量烤烟内在质量的重要化学指标,优质烟的烟碱以 25 g・kg^{-1}、还原糖以 160 g・kg^{-1}、氮/碱比以 0.6～1,糖/碱比以 10 左右为佳。据我国一部分烤烟产区烟叶质量分析表明,烟叶中氮含量与烟碱呈显著或极显著的正相关,还原糖、糖/碱比与氮素含量之间呈显著或极显著的负相关。

生产中应根据各地不同情况,合理增减氮肥用量,调节烟草品质。

2. 磷

磷对烟草产品质量的影响很大,缺磷时因代谢受阻,叶色变暗,叶片小,叶片有轻微皱缩不舒展,烤后叶色暗淡,缺乏香气,还原糖和烟碱含量低,品质不佳。过量施磷条件下,烟叶主脉变粗、叶片组织粗糙、油分少,品质低劣。高致明等(1995)试验指出,在一定磷用量范围内,增施磷肥有促进叶肉细胞分裂、延迟胞间隙分化扩展、促进栅栏组织细胞伸长的作用,因而可增加叶的厚度、栅栏组织厚度和栅栏组织细胞密度,减少胞间隙面积。而磷用量超过一定的范围,叶厚、栅栏组织厚度及栅栏组织细胞密度均降低,胞间隙面积增加。

3. 钾

钾素营养对改善烟草品质作用十分显著,可以说钾对烟叶品质的作用比对产量的影响还大。由于钾能促进糖的积累,因而能改善烟叶的燃烧性。营养元素中,钾、氯和氮对燃烧性的影响较大,Attoe指出,烤烟燃烧时间长短有 $80\% \sim 95\%$ 可以通过烟叶中钾、氮和氯的含量变化来描述,其中,钾含量高则燃烧性好,烟支持火力增强,且烟灰洁白。而氯、氮含量高则不利于燃烧,高氯常导致熄火,燃烧不完全,烧后烟灰暗且有杂色斑点。钾还能显著降低烟叶中尼古丁的含量,极显著地减少总颗粒物质和氰化物的含量,从而减少烟气对人体的危害程度。据李荣春(2001)研究,钾对烟叶的组织结构也有改善作用,可使烟叶结构细腻、致密,随着烟叶钾含量的增加,叶的厚度、海绵组织厚度和栅栏组织的胞间隙均呈减少趋势。此外钾含量高的烟叶呈橘黄色,油分足,弹性高。优质烟叶的含钾量要求达到 3% 以上,而目前我国烟叶的含钾量很少超过 2%,提高烟叶的含钾量是改善烟叶质量的一个重要任务。

4. 钙、镁、硫

烟草缺钙时,生长停滞、幼叶的叶缘和叶尖向下卷曲,随着症状的发展,叶尖停止生长,叶片变厚,严重时尖端和边缘部分坏死。钙与烟草质量的关系研究不多。但是烟株吸收钙、镁与钾之间存在拮抗关系,因此,当土壤中钙、镁的活度高,会影响烟株吸钾,从而影响质量。一般认为适量的镁对保持燃烧性十分重要,而不足与过量则会降低燃烧性。在我国目前的生产条件下,烟叶中烟碱与烟叶镁含量呈极显著的正相关,而烟叶的还原糖、施木克值和评吸总分与镁含量之间均没有显著的相关性。土壤有效硫对烟叶硫含量和钾含量有重要的影响,随着土壤有效硫含量的增加,烟叶硫含量递增,烟叶钾含量呈现先增后减的变化趋势(王小东等,2018)。硫素与烟叶其他品质也有密切关系。缺硫时,烤烟烟碱、还原糖、有机酸等的含量都与正常烟叶存在较大的差异。而硫素过量供应也会降低烟草品质。研究表明,当烟叶中的硫含量超过 0.7% 时,烟叶的燃烧性就明显下降,因此烟叶中游离硫酸根的硫含量一般要控制在 0.6% 以下。

5. 氯

氯在烟草上的作用比较特殊。烟草是"忌氯作物",氯含量过高对烟草的质量有明显的负作用,但氯又是烟草生长所必需的营养元素,缺氯会导致烟草营养失调。

研究表明,烟叶氯含量与烟叶的阴燃率呈明显的负相关,当氯含量 $>1\%$ 时,燃烧不完全,易熄火。烟叶含氯过高,亦会降低烟叶的储藏性;还会增加烟叶焦油含量,降低吸烟的安全性。因此,种植烟草土壤氯离子含量应低于 $45 \text{ mg} \cdot \text{kg}^{-1}$。但由于氯是作物必需营养元素,当烟叶氯含量＜0.3％时，也会影响到烟叶的多种工艺性状，使烟叶吃味辛辣、苦涩。在一定的范围内烟叶的氯含量与烟碱、还原糖含量呈比较明显的正相关关系，少量的氯可以提高烟叶的产量，改善烟叶的品质要素如颜色、弹性、油分和烟叶的储藏质量。烟叶适宜的氯含量在0.3％～0.8％。

6.微量元素

微量元素与烟草品质关系的报道不多，结果也不很一致。但总的来说，土壤微量元素缺乏与过量均会降低烟叶品质，缺乏时适量施用微量元素会改善烟叶品质，过量施用反而会降低烟草品质。据胡国松（2000）等对我国不同地区土壤微量元素与烟叶品质的研究，在土壤含硼高的地区，烟叶含硼量和烟叶评吸总分与硼含量呈极显著的负相关，而含硼量低的地区烟叶评吸总分与烟叶硼含量呈显著的正相关关系；对锌、铜的研究也有相似的结果。目前，除个别地区外，大多数地区的烟叶铁、锰、铜和钼含量与评吸总分、还原糖和烟碱含量的关系不大。

（二）烟草的需肥规律

1.需氮、磷、钾量

烟草对钾的需要较高，氮次之，磷最少。以烤烟为例，每形成 100 kg 的烟叶需氮（N）2～3 kg，磷（P_2O_5）0.6～1 kg，钾（K_2O）4～6 kg，吸收氮（N）、磷（P_2O_5）、钾（K_2O）的比例为1∶（0.3～0.5）∶（2～3），因此，与其他作物比，烟草对钾有特别高的需求，在轮作中应重点把有限的钾肥施用于烟草上。不同类型的烟草对氮、磷、钾等养分的吸收量差异较大（表11-19），总体上讲，白肋烟吸收养分最多，烤烟次之，晒烟最少，因此，生产上应针对不同类型烟草的需肥特点施肥。

表 11-19　几种烟草类型养分吸收量比较　　　　　　$kg \cdot (100 \ kg \cdot DW)^{-1}$

烟草类型	氮（N）	磷（P_2O_5）	钾（K_2O）	钙（CaO）	镁（MgO）
白肋烟	3.40	0.71	5.44	6.45	1.16
烤烟	2.43	1.05	4.55	3.05	0.70
晒烟	0.77	0.66	1.32	1.73	0.67

引自：詹天镇等，晒晾烟栽培与调制，1988。

2.阶段吸收特点

烟草对氮、磷、钾的吸收呈现明显的阶段性。据韩锦峰（1987）研究（表 11-20），在返苗期烟株对氮、磷、钾养分的吸收均较少，表现为阶段吸收量、阶段吸收率、阶段吸收速率都很低。团棵期，吸收量比前一个阶段有所增加，吸收率氮、钾达20％左右，磷达15％左右，吸收速率亦比前一个阶段有所提高。旺长期是吸收养分最旺盛的时期，阶段吸收率氮、钾达60％，磷达50％，阶段吸收速率亦达全生育期最高值。旺长期以后到成熟烟株对氮、钾养分的吸收明显下降，吸收率仅占10％左右，而对磷的吸收，在圆顶期有较大的回升，阶段吸收率仍占23.2％，仅次于旺长期，说明烟株在后期对磷仍有较高的需要。

表 11-20　不同生育期烤烟对氮、磷、钾的吸收

生育期	各期天数	氮(N)			磷(P_2O_5)			钾(K_2O)		
		阶段吸收量/(kg·hm^{-2})	阶段吸收率/%	阶段吸收速率/(kg·hm^{-2}·d^{-1})	阶段吸收量/(kg·hm^{-2})	阶段吸收率/%	阶段吸收速率/(kg·hm^{-2}·d^{-1})	阶段吸收量/(kg·hm^{-2})	阶段吸收率/%	阶段吸收速率/(kg·hm^{-2}·d^{-1})
返苗期	20	12.60	10.6	0.63	0.79	6.2	0.04	20.54	11.5	0.54
团棵期	20	23.25	19.4	1.16	1.82	14.2	0.09	34.83	19.4	0.90
旺长前期	20	55.05	46.2	5.51	4.65	36.3	0.50	70.13	39.1	3.77
旺长后期	10	18.38	15.6	1.84	1.62	12.7	0.16	39.65	22.0	2.12
现蕾期	10	2.17	1.6	0.22	0.56	4.3	0.06	2.98	1.7	0.14
圆顶期	10	7.80	6.5	0.78	2.94	23.2	0.29	7.34	4.1	0.39
成熟期	20	0.12	0.0	0.00	0.39	3.1	0.02	3.97	2.2	0.10

引自：韩锦峰，郭月清，刘国顺等，烤烟干物质积累和氮、磷、钾的吸收及分配规律研究，河南农业大学学报，1987，21(1)：11-17。
由原文中两个表格合并而成，对表格中数据表示方法有所改变。

二、烟草的施肥技术

(一)烟草施肥的环节与方法

烟草是移栽作物,其生长过程分为苗床生长与大田生长两个阶段,相应地烟草施肥也分为两个环节。

1. 苗床施肥

烟草从出苗到移栽之前这段时间称为苗床期,栽培的主攻目标是培育壮苗,而施肥又是栽培管理的关键措施。

对于常规的平畦育苗,基肥以腐熟的有机肥为主,其用量一般每标准畦(10 m×1 m)200 kg,此外,再施含氮(N)、磷(P_2O_5)、钾(K_2O)的复合肥(15-15-15)1.5~2.0 kg。如复合化肥不足,可在施用200 kg粗有机肥基础上,再施用3.0~4.0 kg腐熟饼肥及2.0~3.0 kg过磷酸钙。肥料施用时应将畦面土起出7~8 cm,与肥料掺和均匀。

2. 大田施肥

烟草从移栽到采收完毕为大田生长期,历时100~120 d,大田管理的总体策略是前期应促进烟苗快速生根及个体壮大,后期应保证分层落黄、不早衰、不恋青,相应地要求养分供应是"少时富,老来贫",因此,大田生长期肥料施用的基本原则是基追结合,基肥为主,追肥为辅,基肥要足,追肥要早。

烟草基肥一般以有机肥为主,配合适量速效性化肥。而在烟草施用的化肥中,磷肥常用作基肥一次施入,而氮、钾肥则可一部分做基肥,一部分做追肥用。施用方法上堆肥或厩肥可撒施,随后翻耕入20 cm左右的耕层中,而饼肥与部分复合肥、钾肥可在起垄时一并条施于烟行两侧,基肥中的速效性肥料特别是钾肥最好留出一部分在移栽时窝肥施于烟穴中。烟田这种基肥施用方法也称为分层施肥法,其中窝肥距根最近,条肥居中,底肥分布于地平面以下,形成不同的肥料分布层,有利于不同时期的养分供应。

由于烟草的吸肥集中于旺长期以前,为了满足这段时期对养分的大量需要,追肥应在团棵前,即移栽后20~30 d施入。做追肥的肥料主要是速效性氮、钾肥或氮、磷、钾复合肥,腐熟的饼肥也可作为追肥用,追肥一般采用株间穴施或条施的方法,深度6~10 cm。

必须指出的是,由于各地土壤条件、气候条件和烟草种植类型的不同,施肥原则与方法必须结合具体情况灵活地运用。

对于土质较黏、土壤肥力高、保肥力强的地块,由于后期肥劲足,可减少追肥的比重;而对于土质偏轻、土壤肥力差、地块有坡度、保肥力差的烟田,应加大追肥的比例,同时增加追肥的次数。在高温多雨的地区,肥料分解快,养分容易流失,也应加大追肥的比重。对于晒烟,应加大追肥比重,而且在打顶后,还要追施以速效氮肥为主的"开顶肥"以保证品质最好的顶部叶片质量。

目前,烤烟中含钾量不高已成为制约烟叶质量的重要因素,相关研究指出,根区集中施钾较常规条施有利于提高烟叶的钾含量,且以固钾能力弱的土壤上的施用效果较好(郁威威等,2019);打顶后根际集中补施钾肥可提高叶片含钾量(洪丽芳,2000);在烟株生长后期,继续增施钾肥和增加灌水次数有利于提高烟叶含钾量(郭清源等,2015)。

(二)烟草氮、磷、钾肥的施用量与比例

山东省曾提出了一套烟田氮肥用量的参考指标,对土壤耕层有效氮含量>60 mg·kg^{-1}

的田块,施氮(N)量为 30~45 kg·hm^{-2};土壤有效氮含量 40~60 mg·kg^{-1} 的烟田,施氮(N)量为 45~60 kg·hm^{-2},土壤有效氮含量<40 mg·kg^{-1} 的地块,施氮 60~75 kg·hm^{-2}。

磷、钾用量除直接根据需肥比例推算外,还可根据土壤有效磷含量、速效钾含量进一步确定。一般当土壤有效磷低于 10 mg·kg^{-1} 时,可施用磷(P$_2$O$_5$)75~112.5 kg·hm^{-2};土壤速效磷>10 mg·kg^{-1} 时,可施磷 37.5~75 kg·hm^{-2}。在速效钾较高(大于 100 mg·kg^{-1})的土壤中,氮、钾比可按 1:1;若速效钾含量低,氮、钾比则提高到 1:(2~3)。

氮、磷、钾肥的施用量及比例还应根据烟草类型、土壤类型和气候条件进行调整。与烤烟相比,白肋烟需氮较多,而晒烟需氮较少,因此白肋烟氮肥的施用量应加大,而晒烟氮肥的施用量可减少。在北方烟区氮素的适宜用量一般为 52.5~67.5 kg·hm^{-2},而南方烟区,由于烟草生长季节降雨较多,氮肥淋失严重,利用率低,相应地要提高氮肥用量。湖南省提出的适产优质烟氮肥用量高达 150 kg·hm^{-2}。同一地区也应根据不同年份的降雨情况进行肥料用量增减。此外,当前茬为玉米、棉花、大豆时,因土壤残留的有效氮高,种植烟时氮肥的用量可相应地减少,而前茬作物为用肥量少的甘薯时,后作烟草可增加氮肥的用量。

(三)烟草施肥中肥料品种的选择

烟草施肥中氮肥形态是一个有争议的问题。一些研究表明,烟草施用高比例的硝态氮肥优于高比例的铵态氮肥,其依据是:硝态氮有利于烟草体内糖类物质的积累,可改善烟草的燃烧性;烟草大量吸收铵态氮会影响钙、镁、钾等阳离子的吸收,在淋溶作用较强、阳离子代换量较低的土壤上,往往会诱发烟草出现上述元素的缺素症状,影响烟叶品质;硝态氮施用后也易被烟株吸收,肥效短,有利于烟草后期快速落黄。而另一些研究得到相反的结果,认为铵态氮肥能促进烟叶中芳香族挥发油的形成,增加烟叶香味;铵态氮肥不易淋溶损失;在缺钾土壤条件下可促进钾的释放。还有结果表明,烟草施用铵态氮与硝态氮无明显差异。但国内多数研究结果认为,二者配合施用的效果优于单独施用,其中两者的相对比例因不同地区的气候条件、土壤类型而异,在降雨较多的地区和质地较轻的土壤上,铵态氮肥的比例可占50%~75%。

烟草虽为忌氯作物,但生产上含氯肥料并非绝对禁用,在不同烟区应区别对待。北方烟区,土壤中的氯的本底值较高,因此应限制氯化钾、氯化铵等含氯肥料的施用;而在南方烟区,由于雨量充沛,土壤中氯的含量较低,有的地区甚至缺氯,可适量分配一些含氯的肥料。

烟草能否施用有机肥也是一个有争议的问题。一些研究认为,烟草有机肥与无机肥配合施用可协调烟株的碳氮代谢,避免单施无机氮时引起的氮代谢过旺,有利于烟草香味物质的合成。而另一些研究却认为烟草施用有机肥对烟叶质量有不利的影响,其依据是:有机肥的肥效释放不符合烟草的需肥规律,易引起烟叶后期贪青迟熟,影响正常落黄;有机肥的成分复杂,特别是厩肥、堆肥含有较高的氯,影响烟草的品质。为降低有机肥的不利影响,生产上应尽量选择质量有保证的商品有机肥或生物有机肥,另外有机肥在施用前一定要充分腐熟,或提前施用,以利于肥效的尽早发挥。还要注意有机肥在施用前最好在户外与过磷酸钙堆积半年到一年,使大部分的氯流失掉。

思考题

1.营养元素与烟草品质的关系如何?

2.烟草施肥的一般原则是什么? 为什么烟草供肥要"少时富,老来穷"? 如何灵活运用这一原则？

3. 烟草施肥的技术要求有哪些？

4. 烟草生产中确定氮、磷、钾肥料的用量的方法有哪些？烟草肥料品种选择应注意哪些问题？

5. 设计一个提高当地烟草品质的施肥技术方案。

6. 比较粮食作物与经济作物施肥技术的异同点。

第八节　麻类作物营养与施肥

我国是世界产麻最多国家之一，常种植的麻类作物约有 12 种，其中主要有苎麻、黄麻、红麻和亚麻 4 种。苎麻是我国的特产，居世界第一位，黄麻、红麻居世界第三位。苎麻南起海南岛，北至陕西、山东一带均有种植，主要分布在长江流域；黄麻主要分布在长江流域；红麻主要分布在华北、华南及长江流域一带；亚麻集中在黑龙江、吉林两省。

我国栽培和利用麻类作物已有 5 000 多年的历史，积累了丰富的种麻施肥经验，麻区都有因地积肥、造肥和因肥施用夺高产的经验。20 世纪 60 年代进行了麻类作物施肥经验总结，及主要麻类作物氮、磷、钾化肥肥效试验。20 世纪 70 年代对主要麻类作物进行了营养特性研究，使麻类作物施肥水平及施肥技术都有了较好地提高。后来又相继开展了麻类作物的微量元素施用及限制因子施肥技术的研究。

一、苎麻的营养与施肥

(一)苎麻营养特性

1.苎麻对不同营养元素的吸收量

苎麻属多年生宿根性韧皮纤维作物，每季麻从出苗到纤维成熟，只需 $\geqslant 9$℃活动积温达到 1 600℃左右，故苎麻在不同地区收麻次数和每季麻生长周期都不相同。在我国长江流域主产麻区，年收麻三季，头麻生长周期约 90 d，二麻约 50 d，三麻约 80 d。每季麻生育期可划分为苗期、封行期、黑秆期(茎基部纤维成熟，茎表颜色变褐色)和工艺成熟期(茎表 2/3 段变褐色)4个时期。

苎麻从土壤中吸收的钙、钾、氮、磷量较多，分别占干物重的 1.57%～6.07%、2.37%～5.30%、1.85%～3.51%、0.61%～0.84%。其吸收量则因产量、季节和品种的不同，有较大差异。

在不同季节上，头麻因气温低，雨水多，生育期长，对养分要求最高，每生产 50 kg 纤维吸收氮(N)9.3 kg、磷(P_2O_5)3.1 kg、钾(K_2O)11.6 kg，氮、磷、钾比例为 3.0：1：3.7。三麻气温较高，生长期较短，对养分要求较少，生产 50 kg 纤维吸收氮(N)9.0 kg、磷(P_2O_5)1.55 kg、钾(K_2O)10.5 kg，氮、磷、钾吸收比例为 5.8：1：6.8。二麻生产期气温最高，生长期最短，对养分要求最少，生产 50 kg 纤维只吸收氮(N)10.65 kg、磷(P_2O_5)1.25 kg、钾(K_2O)6.55 kg，氮、磷、钾吸收比例为 8.5：1：5.2。

不同苎麻品种，对养分的需要量和氮(N)、磷(P_2O_5)、钾(K_2O)吸收比例不同(严文淦，1984)。如"圆叶青"每生产 50 kg 纤维，氮(N)、磷(P_2O_5)、钾(K_2O)吸收量多于"湘苎一号"和"黄壳早"；"湘苎一号"吸磷量多于"黄壳早"，而对氮、钾的吸收量又少于"黄壳早"。氮、磷、钾吸收比例，"圆叶青"为 4.12：1：5.16，"湘苎一号"为 3.97：1：4.58，"黄壳早"为 4.52：1：4.86(表 11-21)。

表 11-21　不同苎麻品种对三要素吸收量的比较

品　种	纤维产量/ (kg·hm^{-2})	生产 50 kg 纤维吸收量/kg			吸收比例(N：P$_2$O$_5$：K$_2$O)
		N	P$_2$O$_5$	K$_2$O	
圆叶青	2 628	7.38	1.79	9.24	4.12：1：5.16
湘苎一号	2 334	6.32	1.59	7.28	3.97：1：4.58
黄壳早	1 956	6.96	1.54	7.49	4.52：1：4.86

2. 苎麻的阶段营养特点

苎麻各生育阶段养分吸收量和吸收强度,也因各阶段所处气候条件及生理变化的不同而有所不同。前期养分含量较高,然后逐渐下降。但在营养生长阶段对养分的吸收量,以中、后期较高,且明显地支配着麻株生长。产量 2 250 kg·hm^{-2} 以上的高产麻园氮(N)、磷(P$_2$O$_5$)、钾(K$_2$O)营养吸收高峰期并不完全一致。氮、磷营养吸收高峰一般出现在封期至黑秆始期,分别占总吸收量的 26.9%～42.4%和 27.1%～40.1%,钾营养吸收高峰出现在黑秆始期至纤维成熟期,占总吸收量的 29.9%～47.7%。头麻、二麻、三麻不同季节麻株对营养的吸收也存在一定差异。头麻氮素营养最大吸收强度时期是封行期至黑秆始期,磷、钾营养强度最大时期是黑秆期到纤维成熟期;二、三两季麻氮、磷、钾营养最大吸收强度时期均为齐苗期至封行期。三季麻吸收的营养元素随各季麻干物质的累积而增多。头麻以 4 月 25 日至 5 月 29 日累积量最多,其中氮、磷的累积量达总量的 70%和 60%左右,钾的累积达总量的 80%。二麻在 7 月 14 日以前氮的累积达总量的 104%,钾的累积达总量的 85%,而磷的累积盛期有向后推迟的现象。三麻在 8 月 29 日以前累积氮达总量的 67.3%,磷达总量的 69.4%,钾达总量的 93.4%(夏藻清,1963)(表 11-22)。

表 11-22　三季麻各生育期氮、磷、钾累积量及其比例

季别	取株日期 (月/日)	干物质		N		P		K		吸收比例 N：P：K
		g/10 株	占总量/%	g/10 株	占总量/%	g/10 株	占总量/%	g/10 株	占总量/%	
头麻	10/4	29.5	10	1.136	18.1	0.08	23.2	0.499	10	14.2：1：6.2
	4/25	58.39	21.7	1.981	31.5	0.132	38.1	1.03	20.6	15.0：1：7.8
	5/27	268.77	100	6.282	100	0.346	100	4.991	100	18.2：1：14.4
二麻	6/27	29.8	29.1	0.683	31.5	0.029	11.1	0.526	27.5	23.6：1：18.1
	7/14	83.91	84.1	2.171	104.2	0.116	45.1	1.623	85	18.7：1：14.0
	1/8	99.71	100	2.084	100	0.257	100	1.908	100	8.1：1：7.4
三麻	8/19	25.7	17.9	0.966	29.3	0.08	28.2	0.794	33.7	12.1：1：9.9
	8/29	75.76	52.9	2.22	67.3	0.08	69.4	2.196	93.4	11.3：1：11.2
	10/17	143.02	100	3.296	100	0.283	100	2.351	100	11.6：1：8.3

3. 苎麻的施肥效应

(1)氮肥　增施氮肥对苎麻的增产效果十分显著,据王春桃等研究,施氮素 24.3～379.5 kg·hm^{-2} 可增产 24.5%～35.5%,即每千克氮素增产原麻 3.46～3.78 kg,低于或超

过此施肥量均会使产量下降。

(2)磷肥　湖南、湖北、江西、云南等省进行的苎麻化肥试验网试验结果,单施磷肥或在农家肥基础上施用磷肥,增产效果都不大,甚至有减产现象。据中国农业科学院麻类研究所在 3 种不同土壤上苎麻三要素化肥配施研究结果,在氮、钾肥基础上,增施磷肥可增产原麻 5.4%~7.1%。

(3)钾肥　据浙江农业大学和湖南农学院研究,增施钾肥具有显著增产效果(表 11-23)。据中国农业科学院麻类研究所试验,钾肥还有提高纤维细度和强力的作用。但仅施钾肥或施钾过多,亦会出现麻叶落黄和增产不显著现象。

表 11-23　钾肥对苎麻纤维产量的效果

硫酸钾用量/ (kg·hm^{-2})	1986 年一龄麻		1987 年二龄麻	
	产量/(kg·hm^{-2})	比对照增产/%	产量/(kg·hm^{-2})	比对照增产/%
0	516.60	—	1 273	—
75	665.25	28.8	1 602	21.93
150	700.95	35.7	1 671	26.58
225	748.35	44.9	1 998	48.55

(4)钙肥　苎麻吸收钙的数量很大,据 Medina 报道,巴西 Muyahami 品种一年收三季麻吸收的 CaO 为 350 kg·hm^{-2},分别为氮的 1.40~1.75 倍、P_2O_5 的 7.6~10 倍和 K_2O 的 3.5~4.17 倍。由于钙在体内运转困难,加之土壤中可溶性钙被淋失得多,苎麻对钙的吸收容易受到各种因素的影响。所以钙素营养在苎麻栽培中是一个值得注意的问题。Oshuimi 报道,酸性土每 3 年施石灰 450 kg·hm^{-2},增产效果显著。菲律宾在种植苎麻前,施用石灰 997.5~1 995 kg·hm^{-2}。目前我国麻区多数不使用石灰,在酸性红壤、黄壤上种植苎麻,可考虑施用石灰,或施用钙镁磷肥以补充钙。

(5)镁肥　镁在苎麻叶片中的含量为 0.149%~0.694%,在茎秆中为 0.331%~0.525%。它在苎麻体内的含量仅次于钙、氮、钾,而居第四位。

我国苎麻产区,如湖南、湖北、江西等省的麻园土壤多属酸性红壤,镁的含量为 0.3%~0.6%,交换性镁仅占全镁量的 40% 左右,不能满足苎麻的需要。研究证明,土壤交换性镁与苎麻全年纤维支数呈极显著相关(r=0.971 6),因此,镁肥的施用值得重视。最好在施用磷肥时选择钙镁磷肥,以满足苎麻对磷、钙、镁的需要。

(6)硼肥　进行的田间施硼试验结果说明:喷硼浓度以 0.1%、0.2% 的硼砂效果最好,分别比对照增产 13.52%、14.62%;喷硼时期,以齐苗至封行期各一次为最佳。施硼酸 960 g·hm^{-2},苎麻增产 7%~22%。

任小松(2006)在四川达州进行微量元素对苎麻产量和纤维细度的影响研究表明,对原麻产量影响大小顺序为 $ZnSO_4$>$MnSO_4$>$MgSO_4$>硼砂>$CuSO_4$>对照,$ZnSO_4$ 处理每 666.7 m^2 平均单季产 46.17 kg,比对照增产 10.8%。对原麻纤维细度影响大小顺序为对照>Mg>Cu>B>Mn>Zn。

苎麻施肥效果还与施肥方法有关。不同肥料种类、土壤和气候条件,都应有不同的施肥方法,才能充分发挥肥效。一般粗肥,如土杂肥、塘泥和作物秸秆等,应结合苎麻冬培覆土满园面施为好;精肥料,如人畜粪尿和发酵饼肥,冬做基肥应挖穴深施,追肥以腐熟后兑水泼蔸淋施为宜;化肥既可抢在雨前结合中耕撒施,也可进行行间穴施或条施。化肥种类不同,施肥深度应不同。如移动性大的氮肥,宜浅施,可抢在雨前结合中耕撒施;钾肥移动性差,磷肥不易移动,宜深施和近蔸边施。磷肥还可以与人畜粪混合发酵后深施;沙地、坡地养分容易流失,施基肥要深,施追肥应少量多次浅施;高温干旱兑水深施,低温多雨浅施。

苎麻叶面追肥效果也较好。不仅简单易行,用肥量也少,发挥肥效快,可以促进麻株生长,还可避免土壤固定和雨水淋失。据中国农业科学院麻类研究所试验结果(1971、1973),在苎麻旺长期,叶面喷施 0.2%尿素、0.01%硼砂和硫酸锰,均可增加麻株高度和韧皮层厚度,提高原麻产量 8.3%～15%。四川省推广"一二一"根外追肥法,即用 1 kg 硝酸钾、2 kg 尿素、100 kg水喷施叶面,增产效果显著。

(二)苎麻施肥技术

1.肥料种类与施肥效应

据中国农业科学院麻类研究所等单位的苎麻三要素肥料试验结果(表 11-24),氮、钾化肥对苎麻的增产效果,与化肥品种有一定关系。就苎麻增产量而言,在氮素化肥中,硫酸铵效果大于尿素,钾素化肥中,硫酸钾效果大于氯化钾。

表 11-24　增施三要素肥料对苎麻的增产效果

试验单位	肥料种类	肥料用量/(kg·hm^{-2})		增产		每 500 g 纯量增产/kg
		化肥	折纯量	kg·hm^{-2}	%	
云南腾冲麻作站	尿素	300	135	231	41	0.91
原湖北农科所	硫酸铵	337.5	67.5	267	10.6	1.98
湖南麻类所	硫酸铵	450	90	324.45	15.37	1.81
湖南麻类所河心洲基点	尿素	225	103.5	174	4.08	0.85
原华中农学院	硫酸铵	675	135	795	7.4	2.91
湖南麻类所河心洲基地	过磷酸钙	300	48	—15	—	—
湘西农科所	硫酸铵	450	90	292.5	15.65	1.65
原华中农学院	过磷酸钙	300	48	—117	—	—
贵州独山麻科所	过磷酸钙	525	84	24	—	—
湘西农科所	过磷酸钙	225	34.5	—26.25	—	—
原华中农学院	氯化钾	450	247.5	58.5	1.8	—
贵州独山麻科所	硫酸钾	150	75	195	5.6	1.3
湖南麻类所河心洲基地	硫酸钾	450	225	555	11.5	1.1

引自:作物栽培学(南方本)。

苎麻营养特性表明,高产苎麻要求有较高的施肥水平。毛旭焰(1986)对年收三季的 18 个高产麻田的产量与施肥量关系调查表明,产原麻 2 250～5 400 kg·hm^{-2},需施氮(N) 748.05～988.8 kg·hm^{-2}、磷(P$_2$O$_5$)76.95～233.1 kg·hm^{-2}、钾(K$_2$O)396.45～1 158.75 kg·hm^{-2},且产量与施肥量呈显著或极显著正相关。当施氮量超过 1 179.45 kg·hm^{-2},磷施用量超过 252.45 kg·hm^{-2},则相关性不显著,甚至出现减产,但钾施用量还与产量呈极显著正相关,表明苎麻对钾素需求量是较高的。

李林林等(2019)研究表明:施用有机肥对苎麻农艺性状也有一定关系,其中与单株鲜皮厚和单株叶片数达到极显著相关水平($P<0.01$),与单株生物量、单株鲜皮厚和单叶面积达到显著相关水平($P<0.05$)。

2. 氮、磷、钾配施比例

根据中国农业科学院麻类研究所在 6 种土壤上苎麻氮、磷、钾化肥用量及配比试验结果表明(表 11-25),在施人粪 $6\,000\sim7\,500\ kg\cdot hm^{-2}$ 基础上,氮、磷、钾配施处理一般均有明显增产效果。高产麻田多以 N $15\sim20\ kg\cdot hm^{-2}$、P $3\sim6\ kg\cdot hm^{-2}$、K $20\sim25\ kg\cdot hm^{-2}$ 最好。

表 11-25　氮、磷、钾化肥不同用量及配比对苎麻纤维产量的影响　　　　$kg\cdot hm^{-2}$

处理	1988 年					1989 年
	红黄壤	红沙土	黄壤土	冲积土	扁沙土	红壤土
CK	1 359	1 150.5	1 051.5	1 818	598.5	1 075.5
P_6K_{20}	1 450.5	1 164	937.5	2 070	633	1 752
$N_{15}K_{20}$	1 731	1 723.5	1 366.5	2 436	738	1 813.5
$N_{15}P_6$	1 653	1 438.5	1 036.5	2 346	753	1 840.5
$N_{15}P_3K_6$	1 684.5	1 656	1 096.5	2 496	736.5	2 100
$N_{15}P_6K_{20}$	1 776	1 861.5	1 084.5	2 652	789	2 155.5
$N_{15}P_6K_{15}$	1 719	1 836	918	2 452.5	633	2 025
$N_{15}P_3K_{25}$	1 711.5	1 669.5	1 101	2 467.5	772.5	2 130
$N_{15}P_6K_{25}$	1 825.5	1 729.5	1 084.5	2 586	658.5	2 221.5
$N_{20}P_6K_{20}$	1 800	1 800	1 053	2 718	810.75	2 226
$N_{10}P_6K_{20}$	1 758	1 560	1 009.5	2 505	675	1 984.5

注:N、P 和 K 右下角数字为施肥量($kg\cdot hm^{-2}$)。

3. 重施冬肥

苎麻重施冬肥,就是当麻地入冬后,给第二年苎麻生长施足基肥,一般施肥量应占全年施肥量的 40%～60%,这是夺取苎麻高产的关键。麻区群众说:"冬季胎里富,冬肥保全年"。冬季施肥不仅能提供冬季麻蔸孕芽、盘芽的养分需要,还能增强麻蔸抗寒保温能力,促进根系发达,出苗整齐,源源不断地供给各季麻生长的养分需要,促进季季高产。田庭甫等试验,冬季施人畜粪 $33\,000\ kg\cdot hm^{-2}$、菜饼 $990\ kg\cdot hm^{-2}$,下年头麻比不施冬肥的增产 40.2%,二麻增产 32.6%,三麻增产 49.2%。我国麻区都有冬季重施基肥的习惯,冬肥种类主要是农家肥料,一般为施人粪尿 $24\,000\ kg\cdot hm^{-2}$,或土杂肥 $150\,000\ kg\cdot hm^{-2}$ 以上,或猪牛栏粪 $45\,000\sim60\,000\ kg\cdot hm^{-2}$,或饼肥 $1\,125\sim1\,500\ kg\cdot hm^{-2}$,再加施磷、钾化肥 $225\sim375\ kg\cdot hm^{-2}$。施冬肥一般在霜后进行。长江中、下游流域有"立冬"早、"冬至"迟、"小雪"施肥正当时的经验。秦淮麻区以 11 月上旬为宜,华南麻区以 12 月底、1 月上旬为宜。过早施肥会促使无效麻株生长,消耗养分,影响下年产量,施肥过迟,则易使麻蔸遭受冻害,对孕芽、盘芽作用不大。冬肥深施比施在表面增产 15%～18%。

当年新植麻园,不存在冬肥问题,但栽麻前应结合整地重施基肥,要施猪牛栏粪 30 000～

45 000 kg・hm^{-2}，或人粪尿 19 500 kg・hm^{-2}，或饼肥 1 125～1 500 kg・hm^{-2}，或氮、磷、钾复合肥 450～600 kg・hm^{-2}，再加施土杂肥 225 000～300 000 kg・hm^{-2}，才能促进苎麻早发快长，当年获得好的产量。

4. 季季追肥

苎麻除了要重施冬肥外，还要季季追肥，以满足各季麻不同生育期养分吸收特点的需要。追肥必须以速效肥和腐熟农家肥为主，如腐熟的人畜粪便、发酵饼肥和化肥等才能起作用。据中国农业科学院麻类研究所研究，每季麻追肥比例一般占全年施肥量的 20% 左右。毛旭焰调查研究认为，高产苎麻在提高总施肥量时，主要是增大追肥比例。产量 3 345～4 080 kg・hm^{-2} 的氮、磷、钾总施肥量分别为 688.5～783、63～109.5、513～687 kg・hm^{-2}，其冬肥与追肥的分配比例，氮肥以 2：3，磷肥以 1：1，钾肥以 1：3 为好。一般是每季追施人粪尿 11 250～15 000 kg・hm^{-2}，或猪粪水 22 500～30 000 kg・hm^{-2}，或饼肥 1 125 kg・hm^{-2}，或氮肥 225～450 kg・hm^{-2}。根据王春桃等的氮肥用量试验，产量 2 512.5 kg・hm^{-2} 的高产麻田，就是在冬季施人粪尿 30 000 kg・hm^{-2} 基础上，再在三季麻上每季追施尿素 270 kg・hm^{-2} 取得的。

苎麻追肥次数和时间，应根据追肥量、季别、土壤质地不同而定。如追肥量不多，或前期气温高，生长期短的二、三麻，或土壤质地黏重的麻园，都应在苗期多施肥，或采取一次性追肥，既可满足麻株前期快速生长的养分需要，又不致造成肥料更多损失。中国农业科学院麻类研究所在黏重黄土上进行的氮肥施用期和次数试验结果，以追施 450 kg・hm^{-2} 尿素，分别在三季麻苗期一次追施的效果最好，分苗期和封行期两次追施的效果就明显下降。如果追肥量较多，或在多阴雨低温的头麻，以及阳离子代换量小的轻质土壤，为避免一次施肥过多，造成肥料损失，应分两次追肥，即追施一次齐苗肥和一次长秆肥。齐苗肥应掌握弱蔸麻多施，壮蔸麻少施原则，促进苗齐苗壮，提高有效分株数；长秆肥就是在苗高 60 cm 左右，封行前进入旺长期时重施一次肥，促进麻株快长。后期因麻株高大，施肥不便，一般不施肥。湖北麻农认为 3、6、8 月是三季麻追肥的关键月，这是符合苎麻生长特点和营养特性的。湖北阳新县的追肥经验是：头麻前催、中重、后补，即催苗肥要轻，提苗长秆肥要重，看情况补肥争皮厚；二、三两季麻生育期短，生长快，且三麻出苗后 1 个月即现蕾开花，开始生殖生长，要抢在开花前的 1 个月内争取麻株长到 100～120 cm 高，才能获得好的产量，所以二、三麻两季麻一般都要结合麻收"四快"（快收麻，快砍秆，快中耕，快施肥），一次施足追肥。

程乐根（2008）提出"湘苎二号"高产（三季 3 000 kg・hm^{-2}）三要素数量季配方，如表 11-26 所示。

表 11-26　三季苎麻施肥技术参数　　　　　　　　　　　　kg・hm^{-2}

季别	N 平均	N 幅度	P$_2$O$_5$ 平均	P$_2$O$_5$ 幅度	K$_2$O 平均	K$_2$O 幅度	N：P：K	平均单产
头麻	130.5	120.0～150	52.5	46.5～61.5	76.5	64.5～85.5	1：0.40：0.59	1 137.0
二麻	82.5	67.5～105.0	45.0	37.5～52.5	64.5	57.0～67.5	1：0.55：0.78	1 001.4
三麻	76.5	67.5～100.5	22.5	15.0～33	90.0	76.5～102	1：0.29：1.18	889.1

总的来看，在施好基肥的基础上，苗期应少量多次追施速效肥料，特别是氮、磷肥料，以满足前期养分含量高、需肥量少的特点，促进植株稳长，封行时再重施一次包含氮、钾营养的长秆肥，

以满足中、后期大量养分需要。但二、三两季苗期生长快,封行早,应提早在苗期重施氮、钾肥。

二、黄麻营养特性与施肥

(一)黄麻阶段需肥特点与施肥原则

吴旭昌等对我国麻产区的调查研究,666.7 m^2 产 500 kg 生麻的高产田,需吸收氮(N)9.93 kg,磷(P)4.08 kg,钾(K)23.36 kg。黄麻不同生育期对氮、磷、钾吸收积累有明显差异(表 11-27)。

表 11-27 黄麻植株氮、磷、钾养分积累量及碳氮比

生育期	日期(日/月)	生物产量/(kg·hm^{-2})	养分积累量/(kg·hm^{-2})			N∶P∶K	C/N
			N	P$_2$O$_5$	K$_2$O		
苗期	5/31	224	10.47	2.27	10.66	4.6∶1∶4.7	8.71
	6/10	690	27.56	5.18	27.99	5.3∶1∶5.4	10.78
旺长期	6/25	2731	54.69	17.66	83.73	3.1∶1∶4.7	21.26
	7/15	6 522	89.90	31.89	133.76	2.8∶1∶4.2	32.62
纤维累积盛期	8/9	12 468	116.02	45.38	182.16	2.6∶1∶4.0	49.49
	8/31	16 017	121.22	52.22	184.36	2.3∶1∶3.5	65.09
工艺成熟期	9/15	18 367	110.55	58.42	227.93	1.9∶1∶3.9	85.57
	9/29	18 405	105.65	55.40	228.59	1.9∶1∶4.1	87.77

(1)苗期　苗期对氮、磷、钾吸收量少,分别仅占整个生育期的 22.73%、8.85%、12.12%。但苗期对氮反应敏感,碳氮比小(8.71～10.78),生理代谢处于以氮为主的营养生长阶段,所以氮素营养对培养壮苗十分重要,此时缺氮,碳氮比大,幼苗纤维化程度高,就会形成黄、小、老的"僵苗",难以获得好的产量。故高产黄麻的施肥原则是,应在施足基肥的基础上以速效氮肥为主,促进苗壮、苗嫩,并配合少量磷、钾肥料,促进根系发育。

(2)旺长期　旺长期对氮、磷、钾营养的吸收量显著增加,分别占整个生育期累积量的60.0%、63.8%、66.8%,尤以株高由 1.3 m 伸长到 2～2.4 m 时对氮、磷、钾吸收量最高,每日每 666.7 m^2 黄麻群体吸收量是:氮 0.24 kg、磷 0.095 kg、钾 0.31 kg。旺长期是黄麻一生中吸收养分最多的时期,也是对养分反应最敏感的时期。故旺长期的施肥要遵循早施、重施,氮、磷、钾平衡,有机肥和化肥相配合的原则,才能充分满足快速生长对大量养分的需要。

(3)纤维累积盛期　纤维累积盛期是干物质累积的高峰期,也是纤维快速积累期。此时黄麻碳代谢旺盛,氮代谢已经开始下降,所以对氮、磷、钾吸收强度日益减少,分别只占整个生育期累积量的 12.1%、20.0%、8.4%,故此时施肥原则是既要保持一定氮素营养水平,又要控制氮肥过多,促、控结合,做到"看天、看地、看麻"巧施秆梢肥,防止后期贪青晚熟,降低纤维产量和质量。

(4)工艺成熟期　工艺成熟期是纤维发育成熟最快时期,此时麻株体内氮素含量直线下降,钾素的吸收量继续上升。丰产地若后期控氮不当,常出现不正常"返青"现象,引起纤维产量下降。所以在工艺成熟期的施肥原则是:控制氮素供应,保持较高的钾素供应,以促进纤维发育和加速成熟。

(二)黄麻施肥技术

1.施肥量和三要素比例

据浙江省萧山棉麻场试验,施纯氮 112.5 kg·hm^{-2} 是产干麻皮 4 500 kg·hm^{-2} 的基本

保证。氮素分别与磷或钾配合施用,其增产效果不显著,只有氮、磷、钾三要素配合施用,才能达到 5 250 kg·hm^{-2} 的高产水平。至于单独施用磷、钾,或磷、钾配合施用,干麻皮的产量只有单施氮素的一半。吴旭昌等从浙江、湖南两省 4 县 29 块丰产地调查统计,平均产精麻 7 500 kg·hm^{-2} 的施肥水平,需要保持纯氮 374.6 kg·hm^{-2}、纯磷 254.55 kg·hm^{-2}、纯钾 358.05 kg·hm^{-2};与黄麻理论吸收量之比,实际施肥量均有偏高,实际施肥量与理论吸收量之比,氮为 1.03∶1,磷为 2.66∶1,钾为 4.26∶1。根据广东湛江地区黄麻高产协作组对 13 块面积 1.09 hm²,8 265 kg·hm^{-2} 的黄麻高产地块的施肥水平调查,氮施用量为 198~456 kg·hm^{-2},平均 294 kg·hm^{-2};磷 115.5~601.5 kg·hm^{-2},平均 361.5 kg·hm^{-2};钾 48~391.5 kg·hm^{-2},平均 186 kg·hm^{-2}。在总施肥量中,有机肥的氮量所占比例为 32.7%~59.2%,平均 46.3%;有机肥的磷量占 9.2%~53.4%,平均占 24%;有机肥的钾量所占比例为 20%~100%,平均 67.3%;在总施肥中,基肥的氮量平均占 29.7%,磷量平均占 57.6%,钾量平均占 32.7%。现在我国高产黄麻氮、磷、钾三要素施肥量一般为 375 kg·hm^{-2}、225 kg·hm^{-2}、375 kg·hm^{-2},其氮、磷、钾之比大约为 2∶1∶2。在增施肥料中,有机肥占 50%~60%,以氮为主,磷、钾为辅(表 11-28)。

表 11-28　浙江黄麻高产地区施肥水平调查

品种	产量/(kg·hm^{-2})	总施肥量/(kg·hm^{-2})			其中氮化肥/(kg·hm^{-2})	生产 50 kg 生麻需肥量/kg		
		N	P$_2$O$_5$	K$_2$O		N	P$_2$O$_5$	K$_2$O
粤圆五号	6 804.0	249.15	136.8	264.15	82.35	1.83	1.01	1.39
粤圆五号	5 440.5	203.70	126.45	238.95	56.70	1.87	1.13	1.51
广丰长果	6 129.0	254.85	135.15	219.30	73.35	2.08	1.10	1.79
广丰长果	5 011.5	187.65	99.15	121.95	66.60	1.87	0.98	1.22

目前,我国南方部分麻区施肥量不足,尤其是有机肥不足是低产的一个主要原因。根据吴旭昌等连续 5 年高产试验和各麻区调查,黄麻产量 7 500 kg·hm^{-2} 的具体施肥量和肥料种类是:绿肥(或猪羊粪)15 000~22 500 kg·hm^{-2},土杂肥(或河泥)120 000~150 000 kg·hm^{-2},草木灰 2 250 kg·hm^{-2},饼肥 600~750 kg·hm^{-2},人粪尿 15 000 kg·hm^{-2},过磷酸钙 225~625 kg·hm^{-2},氯化钾 225~300 kg·hm^{-2}。在这范围内合理配合和分配,实行科学施肥。

2. 基肥和种肥

高产黄麻的基肥和种肥要施足,应占全年施肥量的 50% 左右,在翻土前施绿肥或猪牛粪 15 000~22 500 kg·hm^{-2},土杂肥或河泥 60 000~150 000 kg·hm^{-2}。播种前施磷肥 225~625 kg·hm^{-2}、尿素 37.5 kg·hm^{-2} 做种肥,播后用草木灰 2 250 kg·hm^{-2} 拌细土盖种。种肥施用量虽少,但对幼苗生长作用很大,尤其是在较干旱的情况下可以促进种子发芽和幼苗生长。

3. 追肥

黄麻的追肥应分苗肥、旺长肥、秆梢肥 3 种。

(1)苗肥要早要勤　在种子有 80% 黄芽扎根时以稀薄人粪泼施,待第一次间苗后,用腐熟人粪或畜粪水 6 000~7 500 kg·hm^{-2} 兑水做漂苗肥,到 5 片真叶初定苗时,施尿素 60~75 kg·hm^{-2} 做壮苗肥,促苗早发,早封行。

(2)旺长肥要早要重　当麻苗封行后,吸肥强度增大,需肥时间长,要施重肥两次,第一次在株高 60～70 cm 时施饼肥 600～750 kg·hm⁻²、尿素 75 kg·hm⁻²；第二次在株高 90～120 cm 时施尿素 60～75 kg·hm⁻²、氯化钾 150 kg·hm⁻²，做到有机肥与化肥结合，氮肥与磷、钾肥相结合，以促进麻株快速生长。

（3）秆梢肥要巧　黄麻进入纤维累积盛期，既要保持旺盛的生长力，又要稳发稳长，保持较高的碳素同化水平，此期肥水管理要视麻株的生长情况确定"促"与"控"。即生长势旺的麻地就不再施肥，生长势差，且肥力又不足的麻地，可适当追施一点氮肥，但数量不宜多，以利于工艺成熟期养分适宜，防止"返氮"迟熟，促进碳素代谢。吴旭昌（1976）研究认为，产量 7 500 kg·hm⁻² 的高产黄麻进入纤维累积盛期还要重施钾肥，一般施氯化钾 112.5 kg·hm⁻²，不但可防止金边叶病发生，还可促进纤维发育，防止后期倒伏。

三、红麻营养特性与施肥

（一）红麻营养特性与施肥原则

据中国农业科学院麻类研究所研究，红麻产量 7 500 kg·hm⁻² 吸收氮（N）180 kg·hm⁻²、磷（P）60 kg·hm⁻²、钾（K）442.5 kg·hm⁻²；氮、磷、钾比例为 3∶1∶7。可见红麻需肥水平也很高，特别是钾营养的吸收比黄麻要大得多。

夏藻清研究表明，红麻自出苗至工艺成熟可分为 4 个生育期，即苗期、旺长期、稳长期、工艺成熟期。不同生育期对氮、磷、钾营养的吸收是不同的（表 11-29）。

表 11-29　红麻不同生育期麻株体内氮、磷、钾含量和累积量

生育期（日/月）	麻株养分含量/%			麻株养分累积量/（kg·hm⁻²）		
	N	P_2O_5	K_2O	N	P_2O_5	K_2O
苗期（14/5—28/5）	4.21～5.54	0.39～0.27	1.35～2.25	14.52	0.68	5.90
旺长期（8/6—6/7）	2.48～2.49	0.37～0.36	2.07～2.03	231.14	32.01	176.13
稳长期（6/8—20/8）	1.34～1.28	0.25～0.30	1.55～1.70	320.40	61.43	648.39
工艺成熟期（6/9）	1.18	0.29	1.77	353.15	124.08	886.77

1. 苗期

苗期植株幼小，对氮、磷、钾营养吸收量很少。但对氮反应较为敏感，其幼苗体内氮、磷、钾比例为 10∶1∶4。可见幼苗期氮生理代谢十分旺盛，是以氮为主的营养生长阶段，氮素营养对培育壮苗、促苗早发具有重要作用。故苗期施肥原则应在施足基肥基础上，以速效氮肥为主，少量多次地促进苗壮，再配施以少量磷、钾肥，促进根系发育。

2. 旺长期

麻株进入旺长期生长阶段，日生长量 5～6 cm，是一生中最高峰，光合生产率日益提高，对氮、磷、钾营养吸收量日益增加。此期氮吸收量占总吸收量的 61.33%，磷吸收量占总吸收量的 25.28%，钾吸收量占总吸收量的 19.19%，是红麻一生中对氮吸收强度最大时期（1.815～10.95 kg·hm⁻²）。钾吸收强度也明显增大，为苗期的 8～10 倍。旺长期施肥原则要早施肥、重施肥，并采用以氮为主，磷、钾平衡，有机肥和化肥配合，促使红麻旺长。

3. 稳长期

稳长期叶面积系数 6～8，达到高峰，是红麻干物质积累最快时期，也是纤维发育最快时期，但生长速度已开始减慢，麻株从旺长期的纵向伸长生长为主，转向纵、横向同时生长时期；

麻株旺盛阶段,碳代谢尤为旺盛,光合产物主要转向茎生长点与韧皮部和木质部。此期对氮、磷、钾营养吸收也发生了变化,氮吸收强度下降,其吸收量只占全生育期总吸收量的 25.38%,对磷、钾吸收量明显上升,分别占总吸收量的 49.16% 和 53.26%。因此,稳长期的施肥原则就要强调"巧"施,要特别重视钾肥的应用,要"看天、看地、看麻"巧施肥。

4. 工艺成熟期

工艺成熟期是红麻开始现蕾开花时期,标志红麻开始由营养生长转向生殖生长时期,体内生理代谢亦由前期的氮代谢为主阶段转入以碳代谢为主阶段,光合产物主要用于韧皮部、木质部和蕾花的生长发育。此期对氮营养需要量明显减少,磷营养需要量明显增大,钾营养仍保持较高的需要量。因此,红麻工艺成熟期施肥原则应控制氮肥供应,保持好磷、钾营养。

在红麻高产栽培中,应重视微量元素的施用。据浙江农业大学试验:当土壤中有效锰低于 $8.2\ mg\cdot kg^{-1}$,或水溶性硼低于 $0.6\ mg\cdot kg^{-1}$,或增施大量元素肥料时,施用锰、硼、锌都具有促进红麻生长发育和干物质积累与提高产量的作用。

(二)红麻施肥技术

1. 施肥量及三要素比例

冯汉皋等(1990)研究表明,江苏省南通氮、磷、钾最佳经济施肥指标分别为 252.15、29.13、283.54 $kg\cdot hm^{-2}$,此时红麻产量可达 5 551.1 $kg\cdot hm^{-2}$。据浙江省上虞县农业技术推广总站对 3.18 hm^2 高产红麻田的施肥调查研究,产生麻 9 118.5 $kg\cdot hm^{-2}$,需施氮 313.95、磷 170.1、钾 268.8 $kg\cdot hm^{-2}$;产生麻 7 500 $kg\cdot hm^{-2}$,需氮 258.15、磷 139.8、钾 221.1 $kg\cdot hm^{-2}$;氮、磷、钾比例均为 1.85:1:1.58。1985 年四川省广安县农业局王昌明对红麻氮、磷、钾施用量研究,产熟麻 3 811.5 $kg\cdot hm^{-2}$(相当 7 500 $kg\cdot hm^{-2}$ 生麻),需施氮 187.5、磷 75、钾 150 $kg\cdot hm^{-2}$,三要素比例为 2.5:1:2,对产量的影响以钾>磷>氮,且磷、钾还有提高纤维强力的作用。据江西省余江县农业局和农业科学研究所的高产红麻施肥技术研究,产生麻 8 706 $kg\cdot hm^{-2}$,需施氮 486 $kg\cdot hm^{-2}$、磷 189 $kg\cdot hm^{-2}$、钾 553.5 $kg\cdot hm^{-2}$,其三要素比例为 2.57:1:2.93。据浙江省萧山市棉麻研究所胡兆金研究,产生麻 6 000～7 305 $kg\cdot hm^{-2}$,以施氮 225～300 $kg\cdot hm^{-2}$、磷 90～150 $kg\cdot hm^{-2}$、钾 240～300 $kg\cdot hm^{-2}$ 最经济有效,其三要素比例为 2:1:2。据仲展华、周光荣等配方施肥研究,红麻产生麻 7 456.5 $kg\cdot hm^{-2}$ 的三要素最佳配方为施氮 150 $kg\cdot hm^{-2}$,施磷、钾各 225 $kg\cdot hm^{-2}$。可见,由于各地土壤、气候条件不同,产量水平不同,红麻对氮、磷、钾利用和施肥水平也有不同。据吴旭昌(1975—1979)广泛调查,我国北方产量 6 000～7 500 $kg\cdot hm^{-2}$ 的高产红麻的实际施肥量为:氮 300～375 $kg\cdot hm^{-2}$、磷 225 $kg\cdot hm^{-2}$、钾 300～375 $kg\cdot hm^{-2}$,其氮、磷、钾比例为(1.3～1.7):1:(1.3～1.7)。

2. 施肥技术

在各地实践中,肯定了"施足基肥,酌施种肥,轻施苗肥,重施旺长肥,巧施秆梢肥"的施肥方法,这是符合红麻生长发育规律和营养特性的。

(1)施足基肥　基肥一般以绿肥、堆肥、圈肥、人粪尿、猪牛栏粪等有机肥为主。这些基肥可以持续不断地供应麻株生长的需要,给根群生长发育创造良好的土壤环境。据中国农业科学院麻类研究所不同基肥用量试验表明,红麻在充足基肥条件下,麻苗生长健壮,起发早、旺长期生长茂盛,能较早地搭好丰产架子。基肥充足是红麻高产重要的物质基础。

北方麻区,高产红麻的基肥是在播种前施土粪 60 000～75 000 $kg\cdot hm^{-2}$,并根据土壤性质配施过磷酸钙 225～375 $kg\cdot hm^{-2}$。

南方麻区,在播种前翻压绿肥 15 000 kg·hm^{-2},或施土杂肥 60 000～75 000 kg·hm^{-2},人畜粪尿 6 000～7 500 kg·hm^{-2},并配施过磷酸钙 225～375 kg·hm^{-2}。

据山东、湖南麻区经验,基肥中配施过磷酸钙增产效果显著,一般可增产纤维 12%～15%;同时对防治红麻腰折病有良好效果。据浙江省海宁县农业局连续三年试验,在土壤速效钾含量低的情况下,基肥中配施 150 kg·hm^{-2} 硫酸钾也有显著增产效果。

(2)酌施种肥　种肥就是红麻播种时带肥下种,这是近几年研究推广的一项红麻高产施肥新技术,有利于麻苗早发和健壮生长,尤以土壤贫瘦,或有机肥料施用较少的麻地,酌情施少量化肥做种肥,对提高红麻产量有明显的效果。据朱学毅等和汤其林研究,种肥最好用速效氮、钾化肥,以氮肥为主,施尿素 37.8 kg·hm^{-2} 做种肥,就可增产纤维 11.1%,一般施用硫酸铵 45～60 kg·hm^{-2},或尿素 30～37.5 kg·hm^{-2}。但种肥不宜过多,同时要注意切忌种肥与湿种混拌,以免引起烧种,影响出苗和烂根。在生产实践中,最安全的方法是将种肥拌肥泥或细土后,撒入播种沟内,然后播种。如果基肥中没有配施磷肥,用 75～112.5 kg·hm^{-2} 过磷酸钙与细肥土拌混做种肥,播种后再施用 2 250 kg·hm^{-2} 草木灰盖种,对培育壮苗亦有良好效果。

(3)追肥　红麻追肥应轻施苗肥、重施旺长肥、巧施秆梢肥。

①轻施苗肥。红麻齐苗以后根系尚不发达,吸肥能力较弱,应追施速效肥料。我国各地麻区都很重视施用苗肥,能促进麻苗健壮、叶色嫩绿。苗肥要轻施、勤施。南方麻区一般苗肥施 2 次,第一次施提苗肥,在第一次间苗后结合中耕施用,用尿素 37.5 kg·hm^{-2},或化肥兑稀薄人畜粪尿泼施效果更好;第二次施壮苗肥,在定苗时苗高 10 cm 左右,抢晴天施下,施尿素 52.5～60 kg·hm^{-2},或兑稀薄粪水泼施,以提高肥效,促使苗匀、苗壮。北方麻区,苗肥在定苗后一次施用,结合浇水,施尿素 60～75 kg·hm^{-2}。

②重施旺长肥。麻株生长到 30 cm 高后,随着气温升高,生长速度日益加快,是进入营养生长的旺长时期,此时日生长量可达 5～6 cm,营养物质积累也日益加大,纤维发育也加速,需从土壤中吸收大量营养,三要素吸收量都约占生育期总吸收量的 60% 左右。因此,在旺长期要早施、重施长秆肥,促进麻株快长,提高单株生产力,增加有效株数,早搭好丰产架子,这是夺取红麻高产的关键。张启鹏试验表明,采用等量尿素做长秆肥时,比不施长秆肥的增产纤维 150 kg,比过迟或过早施的也要增产 27.5%～38.5%。

据夏藻清等进行高产红麻氮肥施用量试验,产生麻 6 000～7 500 kg·hm^{-2},生育期适宜的总追肥量,纯氮为 225～300 kg·hm^{-2},超过 375 kg·hm^{-2} 反会造成"疯长",产量下降。

根据全国各地高产红麻施肥的共同经验,红麻在施足基肥、轻施苗肥的基础上,旺长期追肥以施纯氮 105～150 kg·hm^{-2} 为宜。北方麻区,一般在 6 月中、下旬麻苗高达 50 cm 时一次追施比较适宜;长江流域及华南麻区,红麻生长期长,夏季雨水较多,不宜一次追施量过多,以免流失,一般旺长肥宜分二次施用。浙江、湖南第一次在 6 月上旬,即麻封行后 40 cm 高时施下,施用尿素 52.5～60 kg·hm^{-2},加施饼肥 375～450 kg·hm^{-2};第二次在 7 月上旬红麻进入旺长盛期,麻株高达 100～120 cm 时,再追施尿素 75～90 kg·hm^{-2},加施氯化钾 10 kg·hm^{-2},以保证红麻旺盛生长与茎秆的发育及防止此时可能出现的缺钾而造成红麻"黄叶病"。

四、亚麻营养特性与施肥

(一)亚麻营养特性

1. 亚麻对氮、磷、钾营养元素的需求

亚麻个体细小,生物产量与经济产量远远较苎麻、红麻和黄麻要低,对营养元素的要求也相对较少。据黑龙江省甜菜研究所试验,亚麻产原茎 750 kg·hm^{-2},需从土壤中吸收氮 30.75 kg·hm^{-2}、磷 5.25 kg·hm^{-2}、钾 31.5 kg·hm^{-2},对钾、氮的需要量较大,磷较少。

2. 亚麻对氮、磷、钾的阶段吸收特点与施肥原则

亚麻根系纤细,吸肥力较弱,纤维用亚麻整个生育期只有 70～80 d,分为苗期、枞形期、快速生长期、开花期和工艺成熟期 5 个时期。亚麻对氮的吸收集中在枞形期和快速生长期的前期,其吸收量约占全生育吸收量的 58.3%。开花期吸收氮很少,工艺成熟期又较开花期多。对磷的吸收主要集中在开花期和工艺成熟期,合计约占全生育期的 60%,枞形期最少,快速生长期又较多。对钾的吸收以快速生长期和开花期较多,合计约占全生育期的 60%,工艺成熟期吸收也较多。即氮吸收集中在前期,磷吸收较集中在后期,钾吸收较集中在中期(表 11-30)。这是由于前期营养生长快,对氮的需要量较多;中期纤维发育快,对钾的需要量较多;后期因种子发育成熟,对磷的需要量较多所致。因此,亚麻的施肥原则是前期重施氮肥,中前期重施钾肥,后期应重施磷肥,才能提高纤维产量和种子产量。

表 11-30　亚麻各生育期对氮、磷、钾营养吸收量

生育期	N		P		K	
	%	占全生育期/%	%	占全生育期/%	%	占全生育期/%
枞形期	0.473	33.3	0.017	14.5	0.297	19
快速生长期	0.357	25.1	0.029	25.8	0.443	28.3
开花期	0.278	19.5	0.036	31.6	0.475	30.4
工艺成熟期	0.314	22.1	0.032	28.1	0.348	22.3

引自:黑龙江省甜菜研究所,1976。

(二)亚麻施肥技术

1. 基肥

根据亚麻生育期短和需肥集中的特点,应施足基肥,从培养前茬地力入手,使亚麻生育前期和中期有好的营养生长。基肥主要施用有机肥料,最好施于前茬作物,以便利用大量的残肥来保证亚麻前、中期生长有充足的养分供应。若前茬施肥少,地力薄的地块,可在秋翻前施入优质厩肥做基肥,然后耙细,为亚麻创造地好、肥多、土松的土壤条件。如果秋季没有施肥,也可在春季播种前施用粪肥,结合整地耙入土中,做到随施、随耙、随压,连续作业。据黑龙江省兰西县在连续几年施肥基础上,当年施农家肥 30 000 kg·hm^{-2},比施 15 000 kg·hm^{-2} 的增产 7.2%,比未施农家肥的增产 17%。有机肥用量,在秋翻前施肥或对亚麻前茬作物施肥 30 000～37 500 kg·hm^{-2};播前耙粪施 15 000～22 500 kg·hm^{-2}。

2. 种肥

在施足优质基肥的基础上,播种时用氮、磷、钾化肥做种肥,带肥下种,或施肥后将肥土拌混下种。施用量一般为 45～60 kg·hm^{-2} 氮(N)和 75～90 kg·hm^{-2} 磷(P)。根据黑龙江省呼兰县试验结果,施 75 kg·hm^{-2} 硝酸铵做种肥,原茎增产 18%～28%,如再增施过磷酸钙 150 kg·hm^{-2},比单施硝酸铵又增产 11.1%～14.0%。根据黑龙江省甜菜研究所试验结果,采用氮、磷、钾三要素肥料配合做种肥,一次施用效果最好。由于土壤肥力和各地气候条件的不同,氮、磷、钾配合比例有异,轻碱性土类氮、磷、钾配合比例以 1∶3∶1 的高磷比例为宜,白浆土类以 2∶1∶1 的高氮和 1∶1∶2 高钾配比为宜,黑土类以 2∶1∶1 高氮配比为宜,黑黏土

以高磷配比增产效果明显,增产幅度 11.7%～24.7%(表 11-31)。种肥还应适当深施才能发挥更好的肥效。据栾法智、刘德玉在大田和盆栽试验(1979—1980),大田深施种肥产原茎 5 415 kg·hm^{-2},比浅施钾肥 4 cm 产原茎 4 519.5 kg·hm^{-2} 增产 19.7%。盆栽试验也收到了同样效果,增产 10.8%。黑龙江省海伦县在生产上大面积推广种肥深施 8 cm,较相同肥料浅施 4 cm 的增产 21.65%。

表 11-31　氮、磷、钾不同配比对亚麻产量与质量的影响

试验点	土壤类型	pH	处理 N∶P∶K	原茎产量/ (kg·hm^{-2})	纤维产量 kg·hm^{-2}	纤维产量 %	纤维号
延寿	白浆土	6.7	对照	3 510	574.5	100.0	12.3
			1∶1∶1	4 078.5	636	100.7	13.3
			2∶1∶1	4 018.5	618	107.7	13
			1∶2∶1	4 018.5	673.5	117.5	14
			1∶1∶2	4 147.5	651	113.1	13.3
勃利	黑土	7.1	对照	3 769.5	508.5	100.0	11.7
			1∶1∶1	4 251	508.5	114.7	11.5
			2∶1∶1	4 392	675	132.5	12
			1∶2∶1	4 491	715.5	140.4	11
			1∶1∶2	4 156.5	601.5	118.0	12.3
拜泉	黑土	6.9	对照	3 027	319.5	100.0	14
			1∶1∶1	3 501	396	123.9	13
			2∶1∶1	3 700.5	396	123.7	14
			1∶2∶1	3 550.5	406.5	127.2	14
			1∶1∶2	2 926.5	327	102.1	13
呼兰	黑土	7	对照	2 314.5	241.5	100.0	10
			1∶1∶1	2 761.5	303	125.5	10.3
			2∶1∶1	2 536.5	298.5	117.7	10
			1∶2∶1	2 410.5	268.5	111.5	10
			1∶1∶2	2 673	286.5	118.6	10
兰西	轻碱土	8.1	对照	5 694	688.5	100.0	11
			1∶1∶1	6 127.5	781.5	112.3	16
			2∶1∶1	5 554.5	619.5	100.8	16
			1∶2∶1	6 061.5	882	128.0	17
			1∶1∶2	5 994	747	107.4	16
			1∶3∶1	6 360	811.5	119.8	15

3.追肥

在施用基肥、种肥情况下,亚麻一般不追肥。如未施种肥,一定要在生长期补肥,第一次追肥宜在枞形期,第二次宜在现蕾期,每次施硝酸铵 10 kg·hm^{-2}左右。

亚麻生长期易少雨干旱,影响肥料的效果,因此,亚麻施肥要与田间水分管理相结合。据倪禄等试验结果,在亚麻生育期降水不足 150 mm 的干旱条件下,施氮、磷、钾各 112.5 kg·hm^{-2},在枞形期和快速生长期各灌水一次的效果最好,可产原茎 3 000 kg·hm^{-2} 以上,比一般生产田增产 27% 左右。

铜、铁、锰、锌、硼等是亚麻生长发育所必须而又不可代替的微量元素,但在土壤中含量很少,必须注意合理补充。

据黑龙江省农业科学院经济作物研究所研究表明,黑土地区用 3 g·hm^{-2} 锌肥拌种(加水 50 L),可使原茎增产 9.6%～48.5%,纤维增产 23.4%～47%。锌肥拌种时,先把种子薄薄摊开,然后将配好的锌肥溶液倒入喷雾器中往种子上喷,以种子表面均匀着湿为好,阴干后搅拌,再进行药剂拌种。另据黑龙江省亚麻原料工业研究所与全省亚麻原料厂协作试验证明,用铜肥做种肥,在黑土地区平均原茎增产 11.9%,纤维增产 17.1%,种子增产 11.9%,在草甸土地区纤维增产 7.9%。具体做法是以硫酸铜与常量化肥堆混、掺匀,播种时做种肥一次施入土壤,用量 1 500 kg·hm^{-2}。如根外追肥,在亚麻生育前期用 0.1% 溶液进行叶面喷施,用量 1 125 g·hm^{-2}。

思考题

1.简述苎麻、黄麻、红麻和亚麻的营养特性及其不同点。

2.比较苎麻、黄麻、红麻和亚麻施肥技术的不同点。

第九节　油菜营养与施肥

油菜是世界上四大油料作物之一,油菜种子的含油率达 35%～45%。菜油是良好的食用油,也可以用做人造奶油,因不含胆固醇,且价格低廉,很受欢迎;菜油还是重要的工业原料,在冶金、机械、橡胶、化工、油漆、纺织、塑料、制皂和医药等方面都有广泛应用。油菜籽粕是良好的精饲料,粗蛋白质含量可达 40% 左右,还含有丰富的碳水化合物、脂肪、纤维素、矿物质和维生素等,其营养价值与大豆饼相近;油菜还具有蜜腺,花期又长,是良好的蜜源植物。随着油菜育种的发展,特别是双低油菜品种的选育成功,更是为油菜生产的发展和菜籽的利用提供了广阔的前景。

油菜在复种轮作中具有重要地位,是粮食和经济作物的好前茬。因为油菜根系发达,又能分泌大量有机酸,溶解和活化土壤中的难溶性磷,提高土壤养分的有效性。我国油菜的种植可分为冬油菜区和春油菜区,冬油菜占总产量的 90% 以上。栽培油菜的品种主要有白菜型、芥菜型、甘蓝型和其他类型油菜(包括芸薹属油用作物)等。我国南方甘蓝型油菜的种植面积已占油菜种植总面积的 70%～80%。油菜通常在冬季播种,出苗后经冬前生长、越冬和春后生长。甘蓝型油菜品种生长期较长,一般为 170～230 d;白菜型油菜品种较短,150～200 d;芥菜型油菜居中,一般为 160～210 d。甘蓝型油菜的主要生育期有苗期、薹期、开花期和角果发育成熟期。油菜苗期长,一般占全生育期的一半以上,为 120～150 d。薹期(现蕾—始花)为

30 d 左右;开花期为 25～30 d;角果发育成熟期,历时 30 d 左右。冬油菜区油菜冬前的生长对菜籽产量的影响很大。

一、油菜的需肥特性

各地资料的统计结果表明,每生产 100 kg 油菜籽需吸收氮(N)9～12 kg、磷(P₂O₅)3.0～3.9 kg、钾(K₂O)8.5～12.3 kg。$N:P_2O_5:K_2O≈1:0.3:1$。就生产相同经济产量所需的养分而言,油菜明显高于粮食作物,但就其单位面积产量而言,由于油菜的单产明显低于粮食作物,因此,单位面积上油菜的需肥量只是略高于粮食作物。由于油菜属越冬作物(在某些地区为春播),生长前期气温偏低,养分的转化与释放速率低,因此,油菜的用肥量一般仍偏高。

油菜不同生长发育阶段的养分吸收比例和强度都有很大差异。如表 11-32 所示,油菜苗期阶段是以叶片生长为主的营养生长,历时近 150 d,但由于油菜生长正处于低温期,干物质积累量较小,只占全生育期的 22% 左右,磷、钾养分的吸收量约占全生育期的 20%。但氮的吸收积累量占全生育期的近 45%。因此,越冬前的苗期生长,油菜必须吸收、储存较多的养分,以备越冬需要。

表 11-32 油菜在不同生育期吸收氮、磷、钾的比例

生育阶段	历时天数/d	干物质/%	氮(N)/%	磷(P₂O₅)/%	钾(K₂O)/%
苗期阶段	149	22.4	43.9	20.0	24.3
薹期阶段	30	21.1	45.8	21.7	54.1
开花成熟期阶段	50	56.5	10.3	58.3	21.6
合计	229	100	100	100	100

引自:中国农业科学院油料作物研究所,油菜栽培技术,1979。

薹期阶段的营养生长和生殖生长两旺,突出的生长表现是主茎迅速伸长,根茎增粗,枝叶增多,到初花期叶面积达到最大值,这一阶段需要形成大量的碳水化合物和蛋白质,以构建油菜的各种器官,干物质的积累量占全生育期的 21% 左右。因此,油菜薹期虽然仅历时 30 d 左右,但此期的养分吸收积累量高于苗期,单位时间所吸收的养分数量远大于苗期,尤其是氮和钾的日吸收积累量达到了峰值。

开花成熟阶段,是油菜生殖生长的旺盛期,干物质的积累量占全生育期的 56% 左右。在这个时期,油菜对氮、钾的吸收减少,但对磷的吸收积累量占全生育期的 50% 以上,大量的光合产物先转化为饱和脂肪酸,继而转化为不饱和脂肪酸,最后合成脂肪而储存在种子中。

不同产量水平下,油菜体内氮、磷、钾的分布也有所不同(表 11-33)。氮在茎叶和子粒中的分布约各占一半;有 60%～70% 的磷分配在子粒中,茎叶中的分配比例<50%;钾的分布则与此相反,75%～80% 分配在茎叶中,子粒中只占 20%～25%。同时,随着油菜产量水平的提高,氮、磷、钾在菜籽中的分配比例也有所提高,特别是磷。

油菜(特别是甘蓝型油菜)对硼的缺乏非常敏感,当土壤水溶性硼(B)含量低于 0.5 mg·kg⁻¹ 时,油菜常因缺硼而发生"花而不实"病,从而导致油菜大幅度减产。油菜终花至成熟期的吸硼量可占全生育期总需硼量的 50%～60%。因此,在油菜生产中应特别重视硼肥的施用。

表 11-33　油菜植株中氮、磷、钾的分布

产量水平/	氮		磷		钾	
(kg·hm^{-2})	子粒/%	茎叶/%	子粒/%	茎叶/%	子粒/%	茎叶/%
1 519.5	47.6	52.4	58.8	41.2	18.4	81.6
2 131.5	49.0	51.0	66.3	33.7	21.4	78.6
2 257.5	50.4	49.6	72.2	27.8	25.9	74.1

引自：蔡常被，油菜氮、磷、钾需肥规律初步探讨，中国油料，1980(1)：25-30。

二、油菜营养与生长发育和产量的关系

(一)氮素营养

据中国农科院油料作物研究所的研究报道：在 1.5～2.25 t·hm^{-2} 菜籽产量水平下，油菜各生育期的含氮(N)量为 2.3%～4.3%，而且其含氮(N)量还与土壤氮(N)素肥力和氮肥的施用有着密切的关系。油菜薹期的氮(N)含量最高，达 4.3%；苗期次之，为 3.6%；薹期以后体内积累的氮(N)素迅速往上运输，以满足新生器官的营养需要，故体内氮(N)的含量由花期的 2.3%降为成熟期的 1.6%。

在一定施氮水平下，增加氮肥用量，能够提高菜籽产量(表 11-34)，但单位重量氮肥所能增加的菜籽产量降低。氮有利于提高菜籽蛋白质含量、降低含油率。单施氮肥，蛋白含量可增加 1%～3%，含油率可下降 0.5%～2%。

表 11-34　氮肥水平对油菜产量和油脂产量的影响

氮水平	种子产量/(g·盆$^{-1}$)	千粒重/g	含油率/%	油脂产量/(g·盆$^{-1}$)
低 N	10.0	3.0	46.8	4.68
高 N	18.6	3.6	41.7	7.76
增减/%	86.0	20.0	−10.8	66.0

施用氮肥对油菜菜籽产量、含油率和油脂产量的影响还与氮肥的施用时期有关(表 11-35)。苗期施氮较薹期施氮更有利于菜籽产量和含油率的提高，因而单位面积的油脂产量也会较高。提高氮肥用量，且将氮肥重点放在薹期施用，虽然菜籽产量可能有提高，但含油率下降，单位面积的油脂产量并不一定会增加。

表 11-35　氮肥施用量与施用期对油菜产量与油脂含量的影响

氮肥用量 /(kg·hm^{-2})	处理期	菜籽产量 /(kg·hm^{-2})	含油率/%	油脂产量 /(kg·hm^{-2})
150	苗期 2/3，薹期 1/3	2 362.5	43.77	976.5
	苗期 1/3，薹期 2/3	2 253.0	41.32	876.0
300	苗期 2/3，薹期 1/3	2 688.0	39.66	996.0
	苗期 1/3，薹期 2/3	2 401.5	37.74	837.0

(二)磷素营养

磷肥的施用能够增加油菜的株高,增多一级分枝数,增加单株荚果数,提高生物学产量和菜籽产量(表11-36)。我国油菜磷肥试验的综合结果表明:磷有利于提高菜籽含油率、降低蛋白质含量。单施磷肥,菜籽含油率可提高0.5%～2.4%,蛋白质含量降低1%左右。浙江农业大学的试验结果表明:缺磷的处理,油菜籽中没有羟脯氨酸、色氨酸及6种未知氨基酸,这表明磷与油菜氨基酸的合成有关。

表11-36 磷肥用量对油菜生物学性状和产量的影响

磷肥用量/ $(kg \cdot hm^{-2})$	株高/cm	单株一级分 枝数/个	单株荚果 数/个	生物学产量/ $(kg \cdot hm^{-2})$	子粒产量/ $(kg \cdot hm^{-2})$
0	134.1	4.7	151.1	2 586	650
45	149.1	5.9	264.5	4 188	1 500
90	156.5	6.4	300.4	4 601	1 788
135	160.1	6.6	302.8	6 226	2 113
180	154.0	7.0	337.6	5 067	2 000

引自:鲁剑巍,陈防,张竹青,等.磷肥用量对油菜产量、养分吸收及经济效益的影响.中国油料作物学报,2005,27(1):73-76。

(三)钾素营养

油菜钾肥施用的效果远没有氮、磷肥那样明显,施钾的效果不仅与土壤的钾素肥力水平有关,而且还与氮、磷肥料的配合施用有关,只有在氮、磷肥料配合施用的基础上,施用钾肥才会有明显的效果(表11-37)。众多的试验结果表明:油菜缺钾,其抗性降低,影响开花结果,降低菜籽产量,但有利于油脂合成,降低蛋白质含量。一般地,单施钾肥,可提高含油率0.03%～3%,降低蛋白质含量1%～2%。浙江农业大学的研究成果表明:缺钾的油菜,种子中没有天门冬酰胺、苏氨酸、色氨酸及6种未知氨基酸。

表11-37 施钾对油菜产量的影响

处理	菜籽产量/$(kg \cdot hm^{-2})$	施钾增产/%	肥料用量/$(kg \cdot hm^{-2})$
CK	437.2	—	N:75
K	448.5	2.6	P_2O_5:60
NP	1 341.8	—	K_2O:75
NPK	1 432.5	6.8	$N:P_2O_5:K_2O=5:4:5$
N	1 404.8	—	N:150
NK	1 490.2	6.2	P_2O_5:75
NP	1 680.0	—	K_2O:150
NPK	1 875.0	11.2	$N:P_2O_5:K_2O=2:1:2$

三、油菜施肥技术

油菜的种植方式有育苗移栽和大田直播两种,以下分别介绍这两种栽培方式的施肥技术。

(一)育苗移栽油菜施肥技术

1. 育苗期施肥技术

育苗期的目标是培育壮苗,以利于移栽后早发根、早成活。壮苗应表现为株型矮健紧凑,一般要求苗高 20～23 cm;叶密集丛生,一般应达到 6～7 片绿叶;根颈粗短,直径达 6～7 mm;叶片肥厚宽大,叶柄粗短,根系发达,无病虫害。在选好苗床、精细整地的基础上,施足基肥,是培育壮苗的物质保证。由于油菜育苗期处在气温不断下降的时期,且移栽后又要渡过漫长的越冬期,因此,苗床基肥应以优质有机肥为主,适当配合氮、磷、钾肥,一般可施用 1∶1∶1 型或高磷、高钾型的三元复合肥,如 15-15-15 的三元复合肥可按 0.375～0.45 t·hm^{-2} 的用量施入。苗床的追肥,仍以氮肥为主。由于油菜是双子叶植物,出苗时即处于"离乳期",因此追肥应早,一般在定苗时即应第一次追肥,尔后视苗情及时追肥,在移栽前 6～7 d 还应再施一次"送嫁肥",每次追氮可按 75～120 kg·hm^{-2} 的用量或视苗情增减,也可追施经充分腐熟的稀薄人粪尿。对于缺硼土壤,还应在移栽前喷施一次硼肥,浓度一般在 0.3%～0.4%。

2. 大田施肥技术

油菜生育期较长,个体也较大,需肥量也较大,因此施肥应分多次进行,且每一时期的施肥目的都应因苗情而异。其总体原则是:"底肥足、苗肥早、薹肥稳、花肥巧"。

(1)施足底肥　油菜底肥的作用主要是为移栽成活、安全越冬做准备,因此底肥应以有机肥、迟效肥为主,并配合适量化肥。由于油菜叶片宽大,冬季易受冻害,为保证安全越冬,磷、钾肥必不可少,所以最好将全生育期需要的磷、钾肥在底肥中一次施足。在油-稻轮作中,水稻在相当程度上将利用油菜施磷的后效,因此,油菜底肥中的磷肥用量常常大于其实际需要,以留有余地。若用复混肥或 BB 肥配合有机肥做底肥,可选择 N∶P$_2$O$_5$∶K$_2$O 为 1∶2∶2 或 1∶2∶1 配比的肥料施用。

(2)早施、勤施苗肥　苗肥(含腊肥)的作用主要是促进冬前幼苗生长,确保油菜苗冬前强壮,以利于来年春发,农谚也有"年前多长一片叶,来年多抽一个薹"的说法。苗肥以氮肥为主,一般应在油菜移栽成活后及时追施第一次苗肥,可按 100 kg·hm^{-2} 左右的用氮量或浇施经过充分腐熟的稀薄人粪尿。对于长势较差的油菜,一是苗肥要早施,二是要视苗情增加追肥次数。进入越冬期之前(1 月前后),应重施一次腊肥,腊肥可采取穴施的方法,且以有机肥为主,适量配合磷、钾肥,我国南方有使用草木灰做腊肥的习惯,其主要作用是提供钾营养。腊肥应视苗情而定,如冬季偏暖或油菜生长过旺,腊肥可少施或适当推迟施肥时间。油料作物研究所的研究成果表明:油菜在年前生长的 6～12 片叶范围内,其绿叶数、最大叶长、叶宽与菜籽产量的关系为显著正相关关系。绿叶数与产量的关系式为:$Y=42.78+30.69X$($r=0.50^*$);叶长与产量的关系式为:$Y=118.08+7.36X$($r=0.63^*$);叶宽与产量的关系式为:$Y=91.47+20.26X$($r=0.68^*$)。式中菜籽产量(Y)的单位为 kg·667 m^{-2},叶片数的单位为片;叶长和叶宽的单位为 cm。

(3)稳施薹肥　薹肥的主要作用是促进油菜的春发稳长,以达到薹壮、分枝多、角果多的目的,时间一般在 2 月初,以速效氮肥为主,薹肥的施用应视苗情而定,旺苗应少施,弱苗应早施、重施;施肥方式以穴施为主。

(4)巧施花肥　花肥的主要作用是促进油菜增角(果)。增粒数、增粒重,对油菜后期产量的形成具有重要作用。之所以要巧施,就是必须根据油菜的长势长相决定是否施或施多少。对长势好的田块,只对长势较差的个别植株施;长势中等的田块,可酌量普施一次花肥,长势较差的田块,应加大花肥用量。此外,在初花期根外追施一次以磷为主的叶面肥,对提高菜籽粒重和含油率效果显著,可使用磷酸二氢钾或适量尿素加磷酸二氢钾喷施。

油菜的硼肥有基施和叶面喷施两种方法。做基施时,可按 7.5 kg·hm^{-2} 的用量随基肥均匀施入耕层;做叶面追肥时,宜选在苗期或薹期喷施,常用的浓度为 0.1%～0.2%(硼砂),或根据苗情增加喷施次数。

(二)直播油菜施肥技术

直播油菜由于省去了移栽—返青的生长停滞期,一般播种期要比育苗移栽油菜晚 10～15 d,且因为大田土壤的肥力状况总是不及苗床肥沃,因此应重视基肥,尤其应重视磷、钾肥的施用,以利安全越冬。直播油菜的密度大于移栽油菜,在施肥方式上以条施为主,点穴直播的油菜也可采取穴施的方法。冬前定苗后就应及早追施苗肥和腊肥,其余施肥管理与育苗移栽油菜相同。

(三)稻-稻-油"三熟制"油菜施肥技术

1.抓好苗床施肥,培育壮苗移栽

5 叶前,以促为主,施速效肥料促苗快长;移栽前施"送嫁肥"一次。到 11 月上旬移栽时,壮苗形态为:7～8 片叶,高约 25 cm,根颈 0.7～0.8 cm,单株干重约 2 g,叶面积为 400 cm^2 左右。

2.增加年前施肥量,重施基肥

早、晚稻连作后,土壤养分消耗大,需补充大量肥料。"三熟制"油菜产量达 2 250 kg·hm^{-2},需氮(N)225～300 kg·hm^{-2}、普钙 300～375 kg·hm^{-2},年前施肥量可占总施肥量的 70%～80%。

3.早施稳施薹肥

要在冬发的基础上争取春发,主要是要早施、施好薹肥。肥料以速效肥为主,配合施用迟效肥料,做到薹施花用。薹肥用量一般占总用肥量的 20%～30%。

思考题

1.简述油菜的需肥特性。

2.简述油菜的施肥技术。

3.试述油菜冬前施肥的重要性。

4.试述氮肥施用量与施用期对油菜含油率和菜油产量的影响。

第十二章　园艺作物营养与施肥

本章提要：主要介绍蔬菜、果树、花卉和食用菌的营养特性及施肥技术。

第一节　蔬菜营养与施肥

蔬菜多为喜肥、耐肥作物，因为单位面积耕地所产蔬菜的商品价值一般要高于大田粮食作物，所以，蔬菜生产中通常投入大量的肥料，特别是化学氮肥，这不仅加重了农田化肥施用对环境的污染，也会造成蔬菜产品本身的污染，降低其品质。且不平衡地大量施用氮肥，而忽视磷、钾肥以及微量元素肥料的配合施用，造成蔬菜生长不良，抗逆能力下降，易受病、虫危害，不仅达不到增产的目的，往往还会导致减产和产品质量下降。因此，了解蔬菜作物的需肥特点，结合土壤的供肥特性和生产管理措施，进行合理的肥料分配和平衡施用，对实现蔬菜生产的高产、优质、高效和无公害生产具有重要意义。

一、蔬菜的营养特性

蔬菜是一类包括 2 000 多个品种的园艺作物，我国种植的蔬菜有 200 余种，其中大量种植的有 50～60 种。尽管不同蔬菜生育特性和产品器官各有差别，栽培和需肥特点有所不同，但与禾谷类作物相比，蔬菜作物多以幼嫩多汁的营养器官或生殖器官为食用产品，且生长速度快，生长期较短，复种指数高，生物产量高，在营养特性方面也具有一些共同之处。

（一）蔬菜作物根系吸收养分能力强

作物根系阳离子代换量是衡量根系活力的主要指标之一。一般来讲，根系阳离子代换量在 $400\sim600$ cmol·kg^{-1}（根干重）范围内，阳离子代换量大，其根系吸收养分的能力也强，高于 600 cmol·kg^{-1}（根干重）的蔬菜有黄瓜、莴苣、芹菜等，对高价阳离子如 Ca^{2+}、Mg^{2+} 等的吸收比例偏高；低于 400 cmol·kg^{-1}（根干重）比如葱、洋葱、大白菜等吸收养分的能力较弱，但对一价阳离子如 K^+、NH_4^+ 等吸收较多，表 12-1 列举了几种作物根系阳离子代换量，蔬菜作物的根系阳离子代换量都比粮食作物要高 1～2 倍。而禾本科作物根系阳离子代换量都较低，小麦 142，玉米 192，水稻 237 cmol·kg^{-1}（根干重）。

表 12-1　几种作物根系阳离子代换量　　　　cmol·kg^{-1}（干根）

作物种类	代换量	作物种类	代换量	作物种类	代换量	作物种类	代换量
小麦	142	夏甘蓝	459	胡萝卜	513	蚕豆	576
玉米	192	芜菁	475	番茄	530	菜豆	584
水稻	237	茄子	494	菠菜	530	黄瓜	658
葱	297	芋头	502	萝卜	536	莴苣	696
洋葱	313	大白菜	510	小白菜	548	茼蒿	700
芥菜	428	青菜	548	叶用甜菜	556	三叶芹	701
辣椒	451	四季豆	584	甘薯	583		

引自：蒋名川，解淑贞.蔬菜施肥，1985。

（二）蔬菜作物需肥量大，对供肥水平要求高

蔬菜作物体内养分含量高于一般大田作物。如甘蓝、花菜的非可食部分与谷类作物秸秆相比，氮（N）的含量高2~5倍，磷（P）高1~4倍，钾（K）大致相当；可食部分与谷类作物的子粒比较，氮（N）的含量高1.5倍左右，磷（P）高0.5倍左右，钾（K）高8~15倍。

蔬菜作物不仅体内养分含量高，而且对介质养分浓度的要求也高。例如在水培条件下，氮素浓度在25~50 mg·L^{-1}时，玉米产量最高，超过该浓度范围时，玉米茎叶重量不再增加。而需肥量中等的茄子产量最高时的氮素浓度在200 mg·L^{-1}左右，氮素浓度降低到25 mg·L^{-1}时茄子生长明显不良。其他蔬菜作物如番茄、黄瓜、甘蓝等对氮素浓度的反应情况与茄子类似。由于蔬菜能够适应土壤中高浓度的养分含量，所以有时测土结果虽然表明土壤养分达到足量范围，但生产实际上往往施用该种肥料仍有一定的增产效果。

蔬菜为高度集约化栽培的作物，特别是设施栽培条件下，单位面积产量高，而且大多数蔬菜非可食部分的养分转移率较低，亦即养分再利用的效率不高。再加上蔬菜的复种指数高，我国从北向南复种指数华北为200%~300%，长江流域为300%~400%，华南则为400%~500%。巨大的生物产量和经济产量，随着每次收获必然要带走大量的营养物质。因而蔬菜作物单位面积需肥量比禾谷类作物高很多。一般每生产1 000 kg产品蔬菜需氮（N）2~4 kg、磷（P）0.18~1.2 kg、钾（K）3~5 kg、钙（Ca）1~1.8 kg、镁（Mg）0.18~0.24 kg，N∶P∶K∶Ca∶Mg大约为10∶3∶13∶5∶1。当然，不同种类蔬菜作物的需肥量差异也很大，马国瑞（2000）根据不同来源的资料统计了蔬菜作物的氮、磷、钾需求量（表12-2），其中以花椰菜需肥量最大，豇豆、苦瓜次之，大葱、冬瓜需肥量较少。

表 12-2　每 1 000 kg 商品蔬菜所需氮、磷、钾养分数量（鲜重）　　　　　　　　　kg

蔬菜种类	每1 000 kg商品菜所需养分			蔬菜种类	每1 000 kg商品菜所需养分		
	N	P	K		N	P	K
大白菜	1.8~2.6	0.4~0.5	2.7~3.1	豇豆	12.2	1.1	7.3
结球甘蓝	4.1~6.5	0.5~0.8	4.1~5.7	马铃薯	4.4~5.5	0.8~1.0	6.6~8.5
花椰菜	7.7~10.8	0.9~1.4	7.6~10.0	芋艿	4.8	0.5	2.9
叶用芥菜	1.6~2.5	0.1~0.2	1.7~2.5	生姜	6.3	0.6	9.3
茎用芥菜	5.4	0.6	4.6	萝卜	2.1~3.1	0.3~0.8	3.2~4.6
番茄	2.1~3.4	0.3~0.4	3.1~4.4	胡萝卜	2.4~4.3	0.3~0.7	4.7~9.7
辣椒	3.5~5.5	0.3~0.4	4.6~6.0	芹菜	1.8~2.0	0.3~0.4	3.2~3.3
茄子	2.6~3.0	0.3~0.4	2.6~4.6	莴苣	2.1	0.3	2.7
黄瓜	2.8~3.2	0.5~0.8	2.7~3.7	菠菜	2.5	0.4	4.4
冬瓜	1.3~2.8	0.3~0.5	1.2~2.5	大蒜	4.5~5.0	0.5~0.6	3.4~3.9
西瓜	2.5~3.3	0.3~0.6	2.3~3.1	大葱	2.7~3.0	0.2~0.5	2.7~3.3
甜瓜	3.5	0.7	5.6	洋葱	2.0~2.4	0.3~0.5	3.1~3.4
南瓜	4.3~5.2	0.7~0.8	4.4~5.0	韭菜	5.0~6.0	0.8~1.0	5.1~6.5
苦瓜	5.3	0.8	5.7	竹笋	5.0~7.0	0.4~0.7	1.7~2.1
佛手瓜	24.4	2.0	14.1	草莓	6.0~10	1.1~1.7	＞8.3
菜豆	10.1	1.0	5.0	莲藕	6.0	1.0	3.8
豌豆	12~16	2.2~2.6	9.1~10.8	茭白	3.9	0.6	5.7

引自：马国瑞，蔬菜施肥指南，2000。

(三)蔬菜作物喜硝态氮

蔬菜多为喜硝态氮作物,典型的喜硝态氮蔬菜作物如番茄、菠菜等在完全供给硝态氮时产量最高,随着铵态氮供给比例的增加,产量逐渐下降;朱祝军等对不结球白菜的研究也表明,完全供应铵态氮的处理 7 d 后,不结球白菜生长开始受到明显影响,植株生长停止,氨害严重,其他不同 NH_4^+-N : NO_3^--N 处理在 20 d 后,不结球白菜的生长出现差异,生长量大小顺序为:5.0 : 5.0 > 2.5 : 7.5 > 7.5 : 2.5;洋葱在铵态氮和硝态氮供应比例相等时,产量没有明显降低,但铵态氮供应比例超过 50% 时,产量显著下降。铵态氮供应比例过大还会抑制蔬菜作物对钾、钙、镁离子的吸收,从而造成生理性钾、钙、镁的缺乏。因而在蔬菜作物的氮肥施用中,应注意硝态氮和铵态氮的比例,铵态氮的比例一般不宜超过 1/4～1/3,一般蔬菜生产中硝态氮与铵态氮的比例以 7 : 3 较为适宜。事实上,在正常的土壤条件下,尽管施入土壤的是铵态氮肥,由于硝化作用的不断进行,蔬菜作物仍可吸收到一定数量的硝态氮,而且随着时间的推移,蔬菜作物吸收到的硝态氮比例会逐渐增加。

硝态氮虽有利于蔬菜作物的生长发育,但在硝态氮肥的施用中应注意:①以硝态氮为主要氮源时会使作物根际 pH 升高。②大量施用硝态氮肥会显著增加蔬菜产品中的硝酸盐含量,降低了蔬菜产品的食用安全性。根据蔬菜收获部分对 NO_3^- 潜在的积累能力,可将其分为 3 类:大量积累的蔬菜包括莴苣、菠菜、洋白菜、萝卜和红甜菜等;中等积累的有芹菜、胡萝卜、花椰菜、大豆和韭葱等;低积累的有番茄、黄瓜、甜椒、甜瓜、球芽洋白菜、豌豆和菜豆等。但各种蔬菜硝酸盐含量的变化幅度很大,影响其含量的主要因子是氮的施用量。③土壤对硝态氮的吸附保持能力很弱,易随水流失,这不仅降低了肥料利用率和施肥效益,也造成地下或地表水体的污染,使其水质下降。因此,在蔬菜生产中应控制硝态氮肥施用总量,增加钾肥以及磷肥的施用,改变重氮肥、轻磷、钾肥的传统施肥习惯,采用少量多次的方法,以达到平衡施肥,提高肥料利用率,增加施肥效益,降低施肥对蔬菜产品和生态环境的污染。

(四)蔬菜作物需钙、硼、钼、钾较多

蔬菜是嗜钙作物,水培试验表明,黑麦草最佳生长所需 Ca^{2+} 的浓度为 2.5 $\mu mol \cdot L^{-1}$,而番茄为 100 $\mu mol \cdot L^{-1}$,相差 40 倍;黑麦草最佳生长时期植株含钙量为 0.7 $mg \cdot g^{-1}$(干重),而番茄为 12.9 $mg \cdot g^{-1}$(干重),相差 18.4 倍;一些蔬菜作物体内含钙甚至可高达干物质重的 2%～5%。陈佐忠(1983)等对北京地区 22 种主要农作物的化学特性进行研究时发现,蔬菜作物除硅的含量低于禾谷类作物外,其他元素的含量都高于禾谷类作物,其中含钙量平均高 12 倍之多。

钙在植物体内的移动性差,再利用率小,在木质部中的运输能力主要依赖于蒸腾强度的大小,因而在生长旺盛时期,由于植株顶芽和侧芽等分生组织、幼叶以及果实的蒸腾作用较弱,钙素营养供应不足时,往往会首先出现缺钙症,即使在富含钙的石灰性土壤上,也会由于以上原因出现生理性缺钙症状,一般作物缺钙首先表现在幼嫩的组织上。常见的蔬菜作物缺钙症状如:大白菜、甘蓝、莴苣的"叶焦病"(tip burn)和"干烧心病"(dried heart),番茄、辣椒的"脐腐病"(navel rot),又称"顶腐病"(top rot)。

大部分蔬菜作物体内含硼量高于 10 $mg \cdot kg^{-1}$(干重),甜菜含硼量可达 75.6 $mg \cdot kg^{-1}$(干重),而禾本科作物植株含硼量一般小于 10 $mg \cdot kg^{-1}$(干重)(表 12-3)。尽管蔬菜作物含硼量高,但由于蔬菜作物体内不溶性硼含量高,硼在蔬菜体内再利用率低,加上当土壤硼素供应不足或由于干旱、土壤大量营养元素浓度过高影响了对硼的吸收,易引起缺硼症,如甜菜的"心腐病"(heart rot),萝卜的"褐心病"(brown heart)或"水心病"(water core),芹菜的"茎裂病"(cracked stem),花椰菜的"褐心病",芜菁、甘蓝的褐腐病(brown rot),油菜的"花而不实"等。

表 12-3　不同蔬菜和粮食作物含硼量　　　　　　　　　　　mg·kg^{-1}(干重)

作物	含硼量	作物	含硼量	作物	含硼量	作物	含硼量
大麦	2.3	菠菜	10.4	烟草	25.0	蒲公英	80.0
小麦	3.3	芹菜	11.9	胡萝卜	25.0	大戟属	93.0
玉米	5.0	马铃薯	13.9	甘蓝	37.1	罂粟	94.7
水稻	1～2	番茄	15.0	菜豆	41.4	莴苣	70.0
洋葱	4.3	豌豆	21.7	萝卜	64.5	甜菜	75.6

引自:蒋名川,解淑贞,1985;马国瑞,2000。

　　蔬菜作物,特别是豆科类蔬菜和十字花科蔬菜的需钼量高于禾本科作物。一般作物含钼量低于 0.1 mg·kg^{-1},而豆科作物低于 0.4 mg·kg^{-1} 时就有可能缺钼。蔬菜是喜硝态氮作物,豆科类蔬菜同时具有固氮的功能,而钼是硝酸还原酶和固氮酶的组成成分,两种酶分别参与硝态氮的还原和豆科作物根瘤的固氮过程,因而蔬菜作物属于喜钼作物。豆科作物缺钼的症状与缺氮十分相似,老叶首先失绿,所不同的是严重缺钼的叶片,由于有 NO_3^--N 积累,致使叶缘会出现坏死组织,而且缺钼症状最先出现在老叶或茎中部的叶片上,并向幼叶及生长点发展,以致遍及全株。这与缺氮叶片只是均匀失绿、无斑点和不产生坏死组织是有区别的。豆科作物缺钼时,根瘤发育不良,根瘤小而且数量也少。柑橘缺钼表现为成熟叶片沿主脉局部失绿和坏死,即柑橘"黄斑病"。十字花科的花椰菜对钼素非常敏感,缺钼时出现典型的症状"鞭尾病"(whip tail)。

　　豆科和十字花科作物施用钼肥,增产幅度最大。如大豆、花生、豌豆、蚕豆、绿豆、紫云英、红薯、苜蓿、油菜等。其次,大白菜、番茄、萝卜、辣椒、西葫芦、韭菜、花椰菜、菠菜等施钼也有不同程度的增产效果。表 12-4 表明,在相同的营养液(含钼 4 mg·L^{-1})中培养菜豆和番茄,菜豆吸收的钼总量多于番茄,同时还可以看出,菜豆根部钼的含量明显高于茎和叶。这正反映了菜豆对钼的需要量大,根瘤中含钼量也很高,因为豆科作物的根瘤有优先累积钼的特点。

表 12-4　菜豆和番茄植株中钼的含量和分布　　　　　　　　　mg·g^{-1}(干重)

植株部位	菜豆	番茄
整株	1 325	918
叶	85	325
茎	210	123
根	1 030	470

　　茄果类、瓜类等蔬菜吸收的矿物质元素中,钾素营养占第一位。在蔬菜生产中,许多植物吸钾量明显超过氮素吸收量。蔬菜缺钾通常出现的生理病症是老叶叶缘发黄,逐渐变褐,焦枯似灼烧状。叶片有时出现褐色斑点或斑块,但叶片中部叶脉和靠近叶脉处仍保持绿色。有时叶呈青铜色,向下卷曲,表面叶肉组织凸起,叶脉下陷。根系受损害最为明显,短而少,易早衰,严重时根腐烂,易倒伏。后期果实发育不正常,如番茄出现棱角果,黄瓜出现大头瓜。蔬菜缺钾通常使蔬菜的抗逆性降低,如甘薯的疮痂病,苹果的腐烂病。

二、蔬菜的施肥技术

(一)菜园土壤肥力特征

菜地土壤是经多年精耕细作、勤灌高肥等措施人工熟化培育成,是耕作土壤中肥力最高,经济产出较高的土壤,一般称为"菜园土"或"园田土"。与大田作物相比,菜园土具有厚、疏、肥、温、润5个特点。厚是指其熟土层深厚,一般超过30 cm;疏是指菜园土结构疏松,耕性好,呈团粒结构;肥是指其养分含量高,保肥供肥能力强;温是指土温比较稳定,土壤通气透水性良好,不易积水发冷,温度变幅小,具有冬暖夏凉的特点;润是指菜园土不易干裂,不易涝渍,土壤保水性好,不易受干旱威胁,透水性、耐渍性、耐涝性强。

随着城镇、乡村的建设和人口的增加,菜园土的分布发生了很大的变化。一般来讲,在城市,菜园土的分布由靠近居民点的近郊区向外扩展,种菜面积由小面积向大面积相应扩大,原种植多年的菜地有的变为道路、高楼,百年以上的老菜园地保留不多,目前多为15~30年菜园,土壤肥力中等或偏低的,刚由粮田改为菜地的土壤面积日益增多。因此,菜地土壤在分布上及其肥力状况正在发生显著的变化。在我国北方地区,菜地土壤多属排水较好的潮土、褐土及其过渡类型,少量为其他类型土壤。原多为粮田,经多年连续种植蔬菜,在肥力性状及剖面形态上,均有别于未改种菜的同一土壤类型,因此,在蔬菜栽培中,了解菜园土的供肥性质非常重要。表12-5和表12-6是章永松等人研究得出的菜园土壤有效养分丰缺的一般指标,可供参考。

表 12-5　菜园土壤大、中量元素有效养分丰缺状况分级指标　　　　$mg \cdot kg^{-1}$

土壤养分含量						丰缺状况
水解氮 (N)	有效磷 (P_2O_5)	速效钾 (K_2O)	交换性钙 (CaO)	交换性镁 (MgO)	有效硫 (SO_4^{2-})	
<100	<30	<80	<400	<60	<40	严重缺乏
100~200	30~60	80~160	400~800	60~120	40~80	缺乏
200~300	60~90	160~240	800~1 200	120~180	80~120	适宜
>300	>90	>240	>1 200	>180	>120	偏高

表 12-6　菜园土壤微量元素的分级指标　　　　$mg \cdot kg^{-1}$

元素	类别	分级指标			适用的土壤
		低	中等	高	
B	有效硼	0.25~0.50	0.50~1.00	1.00~2.00	
Mn	活性锰	50~100	100~200	200~300	
Zn	有效锌(DTPA 溶液提取)	0.5~1.0	1.0~2.0	2.0~4.0	石灰性土壤
Zn	有效锌(0.1 mol · L^{-1} HCl 提取)	1.0~1.5	1.5~3.0	3.0~5.0	酸性土壤
Cu	有效铜(DTPA 溶液提取)	0.1~0.2	0.2~1.0	1.0~1.8	
Mo	有效钼(草酸-草酸铵溶液提取)	0.10~0.15	0.15~0.20	0.20~0.30	

在菜田土壤培肥熟化过程中,土壤的物理、化学和生物学性质发生很大变化,一般来讲,都是朝着有利于蔬菜生长的方向发展,但是,如果不合理的施肥和管理,也会使得菜田土壤的理化性质发生恶化,使土壤的水稳性团粒结构减少、易板结、孔隙度低、盐化、酸化、有机质含量降低,导致连年栽培的蔬菜生长不良,产量降低,品质下降。因此,在栽培蔬菜前,必须结合蔬菜的养分吸收量和菜园土壤的养分特点,制定出合理的施肥方案及施肥制度,更好地实现科学施肥。

（二）蔬菜的平衡施肥技术

过去种植蔬菜时，主要施用有机肥料，如大粪干、粪稀、堆厩肥等，其养分齐全、释放速度缓慢，对蔬菜不会出现太大的损害。而当今，主要是集约化的蔬菜栽培，有机肥料用量减少，化学肥料用量增多。化肥养分单一，养分浓度高，释放速度快，供应期短，施用不当就会出现肥害，不仅降低蔬菜产品的数量和质量，还会使病虫害增加，破坏土壤结构，甚至污染环境。所以，现代化集约蔬菜栽培中，要保证蔬菜高产、优质、无污染，在了解了菜园土壤的供肥能力、蔬菜各生育期内需肥规律、肥料性质相互关系的基础上，结合光照、温度、水分、通气等综合因素，通过平衡施肥技术，科学地对蔬菜实施田间管理，如施肥量的决定、肥料种类的选择搭配，这就是所谓的"配方"，还有施肥时期和施肥方法，施肥和其他管理措施的配合，这就是所谓的"施肥"。实际上，蔬菜配方施肥是正确确定蔬菜作物高产优质所需要吸收养分的数量和种植该蔬菜土壤所可供养分的数量两者综合平衡之后所需要的养分量及各养分之间最佳比例的技术，再确定正确的施肥方法、施肥时期和每次施肥的量。在正常的气候条件和正确的管理状况下，使用这样一个配方施肥的肥料应该是可以获得所期望的产量。

1. 施肥量的确定

随着人民生活水平的提高，人们对蔬菜的质量问题日趋关注。施肥对蔬菜产量和质量均有较大的影响，但对大多数蔬菜，施肥量对其产量和质量影响不同，因此，以最高产量或经济最佳产量所确定的施肥量不一定是品质最佳的施肥量。以菠菜为例，最大产量时的氮肥用量为 $160\sim240$ kg·hm^{-2}，而质量参数，如干物质、糖、蛋白质和维生素 C 达到最大值时的氮肥用量只有最大产量时的一半左右，再者，一些对质量有负面影响的参数，如硝酸盐含量等总是随着氮的用量增加而增加，所以质量最佳氮肥施用量显然应该低于最高产量时的施肥量。图 12-1 是氮素营养对菠菜产量和质量的影响情况。

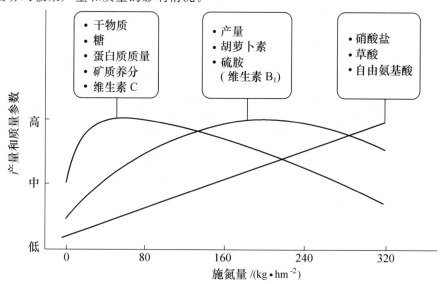

图 12-1   施氮对菠菜产量和品质参数的影响

因此，确定蔬菜的最适施肥量（特别是氮肥用量）不仅要考虑蔬菜的产量指标，而且应该充分考虑蔬菜的质量指标，这在蔬菜栽培中是一项相当重要和非常复杂的工作。由于蔬菜质量指标的多样性和复杂性，目前还没有一个确定的程序可供遵循。总的来说，蔬菜最佳施肥量的确定必须同时考虑产量目标、蔬菜的营养特性、蔬菜质量依肥料用量变化而变化的特点。表12-7 至表 12-9 是"土壤植物营养障碍与合理施肥技术"提供的几种蔬菜的养分数量和含量丰缺标准,可供参考。

表 12-7　生产 1 kg 蔬菜所需要的养分数量　　　　g

种类	蔬菜名称	氮(N)	磷(P₂O₅)	钾(K₂O)	钙(CaO)	镁(MgO)
果菜类	番茄	2.7～3.2	0.6～1.0	4.9～5.1	2.4～4.1	0.5～0.9
	黄瓜	2.0～3.0	0.8～1.0	3.5～4.0	3.1～3.3	0.7～0.8
	茄子	3.0～4.3	0.7～1.0	4.9～6.6	1.2～2.4	0.3～0.5
	辣椒	5.2～5.8	1.1～1.4	6.5～7.4	2.5	0.9
	西葫芦	3.0～5.0	1.3～2.2	4.5～6.0	2.0～3.0	0.7～1.3
	菜豆	3.4	2.3	5.9	—	—
	豇豆	4.1	2.5	8.8	—	—
	西瓜	4.6～5.0	3.4～4.0	4.0	—	—
	冬瓜	1.3～3.0	0.6	1.6～2.4	—	—
	苦瓜	5.3	1.8	6.9	—	—
	草莓	6.0～6.2	2.0～2.3	6.5～8.2	5.1	0.7
叶菜类	白菜	1.8～2.5	0.4～1.0	2.8～4.5	1.6～2.5	0.2～0.5
	芹菜	3.0～4.5	1.2～1.6	5.1～6.5	3.3～4.5	0.7～0.8
	油菜	2.8	0.3	2.1	—	—
	茴香	3.79	1.12	2.34		
	菠菜	2.5～4.0	0.9～1.4	4.6～6.9	1.3	1.6
	花椰菜	10.9～13.9	2.1～4.8	4.9～17.7	—	—
	甘蓝	3.0～4.5	1.2～1.6	5.1～6.5	3.3～4.5	0.7～0.8
	莴苣	2.1～2.6	1.0～1.2	3.2～3.7	1.3	—
葱蒜类	韭菜	2.1～2.6	0.7～0.9	3.7～4.1		
	大葱	2.0～4.0	0.5～1.5	1.2～2.4	1.6	0.2
	洋葱	2.4	0.7	4.1	—	—
	姜	10～12	2.5～4	12～14		
	蒜	5.1	1.3	1.8	—	—
根菜类	萝卜	2.3～3.5	0.9～1.9	3.1～5.8	1.0	0.2
	水萝卜	3.09	1.91	5.8		
	胡萝卜	4.5～7.5	1.9～3.8	7.0～11.4	3.8	0.5

表 12-8　蔬菜叶中大量、中量元素含量的缺乏、适量、过剩判定标准　　g・(100 g)⁻¹(干重)

蔬菜种类	丰缺状况	氮	磷	钾	钙	镁
黄瓜(茎叶)	缺乏	<2.5	<0.2	<1.5	<2.0	<0.3
	适量	3.0～3.5	0.2～0.4	2.0～2.5	2.5～4.5	0.6～1.0
番茄(叶)	缺乏	<2.0	<0.1	<3.0	<1.5	<0.3
	适量	2.5～3.5	0.2～0.4	4.0～5.0	3.0～5.0	0.5～1.0
	过剩	>4.0		>6.0		

续表 12-8

蔬菜种类	丰缺状况	氮	磷	钾	钙	镁
甘蓝(外叶)	缺乏	<2.5	<0.2	<1.2	<1.8	<0.2
	适量	3.0~4.0	0.3~0.4	1.5~2.0	2.0~3.5	0.3~0.5
白菜(外叶)	缺乏	<2.0	<0.1	<1.5	<1.5	<0.2
	适量	2.5~3.9	0.2~0.4	1.8~2.8	1.5~3.0	0.4~0.5
葱	适量	1.8~2.2		1.6~2.0		
萝卜	适量	2.5~3.0		5.0~6.2	1.0~1.5	
胡萝卜	适量	1.5~2.0		3.5~4.0	1.5~2.0	
甘薯	缺乏				<1.0	<0.1
	适量				1.5~2.0	0.3~0.6

表 12-9　蔬菜叶中微量元素含量的缺乏、适量、过剩判定标准　　mg·kg^{-1}(干重)

蔬菜种类	丰缺状况	硼	锰	铁	锌	铜	钼
黄瓜(茎叶)	缺乏	<15	<10	<50	<8	<5	<0.1
	适量	20~50	20~100	100~200	20~30	6~15	0.5~1.0
番茄(叶)	缺乏	<10	<5	<100	<15	<3	<0.5
	适量	15~50	30~200	100~350	20~50	10~20	0.5~1.0
	过剩	>100	>350			>30	
甘蓝(外叶)	缺乏	<5					
	适量	15~30	100~200		20~60	5~13	
白菜(外叶)	缺乏	<15					1.0~8.0
	适量	20~50				>15	8.5~12.0
菠菜	缺乏	<10	<10				<0.1
	适量	15~20	50~250		50~150	10~15	1.0~2.0
芹菜	缺乏	<15	<20				
	适量	30~70	50~150		150~200	5~15	
葱	适量	15~30	50~90		50~120	5~15	0.1~0.2
萝卜	适量	40~70	30~100		40~70	5~10	0.5~2.0
胡萝卜	适量	20~60	200~300		50~90	5~10	0.2~0.5
甘薯	缺乏	<20	—		—	<3	
	适量	20~50	100~300		20~50	3~10	0.5~1.0
马铃薯	适量	30~80	100~200		100~250	10~25	0.2~0.5

引自:王祥兆.蔬菜设施栽培土壤主要障碍因子及防治对策.宁波农业科技,2005,2。

2.注重基肥,施足苗肥,及时追肥,补救叶面肥

培肥菜园地土壤是蔬菜施肥的原则之一,在栽培蔬菜前结合土壤耕作要施足肥料,基肥应

以有机肥为主,并配合一定量的化肥。有机肥 $35\sim40$ t·hm^{-2},化学氮肥占到总施氮量的 1/2 或 1/3,而磷肥和钾肥占 3/4 或 2/3。当然,不同的蔬菜及种植方式,基肥的施用量或所占比例有所不同。

现代蔬菜栽培多采用先育苗后移栽的方法,因此施足育苗肥,培育壮苗是蔬菜栽培中关键的一环。由于幼苗形成每一单位重量所需的营养元素比成年植株要高 $2\sim3$ 倍,在育苗期间,幼苗密集,单位面积苗床上营养元素的吸收量比大田要高 $6\sim7$ 倍。因此,科学配置苗床培养土以满足蔬菜幼苗对养分的高要求,就成为蔬菜施肥技术的一个突出特点。生产实践中常用腐殖质、化肥和菜园土按一定比例人工配制成培养土。这种培养土具有有效养分丰富和完全的特点,每平方米苗床培养土中应含有速效氮、磷、钾分别为 20、15 和 20 g,才能满足幼苗生长发育对主要营养的要求。

蔬菜种类繁多,产品器官多样,栽培方式不同,对土壤养分供应的强度和持续能力的要求也不一样,因而追肥的数量、时间、次数和方法也多种多样。

对于速生型绿叶菜,由于其群体密度高,根系分布较浅,植株生长速度快,产量较高,品质鲜嫩,对土壤有效养分水平要求较高,因此,追肥以速效氮为主,一般每收获一次,随即追氮肥一次,施肥时期从出苗延续到收获完毕。

对于先形成同化器官(叶片)后形成商品产量的根、茎、变态叶(叶球)和花菜(花球)类蔬菜,进入产量形成旺盛期以后,叶的生长便渐趋停止,叶面积基本上不再扩大,其中根类蔬菜以碳水化合物为主要贮藏物质(如胡萝卜、萝卜、甘薯、马铃薯、芋头、山药等),氮肥追施要早,产量形成旺盛时期结合追施钾肥。

而以茎、变态叶、花为贮藏器官的蔬菜(如洋葱、结球甘蓝、花椰菜等),除多次施用发棵肥(N 肥为主)外,在产量开始形成时重施氮肥,并配合施用钾肥。

对于叶与商品产量同时生长的瓜果、茄果、荚果类蔬菜,其营养生长与生殖生长并进时间长,为了保证发棵与结果协调同时进行,追肥要勤,氮、磷、钾配合追施,以保证植株在整个生长期间稳长稳发,延长结果期。

对于一些矿质元素急需补充时,因为在土壤中容易被固定或者不易被吸收,可以采用根外追肥,也就是叶面喷施的方法,但是必须选好肥料和掌握浓度(表 12-10),还必须掌握时期、用量、次数、混合搭配和针对性,防止造成叶面烧伤,且在风小、光照较弱的下午或傍晚喷施,同时要施用"湿润剂",以降低溶液表面张力,有利于蔬菜叶的吸收。受浓度和用量的限制,喷施一次微肥难以满足蔬菜整个生长过程的需要,应根据蔬菜生育期的长短来确定喷施次数(一般 $2\sim4$ 次),每 $7\sim10$ d 一次。对土壤中缺乏、敏感的蔬菜宜多次喷施,并注意与种子处理(浸种、拌种)或做基肥施用相结合。如喷后 3 h 遇雨,天晴后要补喷,但浓度要适当降低。

表 12-10　常用根外追肥的肥料及溶液浓度

种类	喷施浓度/%	作用及注意事项
尿素	$0.4\sim1.4$	适于叶菜类蔬菜,如白菜、芹菜、菠菜等
硫酸铵	$0.2\sim0.3$	促进生长发育,矫治缺硫症
葡萄糖或蔗糖	1	增加黄瓜的含糖量
米醋	0.3	适于叶菜类蔬菜,如白菜、芹菜、菠菜等
硝酸铵	0.3	促进生长发育,提高果菜类蔬菜的着果率

续表 12-10

种类	喷施浓度/%	作用及注意事项
硝酸稀土	0.03~0.1	促进生长发育
尿素：磷酸二氢钾：糖	0.2：0.2：1	增加产量和抗病能力,减轻霜霉病等病害的发生
磷酸铵	0.5~1.0	提高果菜类蔬菜的着果率
草木灰	1.0~3.0	促进生长发育,提高果菜类蔬菜的着果率
硫酸钾	0.3~0.5	适于各种作物,对于忌氯和十字花科需硫作物效果更好
硫酸铜	0.02~0.04	矫治缺硫、铜症
硝酸钾	0.6~1.0	促进生长发育,提高果菜类蔬菜的着果率
硫酸亚铁	0.2~1.0	矫治缺铁症
硫酸锌、氯化锌	0.02~0.05	矫治缺锌症(不宜与磷肥混)
硫酸锰	0.05~1.0	矫治缺硫、锰症
硫酸镁	0.5~1.5	矫治缺硫、镁症
硝酸镁	0.5~1.0	矫治缺镁症
钼酸铵	0.02~0.05	矫治缺钼症
硼砂或硼酸	0.3~0.5	促进花器官的发育,提高着果率,防萝卜、榨菜糠心
磷酸二氢钾	0.2~1.0	提高叶菜类产量和果类菜的着果率
复合肥	0.3~0.5	提高茄果类、瓜类蔬菜如番茄、黄瓜等的产量
硝酸钙、氯化钙	0.5~1.0	促进生长发育,提高产量
氯化钾	0.2~0.25	不宜用在盐碱土和烟草、茶树、马铃薯、甜菜等忌氯作物

注:若确需要高浓度,以不超过规定浓度的 20% 为限。

(三)蔬菜施肥应注意的问题

1.蔬菜污染的来源

蔬菜生产过程中造成污染的原因很多,而不合理的施肥是造成蔬菜产品品质下降和环境污染的主要原因之一。蔬菜污染会对人畜产生严重的健康威胁,不可忽视,施肥对蔬菜污染的主要来源,可归结为以下几点。

(1)施肥不合理对蔬菜的污染　肥料的选择和混合、用量、施用方式和施用技术不合理,均可能造成蔬菜污染,其中由于不合理施肥造成蔬菜产品和生态环境污染的一个普遍和严重的问题是硝酸盐污染。不合理地施用氮肥使土壤中硝酸根离子急剧增加,一方面,当蔬菜作物过度吸收硝酸根离子时,超过其合成所需要的氮以硝酸盐形态积累在体内,造成蔬菜产品硝酸盐含量严重超标。据汪李平等(2000)的报道,我国部分大、中城市(包括北京、上海和天津)消费量较大的几种主要蔬菜的硝酸盐含量已大大超标[432 mg·kg^{-1}(鲜重)],尤其是叶菜和根菜类蔬菜,如菠菜、白菜、芹菜和萝卜硝酸盐含量最高的可达 2 000 甚至 3 000 mg·kg^{-1}(鲜重);

另一方面,由于土壤对硝酸根离子的吸附固定能力很弱,土壤中的硝酸盐极易随水下渗到地下水或地表水造成污染。

施用磷肥,除植物吸收少部分外,大部分被土壤固定,一般不会淋失、挥发,但磷肥中含有许多重金属,如镉、砷、铅、铬、镍等,若施用量过大也会使蔬菜产生污染;另外,我国磷矿石中含有氟,其含量与磷含量基本成正比例关系,不正确选用磷肥也能造成氟的污染。

种菜期间使用未腐熟的有机肥料,致使除细菌、病毒之外,还有各种寄生虫卵的污染,尤其是黄曲霉素,可引起严重的肝坏死、肝炎甚至肝癌等病症。农业生产中的秸秆、家畜粪便、烂菜叶及商业废物等,这些垃圾若未经处理直接使用会产生致病性微生物和微生物产生的毒素,污染周围农田和水源,也污染大气;城市生活垃圾施于田间造成土壤渣化、瓦砾化,漏肥、漏水,影响蔬菜产量和品质。专家指出,这类受污染的蔬菜,表面上看不出什么迹象,对人体健康的损害也一时难以察觉,但长期食用,随着量的堆积,总有一天会致病。

(2)不合理灌溉对蔬菜的污染　为了方便,农业生产常常以水带肥进行施肥和灌溉,但是人们常常选择的灌溉水是来自城市污水,主要有生活污水,工业、医院、畜牧、屠宰场等处的废水。含有大量致病菌的病原微生物和碳水化合物、蛋白质、脂肪、木质素等需氧有机物和一些悬浮物。其中,病原微生物有沙门氏杆菌、志贺氏痢疾杆菌、肝炎病毒和肠病毒等,另外,还有大量的寄生性蛔虫、绦卵虫等。一般情况下,这些病原微生物及它们的代谢产物附着在蔬菜器官的表面,但有些病原微生物尤其是病毒类也可通过表面进入组织。工业"三废",如冶金厂等的污水主要含酚类化合物和氰化合物,酚类化合物是水质第一超标污染物,对生物具有毒杀作用,可以使细胞原生质中的蛋白质凝固。用高浓度含酚废水灌溉蔬菜,能抑制植株的光合作用和酶的活性,破坏生长素的形成,影响正常的生理功能,造成生长不良。蔬菜产品中的酚类化合物含量过高可以引起人类神经系统的疾病。用含氰污水灌溉蔬菜后,污水灌溉区耕作层含氰量比非灌溉区明显增高,生长在菜田中的蔬菜可食部分含氰量有升高趋势。氰化物对生物的毒性,主要是由于它能释放出游离氰,形成氢氰酸,这是一种活性很强、有剧毒的物质。虽然在低剂量情况下,氰化物对蔬菜的生长、发育及品质不易产生危害,甚至还能刺激生长,但由于氰是剧毒物,易挥发,杀伤力大,若被人体吸收后造成急性中毒,往往致死,所以必须重视消除它对农业环境中的其他生物如人畜及水产类的影响。一般农业灌溉用水国家标准中氰的允许含量为 $0.5\ \mathrm{mg \cdot L^{-1}}$。重金属是密度大于 $5.0\ \mathrm{g \cdot cm^{-3}}$ 的一组金属元素,其中包括镉(Cd)、汞(Hg)、铅(Pb)、铝(Al)、银(Ag)、锡(Sn)等 40 多种金属元素,污染更为严重。这类有害物质通过食物链进入人畜体内,对生命和健康造成严重影响。

(3)肥药混用不合理对蔬菜的污染　蔬菜质地柔嫩,是一类易受病虫害侵蚀的作物,合理的肥药混合既能提高产量,还能杀死病虫害,反之,则不然。富含有恶性毒的有机磷和有机氯的农药一般具有一定的水溶性,易被吸收,且杀伤力强,能有效控制病虫害。一般根菜类、块茎类蔬菜中的胡萝卜、黄瓜、马铃薯、菜豆等对有机氯农药容易吸收,残留量较多;叶菜类、果菜类中的番茄、辣椒、茄子、甘蓝、洋葱、芹菜等,有机氯农药较难吸收,残留较少。无论残留多少,都对健康有危害。虽然国际严令禁用甲胺磷、对硫磷、甲基对硫磷和磷胺等高毒农药,同时鼓励开发、生产生物农药。但是,仍有一些农民继续使用有毒农药,据孙友益于 2001 年 3 月在《市场报》发表"污染蔬菜何以泛滥成灾无害蔬菜为何难成卖点"一文中提到:我国目前直接或间接使用农药的农民有 3 亿人左右。这样一个十分庞大、分散又缺乏科技文化素质的施药群体,给监督和管理工作带来了巨大的难度。因此,菜农滥用农药、销售商违规操作的现象屡有发生。

(4)肥料与除草剂混合施用对蔬菜的污染　肥料与除草剂混合施用可相互影响。除草剂与不同的肥料混用,既有呈正效应的,也有呈负效应的。一般氮肥能提高除草剂的效用。有资料报道,阿特拉津与化肥混用,其对杂草的杀伤能力比单用阿特拉津高 1～3 倍。黑龙江省在麦田中施用 2,4-D 钠盐时混入硝铵、硫铵、尿素,显著地提高了杀草效果。这是由于除草剂加入了化肥后降低了溶液的表面张力和 pH,增强了药剂的附着能力,从而提高了杀草性能。但有机肥料与除草剂混合施用常会降低除草效果。这是由于有机物质要吸附除草剂,同时有机质较多时,微生物分解除草剂的作用加强了。所以除草剂最好不同有机肥料一起混用。

还有其他农业措施对蔬菜造成污染,如农膜使用过程中会释放出酞酸酯,一部分被作物吸收,一部分流入土壤层。此外,生活中塑料薄膜也在释放、分解酞酸酯类化合物,它已成为一个有广泛影响的污染源。据研究,酞酸酯类化合物具有"三致"(致突变、致畸、致癌)作用,应认真对待。国家环保局南京环境科学研究所 1993 年指出,酞酸酯在农田土壤中已达到普遍污染程度。汽车尾气和汽车轮胎与沥青路面摩擦时会产生一种多环芳烃类的物质 PAHs,PAHs 能被蔬菜中的根茎或块茎部分吸收,也能直接附着在植株表面,产生危害。已有实验证明 PAHs 具有较强的致癌作用。

因此,随着农业快速发展和人们健康意识的提高,安全、营养、卫生的蔬菜产品已成为人们生活的必然选择,蔬菜质量问题直接决定着市场份额和产业效益。因此,抓好蔬菜产业,加快"无公害蔬菜"生产的步伐,把蔬菜中毒事件减少到最低程度,让人们吃上"放心菜"。无公害蔬菜是蔬菜产业发展的必然趋势。

2.蔬菜施肥应注意的问题

基于以上原因,施用肥料品种上应注意:①禁止使用垃圾、污泥和利用污水灌溉;②各种有机肥的施用必须要经过高温堆制或其他的无害化处理,以杀灭病原菌、虫卵和杂草种子;③化肥施用要合理,控制氮肥,特别是硝态氮肥的施用量,注重化肥与有机肥配合施用,氮肥与磷、钾肥配合施用。

施肥方法上应注意:①氮素肥料撒施于地表后要随即耕翻,不要长时间曝晒于地表,防止氮素挥发失效;②土壤施肥时尽量避免或减少肥料撒落在叶面上,以免烧伤叶面;③防止因结块等原因造成肥料局部集中而产生的肥料浓度的障碍;④冲施时肥料要多点多次投放,确保施肥均匀;⑤两种以上的肥料混喷或与农药混喷时,要注意肥效或药效的相互影响。

三、无公害蔬菜施肥技术

(一)无公害蔬菜概念

1.无公害蔬菜(non-environmental pollution vegetables)

无公害蔬菜是无公害农产品中的一种,是指在生态环境质量符合规定标准的产地,生产和加工过程中不使用有害化学合成物质(如农药、重金属、亚硝酸盐等)或者限量使用限定的化学合成物质,按特定的生产操作规程生产和加工的农药、重金属、硝酸盐及激素等有害物质含量(或残留量)控制在允许的安全范围内,符合国家、行业和地方(一般为省级)有关强制性标准的安全、优质、富含营养的蔬菜。无公害蔬菜生产对产地环境、生产过程和产品均有特定的要求,无公害蔬菜生产必须使环境标准、生产技术标准、卫生标准同时达到质量标准或操作过程的要求。

2.绿色蔬菜(green vegetables)

绿色蔬菜是无公害蔬菜中的一类,按其质量标准体系,绿色蔬菜的标准又分为 AA 级和 A 级标准。AA 级绿色蔬菜要求产地的环境质量符合中国绿色食品发展中心制订的《绿色食品产地环境质量标准》,生产过程中不使用任何有害化学合成的农药和肥料等,并禁止使用基因工程技术,产品符合绿色食品标准,经专门机构认定,许可使用 AA 级绿色食品标志。A 级绿色蔬菜则要求产地的环境质量符合中国绿色食品发展中心制订的《绿色食品产地生态环境质量标准》,生产过程中严格按绿色食品生产资料使用准则和生产操作规程要求,允许限量使用限定的化学合成的农药和肥料,产品符合绿色食品标准,经专门机构认定,许可使用 A 级绿色食品标志。

3.有机蔬菜(organic vegetables)

有机蔬菜是一类无公害蔬菜,也叫生态蔬菜(ecological vegetables),是指来自有机农业生产体系,根据国际有机农业的生产技术标准生产出来的,经独立的有机食品认证机构允许使用其有机食品标志的蔬菜。有机食品并不是化学意义上的由碳水化合物、蛋白质和脂肪等有机化合物所组成的食品。在生产加工过程中,按照有机农业和食品生产的基本标准,完全不使用人工合成的化肥、农药、生长调节剂和饲料添加剂等物质,遵循自然规律和生态学原理,协调种植业和养殖业的平衡,采取一系列可持续发展的农业技术,以维持持续稳定的农业生产体系的一种农业生产方式。并经有机农业颁证组织检测,确认为纯天然、无污染、安全营养的蔬菜,由认证机构认证允许使用有机食品标志的蔬菜。有机蔬菜在整个的生产过程中都必须按照有机农业的生产方式进行,也就是在整个生产过程中必须严格遵循有机食品的生产技术标准。

(二)无公害蔬菜对施肥的要求

1.无公害蔬菜对肥料的基本要求

无公害蔬菜生产中,允许使用的肥料类型和种类有以下几种。

(1)农家肥　如堆肥、厩肥、沼气肥、绿肥、作物秸秆、饼肥、蚯蚓粪肥、灰肥、泥肥等腐熟的有机肥,其技术指标如表 12-11 所示。

表 12-11　有机肥料的技术指标

项　目	指标
有机质含量(以干基计)/%	≥30.0
总养分(N+P$_2$O$_5$+K$_2$O)含量(以干基计)/%	≥4.0
水分(游离水)含量/%	≤20
pH(固体1+250水溶液,液体为原液)	5.5~8.0

注:有机肥料中的重金属含量、蛔虫卵死亡率和大肠杆菌值指标应符合 GB 8172—1987的要求。

(2)生物菌肥　包括腐殖酸类肥料、根瘤菌肥料、磷细菌肥料、硅酸盐细菌肥料、复合微生物肥料等。

(3)无机矿质肥料　如矿物钾肥和硫酸钾、矿物磷肥、复混肥料和复合肥料等,技术指标符合 GB 15063—2001,如表 12-12 和表 12-13 所示。

表 12-12　复混肥料(复合肥料)指标　　　　　　　　　　　%

项　目	指标		
	高浓度	中浓度	低浓度
总养分($N+P_2O_5+K_2O$)	≥40.0	≥30.0	≥25.0
水溶性磷占有效磷百分率	≥70	≥50	≥40
水分(H_2O)	≤2.0	≤2.5	≤5.0
粒度(1.00~4.75 mm 或 3.35~5.60 mm)	≥90	≥90	≥80
氯离子(Cl^-)	≤3.0	≤3.0	≤3.0

注：①组成产品的单一养分含量不得低于 4.0%,且单一养分测定值与标明值负偏差的绝对值不得大于 1.5%。

②以钙、镁、磷肥等枸溶性磷肥为基础磷肥并在包装容器上注明为"枸溶性磷",可不控制"水溶性磷占有效磷百分率"指标。若为氮、钾二元肥料,也不控制"水溶性磷占有效磷百分率"指标。

③如产品氯离子含量大于 3.0%,并在包装容器上标明"含氯",可不检验该项目;包装容器未标明"含氯"时,必须检验氯离子含量。

表 12-13　硝酸磷肥的技术要求

项　目	指　标		
	优等品	一等品	合格品
总氮(N)含量/%	≥27.0	≥26.0	≥25.0
有效磷(以 P_2O_5 计)含量/%	≥13.5	≥11.0	≥10.0
水溶性磷占有效磷百分率/%	≥70	≥55	≥40
水分(游离水)/%	≤0.6	≤1.0	≤1.2
粒度(1.00~4.00 mm)/%	≥95	≥85	≥80
颗粒平均抗压碎力(2.00~2.80 mm)/N	≥50	≥40	≥30

(4)叶面肥　以微量元素(铜、铁、硼、锌、锰、钼)、氨基酸及有益元素为主配制的肥料,技术指标如表 12-14 和表 12-15 所示。

表 12-14　微量元素叶面肥料(GB/T 17420—1998)指标

项　目		指　标	
		固体	液体
微量元素(Fe、Mn、Cu、Zn、Mo、B)总量(以元素计)/%		≥10.0	
水分(H_2O)/%		≤5.0	—
水不溶物/%		≤5.0	
pH(固体 1+250 水溶液,液体为原液)		5.0~8.0	≥3.0
有害元素	砷(As)(以元素计)/%	≤0.002	
	铅(Pb)(以元素计)/%	≤0.002	
	镉(Cd)(以元素计)/%	≤0.01	

注：微量元素指钼、硼、锰、锌、铜、铁 6 种元素中的 2 种或 2 种以上元素之和,含量小于 0.2%的不计。

表 12-15　含氨基酸叶面肥料指标

项　目		指标	
		发酵	化学水解
氨基酸含量/%		≥8.0	≥10.0
微量元素(Fe、Mn、Cu、Zn、Mo、B)总量(以元素计)/%		≥2.0	
水不溶物/%		≤5.0	
pH		3.5～8.0	
有害元素	砷(As)(以元素计)/%	≤0.002	
	镉(Cd)(以元素计)/%	≤0.002	
	铅(Pb)(以元素计)/%	≤0.01	

注：①氨基酸分为微生物发酵及化学水解两种，产品的类型按生产工艺流程划分；

②微量元素钼、硼、锰、锌、铜、铁 6 种元素中的 2 种或 2 种以上元素之和，含量小于 0.2% 的不计。

（5）有机复合肥料　如无害化粪便＋微量元素的有机无机复合肥料、发酵废液复合肥料等，且符合有机-无机复混肥料国家标准，如表 12-16 所示。

表 12-16　有机-无机复混肥料指标

项　目	指标	
	Ⅰ	Ⅱ
总养分[N＋有效 P_2O_5＋K_2O]/%	≥20.0	≥15.0
有机质/%	≥15	≥20
水分(H_2O)/%	≤12	≤14
酸碱度(pH)	5.5～8.0	5.5～8.0

注：外观、粒度、杂质、蛔虫死亡率、粪大肠杆菌数、重金属含量、钠离子含量、缩二脲含量等指标应符合 GB/T 18877—2020 要求。

2.绿色蔬菜对肥料的要求

我国绿色食品中心对用于绿色食品的肥料种类有着明确而详细的规定。具体而言，AA级绿色食品仅可用各种农家肥，包括堆肥、沤肥、厩肥、沼气肥、绿肥、作物秸秆肥、未经污染的各种泥肥、饼肥等。但在上述农家肥不能满足 AA 级绿色食品生产需要的情况下，允许使用商品有机肥、腐殖酸类肥料、微生物肥料、有机无机复混肥，不含化学合成的生长调节剂的叶面肥和无机(矿质)肥料(包括矿物钾肥、硫酸钾、磷矿粉、钙镁磷肥、脱氟磷肥、石灰、石膏、硫黄等)；A 级绿色食品可用上述所有 AA 级绿色食品所用肥料，如不能满足 A 级绿色食品生产的需要，允许使用在有机肥、微生物肥、无机(矿质)肥、腐殖酸肥中按一定比例掺入非硝态氮化肥，并通过机械混合而成的掺合肥。

无论 AA 级，还是 A 级绿色食品蔬菜都有自己肥料使用的原则。

（1）AA 级绿色蔬菜的肥料使用原则　①必须选用规定的肥料种类，禁止使用任何化学合成肥料。②禁止使用城市垃圾和污泥、医院的粪便垃圾和含有害物质的垃圾。③各地可因地制宜采用秸秆还田、过腹还田、直接翻压还田、覆盖还田等形式。④利用覆盖、翻压、堆沤等方式合理利用绿肥。绿肥应在盛花期翻压，翻埋深度为 15 cm 左右，盖土要严、翻后耙匀。压青后 15～20 d 才能进行播种或移苗。⑤腐熟的沼气液、残渣及人畜粪尿可用做追肥。严禁施入未腐熟的人粪尿。⑥饼肥优先用于水果、蔬菜等，禁止施用未腐熟的饼肥。⑦叶面肥料质量应符合国标的技术要求。按使用说明稀释，在作物生长期内，喷施 2 次或 3 次。⑧微生物肥料可用于拌种，也可用做基肥和追肥使用。使用时应严格按照使用说明书的要求操作。⑨选用无机肥料中的煅烧磷酸盐、硫酸钾，质量应符合绿色食品的技术要求。

（2）生产 A 级绿色食品的肥料使用原则　①必须选用 AA 级绿色食品的肥料种类。如以上的肥料种类不够满足生产需要，允许按要求使用化学肥料。但禁止施用硝态氮肥。②化肥必须与有机肥配合施用，有机氮与无机氮之比不超过 1∶1，例如，每 666.7 m² 施优质厩肥 1 000 kg 加尿素 10 kg。对叶菜类最后一次追肥必须在收获前 30 d 进行。③化肥也可与有机肥、复合微生物肥配合施用。每 666.7 m² 施厩肥 1 000 kg，加尿素 5～10 kg 或磷酸二铵 20 kg，复合微生物肥料 60 kg。④城市生活垃圾一定要经过无害化处理。每年每 666.7 m² 农田限制用量：黏性土壤不超过 3 000 kg，沙性土壤不超过 2 000 kg。⑤秸秆还田：同 AA 级要求，允许使用少量氮素化肥调节碳氮比。⑥其他使用准则，同生产 AA 级绿色食品的肥料使用准则④～⑧。

（3）其他规定　①秸秆烧灰还田方法只有在病虫害发生严重的地块采用较为适宜。②生产绿色食品的农家肥料，无论采用何种原料（包括人畜粪尿、秸秆、杂草、泥炭等）制作堆肥，必须高温发酵，以杀死各种寄生虫卵和病原菌、杂草种子，去除有害有机酸和有害气体，使之达到无害化卫生标准。农家肥料原则上就地生产，就地使用。外来农家肥料应确认符合要求后才能使用。商品肥料及新型肥料必须通过国家有关部门的登记认证及生产许可。③因施肥造成土壤、水源污染或影响农作物生长，农业品达不到卫生标准时，要停止使用这些肥料，并向中国绿色食品发展中心及省绿色食品办公室报告。

3. 有机蔬菜的肥料运筹

有机蔬菜生产中只能施用有机肥料，但有机肥料不等于就可以随意施用或越多越好。为了保证有机蔬菜尽可能获得较高的产量和营养品质，施用有机肥料时必须考虑到综合因素对有机蔬菜生长的影响，进行科学的运筹。

第一，坚持合理轮作。合理轮作的目的，一方面是要减轻病虫害的发生；另一方面还为肥料的运筹打下基础。不同类型的蔬菜，其根系对土壤不同层次养分的利用也不同，例如对南瓜、冬瓜、牛蒡、山药等吸收能力强的蔬菜，可利用较深层次的养分，对大白萝卜、胡萝卜等根系较浅、吸收能力弱的蔬菜，可利用较浅层次的养分，对速生叶类菜中的菠菜、小青菜可利用的层次就更浅些。把需氮较多的、需磷较多的和需钾较多的蔬菜轮作，或把深根性蔬菜同浅根性蔬菜轮作，就可以充分利用土壤中各层次的养分。一般需氮较多的叶菜类后茬最好安排需磷较多的茄果类。吸肥快的黄瓜、芹菜、菠菜，后茬最好种植对有机肥反应较好的番茄、茄子、辣椒等。另外，还要考虑不同的蔬菜品种，对土壤中不同养分的需求利用也不同。

第二，科学耕作灌溉。由于有机肥料的利用效果受到耕作方式的影响，因此耕作要根据不同蔬菜品种的特性和季节来安排：如对矮生芸豆、番茄、茄子、豆类等深根品种耕深可适当加大；对白菜、甘蓝、黄瓜等浅根品种可适当放浅；而对瓜类蔬菜、豆类蔬菜、芹菜、茄子、辣椒、土豆、番茄、大葱、韭菜等春天种植蔬菜，耕深大些，肥料用量多些；对白菜、萝卜、秋豆角、秋芹菜、晚茴香等夏天种植蔬菜，耕深浅些，肥料用量少些。同时，使栽培的蔬菜有充足的肥水供应，如叶菜类要增施氮肥；茄子、辣椒、番茄要在适量增氮的同时，增施磷、钾肥，并隔沟浸浇或膜下润灌水。

第三,按照蔬菜品种特性施肥。不同的蔬菜品种对不同养分的需求不同,例如白菜、菠菜等叶菜类对氮的需求相对多些,瓜类、番茄、辣椒等茄果类对磷、钾的需求相对多些。因此,施肥时,首先对叶菜类施用含氮比例高、肥效较快的有机肥料,其次对茄果类施用含钾较丰富的有机肥料。蔬菜在不同生长时期的需肥特性也不同,如苗期为培育壮苗,需要含磷高的肥料;基肥一般是将肥效稳定的有机肥料和速效性的化学肥料配合施用;进入蔬菜生长的旺盛阶段,有些蔬菜施用含氮高的肥料即可,有些还需要补充一定的磷、钾肥。茬口也有影响,前茬养分残留多的,后茬可以适当少施肥料;同时根据前茬养分残留中养分的不同,对后茬施用肥料品种适当调整。

第四,按照有机肥料品种特性施肥。

(1)厩肥　可做基肥、追肥,还可做苗床土和营养土的配料,还可与化肥配施或混施,用量一般为 15 000～22 500 kg·hm^{-2}。可做温床发热材料,如茄果类蔬菜保护地育苗时,可做苗床土或营养土的配料。

(2)圈粪　牛栏粪可以做晚春、夏季、早秋基肥施用。特别在潮沙田等热性土壤比较适合。羊圈粪可做基肥或追肥施用,用于瓜类作物,穴施比较适宜。用于冷性土壤,用量一般以 15 000～22 500 kg·hm^{-2} 为宜。可做温床发热材料,如茄果类蔬菜保护地育苗时,可做苗床土或营养土的配料。

(3)兔窝粪　发热特性近似于羊圈粪,可做追肥施用,由于粪含氮、磷较多,在缺磷的土壤上施用效果更好。一般用量是 750～1 500 kg·hm^{-2},多以条施、穴施等集中施用为主,施后须覆土。由于兔粪数量有限,可以和其他厩肥混合施用,也可做温床发热材料,如茄果类蔬菜保护地育苗时,可做苗床土或营养土的配料。

(4)禽粪　含氮磷较多,是热性肥料,高效无残留,可做基肥、追肥,用做苗床肥料较好。适用于各种蔬菜作物,一般用量为 300～375 kg·hm^{-2}。可条施或穴施,施后须覆土,以防养分损失。鸡粪肥使用后能明显提高作物品质和产量,且不会给土壤造成伤害,完全可以代替化学肥料,是农业部推广使用的绿色无公害肥料。禽粪中含有一定的钙,但镁较缺乏,应注意和其他肥料配合。

(5)堆肥　生长期长的番茄、黄瓜等,可施用半腐熟堆肥为好,而生长期短的叶菜类应施用完全腐熟的堆肥。腐熟堆肥还可做种肥和追肥,但半腐熟堆肥不能做种肥,以免影响种子发芽和幼苗生长。但要注意:一是各种堆肥应符合堆肥腐熟度的鉴别指标,肥堆启封后应及时运往田内、撒匀,并立即耕翻,以免养分损失;二是不要用腐熟的堆肥做育秧的盖种肥,因日晒风吹下,腐熟堆肥损失养分严重;三是无公害蔬菜应施用符合无害化卫生标准的堆肥。

(6)沼渣与沼液　沼气发酵池的残渣和发酵液可分别施用,也可混合施用,做基肥和追肥均可,发酵液适宜做追肥。二者混合做基肥时,用量 24 000 kg·hm^{-2},做追肥时 18 000 kg·hm^{-2},发酵液做追肥时 30 000 kg·hm^{-2},沟施或以水冲肥,还可做叶面喷施。沼气发酵肥应深施覆土,深施 6～10 cm 时效果最好。在施肥方法上要提倡深施,旱地作物可采用穴施、条施,然后盖土的方法。

(7)草木灰　草木灰是含有丰富矿物元素的速效钾肥,是碱性肥料,不能同铵态氮肥和其他粪肥混合。草木灰适用作物广,但应优先用于喜钾作物,还可以用作苗床床土的覆盖,以提高地温。草木灰用量为 1 575～2 775 kg·hm^{-2}。

(8)饼肥　饼肥是热性肥料,做基肥时,在定植前 10 d 左右施入穴内,用量一般不超过

$750 \text{ kg} \cdot \text{hm}^{-2}$。做追肥时,用量一般不超过 $1\ 125 \text{ kg} \cdot \text{hm}^{-2}$。注意施用深度应比化肥稍深一些,基肥为 25 cm 左右,追肥为 15 cm 左右。原则是苗期淡施、勤施,开花期重施;浅根蔬菜在天旱季节淡施、勤施,深根蔬菜在雨季可适当重施、浓施。不要直接接触根系或种子,以免引起"烧根";也不可距根太远,以免根系吸收不到。一般催蔓肥距根 25 cm 左右,膨瓜肥距根 30 cm 左右。施用后 2~3 d 再浇水。但尽量不与化肥混用,以免造成植株徒长或引起烧根。

不同有机肥以搭配施用较好,如西甜瓜施肥,基肥可以施用混合厩肥、饼肥、禽粪、草木灰;菠菜等叶菜类施肥,基肥可以施用混合厩肥、禽粪、人粪尿,中期可以泼浇人粪尿、沼液;茄果、瓜类蔬菜,基肥可以施用混合厩肥、饼肥、禽粪、草木灰,苗期可以适当施用沼液,盛果期用草木灰、人粪尿分别兑水施用。

(三)无公害蔬菜施肥技术

无公害蔬菜的生产追求的是高质量,而不是高产量。因此,无公害蔬菜施肥量的确定主要考虑的是蔬菜品质,其次才是蔬菜产量,而在肥料施用时,必须根据农作物需肥规律、土壤供肥情况和肥料效应,实行平衡施肥,最大程度地保持农田土壤养分平衡和土壤肥力的提高,减少肥料成分的过分流失对农产品环境造成的污染。

无公害蔬菜生产施肥具体细则:①有机肥为主,化肥为辅,重施底肥,合理(适时、适量)追肥,控制氮肥用量,禁止使用硝态氮肥和含硝态氮的复合(混)肥,增施磷钾肥,平衡配方施肥。也可以限量使用一些限定的化学肥料,建议使用蔬菜专用肥和有机复合肥。②可以施腐熟的农家有机肥(养分含量参考表 12-17)或经配制加工的复混有机肥,严禁使用未腐熟的人畜尿和饼肥。③可做追施经无害化处理的沼液、腐熟的人畜粪尿,但不允许在叶菜类及其他生食蔬菜上做追肥。所有蔬菜收获期均不允许使用粪水追肥,因为虫卵较多。④严禁使用有害垃圾、污泥、医院的粪便垃圾和含有害物质的工业垃圾,及造纸废渣废液为原料生产的有机肥和有机复合肥,因为这些物质病原菌多、顽固,难以控制。⑤化肥与有机肥配合使用时,无机氮与有机氮的比例不得超过 1:1,提倡施用长效化肥,如涂层尿素、包膜尿素、长效碳铵、腐殖酸尿素、缓效氮肥等。⑥蔬菜最后一次追肥必须在收获前 1 个月进行。在大部分蔬菜营养生长达到最旺盛时期,或在进入生殖生长期之前就收获食用,是危险期,因为这个时期蔬菜体内硝酸盐恰好是积累最多的时候。因此,不宜食用或上市。⑦在速生叶菜类生产上不得施用垃圾肥或粪肥。当然,对于肥料及新型肥料必须通过国家有关部门登记认证及生产许可,质量达到国家有关标准要求方可施用。⑧施肥造成土污染、水源污染或影响农作物生长,农产品达不到质量标准时,要停止施用该肥料,并向专门管理机构报告。

表 12-17　各种农家肥三要素含量　　　　　　%

种类	N	P_2O_5	K_2O
人粪尿	0.5~0.8	0.2~0.4	0.2~0.3
菜籽饼	4.98	2.65	0.97
人尿	0.5	0.13	0.19
黄豆饼	6.3	0.92	0.12
人粪	1.04	0.5	0.37
棉籽饼	4.1	2.5	0.9

续表 12-17

种类	N	P_2O_5	K_2O
猪粪尿	0.48	0.27	0.43
芝麻饼	6.0	0.64	1.2
猪粪	0.6	0.4	0.14
花生饼	6.39	1.1	1.9
猪厩肥	0.45	0.21	0.52
玉米秸	0.48	0.38	0.64
牛粪尿	0.29	0.17	0.1
小麦秸	0.48	0.22	0.63
牛粪	0.32	0.21	0.16
稻草	0.63	0.11	0.85
羊厩肥	0.83	0.23	0.67
牛厩肥	0.18	0.45	0.38
泥炭	1.8	0.15	0.26
羊粪尿	0.8	0.5	0.45
玉米秸堆肥	1.72	1.1	1.16
羊粪	0.65	0.47	0.23
麦秸堆肥	0.88	0.72	1.32
鸡粪	1.63	1.54	0.85
尿素	46		
鸭粪	1	1.4	0.6
鹅粪	0.6	0.5	1
过磷酸钙		12～18	
草木灰		2	4
磷酸一铵	9～1		50
硫酸钾			
磷酸二铵	14	40	45～50

四、保护地蔬菜的营养与施肥

设施栽培是指大型现代化温室、节能型日光温室和塑料大棚等设施栽培的总称。其栽培的特点是采用人工措施改变局部生态环境,在不适宜蔬菜生产的情况下,充分利用光能和热能,由人工创造适宜的环境条件来进行蔬菜栽培的方式,调控设施内的小气候,运用恰当的栽培和施肥技术,实现设施蔬菜高产优质。

(一)保护地的土壤肥力和生态环境特征

保护地是人为创造适宜生态环境进行作物栽培的场所。保护地栽培是在密闭的人工环境条件下,受强烈人为作用的一种土地利用方式。保护地内的光、温、水、气、土壤和营养各生态因子间相互联系,彼此制约,构成了保护地的生态环境。在环境因子中,土壤肥力状况与露地明显不同,现以栽培蔬菜为例分析保护地的土壤肥力和生态环境特性。

1.土壤养分含量高

菜农受经济效益的驱动,在保护地里大量投资,特别是施用肥料,经过一段时期栽培,保护地里的土壤养分含量明显高于露地土壤。据李文庆(1997)等研究,有机质与速效氮的增加达到极显著水平,速效磷与速效钾的增加也达显著水平。大棚蔬菜土壤的养分含量明显高于棚外蔬菜土壤(表12-18)。

表 12-18　大棚内外土壤养分含量比较　　　　　　　　　　g·kg^{-1}

土壤类型	处理	有机质	碱解氮	速效磷	速效钾
棕壤	棚内	21.6	150.3	96.4	267.5
	棚外	13.2	137.4	18.0	67.8
潮土	棚内	19.8	178.0	108.6	441.3
	棚外	16.4	138.6	2.6	98.0
褐土	棚内	21.2	206.7	131.4	228
	棚外	17.3	185.6	92.9	226

据梁成华(1997)等研究,不同的保护地土壤肥力状况不同,但都高于露地。而且保护地年份不同,肥力状况不同,年份越长肥力越高(表12-19)。

表 12-19　不同保护地、不同种植年限土壤养分状况　　　　　　g·kg^{-1}

保护地方式	年限	有机质	全氮	全磷	速效钾	阳离子代换量/(cmol·kg^{-1})
露地旱地	—	18.8	0.79	0.345	123.2	21.8
露地菜田	3	38.2	1.16	0.459	118.1	24.51
日光温室	3	41.8	1.70	0.657	287.0	26.30
	14	49.3	2.15	0.988	395.0	25.84
	36	55.4	2.37	0.975	415.0	26.39
	—	17.2	0.72	0.253	52.2	15.95
露地旱田	4	29.3	1.25	0.480	119.7	17.29
大棚	8	36.5	1.58	0.563	156.0	18.37
	12	40.3	1.89	0.688	118.7	18.28

保护地有机质都大于 20 g·kg^{-1},且年份越长,含量越高,全氮都大于 1 g·kg^{-1},全磷和速效钾也都有明显增加,而且日光温室中的养分含量在相近年份也高于大棚土壤。

2.土壤结构良好

保护地面积小,栽培者高度重视,生产上一方面连年施用高量有机肥;另一方面深耕细耙,加之保护地内作物种类多,对土壤影响大。因此,熟化层厚度在 40 cm 以上,容重、总孔隙度比较合适,同时,土壤三相固、液、气比例相对协调。就土壤颗粒组成而言,保护地内细土壤颗粒组分高于非保护地(表 12-20),这可能是保护地高温、高湿促进了土壤黏化过程的进行。因为有良好的土体结构,这样就有较好的保水保肥能力和良好的温稳性、通气性,从而有利于根系的正常呼吸和对水分和养分的正常吸收。

表 12-20　大棚内外土壤的颗粒组成分析　　　　　　　　$g \cdot kg^{-1}$

采样点	土壤层次/cm	颗粒组成					
		1~0.25 mm		0.25~0.16 mm		<0.01 mm	
		棚内	棚外	棚内	棚外	棚内	棚外
1	0~5	307.40	336.00	517.50	510.40	175.10	171.60
	10~15	364.20	381.70	475.90	436.50	159.90	155.40
	30~40	163.30	207.50	646.70	613.50	190.00	184.00
2	0~5	202.90	212.40	575.60	572.60	222.50	213.00
	10~15	199.40	225.10	583.70	573.50	216.90	201.40
	30~40	59.10	80.40	563.90	680.40	377.00	239.40
3	0~5	365.80	412.90	402.90	421.80	231.30	165.30
	10~15	322.50	353.60	386.20	392.70	291.30	253.70
	30~40	231.70	276.10	351.40	344.60	416.90	379.30

3. 土壤微生物变化较大

保护地种植后,由于光、温、水和气都发生了变化,必然影响土壤微生物,据李文庆等(1997)研究,采用大棚种植之后,三大类菌在土壤中的相对数量没有发生明显变化,仍然以细菌最多,放线菌次之,真菌最少,但是不同菌在棚内外土壤中的相对数量发生了变化(表 12-21)。放线菌与真菌在棚内土壤中含量低于棚外露地,而细菌则变化不大。在不同种植年限的大棚中,种植年限长的大棚中真菌和放线菌量较种植年限短的大棚中为少。这种状况可能与棚内温度及含盐量较高对其抑制有关。

表 12-21　大棚内外土壤微生物状况比较

处理	细菌	真菌	放线菌	亚硝酸菌	硝酸菌
大棚	4.4×10^{13}	4.5×10^4	2.1×10^9	2.7×10^4	1.6×10^5
菜地	1.3×10^{13}	1.3×10^5	1.4×10^{10}	4.7×10^4	1.6×10^4
大田	1.3×10^{13}	8.4×10^5	5.0×10^{10}	3.2×10^4	2.6×10^3
3 年棚	1.7×10^{12}	8.1×10^7	3.2×10^{10}	3.3×10^4	1.0×10^5
6 年棚	6.7×10^{12}	2.1×10^6	2.8×10^{10}	8.3×10^4	1.7×10^4

保护地内以硝酸细菌与亚硝酸细菌的变化最为突出,在大棚土壤中其含量明显较露地为高,从种植时间来看,种植年限长的大棚中亚硝酸细菌较种植年限短的大棚中为高,而硝酸细菌变化正好相反,硝酸细菌与亚硝酸细菌的变化主要是由于在大棚土壤中增加了反应底物的量,而一次大量施用氮素化肥又会抑制硝酸细菌的数量,而对亚硝酸细菌无影响。

4. 土壤温、湿度比较稳定

由于保护地采用了不同光质覆盖材料,人为地使保护地土壤温度便于调节,使保护地土壤和空气温度保护在作物生长发育的适宜条件下,在外境寒冷时,可以通地面上的覆盖、地下的加温等措施使温度较为稳定,所以说保护地的温度具有温室效应、温度逆转和与露地相比的日温差、季节温差变化较小的特点。

保护地栽培条件下,湿度变化的特点是空气相对湿度大,常处于饱和或接近饱和状态,必然影响室内温度和土壤湿度。长时间的土壤湿度过大会导致因为缺氧而抑制作物根系的正常生长及微生物的分解作用,还利于许多病原微生物的滋生和繁殖,诱发和加重病原菌危害。

5. 土壤气体异常

保护地内空气的横向流动几乎为零,纵向流动也远不如露地活跃,使保护地的空气组成和含量与露地相比有明显的差异,从而给作物的生长发育产生多方面的影响。一方面,较低浓度的二氧化碳对作物产量和产品品质产生严重影响;另一方面,过量施入氮肥及有机肥的分解,产生大量有害于作物生长发育的有毒气体,如二氧化氮、氨气、甲烷等。氨气主要来源是过量施用氮肥,通常认为是过量施用碳酸氢铵。事实上,目前在保护地内大量施用尿素和有机肥同样会造成氨气浓度升高。因为尿素施入土壤后,在脲酶作用下,形成碳酸铵再分解生成游离氨逸散在棚室空气中,一般认为,保护地蔬菜氨中毒的临界浓度为 $5\ \mu L \cdot L^{-1}$,但毒害程度与其浓度和持续时间有关。如黄瓜和番茄在此临界浓度时,持续十几个小时才会发生氨中毒,但当浓度上升至 $40\ \mu L \cdot L^{-1}$ 时,仅几小时,其生长就受到严重危害。

当遇到低温和土壤酸度较高($pH \leqslant 5$)时,积累在土壤中的氮素由于硝化作用受阻而产生大量二氧化氮气体。当其积累到一定浓度时,保护地蔬菜就会受害。如番茄在二氧化氮气体浓度为 $2.5\ \mu L \cdot L^{-1}$,持续 $4\ h$ 即出现中毒症状。主要症状是叶片呈现水渍状斑,而后细胞失水死亡,形成枯死斑块。

保护地内的二氧化碳常常不能满足作物光合作用的要求。据测定,保护地内夜间由于蔬菜作物的呼吸作用和土壤释放,二氧化碳浓度在天亮前达到最高点。日出后随光合作用的进行,二氧化碳浓度急剧下降。下降速度因光照条件和蔬菜种类而异,有时在见光后的 $1\sim 2\ h$ 内就可能下降到二氧化碳补偿点以下,使作物处于二氧化碳"饥饿"状态。

多数蔬菜的二氧化碳饱和浓度在 $1\ 000\sim 1\ 600\ mg \cdot L^{-1}$,补偿浓度为 $80\sim 100\ mg \cdot L^{-1}$。在补偿浓度和饱和浓度之间,蔬菜的光合作用随二氧化碳浓度的增大而增加。日本、欧美等国家都用 $1\ 000\ mg \cdot L^{-1}$ 为标准,进行二氧化碳施肥。

二氧化碳不足时,光合产物减少,植株生长势明显减弱。如二氧化碳浓度在补偿浓度以下,蔬菜就会出现二氧化碳不足的各种症状:根系发育不良,茎秆细长,叶色黄绿,植株老化,早衰,落花落果严重,畸形果多,产量低,品质差。因此,人工补充二氧化碳已成为提高保护地蔬菜产量和品质的一项重要措施。

但是,二氧化碳浓度过高,高于饱和浓度时,不仅费用高,还会造成二氧化碳中毒:植株气孔开启较小,蒸腾作用减缓,叶内的热量不易散发,而使体内温度过高导致叶片萎蔫、黄化和脱落,对二氧化碳敏感的蔬菜叶片和果实还会发生畸形。此外,二氧化碳浓度过高时,叶片内淀粉积累过多,使叶绿素遭到破坏,从而抑制光合作用的进行。

6. 保护地土壤障碍因子

(1)保护地土壤盐分的积累特点及其危害　施肥过量和施肥技术不当是土壤中可溶性盐分增加的根本原因,加之没有雨水的充分淋洗,以及土壤水分的"向上型"运动,保护地土壤出现了不同程度的盐害问题,致使玻璃温室 $2\sim 3$ 年,塑料大棚约 5 年就出现蔬菜生长障碍。

据报道,沈阳市郊连续种植 3 年以上的日光温室和塑料大棚,0～20 cm 土层的含盐量达 2.0 g·kg⁻¹ 以上,其中 14 年龄和 36 年龄日光温室土壤 0～5 cm 土层的全盐含量分别达 3.14 g·kg⁻¹ 和 7.18 g·kg⁻¹,分别是露地土壤的 4.6 倍和 10.4 倍。哈尔滨市郊 8 年以上连作大棚,土壤表层已发生了次生盐渍化。北京、济南、南京、上海等地 0～20 cm 土层全盐量,大棚为 1.0～3.4 g·kg⁻¹,温室为 7.5～9.4 g·kg⁻¹。

保护地土壤盐分的阴阳离子组成分别以 NO_3^- 和 Ca^{2+} 为主,因此,保护地的土壤盐分特点是硝酸钙积累,这与滨海盐土以氯化钠为主,内陆盐土以硫酸钠、碳酸钠和碳酸氢钠为主的最大区别。

保护地土壤盐分含量一般在 3—5 月较高,可达 3～4 g·kg⁻¹;5 月中旬以后,因蔬菜旺盛生长,吸收养分增加,盐分下降到 2 g·kg⁻¹ 以下;到了次年 3—5 月,盐分又会大幅度上升到前一年水平。

相同施肥量情况下,不同质地土壤盐分障碍程度不同,沙土＞壤土＞黏土。

不同化肥致盐能力不同,由大到小的顺序为:硝酸钙＞氯化钾＞硝酸钾＞硝酸钠＞硝酸铵＞氯化铵＞尿素＞硫酸铵＞硫酸钾。

土壤溶液中可溶性盐浓度过高,首先影响根系对水分和养分的吸收。随盐浓度升高,土壤微生物活动受到抑制,土壤养分的转化速度变慢,导致作物盐害,其症状一般表现为:生长滞缓或停止,植株矮小,分枝少;叶色深绿,无光泽,叶面积小,严重时叶色变褐或叶缘有波浪状枯黄色斑点,下部叶反卷或下垂,由下至上逐渐干枯脱落;植株生长点色暗,失去光泽,最后萎缩干枯;易落花落果;根系变褐坏死。

(2)土壤酸化特点及其危害　蔬菜保护地常超量施用氮肥,在土壤中残留的大量氮素,经硝化作用形成硝酸,使土壤酸化。生理酸性肥以及化学酸性肥料均会加重土壤酸化。不同氮肥品种对土壤的致酸能力不同:硫酸铵＞硝磷酸铵＞硝酸铵＞硝酸铵钙。

在保护地蔬菜生产中,土壤酸化问题十分突出,尤其在南方。据马国瑞报道,常州市 50% 的菜地 pH＜5.5,杭州郊区 pH＜5.5 的菜地面积占调查面积的 30%。

大多数蔬菜适宜在中性或微酸性土壤中生长。土壤酸化对蔬菜生长的影响主要表现在直接破坏根的生理机能,导致根系死亡;降低土壤中磷、钼、镁等元素的有效性;抑制土壤微生物活动,导致土壤养分转化速度减缓,易发生植株脱肥和早衰。如洋葱在土壤 pH 5.2 时的产量,只有 pH 6.2 时的 50%;在土壤 pH 4.2 时的产量,第一年为 pH 6.2 时的 37%,第二年几乎绝收。

(二)保护地蔬菜作物的需肥特点

保护地作物对各种营养元素的需要量与大田作物明显不同,保护地蔬菜的需肥特点如下所述。

1.养分吸收量更高

地膜覆盖栽培对不同蔬菜作物养分吸收量的影响差异很大,大多数蔬菜对氮、磷、钾、钙、镁吸收量,比露地栽培(对照区)有所增加,而不同蔬菜增加顺序为:甜椒(649.0 g·kg⁻¹)＞绿菜花(239 g·kg⁻¹)＞番茄(219 g·kg⁻¹)＞甘蓝(195 g·kg⁻¹)＞大白菜(33 g·kg⁻¹)＞黄瓜(−25 g·kg⁻¹)(表 12-22)。

表 12-22　覆膜对蔬菜养分吸收量的影响　　　　　　　　　　kg·hm⁻²

项　目		作　物					
		黄瓜	番茄	甜椒	大白菜	甘蓝	绿菜花
N	覆膜	192.75	274.20	320.70	286.95	118.95	278.10
	CK	194.70	220.35	190.80	282.90	102.30	214.50
P₂O₅	覆膜	169.05	148.95	83.10	146.85	58.80	174.30
	CK	195.90	113.25	47.55	139.80	47.40	153.30
K₂O	覆膜	274.95	415.35	407.85	309.60	132.45	401.10
	CK	272.85	358.95	251.25	272.85	103.95	328.50
CaO	覆膜	446.25	334.35	289.35	170.25	166.65	625.65
	CK	469.50	253.95	178.50	183.15	147.30	484.50
MgO	覆膜	114.45	93.90	178.35	40.50	60.60	139.80
	CK	95.25	84.60	108.45	44.25	49.20	118.20
平均	覆膜	239.55	251.40	265.05	190.80	107.55	323.85
	CK	245.70	206.25	155.25	184.65	90.00	261.45
比 CK 增加/(g·kg⁻¹)		−25	219.00	649.00	33.00	195.00	239.00

$$\text{P}_2\text{O}_5,\ \text{K}_2\text{O},\ \text{CaO},\ \text{MgO}$$

2. 单位产量养分吸收量差异大

蔡绍珍等的研究还表明：地膜覆盖栽培与露地栽培蔬菜 1 000 kg 产量养分吸收量差异极大，氮、磷、钾、钙和镁养分与不覆膜对照比较，单位产量养分吸收量除前期出现旺长的甜椒明显较高，番茄相近外，其余都比较低，减少幅度为 0.02~1.23 g·kg⁻¹（表 12-23），说明一般蔬菜地膜覆盖栽培之后，能增产节肥，黄瓜最为明显。

表 12-23　覆膜对生产 1 kg 蔬菜吸收养分量的影响　　　　　　　　　　g

作物	N		P₂O₅		K₂O		CaO		MgO	
	覆膜	CK	覆膜	CK	覆膜	CK	覆膜	CK	覆膜	CK
黄瓜	1.80	2.24	1.58	2.25	2.68	3.13	4.16	5.39	1.07	1.09
番茄	2.18	2.18	1.18	1.12	3.30	3.55	2.66	2.51	0.91	0.84
甜椒	9.04	6.93	2.90	2.32	10.53	8.75	9.07	5.72	5.28	3.82
大白菜	2.07	2.46	1.06	1.21	2.23	2.37	1.23	1.59	0.29	0.38
甘蓝	2.55	2.95	1.26	1.37	2.84	3.00	3.58	4.25	1.30	1.42
绿菜花	10.98	10.88	6.88	7.78	15.83	16.67	24.69	24.99	5.52	6.00

(三)保护地施肥技术

随着人民生活水平的提高，对蔬菜的需求量越来越大，对蔬菜质量的要求也越来越高。采用这种措施，不仅克服了反季节生产的困难，解决城乡居民的"菜篮子"问题，而且也为农民找到一条科技致富的门路。但是随着蔬菜大棚的大面积发展，全国各地设施栽培面积迅猛发展，加上利益驱动，再由于受经验性施肥的影响，对科学施肥概念的误解，缺乏环保意识等，在设施栽培蔬菜施肥中出现了一些普遍性的问题。

1. 保护地施肥存在的问题

保护地作物在化肥施用上不计成本,出现了过量施用化肥,特别是氮肥的大量投入造成氮、磷、钾比例严重失调以及施肥方法和肥料品种选择不合理等问题,造成肥料利用率很低。

保护地蔬菜基本不施钙、镁及微肥,因此生理性病害十分普遍。由于保护地集中分布在大、中城市郊区和工矿区附近,工业"三废"的排放及含重金属城市生活垃圾和污泥的施用,导致保护地土壤中某些重金属如铅、汞、镉、砷等严重超标,污染环境,影响品质等问题。

2. 保护地施肥技术要点

(1)实施平衡施肥　在坚持有机肥和化肥配合施用的前提下,根据作物需要肥量、土壤供肥状况和肥料利用率等参数进行平衡施肥。灵活应用基肥、追肥和采用灌溉施肥(fertigation)等方式。施肥模式应该是:适当控制氮肥,减少磷肥,增施钾肥、钙镁肥以及硼、钼等微量元素肥料。力求做到养分的平衡供应,从而充分利用肥料和土壤养分资源,增加经济效益和减轻环境污染。

(2)基肥深施,追肥限量　保护地土壤易发生各种养分障碍。因此,化肥做基肥时要深施,最好与有机肥混合后施入。追肥要按照少量多次的原则,避免一次追肥过多,以防止土壤溶液盐分增高等养分障碍。

(3)选择适宜的肥料品种　禁止施用易产生有害气体和对土壤有副作用的肥料。碳酸氢铵以及未腐熟的有机肥,在保护地内高温条件下易分解产生大量氨气;氯化钾可增加土壤中氯离子浓度,提高土壤的含盐指数;硝酸钾易导致土壤盐浓度障碍等。

(4)二氧化碳施肥

①二氧化碳施肥的浓度与时间　人工增施二氧化碳肥料的最适浓度与蔬菜作物的生长特性以及光照强度、温度和肥水管理水平等有关,一般以 $1\,000\ mg \cdot L^{-1}$ 为标准,但是不同蔬菜作物差别很大。如黄瓜在 $8\,000\ mg \cdot L^{-1}$ 仍有增产效果。

弱光下二氧化碳饱和点低,施用浓度应相应降低。如英国将 $1\,000 \sim 1\,200\ mg \cdot L^{-1}$ 作为黄瓜最适二氧化碳浓度,但是在光照强度弱的 12 月则以 $800\ mg \cdot L^{-1}$ 作为施用界限。阴天、雨雪天及气温低于 15℃ 时,蔬菜作物的光合作用不强,一般不施二氧化碳。午后光合作用较弱,也可以不施。

二氧化碳肥料的施用一般是在晴天上午日出后 30 min。当气温高于 15℃ 时,密闭棚膜,开始施放。当密闭棚膜 2~3 h,气温上升到 26~30℃ 时,可以放顶风或腰风进行通风。

②二氧化碳气肥来源　产生二氧化碳的方法很多,各有特点,可根据实际条件选用。

A. 施用纯二氧化碳:有固体干冰和液化二氧化碳。前者是将一定重量的固体干冰放入棚室内,让其吸热挥发出气体二氧化碳。后者是把二氧化碳压缩后装入钢瓶内待用。此法容易控制用量,劳动强度低,但成本较高,而且固体干冰的运输和施用都比较困难,易对人体产生低温危害。

B. 化学反应法:利用碳酸盐类与强酸中和产生二氧化碳。该法费工,二氧化碳浓度不易控制,但由于方法简便、安全、成本低,易被农民接受,适合大面积推广。目前最常用的是用碳酸氢铵加硫酸起化学反应产生二氧化碳。反应的另一产物硫酸铵可用做追肥。

C. 燃烧法:通过燃烧天然气、丙烷、焦炭等碳氢燃料,释放二氧化碳。这一方法在西欧、北美和日本等应用较多,而且研制了专门的二氧化碳发生器,使用方便,又能提高保护地内温度。

但在燃烧过程会产生 CO、SO_2 等有害气体，需严格控制，且成本较高。

D.施用有机肥法：这是在我国目前生产条件下，低成本、简便易行补充二氧化碳气体的较好方法。1 000 kg 有机物经微生物分解可释放出 1 500 kg 二氧化碳。

E.放风：通过放风，使新鲜空气进入保护地，以补充二氧化碳的不足。但在冬、春季，为了使保护地内维持一定的温度，常常推迟放风时间或放风量很小，不能及时补足二氧化碳。

③保护地施用二氧化碳的效果及注意事项　二氧化碳施肥效果受多种因素的制约，在施用中应根据气候条件及作物长势与需求，配合其他管理技术，进行综合调控。科学合理施用二氧化碳，可明显提高蔬菜产量、改善品质、增强植株的抗病虫害能力。叶菜类一般增产 20% 以上，瓜类、茄果类增产 10%～30%。同时可使蔬菜产品提早成熟上市。番茄、青椒一般可提前 7～10 d，木耳菜提前 6 d，草莓提前 5～7 d。

二氧化碳施肥要与保护地内良好的水肥管理相结合。一般提倡连续施用，不可突然停止，否则易引起植株老化。二氧化碳浓度不能超过 2 000 $\mu L \cdot L^{-1}$。高浓度的二氧化碳会影响作物的正常代谢，而且会危及作业人员的安全，5% CO_2 浓度对人体有毒。注意防止有害气体的产生，一旦发生危害，应立即停止使用并通风换气。

（5）注意施肥环节与方法

①基肥　在保护地条件下栽培作物，应十分重视基肥。通常将全部有机肥和磷肥、1/2 的氮肥、2/3 的钾肥及全部微肥用做基肥。

保护地施用的有机肥应充分腐熟，并在盖棚前 1 个月左右施入。用量一般高于露地的 1～1.5 倍。具体用量根据土壤有机质矿化率、土壤有机质含量及有机肥质量确定。如果土壤有机质含量在 40～50 $g \cdot kg^{-1}$ 及以上，则每年只需补充因矿化而消耗的数量。

如需要提高土壤有机质含量，有机肥施用量必须高于有机肥年矿化的用量。补充的数量要循序渐进，每年依次增加为好。保护地土壤有机质的年矿化率高于露地，最好施用骡马粪等纤维素含量高的有机肥，以增强土壤的调节能力，防止盐类积聚，同时可利用有机质分解产生的热量提高地温。

有机肥的施用方法根据其腐熟程度和数量决定。如腐熟程度低且用量较大，撒施于地表结合耕地翻入土壤；腐熟程度高且用量较少时，宜集中沟施；腐熟程度高且用量较多时，一半用于沟施，一半撒施。穴施时，必须用充分腐熟的有机肥，且控制用量，并与土混合均匀。

②追肥　保护地追肥的原则是"薄肥勤施，少量多次"。一般结合灌水进行。尽量选择化学性质稳定的品种，如氮肥中的硫酸铵、硝酸铵、尿素；磷肥中的过磷酸钙、磷酸铵等；钾肥中的硫酸钾、硝酸钾等。

追肥时期最好选择作物的营养临界期或最大效率期等需肥关键时期。对供肥容量和强度较大的土壤，减少追肥数量并适当推迟追肥时间。对土壤质地黏重、养分释放速度慢，供肥不足的土壤，适当增加肥料用量并及时追肥。对无限花序、陆续开花结果、多次分批采收的瓜、果、豆类蔬菜，应采用分期追肥的方法。追肥次数可根据蔬菜生育期长短确定。生育期短的蔬菜在生长中期追施 2～3 次；生育期长的蔬菜在养分需求较多的时期追施 3～5 次，或更多次。一般每隔 15～20 d 追施一次。

尿素和硝酸铵是保护地追肥常用的氮肥品种，严禁用碳酸氢铵。磷二铵和硫酸钾也可用于追肥。保护地常用的追肥方式有以下几种。

A.冲施：这是目前大多保护地，尤其是塑料大棚最常用的一种追肥。即在作物灌水时，把定量化肥或人粪尿施在水沟内，随灌水渗入作物根系周围的土壤内。这种方法简单、省工省时，但浪费很大。

B.撒施：作物灌水后趁畦土潮湿、能下地操作时，将定量化肥撒于畦面或株行间，然后深锄，将土肥混匀。这种方法比较简单，但容易造成部分养分的挥发损失。

C.埋施：在作物株、行间开沟、挖穴，把定量化肥施入，埋上土。这种方法养分损失少，最经济。但劳动量大，操作不方便。要注意安全用肥。埋肥沟、穴要离作物基部 10 cm 以上，以免烧根。同时挖沟、穴离根系太近时也容易伤根系。

D.根外追肥：在保护地栽培作物出现缺素症状时，或当作物根系受损，不能正常吸收养分时，根外追肥是最快、最经济、最有效的补救方式。蔬菜上主要是利用叶面喷施，见效快。一般尿素的浓度为 0.2%～0.3%，磷酸二氢钾为 0.2%，过磷酸钙浸出液为 1%，叶面喷施的适宜时间在傍晚叶片气孔开放时进行。

对氮、钾等移动性强的营养元素叶面施肥的喷施次数，一般在生长期间或关键时期喷施1～2 次；磷的移动性比氮、钾小，可喷施 2～3 次；微量元素一般喷施 3～4 次。

五、主要蔬菜的需肥特性和施肥技术

(一)根菜类蔬菜的施肥技术

根菜类蔬菜是指以肥大的肉质根为食用产品的一类蔬菜作物，主要包括十字花科的萝卜、芜菁，伞形花科的胡萝卜、美洲防风，藜科的食用根甜菜等。根菜类蔬菜为深根性作物，生长前期根系的主要功能是吸收水分和养分；生长中、后期根部一方面吸收水分和养分，另一方面逐渐膨大为将来的食用产品部分。因此，土壤肥力性状的好坏不仅影响到根系的营养生长，而且决定着根菜类蔬菜的产量和产品质量的优劣。根菜类蔬菜总的需肥特点和规律为：对钾的需求量最多，氮次之，磷最少，且对硼素敏感；幼苗期需肥较少，且以氮为主，到肉质根肥大时，需肥量激增，而且对钾的吸收量超过了氮。后期氮素过多，而钾素供应不足反而会造成根膨大不良，产量下降，品质降低。

1.萝卜的施肥技术

萝卜为直根系作物，根系深度可达 2 m 左右，对养分的吸收能力较强，需肥量也较高，萝卜在发芽期和幼苗期吸收养分较少，莲座期养分吸收量显著增加，肉质根生长盛期养分吸收量达到最大值。

基肥按 30 000～50 000 kg·hm^{-2} 腐熟的有机肥、1 500 kg·hm^{-2} 草木灰、400～500 kg·hm^{-2} 过磷酸钙，将上述肥料结合播前耕地均匀施入耕层土壤。第一次追肥在幼苗的 2～3 片真叶展现时进行，按 10 000～15 000 kg·hm^{-2} 腐熟人粪尿或 50 kg·hm^{-2} 尿素进行条施、穴施或随水浇施。第二次追肥在定苗后到"破肚"期间进行，此时即将进入或刚进入莲座期，按 20 000 kg·hm^{-2} 腐熟人粪尿或 100 kg·hm^{-2} 左右尿素进行浇施，并配施草木灰 1 000 kg·hm^{-2} 或硫酸钾 75 kg·hm^{-2}，以促进莲座叶的生长，形成强大的同化能力。第三次追肥在"露肩"后进行，此时进入肉质根膨大盛期，追肥以钾肥为主，配合追施少量氮肥，以促进肉质根的膨大和品质的提高。按 1 500 kg·hm^{-2} 草木灰或 150 kg·hm^{-2} 硫酸钾追施，氮肥视植株长势，按第二次追肥量酌情增减。生育期短的品种如基肥充足可不追肥或只在定苗到"破肚"期间追一次肥；而生长期长的大型萝卜如基肥不足时可增加追肥次数和追肥量。在肉质根膨大盛期，可用 0.2%磷酸二氢钾溶液、0.2%～0.3%硼酸或硼砂溶液以及 0.4%氯化钙溶液进行根外追肥

2～3 次,以提高萝卜的品质。

2. 胡萝卜的施肥技术

胡萝卜根系发达,肉质根上的须根多于萝卜,吸收能力强,耐旱、耐寒。胡萝卜需钾最多,而且生育后半期吸钾量多于前半期,其次是氮和钙,对磷的需求量较少。胡萝卜幼苗生长速度较慢,时间长,约为 40 d,但养分吸收量少;叶生长盛期(即莲座期)养分吸收量明显增加,该时期施肥目的是促进胡萝卜地下与地上部的协调生长,追肥以氮肥为主;到肉质根生长盛期,对养分的吸收量急剧增加,该时期是追肥的主要时期,追肥以钾、氮肥为主,但后期要减少氮肥用量。

基肥按 30 000～60 000 kg·hm^{-2} 腐熟的有机肥、200～400 kg·hm^{-2} 过磷酸钙、1 200～2 000 kg·hm^{-2} 草木灰或 150～200 kg·hm^{-2} 硫酸钾,播种前结合耕地将以上肥料翻入耕层土壤。施用有机肥可以提高胡萝卜素的含量,提高产品品质。但基肥中的有机肥一定要腐熟,未腐熟的有机肥易造成肉质根分叉、畸根现象,导致胡萝卜的产量和品质下降。在定苗后 3～5 片真叶时按 30～50 kg·hm^{-2} 尿素进行第一次追肥,如基肥充足,可不追;在莲座期前期按 80～150 kg·hm^{-2} 尿素、100 kg·hm^{-2} 左右硫酸钾进行第二次追肥,以促进莲座叶的生长,莲座期后期应控制水肥,防止徒长;肉质根膨大期前期(肉质根直径达 0.6 cm 时)重追一次肥,按 100～200 kg·hm^{-2} 尿素、150 kg·hm^{-2} 钾肥追肥,促进肉质根的膨大。

(二)茎菜类蔬菜施肥技术

茎菜类蔬菜是指以肥大的地上茎或地下茎为产品的一类蔬菜作物。这类蔬菜主要包括菊科的莴笋,十字花科的榨菜,禾本科的茭白、竹笋,天南星科的芋,百合科的大蒜、洋葱,襄荷科的姜,睡莲科的莲藕,楝科的香椿等。茎菜类蔬菜种类较多,分属十多个科,多为特色蔬菜。不同种类的茎菜类蔬菜生活习性差异很大,如茭白、莲藕等为水生蔬菜,而香椿等为多年生蔬菜,因而不同的茎菜类蔬菜对养分的需求特点也不同,一般需肥规律为:幼苗期需肥量少,且以需氮较多,肉质茎膨大时,需肥量激增,需钾量通常超过需氮量。

1. 莴笋的施肥技术

莴笋为直根系浅根性蔬菜,根系不发达,吸收能力较弱。但莴笋的生长期较长,产量高,需肥量高,莴笋幼苗期生长量小,养分吸收量也少;进入发株期后,短缩茎开始伸长和肥大,养分吸收量逐渐增加;肉质茎肥大盛期,茎和叶的生长齐头并进,生长量和养分吸收量都达到高峰期,而后生长量和养分吸收量又逐渐下降。

苗床施肥,按每 10 m^2 30～40 kg 腐熟的有机肥、0.8～1.0 kg 过磷酸钙和 0.5～0.8 kg 硫酸钾整地做苗床时施入,并与土壤充分混匀。

大田基肥,按 40 000～60 000 kg·hm^{-2} 腐熟有机肥、150～200 kg·hm^{-2} 过磷酸钙、30～50 kg·hm^{-2} 硫酸钾,将上述肥料混匀,结合移栽前耕地时施入。移栽缓苗后,按 30 kg·hm^{-2} 尿素进行第一次追肥,以形成发达的根系和莲座叶。春莴笋冬前移栽定植后,可在地冻前用马粪或圈肥覆盖植株周围保护根茎以防受冻。"团株"时进行第二次追肥,按 50～100 kg·hm^{-2} 尿素追施,以加速叶片的发生与叶面积的扩大。封垄时茎部开始膨大是需肥高峰期,按 200～300 kg·hm^{-2} 尿素、100～200 kg·hm^{-2} 硫酸钾追施,以促进肉质茎的膨大。

2. 洋葱的施肥技术

洋葱的须根系不发达,分布浅,且无根毛,吸水、吸肥能力弱,因而洋葱的种植要求土壤疏松、肥沃、保水保肥能力强。洋葱属喜肥作物。

苗床基肥按每 10 m² 25～30 kg 腐熟的有机肥、0.8 kg 过磷酸钙、1.0 kg 硫酸钾,在整地做苗床时施入,齐苗后按 10 m² 0.25 kg 尿素或 10～15 kg 人粪尿结合浇水进行追肥。

大田基肥按 30 000～70 000 kg·hm⁻² 腐熟有机肥、400～600 kg·hm⁻² 过磷酸钙、150 kg·hm⁻² 硫酸钾结合耕地翻入土壤。缓苗后按 15 000～30 000 kg·hm⁻² 人粪尿或 60～120 kg·hm⁻² 尿素进行第一次追肥,称为"催苗肥";第一次追肥后约 15 d 按 15 000～20 000 kg·hm⁻² 人粪尿或 350～400 kg·hm⁻² 尿素进行第二次追肥,称为"发株肥";鳞茎膨大期是重点施肥时期,按每次 100～120 kg·hm⁻² 尿素追施 2～3 次,鳞茎膨大期的第一次追肥配施硫酸钾 150～180 kg·hm⁻²。

3. 大葱的施肥技术

大葱的根系为白色弦线状须根,分布浅,无根毛,吸收能力较差。大葱为喜肥作物,尤其对氮素十分敏感。大葱发芽期和幼苗期生长在苗床,生长量小,需肥量也少,但对养分供应状况很敏感,适当的养分供应有利于培育壮苗;葱株生长期从大葱移栽定植于大田一直到收获,是大葱旺盛生长期,也是需肥量最大的时期。

苗床施肥,按每 10 m² 40～60 kg 腐熟有机肥和 0.6～1.0 kg 过磷酸钙混匀后结合整地做苗床施入土壤。移栽定植前可追 1～2 次,冬播苗床冬前一般不需追肥,第二年返青后按每 10 m² 15～20 kg 人粪尿或 0.2～0.5 kg 尿素追一次,为"返青肥";春播苗床播种 30～40 d 后追一次肥,追肥种类和数量同冬播苗床的"返青肥";移栽前 10 d 内按每 10 m² 0.1～0.15 kg 尿素追第二次肥。

大田基肥按 70 000～100 000 kg·hm⁻² 有机肥,将 1/3 结合耕地翻入耕层土壤,余下的 2/3 有机肥与 400～500 kg·hm⁻² 过磷酸钙、90 kg·hm⁻² 硫酸钾混匀施入定植沟内。在立秋后气温开始下降,大葱开始旺盛生长时进行大田第一次追肥,为"攻叶肥",结合培土按 60 000 kg·hm⁻² 土杂肥或 150～200 kg·hm⁻² 尿素沟施,并可配施硫酸钾 100～150 kg·hm⁻²;在葱白形成期(处暑至白露)按 10 000～12 000 kg·hm⁻² 人粪尿或 150～200 kg·hm⁻² 尿素,并可配施硫酸钾 150～200 kg·hm⁻² 进行第二次追肥,称为"攻株肥"。

(三)叶菜类蔬菜的施肥技术

叶菜类蔬菜是指以叶片及叶柄为食用产品的一大类蔬菜作物,主要包括十字花科的普通白菜、大白菜(结球白菜)、叶用芥菜、甘蓝(结球甘蓝)、藜科的菠菜;莙达菜;苋科的苋菜;伞形花科的芹菜、茴香;菊科的生菜、茼蒿;百合科的韭菜、葱等。叶菜类蔬菜生长迅速,单位面积株数多,叶面积指数大,需水、需肥量大,但根系较浅,吸收能力和范围都较小,因而,叶菜类蔬菜最适宜在有机质含量丰富、土层较厚、保水保肥能力强的土壤上栽培。叶菜类蔬菜养分吸收量随着生长的加快和生长量的增加而增加,生长全期需要氮最多,但大型的结球叶菜类蔬菜在生长盛期需增施钾肥和适当的磷肥,以促进结球,提高产量和品质。

1. 大白菜的施肥技术

大白菜根系为浅根性直根系,主要分布于 0～35 cm 的耕层,吸收养分的能力和范围有限,但产量高,养分需求量较大,大白菜幼苗期生长量小,养分吸收量也小,氮、磷、钾的吸收量仅占全生育期的 1% 以下;到莲座期,生长量和养分吸收量都明显增加,氮、磷、钾吸收量占到 10%～30%;结球期,生长量和养分需求量都达到最大,氮、磷、钾吸收量占到 70%～90%。

大白菜基肥以有机肥为主,按每公顷 60 000～80 000 kg·hm⁻² 有机肥、400～600 kg·hm⁻² 过磷酸钙,将二者混匀后耕地时翻入耕层土壤,基肥中也可混合配施少量速效氮肥,如 60～

80 kg·hm^{-2}尿素,以供大白菜幼苗期的需求。大白菜追肥的原则是"前轻后重",如基肥中已有速效氮肥,且幼苗生长良好,幼苗期可不追肥,否则在幼苗 1～2 片真叶时按 50～60 kg·hm^{-2}尿素,结合灌水追施,称为"提苗肥"。莲座初期追施"发株肥",按 8 000～15 000 kg·hm^{-2}人粪尿或 80～120 kg·hm^{-2}尿素、100 kg·hm^{-2}硫酸钾,在株间开沟施或穴施。结球初期重追肥,按 15 000～20 000 kg·hm^{-2}粪干或 100～200 kg·hm^{-2}尿素、过磷酸钙及硫酸钾各 150～200 kg·hm^{-2},在行间开沟施。中晚熟品种的结球期长,产量高,在抽筒时再追一次肥,按 8 000～15 000 kg·hm^{-2}腐熟的人粪尿或 80～120 kg·hm^{-2}尿素随水灌入畦中。

2. 芹菜的施肥技术

芹菜为浅根性作物,根系主要分布在 7～10 cm 的表土范围内,吸收能力弱、范围小,但芹菜的生长期较长,需肥量较大。芹菜生长期中对各种养分的吸收量呈"S"形曲线增加,即生长前期对养分的吸收数量少,且增加缓慢,吸收养分以氮、磷为主,以形成发达的根系和叶片;生长中期养分吸收逐渐加速,吸收养分以氮、钾为主,氮、钾平衡有利于促进心叶的生长;生长后期养分的吸收量达到最大,但养分吸收量的增加在逐渐下降。

苗床施肥,按每 10 m^2 50～70 kg 腐熟的有机肥、1.5 kg 过磷酸钙和 0.3 kg 硫酸钾整地做苗床时均匀施入土壤。出苗后根据幼苗生长情况,在 3 片真叶时按每 10 m^2 10～15 kg 人粪尿或 0.7 kg 尿素结合灌水冲施。

大田基肥按 75 000 kg·hm^{-2}有机肥和 1 000～1 500 kg·hm^{-2}过磷酸钙,将二者混匀,耕地时翻入耕层土壤,移栽定苗时可按 80～120 kg·hm^{-2}尿素结合浇水面施,为幼苗生长提供速效养分。缓苗后到叶丛旺盛生长期之前可不追肥,进入叶丛旺盛生长期,8～9 片真叶时按 150～250 kg·hm^{-2}尿素追第一次肥,而后每隔 15～20 d 追一次,肥料种类、用量同第一次追肥,到收获,共追肥 3～4 次。在旺盛生长期,可用 0.5%尿素溶液及 0.2%～0.5%硼砂溶液进行叶面喷施,可明显地提高产量和改善品质。

(四)花菜类蔬菜的施肥技术

花菜类蔬菜是指以花器或幼嫩的花枝为食用产品的一类蔬菜作物,包括十字花科的菜心(菜薹)、薹菜、花椰菜(菜花)、青花菜(茎椰菜)、薹芥菜,百合科的黄花菜等。花菜类蔬菜种类较少,但产品营养价值和商品价值都较高,多数为我国特产蔬菜。花菜类蔬菜的生长发育过程包括营养生长和生殖生长两个阶段。苗期需肥量较少,但适量的肥料供应有利于形成壮苗,为以后的生殖生长奠定良好的基础。营养生长和生殖生长并进时间长,对养分的需求量大,是花菜类蔬菜施肥的关键时期。因而,花菜类蔬菜不仅需要充足的基肥,而且要注重追肥。

1. 花椰菜的施肥技术

花椰菜生育期长,根系较发达,养分需求量大,花椰菜幼苗期养分需求量少,且以氮素影响最大,氮素不足,叶数减少,叶重减轻,营养生长不足,提早现蕾,产量和品质降低;莲座期需肥量显著增加,莲座期末主茎顶端发生花芽分化,充足的磷供应可以促进花芽分化和花球形成;现蕾以后,随着花蕾的膨大,养分的吸收迅速增加,到花蕾膨大盛期是花椰菜养分需求量最多、吸收速率最快的时期,而且以对钾的需求量增加最多。另外,花椰菜对钙、镁、硼、钼的需求量也较大。

苗床施肥,按每 10 m^2 30～50 kg 腐熟的有机肥、0.15～0.2 kg 尿素、0.3～0.4 kg 过磷酸钙、0.15 kg 硫酸钾混匀后浅施于土壤,并与土壤混匀。

大田基肥按 50 000～80 000 kg·hm^{-2}有机肥、300～400 kg·hm^{-2}过磷酸钙、0.7～

0.9 kg·hm^{-2} 硼砂、0.8 kg·hm^{-2} 钼酸铵混匀堆制后,结合耕地翻入耕层土壤。移栽定植植株缓苗后开始生长时,按 120 kg·hm^{-2} 尿素结合浇水进行第一次追肥;第二次追肥在莲座初期进行,按 12 000～15 000 kg·hm^{-2} 人粪尿或 150～200 kg·hm^{-2} 尿素追施,并结合浇水,以促进莲座叶的生长;在花球出现后结合浇水按 20 000～30 000 kg·hm^{-2} 人粪尿、100～150 kg·hm^{-2} 硫酸钾进行第三次追肥。

2.黄花菜的施肥技术

黄花菜的根系发达,分为肉质根和纤细根两类,肉质根兼行储藏和运输功能,纤细根行使吸收功能。黄花菜年内生长从早春发芽出苗一直到深秋地上部枯死,在南方一年内要发 2 次新叶,因而年需肥量较大。黄花菜春苗期生长量小,养分吸收量少,且对氮的需求比例较大,有利于叶片的生成和生长;抽薹期是黄花菜的旺盛生长期,一方面叶片继续生长和扩大,同时迅速抽薹和孕蕾,是养分吸收最多的时期;蕾期具有不断采摘不断萌发的特性,仍需吸收较多的养分;北方的采摘后期和南方的秋苗期是黄花菜积累营养的重要阶段,仍吸收少量的养分,既要供给叶芽分化和新的肉质生长所需,又要为来年叶芽分化积累营养。

黄花菜一般采用分株移栽或种子育苗移栽两种方法种植,一次种植可连续采收 15～20 年。大田基肥按 30 000～60 000 kg·hm^{-2} 腐熟有机肥、700～1 000 kg·hm^{-2} 过磷酸钙混匀穴施,移栽后,按 2 000～4 000 kg·hm^{-2} 人粪尿兑水浇施。追肥一般按生育期进行,春季出苗前,按 150～200 kg·hm^{-2} 尿素、150 kg·hm^{-2} 过磷酸钙、70～120 kg·hm^{-2} 硫酸钾结合中耕兑水穴施,以促进出苗、叶片生长和春苗生长健壮;花莛高 20～30 cm 时,按 200～300 kg·hm^{-2} 尿素,150～200 kg·hm^{-2} 过磷酸钙,150 kg·hm^{-2} 硫酸钾兑水穴施,以使花莛粗壮,结蕾多;在花蕾采摘 10 d 后,按 80～120 kg·hm^{-2} 尿素兑水穴施。在采摘期,并可用浓度为 0.5%～1% 的尿素溶液和 0.1%～0.2% 的磷酸二氢钾溶液在下午进行根外追肥,共进行 2～3 次,以壮蕾和防止早衰。秋末冬初,按 2 000～3 000 kg·hm^{-2} 人粪尿进行浇施,600～800 kg·hm^{-2} 过磷酸钙穴施,15 000～20 000 kg·hm^{-2} 腐熟的家畜粪肥条施于丛间,以促进植株恢复和养分积累,对来年壮苗、壮薹有重要作用。

(五)果菜类蔬菜的施肥技术

果菜类蔬菜是指以果实及种子为产品的一类蔬菜作物,包括茄果类、瓜果类和荚果类三类蔬菜。果类蔬菜主要有茄科(Solanaceae)的番茄、茄子、辣椒、甜椒;葫芦科(Cucurbitaceae)的南瓜、笋瓜、西葫芦、黄瓜、香瓜、哈密瓜、菜瓜、冬瓜、节瓜、西瓜、丝瓜、苦瓜、佛手瓜、瓠瓜等;豆科(Leguminosae)的菜豆、豇豆、豌豆、蚕豆、扁豆等。果菜类蔬菜种类多,大多数是人们喜食的大宗蔬菜。

果菜类蔬菜的生长期长,生长过程包括营养生长和生殖生长两个阶段。营养生长和生殖生长并进期长,水肥矛盾突出,调节好营养生长和生殖生长的水肥矛盾,是获得优质高产的关键。果菜类蔬菜的幼苗期需氮较多,磷、钾吸收相对较少;进入生殖生长期,磷的需要激增,而对氮的吸收略减,如果此时氮过多而磷、钾不足,则茎叶徒长,开花结实晚,产量品质也随之下降。对于多次采收的果菜类蔬菜,采收期间需肥量大,时间长,需要多次追肥才能满足需要,延长结果期,增加产量,改善品质。

1.番茄的施肥技术

番茄为一年生草本植物,根系发达,分布深且广,再生能力强,因而吸收养分的能力较强。番茄需肥量大,也比较耐肥,番茄对钙、镁的需求量也较大。番茄为持续生长和结果的蔬菜,生长与结果期长,除施足底肥外,还要求充足的追肥。

苗床施肥,按每平方米加入腐熟的有机肥 15 kg,过磷酸钙 0.2～0.4 kg,硫酸钾 0.02～0.04 kg,充分混匀播种。出苗后,如养分不足,幼苗长势差,可随水浇施稀薄人粪尿或喷施 0.1%～0.2%的尿素溶液和 0.2%的磷酸二氢钾溶液。

大田基肥一般按 50 000～100 000 kg·hm^{-2} 厩肥或堆肥、400～600 kg·hm^{-2} 过磷酸钙、150 kg·hm^{-2} 硫酸钾,移栽前结合耕地均匀地翻入耕层土壤。第一次追肥在定植后 1 周内按 10 000 kg·hm^{-2} 左右腐熟人粪尿或 80～120 kg·hm^{-2} 尿素进行浇施,称为"催苗肥";第二次追肥在第 1 簇果实开始膨大时进行,按 15 000 kg·hm^{-2} 人粪尿或 100～120 kg·hm^{-2} 尿素进行浇施;第三次追肥在第 1～2 簇果实收获后,第 3～4 簇果实正在迅速膨大时进行,施肥种类和数量同第二次追肥,同时可按 40～60 kg·hm^{-2} 增施硫酸钾。在果实采收期还可用 0.2%～0.4%的磷酸二氢钾和 0.2%～0.5%的尿素溶液进行叶面喷施。

2.茄子的施肥技术

茄子根深叶茂,生长结果时间长,是需肥多又耐肥的蔬菜作物,需钙、镁也较多。茄子苗期对养分的吸收量较少,仅占全生育期吸收量的 10%以下;进入结果期,养分吸收量迅速增加,从采果初期到结果盛期,养分吸收量几乎是直线上升,养分吸收量可占到全生育期的 60%以上。因此,茄子栽培要施足底肥,重视追肥,氮、磷、钾肥结合施用。

苗床施肥一般按每平方米 15 kg 腐熟的有机肥、0.15～0.3 kg 过磷酸钙制成营养土播种育苗,出苗后如茄苗发黄时,用 0.2%～0.3%的尿素溶液喷施。

大田基肥按 30 000～60 000 kg·hm^{-2} 有机肥,400～600 kg·hm^{-2} 过磷酸钙,150 kg·hm^{-2} 硫酸钾随耕地翻入土壤。植株缓苗后,按 50 kg·hm^{-2} 尿素每隔 5～6 d 浇施一次。进入结果期,按 10 000 kg·hm^{-2} 腐熟人粪尿或 100 kg·hm^{-2} 尿素、40 kg·hm^{-2} 氯化钾,每隔 10 d 将各种肥料混匀兑水浇根一次。结果期用 0.2%～0.3%的磷酸二氢钾溶液和 0.2%～0.5%的尿素溶液叶面喷施 2～3 次。

3.黄瓜的施肥技术

黄瓜根系少而浅,木栓化较早,再生能力差,养分吸收能力弱,对肥料的反应特别敏感,喜肥但不耐肥,土壤溶液浓度高时,容易造成烧根烧苗。黄瓜持续结果时间长,营养生长和生殖生长并进时间长,产量高,需肥量大,需钙、镁量也大。黄瓜苗期养分吸收量很少,随着生育进程养分吸收量逐渐增加,其中对氮素的吸收出现两个高峰,一个在初花期至采收始期,另一个在采收盛期至拉秧期,两个时期所吸收的氮素分别占到全生育期的 28.7%和 42.7%;对磷、钾的最大吸收期都出现在采收盛期,分别占到全生育期的 41.3%和 42.2%。

苗床营养土的配制,按肥沃土 60%和腐熟的有机肥 40%或低层草炭 60%和腐熟的有机肥 20%、肥沃土 20%,充分混匀后短期堆沤,而后按每立方米加入尿素 0.8～1.0 kg、过磷酸钙 0.5～1.5 kg、硫酸钾 0.5～1.0 kg。

大田基肥按 70 000～100 000 kg·hm^{-2} 腐熟有机肥和 800～900 kg·hm^{-2} 过磷酸钙混匀后堆沤,70%结合耕地翻入土壤,30%施入定植沟内。定植后结合浇缓苗水浇施人粪尿 6 000～8 000 kg·hm^{-2};根瓜开始膨大追第二次肥,到采摘末期需多次追肥,一般每采收 1～2 次追一次肥,每次追肥按 15 000～20 000 kg·hm^{-2} 人粪尿或 200～300 kg·hm^{-2} 尿素结合浇水浇施或条施,有机肥和化肥最好间隔施用。

4.菜豆的施肥技术

菜豆据其茎的生长习性可分为有限生长类型的矮生菜豆和无限生长类型的蔓生菜豆。菜豆根系强大,分布深且广,吸收能力强,养分需求量大,矮生菜豆比蔓生菜豆养分吸收量少,菜豆幼苗期需肥量小,而后随着生长发育的进程,养分吸收量逐渐增加。矮生菜豆生育期短,从开花盛期就进入养分旺盛吸收期,而蔓生菜豆生育期长且生长发育比较缓慢,大量吸收养分的时间开始也迟,到嫩荚伸长时才开始旺盛吸收养分,但养分吸收量大。

菜豆虽是豆科作物,但其根瘤不如大豆、蚕豆、豌豆发达,固氮能力较弱,因而基肥对于菜豆是非常重要的。一般按 $15\,000 \sim 40\,000$ kg·hm^{-2} 腐熟的有机肥、150 kg·hm^{-2} 过磷酸钙、1 500 kg·hm^{-2} 草木灰结合播种前耕地翻入土壤。播种前种子可用根瘤菌拌种,或用 $0.01\% \sim 0.03\%$ 钼酸铵溶液、$0.1\% \sim 1.0\%$ 硫酸铜溶液浸种,以促进根瘤的形成和发育,提高固氮能力。

苗期追肥应及时,直播菜豆在复叶出现时进行第一次追肥,育苗移栽菜豆在定植后 $3 \sim 4$ d 进行第一次追肥,以后再追肥 $2 \sim 3$ 次,每次追肥用量按 $30\,000 \sim 60\,000$ kg·hm^{-2} 人粪尿,最好配施硫酸钾和过磷酸钙各 40 kg·hm^{-2}。开花结荚盛期重追肥,每次按 $40\,000 \sim 70\,000$ kg·hm^{-2} 人粪尿,施用次数可根据品种及生育状况追施 $1 \sim 3$ 次,以满足果荚迅速伸长的需要。在此期内,用 2% 过磷酸钙溶液或 0.5% 尿素溶液叶面喷施,可减少落荚,增加后期荚重。在开花期用 $0.02\% \sim 0.05\%$ 钼酸铵溶液喷施 $2 \sim 3$ 次,可以提高固氮能力、菜豆产量和品质。蔓生种菜豆在开花结荚后期,若气候条件仍适合其生长时,可再追肥 $1 \sim 2$ 次,可促使侧枝发生,主蔓顶端的潜伏芽继续开花结荚,从而延长采收期,增加产量。

5.大荚豆的施肥技术

大荚豆、菜豌豆是直根系作物,根系能固氮、入土深、须根多。最适宜有机质丰富、土壤耕作层深厚、疏松、肥沃、团粒结构良好、微酸性或中性土壤。因此,种植大荚豆应选择符合上述条件而且灌溉条件好、地下水位低、排灌良好的田块,才能满足其生长发育需要。

播种时用 750 kg·hm^{-2} 普钙,复合肥 $75 \sim 90$ kg·hm^{-2} 做种肥,前茬作物收获后,配合深耕,施入腐熟农家肥 $27\,500 \sim 45\,000$ kg·hm^{-2}、复合肥 $60 \sim 90$ kg·hm^{-2} 做基肥。

高肥力土壤(全氮量大于 0.12%)不施化肥,一般肥力土壤可适量追施氮肥,但应以有机氮肥或酰胺态氮肥为主,如腐熟人畜粪尿肥或尿素等,避免施用硝态氮肥,尤其结荚期间禁止施用硝态氮肥;以生育前期深施为主,每茬在用纯氮量不得超过 225 kg·hm^{-2},采收前 10 d 内禁止施用一切化肥。一般施肥时期和施用量为:间苗和定苗后各施腐熟人畜粪尿肥或 1% 尿素水一次,结荚初期各施尿素一次,每次 $120 \sim 150$ kg·hm^{-2},兑水或清粪水浇施,提倡开沟深施或穴施。晚熟品种根据植株长势,结荚期间可再施肥一次,禁止叶面喷施化学氮肥。

6.菱角的施肥技术

菱角,属于菱科菱属,一年生浮水草本植物,常见的品种有元宝菱、和尚菱、懒角菱、白菱、红菱和乌菱等,主要生活在湖泊、河道,因其富含淀粉、蛋白质及多种维生素,可做水果、蔬菜食用。

种植菱角可以不施基肥,当主茎菱盘形成并出现分盘后,撒施 75 kg·hm^{-2} 尿素提苗,一个月后猛施促花肥,施磷酸二铵 150 kg·hm^{-2},促早开花,争取前期产量。等全田 90% 以上的菱盘结有 $3 \sim 4$ 个果角时,再施入进口三元复合肥 225 kg·hm^{-2},为结果肥。以后每采摘一次即施入复合肥 150 kg·hm^{-2} 左右,连施 3 次,以防早衰。结菱时菱盘已满水面,复合肥撒施会灼伤叶面及花芽,可一人撑船或者木盆,一人在后将肥料撒入船(盆)劈开的菱缝中。每3~4 m撒一道,另外,施入 22.5 kg·hm^{-2} 的硼砂,可防无米菱,亦即花而不实的空壳菱。

(六)多年水生蔬菜施肥技术

水生蔬菜专指生长在淡水中,可做蔬菜食用的草本植物,大多原产于我国南方热带或亚热带的多雨区,我国栽培的水生蔬菜现有莲藕、茭白、荸荠、慈姑、菱、芡实、水芹、莼菜、蒲菜、水芋、水蕹菜和豆瓣菜12种,它们的特点是:喜爱水湿,根群不发达,要求生长在土层深厚、土质肥沃、富含腐殖质的黏性土壤,植株组织疏松,体内空气腔多,生育期较长,大都在 5 个月以上,除水芹、豆瓣菜喜冷凉外,其他都喜温暖,必须在无霜期内生长。

1.莲藕的施肥技术

莲藕属睡莲科多年生水生草本植物,按栽培目的不同可分为藕莲、子莲、花莲 3 种类型,性喜温暖多湿,植株庞大,莲藕需肥量大,要求土层深厚、肥沃,上层为松软的淤泥层和保水力强的黏土中生长。水应该是流速缓慢的活水,水位高低应能控制,最高水位不超过 1.3 m。

栽培莲藕基肥施用量,一般施人畜粪肥或厩肥 22 500~62 500 kg·hm^{-2},或绿肥 45 000~52 500 kg·hm^{-2}。多施堆厩肥可以减少藕身附着的红色锈斑,提高品质。深水藕田易缺磷,除了施足有机肥外,还应撒施过磷酸钙 450~600 kg·hm^{-2} 做基肥。由于莲藕生育期长,需肥较多的特点,一般先后追肥 2~3 次。首先,在立叶开始出现时进行,中耕除草后,施入人粪尿肥11 250~15 000 kg·hm^{-2}。第二次在立叶已有 5~6 片时进行,施入人粪尿肥 15 000 kg·hm^{-2}左右。第三次为追藕肥,在终止叶出现时进行,这时结藕开始。施入人粪尿肥 22 500 kg·hm^{-2},饼肥 450~750 kg·hm^{-2}。施肥应选择晴朗无风天气,避免在烈日的中午进行。每次施肥前放掉田水,以便肥料吸入水中,然后再灌水至原来的深度。在深水藕田中,肥料易流失,不能直接施用液体肥料,应采取固施肥料方法,即重施厩肥或青草绿肥,并埋入泥中。追肥用化肥时,首先将化肥与河泥充分混合,做成肥泥团,再施入藕田。

2.水芹的施肥技术

水芹的生长可分为萌芽、幼苗、旺长、越冬、抽薹开花 5 个时期,前 3 个时期为营养生长期,后 2 个时期为生殖生长期。采用种茎催芽进行无性繁殖,但种茎必须经过抽薹开花才能使用。

以基肥为主,适当追肥。第一次追肥为排种后 15 d,施尿素 75 kg·hm^{-2};第二次追肥为第一次追肥后 15 d 左右,施复合肥 225 kg·hm^{-2};第三次追肥可视长势而定,对长势弱的田块可适当补肥。

(七)芽苗菜类蔬菜生产技术

芽苗菜是利用种子或其他营养器官中储存的糖类、脂肪、蛋白质、矿物质和维生素等养分,在黑暗或光照条件下,进行转化而产生的营养物质,如芽、芽苗、压球、幼梢或幼茎等,芽苗菜的特点是一般不与外界营养、气候、土壤接触,不用打药,是真正的无公害的食品。实质上是幼胚的生理机能从休眠状态到活跃状态转变的生命现象,其主要特点是植物在这个期间不需要外来的营养。这时植物虽然增加了体积,但没有增加干重,仅发生了储存物质的转化,而没有物质的同化。该类蔬菜已经被人们视为餐桌上一类重要的蔬菜,因而其栽培方式引起人们的重视。

1.香椿芽高产栽培技术

香椿属楝科,为多年生落叶乔木,其顶端嫩芽、嫩叶脆嫩多汁,香气浓郁,风味独特,营养丰富,可以鲜食、炒食、凉拌、油炸、腌制等多种食用方法,是名贵的木本蔬菜;根、皮、叶、果还可入药,对防治感冒、肠炎、肺炎、慢性痢疾、膀胱炎、尿道炎等均有疗效。

土壤翻耕前,施腐熟有机肥 45 000～75 000 kg·hm^{-2} 做基肥;翻耕后精细整地,做好 1 m 宽畦待播,定植后浇一次透水,以后结合施肥,每 15 d 用 1%复合肥液浇一次,保持土壤见干见湿,直至成活,梅雨季节注意开沟排水,高温干旱季节适时灌水。4—5 月和 7 月各施一次肥,每次施尿素 150～225 kg·hm^{-2},8 月再施一次氮肥,氮肥水施,并适当控制浇水量;9 月施一次磷肥,用量为过磷酸钙 750～800 kg·hm^{-2},以促进植株木质化,增加抗寒力。第二年春季第一次采收前 3～5 d,施尿素 300～375 kg·hm^{-2}。6—7 月经大量采收后,追肥 2～3 次,施复合肥 300～375 kg·hm^{-2}。生长季节多次喷施叶面肥,落叶后结合深翻,施腐熟有机肥做基肥。6 月下旬至 7 月上旬旱季来临前,可利用作物秸秆或割杂草进行土壤覆盖,落叶后结合深翻,把覆盖物与腐熟有机肥混合埋入深层土中。

2.萝卜芽生产技术

萝卜芽喜温暖湿润,不耐干旱和高温,对光照要求不严,播种后 7～10 d,下胚轴长 8～9 cm 就可收获。若生长期水分不足,温度过高或过低都会影响生长,萝卜芽生长迟缓或过速,纤维素增多,品质不降,为保证产品品质,萝卜芽生产要求遮光的环境。

萝卜芽只需要在适宜温度下,水分充足就可以生产。一般 1 kg 萝卜种子可培育出约 10 kg 萝卜芽菜,每平方米可产芽菜 5 kg。萝卜芽产投比高,见效快,产品形成周期短,营养丰富,是一种值得开发利用的高档营养蔬菜。

每年的 4—11 月,在露地或塑料大棚内就可以进行,高温时须遮阳通风,低温时注意保温,夏天露地加遮阳网。土地要平整,排水要方便,施足肥水。

选用子粒饱满个头大的种子,千粒重以 9～14 g 为宜,发芽率在 90%以上,如大红袍、大青萝卜、穿心红、满园花子、绿肥萝卜等。除去杂物和不饱满种子后,用水冲淘萝卜种子 2～3 遍,除去种子皮外的脏东西和杂物,用超过种子体积 2 倍的水浸泡 3～4 h,浸泡结束后再淘洗种子 2～3 遍,冲去种子外表黏液,然后捞出沥干。再将吸足水分的种子按播种量为每平方米 150～250 g 均匀撒在待播的畦面上,播后盖上疏松的细土。

在多雨季节,应注意排水;干旱时,早晚注意均匀浇水,应避光并防止大水冲倒幼苗。当苗长到 3 cm 高左右时喷施 1 次 0.1%尿素或碳酸氢铵溶液,以后不再施肥。

3.豌豆芽生产技术

豌豆苗又叫"龙须菜""龙须豆苗""蝴蝶菜",属于苗菜类,即小植体菜。豌豆芽生长周期短,7～15 d 可以完成一个周期,生长所需营养主要靠种子积累,很少感染病虫害,不需农药,每千克豌豆可形成 2～3.5 kg 产品,每平方米生产出 10 kg 产品,只要控制好温度,就可以周年生产。豌豆芽生产过程分为播种、催芽、培育和收获 4 个阶段。

为了降低生产成本和生产优质的芽菜,选择种皮厚、发芽势好、发芽率为 90%～95%的小粒种豌豆做种子,如小灰豌豆、紫花豌豆等。用清水淘洗 2～3 次后浸泡,用水量是种子体积的 2～3 倍。夏季用冷水浸泡,冬季用 20～23℃温水浸种,3～4 h 兜底翻动一次,浸泡 8～10 h。如用大粒种,则冬季浸泡时间略长些。浸种后轻轻揉搓,淘洗种子 2～3 次,捞出沥干水分待播。然后对选好的生产场地、栽培容器和基质进行消毒和清洗。

(1)播种　将淋湿的无纺布铺在栽培盘底面,种子均匀摇在无纺布上。每平方米用种量 2.5 kg 左右,每个栽培盘 0.3 kg,为了防止浇水造成种子滚动和堆积,同时还能保湿、遮光,上要盖一层纺布,用小眼喷壶浇水,以盖布上积少量水为宜。

（2）催芽　将栽培盘摞叠在一起,每 6 个一摞放在栽培架上。每层 3 摞,每摞间留一些空间,便于操作和空气流通。每天调换栽培盘上下、前后的位置,浇水 2～3 次。当胚根下扎、芽苗高 1.5 cm 时,将盖在表面的无纺布揭下。同时将栽培盘每 6 个一层平放在栽培架上,送到生产车间弱光区。每天调整栽培盘位置,浇水 2～3 次,同时将霉豆、病豆拿出,以免传染其他植株。

（3）培育和收获　继续严格控制温度和湿度,高温、晴天浇水量大些;天冷、阴天浇水少些。每天倒盘、浇水 2～3 次。当芽苗高 8～10 cm 时,将栽培架送至强光区。等芽苗转绿后就可以上市。发生病害及时清除,严重时整盘销毁。

思考题

1.根据蔬菜植株体内硝态氮的多少可把蔬菜分为哪几类?

2.简述蔬菜的一般营养特性和施肥技术要求?

3.速生型蔬菜、先形成同化器官后形成商品产量、叶与商品产量同时生长的蔬菜在施肥管理上有何区别?

3.菜园土壤肥力特征如何?

4.为减少蔬菜污染,施肥方面应当注意哪些问题?

5.试述目前我国蔬菜施肥中的主要问题及其解决途径。

6.无公害蔬菜、绿色蔬菜和有机蔬菜对肥料的基本要求是什么? 三者之间的关系如何?

7.保护地土壤肥力特征怎样? 保护地蔬菜作物的需肥特点是什么?

8.保护地施肥存在什么问题? 保护地施肥技术要点是什么?

9.列表归纳出主要蔬菜品种的需肥特性和施肥要点。

10.比较蔬菜作物施肥与粮食作物施肥的不同点。

第二节　果树营养与施肥

一、果树营养特性

（一）营养元素在果树中的作用

1.含量和分布

果树体内营养元素的含量,不仅因果树种类而异,还因器官不同而差别很大（表 12-24）。就氮、磷、钾含量而言,叶片中含量最高,其次是果实、结果枝、母枝,而营养枝、干和多年生枝、根中的含量较低。就果树体内所吸收营养元素的绝对含量来看,吸收的磷比氮、钾、钙要少。

果树在一年中吸收氮、磷、钾的总趋势是:在生长初期,如萌芽、开花和枝叶迅速生长期需氮多,以后逐渐下降,至果实采收后仍需一定的氮素,以促进花芽发育和合成储藏物质,为来年生长做准备。果树对磷的需求,在生长初期多些,但以后需要量变化不大。钾是生长初期含量较多,中期是吸钾高峰期。

枝条和根中的变化是:枝条萌芽期、开花期含氮量最多;生长渐进,含量减少。磷的含量变化不大。根部钾的含量在落叶至休眠最多。

叶的变化是:早春叶片中氮、磷、钾含量均较高,随物候期的进展逐渐减少,晚秋氮素含量有所上升,这是后期根系吸收、累积之故。早春叶片中营养元素的状况,说明前一年树体内储藏养分的水平;晚秋叶片营养元素的含量,说明当年树体内累积的水平。叶片中矿物质养分含量高低,可以作为施肥的依据。

果实的变化是:幼果期三要素的含量均较高,此后随果实生长,果实内碳水化合物逐渐增加,三要素的含量相对减少。

要想使果树生长正常,并获得高产优质,要求体内氮、磷、钾有一定比例。马国瑞(1986)根据国内外很多研究资料统计,果树器官中氮、磷、钾含量的大体比例是:枝条和根中氮(10):磷(2~4):钾(5~13),果实中氮(10):磷(0.6~3.1):钾(15~30)。

表 12-24　果树不同器官中营养元素含量　　　　　　　　%

元素	果树种类	果实	叶	营养枝	结果枝	干和多年生枝	根
N	苹果	0.40~0.80	2.30	0.54	0.88	0.49	0.32
	梨	0.40~0.70	2.25	0.57	0.99	0.52	0.40
	酸樱桃	1.00~1.50	2.00	0.47	0.84	0.43	0.25
	李	0.71~1.20	3.00	0.43	0.97	0.37	0.34
	葡萄	0.76	2.42	—	0.71	0.41	1.25
	温州蜜橘	0.17	3.00	—	—	0.7~0.8(干和根)	
P_2O_5	苹果	0.09~0.20	0.45	0.14	0.28	0.12	0.11
	梨	0.10~0.25	0.32	0.11	0.40	0.09	0.17
	酸樱桃	0.21~0.45	0.41	0.10	0.21	0.09	0.09
	李	0.22~0.30	0.60	0.10	0.27	0.09	0.12
	葡萄	0.30	0.41	—	0.32	0.34	0.34
	温州蜜橘	0.04	—	—	—	叶、枝干、根等均含 0.12 左右	
K_2O	苹果	1.20	1.60	0.29	0.52	0.27	0.23
	梨	1.10	1.50	0.34	0.51	0.33	0.34
	酸樱桃	0.58~1.87	1.72	0.23	0.40	0.21	0.27
	李	1.41~2.27	—	0.25	0.43	0.21	0.21
	葡萄	1.04	1.78	—	0.59	0.32	0.38
	温州蜜橘	0.20	1.00	—	—	叶、枝、根中含 0.3~0.4	
CaO	苹果	0.10	3.00	1.42	2.73	1.28	0.54
	梨	0.20	2.00	1.42	2.61	1.29	0.52
	酸樱桃	0.15	3.00	1.17	2.04	1.07	0.49
	李	0.11	3.00	0.87	2.31	0.65	0.59
	葡萄	0.57	3.20	—	0.83	0.94	1.09
	温州蜜橘	0.10	2.00	—	—	枝、干和根中约含 1.00	

2.营养元素对果树生长和结果的作用

(1)氮　果树一般需要大约 $1 \text{ mmol} \cdot \text{g}^{-1}$(干重)的氮,且果树植株中硝态氮的含量极少,这是果树营养的一个特点。

适量的氮素促进营养生长和果实生长,能改善果实品质。如增施氮肥能使柑橘风味浓甜、果汁量增加。氮可增强光合作用,因为氮能促进果树长出较多的嫩叶,合成较多的赤霉素,抑制脱落酸的形成,有利于制造更多的光合产物。

氮素水平稍低时,树体的外观虽然正常,但树冠的体积和叶片均已较小,新生组织形成缓慢,新生枝梢较少,生长势较弱,叶片含氮量低,果实小,成熟早。长期缺氮,老叶变黄,消耗了储存的含氮有机化合物,萌芽、开花不整齐,植株矮化、早衰、产量低,果实含酸量高,含糖量低,着色差(表 12-25)。

表 12-25　氮肥用量与温州蜜柑果实产量和品质的关系

处理	9 月叶中含氮量/%	4 年间干的增长量/cm²	果　实					
			株产量/kg	单果大小/g	果皮/%	酸/%	全糖/%	着色指数*
无氮	1.91	2.30	102	68	15	2.09	6.57	36.0
低氮	2.56	3.48	786	88	18	1.30	9.04	25.6
中氮	3.34	3.72	889	81	21	1.26	9.32	22.2
高氮	4.08	3.28	868	81	22	1.23	9.61	23.2

注:* 波长 560 nm 时的反射率,数字越小,红色越多。

引自:马国瑞,园艺作物营养与施肥,1994。

氮素过多会抑制根的生长,使树冠枝梢徒长,影响花芽形成,生理落果严重,果实成熟迟,着色差,品质下降,果皮增厚。因为氮过多,树体内碳、氮失去平衡。此外,由于树体内赤霉素大量形成,将抑制体内内源乙烯的生成,因而抑制花芽形成。

(2)磷　果树对磷的需要量虽远较氮少,也少于钙,但在新梢和新根的生长点和其他细胞分裂活跃的部位有大量集聚的趋势。磷能促进细胞分裂和增大、花芽分化、果实种子的成熟,提高果树的抗逆性,改善果实的品质。

果树缺磷症状首先出现在基部老叶上,叶片呈暗绿色或古铜色,叶柄和叶脉呈红或紫色。缺磷会抑制碳素同化代谢,淀粉不易变为可溶性糖,影响分生组织的正常活动,延迟果树展叶和开花,降低枝条萌发率,新梢和细根生长减弱,叶片、花和果实均小,积累在组织中的糖转变为花青素,花芽分化不良,果实色泽不鲜艳,影响产量和品质,抗寒、抗旱力减弱。磷过多,会抑制氮的吸收,引起锌、铜、铁缺乏,使叶片黄化或白化,当磷锌比大于 100 时,会出现小叶病。

(3)钾　果树大量吸钾是在花前,花后叶内的含钾量下降,因为钾从叶转移到其他器官。钾能促进糖的转化、运输和纤维素的合成等。钾充足时能增加含糖量,改善果实品质及耐贮性,促进枝条加粗,机械组织发达,果实增大,提高抗寒、抗病虫害的能力。在氮素过剩时,钾可以修补因氮过剩而引起的果实风味和色泽变坏。当体内钾增多时,不仅果实着色好,而且能促进适时早熟,使糖酸比适宜。

钾不足时,中部叶片的叶缘焦枯,叶片皱缩卷曲,严重时全叶焦枯,但仍挂在树上不脱落。苹果树、李树和樱桃树开始缺钾时叶片呈蓝绿色;梨树缺钾时叶片呈棕色或黑色;桃树和葡萄树的叶片可能还会出现坏死斑点,坏死斑点脱落后形成许多小孔。缺钾的苹果着色差,果实小;柑橘树缺钾时果实小但皮薄着色好;葡萄缺钾浆果成熟度不整齐。钾过多,果实耐贮性下降,含水率增高,使氮、镁、钙的吸收下降,果皮增厚。

(4)钙　钙和细胞结构有密切关系,它是果胶钙的重要成分,增大细胞的坚硬性,保持膜不分解,延缓果实变绵衰老过程,使品质优良。

钙在果树体内一部分呈离子态,另一部分呈难溶性盐的形态,这部分钙可以调节树体的酸度,防止 H^+、Na^+、Al^{3+}、Fe^{3+} 过多的毒害。

缺钙时,首先在根系上表现出来,根短而膨大。如苹果树和桃树缺钙使根粗短弯曲,并有强烈分生新根的现象,根尖逐渐坏死后会长出侧生新根,这是果树缺钙的典型标志。缺钙时地上部新梢生长受阻,叶片褪绿变小,叶尖叶缘向上卷曲,严重时叶片出现坏死组织,枝条枯死,花朵萎缩。

果树缺钙在果实上的表现比枝条更为普遍,尤其在落叶果树上更为突出。如苹果的水心病、苦痘病、苦斑病等;梨果实的木栓斑、黑心病。研究证明,上述果实生理病害的发生既与果实中钙的浓度有关,又与果实中钙与氮、钾和镁等元素的比例有关,这些营养元素在果实中失去生理平衡时,就会发生病害。仝月澳等(1980)的试验结果就充分证明了这一点(表 12-26)。

表 12-26　元帅苹果几种营养元素的比例与水心病程度的关系

水心病程度	果皮		果肉	
	园 1	园 2	园 1	园 2
	K/Ca			
健康果	8.96	9.29	28.76	27.10
轻病果	9.73	12.50	30.14	37.02
重病果	11.59	12.79	33.55	34.09
	(K+Mg)/Ca			
健康果	10.02	10.33	29.73	28.07
轻病果	10.78	13.87	31.09	38.23
重病果	12.66	14.17	34.61	35.23
	K/(Ca+Mg)			
健康果	4.35	4.56	14.53	13.80
轻病果	4.75	5.28	15.46	16.79
重病果	5.60	5.37	16.22	15.99

引自:浙江农业大学,作物营养与施肥,1990。

苹果水心病在我国西北地区比较严重,发生这种病害的机理,与果实碳水化合物的代谢失调有关。在正常的情况下,叶子中形成的光合产物,以山梨糖醇的形态流入果实,在果实中转化为果糖。但果实缺钙时,抑制了山梨醇脱氢酶和辅酶Ⅰ的活性,使山梨糖醇不能在果实中转化为果糖,而在筛管中累积,山梨糖醇进一步渗透到果肉细胞的间隙中,使其充满汁液,成为水渍状,形成水心病。

(5)锌　锌能促进生长素的合成,从而促进果树的枝叶、果实的生长,由于锌在树体中的活动性不大,老叶中的锌不会流动,所以缺锌时枝条的顶端叶呈簇状,或呈小叶,称为"小叶病",有杂色斑和失绿现象,枝条生长受阻。严重缺锌时,果树生长不均匀,缺锌枝条上芽不萌发或早落,形成光秃的枝条,只在顶端有一丛簇叶,果实小、畸形。连续多年缺锌,树体衰弱,花芽分化不良。一般在沙地、盐碱地及瘠薄山地、果园易出现缺锌现象,另外,钙、磷过多也会引起诱发缺锌。

通常认为高磷会引起果树缺锌,这主要是过量的磷会影响锌的吸收和运输。全月澳等根据全国 56 个试验结果指出,小叶病的 P/Zn 在 106～186,而正常树则在 41～100。叶中的锌和磷呈极显著的负相关($y=182.99-4.61x$,$r=-0.88^{**}$),并提出用 P/Zn 做缺锌的诊断指标。

(6)铁　铁虽不是叶绿素的成分,但在叶绿素合成的过程中,卟啉合成需要铁。根系只能吸收二价铁,铁在体内多以不大活动的高分子化合物存在,不能再利用。缺铁的典型症状是幼叶叶肉先失绿,而叶脉仍保持绿色。严重时叶脉也失绿,叶缘出现坏死,叶小而薄,甚至可能引起苹果、李和桃等果树的枯梢现象,落花落果严重,花芽分化不良等。在北方石灰性土壤上,果树常表现出石灰诱导缺铁失绿。这种失绿症不是由于土壤铁绝对量低,也不是由于土壤有效铁太低,而是生理性失调。石灰性土壤具有高的碳酸盐含量,土壤中钙浓度和 pH 高等特性使土壤中铁的溶解度降低。虽然这些土壤因子都被看成石灰引起植物失绿症的原因,但大量文献表明,土壤中碳酸氢盐(HCO_3^-)的高浓度是石灰诱导失绿的重要原因,因为重碳酸盐可使叶片铁活性显著降低。

(7)硼　硼能促进花粉形成、花粉萌发和花粉管生长,对子房发育也有作用。所以,硼充足时能明显提高果树的坐果率,增加产量,改善品质。缺硼时,苹果树干肿胀粗皮(粗皮病);严重时使根茎生长点死亡,叫芽枯病;初期叶脉黄化,叶肉仍保持绿色,以后叶肉也黄化,叶脉断裂,叶小而厚,成畸形,无光泽,果型凸凹不平,果面干疤内陷,疤面裂开,果肉坏死变褐,常称"缩果病"。硼过多,可引起毒害作用,影响根系吸收。

(二)果树的营养特点

果树是多年生木本植物,其生命周期长,营养体高大,根系深广,具有独特的生长结果习性。因此,同一年生作物相比,在矿质养分的吸收、利用、储藏和分配上,具有明显的营养特点。

1.生命周期长,营养要求高

果树一经定植,可以生长数十年乃至数百年。在其整个生命周期中,一般要经历幼树期、结果初期、盛果期、衰老期等生命全过程。所以,不同树龄的果树有其特殊的生理特点和营养要求。处于营养生长期的幼龄果树,以长树为主,其生长中心是发展树冠和扩大根系,即逐年扩大树冠,长好骨架大枝,准备好结果部位和促进根系生长发育,扩大吸收面积。营养特点是:由于生长旺盛,养分主要用于生长,所以消耗多、积累少,可逐步给花芽形成积累足够的营养物质。这个时期果树对肥料的反应敏感,一旦树体营养不良,由此而造成的损失即使以后加倍施肥也难以补偿。因此,在营养和施肥上要求以速效氮肥为主,并配施一定量的磷肥和钾肥。进入结果初期后,从营养生长占优势逐渐转为与生殖生长趋向平衡,这时的营养特点是,生长快,营养需求量大,在养分供应上既要充足,又要防止营养生长过旺。因此,在营养和施肥上,要在保证氮肥供应的基础上增施磷、钾肥,使其既有利于继续长树,又有利于促进花芽分化,提早结果。在结果盛期,果树常因结果量过大,树体营养物质的消耗过多,营养生长受到抑制而造成大小年现象,使树势衰弱,过早进入衰老期。这个时期的营养特点是:对养分的需求量很大,而且要求按照适宜的比例适时供应,要注意氮、磷、钾肥配合,尤其要重视钾肥,以达丰产优质。进入衰老期的营养特点是:由于果树在同一位置生长了几十年,使同一元素被大量消耗,同时,根系分泌到土壤的有毒物质积累增多。

果树在一年中随季节的变化要经历抽梢、长叶、开花、果实生长与成熟、花芽分化等不同生长发育阶段,也形成果树的年生长周期。在年周期中,不同物候期果树的需肥特性也大不相同,表现出明显的阶段营养特性,其中以开花期、花芽分化期、果实膨大期需肥的数量和强度较大。果树多年生长在同一土壤,吸收养分的能力很强,易出现养分供应比例失调,果树缺素症比较普遍。总之,果树施肥不仅要根据年周期的需肥特性,而且要遵从整个生命周期的营养要求来确定肥料的用量和种类的合理搭配,以达到丰产优质的目的。

2. 树体多年生长,具有储藏营养的特性

果树经过多年的营养吸收、分配、积累,树体内储藏着大量的营养物质,有碳水化合物、含氮物质和各类矿质元素。这些储藏物质在夏末秋初由叶向干回运,早春又由储藏器官向新生长点调运,供应前期芽的继续分化和枝叶生长发育的需要,这是多年生果树不同于一年生作物的重要营养特性。储藏营养是果树安全越冬、次年前期生长发育的物质基础,它直接影响叶、花原基分化、萌芽抽梢、开花坐果及果实生长。果树在春季抽梢、开花、结果初期所用的养分有80%来自前一年积累储存的养分。以后随着养分的增强,当年从土壤中吸收的养分发挥日益重要的作用。至生长后期,植株又为次年春季的生长发育积累储存养分。

周学伍等对甜橙树体储藏营养与次年新生器官形成关系的研究表明,10—12月为养分的储备时期,增施秋肥显著地提高了植株的碳氮营养水平,促进了次年新生器官的数量和质量,叶、花、枝比例高于对照24.1%～39.4%,坐果率高59.7%～184.5%。因此,在果树生产上,要注意适时施足秋肥以维持健壮的树势,提高树体储藏营养的总体水平,为保证果树持续丰产奠定丰富的物质基础。

3. 树体营养和果实营养要协调一致

果树在年周期中要经历营养生长和生殖生长两个阶段。营养生长和生殖生长有重叠或交叉,形成果树各器官对养分的竞争,施肥不当,往往使养分集中到当时的营养中心,而削弱其余器官。如果偏施过量氮肥,会导致营养生长过于旺盛,枝叶徒长,花芽分化不良,有的虽能开花结果,但在发育过程中会发生生理落果,即使收获的果实,也会着色不良,糖少酸多,风味欠佳;反之,如果施氮不足,则营养生长不良,即使着生较多的花芽,也不能良好发育,产量也低。因此,在果树生产中,只有保持营养生长和生殖生长的平衡,才能克服大、小年,保证年年稳产。

4. 砧木特性与施肥关系密切

大多数果树以嫁接和扦插进行繁殖,以维持其优良性状。嫁接时选择的砧木和接穗的组合不同,会明显影响养分的吸收和体内养分的组成。如苹果的无性系砧木 M_1 和 M_7 使许多接穗品种具有较高的营养浓度,而嫁接在砧木 M_{13} 和 M_{16} 上时营养浓度则较低。在柑橘类果树中,枳壳作砧木时,接穗叶内的含氮量比柠檬做砧木时低,而含磷量则相反。因此,应筛选具有高产、优质、吸收和运输养分能力强的营养基因型砧木,以节约施肥。

二、果树施肥技术

(一)果树施肥技术要素的确定

1. 施肥量的确定

果树适宜施肥量的确定是一个十分复杂的问题。因为果树对肥料的需求量受树种、品种、树势、土壤肥力、气候条件、栽培方式和管理水平等多种因素的影响,一般难以确定统一的施肥量标准。但可以通过大量的田间试验,逐步了解各种果树在不同生态环境下对肥料的反应,目前,在果树生产中确定施肥量的方法主要有经验法、田间肥料试验法和养分平衡施肥法。养分平衡施肥法在前面有关章节中已经介绍,这里只介绍前两种。

(1)经验法(experience method)　我国不同果区农民在长期的生产实践中,积累和总结出许多适合当地果树生产的宝贵施肥经验。因此,对当地果园的施肥种类、数量和配比进行广泛的调查,对不同种类果树的树势、产量和品质等与施肥的关系进行综合分析,确定出既能保证树势,又能获得高产、稳产、优质的施肥量,并在生产实践中结合树体生长结果反应,不断进行调整,最终确定出更符合果树要求的最佳施肥量。这一方法简单易行,切合实际,用以指导生产能收到较好的效果。例如,对有机肥指标,山东省曾提出的"每千克果需 1 kg 肥",河南提出的"每千克果需 2 kg 肥",目前在果树生产中仍在使用。

(2)田间肥料试验法(field fertilizer experiment method)　它是指按不同果区对不同树种、品种、树龄的果树进行田间肥料试验,根据试验结果确定施肥量的一种方法。这种方法科学可靠,可指导当地果树生产。通过大量的田间试验,目前已确定出不同果树的氮、磷、钾及其他营养元素的适宜比例及用量可供参考(表 12-27)。

表 12-27　不同果树的三要素施用量及比例

树种	施用量/(kg·hm^{-2})			比例
	N	P$_2$O$_5$	K$_2$O	N:P:K
柑橘	114	71	47	1:0.65:0.11
香橙	84	66	60	1:0.79:0.71
苹果(国光)	110	94	106	2:1.7:1.9
苹果(富士)	88	51	83	2:1.2:2
葡萄(巨峰)	76	68	79	2:1.8:2.1
葡萄	120	169	150	1:1.33:1.25
桃	140	84	140	1:0.6:1
梨	176.3	36.3	180	1:0.21:1.02
核桃	62.25	34	50	1:0.55:0.80
板栗	158	110	164	2:1.40:2.10
猕猴桃	1～1.33	0.27～0.40	0.53～0.67	1:0.3:0.5

引自:韩振海,王倩等,果树营养诊断与科学施肥,1997。

2. 施肥期的确定

果树施肥期的确定首先必须与其需肥期相适应,其次还必须掌握土壤中营养元素和水分变化规律及肥料的性质。一般果树的施肥期主要分基肥期和追肥期。

(1)基肥(basal manure)　基肥是指在较长时期供给果树多种养分的基础肥料。基肥一般秋施,早熟品种的结果树在果实采收后,中、晚熟品种在果实采收前,在不影响当年再次生长的前提下应尽量早施。

基肥可以是有机肥,也可以是化肥,二者配合更好,且应以有机肥为主。化学磷、钾肥应以秋施为主。秋施基肥时,秋梢已停止生长,但温度尚适宜,昼夜温差大,光照充足,光合效率高,施肥可促进根的吸收,并积累同化产物,因而可提高果树的越冬性,有利于花芽饱满,有益于来年春天养分供应,提高花粉质量和坐果率,为增产打下坚实的基础。

（2）追肥（top dressing）　追肥就是根据果树各物候期需肥特点和缺肥情况而及时适量补充速效肥料。其作用是调节营养生长和生殖生长的矛盾，保证果树对养分的需要。从理论上讲，萌芽、开花、坐果、抽梢、果实迅速膨大、花芽分化等时期均是需肥的关键时期，在这些时期都应该追肥。但追肥的时期和次数还与气候、土质、树种、树龄、树势等许多条件有关，因此要根据具体情况而定。

一般果树的追肥时期主要在花前、花后、果实膨大和花芽分化期、果实生长后期。

①花前追肥　开花需要大量营养物质，但这时土温较低，根系吸收能力尚差，适量追施氮肥，能促进春梢和叶生长，也有利于生殖器官的发育，对弱树和第一年结果多的树，更要适当加大这次追肥量。

②花后追肥　落花后坐果期也是果树需肥较多的时期，幼果迅速生长，新梢生长加速，都需要氮素营养。这个时期追肥可促进新梢生长，扩大叶面积，提高光合效能，有利于碳水化合物和蛋白质的形成，减少生理落果。

③果实膨大和花芽分化期追肥　果实膨大期是需肥多的时期，氮、钾肥可促进果实膨大，磷肥能促进种子成熟，适宜的氮、磷、钾比还可以提高果实品质。果实膨大期也是秋梢生长和花芽分化的时期，多种营养生长和生殖生长并存，必须供应适宜比例的充足养分。但是，施肥过多会使枝条生长过旺，影响花芽分化，结果量过大时也会影响花芽分化，对结果量不多的大树或树梢尚未停止生长的初结果树，施肥不宜太多，否则会引起二次生长。这次施肥既保证当年产量，又为来年结果打下了基础，对克服大小年现象也有作用。

④果实生长后期追肥　这个时期追肥主要是解决大量结果造成树体营养物质亏缺和花芽分化的矛盾。尤以晚熟品种后期追肥更为重要。

在生产实践中，果树一年4次追肥难度较大，只要针对果树生长结果的具体情况，重点追施2次即可。落叶果树重点施好基肥和花芽分化肥，常绿果树重点追施前期催春梢肥和后期壮果肥。果树追肥应注意：A. 根据树势施肥。树势弱应以秋施氮肥为主，以壮树势；树势强的，以花芽分化前为重点，促花芽分化，提高产量。B. 克服大小年施肥。在大年时，除了施少量氮肥维持树势外，氮肥重点放在花芽分化前，为"小年"形成较多的花芽。在小年时，氮肥重点放在促进营养生长、增强树势上，氮肥在前一年秋季或当年春季施用，避免过多施用花芽分化肥，导致翌年花芽更多，大小年幅度更大。

（二）现代果园施肥新技术

1. 穴储肥水新技术

穴储肥水是一种节约用水、集中使用肥水和加强自然降水的蓄水保墒新技术。它适用于山地、坡地、滩地、沙荒地、干旱少雨地区的果园进行土壤肥水管理。其主要技术规程是：于果树春季发芽前，在树冠外缘下根系密集区内均匀地挖直径 $30\sim40$ cm，深 $40\sim50$ cm 的穴若干，每穴内直立埋入一直径 $20\sim30$ cm，长 $30\sim40$ cm 的用玉米秆、麦秸、谷草、杂草等捆扎而成并已充分吸足肥水的草把。草把上端比地面低约 10 cm，4 周及上部用混有氮、磷、钾和有机肥的土壤埋好、踏实。使穴顶比周围地面略低，呈漏斗状，以利于积水。后在其上覆膜，四周用土压好封严，并在穴的中心捅一孔。以后的施肥灌水都将在穴孔上进行。

这种技术可以局部改善果园土、肥、水状况，促进果树根系发育，操作简单，取材方便，投资少，节水节肥，增产优质，增效显著。

2. 树干强力注射施肥技术

该技术是将果树所需要的肥料配成一定浓度的溶液,从树干强行直接注入树体内,靠机具持续的压力将进入树体的肥液输送到根、枝和叶部,直接被果树吸收利用。这种方法的优点是可及时矫治果树缺素症、减少肥料用量、提高其利用率、不污染环境,但存在易引起腐烂病等缺点。目前多用此法来注射铁肥,以治疗果树缺铁失绿症。

3. 管道施肥技术

管道施肥技术是采用大贮肥池统一配置肥液,用机械动力将肥液压入输送管道系统,直接喷施于树体上的一种施肥方法。

4. 灌溉施肥技术

灌溉施肥技术是一种将水肥供应通过灌溉结合起来的现代农业技术,不但可实现产量的最大化,同时它对环境所产生的污染也达到最小。

根据不同的地形和水质,果树作物的微灌设备有滴灌、微喷和小管出流3种模式。由于种植果树的地方降水相对较多或水资源条件较好,微灌设备主要用于干旱期的补充灌溉和关键生育期的施肥控制。根据各地的实践和示范,果树滴灌施肥可以提高抗旱能力,调整树势,提高果树小年的产量,提高果品的商品率。果树作物灌溉施肥已在南方的荔枝、杧果、香蕉、柑橘上成功应用,果实产量提高 10%;在北方苹果、梨、桃、葡萄上成功应用,果实产量提高 15%以上。

三、常见果树的施肥技术

(一)苹果施肥

1. 需肥特性

苹果树从萌芽到新梢迅速生长所需要的氮主要来自上一年储存的养分。氮的吸收高峰在 6 月中旬前后;磷的吸收在生长初期迅速达到高峰,此后一直保持旺盛水平;钾的吸收在果实膨大期达到高峰,以后吸收量迅速下降,直到生长季节结束。在年生长发育过程中,前期以吸收氮为主,中后期以吸收钾为主,磷的吸收一直保持比较平稳的状态。

2. 施肥技术

通常每生产 100 kg 苹果,需氮(N)$1.22\sim2.18$ kg,磷(P_2O_5)$0.23\sim1.31$ kg,钾(K_2O)$0.57\sim2.17$ kg。幼树生长需要较多的氮和磷,氮、磷和钾的适宜比例为 2:2:1 或 1:2:1;结果树需要较多的氮和钾,其氮、磷、钾适宜的比例为 2:1:2 或 3:1:3。在一般情况下,建议乔砧果园为氮(N)300 kg·hm^{-2},磷(P_2O_5)$125\sim225$ kg·hm^{-2},钾(K_2O)300 kg·hm^{-2},矮砧果园为氮(N)450 kg·hm^{-2},磷(P_2O_5)300 kg·hm^{-2},钾(K_2O)450 kg·hm^{-2}。通常将肥料的 60%~70%做基肥,以有机肥为主,在秋季施用;30%~40%做追肥,一般每年 2 或 3 次,分别在萌动前、落花后和花芽分化期施用。丰产期产量高,每生产 100 kg 苹果要追施氮(N)300 g 左右,按 N:P_2O_5:K_2O=1:($0.5\sim0.7$):1 的比例配合追施磷、钾肥。另外,还要针对土壤条件注意硼、锌、铁和钙等中微量元素的使用。

(二)梨树施肥

1. 需肥特性

梨树同其他果树相比,产量高,因而需肥也较多。在氮、磷、钾三要素中,幼树需氮较多,其次是钾,磷较少,约为氮量的 1/5;结果后,吸收的氮、钾比例与幼树基本相似,但磷的吸收量增加,约为氮量的 1/3。据测算每生产 100 kg 果实,吸收氮(N)0.4～0.6 kg,磷(P_2O_5)0.1～0.25 kg,钾(K_2O)0.4～0.6 kg。一般幼树适宜的 N：P_2O_5：K_2O 约为 1：0.5：1 或 1：1：1;进入结果期后,其适宜的 N：P_2O_5：K_2O 约为 2：1：3 或 1：0.5：1。

2.施肥技术

基肥应以有机肥为主,配合施用化肥,在秋季施用。其中,氮、钾各占总施肥量的 50%,磷肥占总施肥量的 60%～70%。一年可追肥 3 次,第 1 次花前肥以 3 月中下旬为宜,以氮肥为主,用尿素 37.5～45 kg·hm^{-2};第 2 次追肥在花芽分化前,6 月上中旬左右,以速效氮肥和钾肥为主,用尿素 75 kg·hm^{-2},硫酸钾 75～90 kg·hm^{-2};第 3 次追肥在果实膨大期以 7 月上旬为宜,氮、磷、钾配合施用,避免偏施氮肥,影响果实品质。

(三)柑橘施肥

1.需肥特性

柑橘为常绿果树,一年多次抽梢,生长期长,需肥量大,每生产 1 000 kg 果实需吸收氮(N)1.75 kg、磷(P_2O_5)0.53 kg、钾(K_2O)2.4 kg、氧化钙(CaO)0.8 kg、氧化镁(MgO)0.27 kg,N：P_2O_5：K_2O 约为 1：0.3：1.4;另外,树体内还储藏有果实吸收量的 40%～70%的养分。其对养分的吸收量在 5—6 月间枝叶生长最大期吸收量最大,其后逐渐减少,8—9 月果实膨大期再次稍有增高,但此后吸收量减少。

2.施肥技术

柑橘的施肥量依品种、树龄、产量、气候和土壤肥力不同而有较大的差异,通常在产量为 37 500 kg·hm^{-2} 时,建议的施肥量为氮(N)345～420 kg·hm^{-2},磷(P_2O_5)195～270 kg·hm^{-2},钾(K_2O)345～420 kg·hm^{-2}。对结果的柑橘树施肥主要分为 4 个时期。

(1)萌芽肥 通常在 2 月下旬至 4 月上旬施用,用肥量约占全年的 20%。

(2)稳果肥 谢花后至六七月是幼果长大期,以氮为主配合磷、钾肥施用,用肥量约占全年的 20%。

(3)壮果肥 秋梢萌发前施用,目的在于保证果实迅速膨大,改善品质,促进抽发次年结果秋梢。宜配合氮、磷、钾等元素,用肥量约占全年的 30%。

(4)采果肥 采果前后施下,可恢复树势,增加树体养分积累,促进花芽分化,增进植株越冬能力。一般在采果前施一些化肥,采果后再施有机肥。用肥量约占全年的 30%。肥料施用方法依树龄、肥料种类、气候条件和施肥时间而定。

(四)桃树施肥

1.需肥特性

桃树生长快,需肥多,每生产 100 kg 桃需吸收氮 0.3～0.6 kg、磷 0.1～0.2 kg、钾 0.3～0.7 kg,其氮、磷、钾比例为 1：0.3：1。同时还需要钙、镁、硼、锌、铁、铜等营养元素。在其年周期发育过程中,对氮、磷、钾的吸收动态,一般是从 6 月上旬开始增强,随着果实生长,吸收量渐次增加,至 7 月上旬果实迅速膨大期,吸收量急剧上升,其中尤以钾肥吸收量增加最显著,到 7 月中旬,桃树对三要素的吸收量达到最高峰,直到采收前才稍有下降。

2.施肥技术

一般高产桃园每年施氮(N)300～675 kg·hm^{-2}、磷(P_2O_5)67.5～337.5 kg·hm^{-2}、钾(K_2O)225～600 kg·hm^{-2}。基肥以有机肥为主,配合部分化肥,以秋施为宜。对成年结果树来说,基肥应占总施肥量的 1/3～1/2。追肥以化肥为主,根据桃树物候期有以下几次追肥。

（1）促花肥　多在早春后开花前施用，以速效氮肥为主，占年施肥量的 10%。一般施氮（N）30～75 kg·hm^{-2}。

（2）坐果肥　多在开花后至果实核硬化前施用，施肥以氮肥为主，配合少量的磷钾肥，用量同促花肥一样。

（3）果实膨大肥　在果实再次进入快速生长期后施用。这是一年中最关键的一次追肥，以氮、钾肥为主，可配以少量磷肥。也有一些研究认为早熟品种在营养良好的条件下，此时可不追肥，以免加剧裂核。施肥量占年施用量的 20%～30%，施氮（N）60～150 kg·hm^{-2}、钾（K$_2$O）90～225 kg·hm^{-2}，根据需要可配施磷（P$_2$O$_5$）22.5～67.5 kg·hm^{-2}。桃树对微量元素肥料的需要量较少，主要靠有机肥和土壤提供。如果土壤瘠薄或有机肥施用少可适当施用微量元素肥料。

（五）核桃施肥

1.需肥特性

核桃树每年要从土壤中吸收大量的营养元素，包括氮、磷、钾、钙、镁、硫、铁、锌、锰、硼、铜等，其中对氮素的需求量最大，每生产 100 kg 核桃需吸收氮 2.8 kg。氮能增加出仁率，磷、钾除能增加产量外，还能改善品质。

2.施肥技术

我国的核桃树管理比较粗放，一般情况下 1～5 年生的幼树每年每株施氮 0.1～0.15 kg 或有机肥 100～150 kg；6～10 年生的初结果树，每年每株应施有机肥 100～200 kg，并追施氮肥约 0.12 kg、磷肥 0.1～0.12 kg、钾肥 0.1～0.12 kg；成年大树三要素的比例以 N：P$_2$O$_5$：K$_2$O=3：1：1 最适合，每年每株应施有机肥 200～300 kg，追施氮肥 0.2 kg，磷肥 0.12～0.15 kg，钾肥 0.1～0.12 kg。基肥在秋季采收后最佳，追肥分别在发芽前、落花后和果实硬核期进行。如果缺微量元素则应补施。

（六）板栗施肥

1.需肥特性

板栗树在发芽初期即开始吸收氮素，随物候期的变化，吸收量逐渐增加，直至 9 月下旬，吸收还在上升，但进入收获后，则迅速减少，从 10 月下旬到 11 月接近落叶时则几乎停止吸收，在整个生长期间，以果实膨大期的吸收量为最大；对磷的吸收在开花前很少，开花后到 9 月下旬吸收量比较多而平稳，10 月以后又几乎停止吸收，吸收时间较短，吸收量也较少；对钾的吸收在开花前也很少，开花后迅速增加，果实膨大期吸收量最大，10—11 月又急剧减少。由此可见，板栗的重要营养时期为果实膨大期。

2.施肥技术

板栗施肥一般在晚秋结合深翻改土进行。在树冠下开弧形沟 3 或 4 条，依树龄大小，每株施有机肥 100～250 kg，混入过磷酸钙 5 kg、硼砂 0.2～0.5 kg 和硫酸钾 0.2～0.5 kg。发芽前在树冠下开放射浅沟 5～7 条，每株追施尿素 0.1～0.5 kg。7—8 月结合灌水，每株再追施尿素 0.1～0.3 kg，过磷酸钙 1 kg。花期叶面喷施 0.2% 的硼砂溶液是提高板栗坐果率的有效措施。

（七）葡萄施肥

1.需肥特性

葡萄对钾敏感，是喜钾树种。6 月中旬、秋季是其吸收营养的高峰期。来年营养生长量和产量都比较大,因此需肥水也较多。一般每生产 1 000 kg 浆果需氮(N)5.89 kg、磷(P_2O_5)2.77 kg、钾(K_2O)6.82 kg,氮、磷、钾的比例为 10:5:12。

2.施肥技术

葡萄适宜的施肥量一般为施氮(N)300~375 kg·hm^{-2}、磷(P_2O_5)225~262.5 kg·hm^{-2}、钾(K_2O)360~450 kg·hm^{-2}。上述肥料中氮肥的 50%~60%为有机肥作基肥施用;大部分磷肥和 50%的钾肥,也做基肥施用。施肥时均以秋施占 2/3,6 月中旬施肥占 1/3 为宜。另外也需注意硼、锌等微量元素肥料的施用。

(八)枣树施肥

1.需肥特性

枣树需肥量大,每生产 100 kg 鲜枣,需氮(N)1.5 kg、磷(P_2O_5)1.0 kg、钾(K_2O)1.3 kg。

枣树各个生长期对营养元素的要求是不同的,萌芽到开花期以氮素为主,前期枝叶生长至花蕾发育对氮的要求迫切;6 月至 8 月上旬为幼果期和根系生长高峰时期,要求氮、磷、钾配合供给;果实成熟至落叶前,树体主要进行养分积累储藏,根系肥料的吸收显著减少。

2.施肥技术

枣树的施肥量受到多种因素的影响,一般以施氮(N)562.5 kg·hm^{-2}、磷(P_2O_5)375 kg·hm^{-2}、钾(K_2O)487.5 kg·hm^{-2} 为宜。基肥以有机肥为主,配合部分化肥,一般成龄大树每株应有 100~150 kg 的有机肥做基肥施用,最佳施用时间为果实采收前后。追肥以速效肥为主,一般成龄枣树每株应施硫酸铵 3~4 kg 或尿素 1.5~2.0 kg,过磷酸钙 3~4 kg、硫酸钾 1.0~1.5 kg。一般分 3 次,分别于萌芽前、开花前和幼果期进行。对于结果多的丰产树或丰产田,还应注意果实生长后期追肥。以促进果实膨大和品质提高,增加树体营养积累,保证高产稳产。

思考题

1.果树的营养特点是什么?

2.果树的施肥技术包括哪几方面? 有哪些施肥新技术?

3.确定果树施肥量的方法有哪些? 怎样确定一年内的施肥时期?

第三节　花卉营养与施肥

随着我国社会的发展、市场经济的繁荣以及人民生活水平和文化水平的提高,花卉产业迅速崛起。花卉在人类生活和社会经济发展中有其独特的作用:①美化环境的作用。可以用于点缀居室、阳台、道路、庭院,起着装扮人们生活环境的作用。②有益于人们的身体健康。如石榴、紫薇、玉兰、木槿等花卉具有吸收有害气体、净化空气的能力,能保护和改善环境,从而保护人们的身体健康;在紧张的现代社会中,花卉还具有消除疲劳、舒缓紧张情绪的作用,因此栽植并养护花卉既可以调节精神,又可以陶冶情操。③花卉可以增加经济收入。随着生活水平的提高和社会经济的发展,对商品花卉的需求日益增大,因此花卉生产逐渐成为一种增加经济收入的产业;同时有些花卉也可食、养身治病,在食品、保健、轻工业等方面用途很广,形成了花卉的第二产业。

花卉在生长发育当中,除了从空气中摄取二氧化碳而吸收碳和从水中吸取氢和氧外,还要从土壤中吸收氮、磷、钾、钙、镁、硫、铁、硼、锰、铜、锌等营养元素。这些营养元素对花卉的生长发育是必需的,尤其是氮、磷、钾三个元素。当土壤不能满足花卉对营养元素的要求时,就必须通过施肥进行补充,因此施肥对花卉的生产是非常重要的。但是花卉因其种类繁多,习性差异较大,对环境条件及栽培措施的要求很不一致,加之其特有的观赏习性,在养护管理上有其独特的栽培特点,表现在营养施肥管理上更是如此。因此,科学施肥时,必须根据花卉的营养特点、不同生长阶段、根系的深浅及土境、气候、市场需求特点等因素全面考虑。目前我国花卉栽培过程中对于施肥主要还是采取经验的方法,通过观察花卉的生长状况决定施肥,而要做到通过定量分析决定施肥种类以及施肥量还是比较困难的。

一、营养元素在花卉中的作用

(一)含量和分布

花卉体内营养元素的含量和分布,因器官不同而差别很大:N 的含量,叶>茎>根>花;P 的含量,花>叶>茎>根;K 的含量,叶>花>茎>根;Ca、Mg、S 等元素的含量,叶>茎或根>花;Fe 的含量,根>叶>茎>花;Mn 的含量,根>茎>叶>花;Zn 的含量,叶>根>茎>花。陈向明对开花期的牡丹植株不同部位 13 种矿质元素含量进行分析,结果表明:代谢旺盛的器官富含 N、P、K、Mg、S 元素,表现为叶>花>新茎>根>老茎;老龄器官富含 Ca、Fe、Na 等元素,表现为根>老茎>花>叶。

花卉体内营养元素的含量因花卉生育阶段不同而异。施冰等通过试验表明,大花萱草不同品种在不同发育阶段对大量元素的吸收具有一定的规律性:营养生长阶段养分吸收浓度顺序为 K>N>Ca>Mg>P;生殖生长阶段为 N>K>Ca>Mg;枯黄期为 N>Ca>K>P>Mg 或 N>K>Ca>Mg。

花卉体内营养元素的含量亦因花卉种类不同而异。据王月英(2004)研究(表 12-28),在花卉植物鲜体中,从各营养元素质量分数的平均值分析,氮、磷、钾总量,木本花卉如月季、马拉巴栗和袖珍椰子相对较高,其中观花的月季较木本观叶花卉更高。草本观花花卉如红掌和君子兰质量分数居中,草本观叶花卉如广东万年青、龟背竹和蓝宝石质量分数相对较低。其他元素有类似的变化趋势。因此,就总体而言,营养元素含量木本观花植物>木本观叶植物>草本观花植物>草本观叶植物。

上述研究结果可为确定不同种类、不同阶段花卉施肥量提供参考。

表 12-28　不同类型花卉在各季节的营养元素质量分数

植物类型	时间	营养元素质量分数/(g·kg⁻¹)					营养元素质量分数/(mg·kg⁻¹)					氮、磷、钾总量/(g·kg⁻¹)
		氮	磷	钾	钙	镁	硫	铜	锌	铁	锰	硼	
木本观花 月季	4 月	5.70	1.20	4.50	3.50	0.40	0.60	3.30	20.00	56.30	38.20	11.80	
	7 月	2.80	0.83	3.20	2.10	0.82	0.82	5.80	19.00	24.10	38.20	2.80	
	10 月	5.60	0.60	4.40	2.70	0.57	0.60	2.30	14.00	52.20	14.20	3.80	
	1 月	5.60	1.02	4.70	1.70	0.40	0.73	1.30	12.20	32.30	32.00	6.00	
	平均	5.00	0.91	4.20	2.50	0.55	0.68	3.18	16.40	41.20	30.60	8.60	10.11

续表 12-28

植物类型	时间	营养元素质量分数/(g·kg⁻¹)					营养元素质量分数/(mg·kg⁻¹)						氮、磷、钾总量/(g·kg⁻¹)
		氮	磷	钾	钙	镁	硫	铜	锌	铁	锰	硼	
木本观叶 马拉巴栗	4 月	3.60	0.50	3.80	4.50	0.84	0.62	2.20	21.50	52.70	32.10	4.90	
	7 月	5.20	0.52	3.20	3.40	1.18	0.62	1.90	6.30	70.90	24.50	8.00	
	10 月	6.50	0.78	3.60	11.50	0.91	0.83	2.20	14.40	49.10	102.20	7.00	
	1 月	5.30	0.40	2.10	4.60	0.81	0.51	2.40	10.50	7.70	20.70	8.10	
	平均	5.15	0.55	3.18	6.00	0.94	0.65	2.18	13.18	60.10	44.88	7.00	8.88
袖珍椰子	4 月	3.80	0.42	4.00	3.10	0.39	2.00	4.30	8.10	120.30	35.10	4.40	
	7 月	3.60	0.48	4.30	2.30	0.38	1.40	3.10	9.60	89.10	26.10	5.80	
	10 月	4.60	0.42	3.30	1.70	0.34	1.40	3.10	34.00	100.30	31.50	5.90	
	1 月	4.00	0.32	2.80	1.60	0.26	0.98	3.10	12.00	52.40	39.50	3.90	
	平均	4.00	0.41	3.60	2.20	0.34	1.40	3.13	15.93	90.53	33.05	5.00	8.01
草本观花 红掌	4 月	2.70	0.37	5.80	2.30	0.59	0.36	1.10	30.70	22.00	19.20	4.00	
	7 月	1.40	0.40	6.00	2.30	0.76	0.50	2.90	24.00	28.10	29.80	5.90	
	10 月	2.70	0.55	1.30	1.30	0.55	0.55	1.00	28.10	30.30	8.50	4.70	
	1 月	1.90	0.27	4.69	2.10	0.42	0.29	1.10	17.50	16.30	16.50	3.90	
	平均	2.17	0.40	4.43	2.00	0.58	0.43	1.53	25.10	34.18	18.50	4.63	7.00
君子兰	4 月	1.80	0.39	3.90	0.94	0.44	1.16	0.96	10.20	40.30	3.80	4.80	
	7 月	1.50	0.23	3.80	1.30	0.30	0.62	1.40	7.40	13.90	1.60	3.30	
	10 月	2.00	0.16	3.40	0.64	0.23	0.40	11.60	21.30	38.00	3.70	2.20	
	1 月	2.60	0.17	2.70	1.50	0.59	0.87	0.80	8.70	21.10	7.00	2.90	
	平均	1.98	0.24	3.50	1.10	0.39	0.76	3.69	11.90	28.33	4.02	3.30	5.72
草本观叶 广东万年青	4 月	2.00	0.39	3.60	2.00	0.47	0.15	1.10	28.50	61.80	16.50	1.90	
	7 月	1.90	0.36	2.30	2.10	0.56	0.18	1.50	36.00	33.00	22.60	2.40	
	10 月	3.60	0.43	1.70	2.20	0.60		1.00	90.50	27.70	45.80	2.60	
	1 月	3.90	0.45	1.90	2.90	0.81	0.14	0.90	106.00	33.60	50.60	1.80	
	平均	2.85	0.41	2.38	2.30	0.61	0.17	1.13	5.25	39.00	33.88	2.18	5.64
龟背竹	4 月	1.80	0.31	3.00	2.60	0.66	0.15	1.10	12.20	26.70	12.80	2.50	
	7 月	2.20	0.22	2.40	1.80	0.32	0.25	2.10	42.10	32.60	45.80	1.90	
	10 月	2.80	0.33	1.90	2.80	0.34	0.17	2.40	40.30	16.30	37.70	1.90	
	1 月	3.90	0.38	3.60	5.50	0.50	0.15	3.00	46.50	26.20	72.10	3.10	
	平均	2.67	0.31	2.73	3.18	0.46	0.18	2.40	35.28	25.45	42.10	2.35	5.71
蓝宝石	4 月	1.10	0.17	2.10	2.10	0.16	0.15	1.10	4.10	19.40	9.20	2.20	
	7 月	2.40	0.20	2.60	1.30	0.27		1.40	3.90	25.70	6.60	2.30	
	10 月	1.70	0.22	1.50	1.50	0.26		1.20	6.60	13.60	5.20	1.20	
	1 月	2.60	0.24	1.50	2.50	0.23	0.16	1.30	4.90	16.50	33.30	2.50	
	平均	1.95	0.21	1.93	1.85	0.23	0.20	1.25	4.88	18.80	13.58	2.05	4.09

(二)营养元素对花卉生长发育的影响

1.氮

氮素在花卉生命活动中占有首要地位,它是叶绿素和显色高分子化合物的组分。改变其供给,叶片和花卉的颜色会变化。实践证明,花卉依种类、品种、生育期不同,对氮需求量也各异。大多数观叶花卉在整个生育期均需要较多的氮素供应,而大多数观花、观果类花卉,在营养生长期间需要较高水平的氮素供应,在进入生殖期生长期间,氮素供应不宜过高。冬季进入休眠期的花卉应少施或不施氮肥,以免降低花卉的抗性。一年生花卉在幼苗期对氮的需求量较小,以后随生长量的增加而逐渐增大。二年生花卉、宿根花卉在春季需较多氮素以供其旺盛生长。球根花卉、水生花卉在生长初期均需要大量的氮肥以满足其快速生长发育的需求。研究表明,缺氮花卉的红色会减退,蓝色秋菊呈浅蓝色甚至呈白色。在一定氮肥用量范围内,随施氮量增加,花卉的产量和质量也随之增加。氮素供应合理使花叶肥大、花色艳丽、叶色浓绿,叶片的功能期延长,制造较多的光合产物;但过量施用,又会阻碍花芽的形成,延迟开花或使花朵畸形,茎枝徒长,且花期短、花色差,降低对病虫害的抵抗力。

2. 磷

磷促进花芽分化,提早开花结实;促进种子萌发和根系发育;使茎坚韧,不易倒伏,提高抗病能力;磷影响花卉的颜色。花卉幼苗在生长阶段需要适量的磷肥,进入开花期后,需要量增加,在花前和坐果期叶面喷施磷能促进着色和果实膨大,提高观赏效果。球根花卉对磷肥的需求较一般花卉多。

3. 钾

钾能增强花卉的抗寒性和抗病性,使花卉生长健壮,增强茎的坚韧性,不易倒伏;促进叶绿素形成,提高光合效率;影响花卉的颜色,钾使蓝色系花卉更艳更蓝,红色暖色系花卉,花色更红,且不易褪色;促进根系扩大,尤其对球根花卉的地下变态器官发育有益。但过量施用会使花卉节间缩短,叶片变黄,还会导致缺镁、钙。在冬季温室中光线不足时,施用钾肥可以适当弥补因光线不足造成的影响。

4. 钙

钙是细胞壁的组成成分,可增强花卉抗性,并且可以调节细胞的生理平衡,能消除 H^+、Al^{3+}、Na^+、K^+ 等的毒害作用。

影响花卉的花器官发育,表现为促进花芽形成和分化,提高叶片光合作用,维持膜结构的稳定性,从而延缓花瓣衰老;钙影响花卉的根器官发育,缺钙的花卉根系发育不良,植株矮小,严重时根尖细胞腐烂、死亡。但过度施用会诱发缺磷、锌。

5. 镁

镁是叶绿素和显色高分子化合物的组分,对叶绿素合成有重要作用,同时也影响花色,并影响磷的吸收。镁在磷酸和蛋白质代谢中也起着重要作用。过量施用会影响铁的利用。镁、铝和铜不足时,冷色花的冷色将变灰色或白色,而且颜色不鲜艳。如对黄月季喷镁、铝,其颜色光亮,对绿色系花卉施镁肥,其绿色更加鲜艳。

6. 硫

硫能促进叶绿素的合成,在花器官中分布也很均匀。硫能促进豆科花卉根瘤菌的增殖,增加土壤中氮的含量。

7. 微量元素

铁对叶绿素合成有重要作用,缺铁时植物不能合成叶绿素而出现黄化现象。一般在土壤呈碱性时易缺铁,由于铁变成不可吸收态,土壤中有铁,花卉也吸收不了。

硼与生殖过程有密切关系,可促进开花结实,花卉蕾期喷硼,不仅能增大花朵直径、使花色更加艳丽,还能延长花期,并有利于下次开花前的花芽分化。硼可改善氧的供应,促进根系发育和根瘤菌的形成。锰对种子萌发和幼苗生长、结实有良好作用,在花前和坐果期叶面喷施锰能促进着色和果实膨大,提高观赏效果。

二、花卉的营养特点

花卉的营养特点是合理施肥的重要依据,花卉需肥规律随其生育期而改变。因此,合理施肥还应研究不同生育期内各种养分的变化动态与特性。

(一)花卉需肥的阶段性

一二年生花卉从种子萌发到种子形成或多年生花卉从早春抽发新枝到开花结实的整个生活周期内,除前期种子营养阶段和后期根部停止吸收养分阶段外,在其他的各个生育期中主要通过根系从土壤中吸收养分。不同的营养阶段对营养元素的种类、数量和比例等的要求是不相同的。

花卉吸收养分的一般规律是:多年生花卉早春抽发新梢和长根,主要是利用花体内储藏营养,从外界吸收的养分极少;一二年生花卉种子萌发到出苗阶段主要是由种子提供营养。随着花卉迅速生长,吸收养分的数量也不断增加,直到开花结实期,吸收养分的数量达最大值。花卉生长后期,生长量渐小,养分需求量也明显下降,到落叶休眠期即停止吸收养分。

花卉的营养临界期和营养最大效率期是花卉营养的关键时期。花卉的营养临界期多出现在生长发育的转折时期。不同养分的临界期也不相同。一年生花卉磷素营养临界期是在幼苗期,多年生花卉是在新梢抽发和展叶期。花卉氮素营养临界期一般比磷要稍晚一些,往往是在营养生长转向生殖生长的时期。因此,强调氮、磷肥基施就是要满足氮、磷营养临界期的需求。

花卉的营养最大效率期常出现在花卉生长的旺盛时期,其特点是生长量大,需要养分多。因此,及时补充养分尤为关键。但是各种营养元素的最大效率期并不一致。

花卉施肥除这两个关键时期外也不可忽视花卉吸收养分的阶段性和连续性。因此,在花卉施肥实践中,应施足基肥,重视适时追肥,才能为花卉适期优质上市创造良好的营养条件。

(二)花卉植物需肥量大、吸肥强度高

要获得高产优质的花产品,就要满足花卉植物对各种营养的需要,施肥要多,对于生长量大的不仅要多施基肥,还要多施追肥,并进行叶面喷肥。根据日本对水培菊花分析,结果表明,花卉生长发育过程中,对氮、磷、钾的需要量大,氮、磷、钾、钙、镁 5 种营养成分的含量,叶片中含量最多,茎占叶的 50%。根部只有少量钾。一般花卉植物吸收氮为 2%～5%,磷为 0.3%～0.5%,钾比氮要少,钙、镁更少。根据对氮、磷、钾三要素反应程度,可将花卉植物分为氮类型、磷类型、钾类型及氮磷类型。比如,矮牵牛属氮类型,紫菀、一串红属磷类型,鸡冠花属钾类型,彩叶草、百日草属于氮、磷类型。

花卉植物根系发达,伸长带活跃,吸收能力和氧化力都较强。

(三)不同生长期需肥种类差异较大

花卉在不同生长期对不同元素需求规律不同。一年生花卉在幼苗时期对氮的需求量较少,随着生长要求逐渐增多;二年生花卉、宿根花卉和木本花卉在春季旺盛生长期要求大量的氮肥;观叶花卉在整个生长过程中都需要较多的氮肥才能枝繁叶茂;观花花卉在营养生长阶段需要较多的氮肥,进入生殖阶段之后,应控制使用,否则会延迟开花。

三、花卉常规施肥技术

(一)花卉施肥原则

目前我国在花卉栽培中施肥相对粗放,主要凭经验进行施肥管理,具体施肥原则如下。

1. 注意元素配合与肥料种类选择

在施肥过程中,要强调各种元素间的平衡配合,才能充分发挥肥料的最大增产效益。不同花卉种类有着不同的生物学特性和需肥特性,因此施肥要求也不同。以观果为主要产品的花卉,除需要大量的氮肥外,磷、钾肥也应占重要的比例。以观叶为主的花卉,在生长季节可适当多施氮肥,促使枝叶茂盛,叶色浓绿光亮,提高其观赏性。以观花为主的花卉,偏重氮肥,配施磷、钾肥,并注意微量元素和稀土肥料的施用。而早春开花种类,应保证冬季充足的基肥供应,以使花大而多。一年多次开花的花卉种类,除休眠期施基肥外,每次开花后应及时补充因抽梢、开花消耗的养分以保证下一茬花的正常开放。不同品种的花卉对不同肥料的适应性也不同。如桂花、茶花等喜猪粪,忌人粪尿;杜鹃、茶花、栀子等南方花卉忌碱性肥料;需要每年重剪的花卉需加大磷、钾肥的比例,以利萌发新枝。有一些肥料具有特殊的作用,应分别对待与施用。如硼肥可促进根系生长,提高开花结实力,增强抗寒性等。生石灰可降低土壤酸度,改善土壤结构,在南方红黄壤酸性土壤地区是重要的肥料,它还可使黏土变得疏松。钾肥可促进光合作用,可弥补冬季温室中光线不足,低温带来的不良后果。

2. 根据年生长周期与生命周期适时施肥

花卉的年生长周期是指在一年内随气候变化,花卉表现出的有一定规律的生命活动过程。而生命周期则指花卉从生到死的全生长发育过程。

(1)年生长周期　分生长期和休眠期,主要是生长期的施肥。

①储藏营养供应期　花木起始生长时,由于地温偏低或根系生理机能还未完全恢复正常,植株各器官的建造几乎完全依赖于储藏营养,储藏营养的水平决定器官建造质量及数量和水平。

②营养转换期　随着花木枝叶的展开及根系活力的恢复,各种同化物及矿物质源源不断地输送到植株各器官。同时,储藏营养也仍起着重要的作用,此期是一个营养的多源供应期,同时,由于各器官的建造需求,也是一个营养的多源竞争期。在施肥调控上应注意保持器官功能的稳定性,减少强势中心的出现,避免刺激性措施,如大量施水,偏施氮肥等。

③营养自给期　这一时期营养的供应基本处于相对稳定,根系活力增强,叶片功能稳定,器官建造基本完成,物质分配较为平衡,此期施肥管理应以加强叶片功能、稳定根系结构为主。

④储藏营养积累期　叶片衰老,功能下降,养分逐渐回流,根系相对稳定,此期应注意叶面施肥,以氮为主,尽量延缓叶片早衰,同时早施基肥,增施速效全元肥料,以利于储养水平的提高。尤其对促成栽培的花卉,由于开花造成营养的消耗较大,同化养分回流较少,根系发育滞后,如不注意及时追肥补充势必造成各营养器官的逐步衰竭,影响花卉的进一步发育。

(2)生命周期　分为出苗期、幼苗期、幼年期、成熟期和衰老期。

①幼苗期　由于根系纤弱,吸收能力差,叶片嫩薄,对肥的耐性较低,一般不主张施肥,如确需施肥,也应在幼苗后期,施用稀薄的肥料,切忌浓肥烧苗。

②幼年期　施肥策略应当是加大施肥力度,从改善根系环境,增强叶片功能入手,提高肥料的利用率和转化率,增强营养的积累水平,从花木成熟期做好准备,此期对氮的需求量大,应加大氮肥的投入。

③成熟期　植株生长速率稳定,只要有开花潜能,开始生殖生长,形成花芽,同时营养生长减弱,生长中心由枝叶生长转向花果及种子生长。这一阶段对养分的需求量也较大,开花需要消耗大量的氮,花芽分化及果实生长又增强了对磷、钾的需求量,因此,对花卉施肥应注意营养的搭配。

④衰老期　花木的养分合成能力下降,消耗增加,同时生长速率下降,龄期大的枝开始枯死,骨干根也逐步衰亡,生长势迅速降低,体内生理机能协调破坏,抵抗力减弱。一般来说,如无更新复壮的可能,衰老期的花木已基本丧失商品价值。施肥管理上应增施氮肥,刺激更新枝的发生并控制花果量,及时疏除消耗大的无效叶、无效枝,做到开源节流。

3. 看长势确定适宜的施肥量

花卉施肥要看长势定用量,坚持四多、四少、四不、四忌的原则。即黄瘦多施、发芽前多施、孕蕾多施、花后多施;苗壮少施、发芽少施、开花少施、雨季少施;徒长不施、新栽不施、盛暑不施、休眠不施;忌浓肥、忌生肥、忌热肥(夏季中午土温高,施肥易伤根)、忌垫肥(栽花时不可将根直接放在盆底的基肥上,而要在肥上加一层土,然后再将花栽入盆中)。

4. 根据生理平衡原则施肥

不同花卉种类有着不同的生物学特性和需肥特性,不同季节供应市场有着不同的经济价值。因此,就有不同的施肥要求。以观果为主要产品的花种(如金橘、葡萄等),除需要大量氮肥外,磷、钾肥也应占重要比例。以观叶为主要产品的花卉,在施足氮肥的基础上,配施钾肥。以观花为主的花卉,偏重氮肥,配施磷、钾肥,并注意微量元素和稀土肥料的施用。在施肥过程中,一定强调各种元素间的平衡配合,才能充分发挥配料的最大增产效益。

5. 根据不同的生长季节施肥

同一花种,除了不同的生长阶段对肥料的供应有不同的要求外,在一年当中不同的生长季节也有不同的要求。一年之中,早春根系恢复生长之前和秋季落叶休眠之前施入基肥和适施磷肥、钾肥,对根系生长极为有利。花卉在春季萌芽抽枝叶期,需吸收较多氮肥,以保证营养生长旺盛进行,但应注意不可过早,如过早,常因根系未完全恢复正常生长或根系幼嫩,导致吸收力差,肥分流失,甚至引起根系灼伤。而进入 6 月后,许多木本花卉开始花芽分化,此时应控制氮肥并保证磷、钾肥的供应。

6. 根据花卉生长习性与观赏特性施肥

如观叶花卉、林木类、荫木类树种,在植株不徒长,不影响抗寒力等前提下,在生长季节可适当多施氮肥,促使枝叶茂盛,叶色浓绿光亮,提高其观赏性。而早春开花种类,则应保证冬季充足的基肥供应,以使花大而多。一年多次开花的花卉种类,除休眠期施基肥外,每次开花后应及时补充因抽梢、开花消耗的养分以保证下一茬花的正常开放。

7. 根据肥料特性施肥

有一些肥料具有特殊的作用,应分别对待与施用。如硼肥可促进根系生长,提高开花结实力,增强抗寒性等。生石灰可降低土壤酸度,改善土壤结构,在南方红、黄壤酸性土壤地区是重要的肥料,它还可使熟土变得疏松。钾肥可促进光合作用,可消除冬季温室中光线不足、低温带来的不良后果。

(二)花卉施肥环节与方法

在花卉的生长发育过程中,通常需多次施肥,主要的施肥环节有基肥、种肥和追肥,只有把花卉全生育期的施肥量,在各个时期合理分配,并采取科学施肥方式,才能满足对养分的需求。

1. 基肥

在花卉播种、移栽或定植前,结合耕翻整地施入土中的肥料称为基肥,目的是提高土壤肥力,供给植物整个生育期所需的肥料。对于一二年生花卉和多年生花卉,在播种或移栽定植整地时把有机肥或有机肥配合一部分化肥翻入土中;若是进行盆栽时,可以将即将发酵的豆饼、骨粉、粪干和蹄角片等置于盆底部或盆下部的周围。

(1)肥料种类　基肥应选择肥效期长、迟效性的有机肥料为主。如人畜粪便、绿肥、秸秆、饼肥、骨粉等,如果有机肥与速效肥料混合做基肥施用,效果会更佳。草本花卉一般多用粪干或厩肥做基肥;球根类花卉一般多用骨粉或堆肥做基肥;木本花卉多以厩肥或堆肥做基肥。

(2)基肥用量与比例　确定基肥用量,要综合考虑土壤供肥状况、花卉品种和施用肥料种类等因素。比如壤土、较黏重的土壤,肥力状况好时,施用的基肥量可少一些。沙质土肥力较差,施用基肥量可适当多一些。一般基肥的施用量占总施量的50%为宜,其中氮肥占30%,磷、钾肥及微肥占80%~100%,有机肥可全部做基肥施用。喜基肥的花卉多施,如牡丹田施畜粪做基肥,每 666.7 m^2 用量可达 2 500~3 000 kg。盆栽花卉,一般在花上盆时,在盆底放适量的蹄角片、粪干及饼肥等做基肥,施用量要根据盆土多少、土壤养分、花卉种类及施肥种类而定,但总的原则是宜少不宜多。

(3)施肥方法

①撒施肥　花木根系多为浅根系,近地表处须根量较大,而土层透气性好,湿度适宜时,根系吸收活力就较强。针对这些特点,将肥料均匀撒施于地表,再翻锄入土,可促进表层根的活性,增加对养分的吸收能力。

②环状施肥和带状施肥　根系的有效吸收部位大多位于根系外围,由于地上地下生长的相关性,根系分布范围大致与枝梢冠径投影距离相近,因此在施肥时,沿投影外围开带状沟或环沟,将肥料施入并掩埋即可。

③穴施　在定植或移栽时,多在栽植前把肥料施在栽植穴内,先把肥料施入穴底部,在肥料上覆盖 10 cm 左右的熟土,再定植苗木。穴施肥料靠扩散作用供应植株需要。

2. 种肥

花卉做种肥的肥料,氮肥宜用硫酸铵,磷肥宜用磷酸二铵,钾肥宜用硫酸钾。种肥土施用量较少,一般 52.5 kg·hm^{-2},可采用条施、穴施、同种混播等方法;也可进行种子处理,采用浸种、拌种、蘸秧根的方法,肥料溶液浓度为 0.5%~2%。

3. 追肥

(1)追肥时期与用量　追肥多在营养临界期和最大效率期施用。如花卉生长期过长或施肥量过大时,应分次追施。追肥数量较大,一般占总施肥量的50%,氮肥占70%,磷、钾肥占20%,施用化肥做追肥,必须注意浓度,一般掌握在 0.1%~0.3%为宜。追肥的具体用量可根据花卉品种类型、生长阶段、土壤肥力状况和花卉的长势而定。

另外,在温室生产中,CO_2 做追肥施用也可对花卉进行营养补充。据报道,冬季温室光照较弱,追施 CO_2 可使产量增加高达50%以上。因花卉种类、栽培设施、环境条件等不同,适宜的 CO_2 浓度需要试验确定。通常情况下,空气中 CO_2 浓度为正常时的 10~20 倍,对光合作用有促进作用,但当含量增加到 2%~5%及以上,则对光合作用有抑制作用,从而影响正常发育。

(2)施肥方法　氮肥可条施、穴施,深度要达 5~10 cm,并覆土压实。磷肥、钾肥移动性差,施用时要靠近根部。结合灌水施肥的效果也比较好,可将肥料带入土壤深层,实现肥水的最佳配合,提高施肥效益的具体做法有如下 3 种:①将肥先均匀撒施于地表,随即灌水;②将肥装入编织袋内,由水冲溶肥料并入田内;③将微灌系统配备施肥罐,溶液肥随管道系统入田。

(三)花卉微量元素缺乏症及防治

花卉在生长过程中易出现各种营养元素失调症,管理过程中应结合植株缺乏不同元素呈现的症状特点进行及时防治。

缺铁症:新叶叶肉变黄,但叶脉仍绿,一般不会很快枯萎。但时间长了,叶缘会逐渐枯萎。矫正方法:及时叶面喷洒 0.3%～0.5%硫酸亚铁溶液,每隔 10～15 d 喷 1 次,连喷 2～3 次。

缺锌症:一般表现植株矮小,新叶缺绿,叶脉绿色,叶肉黄色,叶片狭小。矫正方法:用 0.05%～0.1%硫酸锌溶液进行叶面喷洒,或每株用硫酸锌 1 g 与适量的腐熟肥混合追施有较好效果。

缺镁症:先从老叶的叶缘两侧开始向内黄化,随着缺镁程度的加剧,叶片呈黄色条斑。叶片皱缩,根群少。叶小、花小、花色淡,植株的生长受到抑制。矫正方法:叶片喷洒 0.2%～0.4%硫酸镁溶液 2～3 次,或每株施钙镁磷肥 2～3 g。

缺锰症:叶片失绿,出现杂色斑点。但叶脉仍为绿色,花的色泽低劣。矫正方法:用 0.1%～0.2%硫酸锰溶液进行叶面喷洒。为了防止药害,可加入 0.5%生石灰制成混合液喷雾。

缺硫症:花卉缺硫一般多为幼叶先呈黄绿色(不是像缺氮那样通常老叶先变黄)。植株矮小,茎秆细弱,生长缓慢,植株的发育受到抑制。矫正方法:每株施硫酸钾 2～3 g。

缺钙症:顶芽易受伤,叶尖、叶缘枯死,叶尖常弯曲成钩状,根系也会坏死,严重时则全株枯死。矫正方法:可用 0.2%～0.4%石灰水溶液进行浇灌,连浇 2～3 次,每次每株浇 20～30 mL。

实践证明,微量元素缺乏症,一般多是长期不换土或长期单一施用氮素化肥的结果。如能采用肥沃的盆土并定期换盆添土及注意施有机肥料,一般花卉是不会缺少微量元素的。

四、木本类花卉施肥技术

(一)木本类花卉的生长特性、需肥特性及对土壤的要求

1.木本类花卉生长特性

(1)多年生、多周期性　木本花卉从种子发芽开始,需经过一至几年的幼年期,通过一定的发育阶段,才进入开花、结实期。一经开花,在适宜条件下能每年继续开花,并保持至终生。

(2)有不断生长增大的特性　木本花卉能不断长高、分枝和增粗,使植株能逐年生长,达到一定的高度、粗度和多分枝状况。种植时要了解各种木本花卉的生长速度及植株大小,计划好株距。盆栽时需不断换盆。为保证植株的形态和不断开花,根据其分枝的特性,每年要进行必要的整形与修剪。

(3)喜充足的阳光,各有不同的开花习性　观花及观果的花卉,一般只有在充足的阳光下才能花繁果丰。荫蔽常导致枝叶稀疏或柔弱,不利于成花。木本花卉种类不同,其开花习性有异,如茉莉、米兰、月季等在环境适宜时能四季开花的种类都是在新梢上开花;梅、桃、蜡梅等是一年生枝的腋芽成花,柑橘则是从一年生发育良好母株上生出的新梢上着花。

(4)生长季节性强,但花期可人工控制　木本花卉的大规模栽培只能顺应自然或在保护地栽培。但开花期可以用各种人为方法控制,如茶花用 GA 处理,花蕾能提前开放;牡丹、梅花均可用控制温度的方法使花期提早或延迟;月季用修剪的日期来控制花期。

2.木本花卉的营养特性

一般来讲,本本花卉种子播种后,小苗对营养的需求不大。翌年春天,随着温度的上升,小苗开始生长,此时需肥量增加,要适时浇水施肥。施肥应以速效肥为主,也可施用经腐熟发酵的畜禽粪干、芝麻和菜籽饼等。植株生长到一定的高度时就可进行移栽,移栽之前在整地时应该施足基肥;移栽成活之后,应根据花卉生长发育的不同阶段进行施肥,以满足其对养分的需要。

通常从栽后第二年开始,每年至少施 3 次肥。第一次在花前 15~25 d 施肥,此时叶片尚未充分展开,同化作用不强,但枝叶、花蕾旺盛生长,需要大量养分。此时施肥可以补充根内或枝条内原有储藏营养物质的消耗或不足,对当年开花有利。第二次施肥是在花后半个月内进行,此时正是枝叶旺盛生长和花芽开始分化之时,这次施肥不但可以促使植株迅速恢复生长,而且更有利于花芽的分化和形成,为翌年开花打下物质基础。第三次施肥在秋冬季施用,肥量可大些。在北方栽植木本花卉,此次施肥既可以起到提高土壤肥力的作用,又有助于保护花卉越冬。

3.木本花卉对土壤的要求

一般来讲,土壤疏松、富含腐殖质、排水良好的土壤上都可种植,但是不同的品种对土壤的酸碱度要求有所差别,例如,月季对土壤酸碱度适应性强,但以 pH 5 最适。山茶花要求土壤微酸性、不耐盐碱。而牡丹花要求土壤中性最好。

(二)常见木本类花卉施肥技术

1.山茶花施肥技术

山茶花喜疏松肥沃、富含腐殖质、排水良好的偏酸性土,pH 5.5~6.5 为宜。山茶花根细而脆弱,对肥料要求比较严格,因此盆栽时的施肥管理就更加重要。山茶花的栽培有地栽、盆栽和盆景式栽培 3 种方式,其中以盆栽为主。

盆栽施肥 盆栽方法有两种:一是将茶花实生苗或扦插苗直接栽植于盆内,然后经常修剪和造型;二是利用油茶的老树根或干,在其上嫁接茶花品种,然后修剪成盆景。

(1)基肥 常采用饼肥、骨粉、动物粪便或堆肥,使用前需充分腐熟、晒干和粉碎,使用时与培养土按 1:(2~9)的比例混合,具有肥力持久并能改善土壤物理性能的特点。

(2)追肥 可分有机肥,如饼肥水、矾肥水、人粪尿等。化肥:如硫酸铵、尿素、硝酸铵、硝酸钙、过磷酸钙、磷酸二氢钾、磷酸铵、硫酸钾、硝酸钾和微量元素等。施肥应以有机肥为主,辅以化肥;重视基肥的使用,并根据不同季节和不同的生长发育阶段对肥料要求不同的特点合理追肥。4 月至 5 月中旬为新梢迅速生长期,追施以氮素为主的肥料,适当补充一些磷、钾肥,以恢复树势、促发新根、多长新芽。在泡沤的畜禽粪或其他沤肥中,加入少量尿素,取沤肥液 2 份,加清水 8 份浇根,每 3~5 d 施 1 次,促使新根新芽多而健壮。新叶肥大,色泽光亮,光合作用强。5 月下旬至 6 月,为花芽分化期,改施以磷钾为主的肥料;在泡沤肥液中,加入适量过磷酸钙或钙镁磷肥。取沤肥液 2 份,加水 8 份,每 3~5 d 施 1 次,或 3~5 d 喷施 0.2% 磷酸二氢钾,使花蕾多而大。7~8 月,天气炎热,茶花生长基本停止,不宜施肥;9~11 月,施低氮高磷钾肥料,并增施硼肥,以保蕾促花;12 月至翌年 3 月上旬天气寒冷,茶花处于半休眠或休眠状态,只需埋施一次迟效性有机肥料,以利于翌年萌芽及开花。

2.牡丹施肥技术

(1)地栽施肥

①育苗期施肥　牡丹种植在 8 月前后,第二年雨水后小苗长出,惊蛰前小苗基本出齐,这时要加强苗田管理,主要是适时追肥浇水,麦收前假如连续干旱应每隔 7～10 d 浇水 1 次,并及时松土保墒。结合浇水施肥,以速效肥为主。多施腐熟的畜禽粪便、芝麻饼、菜籽饼等,施 3 次为宜。还要注意除掉杂草、防治虫害,确保幼苗健壮。

②栽植前施基肥　以发酵腐熟的畜禽粪或饼肥为好,可施人畜粪 37 500～45 000 kg・hm^{-2}或饼肥 3 750 kg・hm^{-2},土杂肥施量可多一些,一般用 45 000～60 000 kg・hm^{-2}。应在栽植前数月或半年施足底肥,反复深耕,整平后备用。栽植前再挖直径 30～40 cm,深 40～50 cm 的坑,坑距 100 cm。挖坑时,将表土与底土分开,以便栽时将表土填放在坑的下部,并混入腐熟的堆肥、豆饼、鸡粪和麻酱渣等肥料。

③栽植后施肥　牡丹花大叶繁,生长发育过程中需要消耗大量的养分。因此,为取得良好的栽培效果,需要适时追肥。通常栽植当年不施追肥,从栽后第二年起,每年至少施肥 3 次。第一次在"春分"至"清明"时节,冻地化通后,即开花前 15～25 d 施入,称其为"花肥",目的是弥补根内或枝条本身原有储藏营养物质的不足,因为花蕾发育和开花需要大量养分。肥料以有机氮肥和磷肥为主,有利于当年开花。第二次可在开花后半个月内进行,称之为"芽肥"。由于开花结实,体内养分消耗多,同时花后即进入牡丹的花芽分化阶段,需要补充营养,以满足枝叶旺盛生长和花芽开始分化的需要。目的是恢复植株的生势,同时促使花芽分化能够充分地顺利进行。对 2 年生或 3～4 年生的应采用普通施肥的方法。将细碎的有机肥均匀撒在地里,用 37 500～45 000 kg・hm^{-2} 即可,并及时锄地达到土粪混合的目的,然后灌水。可采取分株施肥或穴施肥。方法是在植株基部两侧开沟或穴,离牡丹 10～15 cm,深 10～12 cm 为宜,施入肥料后覆土。用豆饼或油渣时,二年生的每株 100～150 g,3～4 年生的 200～250 g 即可。"花肥"和"芽肥"多用粪干、饼肥和麻酱渣等精肥。第三次施肥应在秋冬之季进行,称之"冬肥"。在冬天地封冻前,常结合灌冻水进行,也可以干施。常用腐熟的堆肥或厩肥,目的是既能储藏营养,又可有助于牡丹的越冬保护,并为翌春的萌芽生长提供营养物质。其他时间视植株生长情况,可随灌水追施稀薄的液肥,但是炎夏不可追肥。

有经验的花农主张施轻肥、淡肥、冬季肥,根据牡丹生长发育需要因时因地制宜,适时适量,腐熟粉碎,不能千篇一律。

(2)盆栽施肥　牡丹为深根肉质花卉,须根少,因盆的容积有限,在盆栽时要特别注意培养土的科学配制和施肥的特殊要求。比较好的培养土应疏松、肥沃、腐殖质含量高,肥效持久又易于排水。其配方是把腐殖质土、畜禽粪、园土、粗沙子或炉渣按 2：1：2：1 的比例配好,并混合均匀,封好腐熟 1 个月后备用。牡丹盆栽后,要适时追肥,可从第二年春季开始,以芝麻、花生、豆饼用水池制发酵后分次施用。施用时要兑水,生长期每周施肥水 1～2 次;开花前和开花期要每天施 1 次,花谢之后宜养花,应施轻肥或叶面喷肥。

3.杜鹃施肥技术

杜鹃喜温暖、半阴、凉爽、通风、湿润的环境,忌高温烈日。喜疏松、肥沃、富含腐殖质的偏酸性土壤。忌碱性或黏重土壤,要求排水通畅,忌积水。

杜鹃栽培方式以盆栽为主。因杜鹃根细而嫩,对肥料较敏感,盆栽施肥要掌握以下原则:看苗施肥、适时施肥、不喜大肥、肥后浇水。

(1)一般幼苗不施肥,4个月后可施充分腐熟的稀液体肥;次年春天定植后,多施磷、钾肥。2～3年苗增施磷肥,促进花多、花大、色艳。

(2)开花前施磷肥,每10 d 1次,连续2～3次,可使花朵大、花色艳、花瓣厚、花期长。开花期应停止施肥。

(3)谢花后,应施入以氮为主,氮、钾结合的肥料2～3次,间隔10 d左右,使树体恢复,促进新枝叶生长。

(4)5月为发育盛期,宜施磷钾肥,15 d施1次。8月起,新生枝条木质化,此时正值杜鹃孕育的关键时期,应追以磷为主、氮磷结合的薄肥2～3次。每半个月1次,到10月中旬为止。初冬宜施豆饼做基肥,但开花之前的春杜鹃(2—4月)、夏杜鹃(3—4月)都要施入氮磷结合的肥料1～2次。杜鹃施肥前都要注意控水,肥后要浇大水。

(5)施肥不当的症状

①谢花后不追肥的,新枝叶生长高,长相不佳,花芽分化及孕蕾受到影响。

②8—10月施氮肥多,缺少磷肥时,蕾很少。

③春杜鹃或夏杜鹃在开花之前缺肥,盛花期花蕾枯焦,不开花或花小。

④如施肥浓度过大或施腐熟不适的肥料,会引起烂根、叶片枯焦或整株死亡。

⑤缺氮肥、锌肥时易出现小叶病。

4.月季施肥技术

(1)地栽施肥

①基肥　应施足畜禽粪便、沤制秸秆肥做基肥,深翻整平,达到疏松肥沃目的。

②追肥　2—3月,正是月季萌芽时,应每隔半个月施1次氮磷结合的液肥,以促侧枝生长,花多花大;7—8月,月季进入盛夏,因天气炎热,生长缓慢,为保证继续开花,应加强肥水管理,此时应每月施2次氮、磷、钾液肥;9—10月,天气渐凉,月季又进入生长旺季,长出新枝叶和花蕾,应继续加强肥水管理,每半个月施1次氮、磷、钾结合的肥料,并注意修剪,以集中养分,保证花艳而大的需要;12月底,月季将进入休眠期,此时可结合修剪,扒开表土,施入有机肥料,保证翌年开花。月季在生长季节里,还应在早晚进行叶面喷肥,可用0.1%～0.3%尿素、硫酸铵、氯化钾等均匀喷洒于叶面叶背,每7 d喷1次,效果较好。

(2)月季切花栽培　基质最好含有15%～20%的疏松物质,如锯木屑、谷壳均可,也应含丰富有机质。床土最好在栽植2个月前备好,pH调至6.5左右,一般每立方米中加过磷酸钙500～1 000 g,氮肥视土壤原有肥力而定,土壤深25 cm左右。月季花喜肥,施肥量最好根据土壤或叶片测定的数据确定。滴灌水内加200 mg·L^{-1}氮及150 mg·L^{-1}钾效果很好。必要时再加入适量的磷、铁及镁。定期施肥的适期是春季发芽前1个月及每次剪花后施一次。

5.茉莉施肥技术

茉莉花属喜肥植物,因此肥力要保证充足。比较适用的肥料有豆饼、花生饼、菜籽饼、畜禽粪便、鱼腥水、骨粉等,但都须经过发酵后使用,以淡肥勤施为原则。

(1)地栽施肥

①基肥　可用堆肥、饼肥、粪肥、鱼杂肥、菌菇土,结合首次早春锄草时施用。方法是先将饼肥捣碎掺入人粪尿,腐熟后再加10%～20%过磷酸钙或磷钾复混肥进行穴施或条施,每666.7 m²施200～250 kg。

②追肥　以腐熟人粪尿中掺入1%尿素＋磷钾肥施用,每666.7 m²约15 kg,全年追肥

5～7次。每次花期在花蕾前和开花时各施1次,9月后停肥。

（2）盆栽施肥

①换盆施肥　可将肥料拌于土内或垫在盆土的底层。加入过磷酸钙和饼肥同时施用。如8～10寸的盆,可施用混合肥料50～80 g,比例为2份饼肥与1份过磷酸钙。结合翻盆每2年施足基肥。

②盆栽追肥

A.4月中旬后,每隔7 d施1次腐熟的液肥,浓度在10%,促其生长。

B.在孕蕾和第一批春花始放时,增加追施1次鸡鸭粪液肥,浓度在15%,做到薄肥勤施,大约每隔5 d施用1次。

C.第一批花即将开尽时,为补充植株体内养分不足,及时恢复树势,促使下次多开花,施1次20%～30%的浓粪水。

D.以后至第二批花前（夏花）每隔4～5 d浇1次10%的稀薄液肥;第二批花开放后,施肥要求和第一批花开放后相同。

E.第三批花后,气温逐渐降低,施肥次数也应随之逐渐减少,一般1周左右施1次,肥料以氮、磷、钾配合为宜（3∶1∶1）。10月左右,霜降花盆移入室内后,停止施肥。

F.茉莉花喜酸性土壤,在生长期每隔10 d施0.2%硫酸亚铁水,以保持土壤酸性。

五、草本花卉施肥技术

(一)草本类花卉的生长特性、需肥特性及对土壤的要求

1.一二年生草本类花卉的特点

性喜凉爽气候,为典型长日照植物,但有些品种不受日照长短的影响。较耐寒,可在0～12℃气温下生长。花色鲜艳丰富,花由花葶基部向上逐渐开放,花期长。喜全光照、排水良好、富含腐殖质、肥沃稍黏重土壤,也可在稍遮荫下开花,在中性或稍碱性土壤中生长尤佳。

2.宿根花卉的特点

原产温带的耐寒、半耐寒的宿根花卉,具有不同粗壮程度的主根、侧根和须根,具有休眠特性,需要冬季低温解除休眠,由根茎部的芽每年春季萌发形成新的地上部开花、结实,如芍药、火炬花、飞燕草等。有不少种类存活多年的根继续横向延伸形成根状茎,根茎上着生须根和芽,每年由新芽形成地上部开花、结实,如荷包牡丹、玉竹、肥皂草等。也有夏、秋开花的种类,需短日条件下开花或由短日条件促进开花,如秋菊、长寿花等。

原产热带、亚热带的常绿宿根花卉,通常只要温度适宜即可周年开花。夏季温度过高可能导致半休眠,如鹤望兰等。

3.肉质多浆类花卉的特点

茎叶肥厚或叶变态为刺形,植物体储藏有大量水分,大都耐旱、抗瘠,少浇水、不施肥、粗放管理也能存活不死。土壤多由沙与石砾组成,有极好的排水、通气性能。同时土壤的氮及有机质含量也很低。实践证明,用完全不含有机质的矿物基质,如矿渣、花岗岩碎砾、碎砖屑等栽培沙漠型多浆植物,其结果和用传统的人工混合园艺基质一样非常成功。矿物基质颗粒的直径以2～16 mm为宜。基质的pH很重要,一般以pH 5.5～6.9最适,不要超过7.0。

(二)常见草本花卉的施肥技术

1.菊花施肥技术

(1)大田施肥 应多施磷、钾肥(过磷酸钙、磷酸二氢钾)做基肥,施肥不要过早,也不要过多,立秋后,在现蕾前,肥水一定要足,以氮肥为主(N:200~400 kg·hm^{-2}),或每周施1次稀麻酱渣水,使其植株矮壮,提高抗病力,适当增施磷、钾肥;在孕蕾和开花阶段,以施磷、钾肥为主(P:150~300 kg·hm^{-2},K:200~400 kg·hm^{-2})。菊株转向生殖生长时,可暂停施肥,以利花芽分化,待现蕾后露色前,重施追肥。秋季每周可用0.1%~0.2%尿素和0.2%~0.5%磷酸二氢钾根外追肥,可使叶色浓绿和花芽分化,花色鲜艳而有光泽。

(2)盆栽施肥 除盆底施适量基肥外,还应根据不同生长阶段施肥,追肥不可过早施入。生长前期,深秋初冬插的菊花成活至翌年4月,温度较低,不必施肥;5—6月插后成活小苗,7月中旬换大盆,可填入大量培养土,直至8月上旬可不施肥。生长后期,8月上旬至10月中旬,生长迅猛,急需追肥,根据不同品种区别对待,大体上,花苗生长期间,多施含磷的肥料,使其花大,艳丽而有光彩。8—9月施氮、磷、钾肥,如用0.2%磷酸二氢钾进行根外施肥,应选傍晚喷施。整个后期可根据长势追施充分腐熟的液肥,浓度不可过大,施肥量与次数逐步增加。

2.马蹄莲施肥技术

(1)盆栽施肥 马蹄莲是花叶兼美的观赏植物,也是国际花卉市场上重要的切花品种之一。喜潮湿、温暖,不耐寒。所以在我国长江流域及其以北地区,均用作盆栽,秋季霜降后搬入室内。盆土宜选含腐殖质丰富的黏质土。通常盆土的调制是用园土4份、泥炭土3份、堆肥土2份、河沙1份配制;也可以采用园土5份、堆肥3份和适量的草木灰配合。栽植2周发芽后,每月追肥1次氮磷钾含量全面的肥料。谢花之后,控制浇水,停止施肥。10月移入室内,每月还应追薄肥1~2次,休眠时停止施肥。

(2)切花施肥

①马蹄莲是喜水的花卉,在中午气温升高时,应不断喷水降温,并增施钾肥,抗倒伏。

②8月上旬温室大棚要覆盖遮光率70%的遮阳网,以降低温度,用100 mg·L^{-1}的赤霉素喷洒露出地面的芽头,每周1次,共喷3次,完全解除休眠。当新芽萌发时,施入含量25%的氮、磷、钾复合肥,每平方米施入300 g,并大量注水,马蹄莲不怕水涝,可在水中生长。

③9月中旬去除遮阳网,进入长日照促使花芽分化,勤施有机肥,增强土壤通透性,促进土壤微生物活动及有机质的分解,使土壤肥料含量被植株充分吸收。每15 d用尿素1 kg,氯化钾1 kg,兑水60 kg,泼浇马蹄莲根部。

④10月下旬,由于气温较适应马蹄莲生长,植株迅速膨大,这时花芽已分化成功,每天喷水1次,并结合叶面施肥,1周喷1次磷酸二氢钾。

3.大丽花施肥技术

大丽花为喜肥花卉,需肥较多,但又忌施肥过量。无论地栽还是盆栽,施肥浓度宜先淡后浓。

(1)基肥 露地栽植除选择高燥、肥沃的土壤之外,还要施足基肥,用作基肥的肥料多为迟效性的或分解慢的肥料,如厩肥、人粪尿及饼粕渣等。栽植时应也穴内施足量的腐熟有机肥或饼粕渣做基肥。盆栽大丽花时,用5份园土、3份细沙、2份堆肥混合配制培养土,盆底置入腐熟饼粕或鸡鸭粪干做基肥;换盆时可将肥料拌于土内或垫在盆土的底层,加入过磷酸钙可和饼肥同时施用,如8~10寸的盆可施用混合肥料50~100 g,比例为2份饼肥与1份过磷酸钙。

（2）追肥　在生长旺盛期,必须追肥。枝叶生长至现蕾期,每月可追施 1～2 次稀薄液肥,常用的肥料有硫酸铵、尿素、硫酸亚铁、过磷酸钙及充分腐熟的人粪尿、饼肥等,主要是氮、磷结合的液肥。稀薄液肥是用碎骨块、麻酱渣、麻籽饼等在春天加水泡制,经夏季高温充分腐熟后施用。施用时需用清水冲淡,或者用 0.2% 的尿素或硫酸铵加入 5% 的硫酸亚铁溶于水中制成。花蕾透色后,可在其内加入 0.2% 磷酸二氢钾或 0.5% 的过磷酸钙,以促使花色艳丽。大丽花矮化栽培时,施肥过量达不到矮化目的,过少会使其生长弱小,生长前期结合浇水,进行薄肥勤施,以施速效氮肥为好;后期用根外施肥,喷施 0.2% 磷酸二氢钾水溶液,可有效控制株高,忌施用长效肥。

气温高于 30℃ 时,不宜施肥。立秋后,随着气温下降,再逐渐增施肥料。每周可施肥水 1～2 次,并需逐渐增大浓度。在此期间施肥不能间断,否则株茎会呈现不正常的下粗上细或两端细中间粗的现象,既影响观赏效果,又不利于开花。

4. 仙人掌施肥技术

仙人掌对土壤要求不严格,但也喜疏松、富含有机质、排水良好的沙壤土。利用土壤与一些基质进行混配,如壤土、腐叶土、粗沙、石灰质材料的比例为 2∶2∶3∶1,多适用于陆生类型;粗沙、壤土、腐叶土、碎砖块、谷壳灰、贝壳粉的比例为 2∶2∶1∶1∶1∶1,多适用于球形种类。

仙人掌花卉和其他花卉植物一样,一生中也需要适量的氮、磷、钾和其他营养元素,才可生长茁壮,抗寒力强。否则植株生长不良,细弱,抗寒力差。施肥应掌握适时、适量。

施肥时,以少量勤施为宜。用肥以稀薄有机肥水或复合化肥溶液为好,应掌握宁可淡薄不可过浓的原则。因施肥种类和其他花卉相似,但应注意的是,用饼肥、家禽粪便、下脚料时必须充分发酵腐熟并兑水浇施。

夏季开始生长,应每周追施 1 次稀薄饼肥水。生长旺季应每 15～20 d 追施 1 次稀薄肥水,在休眠及其过渡期应少施或停止施肥,夏季炎热高温和冬季低温时也应停止施肥。现蕾开花前,追施 1 次含氮、磷、钾的稀薄肥水,可使花开得更大更艳,并可延长花期。冬春是仙人掌的休眠季节,应禁止施用任何肥料。

六、水生类花卉施肥技术

(一)水生花卉生长特点

水生花卉泛指生长于水中或沼泽地的观赏植物,与其他花卉明显的不同的习性是对水分的要求和依赖远远大于其他各类,由此也构成了其独特的习性。绝大多数水生花卉喜欢光照充足、通风良好的环境。但也有能耐半阴条件者,如菖蒲。水生花卉因其原产地不同而对水温和气温的要求不同。其中较耐寒者如荷花、千屈菜、慈姑等可在我国北方地区自然生长,而王莲等原产热带地区的在我国大多数地区需行温室栽培。栽培水生花卉的塘泥大多需含丰富的有机质,在肥分不足的基质中生长较弱。水池应具有丰富的塘泥,其中必须具有丰足的腐烂有机质,并且要求土质黏重。由于水生花卉一旦定植,追肥比较困难,因此,须在栽植前施足基肥。已栽植过水生花卉的池塘一般已有腐殖质的沉积,视其肥沃程度确定施肥与否。新开挖的池塘必须在栽植前加入塘泥并施入大量的有机肥料。

(二)荷花的施肥技术

荷花是我国的传统水生名花,性喜光、喜热、怕干,喜相对水位变化不大的水区,喜肥沃富含腐殖质的偏酸性土壤。其根系较弱,吸肥能力较弱。荷花作为观赏花卉,有池栽、缸栽和碗栽 3 种。

1.池栽施肥技术

在南方池栽荷花于 4 月进行。先将池中水抽干,进行深翻,放入充足的基肥,如用饼肥、骨粉、鸡鸭等粪干和绿肥等,使池泥成糊状。在北方,应选土建池。以有机质丰富的肥沃壤土为好,并施足基肥。有机肥用量 30 000～60 000 kg·hm^{-2}。

除施足基肥外,在荷花生长期中应追施 2～3 次肥料。即 3～4 片叶时进行第一次追肥,每 666.7 m^2 施优质有机肥 750 kg,待立叶出现时进行第二次追肥,数量同前,以促其长藕。增施肥料可明显提高其产量与质量。由于荷花的根系比较弱,所以缸栽荷花及庭院水池栽培就要求施肥量和施肥次数比较多。如果荷花到开花期没有生葶开花,多因缺磷、钾肥;如果是在开花期叶片退绿见黄,表明缺氮肥为主的肥料,可及时追肥。

庭院水池栽培可酌情施入腐熟豆饼、鱼杂、畜禽干粪及少量过磷酸钙做基肥,一般用量为 0.5 kg·m^{-2}。生长期需追肥 2 次,一次应在立叶抽出水面 1～2 片后施入,另一次应在地下茎分枝时施入,以动物粪便与土拌成团,施入藕节旁的土中。

2.缸栽施肥技术

栽植前缸内填肥沃的河塘泥、湖泥或腐殖土,去除石砾和杂质,调成糊状,厚 20～25 cm,如果池泥不够肥沃,先将池泥深翻,加入充足的有机肥。同时加入过磷酸钙肥,再覆层土。到 5 月中旬,见小叶露出水面时,应追施 1 次,以腐熟有机肥为主,待立叶抽出后再追肥 1～2 次,直至长蕾开花。也可用复合片肥或生豆饼,碎成 1～3 cm 的小块,从缸中央施入泥土中,每 20 d 施 3～4 片肥或 1 块豆饼,到叶绿花繁为止。

3.碗栽施肥技术

以家养观赏为多,应选小花径于清明节前后栽植。选用口径 20～25 cm、深 15～20 cm 的碗或水盆为宜。土壤和栽植方法同缸栽。要注意常晒太阳和追肥。在孕蕾期施饼肥 2～3 g,掌握水量不宜过多过少,入冬要移至室内保暖和保湿。碗栽荷花的其他施肥技术同缸栽。

思考题

1.简述花卉的需肥特性。
2.简述花卉的施肥原则与方法。
3.木本类花卉施肥有什么共同的特点?

第四节　食用菌营养与施肥

一、食用菌的营养需要

食用菌细胞的化学成分是由碳、氢、氧、氮、磷、硫、钾、钠、镁、钙、铁、锰、锌、铜、钴、钼等化学元素构成的有机化合物和无机化合物,少数以离子形式存在于细胞中。

食用菌细胞中含有大量的水分,占鲜重的 90% 左右;除水分外,还含有 10% 左右的固形物,固形物主要是含碳、氮的物质,也含有少量磷、镁等其他矿质元素。

碳素在食用菌细胞中的含量比较稳定,一般占固形物的 50% 左右,氮素占 5% 左右。矿质元素占固形物的 3％～10％,其中以磷的含量最高,占矿质元素的 50％左右,其次是钾、镁、钙、硫、钠等。铜、铁、锌、锰、钴、钼等含量极少的微量元素,也是食用菌生命活动中不可缺少的物质。生产中,只有满足食用菌对这些营养物质的要求,才能正常生长,获得高产。

在矿质元素中,食用菌对磷、钾、镁 3 种元素的需要量最多,也最重要。磷酸盐对气生菌丝有促进作用,钙质也有利于菌丝生长,每千克培养料含 100～500 mg 为宜,其他矿质元素需要量甚微,每千克培养料含 0.1 mg 即可,在自来水、河水中都含有,基本能满足需要,一般不必额外添加。以粪草、木屑、秸秆等为培养料,应根据不同材料和食用菌种类的不同需要适当添加钙、磷、镁等元素。

食用菌对铁、锰、钼、铜、钴等元素需要量甚微,一般每升培养基中需 0.001 mg。由于这些金属元素在普通用水(河水、自来水等)中都有,因此除了用蒸馏水配制的培养基外,一般不必另外再添加。

张树庭对草菇不同生长期所含矿物质元素进行过分析(表 12-29),可以看出,草菇在不同生育时期所含矿质元素不一样。

表 12-29　草菇不同生长期的矿质元素含量　　　　$mg \cdot (100\ g)^{-1}$(鲜重)

组成	纽扣期	卵形期	伸长期	成熟期
钾	471.50	402.84	489.00	645.12
磷	150.71	105.62	140.30	115.00
钙	37.05	37.48	20.65	35.60
铁	1.32	1.26	1.40	1.61

二、氮素的利用及其代谢

一般认为食用菌没有利用无机物合成有机物的能力,但在某种特殊因子的诱导下,能利用无机氮构成有机体必需的氨基酸。

(一)无机氮的利用

食用菌对硝态氮难以利用,但可利用铵态氮。NH_4^+ 可以进入细胞,进而合成氨基酸。

(二)尿素的利用

食用菌中都有尿素,能分解尿素产生氨和二氧化碳。尿素经高温处理后易分解,致使培养基的 pH 上升并带有氨味,从而损害食用菌的生育。因此,制种料中不宜添加尿素。栽培时如果需要添加尿素,其浓度应控制在 0.1％～0.2％。蘑菇栽培料的发酵添加尿素必须在第二次翻堆时加入,以免后期产生氨气,对菌丝产生毒害作用。

(三)氨基酸及蛋白质的利用

有机氮比无机氮更有利于菌丝的生长,是食用菌良好的氮源。

氨基酸溶于水,可以被菌丝细胞直接吸收。蛋白质是由 20 多种氨基酸所组成的大分子化合物,不能直接进入细胞,必须在胞外被分解成氨基酸之后才能被吸收利用。蛋白质分解成氨基酸是由蛋白酶和肽酶联合催化的。

福建三明真菌研究所曾对不同的氮源对草菇生育的影响做过研究,结果见表 12-30。

表 12-30　　不同氮素营养对草菇生育的影响

氮源	菌丝重/[mg·(30 mL)⁻¹]	日长速/cm	菌丝特征
硝酸钠	23.0	1.38	细弱、透明、稀疏,分枝少
硫酸铵	40.1	1.50	较旺、均匀,后期菌丝多
尿素	49.0	—	接种块恢复慢,但新生菌丝生长后长势较旺
蛋白胨	184.4	1.64	生长旺盛,粗壮而整齐
谷氨酸钠	71.6	1.62	较纤细,但长势较旺盛
天门冬氨酸	150.8	1.27	较粗壮而致密
缺氮	22.0	1.31	细弱、透明而稀疏

由于食用菌种类较多,下面仅以平菇、蘑菇、金针菇和香菇为例说明食用菌的施肥技术。

三、平菇对营养的要求及培养料配制

(一)营养要求

平菇系木腐菌,在自然条件下,生长在枯朽的木材上,以木材中的各种养分作为营养。人工栽培用木屑、棉籽壳、玉米芯、稻草以及各种作物的秸秆、籽壳等,适当添加一些麦麸、米糠、化肥、石膏等,就可以满足平菇对碳素、氮素、矿质元素及维生素的需要,并可促进菌丝生长,有利于子实体的提早形成和产量的提高。平菇生长还需要微量的钴、锰、锌、钼等元素。

(二)培养料配制

1. 棉籽壳培养料

棉籽壳,100 kg;过磷酸钙,2～3 kg;生石灰,1～2 kg;多菌灵(含量 50%),0.1 kg;水,130～140 kg。

在棉籽壳中再添加 1% 的尿素或磷酸二铵等,增加氮、磷元素,可提高产量。

2. 木屑培养料

木屑,100 kg;过磷酸钙,2 kg;石膏粉,3 kg;碳酸钙,1 kg;硫酸镁,0.1 kg;磷酸二氢钾,0.1 kg;含水量,65%。

3. 玉米芯培养料

玉米芯(粉碎),95%;生石灰,1.5%;石膏粉,2%;过磷酸钙,1.1%;尿素,0.3%;多菌灵、敌百虫,各 0.05%;料水比,1∶1.3。

四、蘑菇对营养的要求及培养料配制

(一)营养要求

蘑菇是一种草腐菌,完全依靠基料中的营养物质来生长发育。在其所需要的营养物质中,以含碳物质为最多,其次是含氮物质和无机盐类。

蘑菇能利用广泛的碳素营养物质,如糖、淀粉、纤维素、半纤维素、果胶质、木质素等。在植物秸秆中纤维素、半纤维素、木质素含量丰富,畜粪中也含有纤维素等成分。蘑菇也可以直接吸收利用可溶性碳水化合物,但不能直接吸收利用非可溶性碳水化合物,需要将其堆积发酵,通过发酵过程中嗜热及中温型微生物和蘑菇菌丝分泌的酶将其分解为简单的碳水化合物,才能吸收利用。蘑菇菌丝生长期主要以木质素为碳素营养,而子实体生长期则主要以纤维和半

纤维素为碳素营养。

蘑菇的氮素营养物分为无机氮化合物和有机氮化合物。蘑菇对无机氮化合物中的硝酸盐利用不好,但对硫酸铵能利用,不过施用过量,容易使培养料变酸,也会影响蘑菇菌丝的生长。蘑菇主要利用的是有机氮化合物,它不能直接利用蛋白质,只能利用其水解产物,如氨基酸、蛋白胨等。尿素对培养料的发酵有良好的作用,在堆积发酵过程中,分解产生的氨被堆肥中的微生物吸收转化为菌体蛋白,菌体死亡后的分解物,是蘑菇很好的氮素营养。

蘑菇不仅需要丰富的碳素和氮素作为基本营养,而且在吸收利用碳素和氮素时,是按照一定比例进行的。因此,在配制培养料时,碳素和氮素营养物质的搭配要有一个合适的比例,碳氮比一般以(30～33)∶1为宜。

钾、磷、钙、镁、硫等主要矿质元素也是蘑菇不可缺少的营养元素。在蘑菇对营养物质的吸收和呼吸代谢过程中,钾起重要作用。作物秸秆中钾元素含量丰富,在培养料中,一般不需要另外添加钾元素。磷是核酸和细胞膜的组分,也是能量代谢和碳素代谢中不可缺少的元素。缺少磷时,碳素和氮素不能很好地被利用。生产上常在培养料中添加过磷酸钙,来补充培养料中磷素的不足。但过量的磷酸盐也会造成培养料过酸,影响蘑菇的正常生长。钙元素可以促进蘑菇菌丝生长,促进子实体的形成;钙又可抵消钾、镁、钠、磷元素过量对蘑菇菌丝生长的抑制作用;钙还能使堆肥和土壤凝聚成团粒,提高培养料的蓄水和保肥能力;钙的存在又可增强钾的效果。生产上常用石膏、碳酸钙、熟石灰等作为钙肥。镁离子是一些酶的活化剂,在秸秆中镁元素的含量足以满足蘑菇生长发育的需要。所以,在蘑菇培养料中不必另外添加。硫元素是含硫氨基酸的组分,又是某些辅酶的成分,生产上常用石膏作为硫肥。

蘑菇对铁、锌、铜、钼、锰、钴等元素的需要量甚微,但不可缺少,否则也会影响蘑菇的正常生长。铁对蘑菇的菌丝生长有益,并可促进蘑菇原基的形成。锌是蘑菇完成同化作用所必需的元素。铜是某些酶类的基本组分,有刺激蘑菇生长的功效。钼对蘑菇形成含氮物质有重要作用。在培养料和水中的上述含量一般可以满足蘑菇的需要,不需要额外添加。若添加时,一定要慎重,注意不要过量,用量过度有毒害作用。

(二)培养料的准备和堆制

培养料是蘑菇生长的物质基础,它为蘑菇的生活提供必需的营养、水分、温度和空气,培养料的好坏直接影响蘑菇的品质和产量。因此,蘑菇培养料的准备和堆制是不可忽视的一项重要工作。

1.培养料的准备

栽培蘑菇的堆肥是由碳素材料、氮素材料和矿质肥料经过混合堆积发酵而成的蘑菇培养基。堆肥材料的收集和储藏如何,直接关系到堆肥的量,将影响栽培的成败和产量的高低,因此,必须予以重视。

堆肥材料可以分为粪肥类、麦草类、氮素辅料类和矿物质肥料等。粪肥类指的是畜禽粪便。粪肥中,骡、马、牛粪最好,猪粪次之。骡马粪含有丰富的有机物,氮、磷、钾的含量也比较高,质地疏松,具有较高的发热能力。湿牛粪含水量较高,质地致密,发酵较慢,堆温较低,直接使用效果较差,若晒干粉碎后堆料效果好。骡、马、牛粪堆肥栽培蘑菇出菇期长,菇体粗壮。猪粪堆肥出菇密,菇体较小,前期产量高,后期产量低。因此,骡、马、牛、猪粪混合堆制,可以取长补短,效果更好。鸡、鸭粪的养分充足,发热快,温度高,但碱性重、黏度大,最好是与畜粪混合使用。粪肥类的收集和储藏,可采用干粪储藏,新鲜畜禽粪,要随收随晒,晒干后储藏,堆料时再加水。干储的粪质较好。一般多采用湿粪保藏,即将鲜粪放入土坑内压紧,表面用稀泥抹封,使不透气,使用时再掏出。也可以将鲜粪在地面上堆成小堆,压紧呈馒头形,表面抹一层稀泥密封备用。

麦草类是堆肥的重要碳素材料,一般常用稻草、麦秸之类。麦草类含有丰富的纤维素、半纤维素、木质素等有机碳,而氮、磷、钾的含量及发热量不如粪肥高。但麦草类质地疏松,具有弹性,通气性良好,能提高培养料的吸肥、吸水能力,起到保肥保水的作用。稻草的茎秆较软,易吸水,腐熟快,但黏性重。麦秸的茎秆较硬,吸收差,腐熟慢,但发酵腐熟后的物理性状较稻草好。堆肥时,可将稻草和麦秸混合作用,取长补短,效果更佳。麦草类应晒干后堆垛保藏,严防雨淋霉变。

氮素辅料是补充氮源、调节碳氮比的材料。常用的有血粉、豆饼粉、棉籽饼粉、菜籽饼粉、尿素、石灰氮、硫酸铵等。有机氮辅料要注意防止霉变失效,无机氮辅料要防止潮解。

矿物质肥料类包括碳酸钙、过磷酸钙、石膏、硫酸钾、氯化钾等。矿物质肥料用以补充矿质元素的缺乏,调节氮、磷、钾的比例,改善堆肥的物理性状。矿物质肥料的保藏,宜放在避光、通风、低温、干燥处,防止潮解变质。

2.堆肥的配比

堆肥配比的原则是:满足蘑菇生长繁殖所需要的足够营养成分;堆料时能使堆温上升到70～80℃,能较长时间保温在50～60℃,这样才能有效地杀死料中的有害杂菌和虫卵,并使好热性微生物大量繁殖,使培养料分解腐熟。因此,必须掌握好碳氮比,粪草比和氮、磷、钾的比例。其中以碳氮比为主要依据。一般堆肥前的碳氮比是33∶1,但发酵后的堆肥碳氮比应下降至(17～20)∶1。粪草比,因配方不同有70∶30,60∶40,50∶50,40∶60等4种。我国多采用60∶40,国外则多采用50∶50。氮、磷、钾的比例,一般是4∶1.2∶3比较适合蘑菇生长。辅助材料的添加量,尿素以0.4%较好,太多则因释放大量的氨而影响发酵质量。过磷酸钙1%～2%,石膏1%,碳酸钙2%,消石灰0.1%～0.2%。美国常在堆肥中加入10%～20%的土壤,以利于保湿和固定氮素。

近年来,常以培养料中的含氮量作为配方的标准。美国辛登和斯切勒提出,建堆前培养料的含氮量最好在1.5%～1.7%。合成培养料发酵前的最低含氮量应达到1.6%,最高含氮量不超过1.85%。而独联体和保加利亚一般要求堆肥的含氮量应在2%,并以此作为堆肥的配方标准。

培养料在发酵前,含氮量的计算方法是将培养料湿重全部折算成干重,根据它本身的氮量(%)乘其干重,即可得总氮量,分别计算出各种原材料总氮量。最后求出培养料的总干重以及各种原材料的总氮量的和,再按下列公式即可求出建堆时的含氮量(%):

$$原材料含氮量＝总氮量÷总干重×100\%$$

好热性微生物在发酵中使料温上升到要求的温度,消耗的碳和氮有一定的比例,消耗的碳量约为材料中总碳源的30%,消耗的氮量为消耗的碳素的10%。由此得知在堆料前,堆制料中的碳氮比值应为100/3＝33.3。一般配料中的碳氮比为(30～35)∶1。

3.蘑菇培养料配方

蘑菇培养料有粪草培养料和合成培养料2类。粪草培养料是用畜禽粪与作物秸秆配合堆制而成,合成培养料是用作物秸秆或其他材料与化肥等配合堆制而成。

(三)追肥

秋菇多在第三批采收后开始追肥,以补充养分,促进蘑菇生长,提高产量和质量。

追肥的种类很多,如培养料浸出液、人粪尿、硫酸铵、尿素、过磷酸钙、葡萄糖、胡萝卜液等。现介绍经常使用的追肥。

①5%～10%人粪尿、牲畜尿,煮开后兑水5～10 kg;

②1%葡萄糖溶液;

③胡萝卜剁碎,加水煮沸,过滤后兑水4～5倍;

④豆汁水:黄豆粉500 g,加水25～40 kg,煮沸、过滤,冷却后使用;

⑤培养料浸出液:取已发酵的干培养料5 kg,加水50 kg,浸泡24 h,或煮沸过滤,冷却后使用;

⑥菇脚水:菇脚、碎菇、小菇等5 kg洗干净后加水15 kg煮开,15 min后取出固体物,用澄清液加水40 kg;

⑦蘑菇健壮剂:蘑菇健壮剂是一种可以加强蘑菇生理活动的制剂,能加强酶的活性,增强酶促反应,加强蘑菇的新陈代谢,其中一些植物激素,还可以加速生长和发育。此外还可增强其抗热和抗寒能力。调配方法:先将每包健壮剂倒入大碗中,加水少许用棒搅拌均匀,到无残渣时再加水100 kg配成水溶液,即可供喷施用,可供110 m² 喷2～3次用。

追肥施用方法是:头一批菇采收后,至下批菇长到黄豆大小时施用为宜。有机肥和无机肥交替施用,少量多次,掌握浓度,避免肥害。随配随用,不宜久置,以免腐败变质引起杂菌。

五、金针菇的营养及培养料配方

(一)金针菇的营养

金针菇是一种木腐菌,必须依靠分解、吸收培养料中的营养为生,营养物质是金针菇生长的物质基础,因此必须充分给以满足。

金针菇生长发育过程中所需要的营养物质包括碳源、氮源、矿质元素及维生素类4类。下面重点介绍氮源和矿质元素。

1. 氮源

氮源是金针菇生长发育的重要营养来源,它是合成蛋白质和核酸不可缺少的原料。金针菇菌丝可以利用多种氮源,其中以有机氮最好,有机氮如蛋白胨、谷氨酸、酒石酸铵、尿素、牛肉浸膏、酵母浸膏和麦芽浸膏等;无机氮中的铵态氮如硫酸铵也能利用。大面积栽培时,一般以麸皮、细米糠、玉米粉、豆粉和饼肥作为主要氮源。

2. 矿质元素

矿质元素是金针菇生长所必需的营养物质。它主要参与细胞结构物质的组成、能量的转移、维持细胞原生质胶态以及作为酶的组成成分。其中以磷、钾、镁最重要。尤其对于粉孢子多、菌丝稀疏的品系,添加镁和磷酸根离子后,菌丝生长加快、旺盛,同时可促进籽实体形成,不过这些微量元素在普通水中的含量已能基本满足需要,一般无须另行添加。

(二)金针菇的培养料配方

金针菇常用的培养料配方有以下几种:

①棉籽壳88%,细米糠(或麸皮)10%,糖1%,碳酸钙1%;

②阔叶树木屑73%,蔗糖1%,细米糠(或麸皮)25%,碳酸钙1%;

③甘蔗渣73％,蔗糖1％,细米糠(或麸皮)25％,碳酸钙1％;

六、香菇的营养及培养料配方

(一)香菇的营养

香菇是一种木腐菌,主要的营养成分是碳水化合物和含氮化合物,也需要少量的无机盐、维生素等。

1.氮源

用于香菇内蛋白质和核酸的合成。香菇菌丝能利用有机氮(蛋白胨、L-氨基酸、尿素)和铵态氮,不能利用硝态氮和亚硝态氮。在有机氮中,能利用氨基酸中的天门冬氨酸、天门冬酰胺、谷氨酸和谷氨酰胺,不能利用组氨酸、赖氨酸等。

香菇生育的最适氮源浓度,因氮源的种类而有不同。例如,硫酸铵和酪蛋白水解后的各种氨基酸为0.03％,酒石酸铵为0.06％。香菇菌丝利用菇木中氮源的能力因香菇菌株差异而不同,一般为段木含氮量的1/3。

在香菇菌丝营养生长阶段,碳源和氮源的比例以(25～40)∶1为好。高浓度的氮会抑制香菇原基的分化;而原基发育成香菇的能力取决于培养基中的碳源和较高浓度的糖。当蔗糖的浓度达80％时,子实体的发生非常好。在生殖生长阶段,最适合的碳氮比是73∶1到(260～600)∶1。成熟生长时以碳源浓度高的培养基为好。

2.矿质元素

除了镁、硫、磷、钾之外,铁、锌、锰同时存在能促进香菇菌丝的生长,并有相辅相成的效果。每升培养液中,各添加锰、锌、铁2 mg·kg^{-1}可以促进香菇菌丝的生长。在这3种元素中缺少锰时,香菇菌丝的生长量明显减少。钙和硼能抑制香菇菌丝的生长,在浓度适合的培养基中,有铁、锰、锌存在时,添加铜、钼和钴也能促进香菇菌丝的生长。

(二)培养料配方

袋栽香菇的培养料可用木屑、棉籽壳、玉米芯、花生壳、甘蔗渣、稻草、麦秆等作为主要原料,再加以辅料即可。由于各种原料营养成分不同,配方也多种多样。

①木屑100 kg,麸皮或米糠20 kg,糖1.5 kg,石膏2 kg,过磷酸钙1 kg,硫酸镁0.1 kg,维生素B$_1$10片。

②木屑100 kg,麸皮20 kg,玉米粉2 kg,糖1.5 kg,石膏2.5 kg,尿素0.3 kg,过磷酸钙0.6 kg。

③木屑70 kg,麸皮25 kg,石膏3 kg,KH$_2$PO$_4$ 0.2 kg,过磷酸钙0.4 kg。

④棉籽壳100 kg,麸皮20 kg,石膏3 kg,石灰0.6 kg。

思考题

1.食用菌生长发育需要哪些营养物质?

2.简述平菇对营养的要求。

3.金针菇、香菇的营养特点如何?

第十三章 其他作物营养与施肥

本章提要:主要介绍草地、草坪、药用植物、林木和茶树的营养特性及施肥技术。

第一节 草地的需肥特性与施肥

草地是一种农业自然资源,也是专供放牧和采制干草、青贮饲料的场所。草地有自然形成和人工种植两大类,前者叫天然草地,后者叫人工草地。发达国家在提高草地生产力方面采取了许多措施,其中草地施肥是一条重要措施。美国草地施肥量占全国施肥总量的11.1%,仅次于玉米,天然草地施肥量占总量的3.8%;澳洲草地每年消费磷 $6.0×10^5$ t,合 100 kg·hm^{-2},每年消费氮肥 $2.5×10^5$ t,微量元素施用较多的是钼,其次是锌和铜。

目前,我国草地施肥还没有全面展开,随着草地畜牧业的发展,施肥作为合理利用草地及改良草地的一项措施将具有广阔前景。

一、草地的需肥特性

(一)草地对养分的需求特点

牧草的整个生育期可分为3个阶段:自养生长阶段、营养生长阶段、生殖生长阶段。自养阶段,牧草幼苗的生长主要靠种子的储存物质提供营养;营养生长阶段是牧草旺盛生长的时期,碳、氮代谢强烈,需从外界获取大量营养物质;在生殖生长阶段,牧草由碳、氮代谢转入碳代谢,是生殖器官建成及子实的形成时期。因此,要提高牧草产量,关键在于满足营养生长阶段养分的需要,以利于茎叶等营养器官的形成,从而大幅度提高鲜草产量。若以收草种为目的,则还应考虑生殖生长阶段对养分的需求特性。

不同种类牧草对养分需求的绝对量和相对比例都不一样,如禾本科牧草的无芒雀麦,每生产 1 000 kg 干物质需要从土壤中吸取 19 kg 氮、3.3 kg 磷(P_2O_5)和24.3 kg 钾(K_2O),而豆科牧草紫花苜蓿,每生产 1 000 kg 干物质就要带走 32 kg 氮、2.5 kg 磷(P_2O_5)和28.4 kg 钾(K_2O),其中氮素有 40%~63% 来自共生的根瘤从空气中固定的氮素。相比较来说,禾本科牧草对氮的需求更迫切一些,而豆科牧草对磷、钾肥的反应更好一些。

同一牧草在不同生育时期,养分吸收与累积是不相同的,根据春亮(2001)研究,羊草氮、磷、铁、铜最高累积速率(每天每平方米累积量)出现在拔节期到孕穗期,分别为 0.29 g、0.02 g、1.49 mg 和 0.09 mg,钾、锰的最高累积速率出现在返青期至分蘖期,分别为 0.15 g、0.08 g。钙、镁、锌的最高累积速率出现在抽穗期至开花期,分别为 0.05 g、0.04 g 和 0.36 mg。各养分的最大累积量(每平方米累积量)及出现的时间也不尽相同。氮、铁是在抽穗期,分别为 13.82 和 112.4 mg,磷、钾、硫、钙、镁、锰和锌在开花期,分别为 2.11 g、7.26 g、1.23 g、3.72 g、1.87 g、34.2 mg、18.3 mg,铜在孕穗期,为 4.16 mg。

李文庆研究发现(2003),黑麦草随施氮量的增加,植株体内全氮呈增加趋势,相关系数为 0.95;随施氮量的增加,植株体内磷、钾的含量呈降低趋势,相关系数分别为 -0.83 和 -0.78;

P/N、K/N 的变化在不同处理中不同,在高氮处理中呈降低趋势,而在低氮处理中则呈增加趋势,生长时间越长差异越明显;氮在植株体内浓度随牧草的生长而逐步降低,不同氮处理的差异随时间延长而更加明显。

张丽娟(2007)研究施肥对苜蓿+无芒雀麦混播草地氮、磷、钾含量的效应时表明,施 K 肥能提高无芒雀麦的含 K 量和苜蓿的含 N 量;高 P 或高 K 处理均使无芒雀麦的含 N 量下降;施 N 肥能提高无芒雀麦的含 N 量,而对苜蓿含 N 量影响不明显;高 N 处理(基肥 30 g·m^{-2},追肥 45 g·m^{-2} 尿素)降低了无芒雀麦和苜蓿的含 K 量,同时也降低了苜蓿的含 P 量;N、P 和 K 营养配比为 N 9.0~13.5 g·m^{-2}、P$_2$O$_5$ 7.2~12.0 g·m^{-2}、K$_2$O 12.0~18.0 g·m^{-2} 时牧草 N、P 和 K 含量较高。随着草地使用年限增长,无芒雀麦的 N 素含量下降,苜蓿的 K 素含量增加。翁伯琦(2005)研究表明,施硒肥提高了豆科牧草圆叶决明植株全氮、全磷和全钾吸收量,不同硒肥施用水平下提高的幅度分别为 21.79%~41.46%、20.74%~34.67%和 34.3%~62.4%。

当草地放牧时,土壤失去的大部分养料在放牧牲畜的粪便和尿中返回,但当牧草作为干草,青贮饲料或人工干草、青刈饲料保存时,土壤中氮和矿物养分储备的消耗相当大,为粮食作物消耗量的 2~3 倍。

人工刈割或牧畜采食,获取的都是牧草的茎叶,因此需施用氮素,使茎叶繁茂。

(二)草地施肥的效应

1. 施肥可提高草地单位面积产草量

在内蒙古呼伦贝尔市和锡林浩特市的草地上施有机肥可提高产草量 20%~25%,纯施含氮、磷、钾的化肥可提高产量 50%~110%,氮肥可提高产量 50%~60%,有的提高 1 倍以上。齐凤林在沙地低产草地试验表明,氮、磷、钾混施比不施肥干草产量平均提高 240.8%。刘泽东(2008)在大庆市研究表明,天然草地在灌溉的条件下,施尿素处理每公顷平均产干草 3 466.3 kg,比对照每公顷增产 1 866.7 kg,增产 116.7%;施磷酸二铵处理每公顷平均产干草 3 178 kg,比对照每公顷增产 1 578 kg,增产 98.6%;施有机肥处理每公顷平均产干草 2 711.2 kg,比对照每公顷增产干草 1 111.3 kg,增产 69.5%。从施肥当年的效果看以施尿素效果最好。

桑杰(2007)研究微肥对高寒地区多年生人工草地生产性能的影响表明,在中华羊茅和冷地早熟禾处理组中,进行的硼砂、硫酸铜和硫酸锌的追肥处理,对牧草的地上生物量和种子产量有提高作用。① 对中华羊茅草地,硼肥处理分别提高地上生物量和种子产量 12.2%和10.2%;对冷地早熟禾草地,分别提高 13.2%和 10.2%,差异均显著;但 Cu 肥、Zn 肥处理组间的差异不显著。② 硼肥对中华羊茅和冷地早熟禾两种植株的分蘖密度和有效小穗数影响显著,分别提高 12.3%、9.3%和 10.5%、8.8%;铜肥和锌肥效果的差异不显著。

2. 施肥可改善草群成分

施用肥料可增加草群中禾草类比重,而磷肥和钾肥的使用可增加草群中豆科牧草的比重,减少杂类草的比重。陈敏等(2000)研究证实,施肥使羊草和无芒雀麦在群体中的主导地位更加突出,使一二年生杂草的侵入减少。

胡民强等(1996)研究表明,通过施肥能使不同时期禾本科和豆科比例保持基本一致,保持这种较稳定的比例状态是放牧草地所要求的,而不施肥区,随着放牧时间的推移,豆科比例升高,禾本科比例下降,这是放牧草地所不希望的。这种通过施肥调控禾本科与豆科比例的做法值得在草地建设中借鉴。

3.施肥可改善牧草中化学成分,从而使牧草的营养水平、适口性和消化率提高

胡民强等(1996)研究了施肥对干物重(DM)、有机物(OM)、粗蛋白质(CP)、细胞壁有机物含有率(OCW)、高消化纤维素(Oa)、低消化纤维素(Ob)、细胞内容物(OCC)和可消化养分总量(TDN)的影响(表 13-1)。结果表明,施肥区 OM、CP、Oa、OCC 和 TDN 含量高于对照区。从 3 个放牧时期看,施肥区比对照区 CP 分别高 27.16%、5.06%、7.02%;Oa 分别高 5.17%、44.33%和 5.47%;TDN 分别高 15.02%、4.65%和 1.38%。

表 13-1　草地牧草的化学成分　%

| 处理 | 放牧日期（月/日） | DM | 干物质的成分 | | | | | | TDN |
			OM	CP	OCW	Oa	Ob	OCC	
试验区	5/23	15.29	88.7	21.82	35.19	16.47	18.72	53.51	70.28
	7/22	25.03	87.31	16.00	44.49	18.46	26.03	42.82	65.03
	9/27	13.75	86.98	23.79	43.72	20.2	23.52	43.26	65.93
对照区	5/23	16.42	87.07	17.16	48.84	15.58	33.26	38.23	61.10
	7/22	26.41	87.21	15.23	46.96	12.79	34.17	40.25	62.14
	9/27	14.18	86.04	22.22	42.95	19.07	23.88	43.09	65.03

邓蓉(2004)撰文报道草地施肥与家畜生产力的关系时认为,粗纤维是正常瘤胃功能所需要的,纤维的重要品质包括适当的颗粒大小和可消化纤维素含量。低纤维能使产奶的反刍动物乳脂下降。家畜维持最佳生长对食料中纤维水平的要求是中性洗涤纤维(NDF)占全部食料的 36%左右,牲畜自由采食量和 NDF 之间呈负相关。施肥可提高牧草中纤维的含量,利于草食家畜的生长。

饲草中磷含量对家畜生长能力及牲畜骨骼发育和繁殖等方面有影响。当牧草中磷降低到 0.1%~0.15%时,家畜生长缓慢,食欲下降。日本、苏联规定家畜饲草中磷指标为 0.2%~0.7%,<0.2%为不足,>0.8%为过剩。

禾本科牧草抽搐症是在放牧家畜处于应激状态下由于禾本科牧草中镁含量不足而引起的,是影响家畜健康的主要疾病之一。饲草中镁含量低于 0.2%,易发生牲畜的抽搐症,且随牧草中钠和钾浓度提高发病率增加。在禾本科与豆科牧草混播的草地,施氮会增加镁,而施钾降低镁的含量。另外,在牧草生长中,春季幼嫩的牧草中镁含量低,夏、秋季镁含量高。

牧草含钾水平对牲畜生长发育有重要影响。国际上牧草中 K/(Ca+Mg)的比值规定小于 2.2,如果比值大于 2.2,意味钾素多,钙素和镁素少,牲畜易患抽搐症。

锌能影响牧草的生长和牲畜的繁殖。日本有关资料表明,禾本科牧草含锌量在 80~100 $\mu g \cdot g^{-1}$,豆科牧草中含锌量在 20~80 $\mu g \cdot g^{-1}$,家畜需要的适宜范围为 55~60 $\mu g \cdot g^{-1}$。

硝酸盐对奶牛产奶量和繁殖机能有明显的影响,而施氮直接影响硝酸盐的积累,且施硝酸盐肥料时的积聚高于硫酸铵或尿素。另外,光照和干旱是影响植物硝酸盐积累的重要环境因素,光照低和干旱增加硝酸盐的浓度。奶牛摄入硝酸盐的量低于 0.53 $g \cdot kg^{-1}$(体重)时,高铁红蛋白不会显著增加,放牧采食的牧草含 NO_3^- 的最大临界值为 0.15%。

上述牧草营养品质和卫生品质都与土壤养分的供应和施肥有关,因此,科学施肥是改善牧草营养品质和卫生品质的重要措施。

二、草地施肥技术

(一)草地合理施肥的原则

1.根据牧草种类和需肥量施肥

牧草的种类不同,所需要的肥料种类、数量也不同。禾本科牧草对氮肥的需要量较大,反应敏感,因此,应以氮肥为主,配合施用磷、钾肥。豆科牧草具有根瘤,能固定空气中游离氮素,应以磷、钾肥为主,配施少量的氮肥。在幼苗根瘤尚未形成时,施用少量的氮肥,可促进幼苗的生长。禾本科牧草和豆科牧草混播的草地,首先要增施磷肥,促进豆科牧草根瘤的形成,以磷固氮,促进禾本科牧草的生长。

同一种牧草,在不同生育时期对肥料的需要量也不同。萌发时,种子储藏有丰富的养料,一般不吸收养分;幼苗期需要量较小;随着幼苗的生长,需要量逐渐增加。禾本科牧草吸收养料最多的时期是分蘖至开花期;豆科牧草是分枝至孕蕾期。要根据不同肥料的特性,适时适量施用,以满足牧草不同发育阶段对肥料的需要。

2.根据土壤肥力施肥

一般壤质土壤,有机质和速效养分较多,只要基肥充足,适时追肥,就可获得高产。黏质土壤或低洼地水分较多的土壤,肥力较高,保肥能力较强,有机质分解慢,故前期多施速效肥料,后期应防止贪青、徒长和倒伏。沙质土壤肥力低,保肥能力差,应多施有机质做基肥,化肥适量,勤施,做到少吃多餐。无论哪种土壤,都应注意氮、磷、钾三者的配合。

各类草地对养分施入的基本反应是,冲积地草地土壤中磷、钾丰富,含氮较少,施氮肥效果较好;低洼地草地氮和钙含量较丰富,磷含量少,施用磷肥效果较好;沼泽地草地通常含钾最少,施钾肥效果明显,其次是磷,对氮肥也有良好反应;坡地和岗地草地氮的含量低,磷次之,应施入氮、磷肥;水泛地草地各种营养物质的总含量丰富,对肥料反应能力差,但在沙土和沙壤土质的水泛草地,施用氮肥效果明显。

3.根据土壤水分状况施肥

肥、水都是农业生产的重要物质,水分的有效性直接影响着整个土壤微生物作用、物理化学作用和植物体内生理生化过程。因此肥料利用和水有密切而复杂的关系。土壤水分的多少,直接影响腐殖质的形成和速效养分的积累。土壤水分过多,微生物活动差,有机质分解慢,速效养分少,应适当施用速效肥料,若土壤水分不足或过于干旱,不仅有机质难以分解,速效养分少,施入的肥料也难以吸收,所以在干旱季节要结合灌水或降水施肥。

4.根据肥料的种类和特性施肥

肥料种类不同,其特性也各有差异。因此,施肥时必须考虑不同肥料的不同特性,注意肥料的酸碱度、营养元素的含量、肥效的迟速;有机肥应注意腐熟的程度等。肥效较迟,在土壤中不易流失的可做基肥,如农家肥、过磷酸钙、草木灰等;肥效较快,易被牧草吸收的,可做追肥,如碳酸氢铵、硫酸铵等(张勤,2005)。

(二)牧草施肥方法

1.基肥

播种前结合耕翻土地时施用优质农家肥,如厩肥、堆肥或缓效性化肥,用来满足牧草整个生长期的需要,一般施用有机肥 $15\sim37.5$ t·hm^{-2}、过磷酸钙 $150\sim300$ kg·hm^{-2} 或钙镁磷肥 $300\sim375$ kg、氯化钾 $120\sim150$ kg·hm^{-2},耕前撒施,撒后耕翻,以施有机肥为好,一年(冬季和春季)要施 2 次基肥,施用基肥的方法有撒施、条施、分层施、混施等。撒施是在土壤耕翻时,把肥料均匀地撒于田间,然后播种;条施是先在田间开沟,把肥料施入沟中后覆土播种。条施肥料集中,用量少,肥效高。分层施是结合深耕把有机肥料施入深层,再把优质肥料和速效肥料通过耕地等方式施于土壤上层。分层施既可以为牧草提供养分,又能促进土壤迅速熟化。生产中常把厩肥和绿肥混合施用。

2.种肥

播种时与种子同时施入,以满足牧草幼苗生长的需要。种肥可施在播种沟内或穴内,盖在种子上,或用于浸种、拌种。一般以氮、磷肥为主,有机肥要充分腐熟,所用肥料都不能影响种子发芽出苗。施用种肥的方法有很多。沟施或穴施法:条播时用沟内条施法,点播移栽或扦插的用穴施法。颗粒施用法:把肥料制成颗粒与种子同时播入土中,或把种肥和种子分别装入肥料箱和种子箱内同时播入土中。拌混法:将种子和种肥混拌后播入土中,如将草木灰或腐熟的厩肥与种子(块根、块茎等)混拌后施入土中。作为种肥施用的氮肥可用硫酸铵,用量为 $37.5\sim75$ kg·hm^{-2}。磷肥可用过磷酸钙,用量为 $37.5\sim60$ kg·hm^{-2}。在酸性土壤中,用 $2.25\sim3.0$ t·hm^{-2} 草木灰做种肥。

3.追肥

牧草出苗后,在其生长期内,根据牧草长势进行追肥。追肥可用化肥尿素、硫酸铵、碳酸铵等,以尿素为好,也有用人粪尿或畜粪尿做追肥的。追肥方法可以撒施、条施、穴施、灌溉施肥或叶面喷肥等。追肥的时间一般在禾本科牧草的分蘖、拔节期,豆科牧草的分枝、现蕾期。为了提高牧草产草率,每次收割后也应追肥。多年生牧草,每年春季要追 1 次肥,多在早春植物萌发后或分蘖拔节进行,施 N $45\sim60$ kg·hm^{-2}、P$_2$O$_5$ $30\sim40$ kg·hm^{-2}、K$_2$O $30\sim45$ kg·hm^{-2},促其早发快长。秋季刈割后追肥以磷、钾肥为主,施 P$_2$O$_5$ $25\sim30$ kg·hm^{-2}、K$_2$O $30\sim45$ kg·hm^{-2},但不宜施氮肥,以免枝叶徒长而过多消耗地下器官储藏物质,不利越冬。秋季施腐熟厩肥对牧草越冬也是有利的。禾本科牧草追肥以氮肥为主,配施一定量的磷、钾肥。豆科牧草除苗期少量追施氮肥外,其他时期主要以磷钾肥为主。每次施尿素 $112.5\sim150$ kg·hm^{-2},牧草或青饲料在刈割前施 2 次。每刈割一次后,追尿素一次,以促进再生,如苦荬菜、竹叶菜、红薯藤、黑麦草等一年刈割 $4\sim5$ 次,一年就要追施 $4\sim5$ 次。青饲料地一年要施尿素 900 kg·hm^{-2} 左右。根外施肥的浓度不宜过高,以不伤作物为限,施用微量元素时,施肥量为 $450\sim1\,050$ g·hm^{-2}。飞机施肥在草地上有应用前景。

以禾草为主的禾草杂草类放牧草地施肥,应在每次放牧后进行,春季放牧后施以全肥,N、P$_2$O$_5$、K$_2$O 均为 $30\sim45$ kg·hm^{-2};在第 2 次、第 3 次放牧后可再施肥,用量 $30\sim45$ kg·hm^{-2}。

思考题

1.豆科牧草和禾本科牧草对养分的需求有什么不同?

2.草地施肥的效应有哪些?

3.牧草营养品质和卫生品质与养分供应有何关系?

4.草地合理施肥原则是什么?

5.简述牧草施肥技术要点。

第二节　草坪需肥特性与施肥

草坪是指人工建植人工养护的低矮草地,能起到绿化、美化的作用,或用于运动场,或用作水土保持。草坪营养与施肥的研究与发展,为草坪生产者有目的的控制草坪生长发展、提高草坪质量、增加其实用和持久性提供了一条有效的技术途径。

一、草坪需肥特性及施肥特点

氮是草坪需求量最多的元素。由于草坪草经常修剪,营养体处于不断地增减之中,对氮肥的需要量比大多数植物或作物的需要量更大。同时,草坪系观叶植物,要求叶片茂盛深绿、鲜嫩美观,因此也需要维持较高氮素供应水平。钾是草坪生长发育需要量仅次于氮的元素,现在人们对钾肥的应用有了新的认识。20世纪80年代初,常用的草坪肥料以23∶3∶3或20∶2∶4的构成比例为主,但最近高含钾肥料如20∶3∶15,30∶0∶15颇受草坪养护管理者的欢迎。这是由于早期的钾肥推荐使用是以产草量为衡量指标,在钾用量不太高的情况下也可获得较高的产量,因此人们对钾的作用不太重视。20世纪80年代的研究证实了钾在植物抗性方面的许多重要作用后,大大刺激了钾肥的使用(Sandbarg and Nus,1999)。磷素的充足供应,可使草坪草根系发达健壮,茎叶呈现本色,促进可溶性糖类的储存,而使抗逆性增强,促进分蘖、分枝、显现营养充足,提高草坪草的总体质量,对豆科草坪草有更好的作用。此外,铁和镁在草坪上应用也较普遍,而其他元素在草坪土壤中一般很少缺乏。表13-2是草坪草组织适宜养分浓度及缺乏症状。

表 13-2　草坪草组织适宜养分浓度及缺乏症状

元素种类	适宜养分含量	缺乏症状
N	2.75%～3.75%	叶片黄绿或失绿,老叶首先失绿,草坪密度和分蘖减少
P	0.3%～0.55%	叶暗绿发紫,极度缺乏时红紫,春季返青迟缓,生长受阻
K	1.0%～2.50%	老叶首先发黄,叶尖和叶缘发黄,早春叶片失绿
Ca	0.50%～1.25%	新叶首先在叶缘出现红褐色
Mg	0.20%～0.60%	老叶沿叶缘变红
S	0.20%～0.45%	类似缺 N 症状,但中脉维持绿色
B	10～60 mg·kg^{-1}	生长迟缓
Mo	1～6 mg·kg^{-1}	类似缺 N 症状,脉间失绿
Zn	20～55 mg·kg^{-1}	叶片生长缓慢,有时失绿,叶缘起皱
Fe	3～100 mg·kg^{-1}	新叶首先沿脉间失绿,严重缺乏时,叶片发白
Mn	2～150 mg·kg^{-1}	新叶脉间失绿,叶片有坏死斑点
Cu	5～20 mg·kg^{-1}	新叶坏死,叶尖发白,生长迟缓

引自:现代草坪研究进展,第一辑。

边秀举(2000)研究了北方地区冷季型草坪养分需求特性,结果表明,各种养分在草坪草组织中的浓度高低顺序依次为 N>K>Ca>P>S>Mg>Si>Na>Fe>Mn>Zn>Cu>B;随季节的变化,草坪草组织中的养分含量呈现升高或降低的变化,但元素种类不同,变化的幅度和趋势各异。在春、夏、秋期间 Fe、Na、N、P、Ca、Mn 的浓度呈现或锐或钝的"V"字形变化,而 Ca、Zn、S、Si 随草坪草生长却呈逐渐增高的"富集"趋势,而 Mg 的浓度波动很小,呈基本稳定型;草种不同,对不同养分的吸收存在明显差异,多年生黑麦草含 N、P、K、S、Zn 和 B 的浓度高于高羊茅和早熟禾,而高羊茅组织中 Fe 和 Si 的养分浓度最高,N、Cu、Zn、B 的养分含量最低。但在全年的养分带出总量中,其 N、P、K、Ca、S、Cu、Zn 和 B 以草地早熟禾带出量最高,Mg、Na、Si、Fe 和 Mn 以高羊茅带出量最高。

赵林萍(2006)撰文报道,草坪草种类或品种不同对养分需求常存在一定的差异,此差异尤其表现在对氮素的需求。在保持理想草坪质量时,有的草种需氮量中等或较高,也有一些草种可耐受的肥力水平较宽。例如紫羊茅对氮需求较低,高氮水平下草坪的密度和质量反而下降。结缕草虽然在高肥力下表现更好,但也能够耐受低肥力。狗牙根尤其是一些改良品种,对氮需求较高,而假俭草、地毯草、巴哈雀稗生长量较低,对肥力要求也低,因此施用肥料时应对不同草种区别对待。同一草种的不同品种间也存在着同样的差异。此外,对草坪质量的要求也决定了肥料的施用量和施用次数,如高尔夫球场果岭的草坪和作为观赏用草坪对质量要求和施肥水平均比一般绿地要高得多。

草坪建植后,人们关注的是如何保持草坪的适当生长速度和得到一个致密、均一、浓绿的草坪。草坪的形成和生长需要在恰当的时间获得足够的肥料供应,使其对营养的需要与生长率相同步。为维持草坪的良好外观和坪用特性,生长季内频繁的修剪是必要的,草坪修剪如将草屑移出草坪,每年带出草坪的各种养分量是相当可观的,尤其是氮、磷、钾。边秀举研究结果为,自 4 月 7 日至 11 月 2 日草坪草生长期间,由草坪修剪带出土壤的各种养分量(每年每平方米)以氮为最高,达 23.95 g,其次是钾,达 15.26 g,其他元素依次为钙 5.09 g,磷 2.96 g,硫 2.07 g,镁 1.89 g,硅 0.679 g,钠 0.50 g,铁 253.24 mg,锰 37.75 mg,锌 34.97 mg,铜 15.87 mg,硼 5.43 mg。因此,要想持久地保持草坪质量,依靠施肥措施不断地补充草坪的养分供给则是十分必要的。

二、草坪施肥效应

草坪通过施肥,可以促进成坪过程,改善草坪质量,增加草坪草抗逆能力,延长绿色期,提高观赏性能。

孙丽昕(2006)研究证实,秋施以氮肥为主的肥料能使已经停止生长的草坪草再产生新的分蘖并增加其绿度。草坪密度与对照相比,秋季增加 114%,次年春季增加 249%。能使草坪提前返青 3～7 d,使草坪绿色期延长 30 d 左右。秋施肥还能供给次年春季草坪草生长。秋季 9 月 20 日前施肥的肥料利用率高,增绿效果好。相同肥料用量下,氮、磷、钾复合肥(N∶P_2O_5∶K_2O＝2.0∶1.0∶0.8)的肥效优于单施尿素。

邓蓉(1998)研究了草坪型黑麦草氮肥品种及氮、磷、钾配施肥效。在含氮量相同前提下,氮肥品种为硫酸铵、硝酸铵、尿素、磷酸氢二铵以及氮、磷、钾以 N∶P_2O_5∶K_2O＝5∶3∶2 配施这 5 种肥料作为黑麦草的追肥材料,分析记录草坪草的叶绿素、密度、盖度、频度、分蘖数、越冬率、含 N 量、生长率,利用草坪质量品质评定方法及灰色系统理论中的关联分析方法进行分析评估,结果表明:N、P、K 配施草坪草达优等,氮肥品种中硝酸铵肥料肥效最好,尿素、磷酸氢二铵次之,硫酸铵最差。

李炜(2004)研究表明,干旱条件下使用 2 mg・mL^{-1} KNO$_3$ 浸种,早熟禾种子的发芽效果最好;干旱地区草坪养护管理中施用 6.5 g・m^{-2} 的钾素营养,可显著提高早熟禾植株的抗旱性。

游明鸿(2005)研究表明,假俭草夏秋季叶施 Fe 肥,使草坪叶片变短、变窄、变厚,草坪高度自然降低,叶绿素含量增加,使草坪质地变细,均一性增加,颜色深绿,提高了草坪的品质,也使根系分布范围扩大,增加了假俭草抗旱性,Fe 浓度应该低于 0.8 L・m^{-2};在秋季,叶施 Fe 可以改善草坪的绿度,延长草坪的绿期,N+Fe 效果好于单独施 Fe,其最佳浓度为 N 4 g・m^{-2}+Fe 0.6 L・m^{-2}。

邵玲研究了施用硼、钼和多效唑(PP$_{333}$)对细叶结缕草抗寒性的影响,结果表明,PP$_{333}$ 与硼、钼施用提高了低温胁迫后细叶结缕草叶片可溶性蛋白、可溶性糖和游离脯氨酸的含量,细胞的渗透调节能力增强。其中,PP$_{333}$+硼+钼混施的作用效果更大,丙二醛(MDA)含量显著低于对照($P<0.01$),质膜相对透性最小,叶片的超氧化物歧化酶(SOD)、过氧化物酶(POD)和抗坏血酸过氧化物酶(APX)活性明显高于对照或硼、钼处理,叶绿体色素降解延缓,较好地促进低温胁迫(1℃,3 d)后草坪草的恢复生长。

三、草坪施肥技术

(一)草坪施肥方法

成坪后的草坪,施肥可采用以下方法:

1.人工撒施

小面积的草坪可以用人工撒施,但要求施肥人员特别有经验,能够掌握好手的摆动和行走速度,做到施肥均匀一致。为了施肥全面、均匀,可把要施的肥料均分成 2 份,1 份按南北方向撒施,另 1 份按东西方向撒施。

2.机械施用

施肥的机具主要有两个类型:一是用于施用液体化肥的施肥机;另一种是颗粒状化肥施肥机。在低施肥量(<15 L・hm^{-2})的情况下,可用叶面喷施的方法,大量的养分可以直接被草坪叶面吸收。施用量低的情况下(N 或 Fe<7.5 kg・hm^{-2}),应用叶面施肥的方法一般不会造成叶片烧伤。叶面喷施通常适用于正常施肥方案或与喷洒农药结合在一起施用。应用这种方法,多数化肥可从叶面流至根系,增加根系吸肥量,许多大面积草坪施肥时可以用此法,同时可与农药混合一起施用。

粒状肥料可用下落式或旋转式施肥机具。用下落式施肥机,化肥颗粒可通过基部一列小孔下落到草坪上,小孔的大小可以根据施用量的要求来调整。在无风时,施肥可呈平行条带,不均匀。有的机器为防止这一问题用小板拦截,分散下落的肥料。漏施或重施是本类机共同存在的问题。此外,由于施肥宽度受限,此类机具施肥效率也较低。但若操作方法得当,下落式施肥机施粒肥时也可达到比较均匀的效果。

旋转式施肥机对大面积草坪施肥效率高,化肥通过一个或多个可调节施用量的孔落到旋转的小盘上,通过离心力把化肥施到半圆范围内。在控制好重复范围时,此法可得到令人满意的均匀度。问题在于用该类施肥机,颗粒大小不同的化肥混施时,较轻的颗粒散的远,较重的颗粒则散的近。因此,颗粒相差较大的肥料不应混合施用,以单独施用为优,或用下落式施肥机来施肥。

为避免草坪草灼伤,应在草坪草相对干的时候施肥,以便肥料撒在土壤表面而不粘在叶片上。为提高肥效,施肥后应立即灌水,最好用喷雾式喷头进行灌溉,灌至 2.5～5 cm 土层湿润即可。

3. 灌溉施肥

通过灌溉来施肥是一种综合的省时省力的办法,但多数情况下是不适宜的,主要是因为灌水系统覆盖不均匀。如在喷水时,一个地方浇的水可能是另一个地方的 2～5 倍时,同样化肥的分布也是这样的。但这种方式,在灌水频繁地区或肥料养分容易淋失需要频繁施用化肥的地方,是非常受欢迎的。如果采用灌溉施肥,灌溉后应立即用少量的清水洗掉叶片上的化肥,以防止灼伤叶片。同时漂洗灌溉系统中的化肥以减少对机具的腐蚀。

在建坪时,一般为了提高土壤肥力,改良土壤结构和通气性,施农家肥 30～45 t·hm^{-2}(具体视土壤状况而定)。磷对幼苗的发育极为重要,但它在土壤中移动很慢,如果建坪以后施入,效果较差,一般在建坪时,施过磷酸钙 150～225 kg·hm^{-2},或者施 1 200～2 250 kg·hm^{-2}含氮、磷、钾 5∶10∶5 的化学肥料(其中一半的氮肥是长效氮)。不管施用哪种肥料,都应粉碎、均匀混入土中(史春生,2003)。

(二)不同肥料在草坪的施用技术

1. 有机肥的施用

草坪一般不适合施用厩肥,因为其施用后有碍观瞻、散发臭气,而且常常夹带杂草种子,给草坪养护带来新的困难,故常用堆肥替代厩肥,其施用量一般为 15 007～25 012 kg·hm^{-2},一般 2～3 年施用 1 次。增施的堆肥多在秋、冬季草坪休眠期进行,不仅能促进草坪的根部土壤疏松,而且对草坪的越冬也有利。近年来泥炭土也得到越来越广泛的应用。泥炭土是由富含有机质的天然矿物资源加工而成,无致病菌、无虫卵、无异味、无污染,非常适用于草坪。

2. 化学肥料的施用

主要是氮、磷、钾肥的施用,尤其是氮肥的施用。氮肥能使草坪草茎叶繁茂,磷、钾肥能够增强草坪抵抗病害的能力。实际操作中,应注意氮、磷、钾肥的施用比例,通常控制在 5∶4∶3 的比例较为合适。化学肥料的施用量,通常在华北、西北和东北等地区为 300～325 kg·hm^{-2};在华中与华南地区为 325～450 kg·hm^{-2}(陈海波,2001)。彭彰显认为,一般高养护草坪施氮素 450～750 kg·hm^{-2}、磷素 90～180 kg·hm^{-2}、钾素 45～135 kg·hm^{-2};一般养护草坪施氮素 60 kg·hm^{-2}、磷素 45～135 kg·hm^{-2}、钾素 45～135 kg·hm^{-2};新建草坪施氮素 450～750 kg·hm^{-2}、磷素 135～225 kg·hm^{-2}、钾素 45～225 kg·hm^{-2}。对禾本科草坪而言,施氮、磷、钾的比例一般以 4∶3∶2.5 为好。在草坪中可以使用的氮肥主要有硫铵、尿素、碳铵等;磷肥有过磷酸钙、磷酸铵等;钾肥有硫酸钾、氯化钾等。

3. 新型肥料的施用

不同种类、不同用途的缓释肥近年来在草坪中得到了越来越广泛的应用,如草坪春、夏、秋季专用肥,草坪除杂草肥料,新建草坪专用肥、草坪养护肥等。草坪专用缓释肥的施用,克服了大量施肥和灌溉的传统管理方法的弊端(陈海波,2001)。

(三)草坪草施肥季节

由于冷地型草坪草和暖地型草坪草的生活周期不同,因而它们对肥料的要求在不同的时期也不同。

冷地型草坪草,最佳的施肥时间是早春和初秋。若在每年的 3 月以前施肥不仅可以使草坪草提前 2～3 周萌发,而且还有助于冷季型草坪草治疗各种伤害,以及在夏季一年生杂草萌发前形成致密的草皮,提高与杂草的竞争力。在 8 月末或 9 月初施第二次肥,不仅有利于草坪草连续生长以进入寒冷季节或越冬,而且可刺激草坪草第二年分蘖和产生地下茎。晚秋应避免对草坪草过度施氮肥,以免降低草坪草的抗寒能力。在夏季,由于冷地型草坪草处于半休眠状态,此时施肥有利于杂草的生长,所以不宜施肥。

暖地型草坪草适于早春、仲夏施肥。早春施肥有利于草坪草提前返青;仲夏施肥,使草坪草在炎热的气温下旺盛生长,充分发挥与夏季一年生杂草的竞争能力,8 月下旬施最后一次肥料,可延长绿期,过晚则不利于草坪草越冬。

此外,还可根据草坪外观特征,如叶色和生长速度等来确定施肥时间。当草坪明显退绿和叶片变得稀疏时应进行施肥;在生长季节当草坪颜色暗淡、发黄、老叶枯死则需补氮肥;叶片发红或暗绿色则应补磷肥;草坪草株节部缩短,叶脉发黄,老叶枯死则应补施钾肥。

(四)高尔夫球场草坪的施肥

马宗仁等(2001)介绍了高尔夫球场草坪的施肥技术。高尔夫球场根据草坪护养学可分为 4 个区域:发球台、果岭、球道、长草区。由于各区功能不同,其造型、结构和护养水平也具有差异性,因而施肥措施也不同。

1.球道草坪施肥技术

球道草坪的护养属于三级水平,低于果岭和发球台,但因球道的广阔性,其养护费用却占整个球场的 70% 以上,有效降低此部分的费用则是减少球场护养成本的关键。

(1)肥料类型及搭配 高尔夫球场肥料的来源,一般可分为 3 大类,即化肥、农肥及菌肥。其中单纯的菌肥在球场上使用尚未见报道。化肥是一种肥效快、使用普遍的草坪肥料,常以追肥方式进行使用。许多球场为追求高质量的草坪,常重施化肥,这不但增加经营成本,而且造成球场周围水体的污染。现在国外开始使用有机肥料特别是堆肥。堆肥是将杂草、垃圾、粪便等混合堆积,通过微生物的分解作用制成的有机肥。对于球场来说,每天剪下的草叶甚多,若用于堆肥,能节省大量的养护费用。堆肥对改善土壤质地,形成团粒结构,促进草坪植物旺盛生长具有很重要的作用。

(2)施肥方式 一经投入营运的高尔夫球场,通常通过表施追肥来完成施肥作业。一般多施用化学肥料为追肥,堆肥及绿肥也可用作追肥,但对高尔夫球场来说,必须通过发酵、磨碎和过筛,无臭无味时才能利用。针对表施易挥发的特点,应尽量选择性质较稳定的缓效型化肥。同时不同草坪种由于其生长阶段不同,对肥料的要求也不相同,施肥方式也有所区别。施肥方式的确定必须在摸清草坪草养分特性及当地条件的基础上,总结出合理的施肥方式,才能形成一定条件下合理施肥。

(3)施肥时间和施肥次数 根据草坪施肥的基本原理,球道施肥时间的确定主要根据气温和草坪草肥料最大效率期,同时考虑草坪生物学属性及球场经费水平。球道施肥有两个重要时期:春季施肥和入冬施肥。春季施肥可加速返青,而且利于草坪草在夏季一年生杂草萌发之前恢复损伤和加厚密度,防止杂草。入冬施肥是为草坪提供越冬储备物质,增加绿期,促进翌年返青和分蘖枝密度。在肥料使用上高尔夫球场遵守肥料、草坪、病害、气候匹配规律,即春季施高氮肥,夏季施 N、P、K 平衡肥,晚秋施高磷、钾肥。

(4)施肥量 高尔夫球场球道施肥是以全年为单位来计算施肥量的。准确地确定草坪草的营养需要量比较困难,受草坪生长季节诸多因子的综合影响,诸如土壤供肥能力、气候、修剪物去留、草坪质量等。此外不同的草坪草种类对养分的要求也有差异。根据国外球场的施肥经验,暖季型草坪草球道每年分别需施氮 $750 \sim 1\ 200$ kg·hm^{-2}、磷 $750 \sim 900$ kg·hm^{-2}、钾 $450 \sim 750$ kg·hm^{-2},冷季型草坪草构成的球道稍低于暖季型草球道施肥量,每年分别需施氮 $600 \sim 900$ kg·hm^{-2}、磷 $300 \sim 600$ kg·hm^{-2}、钾 $450 \sim 750$ kg·hm^{-2}。

上述施肥量是一个参考数据。由于各地球场护养水平、环境条件不相同,因而在施肥量上,应根据球场的特点摸索出自己的施肥特色,以充分发挥肥效。

2.果岭和发球台施肥技术

高尔夫球场质量的高低主要取决于果岭的质量。高质量果岭外表光滑,草坪稠密,表面平整,颜色翠绿,这种诱人的外观是通过合理浇水、适当修剪、有效施肥而获得的。合理有效的施肥对维持高质量果岭有极重要的意义。发球台护养在经费充足的条件下,应与果岭一致,但从目前高尔夫球场发展趋势来看,发球台的护养水平处于果岭和球道之间,对它的护养没有果岭严格。

(1)果岭和发球台施肥方式 传统的果岭和发球台施肥方式主要以表施追肥为主。目前由于环境的原因,逐渐倾向于有机肥和化肥兼施的趋势。

有机肥料的施用一般结合打孔和铺沙作业来完成。具体的施入方法有 3 种:①将加工过的有机肥料和沙子按 4∶1 的比例直接用铺沙机铺到果岭和发球台上即可;②用撒肥机先将肥料均匀地撒到果岭和发球台上,然后接着铺沙;③先打孔,然后接着铺沙,若用空心孔,施肥效果更佳。化学肥料施用方法包括表施灌水、灌溉施肥两种。表施灌水是目前国内外主要施肥方法。它将肥料直接撒入草坪地表,然后结合灌水。这种施肥虽然简单,但由于果岭和发球台结构的独特性,会造成肥料极大浪费,每次施入果岭的肥料的利用率只有 20% 左右。

为了提高肥效,间接地降低球场护养费用,近年来,国外某些球场已采用灌溉施肥方法。深圳球场近年来也研究了一系列提高果岭施肥肥效的措施方法。打孔深施覆土就是一个成功的施肥技术。其原理是表施易大量损失肥料,深施将肥料直接送到草坪根系层,然后覆土以减少肥料损失。具体过程是:通过打孔机(最好是空心打孔机)进行果岭表面打孔,打孔密度、直径、深度依机械类型而异,穴间距一般为 $5.1 \sim 10$ cm,直径 $8.3 \sim 19.1$ mm,穴洞最大深度则为 $7.6 \sim 10.2$ cm,然后将固体颗粒肥料施入果岭,用扫帚将肥料扫进小孔,接着铺沙浇水。使用这种方法施肥,肥效十分显著。不过要注意草坪草叶面应干,如潮湿则待稍干后再进行施肥;如沙子干燥,在打孔之后施肥,铺沙后应立即浇水,以免烧叶。

(2)果岭和发球台施肥时间与施肥次数 果岭和发球台施肥时间应把握每个生长月相应的因素而定。在生长季节,通常每隔 2∼4 周施肥一次,一般在星期一、二、三进行或在赛事前 3 d 进行。对于冷季型草应在夏季炎热季节和冬季休眠前,适当减少施肥次数。对于暖季型草,在进入冬季休眠前也要适当减少施肥次数。

(3)施肥量 为了保持果岭和发球台草坪的质量,传统的做法是施以重肥。近年来为了减少病虫害和降低护养费用,施肥量已有降低。目前,国外球场推荐的施肥量是每个生长月每 100 m^2 草坪需施纯氮 $0.37 \sim 0.73$ kg。磷肥和钾肥的用量要根据土壤分析结果来决定,仅使用氮肥是违反施肥原则的。果岭及发球台施肥常见的氮、磷、钾比例以 2∶1∶1 为佳。

(五)其他运动场草坪的施肥

足球、橄榄球、曲棍球、网球、赛马场等运动场草坪,由于修剪频繁,养分损耗很大,需要及时补充肥料,以供草坪正常生长发育所需,尤其场地基础中沙占有较大的比重,肥料损失较多,利用率低,经常施肥是必须的重要工作。一般氮肥的施用时间和施用数量可根据草坪草的颜色和密度来确定,当颜色变淡、密度小于正常草坪时,应追施氮肥。钾肥的施用时间和施用数量可根据叶片的生长情况来确定,即当叶片出现非病理性褐色斑点时,应追施钾肥,一般用量为氮肥的一半。磷肥和微肥的施用时间和施用量应根据土壤分析的结果确定,一般土壤有效磷小于 30 mg · kg^{-1} 时,即应补充磷肥,并应注意 N、P、K 的合理搭配比例。施肥原则如下:①施肥时间。对冷季型草种轻施春肥、巧施夏肥、重施秋肥。暖季型草施肥时间重点在 5—8 月,原则是在生长旺盛季节施。②养分种类。适当控制 N 肥用量,重施磷、钾肥和微肥,以培养健壮草坪为目的。

运动场草坪的施肥包括赛前施肥和赛后施肥。赛前施肥使草坪处于最佳的营养生长状态,迎接和承受赛程中带来的各种压力;赛后施肥可以使草坪得以重新恢复(王俊强,2006)。

思考题

1. 草地施肥有哪些作用?
2. 草地如何合理施肥?
3. 草坪施肥的目的是什么?
4. 草坪施肥要考虑哪些因素?
5. 运动场草坪施肥和观赏草坪施肥有什么不同?

第三节　药用植物营养与施肥

随着社会的发展和人民生活水平的提高,人们更加重视疾病的预防和治疗,因此药用植物的需求量随之大幅度增加,仅靠野生的药用植物已经远远不能满足人们的需要,目前人工栽培药用植物已经形成产业,对促进农村经济发展,提高农民收入有很重要的意义。药用植物种类繁多,它们的生物学特性各异,栽培方法各不相同,另外药用植物的品质相对于产量来说更为重要,尤其是有效成分的含量,这对栽培中施肥技术的要求更加严格。目前,种植药用植物存在盲目施用肥料的现象,使药材品质和产量都难以保证和提高。只有合理施肥才能促进其生长发育,从而达到改善药材品质、提高药材产量的目的。

一、药用植物营养特性

(一)药用植物的需肥特点

药用植物对养分的需要量因植物种类不同而差异较大。地黄、薏苡、大黄、枸杞等,需肥量较大;曼陀罗、补骨脂、贝母、当归等需肥量中等;小茴香、柴胡等需肥量较小;马齿苋、地丁、高山红景天、石斛、夏枯草等需肥量最小。

不同药用植物对不同元素需求特点不同。就需要氮、磷、钾的量而言,芝麻、薄荷、紫苏、云木香、地黄、荆芥和藿香等喜氮;薏苡、五味子、枸杞、荞麦、补骨脂和望江南等喜磷;人参、甘草、黄芪、黄连、麦冬、山药和芝麻等喜钾。

就药用植物不同生育时期对养分需求而言,以花果入药的药用植物,幼苗期需氮较多,磷、钾可适当少些;进入生殖生长期后,吸收磷的量剧增,吸收氮的量减少,如果后期仍供给大量的氮,则茎叶徒长,影响开花结果。以根及根茎入药的药用植物,幼苗期需要较多的氮(但丹参在苗期比较忌氮,应少施氮肥),以促进茎叶生长,但不宜过多,以免徒长,另外还要追施适量的磷以及少量的钾;到了根茎器官形成期则需较多的钾、适量的磷、少量的氮。

除了氮、磷、钾外,药用植物生长发育还需要一定量的微量元素。不同的药用植物所需微量元素的种类和数量不同,但药用功能相似的药用植物,所含微量元素的量有共性。每一种道地药材都有几种特征性微量元素图谱,不同产地同一种药材之间的差异与其生态环境土壤中化学元素的含量有关。

(二)药用植物的施肥效应

1. 大量元素

氮、磷、钾丰缺情况直接影响药用植物的生长发育。陈震、赵杨景等研究表明,氮、磷、钾元素的缺乏致使西洋参和薏苡的地上及根的生长受阻,缺氮导致两种药用植物植株矮小,根细长;缺磷影响西洋参花序的发育和果实膨大,结实较少,根也小;缺钾植株虽然外观上与全营养差异不大,但抗病力较差,产量也较全营养者低。

大量研究证明,适量施用氮、磷、钾肥能增加药用植物的产量。丁德蓉等研究表明,平衡施用氮肥,白芷早期抽薹率低且产量高。刘汉珍等发现不同施肥措施对白芍根平均鲜重有较大影响,其中在氮肥施用量不变的情况下,以磷、钾肥施用量均为 90 kg • hm^{-2} 时增产幅度最大。

氮、磷、钾对药材生长和产量的影响不一致。赵峥等对灯盏花的研究发现,氮对其营养生长的影响最大,磷对植株的花期有较大影响,钾可明显促进根的生长。赵劲松等研究了施肥对湖北麦冬产量的影响发现:氮肥、钾肥对产量有显著的影响,磷肥则不明显。

合理施肥与药用植物品质关系密切。很多营养元素参与活性物质,如生物碱、甙、萜类等的生物合成,成为不可缺少的原料。不同种类的药用植物,其药用部位和有效成分不同,施肥对其影响也不一致;即使同种药用植物,在不同的气候、土壤条件下种植,其吸收积累氮、磷、钾元素的数量也不相同,从而造成了药用植物质量的差异。

苏淑欣等(1996)研究施肥对黄芩根部黄芩甙含量的影响中发现,人工栽培黄芩时,单一施用和复合施用氮、磷、钾化肥,在提高黄芩根部产量的同时,不会导致根部黄芩甙的含量下降,尤其是施用磷肥,效果显著。王文杰等(1989)研究发现,不同肥料对伊贝母生物碱含量影响不同,氮肥、磷肥能不同程度地提高其含量,而钾肥则减少其含量。胡尚钦(2003)研究发现氮对金银花绿原酸含量表现为负效应,磷为正效应,钾的影响不明显。研究发现,药用植物不同部位氮的含量对药用植物的有效成分的影响也不一样。人参根中的氮素含量与皂苷含量呈显著负相关性,而叶片中氮含量与皂苷含量呈显著正相关,所以随着施氮肥量的增加,人参茎、叶中皂苷量增加,而根中皂苷含量减少。

研究表明,不同形态的氮肥对药用植物的效应不同,陈震等利用无土栽培法研究毛花洋地黄和西洋参对氮的吸收利用时发现,以硝态氮或硝态氮加少量铵态氮为氮源培植毛花洋地黄均能使植株生长旺盛,叶片增多,产量提高。但是当单用铵态氮为氮源时,毛花洋地黄的根受其毒害而发黑,最后死亡。而西洋参恰恰相反,用硝态氮为氮源时,外观与缺氮处理十分相似;以铵态氮为氮源的西洋参植株叶片浓绿,生长苗壮,比硝态氮处理的根重增加35.10%。

人参沙培试验表明,不同形态的氮肥对人参地上部分和根生长的影响是不同的,硝态氮素提供了最大的根重,尿素提供了最大的地上部分重量。张丽萍利用不同的氮源研究黄连根茎小檗碱含量的变化时发现,以铵态氮加硝态氮混合为氮源时,黄连根茎小檗碱的含量最高,以铵态氮为氮源次之,但均高于尿素,而以硝态氮为氮源时黄连根茎小檗碱的含量要低。

2.微量元素

近些年来,人们非常重视微量元素肥料的施用与药用植物品质和产量的关系的研究。结果表明,缺乏铁、锰、铜或锌等元素直接影响丹参各部分干物质的积累,而施用微量元素往往能够有效地提高药材的质量和产量。例如施用硫酸锌可提高丹参产量,施用锰肥则会提高丹参根中丹参酮类物质的累积;施用钼、锰、铁等微肥,可提高党参产量及多糖等有效成分的含量;对于人参,单施锰肥比单施铜肥和单施锌肥的增产幅度大,而施用铜、锌、钼、钴等微量元素可增加皂苷的含量。但微量元素含量过高会产生毒害作用,因此在栽培中施用微量元素时应根据土壤中微量元素种类和不同药材的需求合理进行。

研究表明,药用植物有效成分可能是其中的某种或某几种有机成分或微量元素,更可能是它们之间形成的配合物。例如,对洋地黄的研究发现,洋地黄药材中含有铬、锰、钼等微量元素,而且含量越高药效越高,因此在栽培时施铬、锰、钼等无机盐肥料,植株长势良好,强心苷含量明显提高,疗效增强。魏云杰等对糙龙胆和东北龙胆中的微量元素进行比较,发现微量元素含量高的龙胆,其药效成分龙胆苦苷的含量也高。

由于不同地区土壤条件不同,土壤中微量元素的种类和含量有很大差异,直接导致了同种中药在不同的地区有效成分含量的不同。所以施用微肥,补充微量元素就成为培养药用植物的重要一环。刘明秋等研究了不同产地巴戟天中的无机元素含量差异及南药巴戟天中12种无机元素与药效关系,提出了应当根据当地土壤含锰、铁、镉、钴、镍的含量,以施微量元素肥料的方法来补充这些元素在土壤中的不足的结论。

3.稀土对药用植物的影响

稀土能促进药用植物根系的生长发育,影响植物体内某些生化反应,提高氮、磷、钾的吸收和运转,提高叶绿素含量,增强光合作用。研究表明,喷施硝酸稀土对人参营养生长有着显著的促进作用;参叶叶绿素总含量和人参产量与硝酸稀土喷施浓度之间呈二次抛物线关系。董以德等(1989)发现喷施稀土能促进人参根外磷营养的吸收和转移。

二、药用植物施肥技术

(一)药用植物对土壤的要求

各种药用植物对土壤质地的要求不同,例如:珊瑚菜、仙人掌、北沙参、甘草和麻黄等适于在沙土种植,泽泻等少数的药用植物适宜在黏土种植,大多数药用植物适宜在壤土种植。由于土壤土质疏松,容易耕作,透水良好,又有相当强的保水保肥能力,根及根茎类的中药材更宜在土壤中栽培,如人参、黄连、地黄、山药、当归和丹参等。

各种药用植物对土壤酸碱度都有一定的要求。土壤 pH 可以改变土壤原有养分状态,并影响植物对养分的吸收。例如:荞麦、肉桂、黄连、槟榔、白木香和萝芙木等药用植物比较耐酸,枸杞、土荆芥、藜、红花和甘草等比较耐盐碱,多数药用植物适于在微酸性或中性土壤中生长。土壤 pH 在 5.5～7.0 时,植物吸收氮、磷、钾最容易;土壤 pH 偏高时,会减弱植物对铁、钾、钙的吸收量,也会减少土壤中可溶态铁的数量;在强酸(pH<5)或强碱(pH>9)性条件下,土壤中铝的溶解度增大,易引起植物中毒,也不利于土壤中有益微生物的活动。此外,土壤 pH 的变化与病害发生也有关,一般酸性土壤中立枯病较重。总之,选择或创造适宜于药用植物生长发育的土壤 pH,是获取优质高产的重要条件。

(二)药用植物施肥原则

把握规律施肥能使药用植物的栽培达到优质高产的目的。施肥要综合考虑药用植物的品种特性及生长情况、当地的气候条件、土壤条件以及肥料的特点等因素。

(1)重视有机肥,配合施化肥 大量研究证明,施用有机肥不仅可使肥效迅速而持久,改良土壤,而且对药用植物生长起着化学肥料不可替代的作用。

(2)多施基肥,适当追肥 基肥以农家肥为主,可有效地提高土壤肥力,追肥以有机的速效性肥料为主,如腐熟的人畜粪尿。

(3)以氮肥为主,配合施用磷肥和钾肥 药用植物在生育期间对各种营养元素的吸收是有规律、按比例地进行的。各种营养元素对药用植物生长发育所起的生理作用,是同等重要,不可相互代替的。但是,比较起来以对氮肥的需要量较大,并且土壤中的氮经常处于缺乏状态,因此在种植药用植物的过程中,需要施用较大量的氮肥。在施用氮肥的同时,还要配合施用磷、钾肥。只有及时满足药材对各种营养元素的需求,才能达到稳产、高产的目的。

(4)根据气候特点施肥 在低温、干燥的季节和地区,早施、深施腐熟的农家肥,以提高地温和保墒能力,充分发挥肥效。在高温、多雨的季节和地区,肥料分解快,药用植物的吸收能力强,多施农家肥,追肥要量少勤施,以减少养分流失。

(5)根据土壤特性施肥

沙质土壤保水保肥性能较差,要重施有机肥,如牛羊粪、堆肥、土杂肥等,并掺混塘泥或黏土,增厚土层,增强其保水保肥能力。追肥应少量多次施用,避免一次使用过多而流失。

黏质土壤保肥力强,供肥力迟,应多施有机肥和炉灰渣,并结合加施沙子、以疏松土壤,创造透水通气条件,并将速效性肥料提早施入,以利于提苗发棵。

壤质土壤兼有沙土、黏土的优点,是多数中药材栽培最理想的土壤,施肥以农家肥和适量化肥相结合,根据其种类和品种各生长阶段的需求合理施用。

酸性土壤,铝盐含量高,容易使药用植物受到毒害,施肥最好用碱性肥料,例如草木灰、钙镁磷肥等。在碱性土壤中,要施硫酸铵等生理酸性肥料,以中和土壤的碱性。另外,在盐渍土上不适合施用含氮较多的化肥,如氯化铵等。在酸性土壤中施用磷矿粉和骨粉等难溶性的肥料,可加速溶解,提高肥效。

(6)根据药用植物的特点施肥 药用植物因其品种及其生长发育的阶段不同,所需养分的数量也不同。多年生的特别是根茎类药用植物,如大黄、党参、牡丹等,应在晚秋及早春施用大量有机肥与少量化肥,以满足药用植物整个生育周期对养分的需求。全草类药用植物,要在营养生长期多施用氮肥。对于生育期较短或以地上器官及花、果实、种子入药的药用植物,则应少施有机肥,多施含磷、钾多的化肥。

(7)根据药用植物长势施肥 一般而言,药用植物生长前期,应多施氮肥,但使用量要少,浓度要低;生长中期,氮肥的浓度和用量要适当增加;生长后期,多用磷、钾肥,促进果实早熟、种子饱满。全草类药材施肥掌握原则是"前期哄得起,中期稳得住,后期不早衰"。收获根茎类的药用植物,切忌后期施氮肥。

三、根茎类药用植物的施肥技术

(一)人参施肥

1. 营养特点

人参生长缓慢,对养分的需要量比一般药用植物低。

(1)对氮、磷、钾的需求及吸收　　金明秀研究表明,人参对氮、磷、钾养分的吸收量随栽培年限的增加而增长,1~2 年生为缓慢吸收阶段,植株对氮、磷、钾总吸收量约占全生育期的3.15%,3~4 年生为正常吸收阶段,植株吸收氮、磷、钾量占其吸收总量的 36.29%;5~6 年生为显著吸收阶段,植株对氮、磷、钾的吸收量最高,可占其吸收总量的 78.27%。在人参的整个生长阶段内植株对钾的吸收量最大,其次是对氮、磷的吸收较少。其比例为氮∶磷∶钾=4.33∶1∶6.28(表 13-3)。

(2)对微量元素的吸收　　研究表明,施用氮、磷、钾肥,对于促进人参植株吸收、利用及积累微量元素,具有积极的作用。人参吸收与积累铜、锌、铁、锰、钼等微量元素的数量,因生长年限与生育阶段的不同而有明显的差异,不同的微量元素在参根内的积累,分别具有自己的特点。

表 13-3　不同参龄人参对氮、磷、钾的需要量　　　　　　　　　　　mg·株$^{-1}$

参龄/年	氮需要量	磷需要量	钾需要量
1	8.4	2.9	11.6
2	27.3	5.5	34.4
3	91.1	16.7	126.3
4	285.7	74.2	444.6
5	302.2	68.8	579.7
6	359.1	75.6	854.9
合计	1 066.6	246.6	1 548.9

①出苗期至展叶期　　参株对锰、锌、钼元素的吸收利用较多,而对铜、铁的吸收利用较少。

②开花至红果期　　参株对微量元素的吸收利用明显增加,对铜、锌、铁、锰、钼等微量元素的吸收利用进入高峰期,其中以对铁的吸收利用为最多,锰、锌次之,钼、铜再次之。

③收获前参株增重时期　　参株对铜、锌、锰、钼等微量元素仍有一定的需求量,此期茎、叶养分大量向根中转移,吸收的微量元素主要积累在根部。

(3)生育阶段养分吸收特点　　人参对氮、磷、钾的吸收与其干物质的积累和分配具有密切的关系,并且因生育阶段的不同而有明显的阶段性。

①生长苗期　　即出苗至展叶期。参株的干物质积累少,对氮、磷、钾的吸收量略低于或稍高于母根氮、磷、钾的储量,约占整个生长期吸收量的 1/3 以上,其中吸收氮量平均占 39.1%,吸磷 41.3%,吸钾 34.0%,此时期植株的营养特点是:氮、磷、钾营养大多靠母根补给,从土壤中吸收甚少。

②生长中期　　即开花至红果期。植株的同化能力显著提高。干物质大量积累,氮、磷、钾的吸收量急剧增加。开花期是氮、磷、钾吸收量增加的起点。但增长率较小,一般不超过10%。一旦进入绿果至红果期,氮、磷、钾的吸收量直线上升,其中吸氮量占总氮量的 39.3%,

吸磷量占 34.2％,吸钾量占 36.9％。此时期植株的营养特点是:参株对氮、磷、钾的需要进入高峰期,其来源靠土壤供给,氮素利用效率最高,钾素次之。

③生长后期　即收获前。是参株胀大增重期,此时参株的同化能力趋弱,但对氮、磷、钾的需求仍然较多,其中吸氮量平均占 22.6％,吸磷量平均占 26.6％,吸钾量平均占 30.8％。

研究表明,施肥能够促进人参对氮、磷、钾的吸收与积累,增加参株干物质含量,并使参根增重 35.7％。

2.人参施肥

(1)人参施肥种类、数量　人参施肥应以改良土壤、提高土壤肥力为前提,要求肥料营养全,肥效久,无肥害,能改土;有机肥以及化学肥料均可作为人参的肥料,但厩肥、堆肥、绿肥等有机肥常做基肥,腐熟的饼渣肥,如豆饼、芝麻饼等常常作为追肥用。而表 13-4 归纳了人参常用的肥料和施用方法,可供参考。另外,以生物菌剂为主并含氮、磷、钾、钙、镁等多种人参所需营养元素的新型人参复混肥也已面世,通过试验表明,它在提高品质,增强抗病性和保苗率等方面效果较好。

表 13-4　不同肥料及不同施用方法对人参和种子的增产效果

肥料种类	施用方法	增产效果	土壤
牛粪	基肥 167 083 kg・hm^{-2},拌施过磷酸钙 1 300 kg・hm^{-2}	5 年生参根 53％	山坡黄壤
草皮泥	基肥 167 083 kg・hm^{-2},拌施过磷酸钙 1 300 kg・hm^{-2}	5 年生参根 59％	山坡黄壤
腐殖土	基肥 167 083 kg・hm^{-2},拌施过磷酸钙 1 300 kg・hm^{-2}	5 年生参根 61％	山坡黄壤
猪粪	基肥 150～300 kg・hm^{-2}	5 年生参根 125％	农田土
绿肥	基肥 150～300 kg・hm^{-2}	5 年生参根 25％	农田土
马粪	基肥 150～300 kg・hm^{-2}	5 年生参根 77％	农田土
鹿粪	基肥 75 kg・hm^{-2}	4 年生参苗 9％～83％	农田土
大豆绿肥	基肥 75 kg・hm^{-2}(鲜重)	4 年生参苗 12％	农田土
青草绿肥	基肥 150～300 kg・hm^{-2}	4 年生参苗 19％	农田土
半腐烂树叶	基肥 150～300 kg・hm^{-2}	4 年生参苗 10％	农田土
羊粪	基肥 15 kg・hm^{-2}	2 年生参苗 14％	农田土
猪粪	基肥 150 kg・hm^{-2}	2 年生参苗 19％	农田土
鸡粪	基肥 7.5 kg・hm^{-2}	2 年生参苗 11％	农田土
炕土	基肥 7.5 kg・hm^{-2}	2 年生参苗 20％	农田土
豆饼	追肥 3.75～11.25 kg・hm^{-2}	参根 6.6％～17.8％	
兔粪尿	基肥 150 kg・hm^{-2} 叶面喷施原液加 3 份水	参根 17％ 参根 10％	
5406 菌肥	基肥 3.75～11.25 kg・hm^{-2},追肥 15 kg・m^{-2}	参根 41.9％	
过磷酸钙	叶面喷施浓度 2％	种子 34.1％	
高锰酸钾	叶面喷施浓度 2％	种子 38.3％	棕壤
氯化钾	叶面喷施浓度 2％	种子 30％	棕壤
硫酸锌	浸种 15 min,浓度 0.3％	参苗 62％	棕壤

引自:中国医学科学院药用植物资源开发研究所,中国药用植物栽培学,北京:农业出版社,1991。

(2)主要施肥环节

①基肥 人参的栽培周期长,参株密度大。根系对肥料敏感,追肥不便。基肥增产幅度最大,所以生产一般以施用基肥为主。基肥可秋施,也可以春施。常用的有机肥料为充分腐熟的猪粪、马粪、混合粪及绿肥。可以采用两种施用方式,即养地施肥法和夹层肥。

A.养地施肥法 春季把有机肥撒在地表,用犁翻入土中,秋季栽播前要翻地 5～6 次;或秋季播栽做畦前施入。施时将肥料与土壤充分拌匀,施在参畦的底层。施用有机肥有利于人参生长,若每 1 000 m² 施有机肥 5 000～6 000 kg,可以不施化肥,如果需要施化肥,一般在栽参时施入,施在根系密集、水分稳定的土层内。

B.夹层肥 按每帘(15 m²)饼粉 3～4 kg,过磷酸钙 3～4 kg,猪粪 75～115 kg 或鸡粪 30～37 kg,提前两三个月将其混在一起,充分发酵腐熟后将肥料均匀地施入 10～16 cm 深的床土中,再覆上 3 cm 的土,在其上播种或栽参,然后覆土 6 cm,这样保证人参在 3 年生长中所需的养分。此法可以节省肥料。

②追肥 一般每个生育期追肥 2 次,可以采用两种施用方式,即土壤追肥和根外追肥。

A.土壤追肥 主要在春季追肥,每帘可追发酵好的豆饼粉 1.5～2.5 kg,过磷酸钙 3.5 kg。如果追农家肥,需发酵腐熟。追速效肥,速效肥中氮、磷及钾的比例以 4.3：1：4.7 为宜。人参的栽植密度大,根系对肥料敏感,土壤追肥容易引起伤根、缺苗及肥害等问题。

B.叶面喷肥 叶面喷肥以磷肥为主,适当增加硼、钼、锌等微量元素肥料,可显著提高药材产量及质量。浓度以 0.2%～2% 为宜。5月下旬开始喷 1%～2% 过磷酸钙溶液,第二次追肥于开花前或开花后进行,喷 0.2%～0.3% 磷酸二氢钾,根外追肥以早晚为宜,中午切忌。

(二)三七施肥

1.需肥特性

三七的根系吸收能力较差,需种植在肥沃、富含有机质的土壤上。三七的营养特性可概括为:①氮肥充足时,三七生长旺盛,根部肥大,茎叶茂盛,果实种子发育充分;氮肥缺乏时,三七生长缓慢,参根小;氮肥过多时,三七抗病力降低,出苗缓慢,所以要慎施氮肥。②三七对磷的需要量较少。③三七是喜钾作物,钾多数分布在分生组织中,对钾肥的需求量大于氮肥的需求量。王朝梁研究结果表明 N：P_2O_5：K_2O 为 1：1：2 的处理,三七的生长性状、产量明显高于对照,增加率达 15.18%。④重视有机肥和基肥的施用,培肥土壤是三七生产中的关键措施。

2.施肥技术

(1)苗床施肥 应重视基肥的施肥,基肥应以有机肥为主。在播种前撒施 45 000～60 000 kg·hm⁻² 混合有机肥,其中牛粪占 30%～40%,草木灰占 60%～70%,磷肥 375～450 kg·hm⁻²,用锄翻入畦内的 6～10 cm 土层中,然后播种。

(2)本田施肥

①基肥的施用 对种子育苗的三七,第二年休眠芽尚未萌动时即可移栽。移栽前的基肥施用方法与育苗时一样。

②追肥的施用 掌握"薄肥勤施"的原则。出苗初期在畦面上撒施草木灰 2～3 次,每次 375～750 kg·hm⁻²,以促进幼苗健壮,减少病害。4—5月追施粪灰混合肥 1 次(牛粪占 30%～40%,草木灰占 60%～70%),用量 7 500～15 000 kg·hm⁻²。6—8月追施混合肥 2 次,每次 15 000～22 500 kg·hm⁻²,混合肥比例同上,第二次另加磷肥 325 kg·hm⁻² 左右。

三七追肥多采用撒肥,方法为:将混合肥打碎,在无露水的情况下,均匀撒在畦面上,再用小棍轻轻拨动叶子,再稍拨动盖草,肥料便落在土面上。

(三)平贝母施肥

1.需肥特性

平贝母在整个发育期内吸收氮、磷、钾养分的情况:更新芽萌动期吸收氮、钾量最高,尤其对氮的积累较高,以后随着生育期的延长,含量逐渐降低,以结果期为最低。平贝母在结果期前后对磷、钾的需求量较多,此时平贝母进入生殖生长阶段,磷、钾参与光合作用产物的转化和运输,如果磷、钾缺乏,会导致光合作用减弱,光合产物的转化和运输受阻,将出现果实不饱满、产量较低的现象,所以平贝母结果期前后要保证磷、钾的供应。在平贝母栽培过程中基肥以厩肥为最好,其次依次为人粪、猪粪和绿肥,鳞茎产量增重率分别为 131.7％、92％、87.3％、71.4％;鳞茎生物碱含量分别提高 24％、18％、14.3％ 和 4％。进行喷施叶面肥也能提高平贝母鳞茎产量和生物碱含量。王文杰等发现氮、磷可以提高贝母鳞茎生物碱含量而钾则降低其含量。

2.施肥技术

(1)基肥　基肥的种类以厩肥较好,其次是猪粪及腐熟人粪等。施肥时把粪铺在挖好的畦槽底上,厚度为 6 cm 左右,摊均匀即可,然后将碎土平铺于底肥上,厚度 4 cm 左右,摊平耙细。

(2)追肥　一般在平贝母出苗后展叶前进行,在新鳞茎形成前期及形成期需肥量也大,展叶后施稀薄豆饼水或硝酸铵 150 g·m^{-2},腐殖酸铵 200 g·m^{-2},产量及生物碱含量明显增加。

(四)丹参施肥

1.营养特性

合理施用氮、磷肥有利于提高丹参产量,但过量施肥会造成丹参减产。随施氮量的增加,丹参素及丹参酮ⅡA的质量分数逐渐减小。施用磷肥可以缓解施氮造成的丹参素和丹参酮ⅡA的下降。

施用铁、锰、硼和锌肥,丹参素含量均有所增加;施用铁、锰、锌和铜等微肥有利于丹参酮ⅡA的累积,而硼肥不利于丹参酮ⅡA的累积。施用硼、锰和锌肥丹参产量比不施肥增产明显,差异达极显著和显著水平。

研究发现草木灰、枯饼与复合肥有利于丹参酮ⅡA的含量提高。用猪粪、菜籽饼、生物有机肥低水平处理的丹参酮ⅡA含量和隐丹参酮含量均优于高水平处理的;用猪粪、菜籽饼低水平处理的丹参素和原儿茶醛含量优于高水平。施用有机肥处理的丹参酮ⅡA含量和隐丹参酮含量均优于有机-无机配施的,猪粪较菜籽饼和生物有机肥来说,更能促进丹参的有效成分的积累。

2.施肥技术

(1)基肥　根据丹参种植方法的不同,基肥应选用不同的施肥量和施肥方法。

①直播法　前茬作物收获后,施堆肥或厩肥 30 000～37 500 kg·hm^{-2},撒施,犁翻入土。

②育苗移栽繁殖　育苗地的土壤若肥力高则可不施基肥。本田土壤施基肥量和方法同直播。

③分根繁殖　选 0.9 cm 左右粗的 1 年生健壮、无病虫、红皮丹参根条,掰成 5 cm 的节段,按株行距 25～30 cm 开穴,穴深 6 cm 左右,穴内施厩肥 22 500～30 000 kg·hm^{-2},覆土约

3 cm。

（2）追肥　生长期内，结合中耕除草追肥 2～3 次，第一次以氮肥为主，以后配施磷、钾肥。饼肥用量 375～750 kg·hm^{-2}，磷肥 225 kg·hm^{-2}，氯化钾 150 kg·hm^{-2}。

（五）白术施肥

1. 需肥特点

在适氮水平下，接种 AM（arbuscular mycorrhizal）真菌能提高白术光合色素的含量，进而使光合作用增强；提高体内可溶性蛋白、可溶性糖和还原性糖含量，改善代谢活动；提高一些保护酶活性，延缓植株的衰老，增强其抗逆性，从而促进生长，增加产量，提高植株的全氮和全磷含量，改善了体内的矿质元素代谢，提高药用成分的含量，改善其品质，使植株在生长发育过程中保持良好的根冠比，增加了根系全氮含量和植株总干重。接种 AM 真菌的条件下，施入一定磷肥，可以明显促进白术的根系生长，进而促进地上部生长；在适磷水平下，接种 AM 真菌，叶片中可溶性蛋白含量和保护酶活性都得到提高，增强植物的抗逆性，提高白术挥发油含量。

白术的主要有效成分是挥发油，所以增施微量元素可提高其挥发油的含量，同时对根的产量及质量（一级品）也可有很好的作用。由表 13-5 可知，在基肥中增施 7.5～15 kg·hm^{-2} 锌肥，对白术的产量有明显的提高作用（周小龙等，1995）。

表 13-5　锌肥对白术产量及质量的肥效

处理	平均产量/(kg·m^{-2})	根茎平均重/g	一级品比例/%
基肥(7.5 kg·hm^{-2})	0.477	109.5	17.8
基肥(15 kg·hm^{-2})	0.491	110.7	18.9
叶面喷施	0.444	103.2	16.9
CK	0.394	94.9	16.8

2. 施肥技术

白术是需肥较多的药用植物，从移栽到收获约 230 d，为促使植株健壮生长，促进根茎肥大，需要有充足的养分。产区药农的经验是：施足底肥，早施苗肥，重施摘蕾肥，增施磷、钾肥。

（1）育苗地施肥　施基肥 30 000 kg·hm^{-2} 左右。整地开沟撒种，沟上盖焦泥灰（以没种子为度），再施饼肥 3 450 kg·hm^{-2} 左右，覆土至沟平，土上再盖稻草。

（2）本田施肥　整地时施农家肥 30 000～37 500 kg·hm^{-2}，栽种时施焦泥灰 15 000～22 500 kg·hm^{-2}，饼肥 600～750 kg·hm^{-2}，过磷酸钙 450～750 kg·hm^{-2}。待齐苗后施入人粪 1 500 kg·hm^{-2} 左右。5 月下旬追肥，施入人粪 15 000～75 000 kg·hm^{-2} 或硫酸铵 150 kg·hm^{-2} 左右。

（六）防风施肥

1. 需肥特点

一年生防风出苗后 80～145 d 为防风生长迅速期，其中出苗后 100～145 d 是防风根系干物质和氮、磷、钾积累量最快时期，此时每形成 1 kg 的干物质所需要的养分量最多，尤其对氮素和钾素需要量较高；130 d 后生长中心发生改变，地上部同化物开始向根系转移，要提高防风的产量和改善品质，必须保证防风早期地上部生长，从而为防风的根系生长累积大量的光合产物，为高产提供保证。从防风对氮、磷、钾的吸收特性分析，前期地上部的氮、磷、钾含量高，随后降低,而出苗后 $100\sim145$ d 防风根系对氮、磷、钾需求高。表明氮是防风生长需求量最大的营养元素,钾次之,磷最低,所以在第 1 年营养生长阶段应提供足够的氮、钾肥。

2.施肥技术

整地时施农家肥 45 000 kg·hm^{-2} 左右,深翻入土,耙平做畦。在防风生长过程中每年追肥 2 次,第一次于 6 月上旬,施入人粪尿 15 000 kg·hm^{-2},或堆肥 22 500 kg·hm^{-2} 和过磷酸钙 375 kg·hm^{-2}。第二次于 8 月下旬,施用肥料种类和数量同第一次。施肥方法为在行间开沟施后覆土。

防风生长茂盛的条件下,当年即可收获,一般在第二年收获。

(七)柴胡施肥

1.需肥特点

柴胡是喜钾好氮植物,对磷吸收较少。朱再标研究表明,第一年柴胡吸收的氮、磷、钾总量较少,但对养分需求较迫切,在生产上要注意施足底肥;而第二年返青至拔节期是柴胡氮、磷、钾元素积累的高峰期,这个时期要保证水肥的供应以满足其生长的需要。以氮、磷、钾的日吸收力和强度比来分析,两年生柴胡氮、磷和钾的营养临界期应在返青期。氮素的最大效率期在拔节期中期,磷素的最大效率期在拔节期后期,钾素的最大效率期在花果期中期。

施氮和大量施钾不利于柴胡皂苷 a 的积累,而适量磷肥和有机肥的施用可提高柴胡皂苷 a 含量,但施肥量偏高均导致柴胡皂苷 a 含量下降。施用氮、钾肥都显著降低了柴胡对根腐病的抗性。施中低量磷肥时,柴胡对根腐病的抗性降低,但在大量施用磷肥时却又可降低柴胡根腐病的病情指数。从增强柴胡根腐病抗性的角度,在第二年拔节期前期应多施磷肥,适量施用氮、钾肥。

根据柴胡干物质积累和分配及生长中心的转移规律,在拔节前应采取措施如增施氮肥等,促进叶片生成,形成良好的根系,为中后期生长奠定基础。在生长中期,均衡适量的施用各种肥料以满足其旺盛生长的需要。在后期,可通过追施磷、钾肥等栽培措施,促进柴胡根中干物质的累积,从而获得高产。

2.施肥技术

(1)基肥　在播种前将有机肥和化肥均匀撒于土面,其中腐熟厩肥 $20\sim50$ t·hm^{-2},配施尿素 $80\sim100$ kg·hm^{-2},过磷酸钙 $450\sim550$ kg·hm^{-2},硫酸钾 120 kg·hm^{-2},耕翻入地。

(2)追肥　当苗高 10 cm 时,结合间苗、除草,施一次清淡粪水肥,用量 15 000 kg·hm^{-2} 左右。苗高 35 cm 时,结合中耕除草,施较浓人畜粪水 $22\,500\sim30\,000$ kg·hm^{-2}。第二年春、夏中耕时,同样追施 2 次人畜粪水 22 500 kg·hm^{-2} 左右。开花前,施尿素 $60\sim80$ kg·hm^{-2},在开花盛期施硫酸钾 120 kg·hm^{-2}。

(八)麦冬施肥

1.需肥特性

麦冬喜表层松软肥沃并比较潮湿、底层紧实的沙壤土。麦冬生物产量较低,需肥较少;根系浅,地下根茎须根较少,吸肥能力差。

氮是麦冬植株中含量最高的一种营养元素,主要分布在营养器官中。从栽种成活至采收,麦冬植株氮含量变化的总趋势是低一高一低。根据这一特点,氮肥的施用量宜在栽种成活后逐步增加,秋季不宜施用氮肥,早春应追施一次氮肥。

磷在麦冬植株体内含量低,其含量变化的总趋势与氮相同;前期叶片、营养根含量高,采收时块根含量高,植株累积磷的量逐渐增加。从提高产量的生产管理措施上,宜在秋冬季增施磷肥。

钾在麦冬植株体内的含量较高,含量变化大,其含量总趋势是前期高后期低;植株器官钾含量前期叶片、营养根较高,2—3月块根比叶片含量稍低、比营养根含量高;植株累积钾的量逐渐增加,但增加的幅度不大,尤其是块根累积钾的量没有明显的快速增加时期。生产上钾肥的施用宜在越冬期重施。

2. 施肥技术

(1)基肥　栽种前施足有机肥,一般用腐熟的有机肥 37 500～45 000 kg·hm^{-2},过磷酸钙 750～900 kg·hm^{-2},翻入土中。

(2)追肥　5月中旬,施入腐熟人畜粪水 37 500～45 000 kg·hm^{-2},加腐熟饼肥 750 kg·666.7 m^{-2};8—9月上旬,追施腐熟人畜粪水 37 500～45 000 kg·hm^{-2};11月上旬,施入腐熟人畜粪水 30 000～45 000 kg·hm^{-2},加饼肥 50 kg·hm^{-2} 和过磷酸钙 450～750 kg·hm^{-2},从7月开始,每隔一个半月用 0.3% 磷酸二氢钾溶液,进行根外追肥1次,增产效果显著。

四、花类药用植物营养特点与施肥技术

(一)金银花施肥

1. 需肥特性

金银花枝条上的花芽分化与植株营养状况、枝条的着生部位、长度等有着密切关系。因此,生长中常通过合理施肥等措施调控植株生长,促进花芽的分化,提高产量。徐凌川等研究发现,施氮肥能够促进忍冬植株的生长,并使其叶色浓绿;氮、磷、钾均可促进忍冬植株的花芽分化,顺序为氮肥>磷肥>钾肥。同时还发现,不同的肥料对忍冬体内绿原酸的合成有着不同的影响,氮肥能使叶、花中绿原酸含量分别降低 32.99%、6.78%,而磷肥却能使叶、花中绿原酸含量分别提高 8.68%、14.44%。

据研究,氮、磷、钾对金银花均有增产作用,其中以氮肥增产效果大,其次是磷肥,再次是钾肥。而氮、磷、钾肥配合施用效果最佳。此外,氮、磷、钾营养对金银花的有效成分——绿原酸含量的影响有不同作用,氮营养可使绿原酸含量降低,而磷营养则相反,可使绿原酸含量显著提高,钾元素的影响不大。由于金银花一年开花,所以应注意多次施肥,并配合根外追肥,这样不仅提高了药材的产量,也能保证产品的质量。

2. 施肥技术

(1)基肥　在栽植前深翻土地时,施用厩肥 30 000～37 500 kg·hm^{-2}。

(2)追肥

①春肥　每年开春,在距花墩周围 30 cm 处开 15 cm 深的环形沟,追施有机肥后封土。一般5年以上的大花墩,每墩施农家肥 5 kg,硫酸铵 50～100 g,过磷酸钙 150～200 g。小花墩依次量酌情减少。此外,若花墩生长过旺,土质肥沃的情况下,也可不追肥,以免造成植株徒长而影响花芽的分化,致使产量下降。

②采花后的追肥　每茬花采完后,均要适当追肥。头茬花后施尿素 225 kg·hm^{-2},过磷酸钙 300 kg·hm^{-2}。开浅沟撒施于植株旁后封土。以后每采完一次花,均要追肥,施用量可比头茬花稍减。追肥同时结合浇水,充分发挥肥效。

③冬肥　封冻前施一次牛、马粪,方法同春肥,用量为 3～5 kg·墩$^{-1}$。

(二)菊花施肥

1.需肥特性

菊花周年生育期可分为苗期、分枝孕蕾期、花期、枯萎期、宿根越冬期。不同生育期植株需要不同的营养条件。此外,菊花根系发达,入土较深而且细根多,吸肥力强,是一种喜肥的药用植物。氮、磷、钾、钙、镁是药菊生育期内,植株营养需求量最大的 5 种元素,其对药菊干物质生产和经济学产量形成起着重要的作用。药菊全生育期对各元素吸收积累总量的大小顺序为:钾＞氮＞钙＞镁＞磷。不同生育阶段相比,药菊对氮、磷、钾营养的阶段吸收量,在花芽分化期时最大。该时期植株对氮、磷、钾营养的吸收量分别占全生育期吸收总量的 39％、70％和42％,为氮、磷、钾营养的"最大效率期"。进入蕾期和开花收获期后,随着植株氮、磷和钾营养将逐步向蕾、花、根与根芽等繁殖器官转移,植株叶和茎对氮、磷、钾三元素的吸收量大幅下降,并出现阶段负吸收量。药菊叶和茎对钙、镁营养有两个吸收高峰,第一次出现在花芽分化期,第二次吸收高峰期在花期。

不同肥料对药菊产量和品种有不同的影响。有机肥和氮、磷、钾与硼、锌等配合施用,福田河药菊产量、总黄酮含量及产值均最高。高氮的肥料配比可显著提高福田河药菊产量,但降低其内在品质;高钾的肥料配比菊花产量较高氮配比有小幅度降低,但其总黄酮与绿原酸含量最高;高磷肥料配比菊花产量虽然最低,但其能促进药菊提早开花,增加菊花前期花产量和比重,且菊花品质也较高。

2.施肥技术

(1)基肥　在种植药菊时,整地前施优质有机肥 52 500～75 000 kg·hm^{-2},移栽时再施人粪 3 750～6 000 kg·hm^{-2}。

(2)追肥　除施足基肥外,在生长期应追肥 4 次:第 1 次于移栽后半个月左右,当菊苗成活开始生长时,追施稀薄人畜粪水 15 000 kg·hm^{-2},或尿素 120～150 kg·hm^{-2} 兑水浇施,以促进菊苗生长;第 2 次在植株开始分枝时,施入稍浓的人畜粪水 22 500 kg·hm^{-2} 或腐熟饼肥750 kg·hm^{-2} 兑水浇施,以促进分枝;第 3 次在孕蕾前,追施较浓的人畜粪水 30 000 kg·hm^{-2}或尿素 150 kg·hm^{-2} 加过磷酸钙 375 kg·hm^{-2} 兑水浇施,以促孕蕾开花。第 4 次在孕蕾期,配施 0.2％磷酸二氢钾,能促进开花整齐,提高菊花产量和质量。

五、果实、种子类药用植物营养特点与施肥技术

(一)砂仁施肥

1.需肥特性

砂仁对氮、磷、钾三要素的需求量由大到小的顺序是钾＞氮＞磷。据报道,砂仁对钾肥最敏感,其次是氮肥,氮、钾肥配合施用效果最佳,而磷元素过多,影响砂仁的生长,使产量下降。

由于砂仁生长周期中生物学产量较高,而且营养生长和生殖生长交错进行的时间长,根系较浅。所以,对肥料需求多,对土壤供肥强度要求也大。

2.施肥技术

(1)基肥　在整地前施厩肥或堆肥 52 500 kg·hm^{-2} 左右,然后平地整畦种植。

(2)追肥

①幼苗期　苗期掌握勤施、薄施逐渐加量的原则。当种子发芽长出 2 片真叶后开始追肥,以后每半个月或 1 个月施肥 1 次。施用 1∶8 的稀人畜粪水 15 000 kg·hm^{-2},或 1.5～2 kg

硫酸铵兑水 1 500 kg。

②成苗期　种子繁殖 2～3 年进入开花结果期,分株繁殖,则第二年即可开花结果。因此,对不同株龄的砂仁应采取不同的施肥措施。

A.幼龄株　刚进入开花结果的植株每年追肥 2 次,第 1 次在 3—5 月雨季到来时,施厩肥 22 500～30 000 kg・hm^{-2},尿素 37.5～75 kg・hm^{-2};第 2 次在 8—9 月,提高幼株抗寒性施炉渣 22 500～30 000 kg・hm^{-2},草木灰 1 500 kg・hm^{-2},并适当培土。

B.盛果株　当砂仁结果 1 年后,植株就进入盛果期,每年秋季采果后,施腐熟农家肥 37 500 kg・hm^{-2},尿素 150 kg・hm^{-2},磷肥 300～375 kg・hm^{-2},并培土盖至匍匐茎一半。至翌年 2 月下旬至 3 月上旬施壮花肥,其中施尿素 22.5～37.5 kg・hm^{-2},硫酸钾 150 kg・hm^{-2};4—5 月花苞欲放时,用 0.3％磷酸二氢钾和 0.01％硼酸混合液叶面施肥 3 次;5 月下旬至 6 月上旬,用 0.2％磷酸二氢钾加 5 mg・kg^{-1} 的 2,4-D 喷果一次。

(二)薏苡施肥

1.需肥特性

赵杨景等研究表明,薏苡植株体内氮素含量在 3 叶期最高,此后一直下降,至孕穗期达到低谷,以后又有所回升,抽穗灌浆期又逐渐降低,茎叶出现"二黄二黑"的变化;磷素含量的动态前期与氮素基本一致,但抽穗后磷素含量平衡后没有下降;钾素含量在幼苗时较低,之后一直上升,直至孕穗时达到高峰,此后转变为下降。氮、磷、钾营养元素对薏苡茎叶干重的影响顺序为氮＞磷＞钾;对根干重的影响为氮＞钾＞磷。氮素影响子粒形成和粒重;磷素促进小穗分化,增加粒数;钾素提高粒重,减少空壳率。

2.施肥技术

(1)基肥　施腐熟的农家肥 60 000～75 000 kg・hm^{-2},过磷酸钙 375 kg・hm^{-2} 和硫酸钾或氯化钾 150 kg・hm^{-2}。

(2)追肥

①苗肥　于拔节前苗高 30 cm 左右,或长有 7～9 叶时,施入腐熟人畜粪水 1 000～1 500 kg・hm^{-2},以促进幼苗生长健壮和分蘖多。

②穗肥　在抽穗前或孕穗期,施入腐熟人畜粪水 22 500～30 000 kg・hm^{-2},或追施尿素 75～112.5 kg・hm^{-2},氯化钾 150～300 kg・hm^{-2},以促进植株生长健壮,有利于孕穗。

③粒肥　在开花前,为了促进粒重,防止早衰,施尿素 75 kg・hm^{-2},此外,用 2％过磷酸钙溶液或 0.2％磷酸二氢钾溶液进行根外追肥,以利于多开花、多结果。

六、全草类药用植物营养特点与施肥技术

(一)绞股蓝施肥

1.需肥特性

移栽绞股蓝,前两个月即 4 月和 5 月为缓慢生长期,6 月初生长旺盛,9 月初干物质积累达最高值。此后,生殖生长变旺盛,10 月植株开始衰老。

研究表明,绞股蓝藤蔓中总皂苷含量在移栽 30 d 后开始增加,至移栽后 130 d 含量最高,之后含量降低,在 10—11 月间含量下降幅度较大。

氮、磷及钾元素对绞股蓝产量影响的顺序为氮＞钾＞磷,地上藤蔓对氮的吸收量在移栽 90～120 d 时最大,施用氮肥可以延缓绞股蓝植株的衰老,增产效果显著。

氮、磷及钾元素对总皂苷含量影响的顺序为钾＞磷＞氮。钾元素吸收值在移栽后 80～110 d 最高。磷元素的吸收量分别在移栽 70 d 左右和移栽 150 d 左右两个时期达到最大。

对绞股蓝来讲，磷元素的临界期较早，而氮、钾元素的临界期相对较晚。施用磷肥能够缓解过量氮肥造成的绞股蓝总皂苷含量的下降。施用硼、锌、锰等微量元素有利于绞股蓝产量和含量的提高。

2. 施肥技术

(1)基肥　一般施用农家肥，其中家畜肥增产效果最好。一般施腐熟的家畜肥 45 000～75 000 kg・hm^{-2}，过磷酸钙和草木灰各 1 500 kg・hm^{-2}。

(2)追肥　绞股蓝以收获茎叶为目的，追肥要多施促进茎叶旺长的氮素肥料，兼顾氮、磷、钾三要素的平衡。

①幼苗期　栽后 7 d 追施稀粪水和少量尿素，施稀粪水 11 250 kg・hm^{-2}，尿素 37.5 kg・hm^{-2} 或叶面追肥，用 1% 的尿素、0.3% 的磷酸二氢钾水溶液喷施，每月 2 次。

②生长旺盛期　追肥至少 2 次，施氮、磷、钾复合肥 120～210 kg・hm^{-2}。

③秋肥　最后一次收割后，重施有机肥，施家畜肥 60 000～75 000 kg・hm^{-2} 和过磷酸钙 225～375 kg・hm^{-2}。

④春肥　翌年春天即将发芽时，追施尿素 37.5 kg・hm^{-2}，用 2 倍细土混匀撒施，可使植株发芽整齐，加速幼苗生长。

(二)薄荷施肥

1. 营养特性

薄荷系多年生宿根性芳香类草本植物，叶片对生，每叶节着生两叶，薄荷的精油有 98% 储存在叶片内，因此薄荷叶片的数量和重量是重要的经济指标。薄荷是一种对钾肥很敏感而对氮肥需求量又较大的经济作物，同时钾能明显提高薄荷的总叶节数、存叶对数、存叶重和降低落叶率，钾肥提高产量的机理主要是提高薄荷的总叶节数、存叶重和降低落叶率。施用磷肥对薄荷生长和产量提高效果不大，且过高施用磷肥会影响薄荷的生长及产量。氮、磷、钾平衡施肥处理薄荷鲜草产量最高，氮、磷、钾肥的增产效果大小顺序为钾＞氮＞磷。

2. 施肥技术

(1)基肥　在整地前，施堆肥或厩肥 45 000～90 000 kg・hm^{-2} 及草木灰 15 000 kg・hm^{-2} 后，耕翻土地，深 15～20 cm，使肥土充分混合。

(2)追肥　由于薄荷一年收获数次，植株的生产量大，所以消耗土壤养分多。在施足基肥的基础上，及时适量地追肥是获取高产、优质药材的关键。追肥以氮肥为主，磷、钾肥为辅。追肥应结合 3 次中耕除草进行，轻施苗肥、分枝肥，重施"刹车肥"。薄荷在一年的生长中一般追肥 4 次。分别是齐苗后(4 月)、生长盛期(5—6 月)、头刀薄荷收割后(7 月)和二刀薄荷苗高 15 cm 时(8 月下旬)，所施肥料以含氮较多有机肥为主，同时配合施用磷、钾化肥。第 1 和第 4 次追肥稍轻，第 2、第 3 次追肥宜重。轻施者用人畜粪 15 000 kg・hm^{-2}，冲水浇施；或施碳酸氮铵 300 kg・hm^{-2}。重施者用量为：人畜粪 22 500 kg・hm^{-2}，饼肥 750 kg・hm^{-2} 或碳酸氢铵 375 kg・hm^{-2}。

(3)冬肥　如秋冬不挖根，继续生长 1～2 年者，拣出部分根茎，施冬肥以促进翌年植株早出苗和齐苗、壮苗。冬肥用有机肥，施较浓厚的人畜粪尿 22 500～30 000 kg・hm^{-2} 或草木灰 30 000～37 500 kg・hm^{-2}。

(4)微量元素的施用 据报道,于薄荷6月分枝起,每隔5 d也喷0.1％硫酸铜溶液,连喷3次,可使其油精含量可提高10.4％。

七、皮类药用植物营养特点与施肥技术(以杜仲为例)

1.需肥特性

氮素是影响杜仲高生长的主要因素,磷素是影响径生长的主要因素,钾素的影响相对较小。但是氮、磷肥配施才能有效提高杜仲的材积量,可显著的提高杜仲的高生长和径生长。同时氮素对杜仲叶片含胶量影响较大,过量施用,杜仲胶含量降低。因此,只有合理的氮、磷配施比例及施肥量,才能既提高生物量,又改善品质。

2.施肥技术

杜仲以种子繁殖时先育苗,一年后移栽。用嫩枝扦插繁殖育苗,第二年再移栽,所以都要经过育苗、移栽的程序。

(1)基肥 杜仲移栽时的基肥采用穴施。每穴施用充分腐熟的有机肥10 kg以上,再覆一层肥泥,将植株栽入。

(2)追肥 所用肥料以腐熟的有机肥、饼肥等为主,同时适当增施氮肥。

①育苗期 苗期进行中耕除草时结合追肥。第1次于4月,每666.7 m^2 施尿素2 kg,如施用腐熟稀薄粪稀,每次用量为37 500～52 500 kg·hm^{-2}。

②幼树 幼树生长缓慢,应加强抚育。每年春3—4月和5—6月各施肥1次。每株施饼肥0.2 kg。

③成树 每年3—4月和5—6月各追肥1次,每株施氮肥8～12 kg、磷肥8～12 kg、钾肥4～6 kg。北方8月底后停止施肥,避免晚期生长过旺而降低抗寒性。

思考题

1.简述药用植物的需肥特点及其对栽培土壤的要求。

2.药用植物施肥应考虑哪些原则?

3.简述丹参和三七的需肥特性及其施肥技术。

4.目前我国药用植物施肥中的主要问题有哪些?

第四节 林木营养与施肥

林木不仅是国民经济建设的重要组成部分,而且是保护生态环境的重要屏障,特别是近代林业的发展,更加促进了林木效益的多元化,发展林业已成为当代社会和经济发展的主流。林木在保持水土、保护生物多样性、减缓气候变化、供给木材和其他林产品、保护周边环境、改善田园景观、美化环境及减少贫困方面都具有重要作用。随着城市化进程的推进,城市人口不断增多,城市森林有助于身体健康、缓解压力,并提供了良好的教育基地,在很多地方森林外林木具有文化价值,是文明和文化的一种象征和延续,体现了林木更好的社会效益。

林木的适应性强,各地都可以根据本地的地理环境、自然条件、土壤类型、海拔高度选择适于当地生长的林木。养分供给是林木生长发育的物质基础,为保证森林的速生丰产,施肥措施在林业生产上的应用日益广泛。当前许多林业发达国家均把林木施肥作为营建速生人工林的重要手段。

我国的林木施肥研究工作始于20世纪50年代后期,此后发展缓慢。直至20世纪70年代有了较大发展,先后开展了杉木、杨树、泡桐、油茶、油桐、桉树、毛竹等树种的施肥研究工作,施肥面积逐年增加。"八五""九五"期间,林木施肥均列入国家攻关课题。近年来国家又提出了林业要向优质、高产、高效、持续方向发展,与国际上林业可持续发展接轨,这标志着我国林木施肥已进入崭新阶段。

在林木施肥的研究和应用中,目前普遍存在忽视林业本身特点而照搬农业方法和成果的情况。若单纯地考虑土壤与林木营养,从而来指导施肥,有时会得出与实际截然不同的结果,把人们引入误区,对林业生产造成不可估量的损失。但只根据完全归还理论来指导施肥,会造成肥料的极大浪费,不但增加生产成本,有时还会导致土壤及整个林地生态系统的恶化。

实践证明,林木施肥至今仍然是一项不易掌握的技术。为了取得系统的施肥经验并能可靠地运用于速生丰产林的栽培,尚须做大量的试验研究工作。

一、林木营养特性

(一)营养元素的含量和分布

林木体内化学元素的种类及其相对含量,因林木的种类、植株年龄、生长季节不同而不同,也因土壤的种类、性质和施肥栽培等条件不同而有差别。如糖槭叶的含磷量为赤栎、褐栎和白栎的2倍,美国紫树叶内钴的积累量为 $0.70 \sim 58.9$ mg·kg^{-1},而生长同一土壤上的其他树种只有 $0.01 \sim 0.25$ mg·kg^{-1}。柴文森等在研究了山核桃矿质元素的含量及其季节变化规律后指出:矿质元素含量最高的是钙($1.5\% \sim 4.4\%$),其次是氮($1.75\% \sim 2.80\%$),其余3种元素含量依次为钾($0.44\% \sim 0.84\%$)、镁($0.29\% \sim 0.33\%$)和磷($0.14\% \sim 0.28\%$)。不同元素含量随着季节的更替而发生变化,其中氮、钾自春、夏到秋季随季节推移而下降,尤其是钾,几乎呈直线下降,相对下降值,可达90%左右,(此时果实形成生长阶段,果壳中需要大量钾)。磷、镁在夏季最低(7月进入果肉生长期,磷、镁多运至幼果)。钙的含量则随季节推移而直线上升,可能与钙的不易移动性有关。山核桃中的微量元素,也有明显的季节性变化。显然,这些变化与山核桃在果实的形成、发育和生长过程中,需要大量矿质元素密切相关。

(二)营养元素在林木中的作用

1. 氮

氮在林木体内的含量,一般只占干物质的1%～2%,数量不大,但却占有非常重要的地位,和磷、钾一起,是林木生长的"三要素"之一。氮是以硝酸态氮(NO_3^-)和铵态氮(NH_4^+)被林木吸收的。能促进林木的营养生长和叶绿素的形成。由于硝酸盐很容易从土壤中溶失,所以在农林业生产中,必须用施肥的形式补充硝酸盐。

氮是林木体内原生质和酶的重要组成成分。林木最典型的缺氮症状是生长速度显著降低,并由于叶绿素的合成受到破坏而显示出缺绿症。但如果氮肥施用过多,尤其是在磷、钾供应不足时,会造成徒长、贪青、迟熟、易倒伏、感染病虫害等,特别是一次施用过多时会引起烧苗,所以一定要注意合理的施肥。

2. 磷

林木根系吸收磷的主要形式是 HPO_4^{2-} 和 $H_2PO_4^-$,PO_3^- 也能被根吸收,有机化合物中,如磷酸酯、卵磷脂、腐殖酸等也能被植物利用一些,但不是主要的磷源。磷在林木体内既以有机磷也以无机磷的形式存在,其中大部分无机磷(88%)存在于液泡中,只有一小部分存在于细胞质和细胞器内。研究表明,11年生杉木各器官营养元素的含量,在正常的组织中,只有12%的磷在细胞中参与代谢活动。由于非代谢磷从细胞液中转移出来的速度很慢,故常有缺磷的现象。磷能增强苗木的抗寒性和抗旱性,磷与植物全部生命活动紧密相连,在林木的新陈代谢中占有极其重要的地位。当外界溶液中磷的浓度低时,会增加林木叶子中锌、铜、铁和锰的浓度。土壤中磷的含量很高时,会诱导出缺锌病,表现了离子间的拮抗作用。

在林木体内,磷的移动性很强。在磷肥不足时,老叶中的磷可以转移到新生部位中去,甚至可从幼叶中夺取磷素,因此缺磷的症状首先是在较成熟的老叶中表现出来。

缺磷时,除了形态上的指标外,还表现在生理生化变化上。据梁根桃等(1979)的报道,盆栽檫树在缺磷时,苗木的生长明显地受影响。其高生长量,茎粗生长量,叶面积和干物质的增长量,分别为完全溶液(含林木生长所必需的全部营养元素的平衡溶液)的75%、77%、29%、76%(浙江林学院,1979)。刘显旋等(1981)以湖南安化大木漆一年生实生苗(苗高65～70 cm)做试验材料,在缺磷的条件下,叶片中的总含糖量和蛋白质含量均低于完全营养液。

3.钾

钾在林木体内极易移动,它主要以离子状态存在,多分布在幼嫩的分生组织里;参与部分代谢过程和起调节作用,它能促进苗木对氮的吸收,是一种生理上极其活跃的元素。钾能使林木生长强健,增强茎的坚韧性,不易倒伏,并促进叶绿素的形成和光合作用的进行,同时钾还能促进根系的扩大,使花色鲜艳,提高林木的抗寒性和抵抗病虫害的能力。但过量的钾肥使植株生长低矮,节间缩短,叶子变黄,继而变成褐色而皱缩,甚至可能使树木在短时间内枯萎。另外,钾肥还能增强原生质的水合能力,提高细胞的保水性能,使林木增强抗旱和抗寒能力。

4.钙

钙一方面作为营养元素直接影响苗木生长,另一方面又与土壤反应及其他土壤特性有关,从而间接影响林木生长。

钙多存在于细胞壁和液泡之中;它与胞壁中的果胶物质形成果胶钙,使细胞与细胞交联在一起。因此,钙有加固细胞壁的作用,从而加强植株的坚硬性,对增强植株的抗性具有一定的意义。

钙与某些阳离子之间有拮抗作用。例如,钙能拮抗土壤中 H^+ 增加的不良影响,若在酸性土中,施适量的石灰,有利于降低活性铝的数量。钙还可解除钾过多而引起的营养失调现象。因此,在某种意义上说,钙是一种植物保护剂。

缺钙时,首先影响顶端幼嫩部分生长。常见的是尖端叶子停止生长,幼叶向外弯曲,随后幼叶死亡,针叶常形成黄尖状或起棕斑。根部缺钙,生长组织软化。严重缺钙,根尖的分生组织破坏,腐烂死亡。

钙过量时,有些树种的苗木生长不正常,甚至不能生长。通常根据树种与土壤中的碳酸钙的关系,把树种分为3种类型:嫌钙型(如马尾松、杉木、茶、油茶和云杉等),钙生型(胡杨、青檀和油橄榄等),中间型(包括其他许多树种)。

土壤中,一般不缺钙,只有一些需钙植物和酸性土壤须注意增施钙肥。

5.铁

铁在林木体内的含量不过万分之几,多数存在于有机化合物结构中。在幼嫩细胞中含量最多。铁参与呼吸作用,也是代谢过程中一些重要的酶类的组成成分,在植物组织中,铁的含量是很低的,铁进入植物体之后,即处于固定状态,不易从一个组织再行分配到另外一个组织去。例如新叶子显示出失绿症时,老叶依然保持着正常的绿色。当缺铁时,叶绿素不能形成,树木的光合作用将受到严重影响。在通常情况下树木不会发生缺铁现象,但在石灰质土壤或碱性土壤中,由于铁易转变为不可给态,虽土壤中有大量铁元素,树木仍然会发生缺铁现象而造成失绿症。

6. 锰

植物生长对锰的需要量是很低的,超过一定浓度时,就会显现出毒害作用。锰在植物体内也是相对固定的,很少从一个部分转移到另一部分去。叶绿素的合成需要锰参加,缺锰可降低光合速率。

锰是很多种酶的活化剂。例如,它能活化硝酸还原酶,促使硝酸还原,然后参加蛋白质的合成。它能活化呼吸过程中的某些酶类,从而提高呼吸速率。

自然界里缺锰,最有可能是发生在呈碱性反应的土壤里。在酸性的土壤里,偶然也会出现锰浓度过大,以致引起毒害的现象,但并不多见。

7. 硫

硫是树木体内蛋白质成分之一,能促进根系的生长,并与叶绿素的形成有关、硫还可能促进土壤中微生物的活动,不过硫在树体内移动性较差,很少从衰老组织中向幼微组织运转,所以利用效率较低。

二、林木施肥技术

我国林木均以速生丰产木为主,如杨树、泡桐、杉木、桉树、毛竹等。林木施肥一般分为苗圃施肥和林地施肥。

(一)施肥量的确定

林分是树种组成、龄级分布和条件充分一致的可作为区别单位的一群邻近的树木。

林地施肥量的确定有两种方法:一是根据土壤养分供应量和不同林分营养元素累积量来确定;二是在特定林分内经过几年施肥试验确定。

1. 苗圃施肥量

合理施肥量,应根据苗木对养分的吸收量(b)、土壤中养分的含量(c)和肥料的利用率(d)等因素来确定。如果以合理施肥量为a,则可根据下式计算:

$$a = (b - c)/d$$

从一般原理来看,上述计算公式是合理的。但是准确地确定施肥量是一个很复杂的问题,至今还没有很好地解决。因为苗木对养分的吸收量,土壤中养分的含量,以及肥料的利用率受很多因素影响而在变化。所以,计算出来的施肥量只能认为是理论数值,供施肥参考。

根据一些生产经验和研究资料,我国北方的苗圃施肥,其氮、磷、钾的比例约为 4∶3∶1.5。以此比例计算,一般一年生苗木每年施肥量应为:氮(N)45~90 kg·hm^{-2}、磷(P$_2$O$_5$)30~60 kg·hm^{-2}、钾(K$_2$O)15~30 kg·hm^{-2};二年生苗木在此基础上增加 2~5 倍,然后再按照每公顷需施用营养元素的数量和肥料中所含有效元素量,即可粗略计算出每公顷实际施肥量。

有机肥料对提高地力有重要意义,多用于基肥,用量一般为(4.5~9.0)×10^{4}kg·hm^{-2}。基肥的营养元素不足部分应由追肥补充。一般每次土壤追肥量为:人粪尿 3 750~5 250 kg·

hm^{-2}、硫酸铵 75～112.5 kg·hm^{-2}、尿素 60～75 kg·hm^{-2},硝酸铵、氯化铵、氯化钾等为 75 kg·hm^{-2}。

研究表明:松苗在生长旺季每次追施氮素化肥量以 N 22.5～37.5 kg·hm^{-2} 较合适。有条件的每亩追肥量 N 素每次可以达到 5 kg 左右。肥料三要素的比例情况为:一般落叶乔灌木为 4:1:1,针叶常绿树为 3:1:1 或 2:1:1,如对三年生水杉实生苗施用 3:1:1,即 N 27 kg·hm^{-2}、P_2O_5 9 kg·hm^{-2}、K_2O 9 kg·hm^{-2}。

2.林地施肥量

施肥量的确定要综合考虑多方面的因素,一般落叶快长树施肥量大一些,针叶和长绿慢长树施肥量可相对小些;根据苗木物候期,生长期,开花结果期,施肥量可大些,休眠前期可控制施肥量,这样可控制一些外来的不耐寒的树种后期徒长,使其安全越冬;以加速生长为目的,施肥量要大些;为了防治病虫害,施肥量则应小些;中龄林、近熟林应比幼龄林施肥量大些;根据土壤质地,黏重土壤施肥量可相对小一些。

美国研究者提出,采用林地施肥量按水平树冠面积计算,每平方米 44.8 g,平均施用 N、P_2O_5、K_2O 混合肥料 450 kg·hm^{-2};每年在每株树周围撒施一次。在人工常叶松和湿地松林分,每年施用 1 120 kg·hm^{-2} 混合肥料,即 112 kg·hm^{-2}N、280 kg·$hm^{-2}$$P_2O_5$、112 kg·$hm^{-2}$$K_2O$。

当前我国造林时主要树种施用有机肥的数量一般为:杨树 7 500～15 000 kg·hm^{-2},杉木 6 000～7 500 kg·hm^{-2},桉树 3 000～4 500 kg·hm^{-2};化学肥料每株施用水平大体为:杨树施硫酸铵 100～200 g,杉木施尿素、过磷酸钙、硫酸钾 50～150 g·hm^{-2},落叶松施氮肥 150 g·hm^{-2},磷肥 100 g 和钾肥 25 g。

(二)苗圃施肥环节与方法

生产中很重要的一条经验就是施足基肥(有机肥料和磷、钾肥),以保证在一年中苗木整个生长期间能获得充足的矿质养料。除此之外,也可在生长季节适当追施氮肥,但苗木是否需要追肥和在什么时间追肥不能一概而论。就林木苗圃生长期来讲,追肥应选择在幼苗期与速生期进行。到速生期后期,要停止施氮肥,可以施磷、钾肥和微肥,以利于苗木充分木质化和提高抗逆性。林木苗圃年周期的施肥时期应考虑生长类型、当地气候、苗龄等因素。一般春季生长类型树种应早施肥,全期生长类型的树种可适当晚些。气候暖温、生育期长的地区,或有些生根快、生长量大的一年生扦插苗(如杨树苗)早期追肥就是有效的。但是对一年生实生苗,特别是针叶树,情况就不一样,针叶树苗早期生长很慢,从肥料中吸收的养料极少,稍晚期追肥效果较好。一年生苗追肥,可在夏季苗木生长侧根时开始进行,把速效氮肥分 1～3 次施入,(每亩追施氮素有效量 1～3 kg 为宜),以保证苗木旺盛生长时期对养料的大量需要,在苗木封顶前一个月左右,应停止追施氮肥。这样就可避免过早追肥,由于苗根尚弱,造成浪费,过晚追肥引起苗木贪青徒长,抗逆性减弱。有些地方在初秋也使用磷、钾肥做后期追肥,目的是促进径向生长以及增加磷、钾在苗木体内的储存,加速苗木木质化的进程。但最后一次追肥不得迟于苗木高生长停止前半个月。

(三)林地施肥环节与方法

可根据林木生长发育阶段性施肥,施肥时期可分为幼苗期、幼林期、中龄期和近熟期。中南林学院李宗然提出,兰考泡桐栽培中,前两年营养补给无明显效果,第三年表现出施肥效果。杉木中龄期林间伐后施肥和近熟期林施肥比幼林期施肥有更好的经济效益,且投资回收期短。

从目前中国经济条件看,在肥料的分配上应采取"少—多—适量"的模式,即幼林期以基肥为主少施,速生杆材期多施,近熟期适量施肥。关于成熟林施肥,一些欧洲国家确定在采伐前5～7年实施。关于林地年生长周期的施肥,多数研究表明,施肥应在林木生长高峰之前进行,即通常为春季或初夏季,但也有在夏末和秋季施肥的。日本对柳树、落叶松、赤松成林的施肥研究表明,春季施肥比秋季好。DeHayes(1989)认为,不同时期施肥苗木的耐寒性有显著差异,仲、末夏施肥,苗木的耐寒性较初夏施肥高。而Miller(1986)对黄杉人工林春季和秋季施用3种氮肥的研究表明,春、秋季施肥差异不明显。苏联对15年生欧洲赤松林施用尿素,结果认为秋季施用较春、夏季效果好,最适宜时期为9月,而3月效果最差。施肥季节不仅与林木生长高峰有关,而且与土壤水分条件、气候因素和生长期长短及肥料特性有关。因此林地施肥时期需通过多年不同立地条件下林地施肥试验来确定。

(四)施肥方式

林木施肥的方式有人工施肥、地面机械施肥和空中施肥3种。人工施肥和地面机械施肥具有撒施均匀、节省肥料的优点,适于面积小的林地。飞机空中施肥效率高,肥料利用率较低,适宜交通不便、面积较大的林区。北欧3国空中施肥比重大:挪威占70%,芬兰75%,瑞典90%。我国人工丰产林主要分布于丘陵、平原地区,面积不大,适宜人工施肥和地面机械施肥。人造幼林可采用沟施和穴施;成林可以采用撒施、沟施、穴施等方法。

1.撒施

最常用的既简单又经济的施肥方式就是人工或借助机械设备在地面上撒播固体肥料,然后进行灌溉使肥料溶入土壤。这种方式最大优点就是比较经济简便,林木可以直接快速吸收肥料养分。

2.喷施

使用小型手动喷壶也可以用放置于拖拉机上的罐槽式喷施仪对叶面喷施营养溶液,所以只要所需配方溶液混合好就可以马上展开施肥工作。此外,为了避免肥料被其他杂草和浅根系植物吸收,还可以直接将肥液施于林木的根系区。

3.孔/沟施

该方法是在靠近林木根部的地面钻大小适度的孔/沟穴,将固体肥料以及一些细沙子等放入孔/沟穴中,然后可以灌水溶解肥料使植物吸收,此法操作比较简单。

4.环施和放射状施肥

(1)环状沟施肥法　秋冬季树木休眠期,在树冠投影的外缘,挖30～40 cm宽的环状沟,沟深依树种、树龄、根系分布深度及土壤质地而定,一般沟深20～50 cm。将肥料均匀撒在沟内,然后填土平沟。

此法施肥的优点是,肥料与树木的吸收根接近,易被根系吸收利用。缺点是受肥面积小,挖沟时会损伤部分根系。

(2)放射状沟施肥法　以树干为中心,向外挖4～6条渐远渐深的沟,沟长稍超出树冠正投影线外缘,将肥料施入沟内覆土踏实。这种方法伤根少,树冠投影圈内的内膛根也能着肥。

5.埋施

将内部装有植物所需养分的肥料钉(一般由合成纤维制成),埋藏在植物根部周围,当这些肥料钉分解后即释放出养分供植物利用。此方法不足之处是当处理大面积紧实的土壤时显得不够经济。

6.凋落物补肥

植物的凋落物的腐烂分解可以归还其生长需要的部分营养,同时这种方式还具有降低邻近植株的竞争效应,调节土壤温度,减少水分丧失和降低生产成本等优点,所以同其他施肥方式结合起来使用比较适合。

7.注射施肥

它分为植物注射和土壤注射2类。植物注射是将肥料吸到植物注射器里,在高压下将液体营养剂注入植物。其缺陷就是持续不断的施肥可能对植株的形成层和木质部造成损害,从而影响植物的正常生理功能。土壤注射是将肥料在灌槽中混合好,然后通过推进到土壤里面的探针直接对根部施肥。该方式的优点在于:把林木需要的水肥施于其根部,同时又提高了紧实土壤的透气性。其缺点就是施肥器械昂贵以及养分溶液会发生泄漏。

三、常见林木的施肥技术

(一)杨树施肥

1.需肥特性

杨树在不同生长季节各养分吸收比例基本一致,树体内 N、P、K、Ca、Mg 比例约为 $1:0.12:0.003:0.003:0.000\,8$,营养元素在各器官分配上以叶片居多,除磷为叶＞材＞皮＞嫩枝外,其他元素按叶＞皮＞材＞嫩枝递减。多数研究认为,杨树对各种元素的吸收量为 N＞Ca＞K＞Mg＞P＞Fe＞Mn＞Cu＞Zn,不同部位各元素的吸收量也不同,N、Ca、Mg、Mn、P、Zn 的吸收量为叶＞根＞枝＞茎,K 为根＞叶＞枝＞茎,Fe 为根＞枝＞叶＞茎,Cu 为根＞枝＞茎＞叶。

由于土壤养分供应能力、树体大小、品种、气候、水文、田间管理等会影响杨树对各种元素的吸收,例如幼树可能含钾偏高,土壤 pH 影响树体内钙、铁等的含量,施用过磷酸钙会增加 S 的含量等,另外,取样的时间、部位等也会影响树体内各养分的含量,因此不同研究者的分析结果有所不同,有些甚至差异很大。总的来说,氮对杨树生长最重要,钾、镁、磷、钙、锌等也占有重要位置。

陈道东研究了不同时期杨树叶片氮、磷、钾、钙、镁等元素含量和杨树胸径、株高和材积之间的相关性,认为用造林第 1 年 7 月叶片含 P_2O_5 $0.55\%\sim0.75\%$,第 2 年 7 月叶片含 N $3.20\%\sim4.20\%$,第 3 年 5 月叶片含 N $3.00\%\sim3.70\%$,第 4 年 5 月叶片 N/K 为 $1.00\sim1.60$ 等值最能反映树体养分状态,当测定结果高于或低于相关比值时,说明树体养分失调。实际生产中可通过观察叶片的生长状况,结合分析叶片养分含量来诊断杨树营养状况。

通过植物营养诊断对杨树进行肥料施用管理,对于提高肥料利用率,促进树体迅速生长具有重要意义。国内对林木营养诊断主要集中在桉树、马尾松、毛竹等上,在杨树上的研究相对较少。

2.施肥技术

(1)施用肥料的种类、配比、用量及其效应　有机肥不仅含有大量的养分,而且能改善土壤的理化性状,可以大量施用。中量、微量元素的施用,应根据土壤养分状况和杨树发育不同时期施用,对杨树的材积生长量也有促进作用。苗圃喷施叶面微肥,对苗木生长有明显的促进作用。一些地区土壤缺铁,苗木叶片容易变黄,喷施铁肥(硫酸亚铁)可防治杨树苗木缺铁症。

多数研究表明:施氮肥有较好的效果,单施磷肥材积增加,氮、磷肥配施、氮肥和有机肥配施效果更好,钾肥效果则不明显。不同地区、不同土壤类型,土壤的养分供应和对肥料的反应不同,施肥效应也不同,有时差异比较大。何应同在江汉平原对于南方型杨树,进行了施肥试验,得出优化施肥量为:平原黏湿土按 N 400 kg·hm^{-2},平原冲积土按 N 200 kg·hm^{-2} + P$_2$O$_5$ 100 kg·hm^{-2},湖区沉积土按 N 100 kg·hm^{-2} + P$_2$O$_5$ 100 kg·hm^{-2};如此的施肥方案,应用结果是:5 年提高杨树蓄积生长量 35%~80%,增值额 0.7 万~1.1 万元·hm^{-2}。

在中等立地条件下的 NL80105、NL80106 杨树施入相同价值不同种类的肥料,施肥对其单株材积、胸径、树高生长都有明显的促进作用,施肥效果依次为复合肥>尿素>磷酸二铵>过磷酸钙>硫酸钾。从单株材积生长来看,尤其是早期施用复合肥、尿素、磷酸二铵获得显著的施肥效果。

在沙地造林,孙时轩等的研究结果表明,毛白杨施用氮、磷、钾的最佳施肥量为 450 kg·hm^{-2},最佳配比氮:磷:钾为 4:3:0(土壤含钾多,故未施钾肥),立木蓄积量为 41.781 m^3·hm^{-2},毛白杨施肥的产值净增额是投入的 2.79 倍。据山东、河南、河北、湖南、甘肃省研究报道,杨树的施肥量约为 N 126 kg·hm^{-2},P$_2$O$_5$ 72 kg·hm^{-2},K$_2$O 1 kg·hm^{-2}。也有研究表明:大量施用氮肥会降低杨树的材性质量,因此,应适当控制氮肥的用量。

(2)施肥时间和次数　杨树的生长发育分为 4 个时期:1~5 年为幼林期,6~11 年为速生期,12~15 年为近成熟期,16~30 年为成熟期,主伐轮伐期为 9~15 年。各个时期的养分需求量不同:一般成熟时期不需要施肥,其他时期按照需求量施肥。具体为:幼苗时期需要施肥,以培育良种壮苗,在杨树栽植第 1 年不用施追肥,但常常施基肥,在第 2~4 年施肥效果显著,第 5、6 年进入速生期,应加强经营管理,施肥量可少量多次。

年周期内,杨树一般在春季和秋季这两个生长旺盛期前施肥,年生长效果最佳。王永福的研究结果表明:每年 4、6 月施肥两次与每年 4 月施肥一次,杨树年平均胸径和年高生长量分别比各自的总的平均值增加 0.8 cm 和 1.12 m。孙时轩等通过多年的施肥试验研究表明,毛白杨在年生长过程中,高、胸径生长各有两个速生期。胸径生长的第 1 个速生期从 4 月上旬到 5 月末,高峰期在 5 月中旬;第 2 个速生期从 6 月下旬到 8 月上旬,高峰期在 7 月上旬。高生长的第 1 个速生期从 5 月中旬到 5 月末,高峰期在 5 月下旬;第 2 个速生期从 7 月上旬到 8 月下旬,高峰期在 8 月中旬。胸径和高的生长量都以第 1 个速生期为最大,生长停止期在月中旬,追速效肥时期应在径生长的高峰期之前 10 d 左右开始。考虑到北方地区越冬问题,刘勇等对杨树苗木施肥研究后认为:年内第 1 次施肥应在生长高峰期以前,而第 2 次施肥应在秋后第 2 次高生长停止以后施肥,这样在达到理想的年生长量基础上,提高了苗木抗寒性,有利于苗木越冬。

(3)施肥方式和方法　多采用基肥和追肥方式施肥。追肥又分为撒施、条施、沟施、灌溉施肥和根外追肥等。具体施肥方法根据气候、土壤条件、林分生长发育时期等来确定。在高温多雨地区,杨树根系生长迅速,可深层沟施或穴施,以防肥料流失;在土壤湿冷地区,根系生长缓慢,可采用放射状施肥,以扩大肥料与根系接触面积,提高利用率,大树根系较深,可适当深施,而小树可浅施。

对于杨树的不同生长发育时期,幼林期可使用机械工具施肥或人工施肥,但对于近成熟林,可结合灌水或下雨进行撒施和根外施肥,面积大、有条件的地区可考虑飞机施肥。

(二)橡胶树施肥

1. 需肥特性

橡胶树在生长发育过程中,需要量较大的矿质元素是:氮、磷、钾、钙、镁、硫;需要量较少的有:铁、硼、锰、铜、锌、钼等元素。营养元素一般以叶片含量最高,其次是绿色小枝和根系。但是,橡胶树所必需的这些营养元素,无论其含量多少,它们对橡胶树的营养功用都是不可缺少的。

(1)氮对橡胶树生长产胶的作用　氮素供应良好,橡胶树抽芽多,叶片多,叶面积大而浓绿,橡胶树各部分的生长就快,茎干粗大,生势好,树皮丰满,产胶能力强。但氮素供应过多会使枝叶生长过于旺盛,树冠大,头重脚轻,容易遭受风害。此外氮素过多,细胞和组织都比较幼嫩,会加重寒害和病害。

(2)磷对橡胶树生长、产胶的作用　橡胶幼苗、幼树期需要大量的磷素来构成植物体。橡胶树缺磷时,叶簇细小,树皮形成层活动受到抑制,茎粗增长和再生皮恢复均差。缺磷时,顶芽活动受阻,因而高生长也差。同时橡胶合成代谢机能减弱,产量减少。另外,使胶乳中镁/磷比例增大,胶乳的稳定性降低。

磷素对橡胶树的开花结果有良好促进作用。磷还能提高植物的抗旱性和耐寒力。

(3)钾对橡胶树生长、产胶的作用　施钾肥能促进干、枝的木栓化,从而提高橡胶树的抗风、抗寒、抗病能力。钾素能促进橡胶树排胶,钾素充足,能增加胶乳中磷、钾含量,从而使胶乳的镁/磷比、镁/钾比降低,提高胶乳稳定性,有利于排胶。

橡胶树缺钾时,施钾肥对生长有效,但钾素过多引起缺镁,对橡胶树生长有抑制作用。缺钾时,橡胶树出现黄叶病,生势弱,产量低。

(4)镁对橡胶树生长、产胶的作用　缺镁时叶片失绿,甚至会落叶。但过度施用镁肥,胶乳中的镁含量增加,镁/磷比增大,钾/镁比下降,胶乳的稳定性差,早凝现象严重,从而减产。镁在一定程度上还能提高橡胶树的抗寒能力。

(5)其他矿质元素对橡胶树生长、产胶的影响　铁、硼、钼、铜、锌、锰等元素在许多情况下是酶的组成部分或参与了酶系统的活动过程。对橡胶树的生长和产胶的作用的研究还不多。华南热带作物研究院等研究发现,施用钼酸铵对氮、磷、钾的代谢有促进作用,增产胶乳 5%～10%,硼、锌处理也有增产作用,铜也能增产 5%～10%,但增加胶乳中铜的含量,胶片质量不符合工艺要求,锰含量过高有减产作用。

2. 施肥技术

(1)施肥种类和施肥量　根据《橡胶栽培技术规程》规定,橡胶树施肥量参考标准如表13-6 所示。

表 13-6　大田橡胶树施肥量参考标准

肥料种类	施肥量/(kg·株⁻¹)			备注
	1～3 龄	开割前幼树	开割树	
优质有机肥	≥10	≥15	≥20	腐熟垫栏肥汁
硫酸铵	0.5～1.2	1～1.5	0.8～1.6	
过磷酸钙	0.3～0.5	0.2～0.3	0.4～0.5	
氯化钾	0.05～0.10	0.05～0.10	0.15～0.25	缺钾或寒害地区用
硫酸镁	0.08～0.16	0.1～0.16	0.15～0.20	缺镁地区用

引自:橡胶栽培技术规程,1986。

（2）橡胶幼树的施肥

①苗期　在橡胶树生长的第一年中，由于根系尚不发达，一般宜以水肥或沤肥形式施用，以利幼根很快吸收。最好在橡胶树生长季节，每抽一蓬叶施一次，年施 5～6 次。如水源困难，则在土壤湿润时松土撒施硫酸铵（尿素和碳酸氢铵不能撒施）。

②幼树期　从开始分枝到树冠开始郁闭阶段，橡胶树从单干转为多头生长，养分的需要开始增加。施肥量比第一年多，以干施为主，每年约施 5 次，硫酸铵每次每株不得超过 100 g。每年可在雨季末期或冬季进行一次扩穴、改土、压青施肥；从树冠开始郁闭到开割前，胶树已逐渐形成茂密的树冠，需要养分较前更多，应增加氮肥比例。但这个阶段很容易遭受风害，因此，风害地区应适当控制施氮肥量。

③施肥方法　施肥部位，原则上是见根施肥，即施在橡胶树根系较密集的部位。施肥处与橡胶树基部距离，一般 1～2 龄树为 30～40 cm，3～4 龄树为 50～80 cm，5～6 龄为 100～150 cm。施肥方法，有机肥与磷肥混合一起穴施，每年一次，深度不超过 30 cm。每年更换施肥穴位置。化学氮肥施肥方法有除草后撒施、沟施或沤肥混施。尿素和碳酸氢铵遇到水会发生水解作用而生成氨气，使养分挥发损失，应浅沟施并覆土，严禁撒施地表。

④施肥时期　有机肥与磷肥宜在 11 月到来年早春 2—3 月分别施入。化学氮肥则在生长季节 4—9 月分别施入。钾肥要在冬前施下。在黄叶病区，则应在 6—7 月趁细雨时撒施氯化钾。

（3）割橡胶树的施肥

①正常割橡胶树的施肥　马来西亚推荐的内陆土壤割橡胶树施肥方案 $N：P_2O_5：K_2O：MgO$ 的配合比为 1：0.95：1.44：0.64，每年每株施混合肥料 1.26 kg。氮肥应在橡胶树第一蓬叶抽叶后 3～4 个月内施完，因为这个时期橡胶树对氮肥的吸收最活跃，其他元素虽然在抽叶后 5 个月内仍能吸收，但因施用混合肥，也在抽叶后 3～4 个月内施完，以节约劳力。

我国推荐割橡胶树每年施肥量是优质有机肥 20 kg·株$^{-1}$ 以上，硫酸铵 0.8～1.5 kg·株$^{-1}$，过磷酸钙 0.4～0.5 kg·株$^{-1}$，氯化钾 0.15～0.25 kg·株$^{-1}$，硫酸镁 0.15～0.2 kg·株$^{-1}$。

施肥时期和方法：割橡胶树在每年 3—4 月抽第一蓬叶，第一蓬叶的抽叶量占全年抽叶量的 60％～70％，第一蓬叶抽生的好坏与全年的生长和产量关系重大，必须保证抽好第一蓬叶。此外，7—8 月橡胶树生长、产胶逐渐进入全年的高峰期。因此，7—8 月间橡胶树需要养分也较多。10 月以后气温逐渐下降，橡胶树生长减慢，逐步进入越冬期。根据以上情况，割橡胶树的施肥大致可做如下安排：11 月至翌年 2 月，橡胶树停割，结合林管、维修梯田和挖水肥沟、施有机肥和磷肥，一条水肥沟可使用多年，水肥沟的位置应统筹安排。

化学氮肥分 3 次施用，每次 1/3。时间依次为第一蓬叶抽发期或抽叶前半个月，趁无雨天施用，5 月前后和 8 月前。

寒害常发地区在 9—10 月施一次钾肥，以增强橡胶树的耐寒力。在干旱季节适当增施水肥。

②化学刺激割橡胶树的施肥　化学刺激割胶必须相应增加施肥量。据马来西亚资料，用乙烯利刺激 PB86 和 RRIM600 分别增产 7％和 126％；氮消耗分别增加 126％和 143％，钾消耗分别增加 143％和 165％。说明施用乙烯利后，橡胶树养分消耗的增加不仅是产量增加造成的，而且生产每千克干胶的养分消耗增加了 20％～30％。试验表明，不施肥的刺激到第五次就会减产，而施氮、磷、钾肥的，可以避免减产的趋势。马来西亚橡胶研究所建议：高产芽接

树 RRIM600、PB86、PR107,如增产 1 000 kg·hm^{-2} 干胶,应增施硫酸铵 5 kg·hm^{-2},氯化钾 25 kg·hm^{-2},如割原生皮,施肥量还要再增加 30%。

(4)稀土元素的应用 试验证明,稀土对橡胶树产胶的作用表现如下:增加干胶产量约 15%,干胶含量的绝对量提高 0.1%～2%,死皮率和指数有所下降;胶乳中的磷、钾含量增加,胶乳机械稳定性提高;对胶的质量无影响,与低浓度乙烯利混用时,可一定程度克服乙烯利的副作用等。对生长具备促进高、粗生长;提高叶片中氮、磷、钾和叶绿素含量和再生乳管列数增加等。对人畜无害,无毒,不污染环境,且具有一定的经济效益,是一项值得注意的新技术。

①稀土水溶液的配制。加酸(硫酸、盐酸或柠檬酸)到清水中,调节 pH 至 5～5.5,然后与所需的稀土配合搅匀。也可与配好的乙烯利水剂配制成混合液。

②开割树的施用方法。广东、云南两省的适宜浓度 1%～5%,福建、广西两省区为 0.5%～1%。方法是直接涂刷或喷施在剖面或割线上,宽约 3 cm。也可在割线下列宽 2 cm,深度以刮去粗皮为度的刮皮带上涂施。每年在 5—10 月施药,年施药 5～7 次,每年每 6.7 hm^2 胶园用稀土约 2 kg。

③幼苗的施用方法。用 100 mg·kg^{-1} 的稀土水溶液喷施。

(三)桑树施肥

1.需肥特性

桑树是多年生植物,栽培的主要目的是采摘桑叶,用于饲养家蚕。由于每年都要多次采收桑叶和剪枝伐条,桑树要从土壤中吸收大量养分。据分析,桑叶含氮 0.8%～1.2%,含磷 0.19%～0.24%,含钾 0.51%～0.56%,加上各种肥料施于土中不是全被作物吸收,其中氮的利用率为 60%,磷为 20%,钾为 35%,因此,每采摘桑叶 50 kg,就必须补充纯氮 1 kg 和相应的磷 0.375 kg,钾 0.565 kg,才能满足桑树正常生长所需的养分,维持和提高土壤肥力,增强树势,获得较高而稳定的产量,保证养蚕生产有更多更好的饲料。如不及时补充,会使土壤养分缺乏,影响桑树的正常生长,从而导致树势衰退。

2.施肥技术

(1)施肥次数 高产桑园在一年中施肥 5 次左右,其中春肥 1 次,夏肥 2 次,秋肥 1 次,冬肥 1 次。在广东地区,全年采叶次数较多,一般采一次叶,施一次肥,故桑树施肥次数也比较多。

(2)施肥时期 春肥应于 3 月中旬左右桑芽未脱苞前施入桑园,有促进芽叶生长和增产桑叶的作用,故又称为催芽肥。第 1 次夏肥,又称夏伐肥、谢桑肥,应于 6 月上旬,夏伐结束后施入桑园;第 2 次夏肥,也称长条肥,在 7 月中旬,夏蚕结束后施入。夏肥不仅对桑树夏伐后的发芽生长有很大关系,而且会影响当年秋叶及来年春叶的产量。秋肥,又称长叶肥,可以根据桑树生长情况来决定是否施用,如长势旺盛可以不施或少施。如长势差则应追施。但必须在 8 月中下旬施入桑园,不可过迟。冬肥在桑树落叶后,结合冬季耕翻时施入桑园。

(3)施肥量 桑树的施肥量一般以氮素为标准来计算,生产 100 kg 桑叶需纯氮 1.5～2 kg,其中高产桑园为 2 kg,一般桑园约 1.5 kg。如 1 年 666.7 m^2 产桑叶 2 000 kg 的桑园,全年则需施纯氮 40 kg。其中春肥氮占 25%～30%,夏肥氮占 50%,秋、冬肥占 20%～25%。如果是幼龄桑园,第一年施肥为成林桑园的 1/3～1/2,第二年为成林桑园的 2/3 以上,第三年则与成林桑园同样施肥。处于增产过程中的桑园,其施肥且应比稳产桑园增加 20%～30%。

(4)肥料的种类　桑树虽然是以氮素营养为主的作物,但也需一定量的磷、钾和其他多种元素。为此,施肥时应考虑肥料的种类、按桑树对营养需求来合理搭配。桑园施用的肥料种类有人粪尿、堆肥、厩肥、草木灰、煤灰、猪羊粪、河塘泥、土杂肥、饼肥、绿肥、沼液等有机肥料和各种化学肥料。在施肥中要做到有机肥与无机肥结合,氮、磷、钾三要素合理配合,迟效性与速效性肥料相结合。其中在肥料成分的总量中,有机肥最好能占到 $1/3\sim1/2$;氮、磷、钾三要素成分量比例根据丝茧育和种茧育加以区别,丝茧育桑应为 10:4:5,种茧育桑应为 10:6:8。在桑树生长旺盛时期,必须施用速效性肥料,在桑树生长缓慢或停止生长时可施用迟效性肥料。故春肥可施速效性肥料和腐烂的堆肥、厩肥、猪粪、羊粪等,而第二次夏肥以及秋肥则必须施用速效性的化学肥料。

(5)施肥方法　由于肥料种类的不同,施肥方法也应不同。对于有机肥料,一般采用沟施和穴施,并要求离开桑树根系稍远一些。如沟施,一般施于行间;穴施也要将肥施在两树间并偏于行间,切勿接近树根,以免影响根系。对肥料成分含量高的化学肥料,一般均用穴施,施肥在两树之间但要离树干 20 cm 以上。无论是沟施还是穴施,肥料施入后,均须随即覆土踏实,以免肥料养分散失。化肥应尽量避免撒施,撒施虽可节省人力,但肥料易流失,如果需要撒施,要在雨后或傍晚进行。此外,对散栽的桑树,还可采用环施法,即在离桑树 $50\sim100$ cm,开宽 $30\sim40$ cm 的全环或半环沟,施入肥料并覆土踏实。也可进行叶面施肥,目前根外追肥种类较多,但较为经济而又实用的是尿素,浓度为 0.5%,即 100 kg 水中加尿素 0.5 kg,浓度过高会产生危害。在蚕期至少喷两次,一般相隔一周喷一次。最后一次须在用叶前一周喷施。根外追肥,宜在晴天的早晨露水干后或傍晚无风时喷施,以喷湿叶背不滴水为度,为提高叶质,还可在尿素溶液中添加磷钾肥料,施用磷酸二氢钾浓度为 $0.2\%\sim0.3\%$。夏秋期,还可结合治虫,在农药中加入上述肥料进行混喷,起到追肥与治虫的双重效果。除上述叶面肥外,还有喷施宝、桑叶素、助长素等多种叶面肥料,基本用法大致相同,但必须特别注意其适用浓度。

3.桑园施肥模式

本模式是根据桑树营养要求、生长特点、桑茧产量、土壤养分和肥料等要素综合后制订的施肥技术规范,可供蚕农应用参考。1 500、2 250、3 000 kg·hm^{-2} 茧桑园施肥模式参见表 13-7。

表 13-7　茧桑园施肥模式表　　　　　　　　　　　　　　　　　　kg·hm^{-2}

肥料种类	产茧1 500				产茧2 250				产茧3 000			
	春肥	夏伐肥	二次夏肥	冬肥	春肥	夏伐肥	二次夏肥	冬肥	春肥	夏伐肥	二次夏肥	冬肥
碳酸氢铵	600	600	750		135	1 500	1 500		210	210	2 250	
复合肥	600	600			900	900			1 200	1 200		
有机肥				30 000				45 000				60 000

注:①本表为氮、磷、钾水平一般的土壤;②复合肥 N:P$_2$O$_5$:K$_2$O 为 10:8:8;③有机肥为猪羊粪。

(四)竹林施肥技术

1.需肥特性

竹类植物生长快,经营周期短,个体寿命也相对较短,并且竹林种群增长只在一年中短暂的季节形成大量的个体,消耗了土壤中储存的大量养分,如不及时得到补偿,势必引起竹林产量下降,质量降低。竹林的丰产经营,无论从竹子本身的特性还是从养分平衡角度,都比一般丰产林更迫切要求施肥,竹林对各种营养元素的需求以及合理施肥(包括施肥量、肥料配比),则一直没有比较统一的结论。

各营养元素之间的比例与平衡对毛竹产量有影响。根据高产竹园各养分的平均值和标准差,提出了毛竹叶片养分分级标准及营养诊断临界指标,可以指导竹林施肥(表 13-8)。

表 13-8　毛竹叶片养分水平分级标准

叶片养分	养分水平			
	极缺	缺乏	适量	高量
N/(g·kg⁻¹)	<20.0	20.0～25.0	25.0～30.0	>30.0
P/(g·kg⁻¹)	<1.00	1.00～1.30	1.30～1.50	>1.50
K/(g·kg⁻¹)	<4.00	4.00～6.00	6.00～8.00	>8.00
Ca/(g·kg⁻¹)	<3.00	3.00～5.00	5.00～7.00	>7.00
Mg/(g·kg⁻¹)	<1.00	1.00～1.40	1.40～1.80	>1.80
S/(mg·kg⁻¹)	<80.0	80.0～120.0	120.0～140.0	>140.0
Fe/(mg·kg⁻¹)	<100.0	100.0～150.0	150.0～200.0	>200.0
Mn/(mg·kg⁻¹)	<100.0	100.0～200.0	200.0～300.0	>300.0
Cu/(mg·kg⁻¹)	<3.00	3.00～4.00	4.00～5.00	>5.00
Zn/(mg·kg⁻¹)	<20.0	20.0～25.0	25.0～30.0	>30.0
B/(mg·kg⁻¹)	<4.00	4.00～5.00	5.00～6.00	>6.00
Mo/(mg·kg⁻¹)	<5.00	5.00～10.00	10.0～15.00	>15.00

毛竹子生长要求氮、磷、钾完全肥料,在各肥料作用上,氮肥>钾肥>磷肥,竹林施肥以氮肥最有效,而磷、钾肥效与土壤的氮素含量有关,在施肥时,根据林地土壤的具体养分情况,配合其他肥料进行混合施肥效果较好。研究表明,氮、磷、钾比例为 5∶1∶7 时效果好。

试验表明,有机肥与化肥相结合增产比单施有机肥或化肥效果好。而单施尿素,比施复合肥在出笋数量、成竹数和成竹率上表现更好,有条件的地方,每年每亩竹林可施厩肥、堆肥、垃圾肥、绿肥、嫩草肥等 50～60 担,或饼肥 150～200 kg,或塘泥 100～200 担。有条件的地方,每年每亩竹林也可施肥田粉 15～20 kg,或尿素 10～15 kg,过磷酸钙 3～5.5 kg,但不得单独施用,或过多施用磷肥,以防竹林开花早衰。

在微肥研究上,楼一平等研究认为,毛竹林施用硝酸稀土比铜、锌、硼等微量元素肥料效果显著,较高浓度微量元素肥料对发笋和成竹产生不利影响。

2.施肥技术

(1)施肥量与施肥时间　竹林施肥研究集中在毛竹、雷竹、麻竹、巨龙竹等少数几个材用、笋用经济价值较高的竹种上。毛竹林合理培肥量至今也一直没有比较统一的结论,各研究结果提出的毛竹材用林施肥标准差别较大,尿素的推荐施肥量在 225～744 kg·hm⁻²,过磷酸钙为 225～700 kg·hm⁻²,氯化钾 70～519 kg·hm⁻²,分析原因可能是:毛竹分布广,气候、土壤、立地、竹林本身条件各异,导致培肥用量和肥料配比存在差异;试验设计方法、培肥时间、竹林结构、目标产量(材、笋、材笋兼用)各异,难于进行有效比较。但施肥的数量一定要超过采伐带走的数量,才能保证竹林产量不断提高。

　　毛竹林合理培肥量虽然没有统一，但是，我们应当认识到，我国毛竹林培肥量普遍不足，竹林地力衰退问题已经得到普遍认识，我们根据我国多年毛竹区种植经验，现提供一般情况下的施肥量及时间，以供参考。

　　在中国栽培面积最大的毛竹，其在 9—12 月孕笋形成冬笋，3 月底至 5 月初出笋即春笋。材用毛竹应在孕笋年 9—10 月或竹笋春季出土前 1 个月施肥，施氮 60 kg·hm^{-2}、磷 20 kg·hm^{-2}、钾 30 kg·hm^{-2}；笋用林除每年开沟施入厩肥 6～8 t·hm^{-2} 或菜饼 1～2 t·hm^{-2} 外，还应每年 9—10 月或 2—3 月施复合肥，其中，氮 50 kg·hm^{-2}、磷 30 kg·hm^{-2}、钾 10 kg·hm^{-2}；笋材两用林每年至少施氮 50 kg·hm^{-2}、磷 60 kg·hm^{-2}、钾 30 kg·hm^{-2}。在慈竹施肥中，施肥总量对新竹产量影响很大，每丛施用氮、磷、钾总量应为 0.75～0.93 kg，每年 2～3 次。早竹施肥应一年施肥 4 次，施尿素 1 500～1 800 kg·hm^{-2}、氯钾 375～450 kg·hm^{-2}、钙镁磷 300～375 kg·hm^{-2}。

　　（2）施肥方式

　　①土施。有株施、撒施、沟施等，主要是沟施。沟施法是最常用的方法。分水平沟、眉形沟 2 种。水平沟是在竹林内沿水平方向，每隔 2 m 开一条沟。沟深 20 cm、宽 15 cm，肥施沟内，覆表土。弧形沟是在林地内所有 2 度竹以下的植株上方 40 cm 开外，绕竹 1/3 深开 20 cm 的弧形沟，将肥料施入沟中覆土。应注意竹鞭的趋肥特性，沟施不宜过浅，否则容易导致翘鞭、浅鞭现象，对竹林生长不利。

　　②蔸施。用砍刀、钢钎等打通竹株伐桩各横隔，直至底部，将肥料施于其中。

　　③腔施。通过特用注射器向竹子体内注入肥料、农药、生产调节剂或其混合物，利用竹体自身吸收特性运输到各部，来达到追肥、治病虫、调节生长的作用。

　　④水施。即随林地浇水施肥，以浙江一带雷竹笋用林培育为代表的水肥施用技术效益明显。

　　⑤叶施。叶面培肥技术在竹林培育中有少量应用。在毛竹实施播种苗、丛生竹扦插苗培育中可以应用。

　　（3）肥种与肥量　典型研究多是采用化肥（尿素、过磷酸钙、氯化钾）来进行，施"硅肥"起源于日本，效用至今尚无定论。近年来，各地也开始研制和生产添加了其他成分的"毛竹专用肥"。一些生活垃圾产品、工业废渣、绿肥也开始引入研究和生产中来了。

思考题

　　1. 林木的施肥原则是什么？

　　2. 林木的施肥技术包括哪几方面？常见的施肥方法有哪些？

　　3. 确定林木施肥量的方法有哪些？怎样确定一年内的施肥时期？

　　4. 简述目前我国林木施肥中的主要问题及其解决的途径。

第五节　茶树营养与施肥

　　茶原产于中国，从发现利用至今至少已有数千年的历史。我国南部东起台湾的阿里山，西至西藏的察隅河谷，南自海南岛的琼崖，北达山东半岛，包括浙江、福建、云南、广东、湖南、湖北等 19 个省份范围内都有茶的分布。无论是红壤、黄壤，还是棕壤、紫色土；坡地、山丘或是河谷、冲积土,只要呈微酸性或酸性反应,茶树都能正常生长。截至 2007 年,全国茶园面积达 161.33 万 hm²,茶叶总产超过 110 万 t。施肥是茶叶增产最有效的措施。新中国成立以来,我国茶园施肥,从 20 世纪 50 年代的农家肥到 70 年代化肥普及,发展到今天的复合肥、专用肥的推广,三次大规模的肥料更新,标志着我国茶园施肥技术的重大进步和施肥水平的提高。

一、茶树的营养

(一)茶树对土壤条件的要求

全世界种茶的国家和地区有 50 多个,分布在北纬 45°以南,南纬 34°以北。茶树原产于我国,在云南、贵州、广西、广东、湖南、福建等省区都先后发现有野生的乔木大茶树。按照植物的生态类型,茶树是标准的亚热带植物,具有喜温暖、湿润和酸性土壤等生态特性。

茶树对土壤的要求是喜酸怕碱,喜深怕浅,喜湿怕涝,土壤 pH 为 4.5～5.5 最适宜,高于 6.5 或低于 4.0,茶树生长不良,甚至死亡。要求土层深 1 m 以内不能有黏盘层。土壤状况与茶叶品质关系密切,例如,著名的杭州龙井茶是在狮峰的白沙土上栽培的,而在较黏重的红壤丘陵生长的茶叶,品质则较差。

(二)茶树营养元素生理功能及对茶叶产量和品质的影响

茶树各组织器官中,目前已发现有 30 多种化学元素。据庄晚芳(1984)研究,茶树不同部位所含的部分矿质元素列入表 13-9,从中可以看出各部分的养分含量有较大的差异,就制成茶叶的嫩叶来说,氮>钾>磷>氧化镁>氧化钙>三氧化二铝>氧化锰>三氧化二铁。茶叶中矿质元素的一般含量是氮 35 000～58 000 mg·kg⁻¹,磷 1 750～3 930 mg·kg⁻¹,钾 12 450～20 750 mg·kg⁻¹,氧化钙 2 000～8 000 mg·kg⁻¹,氧化镁 2 000～5 000 mg·kg⁻¹,钠 500～2 000 mg·kg⁻¹,氯 2 000～6 000 mg·kg⁻¹,氧化锰 500～3 000 mg·kg⁻¹,三氧化二铁 100～300 mg·kg⁻¹,铝 200～1 500 mg·kg⁻¹,氟 20～250 mg·kg⁻¹,锌 20～65 mg·kg⁻¹,铜 15～30 mg·kg⁻¹ 钼 4～7 mg·kg⁻¹,硼 8～10 mg·kg⁻¹,镍 0.3～3 mg·kg⁻¹,镉 2～3 mg·kg⁻¹,铅 6～7 mg·kg⁻¹ 等。现将主要营养元素对茶树的生理功能分述如下。

表 13-9　茶树不同部位的矿质元素含量(以干物质计)　　　　　　　　%

部位	N	P	K	CaO	MgO	MnO	Fe₂O₃	Al₂O₃
嫩叶	4.14	0.74	2.64	0.32	0.69	0.13	0.02	0.18
成叶	3.02	0.57	2.52	0.69	0.45	0.37	0.05	1.22
枝干	0.89	0.23	0.65	0.40	0.40	0.06	0.06	0.16
根	1.66	0.84	1.69	0.35	1.79	0.36	0.36	1.09

引自:庄晚芳,茶树生理,1984。

1.氮

氮占茶树干物质平均重的 2.5%。不同时期生产的茶叶含氮量也不相同,春茶含氮占干物质的 5%～6%,老叶和落叶为 1.5%～2.5%。

氮是茶树组织中蛋白质和核酸及叶绿素的主要成分,也是茶树中各种酶、维生素、氨基酸、咖啡因等的组成成分,而这些物质与茶叶品质有密切的关系。据何电源等(1989)研究,土壤的全氮与茶芽(一芽二叶)中的氨基酸和茶氨酸的含量呈显著的正相关。施用氮肥可以促进茶树的生长发育,提高茶叶产量和品质(表 13-10)。

表 13-10 氮肥对茶树生长及茶叶产量和品质的影响

处理	鲜叶产量		树势/cm		氨基酸氮/[mg·(100 g)$^{-1}$]				多酚氧化酶活性*
	kg·666.7 m^{-2}	%	树高	树幅	新梢长	春茶	夏茶	秋茶	
对照	463.6	100.0	55.9	55.9	79.0	2.19	63.7	87.5	159.2
施 N 10 kg·666.7 m^{-2}	1 133.1	244.4	244.3	60.1	104.6	3.80	100.7	124.2	201.0

*抗坏血酸,mg·(g·h)$^{-1}$。

引自:何电源等,土壤通报,1989。

茶树缺氮时,新梢由黄色变为淡黄色,造成严重缺绿病,使新梢停止生长,老叶大量脱落,最后全株枯萎。但此症状易与其他症状混淆,故应进行植株和土壤分析诊断。

不同氮肥品种对茶叶产量和品质的影响略有差异(杨贤强等,1985)。就产量而言,碳铵＞硫铵＞尿素＞氨水＞氯铵;对氨基酸含量的影响则硫铵＞氨水＞尿素＞碳铵＞氯铵;对茶多酚含量的影响是氯铵＞碳铵＞尿素＞氨水＞硫铵。硫铵对氨基酸和蛋白质含量的良好作用,除了氮的作用外,也可能与硫的良好作用有关。氯化铵对茶叶产量和氨基酸含量的影响,即使不考虑氯离子对品质的不良影响,也是最差的,因此不宜在茶园上使用氯化铵。

2.磷

茶树各器官中平均含磷(P_2O_5)占干物质的 0.4%～1.5%,茶芽中可达 0.5%～1.5%,根系中的为 0.4%～0.8%,老叶和茎干中大都在 0.5%以下。茶树各器官中的磷大多存在于核酸、核蛋白、磷脂、高能键磷酸化合物及各种酶等化合物中,因此嫩叶比成熟叶和老叶中高得多(表 13-11)。核酸和核蛋白是茶树营养生长、生殖生长、遗传和变异等生命活动的重要物质。

表 13-11 茶叶各器官中的含磷化合物

部位	水分/%	全磷(P)/(mg·g^{-1})	无机磷(P)		蛋白质-P		脂态-P		核酸-P		苷态-P	
			含量/(mg·g^{-1})	占全P/%	含量/(mg·g^{-1})	占全P/%	含量/(mg·g^{-1})	占全P/%	含量/(mg·g^{-1})	占全P/%	含量/(mg·g^{-1})	占全P/%
幼嫩叶	75.5	4.254	679.0	15.96	1 664.0	39.15	573.0	13.74	641.7	15.07	695.4	16.36
成熟叶	68.9	1.991	487.0	24.45	479.0	24.05	443.0	22.26	295.0	14.83	287.0	14.41
老叶	64.3	1.346	364.4	27.07	293.0	22.06	349.6	25.97	182.7	13.57	156.3	11.61

引自:庄晚芳,茶叶生理,1984。

磷脂是茶树养分吸收、储存、转化和输送等生理过程不可少的物质;高能键磷酸化合物及含磷的各种酶在茶树光合作用、蛋白质合成等过程中,既是能量的传递者,又是能量的储存者。所以磷对促进茶树的生长发育、提高茶叶的产量和品质(特别是茶多酚的含量)都有良好的作用(刘继尧,1982)。磷肥不仅对茶叶增产有好的影响,对促进茶树开花和结果也有极为良好的作用(吴洵,1985)。因此在繁殖茶树优良品种时应注意施用磷肥。值得指出的是,3 种磷肥中过磷酸钙在第 1 年对茶果的增产幅度最大,到第 4 年则低于钙镁磷肥;磷矿粉在第 1 年的增产率仅 10%,到第 4 年却上升到 50.6%。可见像茶树这类喜酸性植物对缓效性磷肥的利用能力是很强的,生产上可采取在头 1～2 年用速效磷肥与缓效磷肥配合使用,以后则以缓效磷肥为主,这样既比较经济,也比较持久。

土壤中不同形态的磷对茶叶品质的影响也不一致。据何电源等(1989)研究,土壤速效磷和无机磷中的铝磷酸盐(Al-P)与茶芽中的茶多酚和水浸出物呈显著正相关(表 13-12 和表 13-13)，说明这两种形态的土壤磷可被茶树根系吸收并影响茶叶的品质。该项研究中用 0.03 mol·L^{-1}NH₄F+0.25 mol·L^{-1} HCl 浸提土壤速效磷，故速效磷中也包括了部分 Al-P。相关统计表明,红壤无机磷中的 Al-P 和 Fe-P 与土壤有效磷分别呈极显著和显著的相关,相关系数(r)分别为 0.947** 和 0.586*。可见茶树对这两种形态的土壤磷都有不同程度的利用能力,这也说明茶树对土壤难溶性磷的利用能力比一般农作物强。

茶树缺磷初期生长缓慢,根系生长不良,吸收根提早木质化,逐步变成红褐色,吸收性明显减退;而后上部嫩叶逐步出现暗红色,尤其叶柄最为严重。缺磷严重,则老叶逐步变为暗绿色或暗红色,茶树花果少或无花果。但缺磷也与缺其他元素的症状有相似之处,故也需与叶片诊断和土壤分析结合起来判断。

表 13-12　茶园土壤分级磷(mg·kg^{-1})与鲜茶芽叶品质成分含量

土壤类型	样本数	全磷	速效磷	有机磷*	无机磷总量	Al-P	Fe-P	O-P	Ca-P	茶多酚/%	水浸出物/%	氨基酸/[mg·(100 g)$^{-1}$]
硅质红壤	4	350.8 ±84.9	15.7 ±13.0	193.1 ±109.4	157.7 ±38.6	18.8 ±12.0	41.9 ±20.5	83.0 ±7.5	14.0 ±9.5	14.1 ±1.7	35.4 ±1.0	5 155 ±1 319
硅钾质红壤	6	428.8 ±217.8	25.9 ±32.3	221.5 ±136.2	207.3 ±107.5	24.7 ±24.4	47.4 ±29.3	117.0 ±63.1	18.3 ±6.7	15.5 ±3.2	35.0 ±1.9	4 651 ±821
硅铁质红壤	7	500.4 ±72.5	14.25 ±11.2	259.3 ±60.4	241.1 ±33.7	13.2 ±3.7	64.8 ±21.1	138.4 ±21.1	24.7 ±11.9	13.1 ±1.8	33.0 ±2.7	4 232 ±1 009

*注:有机磷=全磷-无机磷总量。

引自:何电源等,土壤通报,1989。

表 13-13　茶园土壤分级磷与鲜茶芽叶品质成分间的相关系数(r)

茶叶品质成分	全磷	速效磷	Al-P	Fe-P	O-P	Ca-P	有机磷	显著水准
茶多酚	−0.135	0.562*	0.573*	0.194	−0.220	−0.068	−0.232	$n=17$
氨基酸	0.332	0.144	0.139	0.210	0.124	−0.013	0.362	$r_{0.05}=0.482$
水浸出物	−0.051	0.578*	0.464	0.333	−0.239	−0.349	−0.169	$r_{0.01}=0.606$

引自:何电源等,土壤通报,1989。

3. 钾

茶树各器官中的钾平均为干物质的 0.4%～2.5%,茶芽叶中为 1.7%～2.1%,根系中为 1.4%～1.7%,茎干中为 0.4%～1.7%。钾以离子态存在于茶树体内,其主要生理作用是调节和加强茶树的各种生理过程,增强某些酶(如糖酶和丙酮酸酶等)的活性,它是糖类合成、分解、运输过程不可缺少的物质。钾对茶树的水分生理、抗旱、抗寒及抗病均有良好作用。茶树施钾肥可提高茶树的抗逆能力,促使树势生长健壮,从而提高茶叶的产量。湖南省茶叶研究所 1960—1971 年的定位试验结果表明,幼龄茶园施钾肥比不施钾肥增产茶叶 54.7%,成龄茶园增产 21.8%(刘继尧,1982)。据何电源等(1989)研究,土壤速效性钾含量与生长在其上的茶树茶芽的水浸出物呈显著正相关($r=0.7913$*,$n=15$),而茶叶中的含钾量则与氨基酸含量呈正相关,表明钾对茶树的氮素代谢和氨基酸的形成都有良好的作用。

茶树缺钾时,生长减慢,产量和品质下降。常有茶饼病、云纹叶枯病和炭疽病等为害。当缺钾进一步发展时,首先表现出嫩叶退绿,逐步变成淡黄色,叶片小而薄,对夹叶增加,节间缩短,叶脉及叶柄逐步出现粉红色,老叶逐步变黄,叶片边缘向上或向下卷曲,叶质地变脆,提早脱落,与此同时嫩叶由淡黄色变成灰白色,芽叶停止生长,茶树失去生产能力。在生产实践中,老茶园易出现缺钾。土壤有效钾低于 $50\ mg\cdot kg^{-1}$,春茶一芽二叶的新梢含钾量低于 2.0%,茶园内的茶饼病、云纹叶枯病及炭疽病等为害较重,这是茶树缺钾的症状,必须及时施用钾肥。

4. 钙、镁

茶树体内含氧化钙 $0.02\%\sim0.8\%$,在春梢嫩芽中只有 0.2% 左右,秋后老叶达 0.8% 上下,落叶中达 1.2%,成熟茶含 0.69%。钙和镁与肌醇磷酸酯组成植素,是果胶物质的组成成分。钙与草酸结合形成草酸钙,可避免因体内草酸过多而受害。茶树对钙的吸收量与所施氮肥的形态关系极大,硝态氮促进茶树对钙的吸收,铵态氮肥对钙的吸收有拮抗作用。茶树生长健壮的土壤交换性钙应低于 $3\ cmol(+)/kg$,钙的饱和度在 38% 以下。

茶树体内镁(MgO)的含量在 $0.2\%\sim0.5\%$,叶绿素中镁含量可达 10%,镁参与茶树体内的磷素代谢,在镁的参与下,茶氨酸合成酶才能催化谷氨酸和乙胺相结合生成茶氨酸,茶氨酸是在茶树根系内合成的,故根系镁的含量一般都较高,镁离子与钾和铵离子间存在拮抗关系,在缺镁的茶园中增施钾肥和铵态氮肥会加剧镁的缺乏。镁在一定浓度范围内对茶苗生长,叶片光合速率,叶绿素含量,气孔导度,蒸腾速率,根系活力,茶芽叶中茶多酚和氨基酸含量的增加都有一定的促进作用。但超过一定浓度范围时,则对茶苗生理活性和茶叶品质成分含量有不利的影响。

5. 铝

茶树为典型的耐铝作物,体内平均含铝达 0.15% 以上,老叶和根系中含铝最高,可达 $1\%\sim2\%$。这样高的浓度茶树也不中铝毒,在土壤 pH 4 以下,活性铝离子达 $7\ cmol(+)/kg$,茶树也能适应,一般茶叶及茎中含铝 $50\sim500\ mg\cdot kg^{-1}$,成熟叶为 $500\sim1\ 500\ mg\cdot kg^{-1}$,老叶中为 $0.03\%\sim2.0\%$,根系中的含量高于地上部分。叶片中的铝主要结合在表皮细胞或叶肉细胞的壁上,被叶片中的多酚或有机酸螯合而失去毒性。铝可促进叶色变绿,提高叶绿素含量和光合速率,促进光合产物向根系运转,促进根系对氮、磷、钾的吸收,铝对促进茶氨酸转化成儿茶素的代谢,改进红茶的品质也有一定的作用。铝对茶苗吸收钙和镁有抑制作用,但可促进钙、镁从根部向地上部运转。铝还会降低茶树根系过氧化物酶的活性。有人在活性铝离子较低的土壤中增施三氯化铝,使茶苗明显增重(吴洵,1985)。据调查,土壤中的活性铝离子含量不同,茶树的长势也不相同,其关系如表 13-14 所示,当土壤的活性铝离子低到一定量后,适当施用铝盐对促进茶树生长会有良好的作用。

表 13-14　茶园土壤中活性铝离子与茶树长势的关系

项　目	杭州翁家山	余杭(农大农场)	建德南市	建德南市	建德后塘	建德后塘
活性铝离子/[cmol(+)·kg^{-1}]	7.72～7.64	5.7～5.2	1.9～1.8	1.4～1.0	1.0～0.8	痕量
茶树长势	旺盛	旺盛	一般	一般	极差	极差

引自:吴洵,茶叶施肥,1985。

6. 锰

茶树嫩叶含氧化锰一般为 0.15% 左右,成熟叶片中约 0.3%,老叶中可达 0.4%,根和茎中约 0.05%,锰参与茶树根系中硝态氮还原成铵态氮,是合成叶绿素的必需元素,对增加茶多酚的含量和维生素 C 的数量有重要作用。锰对糖解中的己糖磷酸激酶、羧化酶有活化作用,也是三羧酸循环中异柠檬酸脱氢酶、α-酮戊二酸脱氢酶和柠檬酸合成酶等的活化剂。锰与铁有拮抗作用,锰过多会阻碍三价铁(Fe^{3+})还原成二价铁(Fe^{2+}),使铁处于活跃的三价铁离子状态。当新梢中第 3 叶中的锰超过 2.4% 时,会造成茶叶减产。当土壤中含不稳定性锰 > 2 000 mg·kg^{-1},不宜施锰肥,若低于 3 000 mg·kg^{-1},并有新梢嫩叶边缘出现黄化,主脉伸长呈黄化叶等缺锰症状,应注意施锰。土壤中活性锰 > 80 mg·kg^{-1},茶树会出现"锰毒症状"。此时嫩叶出现网状黄化,老叶出现褐斑,茶树生长停滞。

据何电源等(1989)研究,对茶树施用锰肥后,茶叶氨基酸的含量一般有增加的趋势。但个别的也有减少。值得强调的是,施锰后茶氨酸、天门冬氨酸的含量分别比对照高 41%~90% 和 12%~48%(表 13-15)。这对提高茶叶的品质是很重要的。

表 13-15　不同土壤上施锰对茶叶氨基酸含量的影响

土　壤	氨基酸总量/%			茶氨酸/ [mg·(100 g)$^{-1}$]		天门冬氨酸/ [mg·(100 g)$^{-1}$]		丝氨酸/ [mg·(100 g)$^{-1}$]	
	CK	Mn$_1$	Mn$_2$	CK	Mn$_2$	CK	Mn$_2$	CK	Mn$_2$
硅铝质红壤	5.37	4.80	6.29	293.0	414.4	80.9	106.1	57.1	78.6
硅铁质红壤	4.25	6.74	5.64	—	160.5	—	144.8	—	85.0
硅质红壤	5.62	5.73	4.43	123.5	225.9	88.3	99.1	58.1	64.5
硅钾质红壤	6.09	6.11	6.76	182.8	347.7	84.2	124.7	63.6	74.7
平均	5.33	5.85	5.78	199.8	287.1	84.5	118.7	59.6	75.7

注:Mn$_1$ 和 Mn$_2$ 分别指每千克土壤施入 Mn 0.05 和 0.1 g。

引自:何电源等,土壤通报,1989。

7.铁

茶树体内含 Fe_2O_3 占干物质重的 0.01%~0.40%,各器官的含量是根>茎>成叶>新叶>芽。铁是过氧化氢酶、过氧化物酶及细胞色素氧化酶中的组成成分。铁能促进叶绿素的合成,缺铁则叶绿素会减少。铁与茶树的呼吸作用有密切的关系;铁还有加速物质的氧化还原过程的作用,所以与红茶发酵也有密切关系,在红、黄壤茶园中一般不会缺铁,但因铁与锰、磷、铜存在拮抗关系,因此如施用磷肥或喷施波尔多液过多,也应注意缺铁的可能性。

8.硫

茶树内含三氧化硫量一般占干物质重的 0.6%~1.2%。硫是多种蛋白质的重要成分,一些与茶树生长和茶叶品质有密切关系的氨基酸如胱氨酸、半胱氨酸及蛋氨酸都含有硫,特别是属于有机硫化物的二甲硫,在形成茶叶香气的成分中含量很高。此外,在氨基酸转化酶、苹果酸脱氢酶及脂肪酶都含有硫氢基(—SH)。硫与茶树蛋白质、脂肪、碳水化合物等的代谢都有密切的关系。茶树缺硫,氮代谢受阻,生长缓慢,茶叶产量和品质都会下降,严重缺硫时,会出现与缺氮相似的症状。

9.锌

茶树体内含锌 200~600 mg·kg^{-1},锌的主要生理功能是活化茶树内的一些酶促反应。它是谷氨酸脱氢酶的组成成分,无锌,则谷氨酸脱氢酶和乳酸脱氢酶等参与的酶促反应均无法进行。除基性岩(如玄武岩)母质发育的红壤有效锌含量较高外,其他红壤中的有效锌含量均较低。因此,在缺锌的茶园土壤上对茶树施用锌肥,可能会提高氨基酸含量,改善茶叶的品质。

10.铜

茶树中含铜较一般作物高,叶片含铜量为 $150\sim200$ mg·kg^{-1},铜是茶树抗坏血酸氧化酶的组成成分之一,参与茶叶发酵的过程,若茶叶中含铜低于 10 mg·kg^{-1} 时,则发酵不充分,使红茶品质受影响。铜可提高茶叶叶绿素的稳定性,促进光反应的进行。铜黄蛋白对茶树脂肪代谢具有催化作用。茶树严重缺铜时,茶树叶子变黄,叶尖逐渐出现白色,呈白尖叶病,导致代谢机能紊乱,生长受阻。我国南方花岗岩、砂岩等母岩(母质)发育的红、黄壤含铜较低,应注意茶树有无缺铜症状,以便及时补救。

11.钼

茶树中含钼量极低,茶叶中钼占干物质的 $0.4\sim1$ mg·kg^{-1}。钼是茶树硝酸还原酶的重要组成成分之一,参与硝态氮还原为铵态氮的过程,施用硝态氮肥有助于茶树对钼的吸收,钼对茶树维生素 C 的合成和提高磷化酶活性也有重要作用。茶树缺钼时氮素代谢受阻,常表现出与缺氮相似的症状。茶树对过量的钼十分敏感,土壤有效钼含量达 5 mg·kg^{-1} 时就会出现钼过剩症。其症状为老叶尖端出现红褐色,叶片向内卷曲,进而引起落叶,嫩叶少而萎缩。据何电源(1989)研究,对茶树土壤施用钼肥后,虽然没有提高茶叶中的氨基酸总量,但却极显著地增加了对提高茶叶品质具有重要作用的茶氨酸含量,与对照相比,茶氨酸的含量增加了49％。施钼同时也提高了茶叶中丝氨酸和天门冬氨酸的含量。

12.硼

茶树叶片中硼占干物质的 $0.5\sim2$ mg·kg^{-1},根系中可达 2.0 mg·kg^{-1} 以上,硼不是茶树机体中有机物的组成成分,它的主要作用是促进碳水化合物的运输和储存,在细胞膜中常常和钙一起促进果胶的形成。硼对促进茶树细胞的分裂和开花结果及生长发育也有重要作用。茶树缺硼时细胞分裂受阻,生长缓慢,花粉发育不良,开花而不结实。严重缺硼的茶树细胞液外渗,根系腐烂,生长停滞。

对茶树施用硼肥,茶叶中的氮、磷、钾、钙、镁含量增或减都不大。换算成每 100 芽的吸收累积量,各种养分都有所增加,其中以氮的增加较为明显。这可能与施硼显著增加了茶芽重量有关(表 13-16)。

表 13-16　硅铁质红壤上施硼、钼对茶叶品质的影响

测定项目	CK	B	Mo
茶芽重/[g·(100 个芽)$^{-1}$]	2.69	2.78	2.70
氨基酸总量/％	5.73	5.58	5.57
茶氨酸/[mg·(100 g)$^{-1}$]	1 608	1 699	2 399
天门冬氨酸/[mg·(100 g)$^{-1}$]	226.0	229.0	410.1
丝氨酸/[mg·(100 g)$^{-1}$]	180.4	174.7	274.9
茶多酚/％			
二次采样	18.2	17.8	19.0
三次采样	19.5	19.0	18.3
水浸出物/％			
二次采样	31.9	33.0	34.3
三次采样	36.3	39.2	37.6

引自:何电源等,土壤通报,1989。

(三)茶树矿质营养与吸肥特点

茶树的矿质营养特性是茶树施肥技术的理论基础和依据。多年生采叶作物茶树,其矿质营养和吸肥规律与一般农作物相比,有其共性,也有自己的特殊规律。从其矿质营养需求方面表现为多元性、喜铵性、聚铝性、低氯性和嫌钙性;吸收利用方面表现有明显的阶段性、季节性和向肥性。

1. 多元性

茶树有机体是由各种元素组成的。根据现代科学分析,维持茶树正常生长的营养元素有碳、氢、氧、氮、磷、钙、镁、硫、铁、锰、硼、铝、铜、锌、钼等 40 多种。碳、氢、氧主要来自空气和水,其他都来自土壤的矿物质。氮素虽并非土壤矿物质,来自空气,但它只有被矿化以后,成为离子态才能被茶树吸收利用,因此与其他元素一样,统称为茶树矿质营养元素。各种矿质营养元素在茶树体内含量差异很大,碳、氢、氧等或高达百分之几,而硼、铜、钼等只有百万分之几。无论含量高低,对茶树的生长发育都有各自的特殊功能,彼此间不可替代。如果缺少其中某一元素,茶树生理过程无法进行,生长发育将会出现异常,甚至发生病变。例如,锌虽然在每千克茶树体内只有几十毫克,但它是酶的重要组成部分,已有研究资料证明,如果茶树体内没有锌或缺少锌元素,其谷氨酸脱氢酶促反应将无法进行;光合作用、氮素代谢将无法完成;碳、氮等营养元素的生理功能将无法发挥作用,久而久之,造成茶树逐步死亡。据最近对硫肥试验表明,硫不仅可以提高鲜叶的嫩度,促进新梢的生长,降低对夹叶的比例,而且还能不同程度地改善鲜叶的内在品质。鲜叶酚氨比值降低,咖啡因含量提高,有利于绿茶品质提高。因此,茶树施肥必须注意茶树对营养元素的需求多元性的特点,以保证茶树的生长与发育。

2. 喜铵性

茶树是叶用作物,对氮素的需求十分迫切,消耗量也大。据测定,每生产 100 kg 干茶,从土壤中带走氮素 4.5 kg 左右。茶树对土壤中氮素的利用,既能吸收铵态氮(NH_4^+-N),也能吸收硝态氮(NO_3^--N),还能利用一些简单的有机态氮($R-NH_2$)。但由于茶树体内硝酸还原酶的活性很弱,不易将吸收的大量硝态氮还原成铵后合成各种氨基酸;而相反谷氨酸脱氢酶、谷氨酰胺合成酶与谷氨酰胺-α-酮戊酸氨基转移酶的活性较强,能迅速地将吸收的铵态氮转化成茶氨酸及其他氨基酸。因此,当土壤中同时存在多种形态氮化物时,总是优先选择铵态氮的吸收。据中国农业科学院茶叶研究所的试验,在茶树嫩梢的蛋白质中来自铵态氮的数量比硝态氮高 3～4 倍,在老叶或成熟叶子的蛋白质中,来自铵态氮的数量比硝态氮高 6～7 倍。铵态氮对合成茶氨酸的"贡献率"比硝态氮也要高好几倍。当然,在土壤中没有或缺乏铵氮时,茶树也会被迫吸收硝态氮,但要付出较高的能量为代价,因而在制定茶树施肥技术措施,选择肥料品种时,充分注意铵态肥的施用。

3. 聚铝性

铝对一般作物有抑制生长和毒害作用,但茶树例外。茶树长期在酸性的富铝化土壤上,在其个体发育过程中聚集了大量的铝化物,适当高含量的铝能促进茶树及其根系的生长,提高叶子光合作用能力,促使碳水化合物的转化,尤其是铝对促进茶氨酸的转化、儿茶素的代谢、改进红茶品质方面具有良好作用。同时,铝还能促进茶树对磷的吸收和转化。据研究,在茶树适宜生长的 pH 条件下,借助根系分泌物的作用,铝、磷按一定分子比进行络合,并为茶树所吸收。由于茶树体内的 pH 比土壤大,酸度改变,磷、铝络合物解体,磷被输送到茶树生长旺盛的芽叶中去,而铝在各种酚类化合物的作用下,输送到老叶中聚集起来,然后通过落叶回到土壤,再次与磷络合被根系吸收。在某种意义上可以说,铝是茶树吸收磷的一个打水"泵",一次又一次地把磷打入茶树体内。铝虽还未确定是茶树有机体的组成部分,但它对茶树生长的促进作用是可以肯定的,茶树在富铝化土壤上生长要比其他土壤好得多。

茶树不但在富铝化土壤中生长,而且还有较强的富集硒的能力。它的防病与对人体营养作用将日益受到人们的重视。据我国陕西紫阳和湖北鄂西两个高硒地区调查表明,茶叶中硒的含量,低的在 $0.20 \sim 0.50 \mathrm{~mg} \cdot \mathrm{kg}^{-1}$,高的可达 $9.29 \mathrm{~mg} \cdot \mathrm{kg}^{-1}$,平均为 $1 \mathrm{~mg} \cdot \mathrm{kg}^{-1}$。

4.低氯性

氯虽然也是茶树需要营养元素之一,但需要量很少,在生产实践中并未发现过"缺氯"的症状或"缺氯"而减产的现象,相反,却是施用含氯化肥(如氯化钾、氯化铵等)、海肥而造成危害。在沿海一些临海的茶园,因受海风夹带海水的影响,容易造成"氯害"。受害症状首先是在茶树老叶子的叶尖出现枯焦,然后是叶缘枯褐,并向叶脉延伸,最后整张老叶变褐枯焦,发出"茶酵味";从茶树叶组织结构上看,先从海绵组织开始病变,以后逐步扩散到栅状组织。受害叶片褐变后,有的在表面蜡质层有盐渍状黏性物质外溢,几天后落叶。茶树氯害原因至今还不十分清楚,据中国农业科学院茶叶研究所研究,茶树吸收过量氯离子对茶树体内氧化酶产生不良影响,可能是导致氯害原因之一。茶树氯害一般在幼年茶树容易发生,而老龄茶树不太敏感,特别是改造后的老茶树,对氯离子的反应十分迟钝,很少有氯害现象,茶树氯害在外表上与病害、旱害、冻害以及缺素症相似,但只要分析一下叶子含氯量即可辨别。正常生长的茶树,老叶子含氯量一般都低于 0.5%,芽叶中低于 0.2%,如果老叶的含氯量超过 0.8%,芽叶含氯量超过 0.4% 就会造成氯害。研究和掌握茶树产生氯害的原因、条件及诊断方法,就可防止或避免施肥过程中氯害现象的发生。

5.嫌钙性

钙是茶树重要营养元素之一,对茶树体内许多酶促反应、碳素代谢以及平衡稳定树体的反应条件等都有十分重要的作用。但茶是嫌钙型作物,它对钙的要求比一般作物低得多。它与同样生长在酸性上的桑树、柑橘相比,要低十几倍以至几十倍。茶树生长过程对钙的需求很少,过多的钙常常会在茶树叶片中以草酸钙结晶形态出现,反而有害生长。据研究,当土壤中活性钙含量超过 0.2%(CaO)时,茶树生长就会不正常,严重时引起死亡。因此,茶树不能生长在富钙的石灰性土壤上或原为屋基地、坟地、窖址等受石灰残留污染的土壤,茶树生长都不正常。但也必须指出茶树"嫌钙"并不等于不需要钙,在强酸性土壤,活性钙含量过少的,茶树同样会出现缺素症,新梢停止生长,并有汁液外溢,严重时造成死亡。但在我国当前生产情况看,钙过量时有发生,缺乏者很少见。对于施用过多生理酸性氮肥的茶园,土壤酸化严重,也会产生钙的缺乏现象。

6.阶段性

茶树在种子萌发初期依靠子叶营养,以后整个生长一生都由根系从土壤中吸取大量营养物质,从不间断,直至死亡。但在它个体发育过程中的各个不同阶段,对养分的吸收和利用具有明显的差异。从种子出苗到5龄开采以前是茶树的幼龄期,主要是培养健壮而开展的枝条骨架和分布深广的根系,为高产稳产打下基础,因此需磷、钾肥较多。这一时期吸收的养分主要消耗在根、茎、叶的生长上。据测定,在正常生长条件下,一年生茶苗,每年需氮素只有 $1 \sim 200 \mathrm{~mg}$,需磷素 $100 \mathrm{~mg}$ 多,需钾素 $200 \mathrm{~mg}$ 多。二年生茶树需氮量比一年生增加4倍多,三年生茶苗需量为一年生的11倍。对磷、钾的吸收量也有近似的增长趋势。但茶树在幼年期,可塑性强,如提高磷、钾比例,则可促进根系生长。根深才能叶茂,因此适当增施磷、钾肥是幼年期茶树施肥的关键。投产以后,茶树进入青年期,生长旺盛,吸肥力增强,需肥量也多。由于此时茶树经过多次定型修剪之后,树冠不断扩大,绿色面积的增大,对氮的需求量提高,保证这一时期氮素供应,对高产优质至关重要。到成年期,茶树生长相对稳定,所吸收的养分主要消耗在茶叶产量上,对氮、磷、钾的需求比例大致与茶叶吸收比例相接近,即每采收 100 kg 鲜叶,大约从土壤中吸取氮素 1.25 kg、磷素 0.25 kg、钾素 0.75 kg,事实上茶树所消耗的营养物质远远不及这个数量。因为留在树上的叶子、枝干、根系、花果生长发育的消耗以及土壤淋溶的损失和肥料的利用率等因素,都与营养、消耗有关。茶树进入成年期后,生殖生长相对开始旺盛,花果不断增多,这一时期茶树营养负担加重,需用肥量比青年期大得多。由于茶树营养生长和生殖生长对氮(N)、磷(P_2O_5)、钾(K_2O)营养元素的需求比例不同,因此,如何通过营养调控,促进营养生长,抑制生殖生长,是这一时期施肥的重要环节。到了衰老期,茶树生机日益衰退,吸肥能力逐步减弱,需用肥量也少,茶树花果增多,施肥效果下降,这时需要结合重修剪、台等措施,使茶树恢复生机,进入新的吸收循环。

7. 季节性

茶树在年生长过程中,对营养物质的吸收,表现有强烈的季节性特征。在我国长江以南广大茶区,一般每年 10 月以后,茶树地上部逐步停止生长,直至翌年 3 月左右。但这一时期叶子的光合和呼吸作用并没有停止,茶树依然进行着物质的积累和消耗,而且积累远远超过消耗,并把积累的物质徐徐输送到根部储存起来,到第二年早春,这些储存物质又不断地被输送到枝梢,供新梢芽叶生长所需,成为春茶生长的重要物质基础,明显地表现出吸收-储存-再利用的特点。据研究,以茶树根部的淀粉为例,2、4、6、8、10 和 12 月的含量是有很大差异的,分别为21.19%、16.30%、13.58%、9.36%、12.58% 和 16.50%(占干物质)。在我国中亚热带广大茶区,每年 4—9 月为茶树地上部生长旺盛期,10 月至翌年 3 月为茶树地上部休止期,生长期 6个月吸收的养分占全年总吸收量的 65%～70%,而后 6 个月只占吸收量的 30%～35%。当然,纬度和海拔不同,茶树物候期也不同,它们的吸收比也因而有变化。如江北茶区及高山茶区,因气温低,茶树地上部生长期短,前、后 6 个月的吸收比差距更大了;而华南茶区,因气温高,茶树生长期长,越冬期短,前后 6 个月吸收比趋向平衡。

茶树地上部芽叶和地下部根系的生长都表现有明显的节奏性和交替生长的特点,因此,对养分吸收与消耗也有同样的规律。春茶期间由于茶树经过一个秋冬的“休养”之后,生长迅猛,产量高,消耗量大,吸收力强,需肥也多。据测定,在 4 月中旬至 5 月上旬的短短 20 多天(春茶期),它对矿质营养元素的吸收量占总吸收量的 40%～45%;夏、秋茶期间,茶树生长缓慢,产量比重下降,加上伏旱等因素,吸收能力降低,需用肥量相对减少;在 5 月至 10 月中旬的 150多天中,对矿物质营养元素的吸收量只占总吸收量的 55%～60%。但在不同地区,不同的茶树生长情况对矿物质营养元素的吸收量变化也大。在我国纬度较高的江北茶区,尤其是山东茶区,因春季气温低,并夹有春旱,严重地影响茶树生长和吸肥能力,所以茶树对矿质营养元素的吸收量较少。而到 7—8 月,气温高、雨水充沛,茶树生长期长,几乎全年可以采茶,一年中茶树养分吸收量也较均匀。研究和了解茶树吸肥的阶段特征和季节规律,对于制定合理的施肥措施有重要意义。

8. 向肥性

茶树是深根植物,一般栽培茶树的主根能深入土层 1 m 以上,侧根多数分布在 10～15 cm

的土层内,4～5 龄以后,布满整个行间,茶树根系具有明显的向肥特性。肥料的施用与根系分布密切相关,根系总是趋向常年施肥沟的方向集中,尤其是施用有机肥的茶园。由于有机肥在土壤中流动性小,适当深施就能引导根系向深层扩展,特别是幼年茶园极为重要,要适当深施,引导根系向深层发展,就能增加营养吸收面积,为茶树高产稳产创造有利条件。一些成年采摘茶园,有些地方为了贪图方便,往往把有机肥铺撒于地面,其实这不是一种好办法,这样做的结果,一部分有效养分挥发散失,其次是久而久之导致根系向表面发展,不利于茶树抗旱。明确茶树根系的向肥特性,就能有效制订施肥技术措施,避免不必要的损失,发挥肥料的最大增产效应。

二、茶树施肥技术

茶树在其生长发育的各个阶段,总是有规律地从土壤中不断吸取营养元素,维持其正常生长。但由于各种肥料性质和作用不同,施肥时期和方法也不尽相同。根据土壤性质、茶树吸肥特性以及天气条件综合考虑,才能发挥施肥最大的经济效益。

(一)氮、磷、钾三要素配合施用

茶树是采叶植物。氮、磷、钾三要素对茶叶增产效应,氮为最显著,磷、钾次之,但在磷、钾基础上增施氮肥可发挥氮肥的最大增产效应。湖南省茶叶研究所在壮龄茶园上,先后近 10 年的三要素增产效应试验证明:单施氮肥的比不施肥平均增产 4.75 倍,单施磷肥只增产 2.7%,单施钾肥的增产 21.8%,而氮、磷、钾配施的比不施肥增产高达几倍到 10 多倍(表 13-17)。相反施磷、钾肥而不施氮肥的,因其生殖生长旺盛,花果多,茶叶产量反而比不施肥的下降 8%。氮、磷、钾三要素的配合比例随着茶树发育阶段不同也有不同的要求。

表 13-17　氮、磷、钾肥对茶叶产量的影响

处理	前 3 年平均产量		后 7 年平均产量		10 年平均产量	
	kg·hm^{-2}	增产/%	kg·hm^{-2}	增产/%	kg·hm^{-2}	增产/%
不施肥	419.25	—	697.50	—	612.00	—
氮(N)	1 228.5	193.0	4 503.75	545.7	3 521.25	675.3
磷(P$_2$O$_5$)	453.75	8.2	701.25	0.6	628.50	2.7
钾(K$_2$O)	636.75	51.9	792.75	13.7	745.50	21.8
氮、磷	1 300.50	210.2	6 171.00	784.6	4 709.25	669.5
氮、钾	1 131.00	169.8	5 091.00	629.8	3 903.00	537.7
磷、钾	454.50	8.4	610.50	-2.6	563.25	-8.0
氮、磷、钾	1 665.00	297.5	6 812.25	876.7	5 268.75	760.9

引自:湖南省农业科学院茶叶试验站.湖南茶叶技术.长沙:湖南人民出版社,1975。

在茶树幼龄期还没有采叶或采叶较少,磷(P$_2$O$_5$)、钾(K$_2$O)施用量与氮(N)比较接近,据试验以 2∶1∶1 较好。随着树龄增大,要求加强营养生长,抑制生殖生长,尽可能争取茶叶高产稳产,氮的用量要相应地加大,以 3∶2∶1 或 3∶1∶1 为宜。衰老茶树进行更新时,为了促进多发新根和培育新骨干枝,又要适当增加磷、钾肥的比重。三要素的配合比例,还应根据各种土壤中所含营养元素的多少而不同,例如在一般红壤茶园中比较缺磷,多施一些磷肥增产效

果显著。山地开荒种茶时,一般多用含有大量钾肥的焦泥灰做底肥;土壤中钾素不缺,同时经常施用有机肥料的茶园,因有机肥中含有大量钾素而无须施钾,但当多年采茶以后,茶园中钾素消耗较多的情况下,增施钾肥往往可以获得较好的结果,据湖南省茶叶研究所的试验材料,施钾肥与不施钾肥相比,10年平均增产21.8%。

茶叶是一种饮料,氮、磷、钾三要素对制茶品质的影响很大,由于茶类不同对氮、磷、钾肥料的施用也有不同。一般来说施用氮肥有利于绿茶品质的提高,而对红茶,当过多施用氮肥时,大量蛋白质的形成往往有降低多酚类物质的趋向,有碍红茶的发酵,但在配施磷、钾肥时,这种弊病就可避免。因此在红茶地区,氮肥的施用必须控制在一定的水平,并需特别注意配施磷、钾肥或有机肥。

(二)有机、无机肥料相配合

茶树施肥不但要注意氮、磷、钾的施用,而且还要重视有机肥和无机肥料(化肥)的配合。有机肥料含有茶树所需要的氮、磷、钾、钙、镁、铁、硫等营养元素和各种微量元素。有机肥料在微生物的作用下,产生的腐殖质还能改善土壤的理化、生物性状和水、肥、气、热等条件。化学肥料虽然肥效迅速,易被茶树吸收利用,能及时供给速效性氮、磷、钾养分,但一般来说,直接对改善土壤理化性质的作用不大,如果施用不当,往往还会引起土壤性质变坏,影响茶树生长。例如长期使用生理酸性肥料,使土壤酸度增加,土壤结构变坏等。但与有机肥料配合起来施用就可取长补短,提高肥效,达到增产目的。湖南省茶叶研究所的试验证明(表13-18),全部施用无机肥的茶园,在开始的头3年平均比不施肥的茶园增产1.44倍,10年以后增产幅度下降,比不施肥的茶园只增产1.39倍。而施用1/4有机肥、3/4无机肥的茶园前3年比不施肥增产1.27倍,而10年以后增产比例上升为1.44倍。由此可见,只注意施无机肥料,不重视有机肥料的配合,即使在短期内,可以获得较高的产量,但在多年之后,由于土壤理化性状变化,增产幅度就会受到影响。

表 13-18　有机和无机肥料配比对茶鲜叶产量影响　　　　　　　　　　kg・666.7 m^{-2}

处　理	前 3 年			后 7 年			前后 10 年		
	合计	平均	%	合计	平均	%	合计	平均	%
全部有机肥	203.5	67.85	—	1 838.75	262.7	—	2 042.25	204.25	—
全部无机肥	294.5	98.15	44.7	2 548.75	364.1	38.6	2 843.25	284.25	39.2
3/4 有机肥 ＋ 1/4 无机肥	194.3	64.65	−4.7	2 140.0	305.7	16.4	2 334.25	233.45	14.3
1/2 有机肥 ＋ 1/2 无机肥	248.5	82.85	22.1	2 581.25	368.75	40.4	2 829.75	283.0	38.6
1/4 有机肥 ＋ 3/4 无机肥	260.0	86.75	27.7	2 696.25	385.2	46.6	2 965.25	295.62	44.7

引自:湖南省茶叶研究所,1975。

(三)重施基肥,分次追肥

按施肥时期划分,茶园施肥可分为基肥和追肥2种。在冬季茶树地上部生长停止期施下的肥料为基肥,在茶树开始萌动和新梢生长期间施下的肥料为追肥。

1.基肥

施基肥目的在于恢复当年因采摘茶叶受到亏损的树势,增强茶树的越冬抗寒能力,并使根系积累充足的养分,为次年春茶芽叶生育打好基础。基肥施用时期,要按茶树生长物候期来确定。根据基肥的作用,一般选择在地上部生长即将停止时进行,在长江中下游广大茶区,于9—11月结合深耕施下,宜早不宜迟,最晚不过"立冬";而在江北茶区及一些高山茶区,由于气温下降早,要早施基肥,以8—9月为妥;华南茶区,气温下降晚,可推迟到11月或12月进行。总之,在秋末冬初,气温不太寒冷的条件下,茶树根系生长较旺盛,吸肥力强,适当早施基肥可使根系吸收和积累更多的养分,促进树势恢复健壮,增强抗寒能力;同时可使茶树的越冬芽在潜伏发育初期,得到充足的养分,为次年茶芽萌发奠定基础。基肥要选择养分含量高,容易分散的有机肥。可做基肥的肥料很多,最受广大茶农欢迎的是各种饼肥,如菜籽饼、豆饼等,据研究,它们在分解过程中,不仅能释放出大量的氮、磷、钾等矿质营养元素,而且还可以产生类激素物质,刺激茶树根系的生长。其次是蚕蛹、蚕沙以及各种厩肥、绿肥、海肥等。为了提高基肥的改土效果和茶树对养分的及时利用,最好采用以上各种有机肥和复合肥及单体化肥,如过磷酸钙、钙镁磷肥、硫酸钾、尿素等掺和混合施用,这样可发挥各种肥料的互补作用,有利于肥效发挥。基肥在施用时,要注意施肥的深度和位置。在条栽茶园中,施基肥可在行间树冠附近结合中耕开沟施。已经封行或封行的壮龄茶园根沿树冠周围开沟施入,坡地茶园宜在坡的上方开半月形沟施入。基肥施用的深度依据土壤性质和肥料种类而不同。沙土宜深,一般20～24 cm;黏土宜较浅,在16.5～19.8 cm。施用堆肥、厩肥和磷肥宜较深,在19.8～23.1 cm;施用饼肥、人粪尿可稍浅,为14～17 cm。

基肥的施用对全年茶叶增产具有极大的意义,用量一般应占全年施肥量的30％～35％。

2.追肥

施追肥的目的在于供应茶芽萌发和新梢生长所需要的养分。茶树在一年内的生长发育期很长,从春到秋要萌发几轮新梢,不断消耗大量养分。因此除基肥外,在生长季节还须分期大量施用追肥。常用的追肥以含氮素较多的速效化肥为主,用腐熟的饼肥、人粪尿等做追肥效果亦好。茶区一般雨量充沛,追肥施得过于集中,养分易被淋失。据同位素^{15}N试验分析,春肥的利用率在当季只有12.6％,夏季24.3％,全年总和也只有44.7％。因此,氮宜分期施用,但也不是次数越多越好。在一般幼茶园,施肥量较少的一般每年2～3次,壮龄茶园3～4次比较适宜。在生产实践中,高产茶园施肥量大,次数也应有所增加。茶园土壤质地不同,也要有所区别,黏土次数少些,沙土次数要增加。追肥施用时期,一般是在每季茶或每轮茶萌发初期为宜。据中国农业科学院茶叶研究所(1986)的试验,春季催芽肥以芽叶萌发初期鳞片至鱼叶初展时施用效果最好。如以华东地区为例,春茶催芽肥一般以3月中下旬施用较好,用量约占全年追肥用量的30％～35％。这次追肥对于上年秋冬季没有施基肥的茶园更为重要。春茶采收后,当茶树茶芽生长暂时进入停顿阶段,这时施第二次追肥,用量约占30％。夏茶结束,秋茶期间再施1～2次追肥。这种施肥方法,基本上是按照茶树生长需要与根系活动情况来进行。因为当地上部生长缓慢的时候,地下部分就开始活动,在一季茶结束立即施肥,就可保证供应下一季茶芽生长发育所需的营养物质。追肥施用的方法大致与基肥相同,成龄条栽新茶园可在行间开沟施或撒施;老茶园丛植的可在茶丛上方沿树冠以内开半月形沟施;坡地茶园可在茶丛上方开沟施用,深度6.6～9.9 cm。旱季化学肥料应兑水沟施,以免浓度过高而烧伤根系。

(四)根外追肥

根外追肥或称叶面施肥,是利用溶解状态的矿质营养,通过叶片气孔和表皮细胞,渗透到组织的内部,起到营养作用。其优点一是营养物质由叶片直接吸收,肥效较快,可避免在土壤中固定或流失,特别是磷肥,能发挥更大的作用;二是能避免在茶树生长季节因施肥而损伤根系;三是用肥经济,如结合喷药治虫进行,既经济又省工。但这种施肥方法受气候影响较大,下雨和烈日曝晒时都不宜进行。同时技术要求较高,深度稍大时易造成焦叶,在具体使用上还受到一定条件的限制,所以它是茶树施肥的一种补助措施。

　　根外追肥的喷施,最好选择在阴天或阳光不直射茶树的时候进行。肥液要喷洒均匀,以叶片湿润为度,尤其是叶子背面,以利于肥料的吸收。为了发挥根外追肥较好的效果,在采茶季节最好是采一批茶,喷一次肥,并以新叶和第一片真叶初展时进行效果最好,此时组织幼嫩,肥液渗透较快。

　　根外追肥的效果,在很大程度上取决于肥料的选择、配制的浓度、喷洒的方法等使用技术是否恰当。

　　可作茶树根外追肥的肥料很多,单元型的有硫酸铵、硝酸铵、尿素、过磷酸钙、硫酸钾等;复合型的有磷酸二氢钾、磷酸氢二钾、尿磷、磷铵等。微量元素型的有硫酸锌、硫酸铜、硫酸锰、硫酸镁、硼酸、钼酸铵等。稀土元素型的主要有镧系的硝酸盐。现在还有一些专门为茶茎干生产的多功能复合叶面营养液,如"T-爱农""LH-P""茶叶素""壮茶灵"等。各地可根据茶树营养诊断和土壤测定,按缺什么补什么的原则分别选用。

　　根外追肥的浓度十分重要,浓度高容易造成肥害,太低没有效果,一般大量元素采用 $0.5\% \sim 1.0\%$,微量元素采用 $50 \sim 500 \ \mathrm{mg \cdot kg^{-1}}$(表 13-19)。用水量,以喷湿叶面为止。一般采摘茶园每亩用液量为 $50 \sim 100 \ \mathrm{kg}$。在使用过磷酸钙时,要先浸泡 $1 \sim 2 \ \mathrm{d}$,然后用澄清液稀释到一定的浓度应用。

表 13-19　茶树根外追肥浓度参考表

肥料种类	浓度	肥料种类	浓度
大量元素类	$0.5\% \sim 1.0\%$	稀土元素类	$10 \sim 50 \ \mathrm{mg \cdot kg^{-1}}$
微量元素类	$50 \sim 100 \ \mathrm{mg \cdot kg^{-1}}$	综合叶面营养液	$500 \sim 1\,000$ 倍

　　根外追肥在与农药配施时,必须注意酸碱度,只能是酸性肥料配酸性农药,否则就会影响到肥效或药效。

(五)复合肥的使用

　　复合肥是国内正在推广的一种新型化肥,具有氮、磷、钾养分齐全、有效成分高、肥效好、运输储存及使用方便等优点。国内推广使用的茶园复合肥依据氮、磷、钾比例不同而分 $2 : 1 : 1$ 与 $1 : 1 : 1.5$ 等几种三元复合肥,可根据茶树树龄和土壤不同而分别选用。幼龄茶园或土壤中磷、钾含量低的茶区,可选用氮素比例较高的品种。由于氮素形态的不同,复合肥又可分为铵态氮和硝态氮 2 种复合肥。据浙江、湖南、安徽、广东等地的试验,铵态氮复合肥优于硝态氮,前者比后者增产 $5\% \sim 12\%$。复合肥的增产作用一般要比单体氮肥增产 $1 \sim 2$ 成,茶叶品质也有提高。中国农业科学院茶叶研究所于 1982—1995 年在浙江上虞、余姚、新昌、遂昌、龙游等 5 地试验,"中茶 1 号"复肥增幅在 $14.5\% \sim 40.4\%$。使用复合肥的茶树生长旺盛,对夹叶明显减少,叶子中茶多酚及咖啡因的含量增加。由于复合肥中含有一定数量的磷、钾养分,因此在使用方法上也不同于单体氮肥。复合肥做追肥时,一般都在春茶使用,夏秋茶时搭配使用单体氮肥,这样可防止或减少因施复合肥而增加茶叶花果。复合肥一般都制成颗粒状,在土壤中的溶解度比单体粉状肥要差,因此要比硫酸铵等提前 4～5 d 施用。复合肥中磷、钾成分在土壤中流动性小,因此施用复合肥时要比单体硫酸铵等深施一些,一般是 10～12 cm。复合肥除做追肥使用外,也可做基肥使用,但在做基肥时与有机肥搭配使用效果较好。

(六)施肥与其他农业技术相配合

施肥是增产茶叶的主要措施,但要充分发挥肥料的增产作用,还必须与灌溉、合理采摘、耕作等综合农业技术措施相配合。如在夏、秋季干旱期间,增施肥料,没有相应的灌溉措施,肥料的增产作用就小,若加上灌溉,增产幅度就增大。据湖南省茶叶研究所的水肥试验结果,夏秋施肥的茶树比对照(不施肥,不供水)增产 12%,如在施肥的基础上增加灌溉则增产 75.3%。

茶树叶子是光合作用的重要器官,只有合理采摘、留有足够新叶的条件下,茶树根系从土壤中大量吸收养分,才能被充分利用。中国农业科学院茶叶研究所曾进行过茶树留叶数量与磷肥吸收关系的试验,留 2 片真叶采摘的茶要比不留叶的提高 1.69 倍。

茶树施肥以后,及时耕锄也是提高肥效的重要措施,如不及时耕锄,行间杂草丛生,就会直接影响施肥的效果,尤其是在梅雨季节更显重要。

思考题

1.简述茶树对土壤条件的要求。

2.简述主要营养元素在茶树体内的生理功能以及对茶树产量品质的影响。

3.简述茶树的营养特性。

4.阐述茶树的施肥技术要求。

附录　测土配方施肥技术规范(节选)

1　范围

本规范规定了全国测土配方施肥工作中肥料效应田间试验、样品采集与制备、田间基本情况调查、土壤与植株测试、肥料配方设计、配方肥料合理使用、效果反馈与评价、数据汇总、报告撰写等内容、方法与操作规程及耕地地力评价方法。

本规范适用于指导全国不同区域、不同土壤和不同作物的测土配方施肥工作。

2　引用标准(略)

3　术语和定义(节选)

下列术语和定义适用于本规范:

3.1　测土配方施肥 soil testing and formulated fertilization

测土配方施肥是以肥料田间试验和土壤测试为基础,根据作物需肥规律、土壤供肥性能和肥料效应,在合理施用有机肥料的基础上,提出氮、磷、钾及中、微量元素等肥料的施用品种、数量、施肥时期和施用方法。

3.2　配方肥料 formula fertilizer

以土壤测试和肥料田间试验为基础,根据作物需肥规律、土壤供肥性能和肥料效应,用各种单质肥料和(或)复混肥料为原料,配制成的适合于特定区域、特定作物品种的肥料。

3.3　常规施肥 regular fertilization

又称习惯施肥,指当地前三年平均施肥量(主要指氮、磷、钾肥)、施肥品种和施肥方法。

3.4　空白对照 control

无肥处理,用于确定肥料效应的绝对值,评价土壤自然生产力和计算肥料利用率等。

3.5　耕地地力评价 soil productivity assessment

是指根据耕地所在地的气候、地形地貌、成土母质、土壤理化性状、农田基础设施等要素相互作用表现出来的综合特征,对农田生态环境优劣、农作物种植适宜性、耕地潜在生物生产力高低进行评价。

4　肥料效应田间试验

4.1　试验目的

肥料效应田间试验是获得各种作物最佳施肥品种、施肥比例、施肥数量、施肥时期、施肥方法的根本途径,也是筛选、验证土壤养分测试方法、建立施肥指标体系的基本环节。通过田间试验,掌握各个施肥单元不同作物优化施肥数量,基、追肥分配比例,施肥时期和施肥方法;摸清土壤养分校正系数、土壤供肥能力、不同作物养分吸收量和肥料利用率等基本参数;构建作物施肥模型,为施肥分区和肥料配方设计提供依据。

4.2　试验设计

肥料效应田间试验设计,取决于试验目的。本规范推荐采用"3414"方案设计,在具体实施过程中可根据研究目的选用"3414"完全实施方案或部分实施方案。对于蔬菜、果树等经济作物,可根据作物特点设计试验方案。

4.2.1　"3414"完全实施方案

"3414"方案设计吸收了回归最优设计处理少、效率高的优点,是目前应用较为广泛的肥料效应田间试验方案。"3414"是指氮、磷、钾3个因素、4个水平、14个处理。4个水平的含义:0水平指不施肥,2水平指当地推荐施肥量,1水平(指施肥不足)＝2水平×0.5,3水平(指过量施肥)＝2水平×1.5。为便于汇总,同一作物、同一区域内施肥量要保持一致。如果需要研究有机肥料和中、微量元素肥料效应,可在此基础上增加处理。

该方案可应用14个处理进行氮、磷、钾三元二次效应方程拟合,还可分别进行氮、磷、钾中任意二元或一元效应方程拟合。

例如:进行氮、磷二元效应方程拟合时,可选用处理2～7、11、12,求得以 K_2 水平为基础的氮、磷二元二次效应方程;选用处理2、3、6、11可求得以 P_2K_2 水平为基础的氮肥效应方程;选用处理4、5、6、7可求得以 N_2K_2 水平为基础的磷肥效应方程;选用处理6、8、9、10可求得以 N_2P_2 水平为基础的钾肥效应方程。此外,通过处理1,可以获得基础地力产量,即空白区产量。

其具体操作参照有关试验设计与统计技术资料。

……

4.3　试验实施

4.3.1　试验地选择

试验地应选择平坦、整齐、肥力均匀,具有代表性的不同肥力水平的地块;坡地应选坡度平缓、肥力差异较小的田块;试验地应避开道路、堆肥场所等特殊地块。

4.3.2　试验作物品种选择

田间试验应选择当地主栽作物品种或拟推广品种。

4.3.3　试验准备

整地、设置保护行、试验地区划;小区应单灌单排,避免串灌串排;试验前采集土壤样品;依测试项目不同,分别制备新鲜或风干土样。

4.3.4　试验重复与小区排列

为保证试验精度,减少人为因素、土壤肥力和气候因素的影响,田间试验一般设3～4个重复(或区组)。采用随机区组排列,区组内土壤、地形等条件应相对一致,区组间允许有差异。同一生长季、同一作物、同类试验在10个以上时可采用多点无重复设计。

小区面积:大田作物和露地蔬菜作物小区面积一般为20～50 m^2,密植作物可小些,中耕作物可大些;设施蔬菜作物一般为20～30 m^2,至少5行以上。小区宽度:密植作物不小于3 m,中耕作物不小于4 m。多年生果树类选择土壤肥力差异小的地块和树龄相同、株形和产量相对一致的成年果树进行试验,每个处理不少于4株,以树冠投影区计算小区面积。

4.3.5　试验记载与测试

参照肥料效应鉴定田间试验技术规程(NY/T 497—2002)执行,试验前采集基础土样进行测定,收获期采集植株样品,进行考种和生物与经济产量测定。必要时进行植株分析,每个县每种作物应按高、中、低肥力分别各取不少于 1 组"3414"试验中 1、2、4、8、6 处理的植株样品;有条件的地区,采集"3414"试验中所有处理的植株样品。

测土配方施肥田间试验结果汇总表见附表 1。

附表 1 "3414"试验方案处理(推荐方案)

试验编号	处理	N	P	K
1	$N_0P_0K_0$	0	0	0
2	$N_0P_2K_2$	0	2	2
3	$N_1P_2K_2$	1	2	2
4	$N_2P_0K_2$	2	0	2
5	$N_2P_1K_2$	2	1	2
6	$N_2P_2K_2$	2	2	2
7	$N_2P_3K_2$	2	3	2
8	$N_2P_2K_0$	2	2	0
9	$N_2P_2K_1$	2	2	1
10	$N_2P_2K_3$	2	2	3
11	$N_3P_2K_2$	3	2	2
12	$N_1P_1K_2$	1	1	2
13	$N_1P_2K_1$	1	2	1
14	$N_2P_1K_1$	2	1	1

4.4　试验统计分析

常规试验和回归试验的统计分析方法参见肥料效应鉴定田间试验技术规程(NY/T 497—2002)或其他专业书籍,相关统计程序可在中国肥料信息网(http://www.natesc.gov.cn/sfb/TfgjHgfx.htm)下载或应用。

5　样品采集与制备

采样人员要具有一定采样经验,熟悉采样方法和要求,了解采样区域农业生产情况。采样前,要收集采样区域土壤图、土地利用现状图、行政区划图等资料,绘制样点分布图,制订采样工作计划。准备 GPS、采样工具、采样袋(布袋、纸袋或塑料网袋)、采样标签等。

5.1　土壤样品采集

土壤样品采集应具有代表性和可比性,并根据不同分析项目采取相应的采样和处理方法。

5.1.1　采样规划

采样点的确定应在全县范围内统筹规划。在采样前,综合土壤图、土地利用现状图和行政区划图,并参考第二次土壤普查采样点位图确定采样点位,形成采样点位图。实际采样时严禁随意变更采样点,若有变更须注明理由。其中,用于耕地地力评价的土样样品采样点在全县范围内布设,采样数量应为总采样数量的 10%～15%,但不得少于 400 个,并在第一年全部完成耕地地力评价的土壤采样工作。

5.1.2　采样单元

根据土壤类型、土地利用、耕作制度、产量水平等因素,将采样区域划分为若干个采样单元,每个采样单元的土壤性状要尽可能均匀一致。

平均每个采样单元为100~200亩(平原区、大田作物每100~500亩采一个样,丘陵区、大田园艺作物每30~80亩采一个样,温室大棚作物每30~40个棚室或20~40亩采一个样)。为便于田间示范跟踪和施肥分区,采样集中在位于每个采样单元相对中心位置的典型地块(同一农户的地块),采样地块面积为1~10亩。有条件的地区,可以农户地块为土壤采样单元。采用GPS定位,记录经纬度,精确到0.1″。

5.1.3 采样时间

在作物收获后或播种施肥前采集,一般在秋后。设施蔬菜在晾棚期采集。果园在果品采摘后的第一次施肥前采集,幼树及未挂果果园,应在清园扩穴施肥前采集。进行氮肥追肥推荐时,应在追肥前或作物生长的关键时期采集。

5.1.4 采样周期

同一采样单元,无机氮及植株氮营养快速诊断每季或每年采集1次;土壤有效磷、速效钾等一般2~3年采集1次;中、微量元素一般3~5年采集1次。

5.1.5 采样深度

大田采样深度为0~20 cm,果园采样深度一般为0~20 cm,20~40 cm两层分别采集。用于土壤无机氮含量测定的采样深度应根据不同作物、不同生育期的主要根系分布深度来确定。

5.1.6 采样点数量

要保证足够的采样点,使之能代表采样单元的土壤特性。采样必须多点混合,每个样品取15~20个样点。

(余略)

5.2 土壤样品制备(略)

5.3 植物样品的采集与制备

5.3.1 采样要求

植物样品分析的可靠性受样品数量、采集方法及植株部位影响,因此,采样应具有:

◆ 代表性:采集样品能符合群体情况,采样量一般为1 kg。

◆ 典型性:采样的部位能反映所要了解的情况。

◆ 适时性:根据研究目的,在不同生长发育阶段,定期采样。

◆ 粮食作物一般在成熟后收获前采集籽实部分及秸秆;发生偶然污染事故时,在田间完整地采集整株植株样品;水果及其他植株样品根据研究目的确定采样要求。

5.3.2 样品采集

......

5.3.3 采样点调查内容

包括作物品种、土壤名称(或当地俗称)、成土母质、地形地势、耕作制度、前茬作物及产量、化肥农药施用情况、灌溉水源、采样点地理位置简图。果树要记载树龄、长势、载果数量等。

5.3.4 植株样品处理与保存

粮食籽实样品应及时晒干脱粒,充分混匀后用四分法缩分至所需量。需要洗涤时,注意时间不宜过长并及时风干。为了防止样品变质,虫咬,需要定期进行风干处理。使用不污染样品的工具将籽实粉碎,用0.5 mm筛子过筛制成待测样品。带壳类粮食如稻谷应去壳制成糙米,再进行粉碎过筛。测定重金属元素含量时,不要使用能造成污染的器械。

完整的植株样品先洗干净,根据作物生物学特性差异,采用能反映特征的植株部位,用不污染待测元素的工具剪碎样品,充分混匀用四分法缩分至所需的量,制成鲜样或于 60℃ 烘箱中烘干后粉碎备用。

田间(或市场)所采集的新鲜水果、蔬菜、烟叶和茶叶样品若不能马上进行分析测定,应暂时放入冰箱保存。

6 土壤与植物测试

土壤与植物测试参见附表 2。

附表 2 测土配方施肥和耕地地力评价样品测试项目汇总表

	测试项目	测土配方施肥	耕地地力评价
1	土壤质地,指测法	必测	
2	土壤质地,比重计法	选测	
3	土壤容重	选测	
4	土壤含水量	选测	
5	土壤田间持水量	选测	
6	土壤 pH	必测	必测
7	土壤交换酸	选测	
8	石灰需要量	pH<6 的样品必测	
9	土壤阳离子交换量	选测	
10	土壤水溶性盐分	选测	
11	土壤氧化还原电位	选测	
12	土壤有机质	必测	必测
13	土壤全氮	选测	必测
14	土壤水解性氮		
15	土壤铵态氮	至少测试 1 项	
16	土壤硝态氮		
17	土壤有效磷	必测	必测
18	土壤缓效钾	必测	必测
19	土壤速效钾	必测	必测
20	土壤交换性钙镁	pH<6.5 的样品必测	
21	土壤有效硫	必测	
22	土壤有效硅	选测	
23	土壤有效铁、锰、铜、锌、硼	必测	
24	土壤有效钼	选测,豆科作物产区必测	

注:用于耕地地力评价的土壤样品,除以上养分指标必测外,项目如果选择其他养分指标作为评价因子,也应当进行分析测试。

植物测试(略)

7 田间基本情况调查

7.1 调查内容

在土壤取样的同时,调查田间基本情况,填写测土配方施肥采样地块基本情况调查表,同时开展农户施肥情况调查,填写农户施肥情况调查表。

7.2 调查对象

调查对象是采样点所属村组人员和地块所属农户。

8 基础数据库的建立

8.1 数据库建立标准

8.1.1 属性数据采集标准

按照测土配方施肥数据字典建立属性数据的采集标准。采集标准包含对每个指标完整的命名、格式、类型、取值区间等定义。在建立属性数据库时要按数据字典要求,制订统一的基础数据编码规则,进行属性数据录入。

8.1.2 空间数据采集标准

县级地图采用 1:5 万地形图为空间数学框架基础。

投影方式:高斯-克吕格投影,6 度分带。

坐标系及椭球参数:西安 80/克拉索夫斯基。

高程系统:1980 年国家高程基准。

野外调查 GPS 定位数据:初始数据采用经纬度,统一采用 GW84 坐标系,并在调查表格中记载;装入 GIS 系统与图件匹配时,再投影转换为上述直角坐标系坐标。

8.2 数据库建立方法

8.2.1 属性数据库建立

属性数据库的内容包括田间试验示范数据、土壤与植物测试数据、田间基本情况及农户调查数据等。属性数据库的建立应独立于空间数据,按照数据字典要求在 SQL 或 Access 等数据库中建立。

8.2.2 空间数据库建立

空间数据库的内容包括土壤图、土地利用现状图、行政区划图、采样点位图等。应用 GIS 软件,采用数字化仪或扫描后屏幕数字化的方式录入。图件比例尺为 1:5 万。

8.2.3 施肥指导单元属性数据获取

可由土壤图、土地利用现状图和行政区划图叠加求交生成施肥指导单元图。在指导单元图内统计采样点,如果一个单元内有一个采样点,则该单元的数值就用该点的数值,如果一个单元内有多个采样点,则该单元的数值可采用多个采样点的平均值(数值型取平均值,文本型取大样本值,下同);如果某一单元内没有采样点,则该单元的值可用与该单元相邻同土种的单元的值代替;如果没有同土种单元相邻,或相邻同土种单元也没有数据则可用与之相邻的所有单元(有数据)的平均值代替。

8.3 数据库的质量控制

8.3.1 属性数据质量控制

数据录入前应仔细审核,数值型资料应注意量纲、上下限,地名应注意汉字多音字、繁简体、简全称等问题,审核定稿后再录入。为保证数据录入准确无误,录入后还应逐条检查。

8.3.2 图件数据质量控制

扫描影像能够区分图中各要素,若有线条不清晰现象,需重新扫描。

扫描影像数据经过角度纠正,纠正后的图幅下方两个内图廓点的连线与水平线的角度误差不超过 0.2°。

公里网格线交叉点为图形纠正控制点,每幅图应选取不少于 20 个控制点,纠正后控制点的点位绝对误差不超过 0.2 mm(图面值)。

矢量化:要求图内各要素的采集无错漏现象,图层分类和命名符合统一的规范,各要素的采集与扫描数据相吻合,线划(点位)整体或部分偏移的距离不超过 0.3 mm(图面值)。

所有数据层具有严格的拓扑结构。面状图形数据中没有碎片多边形。图形数据及属性数据的输入正确。

8.3.3 图件输出质量要求

图需覆盖整个辖区,不得丢漏。

图中要素必有项目包括评价单元图斑、各评价要素图斑和调查点位数据、线状地物、注记。要素的颜色、图案、线型等表示符合规范要求。

图外要素必有项目包括图名、图例、坐标系及高程系说明、成图比例尺、制图单位全称、制图时间等。

8.3.4 面积数据要求

耕地面积数据以当地政府公布的数据(土地详查面积)为控制面积。

8.3.5 统一的系统操作和数据管理

设置统一的系统操作和数据管理,各级用户通过规范的操作,来实现数据的采集、分析、利用和传输等功能。

9 肥料配方设计

9.1 基于田块的肥料配方设计

基于田块的肥料配方设计首先确定氮、磷、钾养分的用量,然后确定相应的肥料组合,通过提供配方肥料或发放配肥通知单,指导农民使用。肥料用量的确定方法主要包括土壤与植物测试推荐施肥方法、肥料效应函数法、土壤养分丰缺指标法和养分平衡施肥法。

9.1.1 土壤与植物测试推荐施肥方法

该技术综合了目标产量法、养分丰缺指标法和作物营养诊断法的优点。对于大田作物,在综合考虑有机肥、作物秸秆应用和管理措施的基础上,根据氮、磷、钾和中、微量元素养分的不同特征,采取不同的养分优化调控与管理策略。其中,氮肥推荐根据土壤供氮状况和作物需氮量,进行实时动态监测和精确调控,包括基肥和追肥的调控;磷、钾肥通过土壤测试和养分平衡进行监控;中、微量元素采用因缺补缺的矫正施肥策略。该技术包括氮素实时监控、磷钾养分恒量监控和中、微量元素养分矫正施肥技术。

9.1.1.1　氮素实时监控施肥技术

根据不同土壤、不同作物、不同目标产量确定作物需氮量,以需氮量的 30%～60% 作为基肥用量。具体基施比例根据土壤全氮含量,同时参照当地丰缺指标来确定。一般在全氮含量偏低时,采用需氮量的 50%～60% 作为基肥;在全氮含量居中时,采用需氮量的 40%～50% 作为基肥;在全氮含量偏高时,采用需氮量的 30%～40% 作为基肥。30%～60% 基肥比例可根据上述方法确定,并通过"3414"田间试验进行校验,建立当地不同作物的施肥指标体系。有条件的地区可在播种前对 0～20 cm 土壤无机氮(或硝态氮)进行监测,调节基肥用量。

$$基肥用量(kg \cdot 666.7 \ m^{-2}) = \frac{(目标产量需氮量 - 土壤无机氮) \times (30\%～60\%)}{肥料中养分含量 \times 肥料当季利用率}$$

其中:土壤无机氮$(kg \cdot 666.7 \ m^{-2})$=土壤无机氮测试值$(mg \cdot kg^{-1}) \times 0.15 \times$校正系数

氮肥追肥用量推荐以作物关键生育期的营养状况诊断或土壤硝态氮的测试为依据,这是实现氮肥准确推荐的关键环节,也是控制过量施氮或施氮不足、提高氮肥利用率和减少损失的重要措施。测试项目主要是土壤全氮含量、土壤硝态氮含量或小麦拔节期茎基部硝酸盐浓度、玉米最新展开叶叶脉中部硝酸盐浓度,水稻采用叶色卡或叶绿素仪进行叶色诊断。

9.1.1.2　磷钾养分恒量监控施肥技术

根据土壤有(速)效磷、钾含量水平,以土壤有(速)效磷、钾养分不成为实现目标产量的限制因子为前提,通过土壤测试和养分平衡监控,使土壤有(速)效磷、钾含量保持在一定范围内。对于磷肥,基本思路是根据土壤有效磷测试结果和养分丰缺指标进行分级,当有效磷水平处在中等偏上时,可以将目标产量需要量(只包括带出田块的收获物)的 100%～110% 作为当季磷肥用量;随着有效磷含量的增加,需要减少磷肥用量,直至不施;随着有效磷的降低,需要适当增加磷肥用量,在极缺磷的土壤上,可以施到需要量的 150%～200%。在 2～3 年后再次测土时,根据土壤有效磷和产量的变化再对磷肥用量进行调整。钾肥首先需要确定施用钾肥是否有效,再参照上面方法确定钾肥用量,但需要考虑有机肥和秸秆还田带入的钾量。一般大田作物磷、钾肥料全部做基肥。

9.1.1.3　中微量元素养分矫正施肥技术

中、微量元素养分的含量变幅大,作物对其需要量也各不相同。主要与土壤特性(尤其是母质)、作物种类和产量水平等有关。矫正施肥就是通过土壤测试,评价土壤中、微量元素养分的丰缺状况,进行有针对性的因缺补缺的施肥。

9.1.2　肥料效应函数法

根据"3414"方案田间试验结果建立当地主要作物的肥料效应函数,直接获得某一区域、某种作物的氮、磷、钾肥料的最佳施用量,为肥料配方和施肥推荐提供依据。

9.1.3　土壤养分丰缺指标法

通过土壤养分测试结果和田间肥效试验结果,建立不同作物、不同区域的土壤养分丰缺指标,提供肥料配方。

土壤养分丰缺指标田间试验也可采用"3414"部分实施方案,详见 4.2.2。"3414"方案中的处理 1 为空白对照(CK),处理 6 为全肥区(NPK),处理 2、4、8 为缺素区(即 PK,NK 和 NP)。收获后计算产量,用缺素区产量占全肥区产量百分数即相对产量的高低来表达土壤养分的丰缺情况。相对产量低于 50% 的土壤养分为极低;相对产量 50%～60%(不含)为低,

60%～70%(不含)为较低,70%～80%(不含)为中,80%～90%(不含)为较高,90%(含)以上为高,从而确定适用于某一区域、某种作物的土壤养分丰缺指标及对应的肥料施用数量。对该区域其他田块,通过土壤养分测试,就可以了解土壤养分的丰缺状况,提出相应的推荐施肥量。

9.1.4　养分平衡施肥法(略)

9.2　县域施肥分区与肥料配方设计

在 GPS 定位土壤采样与土壤测试的基础上,综合考虑行政区划、土壤类型、土壤质地、气象资料、种植结构、作物需肥规律等因素,借助信息技术生成区域性土壤养分空间变异图和县域施肥分区图,优化设计不同分区的肥料配方。主要工作步骤如下:

9.2.1　确定研究区域

一般以县级行政区域为施肥分区和肥料配方设计的研究单元。

9.2.2　GPS 定位指导下的土壤样品采集

土壤样品采集要求使用 GPS 定位,采样点的空间分布应相对均匀,如每 100 亩采集一个土壤样品,先在土壤图上大致确定采样位置,然后在标记位置附近的一个采集地块上采集多点混合土样。

9.2.3　土壤测试与土壤养分空间数据库的建立

将土壤测试数据和空间位置建立对应关系,形成空间数据库,以便能在 GIS 中进行分析。

9.2.4　土壤养分分区图的制作

基于区域土壤养分分级指标,以 GIS 为操作平台,使用 Kriging 等方法进行土壤养分空间插值,制作土壤养分分区图。

9.2.5　施肥分区和肥料配方的生成

针对土壤养分的空间分布特征,结合作物养分需求规律和施肥决策系统,生成县域施肥分区图和分区肥料配方。

9.2.6　肥料配方的校验

在肥料配方区域内针对特定作物,进行肥料配方验证。

9.3　测土配方施肥建议卡(略)

10　配方肥料合理施用

在养分需求与供应平衡的基础上,坚持有机肥料与无机肥料相结合;坚持大量元素与中量元素、微量元素相结合;坚持基肥与追肥相结合;坚持施肥与其他措施相结合。在确定肥料用量和肥料配方后,合理施肥的重点是选择肥料种类、确定施肥时期和施肥方法等。

10.1　配方肥料种类

根据土壤性状、肥料特性、作物营养特性、肥料资源等综合因素确定肥料种类,可选用单质或复混肥料自行配制配方肥料,也可直接购买配方肥料。

10.2　施肥时期

根据肥料性质和植物营养特性,适时施肥。植物生长旺盛和吸收养分的关键时期应重点施肥,有灌溉条件的地区应分期施肥。对作物不同时期的氮肥推荐量的确定,有条件区域应建立并采用实时监控技术。

10.3　施肥方法

常用的施肥方式有撒施后耕翻、条施、穴施等。应根据作物种类、栽培方式、肥料性质等选择适宜施肥方法。例如氮肥应深施覆土,施肥后灌水量不能过大,否则造成氮素淋洗损失;水溶性磷肥应集中施用,难溶性磷肥应分层施用或与有机肥料堆沤后施用;有机肥料要经腐熟后施用,并深翻入土。

11 示范及效果评价

11.1 田间示范

11.1.1 示范方案

每县在主要作物上设 20~30 个测土配方施肥示范点,进行田间对比示范。示范设置常规施肥对照区和测土配方施肥区两个处理,另外加设一个不施肥的空白处理,其中测土配方施肥、农民常规施肥处理面积不少于 200 m²、空白对照(不施肥)处理不少于 30 m²。其他参照一般肥料试验要求。通过田间示范,综合比较肥料投入、作物产量、经济效益、肥料利用率等指标,客观评价测土配方施肥效益,为测土配方施肥技术参数的校正及进一步优化肥料配方提供依据。田间示范应包括规范的田间记录档案和示范报告。

11.1.2 结果分析与数据汇总

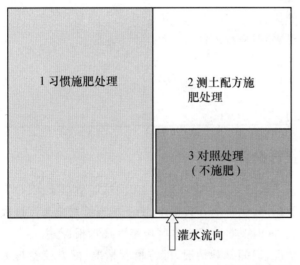

注:习惯施肥处理完全由农民按照当地习惯进行施肥管理;测土配方施肥处理只是按照试验要求改变施肥数量和方式,对照处理则不施任何化学肥料,其他管理与习惯处理相同。处理间要筑田埂及排、灌沟,单灌单排,禁止串排串灌。

对于每一个示范点,可以利用 3 个处理之间产量、肥料成本、产值等方面的比较,从增产和增收等角度进行分析,同时也可以通过测土配方施肥产量结果与计划产量之间的比较,进行参数校验。有关增产增收的分析指标如下:

11.1.2.1 增产率

测土配方施肥产量与对照(常规施肥或不施肥处理)产量的差值相对于对照产量的百分数。

$$增产率 = \frac{测土配方施肥产量 - 对照产量}{对照产量} \times 100\%$$

11.1.2.2 增收

测土配方施肥比对照(常规施肥或不施肥处理)增加的纯收益。

增收(元/亩)＝(测土配方施肥产量－对照产量)×产品单价－(测土配方施肥肥料成本－对照肥料成本)

11.2　农户调查反馈

11.2.1　农户施肥情况的调查

11.2.1.1　测土样点农户的调查与跟踪

每县选择 100～200 个有代表性的农户进行跟踪监测,调查填写《农户施肥情况调查表》。(略)

11.2.1.2　农户施肥调查

每县选择 100 个以上有代表性的农户,开展农户施肥调查,以权重、按比例选择测土配方施肥农户、常规施肥农户及不同生产水平的农户,再作汇总分析,以县为单位完成《农户测土配方施肥准确度的评价统计表》。(略)

11.2.2　测土配方施肥的效果评价方法

11.2.2.1　测土配方施肥农户与常规施肥农户比较

从作物产量、效益、地力变化等方面进行评价。

11.2.2.2　农户测土配方施肥前后的比较

从农民实施测土配方施肥前后的产量、效益进行评价。

11.2.2.3　测土配方施肥准确度的评价

从农户和作物两方面对测土配方施肥技术准确度进行评价。

12　实验室建设与质量控制(略)

13　测土配方施肥数据汇总与报告撰写

各级测土配方施肥工作承担单位提交本区域年度数据库,包括田间试验数据库、农户调查数据库、土壤采样数据库、土壤样品测试数据库、肥料配方数据库、测土配方施肥效果评价数据库等,填写测土配方施肥工作情况汇总表。同时撰写并提交本区域年度技术报告,主要内容包括:种植业概况(来自县统计数据)、测土情况、田间试验情况、配方推荐情况、配方校验与示范结果、农民测土配方施肥反馈结果、测土配方施肥总体效果、经验与问题、改进办法。

14　耕地地力评价

14.1　资料准备

14.1.1　图件资料(比例尺 1∶5 万)

地形图(采用中国人民解放军原总参谋部测绘局测绘的地形图)、第二次土壤普查成果图(最新的土壤图、土壤养分图等)、土地利用现状图、农田水利分区图、行政区划图及其他相关图件。

14.1.2　数据及文本资料

第二次土壤普查成果资料,基本农田保护区划定统计资料,近三年种植面积、粮食单产与总产、肥料使用等统计资料,历年土壤、植物测试资料。

14.2 技术准备

14.2.1 确定耕地地力评价因子

根据全国耕地地力评价因子总集,见附表3,结合当地实际情况,从6大方面的因子中选取本县耕地地力评价因子。选取的因子应对当地耕地地力有较大的影响,在评价区域内的变异较大,在时间序列上具有相对的稳定性,因子之间独立性较强。

附表3 全国耕地地力评价因子总集

气象	≥0℃积温	耕层理化性状	质地
	≥10℃积温		容重
	年降水量		pH
	全年日照时数		CEC
	光能辐射总量		有机质
	无霜期		全氮
	干燥度		有效磷
立地条件	经度		速效钾
	纬度		缓效钾
	海拔		有效锌
	地貌类型		有效硼
	地形部位		有效钼
	坡度		有效铜
	坡向		有效硅
	成土母质		有效锰
	土壤侵蚀类型		有效铁
	土壤侵蚀程度		有效硫
	林地覆盖率		交换性钙
	地面破碎情况		交换性镁
	地表岩石露头状况	障碍因素	障碍层类型
	地表砾石度		障碍层出现位置
	田面坡度		障碍层厚度
剖面性状	剖面构型		耕层含盐量
	质地构型		1 m 土层含盐量
	有效土层厚度		盐化类型
	耕层厚度		地下水矿化度
	腐殖层厚度	土壤管理	灌溉保证率
	田间持水量		灌溉模数
	冬季地下水位		抗旱能力
	潜水埋深		排涝能力
	水型		排涝模数
			轮作制度
			梯田类型
			梯田熟化年限

14.2.2 确定评价单元

用土地利用现状图（比例尺为1：5万）、土壤图（比例尺为1：5万）叠加形成的图斑作为评价单元。评价区域内的耕地面积要与政府发布的耕地面积一致。

14.3 耕地地力评价

14.3.1 评价单元赋值

根据各评价因子的空间分布图或属性数据库，将各评价因子数据赋值给评价单元。对点位分布图，采用插值的方法将其转换为栅格图，再与评价单元图叠加，通过加权统计给评价单元赋值；对矢量分布图（如土壤质地分布图），将其直接与评价单元图叠加，通过加权统计、属性提取，给评价单元赋值；对线形图（如等高线图），使用数字高程模型，形成坡度图、坡向图等，再与评价单元图叠加，通过加权统计给评价单元赋值。

14.3.2 确定各评价因子的权重

采用特尔斐法与层次分析法相结合的方法确定各评价因子权重。

14.3.3 确定各评价因子的隶属度

对定性数据采用特尔斐法直接给出相应的隶属度；对定量数据采用特尔斐法与隶属函数法结合的方法确定各评价因子的隶属函数，将各评价因子的值代入隶属函数，计算相应的隶属度。

14.3.4 计算耕地地力综合指数

采用累加法计算每个评价单元的地力综合指数。

$$IFI = \sum (F_i \times C_i)$$

式中：IFI 为耕地地力综合指数（integrated fertility index）；F_i 为第 i 个评价因子的隶属度；C_i 为第 i 个评价因子的组合权重。

14.3.5 地力等级划分与成果图件输出

根据地力综合指数分布，采用累积曲线法或等距离法确定分级方案，划分地力等级，绘制耕地地力等级图。

14.3.6 归入全国耕地地力等级体系

依据《全国耕地类型区、耕地地力等级划分》（NY/T 309—1996），归纳整理各级耕地地力要素主要指标，形成与粮食生产能力相对应的地力等级，并将各等级耕地归入全国耕地地力等级体系。

14.3.7 划分中低产田类型

依据《全国中低产田类型划分与改良技术规范》（NY/T 310—1996），分析评价单元耕地土壤主导障碍因素，划分并确定中低产田类型、面积和主要分布区域。

14.4 耕地地力评价数据汇总与报告撰写

各级耕地地力评价工作承担单位提交本区域年度数据，包括农户调查数据库、采样地基本情况调查数据库、土壤采样数据库、土壤样品测试数据库等。同时撰写并提交本区域年度技术报告，主要内容包括：技术报告和评价成果报告。其中，评价成果报告分为耕地地力评价结果报告、耕地地力评价与改良利用报告、耕地地力评价与测土配方施肥报告、耕地地力评价与种植业布局区划报告等。

参 考 文 献

E. W. 腊塞尔. 土壤条件与植物生长. 谭世文, 译. 北京: 科学出版社, 1979.

白岩, 韩延彬, 孙红春. 稀土对红花的生物学效应研究 I. 稀土对红花种子萌发的影响. 河北农业大学学报, 2009, 32(1): 34-36.

白由路, 金继运, 杨俐苹, 等. 基于 GIS 的土壤养分分区管理模型研究. 中国农业科学, 2001, 34(1): 36-50.

白由路. 高效施肥技术研究的现状与展望. 中国农业科学, 2018, 51(11): 2116-2125.

白由路. 粮食安全与环境安全的肥料发展双目标. 中国农业信息, 2017, 4: 32-35.

鲍士旦. 棉花的钾素营养诊断和钾肥的施用. 南京农业大学学报, 1989, 12(1): 136-141.

边秀举. 北京地区冷季型草坪草养分需求特性与施肥策略研究. 北京: 中国农业大学出版社, 2000.

曹志洪, 周秀如, 李仲林, 等. 我国烟叶含钾状况及其与植烟土壤环境条件的关系. 中国烟草, 1990(3): 6-13.

曾宪坤. 中国化肥工业现状和展望. 土壤学报, 1995, 32(2): 117-125.

常明昌. 食用菌栽培学. 北京: 中国农业出版社, 2003.

常青, 安毅, 付文阁. 全球资源价格的变化趋势与我国资源战略研究. 经济纵横, 2010, 6: 13-16.

陈继康, 熊和平. 苎麻氮肥利用研究现状与建议. 中国麻业科学, 2016, 38(5): 229-235.

陈伦寿, 李仁岗. 农田施肥原理与实践. 北京: 农业出版社, 1984.

陈伦寿, 陆景陵. 蔬菜营养与施肥技术. 北京: 中国农业出版社, 2002.

陈奇恩, 田明军, 吴云康. 棉花生育规律与优质高产高效栽培. 北京: 中国农业出版社, 1997.

陈智坤, 郝雅珺, 任英英, 等. 长期定位施肥对两种小麦耕作系统土壤肥力的影响. 土壤, 2021, 53(1): 105-111.

陈晓玉, 侯俊玲, 王文全. 丹参营养调控的研究进展. 西北药学杂志, 2020, 35(6): 962-956.

程季珍, 程伯瑛. 保护地蔬菜多种多收高产栽培新技术. 北京: 中国农业出版社, 1998.

迟冉, 王辉, 赵晓爽, 等. 玉米苗期抗旱促生微生物拌种剂应用效果初报. 微生物学通报, 2013, 33(3): 71-73.

崔水利, 张炎, 王讲利, 等. 施磷对棉花根系形态及其对磷吸收的影响. 植物营养与肥料学报, 1997, 3(3): 249-254.

单玉珊, 等. 小麦高产栽培技术原理. 北京: 科学出版社, 2001.

党廷辉, 鼓琳, 戴鸣钧, 等. 旱塬长期施肥对冬小麦产量及土壤养分的影响. 水土保持通报, 1993, 13(5): 78-82.

傅柳松. 农业环境学. 北京: 中国林业出版社, 2000.

郭清源, 丁松爽, 刘国顺, 等. 钾用量与灌溉量对不同土层钾素及烟叶钾含量的积累效应. 中国烟草科学, 2015, 36(1): 61-67.

郭秀珠, 黄品湖, 王月英, 等. 君子兰不同物候期植物体营养含量及营养液吸收试验. 土壤肥料, 2005(2): 42-44.

韩建萍,梁宗锁,张文生.微量元素对丹参生长发育及有效成分的影响.植物营养与肥料学报,2005,11(4):560-563.

韩锦峰,郭月清,刘国顺,等.烤烟干物质积累和氮磷钾的吸收及分配规律研究.河南农业大学学报,1987,21(1):11-17.

韩秀英.Mehlich 3 法测定石灰性土壤有效养分的适用性研究.北京:中国农业大学学报,2009,14(1):104-110.

韩燕来,介晓磊,谭金芳,等.超高产冬小麦氮磷钾吸收分配与运转规律的研究.作物学报,1998,24(6):908-915.

何电源,许国焕,范腊梅,等.茶园土壤的养分状况与茶叶品质及其调控的研究.土壤通报,1989,20(6):245-248.

何电源.中国南方土壤肥力与栽培植物施肥.北京:北京科学技术出版社,1994.

何萍,金继运.集约化农田节肥增效理论与实践.北京:科学出版社,2012.

何萍.肥料养分高效利用策略.中国农业科学技术出版社,2016.

胡林.草坪科学与管理.北京:中国农业大学出版社,2002.

胡显章,曾国屏.科学技术概论.北京:高等教育出版社,1998.

郇威威,王一柳,卢殿君,等.高钾用量和根区施肥可提升皖南不同质地土壤烟叶钾含量.土壤,2019,51(3):458-464.

黄德明.作物营养和科学施肥.北京:农业出版社,1993.

黄巧云.土壤学.2 版.北京:中国农业出版社,2012.

黄绍文,李若楠,唐继伟,等.设施蔬菜绿色高效精准施肥原理与技术.北京:中国农业科学技术出版社,2019.

姜东,于振文,苏波,等.不同施氮时期对冬小麦根系衰老的影响.作物学报,1997,23(2):181-190.

巨晓棠,张翀.论合理施氮的原则和指标.土壤学报,2021,58(1):1-13.

劳秀荣.花卉施肥手册.北京:中国农业出版社,2000.

李春花,梁国庆.专用复混肥配方设计与生产.北京:化学工业出版社,2001.

李存东,曹卫星,张月辰,等.氮肥施用时期对小麦不同茎蘖位顶端发育的调控效应.植物营养与肥料学报,2001,7(1):17-22.

李林林,张浪,王继龙,等.有机肥对苎麻土壤微生物功能多样性及农艺性状的影响.中国麻业科学,2019,41(2):49-60,88.

李隆,李晓林,张福锁,等.小麦大豆间作条件下作物养分吸收利用对间作优势的贡献.植物营养与肥料学报,2000,6(2):140-146.

李明,张清云,蒋齐,等.氮、磷、钾互作效应对甘草酸含量影响的初步研究.西北农业学报,2006,15(4):117-121.

李鹏程,郑苍松,孙淼,等.棉花施肥技术与营养机理研究进展.棉花学报,2017,29(增刊):118-130.

李仁岗.肥料效应函数.北京:农业出版社,1985.

李荣.我国耕地质量现状及提升建议.中国农业综合开发,2020,7:7-12.

李文炳,潘大陆.棉花实用新技术.济南:山东科学技术出版社,1992.

李文庆,张民,李海峰,等.大棚土壤硝酸盐状况研究.土壤学报,2002,39(2):283-287.

李晓林,张福锁,米国华.平衡施肥与可持续优质蔬菜生产.北京:中国农业大学出版社,2000.

李秀章,陈祥龙,徐立华,等.氮素营养水平对小麦后移栽棉氮代谢的影响.棉花学报,1994,6(4):223-228.

李贻铨,陈道东,纪建书,等.杉木中龄林施肥效应探讨.林业科学研究,1993,6(4):390-396.

李志宏,刘宏斌,张云贵.叶绿素仪在氮肥推荐中的应用研究进展.植物营养与肥料学报,2006,12(1):125-132.

李志宏,张福锁,王兴仁.我国北方地区几种主要作物氮营养诊断及追肥推荐研究Ⅱ.植株硝酸盐快速诊断方法的研究.植物营养与肥料学报,1997,3(3):268-273.

廖沙.现代月季不同生长阶段营养元素及水分分析.园艺学报,1988(3):213-215.

林葆,林继雄,李家康.长期施肥的作物产量与土壤肥力变化.植物营养与肥料学报,1994,1(试刊):6-18.

林葆.中国肥料.上海:上海科学技术出版社,1994.

林葆.中国化肥使用研究.北京:北京科学技术出版社,1989.

林成谷.土壤学(北方本).2版.北京:农业出版社,1998.

刘国顺,张海旺,等.烤烟生产新技术.北京:农业出版社,1993.

刘宏斌,张云贵,李志宏,等.光谱技术在冬小麦氮素营养诊断中的应用研究.中国农业科学,2004,37(11):1743-1748.

刘洪斌,毛知耘.烤烟的氯素营养与含氯钾肥的施用.西南农业学报,1997,10(1):102-107.

刘建玲,李仁岗,等.河北粮田和菜地土壤大、中、微量元素肥力研究.土壤学报,2009,46(4):652-660.

刘建玲,杨福存,李仁岗.长期肥料定位试验栗钙土中磷肥在莜麦上的产量效应及行为研究.植物营养与肥学报,2006,12(2):201-207.

刘魁,王正旭,田阳阳,等.不同商品有机肥对烤烟根际土壤环境及烟叶质量的影响.中国烟草科学,2020,41(3):16-21.

刘善江,张成军.京郊小麦玉米轮作系统磷肥施用技术的研究.华北农学报,1998,13(论文集):39-42.

刘勇,陈艳,张志毅,等.不同施肥处理对三倍体毛白杨苗木生长及抗寒性的影响.北京林业大学学报,2000,22(1):38-44.

刘振龙,龙锦芬,刘咏国,等.牧草航空施肥试验研究.中国草地,1999(2):34-36.

刘志超,蒋时浩,金荣堂.红麻亩产八百斤的栽培技术研究.中国麻作,1982(2):30-32+13.

六本木和夫.蔬菜、花卉与果树营养实时诊断与施肥管理.赵解春,李玉中编译.北京:气象出版社,2012.

鲁如坤,等.土壤-植物营养原理和施肥.北京:化学工业出版社,1998.

鲁如坤.土壤积累态磷研究Ⅱ.磷肥的表观积累利用率.土壤学报,1995,27(6):286-289.

陆国第,杨扶德,陈红刚,等.沼液应用的研究进展.中国土壤与肥料,2021(1):339-345.

陆景陵.植物营养学(上册).2版.北京:中国农业大学出版社,2003.

罗鹏涛,简贵才,冯冰清,等.施用中微量元素烤烟产量和品质的影响.云南农业大学学报,1989(4):185-190.

罗平源,史继孔,张力萍.银杏雌花芽分化期内源激素、碳水化合物和矿质营养的变化.浙江林业学报,2006,23(5):532-537.

马国瑞.蔬菜施肥指南.北京:中国农业出版社,2000.

马国瑞.园艺植物营养与施肥.北京:中国农业出版社,1994.

马海龙,李婷玉,马林,等.欧洲国家农田养分管理差异及其对我国的启示.土壤通报,2019,50
(4):974-982.

马宗仁,阳承胜,黄艺欣.高尔夫球场基本特征与草坪施肥技术的关系.中国园林,2001(2):71-73.

毛达如.近代施肥原理与技术.北京:科学出版社,1987.

内蒙古农牧学院草原管理教研室.草地经营.呼和浩特:内蒙古大学出版社,1989,176-190.

牛新胜,巨晓棠.我国有机肥料资源及利用.植物营养与肥料学报,2017,23(6):1462-1479.

潘大丰,程季珍,李群,等.山西省主要蔬菜施肥智能信息技术研究.农业工程学报,2000,16
(1):109-112.

潘庆民,于振文,田奇卓,等.追氮时期对超高产冬小麦旗叶和根系衰老的影响.作物学报,
1998,24(6):924-927.

潘昭隆,李婷玉,马林.美国农田养分管理体系的发展及启示.土壤通报,2019,50(4):965-972.

庞承彰.实用肥料手册.南宁:广西科学技术出版社,1994.

齐文增,陈晓璐,刘鹏,等.超高产夏玉米干物质与氮、磷、钾养分积累与分配特点.植物营养与
肥料学报,2013,19(1):26-36.

钱承梁,鲁如坤.农田养分再循环研究Ⅳ.防止粪肥氨挥发的研究.土壤学报,1996,28(1):8-13.

邱尔发,郑郁善,洪伟.竹林施肥研究现状及探讨.江西农业大学学报,2001,23(4):551-555.

邱慧珍.长效氮肥一次基施对覆膜冬小麦的肥效研究.土壤学报,2003,40(3):454-459.

阮宇成,陈瑞峰.铝、磷对茶树生长及养分吸收影响.中国茶叶,1986(1):2-5.

申建波,白洋,韦中,等.根际生命共同体:协调资源、环境和粮食安全的学术思路与交叉创新.
土壤学报,2021(4):1-11.

沈善敏.中国土壤肥力.北京:中国农业出版社,1998.

宋志伟,邓忠.果树水肥一体化实用技术,北京:化学工业出版社,2018.

宋志伟.果树测土配方与营养套餐施肥技术.北京:中国农业出版社,2016.

苏德纯,任春玲,王兴仁.不同水分条件下施磷位置对冬小麦生长及磷营养的影响.中国农业大
学学报,1998,3(5):55-60.

宿敏敏,况福虹,吕阳.不同轮作体系不同施氮量甲烷排放比较研究.植物营养与肥料学报,
2016,22(4):913-920.

孙济中,陈布圣.棉作学.北京:中国农业出版社,1998.

孙羲,等.中国农业百科全书(农业化学卷).北京:农业出版社,1996.

孙羲,饶立华,秦遂初,等.棉花钾素营养与土壤钾素供应水平.土壤学报,1990,27(2):166-167.

孙羲.作物营养与施肥.北京:农业出版社,1987.

孙羲.植物营养原理.北京:中国农业出版社,1997.

孙义祥,陈新平,等.应用"3414"试验建立冬小麦配方施肥指标体系.植物营养与肥料学报,
2009,15(1):197-203.

孙义祥,郭跃升,于舜章,等.应用"3414"试验建立冬小麦测土配方施肥指标体系.植物营养与
肥料学报,2009,15(1):197-203.

谭金芳,介晓磊,等.钾肥施用原理与实践.北京:中国农业科技出版社,1996.

汪斌,等.铜、锌对丹参产量和品质的影响.植物营养与肥料学报,2009,15(1):211-218.

汪剑鸣,刘瑛,孙学兵,等.红麻苗期主要矿物质营养缺乏研究初报.中国麻业,2003(3):124-127.

王春桃.氮素化肥对苎麻纤维产量和品质影响研究.中国麻作,1982(1):1-4.

王敬国.资源与环境概论.北京:中国农业大学出版社,2000.

王静,邹国元,王益权.影响花卉生长和花期的环境因素研究.中国农学学报,2004,20(4):227.

王琪贞.肥料学.北京:北京农业大学出版社,1993.

王渭玲,梁宗锁,孙群,等.丹参氮、磷肥效效应及最佳施肥模式研究.西北植物学报,2003,23(8):1406-1410.

王小东,许自成,解燕,等.云南曲靖烟区优质烤烟的适宜土壤有效硫和烟叶硫含量研究.植物营养与肥料学报,2018,24(2):528-534.

王兴仁,曹一平,张福锁,等.磷肥恒量监控施肥法在农业中应用探讨.植物营养与肥料学报,1995,1(3):59-64.

王兴仁,陈新平,等.施肥模型在我国推荐施肥中的应用.植物营养与肥料学报,1998,4(1):67-74.

王秀,赵四申,高清海,等.夏玉米免耕播种不同机械施肥方式的生态及经济效益分析.河北农业大学学报,2000,23(1):85-87.

王宜伦,李潮海,谭金芳,等.氮肥后移对超高产夏玉米产量及氮素吸收和利用的影响.作物学报,2011,37(2):339-347.

魏文学,徐驰明,段明元,等.钼营养与冬小麦子粒蛋白质和氨基酸组成的关系.华中农业大学学报,1998,17(4):364-368.

翁伯琦,黄东风,熊德中,等.硒肥对豆科牧草圆叶决明生长和植株养分含量及其固氮能力的影响.应用生态学报,2005,16(6):1056-1060.

吴立潮,胡日利.林木计量施肥研究动态.中南林学院学报,1998,18(2):57-61.

吴松,杨春园,杨仁全,等.智能施肥机系统的设计与实现.上海交通大学学报(农业科学版),2008,26(5):445-448.

吴旭昌,张木祥,葛茂周.黄麻亩产千斤规律及技术的研究.中国麻业科学,1982.

奚振邦.化学肥料学.北京:科学出版社,1994.

谢建昌,等.北方土壤钾素肥力及其管理.北京:中国农业科技出版社,1995.

谢青,魏文学,王运华.硼对棉花繁殖器官解剖结构的影响.华中农业大学学报,1991,10(2):177-179.

熊范纶.农业专家系统及开发工具.北京:清华大学出版社,1998.

严红,李文雄,魏自民,等.不同水平硼对春小麦生长发育及结实率的影响.华中农业大学学报,2001,20(1):28-32.

杨建民,黄万荣.经济林栽培学.北京:中国林业出版社,2004.

杨先芬.花卉施肥技术手册.北京:中国农业出版社,2000.

姚宗凡,黄英姿,姚晓敏.药用植物栽培手册.上海:上海中医药大学出版社,2001.

于振文,张炜,余松烈.钾营养对冬小麦养分吸收分配、产量形成和品质的影响.作物学报,1996,22(4):442-447.

宇万太,张璐,马强,等.施肥对土壤潜在养分(磷和钾)和作物产量的影响.生态学杂志,2004,

23(5):71-76.

郁凯,霍钰阳,朱俊俊,等.盐胁迫下施钾调节棉纤维断裂比强度的糖代谢机制.棉花学报,
　　2021,33(1):22-32.

岳寿松,于振文,余松烈,等.不同生育时期施氮对冬小麦旗叶衰老和粒重的影响.中国农业科
　　学,1997,30(2):42-46.

张福锁,崔振岭,陈新平,等.高产高效养分管理技术.北京:中国农业大学出版社,2012.

张福锁,崔振岭,陈新平,等.最佳养分管理技术列单.北京:中国农业大学出版社,2010.

张福锁,马文奇,陈新平.养分资源综合管理理论与技术概论.北京:中国农业大学出版社,2006.

张福锁,张卫峰,马文奇,等.中国化肥产业技术与展望.北京:化学工业出版社,2006.

张福锁.测土配方施肥技术.北京:中国农业大学出版社,2011.

张丽萍,陈震,马小军,等.氮源对黄连植株生长,根茎小檗碱含量的影响.中草药,1995,26(7):
　　387-388.

张璐,沈善敏,宇万太.辽西褐土施肥及养分循环再利用中长期试验Ⅳ.土壤肥力变化.应用生
　　态学报,2002,13(11):1413-1416.

张少民,白灯莎·买买提艾力,刘盛林,等.根际启动肥能够提高棉花磷效率和产量.棉花学报,
　　2020,32(2):121-132.

张维理,冀宏杰,Kolbe H,等.中国农业面源污染形势估计及控制对策Ⅱ.欧美国家农业面源
　　污染状况及控制.中国农业科学,2004,37(7):1018-1025.

张文杰,单大鹏,胡国华,等.叶面施肥对大豆合丰42品质和产量的影响.东北农业大学学报,
　　2007,38(4):433-435.

赵冰.蔬菜品质学概论.北京:化学工业出版社,2003.

赵炳梓,徐富安.水肥条件对小麦、玉米N,P,K吸收的影响.植物营养与肥料学报,2000,6(3):
　　260-266.

赵春江,诸德辉,李鸿祥,等.小麦栽培管理计算机专家系统的研究与应用.中国农业科学,
　　1997,30(5):42-49.

赵春江.精准农业研究与实践,北京:科学出版社,2009.

中国农业科学院茶叶研究所.中国茶树栽培学.上海:上海科学技术出版社,1986,1-38,234-
　　257,300-351.

中国医学科学院药用植物资源开发研究所.中国药用植物栽培学.北京:农业出版社,1991.

周鸣铮.土壤测定法的相关研究与校验研究(一).土壤通报,1979,10(1):45-48,24.

周学东,沈景林.叶面施肥对高寒草地产草量及牧草营养品质影响.草业学报,2000,9(3):14-23.

朱学毅.红麻带肥下种效果试验简报.中国麻作,1987(1):17-18.

朱兆良.氮素循环与农业和环境学术研讨会论文集.厦门:厦门大学出版社,2001.

左天觉,段志煌,Miklos Faust.中国农业1949—2030.北京:中国农业大学出版社,1998.

Edwards D R,Daniel T C,Murdoch J F,et al. Quality of run off from four northwest Arkansas
　　pasture fields treated with organic and inorganic fertilizer. Transactions of the ASAE,
　　1996,39(5):1689-1696.

Feinerman,Eli Falkovitz,Meira S. Optimal scheduling of nitrogen fertilization and irrigation.
　　Water Resources Management,1997,11(2):101-117.

Gershuny G,Smillie J. The soul of soil:a guide to ecological soil management. Third edition. Ag Access,1995.

Hansen N C,Daniel T C,Sharpley A N,et al. The fate and transport of phosphorus in agricultural systems. Journal of Soil and Water Conservation. 2002,57(6):408-417.

Heilman P E,Xie F G. Effects of nitrogen feitilization on leaf area,light interception,and productivity of short-rotation *Populus trichocarpa* × *Populus deltoids* hybrids. Canadian Journal of Forest Research,1994,24(1):166-173.

Jenkinson. A. E. Continuity in agricultural research benefits for today and lessons for future. J. of the Royal Agricultural Society of England,1994,155:130-139.

Lachapelle,G. Cannon. GPS system integration and field approaches in precision farming. Navigation,1994,41(3):323-335.

Schwab A P. Changes in soil chemical properties due to 40 years of fertilization. Soil Science,1990,149(1):35-46.

Sweeney,Daniel W. Moyer,Toseph L HavLin,John. Multinutrient fertilization and placement to improve yield and nutrient concentration of tall fescue. Agrongmy Journal,1996,88(6):982-986.

Zabek L M. Nutrition and fertilization response:a case study using hybrid poplar. Canada:The University of British Columbia,2001.

Zhang zhiming,et al. Physical and chemical properties of a durably efficacious ammonium bicarbonate as a fertilizer and its yield-increasing mechanism. Science in China(Section B):Chemistry,1997,40(1):105-112.